中 国 国 家 标 准 汇 编

809

GB 36445～36463

（2018 年制定）

中国标准出版社　编

中国标准出版社

北　京

图书在版编目(CIP)数据

中国国家标准汇编:2018年制定.809:
GB 36445～36463/中国标准出版社编.—北京:
中国标准出版社,2020.6
ISBN 978-7-5066-9622-7

Ⅰ.①中… Ⅱ.①中… Ⅲ.①国家标准-
汇编-中国-2018 Ⅳ.①T-652.1

中国版本图书馆CIP数据核字(2020)第069476号

中国标准出版社出版发行
北京市朝阳区和平里西街甲2号(100029)
北京市西城区三里河北街16号(100045)

网址 www.spc.net.cn
总编室:(010)68533533 发行中心:(010)51780238
读者服务部:(010)68523946

中国标准出版社秦皇岛印刷厂印刷
各地新华书店经销

*

开本 880×1230 1/16 印张 37.75 字数 1 135 千字
2020年6月第一版 2020年6月第一次印刷

*

定价 220.00 元

出 版 说 明

《中国国家标准汇编》是一部大型综合性国家标准全集。自1983年起，每年按国家标准顺序号分册汇编出版，分为“制定”卷和“修订”卷两种形式。

“制定”卷收入上一年度我国发布的、新制定的国家标准，视篇幅分成若干分册，封面和书脊上注明“20××年制定”字样及分册号，分册号一直连续。各分册中的标准是按照标准编号顺序连续排列的，如有标准顺序号缺号的，除特殊情况注明外，暂为空号。

“修订”卷收入上一年度我国发布的、被修订的国家标准，视篇幅分设若干分册，但与“制定”卷分册号无关联，仅在封面和书脊上注明“20××年修订-1，-2，-3，……”字样。“修订”卷各分册中的标准，仍按标准编号顺序排列(但不连续)；如有遗漏的，均在当年最后一分册中补齐。需提请读者注意的是，个别非顺延前年度标准编号的新制定国家标准没有收入在“制定”卷中，而是收入在“修订”卷中。

读者购买每年出版的《中国国家标准汇编》“制定”卷和“修订”卷则可收齐由我社出版的上一年度制定和修订的全部国家标准。

2018年我国制修订国家标准共2 684项。本分册为《中国国家标准汇编》制定卷第809分册，收入国家标准GB 36445～36463的最新版本。

中国标准出版社

2020年3月

目　　录

ICS 35.240.01
L 70

中华人民共和国国家标准

GB/T 36445—2018

智慧城市　SOA标准应用指南

Smart city—Application guide of SOA standard

2018-06-07 发布　　2019-01-01 实施

国家市场监督管理总局
中国国家标准化管理委员会　发布

前　言

本标准按照 GB/T 1.1—2009 给出的规则起草。

请注意本文件的某些内容可能涉及专利。本文件的发布机构不承担识别这些专利的责任。

本标准由全国信息技术标准化技术委员会(SAC/TC 28)提出并归口。

本标准起草单位:中国电子技术标准化研究院、智慧神州(北京)科技有限公司、北京东方通科技股份有限公司、中国电子科技集团公司第二十八研究所、工业和信息化部电子第五研究所、北京航空航天大学、北京长风信息技术产业联盟、北京智城信服科技有限公司、中国电子科技集团公司信息科学研究院、华为技术有限公司、北京初志科技有限公司、太极计算机股份有限公司。

本标准主要起草人:刘棠丽、赵菁华、袁媛、徐宝新、张红卫、施媛、张大鹏、王潮阳、郑颖、李毅、李鑫、赵永望、刘志杰、荣文戈、盛浩、满青珊、康子路、张钊源、陈海、彭革非、李冰、曾超、曹凯悦、李赟、崔昊、秦永辉、单岳峰、李存国。

智慧城市　SOA 标准应用指南

1　范围

本标准给出了智慧城市技术参考模型、建设阶段、服务水平和典型应用场景采纳 SOA 标准应用的建议。

本标准适用于指导智慧城市信息化项目的规划、设计、建设与运维的 SOA 标准应用指南。

2　规范性引用文件

下列文件对于本文件的应用是必不可少的。凡是注日期的引用文件，仅注日期的版本适用于本文件。凡是不注日期的引用文件，其最新版本(包括所有的修改单)适用于本文件。

GB/T 29262—2012　信息技术　面向服务的体系结构(SOA)　术语

GB/T 29263　信息技术　面向服务的体系结构(SOA)应用的总体技术要求

GB/T 29798　信息技术　基于 Web 服务的 IT 资源管理规范

GB/T 32419.1　信息技术　SOA 技术实现规范　第 1 部分：服务描述

GB/T 32419.2　信息技术　SOA 技术实现规范　第 2 部分：服务注册与发现

GB/T 32419.3　信息技术　SOA 技术实现规范　第 3 部分：服务管理

GB/T 32419.4　信息技术　SOA 技术实现规范　第 4 部分：基于发布/订阅的数据服务接口

GB/T 32419.5　信息技术　SOA 技术实现规范　第 5 部分：服务集成开发

GB/T 32419.6　信息技术　SOA 技术实现规范　第 6 部分：身份管理服务

GB/T 32427　信息技术　SOA 成熟度模型及评估方法

GB/T 32428　信息技术　SOA 服务质量模型及测评规范

GB/T 32429　信息技术　SOA 应用的生存周期过程

GB/T 32430—2015　信息技术　SOA 应用的服务分析与设计

GB/T 32431　信息技术　SOA 服务交付保障规范

GB/T 33846.1　信息技术　SOA 支撑功能单元互操作　第 1 部分：总体框架

GB/T 33846.2　信息技术　SOA 支撑功能单元互操作　第 2 部分：技术要求

GB/T 33846.3　信息技术　SOA 支撑功能单元互操作　第 3 部分：服务交互通信

GB/T 33846.4　信息技术　SOA 支撑功能单元互操作　第 4 部分：服务编制

GB/T 34678—2017　智慧城市　技术参考模型

GB/T 34985　信息技术 SOA 治理

3　术语和定义

GB/T 29262—2012 中界定的术语和定义适用于本文件。为了便于使用，以下重复列出了 GB/T 29262—2012 中的某些术语和定义。

3.1

服务　service

通过规范化的描述来表征、对外提供访问地址、并可被重复使用的业务功能单元。

示例：审批服务、客户管理服务、登录注册服务等。

注 1：创建服务的目的是为了供需要使用该服务实现的功能的使用者调用。

注 2：每个服务通过规范化的描述来表征，包括接口、操作、语义、动态行为、策略、服务质量等描述。

[GB/T GB/T 29262—2012，定义 2.8]

3.2

SOA 标准　SOA standard

针对 SOA 术语、技术支撑、互操作、应用、服务质量与评测、治理与管理等方面制定的标准。

3.3

SOA 成熟度　SOA maturity；SOAM

对一个组织内的 IT 整体体系结构对 SOA 应用水平的量化描述。

[GB/T 29262—2012，定义 2.52]

3.4

SOA 成熟度模型　SOA maturity model；SOAMM

评估 SOA 成熟度（3.3）的一种框架和方法。

[GB/T 29262—2012，定义 2.53]

4　缩略语

下列缩略语适用于本文件。

ICT：信息通信技术（Information and Communication Technology）

SOA：面向服务的体系结构（Service Oriented Architecture）

5　智慧城市 ICT 技术参考模型 SOA 标准应用指南

5.1　SOA 标准应用参考模型

依据 GB/T 34678—2017 中第 7 章规定的“智慧城市 ICT 支撑的技术参考模型”，在智慧城市 ICT 技术参考模型视角下 SOA 标准的应用参考模型如图 1 所示。

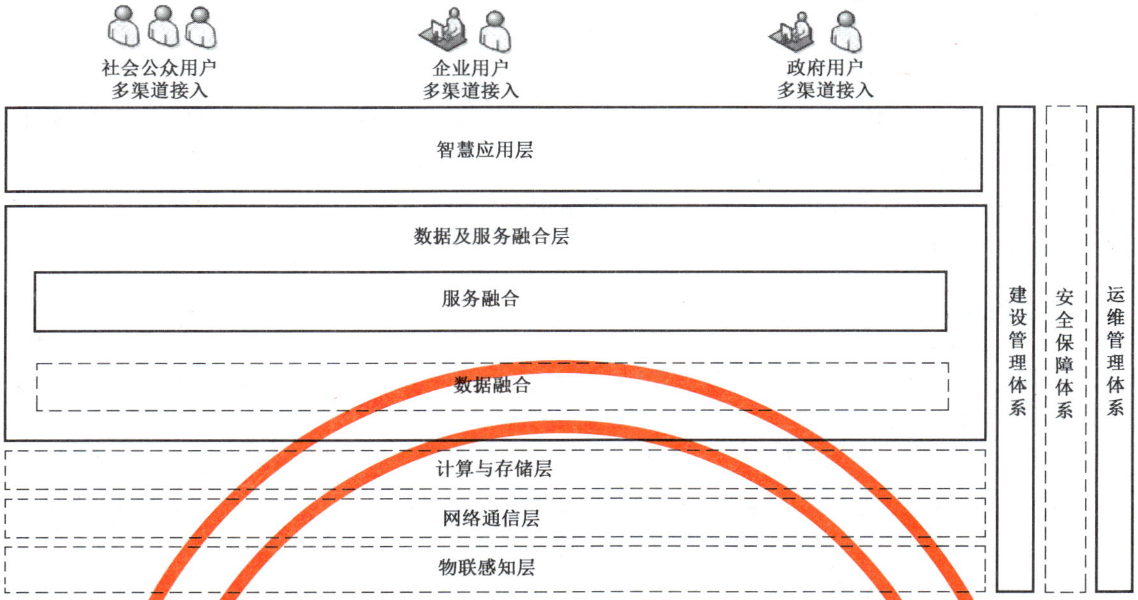

注 1：实线框部分为 SOA 标准应用的核心范围。

注 2：虚线框部分是采用 SOA 构建智慧城市应用的有机组成部分，列出是用于参考。

图 1　SOA 标准应用参考模型

5.2　数据及服务融合层

数据及服务融合层通过提供应用所需的各类数据与服务，为构建上层各类智慧应用提供支撑。其 SOA 标准应用的核心范围是服务融合。

数据及服务融合层采纳 SOA 标准的建议如下：

a) 智慧应用的服务设计宜参考 GB/T 32430—2015 中 SOA 应用服务分析与设计方面的相关要求，通过对具体智慧应用的服务进行甄别、划分、抽取、定义及规约设计，形成规格说明书，为技术实现提供开发依据；

b) 具体服务的构建宜参考 GB/T 29262、GB/T 29263、GB/T 29798、GB/T 32419.1、GB/T 32419.2、GB/T 32419.3、GB/T 32419.4、GB/T 33846.3、GB/T 32419.5、GB/T 34985 等 SOA 技术实现相关标准的要求，实现为上层提供服务描述、服务注册、服务发现、服务管理、服务交互等能力的目标；

c) SOA 支撑功能单元构建宜参考 GB/T 33846.1、GB/T 33846.2 中规定的 SOA 支撑功能单元互操作要求，实现开发服务的互操作；

d) 数据及服务融合层宜参考和遵循的 SOA 标准包括但不限于：GB/T 29262、GB/T 29263、GB/T 29798、GB/T 32419.1、GB/T 32419.2、GB/T 32419.3、GB/T 32419.4、GB/T 32419.5、GB/T 32430、GB/T 33846.1、GB/T 33846.2、GB/T 33846.3、GB/T 32419.6 和 GB/T 34985。

5.3　智慧应用层

智慧应用层在接入和利用物联感知层、网络通信层、计算与存储层、数据及服务支撑层所提供的数据和服务的基础上，通过建立基于行业或领域的智慧应用及应用整合，对公众服务、社会管理、产业运作等活动的需求做出智能的响应。

智慧应用层采纳 SOA 标准的建议如下：

a） 智慧应用及应用整合的规范化宜参考 GB/T 32429、GB/T 32431、GB/T 34985 等 SOA 工程类标准，形成管理办法和总体要求；
b） 对构建的智慧应用服务质量、互操作能力的测试和评价宜参考 GB/T 32428；
c） 对当前智慧应用及服务支撑能力发展目标的评估、下一阶段服务能力的规划宜参考 GB/T 32427；
d） 智慧应用层宜参考和遵循的 SOA 标准包括但不限于：GB/T 32427、GB/T 32428、GB/T 32429、GB/T 32431、GB/T 34985。

5.4 建设管理体系

建设管理体系为智慧城市建设提供整体的管理要求，可指导智慧城市中所有服务的建设，并确保这些服务的建设实施质量满足要求。

建设管理体系采纳 SOA 标准的建议如下：

a） GB/T 32430 可从方法论的层面为服务的分析及设计提供指导，为智慧城市应用的建设管理做好技术铺垫，支撑智慧城市服务的规划与建设；
b） 智慧应用服务质量的测量与评价宜采用 GB/T 32428；
c） GB/T 32428 相关要求可为后续提供智慧应用服务质量的提高提供参考；
d） 建设管理体系宜参考和遵循的 SOA 标准包括但不限于：GB/T 32428、GB/T 32430。

5.5 运维管理体系

运维管理体系为智慧城市建设提供整体的运维管理机制，确保智慧城市长效运行。

运维管理体系采纳 SOA 标准的建议如下：

a） 可采用 GB/T 32429、GB/T 32431、GB/T 34985 从整体上做好智慧应用的治理设计、生存周期各个阶段的规划、每个环节交付物的设计；
b） 对当前智慧应用及服务支撑能力现状的评估、下一阶段发展目标的规划可采用 GB/T 32427；
c） 运维管理体系宜参考和遵循的 SOA 标准包括但不限于：GB/T 32427、GB/T 32429、GB/T 32431、GB/T 34985。

6 智慧城市建设阶段 SOA 标准应用指南

6.1 总体规划阶段

智慧城市的总体规划阶段应通过采用 SOA 相关标准，实现对智慧城市总体架构、项目工程管理及智慧城市治理等方面工作的有效支撑，确保各类服务对未来城市智慧应用的支撑能力。

总体规划阶段采纳 SOA 标准的建议如下：

a） 在总体架构方面，可通过采用 GB/T 29262、GB/T 29263，保证各类服务及相关支撑技术在基本概念、功能层次、技术能力等方面的要求保持一致，为后续项目工作的开展奠定基础；
b） 在项目工程管理方面，可通过参考 GB/T 32429 中对服务与 SOA 应用生命周期过程的规定、GB/T 32431 中对生命周期不同阶段交付物的规定，形成智慧城市项目工程管理方面的管理办法和总体要求；
c） 在智慧城市治理方面，可通过参考 GB/T 32427 相关规定，对当前服务支撑能力进行评估，实现对下一阶段智慧应用及服务支撑能力发展目标的设定。
d） 可通过参考 GB/T 34985 制定相关的控制策略和管理过程要求，帮助不同机构持续提供和改进相关服务；

e) 总体规划阶段参考和遵循的标准包括但不限于：GB/T 29262、GB/T 29263、GB/T 32427、GB/T 32429、GB/T 32431、GB/T 34985。

6.2 分析设计阶段

智慧城市的分析设计阶段针对具体智慧应用项目，围绕智慧应用所提供的服务开展详细的分析设计工作。

分析设计阶段采纳SOA标准的建议如下：

a) 可依据GB/T 32430，实现对具体智慧应用服务的甄别、划分、抽取、定义及规约设计，形成规格说明书，为后续的技术实现提供开发依据；

b) 在开展服务分析与设计时，可参考GB/T 32428相关规定，统筹考虑服务质量以及服务的标准符合性测试问题；

c) 分析设计阶段宜参考和遵循的标准包括但不限于：GB/T 32428、GB/T 32430。

6.3 开发部署阶段

智慧城市的开发部署阶段可通过SOA技术手段，从业务出发，以“服务”为基本元素实现支撑智慧城市应用需求相关信息系统的构建。

开发部署阶段采纳SOA标准的建议如下：

a) 应参考和遵循的标准包括但不限于：GB/T 32419.2、GB/T 32419.3、GB/T 32419.4、GB/T 32428、GB/T 33846.1、GB/T 33846.2、GB/T 33846.3、GB/T 32419.5、GB/T 34985；

b) 在技术实现方面，应采用GB/T 32419.2、GB/T 32419.3、GB/T 32419.4、GB/T 33846.1、GB/T 33846.2、GB/T 33846.3、GB/T 32419.5、GB/T 34985明确服务体系的结构，在兼顾服务互操作性、服务质量和服务安全的基础上，进行技术服务的开发与实现，保证服务体系的技术一致性和完整性，为支撑智慧城市大型应用奠定基础；

c) 在智慧城市SOA的测试评估方面，可采用GB/T 32428测量及评价服务的质量，为服务质量改进提供依据。

6.4 运维管理阶段

运维管理阶段应对运维管理机制、能力进行整体策划，实施运维管理内容，对服务交付内容进行检查，并提供改进机制，确保智慧城市建设过程中系统和服务的有效管理和长效运行。

运维管理阶段采纳SOA标准的建议如下：

a) 应参考和遵循的标准包括但不限于：GB/T 29798、GB/T 32419.3、GB/T 32427、GB/T 32428、GB/T 32429、GB/T 32431、GB/T 34985。

b) 运维管理机制和能力的整体策划应参考和遵循GB/T 29798、GB/T 32419.3、GB/T 34985，建设符合智慧城市系统日常运行、维护、管理特点的运维规范和内部审核评估机制；

c) 实施运维管理过程中应参考和遵循GB/T 32429、GB/T 32431，制定满足整体策划的实施计划，设计相关沟通协调机制；

d) 对运维管理过程和实施结果的监控、测量和检查应参考和遵循GB/T 32427、GB/T 32428，确保符合运行维护服务计划要求和质量目标；

e) 运维管理计划和规程的修改和优化应参考和遵循GB/T 34985，实现运行维护过程中不足的持续改进，确保运维管理能力的可持续性。

7 智慧城市服务水平 SOA 标准应用指南

7.1 概述

对于一个城市用户而言，可通过采用 SOA 不断提升各个应用项目的服务水平而逐步提升整个组织服务能力。用户可以参照 GB/T 32427 给出的不同成熟度阶段具备的特点，对比、分析现有各个应用系统及城市自身所处的阶段，进行汇总后评估出整个城市的服务能力水平，以此作为规划和设计新项目的技术依据，并考虑如何发展到下一个阶段。

根据 GB/T 32427 中规定的 SOA 成熟度模型（见图 2），在图 2 中级别 1 到级别 7 七个细分级别基础上，共组合成以下四个级别：

a） 服务基础级别：由孤岛式、点对点集成、构架化三个细分级别组成；

b） 服务化级别；

c） 服务组合化级别；

d） 服务虚拟化和动态化级别：由服务虚拟化、服务动态化两个细分级别组成。

	服务基础级别			服务化级别	服务组合化级别	服务虚拟化和动态化级别	
	孤岛式	点对点集成	构件化	服务化	服务组合化	服务虚拟化	服务动态化
业务	孤立的业务线驱动	业务流程集成	构件化的业务流程	业务提供和消费服务	组合化的业务服务	外包的服务BPM和BAM	基于动态服务的业务能力
组织和治理	特定的业务线IT策略和治理	IT转换	公共的治理过程	集成的SOA治理	SOA治理和IT治理对齐	SOA治理和IT基础设施治理	基于策略的治理
方法	结构化的设计和开发	面向对象的建模	面向构件的开发	面向服务的建模	面向服务的建模	面向服务的基础设施建模	业务流程建模
应用	模块	对象	构件	对象	基于组合服务的应用	基于服务的流程集成	动态应用组装
体系结构	整体型体系结构	分层体系结构	构件体系结构	嵌入SOA	SOA	网格化SOA	动态可配置体系结构
信息	特定应用的数据方案	特定业务线（建立主数据区域）	标准的模型	信息作为服务	企业业务数据目录和存储库	虚拟化的数据服务	基于语义的数据词汇
基础设施和管理	业务线特定平台	企业标准	公共可复用的基础设施	基于项目的SOA环境	公共SOA环境	虚拟SOA环境感知和响应	动态、基于事件感知和响应
	级别1	级别2	级别3	级别4	级别5	级别6	级别7

图 2 SOA 成熟度模型

7.2 服务基础级别

考虑到服务基础级别的城市不关注系统间的交互，各应用系统间集成能力弱，该级别没有应参考和遵循的 SOA 标准。

7.3 服务化级别

7.3.1 特点

服务化级别的特点包括：

a） 城市应用系统总体上已经处于“服务基础级别”；

b) 已考虑应用系统与其他应用系统的交互关系；

c) 已考虑采用 SOA 支撑技术实现服务的可能性；

d) 要求系统接口采用服务方式，保证服务提供者与服务消费者之间的技术实现无关；

e) 建立统一的服务资源仓库，支持整个组织的服务资源的发布和发现，可以保证各个应用系统资源的可重用能力。

7.3.2 SOA 标准应用建议

服务化级别采纳 SOA 标准的建议包括但不限于以下内容：

a) 宜按 GB/T 29262 对相关术语和定义进行统一和规范性表述；

b) 宜按 GB/T 29263 对 SOA 技术的实现与应用进行统一约束；

c) 宜按 GB/T 29798 对基于 Web 服务的 IT 资源管理进行规范；

d) 宜按 GB/T 32419.1 对服务描述进行规范；

e) 宜按 GB/T 32419.2 对服务注册与发现进行规范；

f) 宜按 GB/T 33846.1 对 SOA 支撑功能单元互操作进行规范；

g) 宜按 GB/T 32427 中规定的 SOA 成熟度模型及评估方法对 SOA 成熟度进行评估；

h) 宜按 GB/T 32428 规定的 SOA 服务质量模型及测评规范对 SOA 服务质量进行测评；

i) 宜按 GB/T 32429 规定的 SOA 应用的生存周期过程对 SOA 应用进行管理；

j) 宜按 GB/T 32430 对 SOA 应用服务进行分析与设计；

k) 宜按 GB/T 32431 对 SOA 服务交付进行保障；

l) 宜按 GB/T 34985 对 SOA 治理与管理进行规范。

7.4 服务组合化级别的 SOA 标准应用

7.4.1 特点

服务组合化级别的特点包括：

a) 各系统接口实现“服务化”的能力；

b) 整体上还需要与应用系统频繁交互，整个组织建立统一的“服务交互通信”能力；

c) 消费者对服务提供者的访问通过中介进行；

d) 服务消费者与服务提供者之间的协议独立、位置独立、调用模式独立；

e) 组织到达“服务组合化”级别时，整个组织的 SOA 将以松耦合架构为基础，可减少各个应用系统接口的紧耦合问题，方便地代理、组合不同的服务，以快速支撑上层应用。

7.4.2 SOA 标准应用建议

本级别宜采纳 7.3 中规定的服务化级别采用 SOA 标准的建议，同时应满足如下采用 SOA 的要求：

a) 宜按 GB/T 32419.3 对 SOA 的服务管理进行规范；

b) 宜按 GB/T 32419.4 对基于发布/订阅的数据服务接口进行设计；

c) 宜按 GB/T 33846.2 对 SOA 支撑功能单元的互操作进行规范。

7.5 服务虚拟化和动态化级别的 SOA 标准应用

7.5.1 特点

服务虚拟化和动态化级别的特点包括：

a) 在“服务组合化”级别的基础上产生大量服务资源，并产生大量的服务消费，需对这些服务资源进行有效的生存周期管理，以解决服务和消费双方出现的矛盾；

b) 需建立“服务管理”平台，管理服务的生成、发布、使用、注销过程；
c) 需借助统一的“服务交互通信”机制来实现对整个组织的各种服务进行监控管理和质量控制，从而很好地掌握和评估整个组织的服务运行状态，确保服务按照承诺的表现执行；
d) 在“服务虚拟化和动态化”级别，可以采用多种形式的服务组合方式，如采用“服务编排、服务集成开发”等多种技术，快速复用各种服务资源，构建业务协同应用，满足新的业务需求，真正实现 SOA 支撑用户业务应用敏捷性的最终目标。

7.5.2 SOA 标准应用建议

本级别宜参考 7.4 中给出的服务组合化级别采用 SOA 标准的建议，同时宜遵循 GB/T 33846.3 规定的 SOA 支撑功能单元互操作的服务交互通信要求。

8 智慧城市典型应用场景 SOA 标准应用指南

8.1 数据共享

在数据共享和整合的实现方面，智慧城市应通过使用 SOA 基于松耦合的服务架构解决异构应用间的信息共享，实现城市运行各类信息的全面汇聚和有效利用。

数据共享应用场景采纳 SOA 标准的建议如下：

a) 宜按 GB/T 32430 中 SOA 应用的服务分析与设计要求，将各种类型的数据资源操作设计成各类标准服务；
b) 宜按 GB/T 32419.5 中基于发布/订阅的数据服务接口要求，按照已设计的各种数据服务内容封装成数据服务应用；
c) 根据对数据服务的更大颗粒度的服务需求，宜按 GB/T 34985 中的 SOA 治理与管理要求，对已封装的各类数据服务进行服务的编制；
d) 宜按 GB/T 32419.1 及 GB/T 32419.2 对已封装及编制完成的数据服务进行服务描述，实现数据服务的注册和发现。
e) 宜按 GB/T 32419.3 对各类数据服务进行监控，保证数据服务的执行、高效。

8.2 业务协同

在应对复杂业务事件时，智慧城市的管理与运营应以 SOA 为基础支撑，将业务构件化，实现各部门业务构件的可复用性，实现区域及层级间各类信息资源的整合、关联、协同、互动和按需服务。

业务协同应用场景采纳 SOA 标准的建议如下：

a) 宜按 GB/T 32430 中 SOA 应用的服务分析与设计要求，从各部门业务系统中抽取出各种业务构件，实现业务构件与业务系统的隔离；
b) 宜按 GB/T 32419.5 中基于发布/订阅的数据服务接口要求，按照已设计的各种业务构件封装成业务构件服务；
c) 根据实际业务流程要求，宜按 GB/T 34985 中的 SOA 治理与管理要求，对不同业务构件服务进行编排、组装与配置，实现完整的业务流程；
d) 宜按 GB/T 32419.1 中的服务描述要求、GB/T 32419.2 中的服务注册与发现要求，对已封装及编制完成的业务构件服务进行服务描述、注册和发现；
e) 宜按 GB/T 32419.3 中的服务管理要求，对基于各种业务构件服务的服务流程进行执行与监控，实现跨部门的业务处理，增强业务间的协同能力。

8.3 敏捷服务

敏捷服务可以支撑和快速响应智慧城市不同应用的业务需要。服务的敏捷性包括两个方面:服务能在业务提出变化之后的一个恰当时间段里响应这种变化;服务所做出的变化能恰当地反映出业务的需求。

敏捷服务应用场景采纳 SOA 标准的建议如下:

a) 宜按 GB/T 32430、GB/T 32419.5、GB/T 34985 对智慧城市建设中涉及的数据、业务应用进行服务的设计、开发、编排;

b) 宜按 GB/T 32419.1 对各类服务进行统一描述,实现智慧城市跨应用部门间的信息服务规范化;

c) 宜按 GB/T 32419.2 实现服务的注册,提供对服务目录中的所有服务的查询功能,用户或应用系统通过服务查询功能可以找到所发布的服务;

d) 宜按 GB/T 32419.3 集中管理服务资源,实现服务的发布、配置、撤销等功能,完成服务平台中已发布服务的服务调度及运行监控管理。

ICS 35.080
L 77

中华人民共和国国家标准

GB/T 36446—2018

软件构件管理 管理信息模型

Software component management—Management information model

2018-06-07 发布 2019-01-01 实施

国家市场监督管理总局
中国国家标准化管理委员会 发布

前　言

本标准按照GB/T 1.1—2009给出的规则起草。

请注意本文件的某些内容可能涉及专利。本文件的发布机构不承担识别这些专利的责任。

本标准由全国信息技术标准化技术委员会(SAC/TC 28)提出并归口。

本标准起草单位:北京大学、中国电子技术标准化研究院、智慧神州(北京)科技有限公司、北京航空航天大学。

本标准主要起草人:梅宏、谢冰、赵俊峰、邹艳珍、李杨、李琰、丛培勇。

软件构件管理　管理信息模型

1　范围

本标准规定了对软件构件及其相关资源进行管理与控制所必需的管理信息模型。

本标准适用于从事软件构件库的开发、实施和管理的各类组织或个人进行软件构件库的创建和管理。

2　规范性引用文件

下列文件对于本文件的应用是必不可少的。凡是注日期的引用文件，仅注日期的版本适用于本文件。凡是不注日期的引用文件，其最新版本(包括所有的修改单)适用于本文件。

GB/T 11457　信息技术　软件工程术语

SJ/T 11290—2003　面向对象的软件系统建模规范　第1部分：概念与表示法

3　术语、定义和缩略语

3.1　术语和定义

GB/T 11457界定的以及下列术语和定义适用于本文件。

3.1.1

软件资产　software asset

软件生存周期中诸如软件需求、软件设计、软件代码、测试案例和文档等具有可复用价值的软件制品。可以用于创造新的软件产品以及相关的制品。

3.1.2

构件　component

软件系统中具有相对独立功能、可以明确辨识、接口由契约指定、和语境有明显依赖关系、可独立部署可组装的软件实体。

3.1.3

构件管理信息　component management information

软件构件管理中诸如用户信息、资产信息、构件库信息、规约信息等为进行管理而必需的各类信息。

3.2　缩略语

下列缩略语适用于本文件。

BIDM　基本互操作数据模型(Basic Interoperability Data Model)

UID　唯一表示符(Unique IDentifier)

UML　统一建模语言(Uniform Modeling Language)

4　描述方式

4.1　表示法

本标准采用UML定义的表示法，详见SJ/T 11290—2003。

4.2 基本类型

本标准使用了如下的基本类型：

a) 布尔型(Boolean)；

b) 日期型(Date)；

c) 整数型(Integer)；

d) 字符串型 (String)；

e) 文本型(Text)；

f) 唯一标识符型(UID)。

5 管理信息模型

5.1 管理信息模型框架

整个管理信息模型由20种元素组成。软件资产管理对象(SoftwareAssetManagementObject，以下表示为SAMObject)是模型中最基本的元素。管理信息模型见图1、图2与图3。其中，BIDM中的数据结构与本管理信息模型中的数据结构具有一定的对应性，请参见附录A。模型元素的中英文对照表请参见附录B。

管理信息模型中包括了构件库、用户、资产对象和上述对象的构成成分、规约。同时，管理信息模型中还定义了两种具体的规约——分类法和关系。模型中所有的元素都可以通过规约引用元素来对自身进行描述和限定。

为了能够清晰地表示管理信息模型，我们将模型的内容进行划分，分别表示在图1、图2与图3中。图2及图3中的SAMObject、Asset、Specification和ReferencedSpecifications元素与图1中的同名元素是等同的。这四个元素的属性、原子操作以及这四个元素间的关系仅在图1中表示，在图2、图3中不再进行表示。下面的内容是对模型中元素的具体说明。对元素进行说明的表格中，属性、继承属性等请参照SJ/T 11290—2003。元素之间可以存在关联，关联具有源元素和目标元素。同时，泛性元素中存在的关联将被继承到特殊元素中。

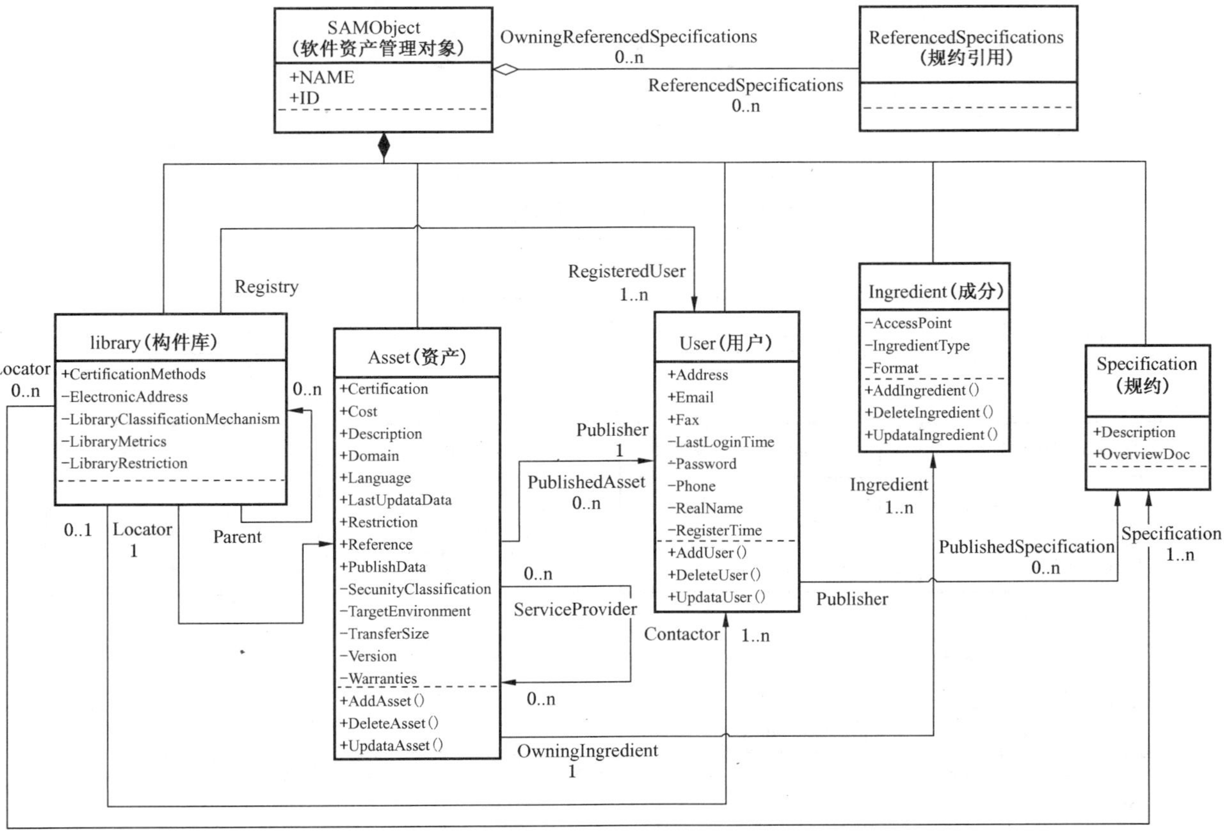

图1 软件构件管理信息模型结构图

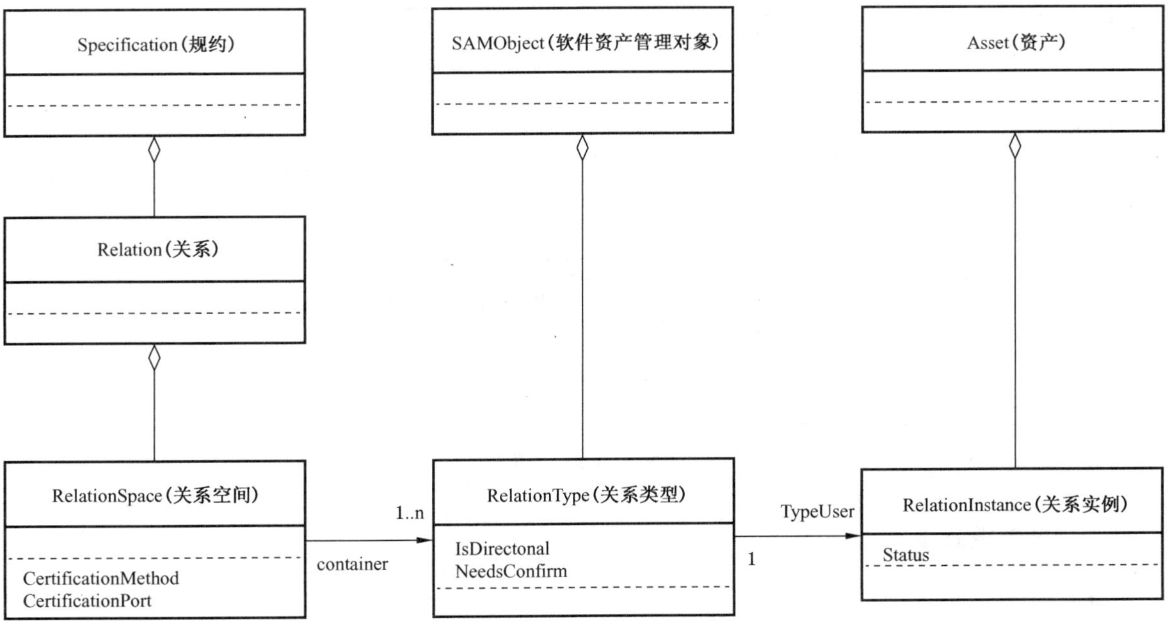

图2 关系模型

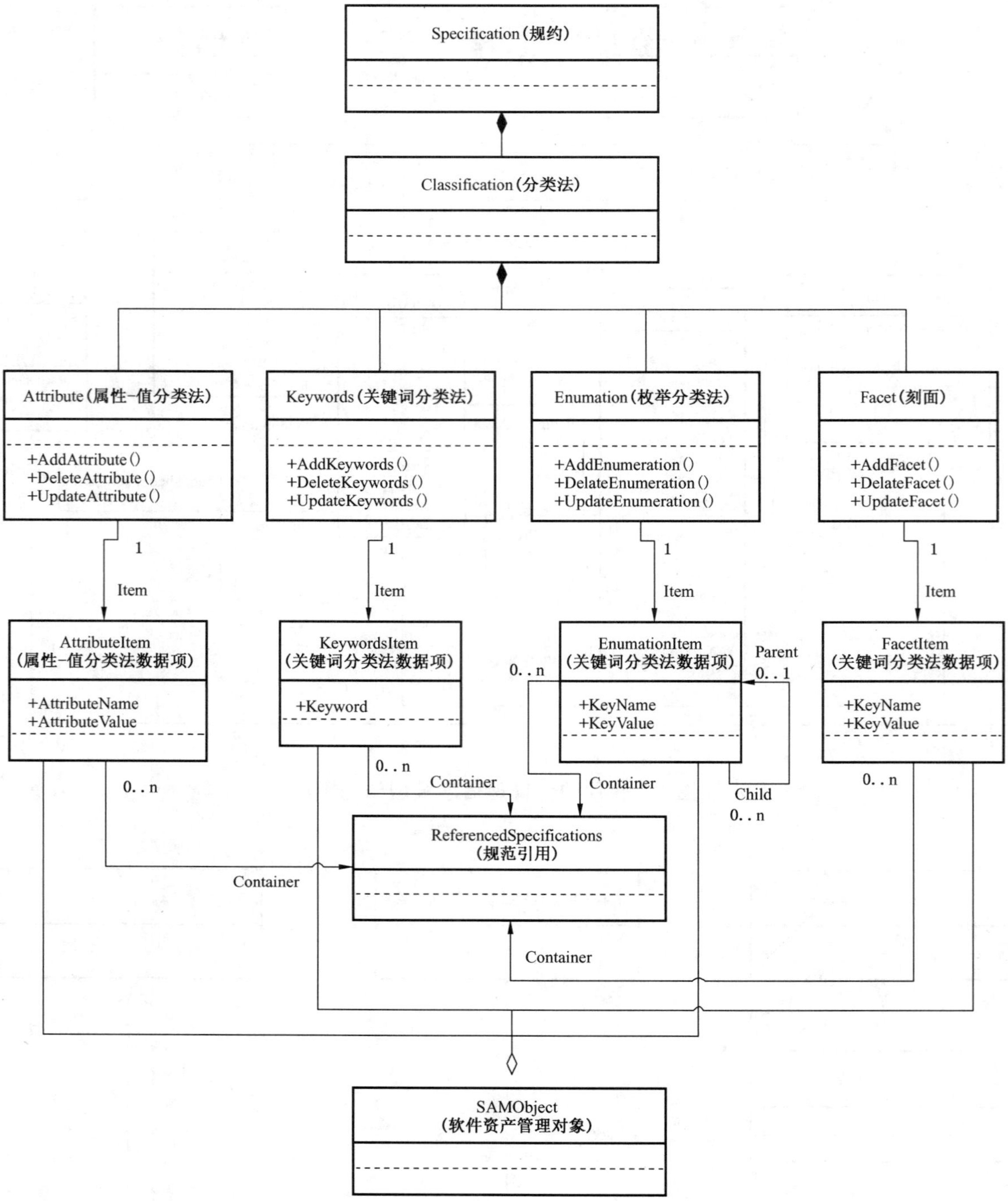

图 3 分类法模型

5.2 软件资产管理对象

5.2.1 对象

软件资产管理对象的定义见表 1。

表 1 软件资产管理对象

名　　称	软件资产管理对象(SAMObject)
父元素	无
描述信息	软件资产管理对象提供了模型中所有的元素的一般性信息,并且它是对模型进行扩展的基础
使用说明	无
继承属性	无
属性	名称(Name) 标识(ID)

5.2.2 属性

软件资产管理对象的属性见表 2、表 3。

表 2 名称(Name)

名　　称	名称(Name)
描述信息	元素的名称,一个元素可以有多个名称
单值/多值	多
数据类型	String
必选/可选	必选
限制	无

表 3 标识(ID)

名　　称	标识(ID)
描述信息	元素的唯一标识
单值/多值	单
数据类型	UID
必选/可选	必选
限制	无

5.2.3 关联

软件资产管理对象的关联关系见表 4。

表 4　管理对象所满足的规约(**OwningReferencedSpecifications**)

角色名称	OwningReferencedSpecifications
描述信息	表示元素满足的规约
目标端	ReferencedSpecifications
最小映射目标数目	0
最大映射目标数目	N

5.3　构件库

5.3.1　对象

构件库的对象定义见表 5。

表 5　构件库(**Library**)

名　　称	构件库(Library)
父元素	SAMObject
描述信息	包含软件资产的构件库
使用说明	构件库为用户(User)提供了注册机制，两者之间具有注册的关联关系，同时构件库也具有自己的联系人
继承属性	Name(SAMObject) ID(SAMObject)
属性	认证方法(CertificationMethods) 电子地址(ElectronicAddress) 构件库分类机制(LibraryClassificationMechanism) 构件库度量原则(LibraryMetrics) 构件库限制(LibraryRestriction)

5.3.2　属性

构件库的对象属性说明见表 6～表 10。

表 6　认证方法(**CertificationMethods**)

名　　称	认证方法(CertificationMethods)
描述信息	对构件库中的软件资产进行评价和认证的方法，包括了评价和认证的结果的范围、进行认证的时间、方式和人员等
单值/多值	单
数据类型	Text
必选/可选	必选
限制	无

表7　电子地址(ElectronicAddress)

名　　称	电子地址(ElectronicAddress)
描述信息	构件库的电子地址,可以是URL
单值/多值	单
数据类型	String
必选/可选	可选
限制	无

表8　构件库分类机制(LibraryClassificationMechanism)

名　　称	构件库分类机制(LibraryClassificationMechanism)
描述信息	构件库存储和分类软件资产的方法
单值/多值	多
数据类型	String
必选/可选	可选
限制	无

表9　构件库度量原则(LibraryMetrics)

名称	构件库度量原则(LibraryMetrics)
描述信息	反映对于库的属性的度量,可包括软件资产的数量、用户的数量、提取软件资产的数量、可操作性度量
单值/多值	单
数据类型	Text
必选/可选	可选
限制	无

表10　构件库限制(LibraryRestriction)

名　　称	构件库限制(LibraryRestriction)
描述信息	关于对库进行使用的相关法律信息,应考虑数据权限、许可、安全性等
单值/多值	单
数据类型	Text
必选/可选	可选
限制	无

5.3.3　关联

构件库的关联关系见表11～表14。

表 11　资产隶属关系(Locator(Asset))

角色名称	Locator
描述信息	表示某个资产属于本库
目标端	Asset
最小映射目标数目	1
最大映射目标数目	N

表 12　父类库隶属关系(Parent)

角色名称	Parent
描述信息	表示某个库是本库的子库
目标端	Library
最小映射目标数目	0
最大映射目标数目	N

表 13　规约隶属关系(Locator(Specification))

角色名称	Locator
描述信息	表示某个规约属于本库
目标端	Specification
最小映射目标数目	1
最大映射目标数目	N

表 14　用户注册隶属关系(Registry)

角色名称	Registry
描述信息	将构件库和用户联系在一起,它表示某个用户是在库中注册的用户
目标端	User
最小映射目标数目	1
最大映射目标数目	N

5.4　用户

5.4.1　对象

用户的对象定义见表 15。

表 15 用户

名　　称	用户(User)
父元素	SAMObject
描述信息	构件库中注册的用户
使用说明	用户和构件库之间存在注册于(IsRegisterIn)关系,同时用户和资产(Asset)还存在构造(WasCreatedBy)关系
继承属性	Name(SAMObject) ID(SAMObject)
属性	地址(Address) 电子邮件(Email) 传真(Fax) 上次登录时间(LastLoginTime) 登录密码(Password) 电话(Phone) 真实名称(RealName) 注册时间(RegisterTime)

5.4.2 属性

用户的属性说明见表 16～表 23。

表 16 地址(Address)

名　　称	地址(Address)
描述信息	用户的通讯地址
单值/多值	多
数据类型	String
必选/可选	必选
限制	无

表 17 电子邮件(Email)

名　　称	电子邮件(Email)
描述信息	用户的电子邮件地址
单值/多值	多
数据类型	String
必选/可选	必选
限制	无

表 18　传真(Fax)

名　称	传真(Fax)
描述信息	用户的传真号码
单值/多值	多
数据类型	String
必选/可选	可选
限制	无

表 19　上次登录时间(LastLoginTime)

名　称	上次登录时间(LastLoginTime)
描述信息	用户的上次登录时间
单值/多值	单
数据类型	Date
必选/可选	必选
限制	无

表 20　登录密码(Password)

名　称	登录密码(Password)
描述信息	用户的登录密码
单值/多值	单
数据类型	String
必选/可选	必选
限制	无

表 21　电话号码(Phone)

名　称	电话号码(Phone)
描述信息	用户的电话号码
单值/多值	单
数据类型	String
必选/可选	可选
限制	无

表 22　真实名称(RealName)

名　　称	真实名称(RealName)
描述信息	用户的真实名称
单值/多值	单
数据类型	String
必选/可选	可选
限制	无

表 23　注册时间(RegisterTime)

名　　称	注册时间(RegisterTime)
描述信息	用户的注册时间
单值/多值	单
数据类型	Date
必选/可选	必选
限制	无

5.4.3　原子操作

用户的原子操作说明见表 24～表 26。

表 24　添加用户(AddUser)

名　　称	添加用户(AddUser)
描述信息	向构件库中添加用户
参数类型	User(不含 ID)
返回值类型	Boolean(true 表示成功 false 表示失败)

表 25　删除用户(DeleteUser)

名　　称	删除用户(DeleteUser)
描述信息	删除构件库中的用户
参数类型	UID
返回值类型	Boolean(true 表示成功 false 表示失败)

表 26　修改用户信息(UpdateUser)

名　　称	修改用户信息(UpdateUser)
描述信息	修改构件库中的用户的信息
参数类型	User
返回值类型	Boolean(true 表示成功 false 表示失败)

5.4.4　关联

用户的关联关系说明见表 27～表 30。

表 27　联系人(Contacter)

角色名称	Contacter
描述信息	表示该用户是本库的联系人
目标端	Library
最小映射目标数目	0
最大映射目标数目	1

表 28　资产发布者(Publisher(Asset))

角色名称	Publisher
描述信息	表示用户是构件库中资产的发布者
目标端	Asset
最小映射目标数目	0
最大映射目标数目	N

表 29　规约发布者(Publisher(Specification))

角色名称	Publisher
描述信息	表示用户是构件库中规约的发布者
目标端	Specification
最小映射目标数目	0
最大映射目标数目	N

表 30　资产款注册用户(RegisteredUse(Library))

角色名称	RegisteredUser
描述信息	表示用户是某个库的注册用户
目标端	Library
最小映射目标数目	1
最大映射目标数目	1

5.5　资产

5.5.1　对象

资产的对象定义见表 31。

表 31　资产(Asset)

名　　称	资产(Asset)
父类	SAMObject
描述信息	提供了构件库中软件资产的信息
使用说明	一个软件资产对应到一个 Asset 的实例
继承属性	Name(SAMObject) ID(SAMObject)
属性	认证方法(Certification) 费用(Cost) 描述(Description) 领域(Domain) 语言(Language) 最后修改日期(LastUpdateDate) 限制(Restriction) 参考(Reference) 发布日期(PublishDate) 安全级别(SecurityClassification) 目标环境(TargetEnvironment) 传输大小(TransferSize) 版本(Version) 保证机制(Warranties)

5.5.2　属性

资产的属性说明见表 32～表 45。

表 32　认证方法(Certification)

名　　称	认证方法(Certification)
描述信息	评价或认证资产的方法,包括评价或认证的结果,实施评价或认证的日期,实施评价或认证的人员等
单值/多值	单
数据类型	Text
必选/可选	必选
限制	无

表 33　费用(Cost)

名　　称	费用(Cost)
描述信息	用户为获得软件资产的权利所应付出的费用的类型和数量
单值/多值	单
数据类型	String
必选/可选	必选
限制	无

表 34　描述(Description)

名　　称	描述(Description)
描述信息	对资产的定义和一般性解释
单值/多值	单
数据类型	Text
必选/可选	必选
限制	无

表 35　领域(Domain)

名　　称	领域(Domain)
描述信息	资产所属的领域
单值/多值	多
数据类型	String
必选/可选	必选
限制	无

表 36 语言(Language)

名　　称	语言(Language)
描述信息	描述资产所使用的语言
单值/多值	多
数据类型	String
必选/可选	必选
限制	无

表 37 最后修改日期(LastUpdateTime)

名　　称	最后修改日期(LastUpdateTime)
描述信息	描述资产最后修改的日期
单值/多值	单
数据类型	Date
必选/可选	必选
限制	无

表 38 限制(Restriction)

名　　称	限制(Restriction)
描述信息	限制资产的因素:包括算法、编译器、可移植性、环境等
单值/多值	单
数据类型	String
必选/可选	必选
限制	无

表 39 参考(Reference)

名　　称	参考(Reference)
描述信息	对包含资产信息的信息源的声明
单值/多值	多
数据类型	String
必选/可选	可选
限制	无

表 40　发布日期(PublishDate)

名　　称	发布日期(PublishDate)
描述信息	资产的发布日期
单值/多值	单
数据类型	Date
必选/可选	必选
限制	无

表 41　安全级别(SecurityClassification)

名　　称	安全级别(SecurityClassification)
描述信息	资产所具有的最高的安全级别
单值/多值	单
数据类型	String
必选/可选	必选
限制	无

表 42　目标环境(TargetEnvironment)

名　　称	目标环境(TargetEnvironment)
描述信息	资产开发所针对的计算机系统、操作系统、编译器等
单值/多值	多
数据类型	String
必选/可选	可选
限制	无

表 43　传输大小(TransferSize)

名　　称	传输大小(TransferSize)
描述信息	资产在进行传输的时候所需要的字节数
单值/多值	单
数据类型	Integer
必选/可选	可选
限制	无

表 44 版本(Version)

名 称	版本(Version)
描述信息	资产的版本
单值/多值	单
数据类型	String
必选/可选	必选
限制	无

表 45 保证机制(Warranties)

名 称	保证机制(Warranties)
描述信息	资产生产者关于资产的保证说明
单值/多值	单
数据类型	String
必选/可选	必选
限制	无

5.5.3 原子操作

资产的原子操作说明见表 46～表 48。

表 46 添加资产(AddAsset)

名 称	添加资产(AddAsset)
描述信息	向构件库中添加资产
参数类型	Asset(不含 ID)
返回值类型	Boolean(true 表示成功 false 表示失败)

表 47 删除资产(DeleteAsset)

名 称	删除资产(DeleteAsset)
描述信息	删除构件库中的资产
参数类型	UID
返回值类型	Boolean(true 表示成功 false 表示失败)

表 48　修改资产(UpdateAsset)

名　　称	修改资产(UpdateAsset)
描述信息	修改构件库中资产的信息
参数类型	Asset
返回值类型	Boolean(true 表示成功 false 表示失败)

5.5.4　关联

资产的关联关系说明见表 49～表 53。

表 49　资产拥有成分(OwningIngredient)

角色名称	OwningIngredient
描述信息	表示软件资产拥有的成分
目标端	Ingredient
最小映射目标数目	1
最大映射目标数目	N

表 50　资产(Asset)

角色名称	Asset
描述信息	表示资产所在的库
目标端	Library
最小映射目标数目	1
最大映射目标数目	1

表 51　资产发布者(PublishedAsset)

角色名称	PublishedAsset
描述信息	表示资产的发布者
目标端	User
最小映射目标数目	1
最大映射目标数目	1

表 52　资产依赖方（ServiceProvider）

角色名称	ServiceProvider
描述信息	表示本资产所依赖的其他资产
目标端	Asset
最小映射目标数目	0
最大映射目标数目	N

表 53　资产引用实例（CitedRelationInstance）

名　　称	CitedRelationInstance
描述信息	表示该资产所引用的关系实例（RelationInstance）
目标元素	RelationInstance
最小映射目标数目	0
最大映射目标数目	N

5.6 成分

5.6.1 对象

成分的对象定义见表 54。

表 54　成分（Ingredient）

名　　称	成分（Ingredient）
父类	SAMObject
描述信息	构件库中资产的构成成分
使用说明	一个资产（Asset）至少要包含一个成分（Ingredient）
继承属性	Name（SAMObject） ID（SAMObject）
属性	访问点（AccessPoint） 成分类型（IngredientType） 格式（Format）

5.6.2 属性

成分的属性说明见表 55～表 57。

表 55 访问点(AccessPoint)

名 称	访问点(AccessPoint)
描述信息	访问资产所提供服务的入口点指针
单值/多值	多
数据类型	String
必选/可选	必选
限制	无

表 56 成分类型(IngredientType)

名 称	成分类型(IngredientType)
描述信息	成分的类型,如:测试用例、需求说明等
单值/多值	多
数据类型	String
必选/可选	必选
限制	无

表 57 格式(Format)

名 称	格式(Format)
描述信息	成分存储的格式
单值/多值	单
数据类型	String
必选/可选	必选
限制	无

5.6.3 原子操作

成分的原子操作说明见表 58～表 60。

表 58 添加成分(AddIngredient)

名 称	添加成分(AddIngredient)
描述信息	向资产添加成分
参数类型	Ingredient(不含 ID)
返回值类型	Boolean(true 表示成功 false 表示失败)

表 59 删除成分(DeleteIngredient)

名　　称	删除成分(DeleteIngredient)
描述信息	删除资产的成分
参数类型	UID
返回值类型	Boolean(true 表示成功 false 表示失败)

表 60 修改成分(UpdateIngredient)

名　　称	修改成分(UpdateIngredient)
描述信息	修改资产的成分
参数类型	Ingredient
返回值类型	Boolean(true 表示成功 false 表示失败)

5.6.4 关联

成分的关联关系说明见表 61。

表 61 成分(Ingredient)

角色名称	Ingredient
描述信息	表示包含该成分的软件资产
目标端	Asset
最小映射目标数目	1
最大映射目标数目	1

5.7 规约

5.7.1 对象

规约的对象定义见表 62。

表 62 规约(Specification)

名　　称	规约(Specification)
父类	SAMObject
描述信息	构件库中规约信息
使用说明	一个规约可以是一个分类模式或者是一个关系表示模式
继承属性	Name(SAMObject) ID(SAMObject)
属性	描述(Description) 外部文档(OverviewDoc)

5.7.2 属性

规约的属性说明见表 63、表 64。

表 63 描述(Description)

名　　称	描述(Description)
描述信息	对规约的定义和一般性解释
单值/多值	单
数据类型	Text
必选/可选	必选
限制	无

表 64 外部文档(OverviewDoc)

名　　称	外部文档(OverviewDoc)
描述信息	提供了一个描述规约信息的文档
单值/多值	多
数据类型	String
必选/可选	可选
限制	可以是一个 URL,该 URL 引用了一个长期稳定的概要描述文档

5.7.3 关联

规约的关联关系说明见表 65、表 66。

表 65 规约(Specification)

角色名称	Specification
描述信息	表示规约所在的库
目标端	Library
最小映射目标数目	1
最大映射目标数目	1

表 66 发布的规约(PublishedSpecification)

角色名称	PublishedSpecification
描述信息	表示规约的发布者
目标端	User
最小映射目标数目	1
最大映射目标数目	1

5.8 分类法

分类法的对象定义见表 67。

表 67 分类法(Classification)

名　称	分类法(Classification)
父类	Specification
描述信息	构件库中分类法
使用说明	一个分类法可以是关键词、属性-值、枚举和刻面四种分类法中的一种
继承属性	Name(SAMObject) ID(SAMObject) Description(Specification) OverviewDoc(Specification)
属性	无

5.9 关键词分类法

5.9.1 对象

关键词分类法的对象定义见表 68。

表 68 关键词分类法(Keywords)

名　称	关键词分类法(Keywords)
父类	Classification
描述信息	构件库中关键词分类法
使用说明	关键词分类法中包含了用于描述元素的关键词
继承属性	Name(SAMObject) ID(SAMObject) Description(Specification) OverviewDoc(Specification)
属性	无

5.9.2 原子操作

关键词分类法的原子操作说明见表 69～表 71。

表 69 添加关键词分类法(AddKeywords)

名　称	添加关键词分类法(AddKeywords)
描述信息	向构件库中添加关键词分类法
参数类型	Keywords(不含 ID)
返回值类型	Boolean(true 表示成功 false 表示失败)

表 70　添加关键词分类法(DeleteKeywords)

名　　称	添加关键词分类法(DeleteKeywords)
描述信息	删除构件库中的关键词分类法
参数类型	UID
返回值类型	Boolean(true 表示成功 false 表示失败)

表 71　修改关键词分类法(UpdateKeywords)

名　　称	修改关键词分类法(UpdateKeywords)
描述信息	修改构件库中的关键词分类法
参数类型	Keywords
返回值类型	Boolean(true 表示成功 false 表示失败)

5.10　属性-值分类法

5.10.1　对象

属性-值的对象定义见表 72。

表 72　属性-值分类法(Attribute)

名　　称	属性-值分类法(Attribute)
父类	Classification
描述信息	构件库中属性-值分类法
使用说明	属性-值分类法中包含了属性的名字和相应的取值
继承属性	Name(SAMObject) ID(SAMObject) Description(Specification) OverviewDoc(Specification)
属性	无

5.10.2　原子操作

属性-值的原子操作说明见表 73～表 75。

表 73　添加属性-值分类法(AddAttribute)

名　　称	添加属性-值分类法(AddAttribute)
描述信息	向构件库中添加属性-值分类法
参数类型	Attribute(不含 ID)
返回值类型	Boolean(true 表示成功 false 表示失败)

表 74 删除属性-值分类法(DeleteAttribute)

名　　称	删除属性-值分类法(DeleteAttribute)
描述信息	删除构件库中的属性-值分类法
参数类型	UID
返回值类型	Boolean(true 表示成功 false 表示失败)

表 75 修改属性-值分类法(UpdateAttribute)

名　　称	修改属性-值分类法(UpdateAttribute)
描述信息	修改构件库中的属性-值分类法
参数类型	Attribute
返回值类型	Boolean(true 表示成功 false 表示失败)

5.11 枚举分类法

5.11.1 对象

枚举分类法的对象定义见表 76。

表 76 枚举分类法(Enumeration)

名　　称	枚举分类法(Enumeration)
父类	Classification
描述信息	构件库中枚举分类法
使用说明	枚举分类法中采用了树形的结构来描述软件资产
继承属性	Name(SAMObject) ID(SAMObject) Description(Specification) OverviewDoc(Specification)
属性	无

5.11.2 原子操作

枚举分类法的原子操作说明见表 77～表 79。

表 77 添加枚举分类法(AddEnumeration)

名　　称	添加枚举分类法(AddEnumeration)
描述信息	向构件库中添加枚举分类法
参数类型	Enumeration(不含 ID)
返回值类型	Boolean(true 表示成功 false 表示失败)

表 78 删除枚举分类法(DeleteEnumeration)

名　称	删除枚举分类法(DeleteEnumeration)
描述信息	删除构件库中的枚举分类法
参数类型	UID
返回值类型	Boolean(true 表示成功 false 表示失败)

表 79 修改枚举分类法(UpdateEnumeration)

名　称	修改枚举分类法(UpdateEnumeration)
描述信息	修改构件库中的枚举分类法
参数类型	Enumeration
返回值类型	Boolean(true 表示成功 false 表示失败)

5.12 刻面分类法

5.12.1 对象

刻面分类法的对象定义见表 80。

表 80 刻面分类法

名　称	刻面分类法(Facet)
父类	Classification
描述信息	构件库中刻面分类法
使用说明	刻面分类法用不同的角度来对资产进行分类
继承属性	Name(SAMObject) ID(SAMObject) Description(Specification) OverviewDoc(Specification)
属性	无

5.12.2 原子操作

刻面分类法的原子操作说明见表 81～表 83。

刻面:刻面反映了一个软件资产在不同语境中的特性,使得用户可以从多个角度去理解和使用软件资产。例如,刻面可以是应用领域、使用环境、功能等。刻面分类法需要采用术语空间进行定义。

术语空间:每个刻面的术语都要按照一般特殊关系组成层次结构,而且每个术语都带有同义词词典,这种结构称为术语空间。每个刻面都有一个对应的术语空间,术语空间的组织对软件资产分类至关重要。

表 81　添加刻面分类法(AddFacet)

名　　称	添加刻面分类法(AddFacet)
描述信息	向构件库中添加刻面分类法
参数类型	Facet(不含 ID)
返回值类型	Boolean(true 表示成功 false 表示失败)

表 82　删除刻面分类法(DeleteFacet)

名　　称	删除刻面分类法(DeleteFacet)
描述信息	删除构件库中的刻面分类法
参数类型	UID
返回值类型	Boolean(true 表示成功 false 表示失败)

表 83　修改刻面分类法(UpdateFacet)

名　　称	修改刻面分类法(UpdateFacet)
描述信息	修改构件库中的刻面分类法
参数类型	Facet
返回值类型	Boolean(true 表示成功 false 表示失败)

5.13　关键词分类法数据项

5.13.1　对象

关键词分类法数据项的对象定义见表 84。

表 84　关键词分类法数据项(KeywordsItem)

名　　称	关键词分类法数据项(KeywordsItem)
父类	SAMObject
描述信息	构件库中关键词分类法中使用的关键词
使用说明	关键词刻画了资产,被关键词分类法所使用
继承属性	Name(SAMObject) ID(SAMObject)
属性	关键词(Keyword)

5.13.2　属性

关键词分类法数据项的属性说明见表 85。

表 85 关键词(KeyWord)

名　　称	关键词(KeyWord)
描述信息	关键词分类法里面的关键词
单值/多值	多
数据类型	String
必选/可选	必选
限制	无

5.13.3 关联

关键词分类法数据项的关联关系说明见表 86。

表 86 项(Item)

名　　称	Item
描述信息	表示术语所对应的分类法
目标元素	Keywords
最小映射目标数目	1
最大映射目标数目	1

5.14 属性-值分类法数据项

5.14.1 对象

属性-值分类法数据项的对象定义见表 87。

表 87 属性-值分类法数据项(AttributeItem)

名　　称	属性-值分类法数据项(AttributeItem)
父类	SAMObject
描述信息	构件库中属性-值分类法所使用的属性-值对
使用说明	属性-值对刻画了资产,被属性-值分类法所使用
继承属性	Name(SAMObject) ID(SAMObject)
属性	属性名称(AttributeName) 属性值(AttributeValue)

5.14.2 属性

属性-值分类法数据项的属性说明见表 88、表 89。

表 88 属性名称(AttributeName)

名　称	属性名称(AttributeName)
描述信息	属性-值分类法中采用的属性名称
单值/多值	单
数据类型	String
必选/可选	必选
限制	无

表 89 属性值(AttributeValue)

名　称	属性值(AttributeValue)
描述信息	属性-值分类法中采用的属性值
单值/多值	单
数据类型	String
必选/可选	必选
限制	无

5.14.3 关联

属性-值分类法数据项的关联关系说明见表 90。

表 90 项(Item)

名　称	Item
描述信息	表示属性-值分类法项所对应的属性-值分类法
目标元素	Attribute
最小映射目标数目	1
最大映射目标数目	1

5.15 枚举分类法数据项

5.15.1 对象

枚举分类法数据项的对象定义见表 91。

表 91　枚举分类法数据项(EnumerationItem)

名　　称	枚举分类法数据项(EnumerationItem)
父类	SAMObject
描述信息	枚举分类法采用的分类信息
使用说明	枚举分类法数据项刻画了资产,被枚举分类法所使用
继承属性	Name(SAMObject) ID(SAMObject)
属性	术语名(KeyName) 术语值(KeyValue)

5.15.2　属性

枚举分类法数据项的属性说明见表 92、表 93。

表 92　术语名(KeyName)

名　　称	术语名(KeyName)
描述信息	枚举分类法里面的使用到的术语名
单值/多值	单
数据类型	String
必选/可选	必选
限制	无

表 93　术语值(KeyValue)

名　　称	术语值(KeyValue)
描述信息	枚举分类法里面的使用到的术语值
单值/多值	单
数据类型	String
必选/可选	必选
限制	无

5.15.3　关联

枚举分类法数据项的关联关系说明见表 94～表 96。

表 94 子项(Child)

名 称	Child
描述信息	表示特殊层的枚举分类法数据项
目标元素	EnumerationItem
最小映射目标数目	0
最大映射目标数目	N

表 95 项(Item)

名 称	Item
描述信息	表示枚举分类法数据项所对应的枚举分类法
目标元素	Enumeration
最小映射目标数目	1
最大映射目标数目	1

表 96 一般项(Parent)

名 称	Parent
描述信息	表示一般层的枚举分类数据项
目标元素	EnumerationItem
最小映射目标数目	0
最大映射目标数目	1

5.16 刻面分类法数据项

5.16.1 对象

刻面分类法数据项的对象定义见表 97。

表 97 刻面分类法数据项(FacetItem)

名 称	刻面分类法数据项(FacetItem)
父类	SAMObject
描述信息	刻面分类法使用的刻面信息
使用说明	刻面分类法数据项刻画了资产,被刻面分类法所使用
继承属性	Name(SAMObject) ID(SAMObject)
属性	术语名(KeyName) 术语值(KeyValue)

5.16.2 属性

刻面分类法数据项的属性说明见表98～表99。

表98 术语名(KeyName)

名　　称	术语名(KeyName)
描述信息	刻面分类法数据项使用到的术语名
单值/多值	单
数据类型	String
必选/可选	必选
限制	无

表99 术语值(KeyValue)

名　　称	术语值(KeyValue)
描述信息	刻面分类法数据项使用到的术语值
单值/多值	单
数据类型	String
必选/可选	必选
限制	无

5.16.3 关联

刻面分类法数据项的关联说明见表100。

表100 项(Item)

名　　称	Item
描述信息	表示刻面分类法数据项所对应的刻面分类法
目标元素	Facet
最小映射目标数目	1
最大映射目标数目	1

5.17 关系

关系的对象定义见表101。

表 101 关系(Relation)

名　　称	关系(Relation)
父类	Specification
描述信息	表示了构件库中的各种关系
使用说明	关系元素刻画了资产之间的关系
继承属性	Name(SAMObject) ID(SAMObject) Description(Specification) OverviewDoc(Specification)
属性	无

5.18 关系空间

5.18.1 对象

关系空间的对象定义见表 102。

表 102 关系空间(RelationSpace)

名　　称	关系空间(RelationSpace)
父类	Relation
描述信息	对构件库中的关系的划分
使用说明	关系空间界定了关系使用的范围
继承属性	Name(SAMObject) ID(SAMObject) Description(Specification) OverviewDoc(Specification)
属性	认证方法(CertificationMethod) 认证点(CertificationPort)

5.18.2 属性

关系空间的属性说明见表 103、表 104。

表 103 认证方法(CertificationMethod)

名　　称	认证方法(CertificationMethod)
描述信息	关系空间里面的使用到的认证方法
单值/多值	单
数据类型	String
必选/可选	必选
限制	无

表 104 认证点(CertificationPort)

名　称	认证点(CertificationPort)
描述信息	关系空间里面的使用到的认证点
单值/多值	单
数据类型	String
必选/可选	必选
限制	无

5.18.3 关联

关系空间的关联关系见表 105。

表 105 容器(Container)

名　称	Container
描述信息	表示该关系空间所包含的关系类型
目标元素	RelationType
最小映射目标数目	1
最大映射目标数目	N

5.19 关系类型

5.19.1 对象

关系类型的对象定义见表 106。

表 106 关系类型(RelationType)

名　称	关系类型(RelationType)
父类	SAMObject
描述信息	构件库中的关系类型
使用说明	无
继承属性	Name(SAMObject) ID(SAMObject)
属性	是否有向(IsDirectional) 是否需要验证(NeedsConfirm)

5.19.2 属性

关系类型的属性说明见表 107、表 108。

表 107　是否有向(IsDirectional)

名　　称	是否有向(IsDirectional)
描述信息	表示该关系是否为有向关系
单值/多值	单
数据类型	Boolean
必选/可选	必选
限制	无

表 108　是否需要验证(NeedsConfirm)

名　　称	是否需要验证(NeedsConfirm)
描述信息	表示该关系是否需要验证
单值/多值	单
数据类型	Boolean
必选/可选	必选
限制	无

5.20　关系实例

5.20.1　对象

关系实例的对象定义见表 109。

表 109　关系实例(RelationInstance)

名　　称	关系实例(RelationInstance)
父类	Asset
描述信息	资产的具有的关系的实例
使用说明	资产通过引用关系实例来表明资产之间的关系
继承属性	Name(SAMObject) ID(SAMObject) Certification(Asset) Cost(Asset) Description(Asset) Domain(Asset) Language(Asset) LastUpdateDate(Asset) Restriction(Asset) Reference(Asset) PublishDate(Asset) SecurityClassification(Asset) TargetEnvironment(Asset) TransferSize(Asset) Version(Asset) Warranties(Asset)
属性	状态(Status)

5.20.2 属性

关系实例的属性说明见表 110。

表 110 状态(Status)

名　称	状态(Status)
描述信息	表示该关系的状态、如是否被验证等
单值/多值	单
数据类型	Text
必选/可选	必选
限制	无

5.20.3 关联

关系实例的关联关系见表 111。

表 111 关系类型(TypeUser)

名　称	TypeUser
描述信息	表示该关系实例所引用的关系类型
目标元素	RelationType
最小映射目标数目	1
最大映射目标数目	1

5.21 规约引用

5.21.1 对象

规约引用的对象定义见表 112。

表 112 规约引用

名　称	规约引用(ReferencedSpecifications)
父类	SAMObject
描述信息	元素对于规约信息的引用
使用说明	元素通过引用规约信息来修饰构件库中的对象
继承属性	Name(SAMObject) ID(SAMObject)
属性	无

5.21.2 关联

规约引用关联对象定义见表113、表114。

表113 容器(Container)

名　　称	Container
描述信息	规约引用中包含的分类法的术语等
目标元素	AttributeItem,EnumerationItem,FacetItem,KeywordsItem
最小映射目标数目	0
最大映射目标数目	N

表114 引用规约(ReferencedSpecifications)

名　　称	ReferencedSpecifications
描述信息	表明引用规约的元素
目标元素	SAMObject
最小映射目标数目	0
最大映射目标数目	N

6 可扩展性

6.1 概述

本标准允许在上述基本管理信息模型的基础上对管理信息模型进行扩展,包括对元素属性、元素进行扩展。

6.2 扩展元素属性

通过在元素中添加新的属性来扩展属性,但是为了保持一致性,建议通过在规约引用(ReferencedSpecifications)中增加对分类法的引用来实现扩展属性。

6.3 扩展元素

通过将新扩展的元素继承现有的元素来实现扩展元素。泛化元素中的属性、原子操作和泛化元素参与的关联都将继承到新扩展的元素中。

对元素进行扩展只能在指定的元素上进行。在本标准中,可以在其上进行扩展的元素包括:资产(Asset)、成分(Ingredient)、规约(Specification)、分类法(Classification)、关系(Relation)。

7 符合性

如果赋予元素属性的值满足了第5章中对于属性的限制,那么赋予该属性的值是合法的。除此之外,如果对该属性的取值范围限定了取值词典,那么赋予该属性的值就应从该词典里面选取。如果一个关联关系的实例满足了第5章中对于关联的限定,那么这个关联关系的实例就是合法的。

如果一个元素具有了管理信息模型所有所需的属性和关联，并且所有的属性值和关联实例都是合法的，并且支持模型中定义的所有原子操作，那么该元素满足了本标准中管理信息模型的要求。如果一个软件构件库管理系统包含了本标准中管理信息模型的数据结构，并且能够对满足本标准管理信息模型的信息请求进行处理，那么该系统符合了本标准。

附　录　A
（资料性附录）
相关标准的关联性

A.1　概述

IEEE 于 1995 年提出了用于支持复用库互操作的 IEEE1420－BIDM 标准，BIDM 中的数据结构与本管理信息模型(以下表示为 SCM－MIM)中的数据结构具有一定的对应性。

A.2　元素对应关系

元素对应关系参见表 A.1。

表 A.1　元素对应关系表

IEEE BIDM	SCM-MIM
RIGObject	SAMObject
Asset	Asset
Element	Ingredient
Library	Library
Organization	User

A.3　属性和关联对应关系

属性和关联对应关系请分别参见表 A.2～表 A.6。

表 A.2　RIGObject 和 SAMObject 属性对应关系

RIGObject	SAMObject
Name	Name

表 A.3　Asset(BIDM)和 Asset(SCM-MIM) 属性对应关系

Asset(BIDM)	Asset(SCM-MIM)
Abstract	Description
Cost	Cost
DateOfInformation	PublishDate
Domain	Domain
IsLocatedIn	Locator
IsMadeOf	Ingredient

表 A.3（续）

Asset(BIDM)	Asset(SCM-MIM)
Language	Language
Restrictions	Restrictions
SecurityClassification	SecurityClassification
TargetEnviorment	TargetEnviorment
UniqueID	ID
Version	Version
VersionDate	LastUpdateDate
WasCreatedBy	Publisher

表 A.4　Element(BIDM)和 Ingredient(SCM-MIM)属性对应关系

Element(BIDM)	Ingredient(SCM-MIM)
ElementType	IngredientType
Meda	AccessPoint

表 A.5　Library(BIDM)和 Library(SCM-MIM) 属性对应关系

Library(BIDM)	Library(SCM-MIM)
ContactIs	Contacter
IsComposedOf	Child

表 A.6　Organization(BIDM)和 User(SCM-MIM) 属性对应关系

Organization(BIDM)	User(SCM-MIM)
Address	Address
Email	Email
Fax	Fax
Telephone	Phone

从对应关系可以看出，BIDM 中每个元素在本管理信息模型中都存在对应的元素；而且 BIDM 中每个元素必需的属性和关联在本管理信息模型中对应的元素中都存在对应的属性和关联。因此，本标准可以满足复用库信息交换的要求。

附 录 B
（资料性附录）
模型元素中英文对照表

模型元素中英文对照表请参见表 B.1。

表 B.1 模型元素中英文对照表

中文	英文
资产	Asset
属性-值分类法	Attribute
属性-值分类法数据项	AttributeItem
分类法	Classification
枚举分类法	Enumeration
枚举分类法数据项	EnumerationItem
刻面分类法	Facet
刻面分类数据项	FacetItem
成分	Ingredient
关键词分类法	Keywords
关键词分类法数据项	KeywordsItem
构件库	Library
规约引用	ReferencedSpecifications
关系	Relation
关系实例	RelationInstance
关系空间	RelationSpace
关系类型	RelationType
软件资产管理对象	SAMObject
规约	Specification
用户	User

参 考 文 献

[1] SJ/T 11291—2003 面向对象软件系统建模规范 第3部分:文档编制

[2] IEEE standard for information technology-software reuse-data model for reusable library interoperability: Basic interoperability data model (BIDM). IEEE std.1420.1,1995.

[3] Supplement to IEEE standard for information technology-software reuse-data model for reuse library interoperability: Asset certification framework. IEEE std.1420.1a,1996.

[4] Supplement to IEEE standard for information technology-software reuse-data model for reuse library interoperability: Intellectual property rights framework. IEEE std. 1420.1b,1999.

ICS 35.240.99
L 67

中华人民共和国国家标准

GB/T 36447—2018

多媒体教学环境设计要求

Multimedia instructing environment design requirements

2018-06-07 发布　　2019-01-01 实施

国家市场监督管理总局
中国国家标准化管理委员会　发布

前　言

本标准按照 GB/T 1.1—2009 给出的规则起草。

请注意本文件的某些内容可能涉及专利。本文件的发布机构不承担识别这些专利的责任。

本标准由全国信息技术标准化技术委员会(SAC/TC 28)提出并归口。

本标准起草单位:清华大学、北京大学、上海交通大学、浙江大学、北京理工大学、南京大学、华南理工大学、华中科技大学、北京工业大学、中国科学技术大学、东南大学、北京艾威康电子技术有限公司、深圳锐取信息技术股份有限公司、中央民族大学、长安大学、对外经贸大学、电子科技大学、中国传媒大学、苏州科技大学、广州视睿电子科技有限公司、深圳市台电实业有限公司、广东启源建筑工程设计院有限公司声学分公司、北京竞业达数码科技有限公司、浙江省宁波音王集团、北京信息科技大学、北京科技大学、常州大学、国家会计学院、河北师范大学、北华大学、上海卓越睿新数码科技有限公司、北京市闪联信息产业协会、中国电子工业技术标准化研究院。

本标准主要起草人:钟晓流、丁泉龙、沈宏兴、吴庚生、张亦工、左渠、雷志华、毕雄、陈学林、郑道林、曹春林、姜昌金、崔建生、薛玉田、罗钦平、杜建新、傅怡琦、董榕、马振平、王健、张秋、黄明寒、侯移门、王祥贵、江一山、苏建国、肖波、张剑平、林万新、钱震、胡文有、龚小峰、牛长山、冉旭、韩洌、李海霞、宋述强、杜婧、余云涛、王立建、李莹。

多媒体教学环境设计要求

1 范围

本标准界定了多媒体教学环境的分类，并且规定了这5类多媒体教学环境的供配电系统、照明系统、信息网络等基础条件和音频系统、视频系统、智能化控制系统以及系统集成的基本要求。

本标准适用于多媒体教学环境的设计与实施。

2 规范性引用文件

下列文件对于本文件的应用是必不可少的。凡是注日期的引用文件，仅注日期的版本适用于本文件。凡是不注日期的引用文件，其最新版本(包括所有的修改单)适用于本文件。

GB/T 2887—2011 计算机场地通用规范

GB/T 14960 电视广播接收机用红外遥控发射器技术要求和测试方法

GB/T 17618—2015 信息技术设备 抗扰度 限值和测量方法

GB/T 36354—2018 数字语言学习环境设计要求

GB 50052—2009 供配电系统设计规范

SJ/T 11343—2015 数字电视液晶显示器通用规范

ISO/IEC 14496-3 信息技术 视听对象的编码 第3部分：音频(Information technology—Coding of audio-visual objects—Part 3：Audio)

ISO/IEC 14496-10 信息技术 视听对象的编码 第10部分：高级视频编码(Information technology—Coding of audio-visual objects—Part 10：Advanced video coding)

ITU H.239 ITU-T H.300系列终端的角色管理和附加媒体信道(Role management and additional media channels for ITU-T H.300-series terminals)

ITU H.323 基于包的多媒体通信系统(Packet-based multimedia communications systems)

3 术语和定义

下列术语和定义适用于本文件。

3.1

传声增益 transmission gain

扩声系统在最高可用增益状态时，听众区内各测量点稳态声压级平均值与扩声系统传声器处稳态声压级的差值。

注：单位为分贝(dB)。

3.2

多媒体教学环境 multimedia instructing environment

与学校教学、科研、内外交流与合作活动相关的应用场所及其范围内多媒体教学设备的组合。

注1：多媒体教学环境的核心是现代教育技术的广泛应用。它以信息网络为基础，从环境(如设备)、资源(如图书、讲义、课件等)到活动(如教学、服务)全部信息化，为促进教学、会议、学术的交流，丰富师生的信息资源提供强有力的支持。

注2：多媒体教学环境包括多媒体教学环境(各种功能的多媒体教学环境)和多媒体视听应用环境(大礼堂、学术报告厅、多功能厅等)。

3.3

混响　reverberation

在室内声场达到稳态的情况下，当声源停止发声后，房间的边界面或房内的障碍物使声波多次反射或散射而产生声音延续的现象。

3.4

混响时间　reverberation rime

当一个稳定的声音信号突然中断后，在厅堂内的声压级跌落 60 dB(T_{60})所需要的时间。

3.5

交互智能平板　interactive intelligent panel

通过触控技术对平板(LCD、PDP)上显示的内容进行操控，实现人机交互操作的一体化设备。

3.6

扩声系统　sound reinforcement system

由电声(音频)设备和声场(建筑声学环境)组成的系统，它将声源(来源于话筒或播放设备)信号转变为电信号，经放大、处理、传输，再转换为声信号还原于所应用的声场环境。

注：主要设备包括传声器、音源设备、调音台、信号处理器、功率放大器和扬声器系统。

3.7

声压级　sound pressure level

实际声压和基准声压之比的 20 倍对数值。

注：单位为分贝，基准声压为 20 μPa。

3.8

系统总噪声级　system total noise level

扩声系统达到最高可用增益，听众区各测量点由扩声系统所产生的各频带噪声声压级(扣除环境背景噪声影响)的平均值。

3.9

液晶显示屏　liquid lrystal lisplay

通过外加电压使液晶分子取向改变，以调制透过液晶的光强度产生灰度或彩色图像的显示屏。

3.10

帧率　frame rate

每秒钟画面更新的次数。

注：单位是"帧/秒"，即 fps(frames per second)。

3.11

中央控制系统　central control system

用于强、弱电设备或系统的设置和调整，信号的分配、切换及调度管理的设备或系统的总称。

3.12

电影模式　movie mode

录播系统录制的单流单文件视频的模式，视频画面会根据教学环节自动或手动切换导播。

3.13

资源模式　resource mode

录播系统录制的多流多文件视频的模式，每路信号会独立录制成一个视频文件。可以通过浏览器或专用播放器打开，同时观看多路信号画面；也可以自由拖动画面布局，并单击放大每一路视频文件。

4　缩略语

下列缩略语适用于本文件。

AP:无线接入点(Access Point)
AV:音视频(Audio Video)
CRC:循环冗余检验(Cyclic Redundancy Check)
DP:显示接口(Display Port)
DVI:数字视频接口(Digital Visual Interface)
HD:高清晰度(High Definition)
HDMI:高清晰数字多媒体标准接口(High-definition Digital Multimedia Interface)
IC:集成电路(Integrated Circuit)
IP:互联网协议(Internet Protocol)
IR:红外辐射(Infrared Radiation)
LCD:液晶显示屏(Liquid Crystal Display)
LED:发光二极管(Light Emitting Diode)
PDP:等离子显示屏(Plasma Display Panel)
RGB:红、绿、蓝(Red Green Blue)
SDK:软件开发包(Software Development Kit)
SDI:串行数字接口(Serial Digital Interface)
SIP:会话发起协议(Session Initiation Protocol)
TCP:传输控制协议(Transmission Control Protocol)
UGR:统一眩光值(Unified Glare Rating)
USB:通用串行总线(Universal Serial Bus)
VGA:视频图形阵列(Video Graphics Array)

5 多媒体教学环境分类

按照使用功能,多媒体教学环境可分为:演示型多媒体教学环境、录播型多媒体教学环境、交互型多媒体教学环境、语言学习型多媒体教学环境和多媒体教学管理控制中心。

6 演示型多媒体教学环境

6.1 概述

演示型多媒体教学环境主要适用于授课、学术报告、演讲等教学活动模式。其基本应用功能应包括:便捷上网、多媒体(如数据、图文、音视频资源等)演示、扩声和大屏幕显示。其系统组成应包括:板书演示设备(如黑板、电子书写屏、电子白板等)、多媒体演示设备(如幻灯机、胶片投影仪、录音机、录像机、视盘播放设备、视频展示台等)、多媒体计算机、大屏幕显示系统(投影机或平板显示器)、扩声设备(如有线传声器、无线传声器、功率放大器、扬声器等)、信号源切换分配设备(如AV矩阵或分配器、VGA矩阵或分配器等)、中央控制系统、多媒体讲台与辅材(如接插件、线材等)。

6.2 演示型多媒体教学环境大小分类

按面积大小和座位数量,演示型多媒体教学环境可分为大型、中型、小型教学环境,具体分类见表1。

表 1 演示型多媒体教学环境大小分类

分类标准	小型教学环境	中型教学环境	大型教学环境
座位数 席	<50	50～150	>150
教室面积 m^2	<75	75～240	>240

6.3 供配电系统特性指标

演示型多媒体教学环境的供配电系统(多功能厅、礼堂等包含综艺功能的多媒体视听环境除外)特性指标可分为一级、二级两个等级，其中二级标准为基本要求。具体的系统技术规格参考指标见表2。

表 2 演示型多媒体教学环境的供配电系统技术规格参考指标

技术规格	一级			二级			备注
供电	双回路			单回路			不含照明和空调用电
用电负荷 kW	大型	中型	小型	大型	中型	小型	
	10	8	6	8	6	4	
配电	每间教室设专用配电箱			每间教室设专用配电箱			

6.4 照明系统特性指标

演示型多媒体教学环境的照明系统特性指标见表3。

表 3 演示型多媒体教学环境的照明系统特性指标

区域	参考平面	照度 lx	UGR	色温 K	显色指数 *Ra*
学生席	桌面	300～400	19	3 200	80
教师席	讲台	150～300	19	3 200	80
投影区	大屏幕垂直面	80～100	19	3 200	90
板书区	黑板	400～500	19	3 200	80

演示型多媒体教学环境的照明系统室内照度调节控制可分为一级、二级两个等级，其中二级标准为基本要求。具体的调节控制要求见表4。

表 4 演示型多媒体教学环境的照明系统室内照度调节控制要求

技术规格	一级	二级	备注
水平照度标准值 lx	500		大屏幕显示区域照度应低于作业面照度
照度调节方式	全区域 150 lx～500 lx 无极调光	分区域 150 lx～500 lx 开关调光	
统一眩光值	≤19		

6.5 信息网络系统特性指标

演示型多媒体教学环境的信息网络系统特性指标应符合表 5 的规定，其中二级标准为基本要求。

表 5 演示型多媒体教学环境的信息网络系统特性指标

技术规格	一级	二级
布线	六类	超五类
信息点	≥6 个	≥6 个
有线网络接入	≥4 口	≥2 口
无线网络接入	单个 AP 无线侧最大理论带宽不小于 1 Gbps	单个 AP 无线侧最大理论带宽不小于 150 Mbps

6.6 扩声系统声学特性指标

演示型多媒体教学环境的扩声系统声学特性指标应符合表 6 的规定。

表 6 演示型多媒体教学环境的扩声系统声学特性指标

技术规格	一级	二级
每座容积 m^3	≥3	≥2.5
隔墙的空气声隔声 单值评价量 dB	>55	>50
楼板的空气声隔声 单值评价量 dB	>50	>45
混响时间 s	0.9～1.2	1.0～1.5
最大声压级	额定通带内：≥88 dB	额定通带内：≥85 dB
传输频率特性	以 100 Hz～6 300 Hz 平均声压级为 0 dB，在此频带内允许范围：−4 dB～+4 dB	以 125 Hz～4 000 Hz 的平均声压级为 0 dB，在此频带内允许范围：−8 dB～+4 dB
传声增益	100 Hz～6 300 Hz 的平均值≥−8 dB	125 Hz～4 000 Hz 的平均值≥−12 dB
稳态声场不均匀度	1 000 Hz：≤6 dB；4 000 Hz：≤6 dB	1 000 Hz：≤8 dB
扩声系统语言传输指数	≥0.6	≥0.55
系统总噪声级 dB	≤NR-30	≤NR-35

6.7 大屏幕显示系统设计

6.7.1 概述

演示型多媒体教学环境应根据教室面积大小、环境光和实际需要，合理选择大屏幕显示系统（包括投影机与投影幕布组合、投影机与电子白板组合、平板显示器等）。

6.7.2 视觉效果设计

大屏幕显示系统的视觉效果设计应符合表7、表8和表9的规定。

表7 视觉分辨力与视觉效果的关系

视觉分辨角与可视角	视觉效果
1′～1.5′	正常视力的人眼能辨别物体或图像的最小值
10°	视力敏锐区,属于中心视野,对图像颜色及细节部分的分辨能力最强
15°～25°	能正确识别图形等信息,属于有效视野
30°～45°	视觉及色辨别能力开始降低,但对活动信息比较敏感,属于有效视野
45°～60°	视觉明显降低,但可以看清画面图像,属于可视视野
＞60°	属于无效视野

表8 标清(4∶3)显示系统的最佳视距与有效视距

屏幕尺寸 英寸	屏幕高度 mm	最佳视距 mm	最近有效视距 mm	最远有效视距 mm
72	1 100	2 200	2 200×0.4	2 200×1.5
100	1 500	3 040	3 040×0.4	3 040×1.5
120	1 800	3 660	3 660×0.4	3 660×1.5
150	2 200	4 400	4 400×0.4	4 400×1.5
180	2 700	5 600	5 600×0.4	5 600×1.5
200	3 000	6 000	6 000×0.4	6 000×1.5
300	4 500	9 160	9 120×0.4	9 160×1.5
400	6 060	12 120	12 140×0.4	12 120×1.5
注:1英寸=25.4 mm。				

表9 高清(16:9)显示系统的最佳视距与有效视距

屏幕尺寸 英寸	屏幕高度 mm	最佳视距 mm	最近有效视距 mm	最远有效视距 mm
120	1 494	4 480	1 790	8 040
150	1 868	5 400	2 160	9 720
200	2 491	7 430	2 970	13 160
250	3 113	9 340	3 740	17 100
300	3 736	11 100	4 440	19 980
400	4 981	14 920	5 968	26 860
注:1英寸=25.4 mm。				

6.7.3 大屏幕布局设计

当环境纵、横(讲台平行方向)比不超过5∶3时,宜采用单屏显示系统;当环境高度满足要求且纵横比超过5∶3时,宜采用双屏显示系统。

在面积大、高度低的空间环境，为保证视觉效果，应根据视角要求进行计算，选用双屏或多屏显示系统。

教学环境物理空间形状宜采用扇形、规则的矩形、梯形，不宜采用畸形或纵横比例失调的形状；应根据坐席的分布和显示系统屏幕的布局，决定空间的高度。空间高度与显示系统屏幕尺寸的对应关系见表 10。

显示系统覆盖面积与显示系统屏幕尺寸的对应关系应不低于表 11 的参数要求。

表 10　多媒体教学环境空间高度与显示系统屏幕尺寸的对应关系

屏幕尺寸 英寸	屏幕下缘距地面高度 m	屏幕下缘以上空间高度 m
100～120	0.9～1.1	4∶3 为 1.7～1.9；16∶9 为 1.5～1.7
120～150		4∶3 为 1.9～2.2；16∶9 为 1.7～2.0
180～200		4∶3 为 2.6～3.2；16∶9 为 2.3～2.8
240～320		4∶3 为 3.6～4.8；16∶9 为 3.0～3.9
320～400		4∶3 为 4.8～6.0；16∶9 为 3.9～5.1
＞400		4∶3 为＞7.0；16∶9 为＞5.6

注：1 英寸＝25.4 mm。

表 11　多媒体教学环境空间面积与显示系统屏幕尺寸的对应关系

显示系统覆盖面积 m^2	显示系统屏幕尺寸(对角线) 英寸
≥50	60
60～100	100～120
120～180	120～150
200～300	180～200
320～400	240～320
420～600	320～400
600 以上	500 以上

注：1 英寸＝25.4 mm。

6.7.4　屏幕亮度设计

大屏幕显示系统的屏幕亮度设计应符合表 12 的规定。

表 12　多媒体教学环境亮度选型参考指标　　单位为坎德拉每平方米

类别	一级	二级
投影系统(正投)	200	100
平板显示系统	300	200
LED 显示系统	400	300

注：表中大屏幕显示系统亮度以表面照度 150 lx 为参照物。

6.7.5 显示设备视频特性指标

大屏幕显示系统的显示设备视频特性指标应符合表13的规定。

表13 多媒体教学环境视频特性指标

技术规格	全高清系统	高标清兼容系统	标清系统
视频输入/输出	HDMI或DVI:二进一出 RGB或VGA:二进一出	HDMI或DVI:二进一出 RGB或VGA:二进一出	复合视频:二进一出 RGB或VGA:二进一出
分辨率	必选支持1 080 P, 可选支持4 K	必选支持720 P, 可选支持1 080 P	必选支持480 P
对比度	平板:≥2 000∶1 投影:≥1 600∶1	平板:≥1 600∶1 投影:≥800∶1	平板:≥1 200∶1 投影:≥500∶1

6.8 中央控制系统

6.8.1 分类

6.8.1.1 控制方式分类

按照控制方式分类,演示型多媒体教学环境的中央控制系统可分为:

a) 单机型中控系统。在本地通过控制面板,实现对中控系统所连接的多媒体设备的控制。

b) 网络型中控系统。除了具备单机中控功能,也可通过网络实现对中控的远程控制、管理和维护。

6.8.1.2 系统结构分类

按照系统结构分类,演示型多媒体教学环境的中央控制系统可分为:

a) 一体化中控系统。只有一个机箱,将控制面板、强弱电电路、接口面板等集于一体。

b) 面板分体式中控系统。控制面板与控制主机分离,两者之间用一根信号控制线连接。

c) 强弱电分体式中控系统。VGA切换、视频切换、RS-232控制、IR红外控制等弱电信号与投影机电源、电动屏幕电源、音频功率放大器电源等强电设备分体设置。

6.8.2 单机型中控系统

6.8.2.1 音视频系统功能

6.8.2.1.1 音视频信号分配切换

音视频信号分配切换系统应具备以下功能:

a) 实现2路以上的音视频输入/输出切换;

b) 输入/输出切换状态显示。

6.8.2.1.2 VGA信号分配切换

VGA信号分配切换系统应具备以下功能:

a) 实现2路以上的VGA音视频输入/输出切换;

b) 输入/输出切换状态显示。

6.8.2.1.3 音视频处理

音视频处理功能应包括：

a) 信号不失真；

b) 幅度不衰减；

c) 视频切换不跳帧。

6.8.2.2 电源管理功能

6.8.2.2.1 概述

中央控制系统是演示型多媒体教学环境的电源集中管理控制中枢，应考虑配置 8 路以上的继电器机箱，对多种设备用电及其控制机型进行独立管理，以减少对弱电系统的干扰，提高用电的安全性，并实现一键接通或关断全部多媒体教学设施的相关电源。

6.8.2.2.2 电动屏幕控制

电动屏幕控制功能应包括：

a) 控制电动屏幕升、降、停；

b) 电源输出功率应为屏幕电机功率的 2 倍，输出口带过流保险装置。

6.8.2.2.3 设备电源控制

多媒体设备控制组电源功能应包括：

a) 计算机、扩声系统、显示系统及其他媒体设备电源的开与关控制；

b) 电源输出口驱动功率应为所控设备总功率的 1.5 倍，输出口带过流保险装置。

6.8.2.2.4 灯光控制

灯光控制电源功能应包括：

a) 4 路以上灯光电源的输出开与关控制功能；

b) 每路电源输出功率应为实际负载的 1.5 倍，输出口带过流保险装置。

6.8.2.3 通信功能

6.8.2.3.1 通信方式

系统通信分为：

a) 有线通信，采用 RS-232 或 USB 接口，与多媒体设备进行操作通信；

b) 无线通信，采用数字无线收发模块，与多媒体设备进行操作通信。

6.8.2.3.2 红外编码与设备控制

红外编码包括：

a) 多媒体教学设备操作控制的红外编码学习功能；

b) 多媒体教学设备红外编码数据库；

c) 2 路及以上的红外控制码输出接口和发射器。

6.8.2.3.3 红外设备控制

红外设备控制应满足以下要求：

a) 投影机设备控制，如开关、基本参数控制(亮度、色度、对比度、频道选择等)；
b) 音视频播放设备操作控制，如播放、暂停、前进、后退等；
c) 音量控制，如外置功率放大器的主音量控制、音调的高低音控制等；
d) 红外线输出灵敏度，按照 GB/T 14960 之规定。

6.8.3 网络型中控系统

6.8.3.1 功能与接口

6.8.3.1.1 管理功能

除了满足 6.8.2 规定的相关功能，还应具备通过触摸屏或网络中央管理系统等控制、管理教学设备的功能，具体包括：

a) 使用权限管理；
b) 课程表联动管理；
c) 多媒体设备远程启动/关闭及其他操作；
d) 集中控制批量操作；
e) 教室中控主机远程复位；
f) 系统运行日志。

6.8.3.1.2 通信功能

除了满足 6.8.2 规定的相关功能，中央控制系统还应包含以下功能：

a) 设备控制，控制网络型多媒体中控及与中控相关的外围设备；
b) 设备信息获取，获取中控的基本信息及配置信息；
c) 设备状态监视，实时监视中控和外围相关设备的运行状态，记录、统计、管理相关信息。

6.8.3.1.3 系统接口

除应具备 6.8.2 单机型所有接口外，还应具备 RJ-45 接口。

6.8.3.2 设备控制协议

6.8.3.2.1 基本设备的字符串定义

中控的基本设备包括投影机、屏幕、窗帘、计算机、讲台、设备电源、拾音器、空调等。受控制设备字符串的定义见表 14。

表 14 受控制设备字符串的定义表

序号	设备名称	设备名称定义字符串
1	讲台	LectureDesk
2	投影机	Projector
3	屏幕	Screen
4	计算机	Computer
5	设备电源	EquipmentPower
6	拾音器	MicrophoneVolume
7	音箱	SpeakerVolume
8	照明灯	Lamp

表 14（续）

序号	设备名称	设备名称定义字符串
9	窗帘	Curtain
10	面板	CtrlPanel
11	空调	AirCon
12	空调温度	Temperature
13	网络型多媒体智能中控	Hostcontroller
14	后柜门	Deskdoor
15	切换计算机	SwitchToComputer
16	切换便携式计算机	SwitchToNoteBook
17	切换视频展示台	SwitchToObjProjector
18	时间表	TimeTable
19	课程表	LectureSchedule
20	管理表	ManagementTable
21	IC卡	ICCard

6.8.3.2.2 控制命令类型

控制命令"发送"与"回应"应配对出现，当收到一条命令类型字段值为01的帧时，应有一条命令类型字段值为02的帧作为回应。"不做回应的发送"表示不需要有回应的帧，当收到一条命令类型字段值为03的帧时，可没有回应帧。控制命令类型的命令类型见表15。

表 15　命令类型与命令类型值

命令类型	命令类型值
命令发送	0x01
回应命令	0x02
不作回应的发送	0x03
广播搜索命令	0x04
中控检查命令	0x05

6.8.3.2.3 常用控制命令字串格式

常用控制命令字串格式见表16。

表 16　常用控制命令字串格式

命令类型值	控制参数名称	控制字串	参数内容
0x01	投影状态查询	Enquire-Projector-Status	
0x02	投影状态查询返回帧	Response-Projector-Status	
0x03	投影状态变化主动返回帧	Report-Projector-Status	
0x01	投影开	Command-Projector-TurnOn	
0x02	投影开返回帧	CommdReply-Projector-TurnOn	

表 16（续）

命令类型值	控制参数名称	控制字串	参数内容
0x01	投影关	Command-Projector-TurnOff	
0x02	投影关返回帧	CommdReply-Projector-TurnOff	
0x01	投影用时查询	Enquire-Projector-TimeUage	
0x02	投影用时查询返回帧	Response-Projector-TimeUsage	
0x01	一键开	Command-OnekeyOn	
0x02	一键开返回帧	CommdReply-OnekeyOn	
0x01	一键关	Command-OnekeyOff	
0x02	一键关返回帧	CommdReply-OnekeyOff	
0x01	屏幕状态查询	Enquire-Screen-Status	
0x02	屏幕状态查询返回帧	Response-Screen-Status	
0x03	屏幕状态变化主动返回帧	Report-Screen-Status	
0x01	屏幕升	Command-Screen-Up	
0x02	屏幕升返回帧	CommdReply-Screen-Up	
0x01	屏幕降	Command-Screen-Down	
0x02	屏幕降返回帧	CommdReply-Screen-Down	
0x01	屏幕停	Command-Screen-Stop	
0x02	屏幕停返回帧	CommdReply-Screen-Stop	
0x01	设备电源状态查询	Enquire-DevicePower-Status	
0x02	设备电源状态查询返回帧	Response-DevicePower-Status	
0x03	电源状态变化主动返回帧	Report-DevicePower-Status	
0x01	设备电源开	Command-DevicePower-TurnON	
0x02	设备电源开返回帧	CommdReply-DevicePower-TurnON	
0x01	设备电源关	Command-DevicePower-TurnOFF	
0x02	设备电源关返回帧	CommdReply-DevicePower-TurnOFF	
0x01	传声器音量查询	Enquire-MICVolume-Status	
0x02	传声器音量查询返回帧	Response-MICVolume-Status	音量值
0x01	增大传声器音量	Command-MICVolume-UP	
0x02	增大传声器音量返回帧	CommdReply-MICVolume-Up	音量值
0x01	减小传声器音量	Command-MICVolume-Down	
0x02	减小传声器音量返回帧	CommdReply-MICVolume-Down	音量值
0x01	音箱音量查询	Enquire-SpeakerVolume-Status	
0x02	音箱音量查询返回帧	Response-SpeakerVolume-Status	音量值
0x01	增大音箱音量	Command-SpeakerVolume-UP	
0x02	增大音箱音量返回帧	CommdReply-SpeakerVolume-UP	音量值
0x01	减小音箱音量	Command-SpeakerVolume-Down	
0x02	减小音箱音量返回帧	CommdReply-SpeakerVolume-Down	音量值
0x01	灯泡状态查询	Reuset-Lights-Status	
0x02	灯泡状态查询返回帧	CommdReply-Lights-Status	0x01/0x02
0x03	灯泡状态变化主动返回帧	Report-Lights-Status	0x01/0x02

表 16（续）

命令类型值	控制参数名称	控制字串	参数内容
0x01	窗帘状态查询	Enquire-Curtain-Status	
0x02	窗帘状态查询返回帧	Response-Curtain-Status	0x01/0x02
0x03	窗帘状态变化主动返回帧	Report-Curtain-Status	0x01/0x02
0x01	窗帘拉开	Command-Curtain-Open	
0x02	窗帘拉开返回帧	CommdReply-Curtain-Open	
0x01	窗帘合上	Command-Curtain-Close	
0x02	窗帘合上返回帧	CommdReply-Curtain-Close	
0x01	窗帘停	Command-Curtain-Stop	
0x02	窗帘停返回帧	CommdReply-Curtain-Stop	
0x01	空调状态查询	Enquire-AirCon-Status	
0x02	空调状态查询返回帧	Response-AirCon-Status	0x01/0x02
0x03	空调状态变化主动返回帧	Report-AirCon-Status	0x01/0x02
0x01	空调开	Command-AirCon-TurnON	
0x02	空调开返回帧	CommdReply-AirCon-TurnON	
0x01	空调关	Command-AirCon-TurnOFF	
0x02	空调关返回帧	CommdReply-AirCon-TurnOFF	
0x01	空调温度查询	Enquire-Temperature	
0x02	空调温度查询返回帧	Response-Temperature	温度值
0x03	空调温度变化主动返回帧	Report-Temperature	温度值
0x01	空调温度设定	Command-Temperature-adj	温度值
0x02	空调温度设定返回帧	CommdReply-Temperature-adj	温度值
0x01	切换计算机	Command-SwitchToPC	
0x02	切换计算机返回帧	CommdReply-SwitchToPC	
0x01	切换笔记本	Command-SwitchToNoteBook	
0x02	切换笔记本返回帧	CommdReply-SwitchToNoteBook	
0x01	IC 卡刷卡	Command-ICCard-Used	IC 卡信息
0x02	IC 卡刷卡返回帧	CommdReply-ICCard-Used	
0x01	查询中控日志	Enquire-CenterCtrl-Log	
0x02	查询中控日志返回帧	Response-CenterCtrl-Log	日志信息

6.8.3.2.4 帧结构

网络型中控系统采用 TCP/IP 协议，接收帧的帧结构见表 17。

表 17 网络型中控系统接收帧的帧结构

帧头	协议类型	目的标识	源标识	中控类型	命令类型	命令内容					CRC-16	帧尾
						控制字串	总参长度	设备个数	设备编号列表	参数内容		
2	1	20	20	1	1	64	4	1	n	0,1,2…n	2	2
SS												NN

表 17（续）

帧头	协议类型	目的标识	源标识	中控类型	命令类型	命令内容					CRC-16	帧尾
						控制字串	总参长度	设备个数	设备编号列表	参数内容		
注1：帧头为 SS，即 0x5353，占用 2 字节。 注2：目的标识即中控 IP 地址，需要兼容 IPV6，占用 20 字节。 注3：源标识为主控动态分配的标识 ID(Socket)，每次重新建立网络连接都会变动，占用 20 字节。 注4：控制字串占用 64 字节，若不够则以空格补齐。 注5：总参长度占用 4 字节，总参长度＝设备个数字段的长度＋设备编号列表字段的长度＋参数内容字段的长度。 注6：设备个数用来定义设备编号列表字段中的设备编号数量，因为只占用 1 字节，所以只能支持 255 个设备。 注7：设备编号列表是指同类设备的编号列表，每个设备都有一个固定的编号，每个编号占用 1 字节，所以同类设备可以最多支持 255 个设备，范围在 1～255 之间。 注8：参数内容由一个或多个参数段构成，每一段对应一个设备。 注9：CRC16 检验是指去掉帧头、帧尾、校验和本身之后，所有数据位采用 16 位 CRC 校验算法(CCITT-16xxxx)，校验占用 2 字节。 注10：帧尾为 NN，即 0x4E4E，占用 2 字节。												

6.8.3.3 数据存储

数据存储应包括以下信息：

a) 本地课表存储，可支持存储一周、一月、一学期、一年的课表；
b) 用户权限存储，用户类型宜分为管理员、域管理员、组管理员及普通操作用户，可根据用户类型进行权限分配；
c) IC 卡信息存储，存储 IC 卡卡号、刷卡时间等信息；
d) 设备信息及运行日志信息；
e) 日志存储，统计教室设备使用的频度、资产损耗情况等，并形成日志或 Excel 表。

6.8.4 中控系统的扩展功能

6.8.4.1 概述

作为多媒体教学环境的集中控制中心，中控系统可实现视频监控、教室对讲、资源共享、节能管理等功能。

6.8.4.2 网络视频监控

网络视频监控应包括如下内容：

a) 中控系统控制软件和视频监控软件合二为一，实现远程视频的预览、查询、录像、回放等功能；
b) 支持对教室视频摄像机的控制管理；
c) 具有本地硬盘录像和远程监控服务器录像两种模式。

6.8.4.3 IP 电话

教师可一键呼叫机房，管理人员可与教师直接对话。

6.8.4.4 语音广播功能

在中央控制管理平台，通过语音广播功能，实现对指定教室的语音广播。

6.8.4.5 信息通知

在中央控制管理平台实现对指定教室发送文本信息的功能，用于提醒类、通知类消息的发送。

6.8.4.6 简易录播

中控系统采集了教室内教师的视频、VGA信号、教师无线传声器声音、课件播放声音，经编码后上传服务器，可以兼简易录播教室的功能。

6.8.4.7 节能控制

与课程表、传感器配合，根据预先设置的控制策略，智能地实现灯光、空调等的自动控制。

6.8.5 中控系统电磁兼容性

应符合GB/T 17618—2015的相关规定。

7 录播型多媒体教学环境

7.1 概述

录播型多媒体教学环境是在演示型多媒体教学环境的基础上配置录播系统，实现课堂教学过程的录制与直播。

7.2 基础条件要求

7.2.1 网络接入与性能指标

录播型多媒体教学环境的信息网络系统特性指标应符合6.5的规定。

7.2.2 室内照明特性指标

录播型多媒体教学环境的照明系统特性指标见表18。

表18 录播型多媒体教学环境的照明系统特性指标

区域	参考平面	照度 lx	UGR	色温 K	显色指数 Ra
学生席	桌面	300～500	19	3 200	80
教师席	讲台	500～800	19	3 200	80
投影区	大屏幕垂直面	100～150	19	3 200	90
液晶显示器	屏幕垂直面	150～300	19	3 200	90
板书区	黑板	400～500	19	3 200	80

7.2.3 音频扩声系统特性指标

录播型多媒体教学环境的扩声系统声学特性指标应符合表19的规定。

表 19　录播型多媒体教学环境的扩声系统声学特性指标

技术规格	一级	二级
最大声压级	额定通带内：≥88 dB	额定通带内：≥85 dB
传输频率特性	以 80 Hz～8 000 Hz 平均声压级为 0 dB，在此频带内允许范围：−4 dB～+4 dB	以 125 Hz～4 000 Hz 的平均声压级为 0 dB，在此频带内允许范围：−8 dB～+4 dB
传声增益	100 Hz～8 000 Hz 的平均值≥−8 dB	125 Hz～4 000 Hz 的平均值≥−8 dB
稳态声场不均匀度	100 Hz：≤10 dB；1 000 Hz：≤6 dB；8 000 Hz：≤8 dB	1 000 Hz：≤6 dB；4 000 Hz：≤6 dB
扩声系统语言传输指数	≥0.65	≥0.60
系统总噪声级 dB	≤NR-25	≤NR-30

7.2.4　中央控制系统

录播型多媒体教学环境的中央控制系统应符合 6.8 的规定。

7.3　录播系统

7.3.1　分类

录播系统按操作模式可分为：

a）　全人工录播系统。录播过程中的摄、录、编和导播切换工作完全由人工操作；

b）　半自动录播系统。录播过程中摄像机能自动跟踪拍摄对象，画面的切换需人工完成；

c）　全自动录播系统。摄、录、编和导播切换工作根据预定策略自动完成，无需人员操控。

7.3.2　功能

录播系统应具备以下功能：

a）　创建和编辑课程信息功能；

b）　手动、自动录制模式；

c）　添加片头/片尾和叠加徽标的功能；

d）　录播操作控制功能；

e）　录制文件名可自动生成，录制文件可通过网络存储，有导出录制文件的功能；

f）　视频码率可在 384 kbps～20 Mbps 范围内设置；

g）　录制的文件格式应具有广泛的兼容性，可在通用的媒体播放软件上播放；

h）　可通过网络直播，并支持组播方式直播；

i）　支持单画面模式和多画面模式；

j）　有通用软件开发工具包（SDK），提供与其他系统平台的接口；

k）　收视文件支持电影模式和多画面资源模式。

7.3.3　全自动录播系统

7.3.3.1　概述

全自动录播系统应包括操作控制台、摄像和拾音子系统、图像声音数字化子系统、自动跟踪定位子系统和导播子系统。

7.3.3.2　操作控制台

操作控制台应具备以下功能：

a） 录音电平的监控；
b） 录播信号源可与中控信号源同步切换；
c） 录播系统的开始、暂停、停止控制。

7.3.3.3 摄像和拾音子系统

摄像和拾音子系统应具备以下功能：
a） 拍摄授课教师和黑板场景；
b） 拍摄学生场景；
c） 拾取教师在教室内任意位置的声音；
d） 拾取学生的声音；
e） 接入其他设备的声音；
f） 混音处理；
g） 噪音和啸叫抑制以及混响控制。

7.3.3.4 图像声音数字化子系统

图像声音数字化子系统应具备以下功能：
a） 视频的采集、编码和处理功能；
b） 音频的采集、编码和处理功能；
c） 计算机音视频的采集、编码和处理功能。

7.3.3.5 自动跟踪定位子系统

自动跟踪定位子系统应具备以下功能：
a） 准确定位教师的位置；
b） 准确定位发言学生的位置；
c） 设置定位参数和自动导播策略。

7.3.3.6 导播子系统

导播子系统应具备以下功能：
a） 手动导播；
b） 云台控制；
c） 录播开始、暂停、停止控制；
d） 录音电平监看与控制；
e） 设置分辨率、码率、媒体格式、帧率、徽标、字幕、片头片尾等录播参数；
f） 自动导播和手动导播模式切换；
g） 单画面和多画面模式的选择。

7.3.4 录播系统技术规格参数要求

7.3.4.1 概述

录播主机宜采用数字信号处理芯片、模块化设计和嵌入式结构；应支持主流录制格式，并兼容多种操作系统平台。

7.3.4.2 系统接口

系统接口应符合以下要求：
a） 模拟视频输入端口≥2（复合视频、S-Video、模拟分量可选）；

b) HDMI 或 DV 数字视频输入端口≥1(SDI/HD-SDI、HDMI、DV 可选);
c) SDI/HD-SDI 数字视频输入端口≥1;
d) 计算机输入端口应不少于 1 路(D-sub 或 RGB、DP 或 DVI、HDMI、RJ45 以太网接入可选),计算机视频帧率≥15 fps;
e) 音频线路输入端口≥2(平衡、非平衡可选);
f) 音频传声器输入端口≥2(平衡式输入);
g) 串口控制界面≥1;
h) USB 接口≥1。

7.3.4.3 技术规格参数

技术规格参数如下:

a) 操作系统:硬件嵌入式;
b) 视频编码:应符合 ISO/IEC 14496-10;
c) 音频编码:应符合 ISO/IEC 14496-3;
d) 音频量化:≥16 bit;
e) 频响范围:20 Hz~20 000 Hz;
f) 音频带宽: 64 kbps~128 kbps;
g) 视频制式:支持 PAL、NTSC;
h) 图像格式:支持 720P/50 Hz/60 Hz、1 080i/50 Hz/60 Hz、1 080 P/25 Hz/30 Hz/50 Hz/60 Hz;
i) 编码帧率:1 帧~30 帧;
j) 关键帧间隔:1 s~10 s 可调;
k) 码率范围:128 kbps~20 Mbps 可调;
l) 缓存时间:1 s~20 s 可调;
m) 声音与画面同步的时间差:≤0.2 s;
n) 码率控制:定码率、变码率;
o) 管理方式:网络界面、专用软件、液晶屏显示、第三方中控等;
p) 传输形式:支持标准流媒体传输协议。

7.3.5 摄像系统参数

摄像系统应满足表 20 规定的最低要求。

表 20 摄像系统技术规格指标

序号	基本参数	指标和要求
1	图像传感器有效像素	优于 1 920×1 080(像素)
2	信噪比	≥50 dB
3	最低照度	≤150 lx(光圈 F4,摄像机增益 0 dB)
4	镜头最短焦距	折算到 35 mm 标准镜头的等效焦距:28 mm≤最短焦距≤35 mm
5	光学变焦	≥14 倍
6	云台旋转角度	水平优于±150°
7	云台平移/俯仰速度	上仰角≥30°,下仰角≥60°
8	输出视频格式	转动最低速度≤0.3°/s

7.3.6 音频系统参数

音频系统应满足表21规定的最低要求。

表21 音频系统技术性能指标

序号	基本参数	极限指标和要求	序号	基本参数	极限指标和要求
1	频率响应	20 Hz～20 000 Hz	3	谐波失真	≤0.1%
2	动态范围	≥90 dB	4	信噪比	≥75 dB

7.3.7 录播系统的扩展功能

具有远程互动教学功能的录播系统应符合ITU H.323框架协议以及该框架下各组件所涉及的标准协议；同时，符合ITUH.239附加媒体通道协议，符合SIP会话初始化协议及其应用规范，满足与视频会议终端和多点控制单元的混合应用。

8 交互型多媒体教学环境

8.1 概述

交互型多媒体教学环境是在演示型多媒体教学环境和录播型多媒体教学环境的基础上，增加了智能化交互系统、远程交互终端(视频会议终端)、课堂交互终端(平板、计算机等)和交互软件等而构建的教学环境，主要适用于案例教学、语言教学、网络学堂、虚拟教学等讨论型教学活动模式。

除了拥有演示型多媒体教学环境和录播型多媒体教学环境的各个系统，交互型多媒体教学环境的系统组成还应包括：

a) 智能化交互系统，包括交互电子白板和超短焦投影机组合、交互式平板一体机及系统交互软件；
b) 网络应用系统，构建教室内的网络系统；
c) 系统管理及应用软件，包括根据教学要求订制的应用软件和根据系统终端用户要求订制的直播、点播发布软件——应用软件包括教学管理、视频交互、系统管理软件；终端用户通过直播、点播发布软件，可以在因特网或校园网上点播多媒体文件，显示教师授课、学生答问、计算机屏幕、板书等多个实时播放的视频窗口。

交互型多媒体教学环境一般以30座～60座(或面积40 m^2～90 m^2)的中小型教室为宜。

8.2 照明系统特性指标

交互型多媒体教学环境的照明系统特性指标应符合6.4的规定。

8.3 供配电系统特性指标

交互型多媒体教学环境的最低设备用电指标应符合表22的规定。

表22 交互型多媒体教学环境的教学设备用电指标

技术规格	固定交互终端型		移动交互终端型		备注
用电负荷 kW	周边设备	交互终端	周边设备	交互终端	不含照明、空调用电
	≥5	每终端≥0.3	≥5	每终端≥0.1	
配电	每间教室设专用配电箱		每间教室设专用配电箱		
注：周边设备包括视音频设备等。					

8.4 信息网络系统特性指标

交互型多媒体教学环境的信息网络系统特性指标应符合6.5的规定。

8.5 中央控制系统

交互型多媒体教学环境的中央控制系统应符合6.8的规定。

8.6 交互(软件)系统

8.6.1 概述

交互(软件)系统包括教学管理、课堂互动、资源建设与共享、教学评测、广播教学、远程互动学习等功能。

8.6.2 教学管理

教学管理应具备以下功能：

a) 虚拟网络教室功能、自动登录记忆功能、系统状态保持以及屏幕监视功能；

b) 师生教学交互功能,可建立多频道、多编组的教学模型；

c) 远程设置功能,允许系统或教师机端对学生机的属性进行设置,具体包括显示设置、互联网设置、主题设置、桌面设置和安全设置。

8.6.3 课堂互动

课堂互动应具备以下功能：

a) 信息发送与接收、教学示范、遥控辅导的功能；

b) 支持教室多屏幕的同步或异步显示,支持教师和学生之间、学生和学生之间进行交互；

c) 支持文字交流、电子白板数据交互演示和音视频对话的交流模式；

d) 通过屏幕流控制技术,支持电子文件播放、课件动态演讲,可批注修改动态演讲；

e) 选择学生进行计算机屏幕演示和交流的功能。

8.6.4 资源建设与共享

资源建设与共享应具备以下功能：

a) 支持教学课程的录制；

b) 支持学生自己进行屏幕录制(对教师课件、学生学习的多屏录制)；

c) 文件分发、文件收集的功能,支持资源(数据、图像、文件)共享。

8.6.5 教学评测

教学评测应具备以下功能：

a) 支持教师将作业分发给学生,学生按要求完成作业并提交给教师；

b) 教学评估功能；

c) 支持试卷编辑、在线考试,具备对试卷进行评分且自动生成考试结果分析数据的功能。

8.6.6 广播教学

广播教学应具备以下功能：

a) 视频直播功能,保证用户端接收具有较高的同步性和流畅性；

b) 流媒体教学课件点播功能，同步实现电子文档、电子白板信息、视频流的传输。

8.6.7 远程互动学习

远程互动学习应具备以下功能：

a) 支持通过校园网或互联网实现远程的公开教学与评估；

b) 支持电子论坛、网络视频会议、远程教学和管理等功能。

8.7 交互智能平板一体机和电子白板系统

8.7.1 概述

交互智能平板一体机由内嵌计算机和触摸屏显示器构成，可通过触摸屏对内嵌计算机进行操作与控制。

电子白板系统由投影机、可触控的白板和计算机构成——投影机将计算机画面投射到可触控的白板上，白板的触摸定位信息传输给计算机处理，实现在白板上对计算机的交互操作。

8.7.2 交互智能平板一体机和电子白板系统的功能

8.7.2.1 基本功能

交互智能平板一体机和电子白板系统的基本功能应符合表23的规定。

表23 交互智能平板一体机和电子白板系统的基本功能

序号	功能	交互智能平板一体机	电子白板系统	序号	功能	交互智能平板一体机	电子白板系统
1	显示	必选	必选	7	内置音响	必选	必选
2	触摸定位	必选	必选	8	互联网接入	必选	必选
3	遥控	必选	必选	9	外接计算机的显示	必选	必选
4	中文显示菜单	必选	必选	10	外接计算机的触控	可选	必选
5	视频输入	必选	必选	11	无信号自动关机	可选	可选
6	音频输入	必选	必选	12	幅型比变换	可选	可选

8.7.2.2 电子白板软件

交互智能平板一体机和电子白板系统用于教学，应配备电子白板软件。电子白板软件的操作类型和功能要求见表24。

表24 电子白板软件的操作类型和功能要求

操作类型	功能要求
页面操作功能	新建页面、保存页面、前后翻页、删除页面、页面的缩放和平移
鼠标控制功能	鼠标方式触控操作，取消操作功能(Undo)、恢复操作功能(Redo)
画笔功能	绘画、橡皮擦、多媒体资源插入与删除、画笔属性定义
对象编辑功能	绘制或插入对象的复制、粘贴、删除、组合、锁定、图层调整、平移、缩放、旋转
白板软件扩展功能	嵌入演示文稿、屏幕录制、自定义快捷键、软键盘、几何图形插入、自定义图库、多点触控、可多屏拼接拓展显示宽度(提供更大的书写空间)、白板的远程共享

8.7.3 接口界面

交互智能平板一体机和电子白板系统的接口应符合表25的规定。

表25 交互智能平板一体机和电子白板系统的接口要求

接口要求	交互智能平板一体机	电子白板系统
VGA输入	必选	必选
音频输入	必选	必选
复合视频输入	必选	必选
HDMI数字音视频输入	必选	可选
USB接口	必选	必选
网络接口	必选	必选
无线网络接入	必选	必选

8.7.4 主要性能指标

液晶平板显示器的性能要求应符合SJ/T 11343—2015中5.5的规定。

交互智能平板一体机和电子白板系统的技术规格要求应符合表26的规定。

表26 触摸屏与触摸白板规格要求

技术规格	交互智能平板一体机		电子白板系统	
	常规教学	图形设计	常规教学	图形设计
触摸表面硬度(莫氏硬度)	≥5.5	≥4	≥5.5	≥4
定位精度/mm	≤2	≤0.5	≤2	≤0.5
手写高度/mm	≤2	0	≤2	0
触摸方式	手,笔	笔	手,笔	笔
跟踪速度/(m/s)	≥5			
压感等级	≥2级	≥256级	≥2级	≥256级
可视角	≥150°			
触摸屏透光率	≥80%		—	

8.8 其他

交互型多媒体教学环境的声学特性指标和大屏幕显示系统设计应符合6.6和6.7的规定。

9 语言学习型多媒体教学环境

语言学习型多媒体教学环境设计应符合GB/T 36354—2018的规定。

10 多媒体教学环境管理控制中心

10.1 概述

多媒体教学环境管理控制中心是多媒体教学环境的管理控制中枢，主要用于集中管理、控制各种类型多媒体教学环境内的教学设备和系统。

10.2 系统组成

多媒体教学环境管理控制中心的系统组成应包括以下部分：

a) 各种类型多媒体教学环境监控音视频信号和设备感知信号的汇聚系统（含软硬件设备）；

b) 各种类型多媒体教学环境内教学装备的智能化管理与控制系统（含软硬件设备）；

c) 管理控制过程及效果的智能化视窗系统（含软硬件设备）。

10.3 功能

多媒体教学环境管理控制中心应具备以下功能：

a) 教室预约与教室日志管理；

b) 电子课表联动；

c) 设备档案管理；

d) 设备参数远程配置；

e) 教学计算机远程维护；

f) 设备远程接管、远程协助和远程控制；

g) 课表联动；

h) 教学资源的存储和课程的发布；

i) 视频监控系统的远程控制与管理；

j) 监控图像、声音通过大屏幕（电视墙）系统实时显示，并且可以任意调取、回放。

10.4 供配电

供配电系统设计宜符合 GB 50052—2009 的规定，同时满足以下条件：

a) 根据规模大小、负荷分级及供电要求，多媒体教学环境管理控制中心应将供配电系统划分为二级或三级；

b) 二级多媒体教学环境管理控制中心应配不间断电源。

10.5 接地

多媒体教学环境管理控制中心地线应符合 GB/T 2887—2011 中 4.8 的规定，同时满足以下条件：

a) 所有金属电视屏框架、控制机柜、操作台或电子设备的金属外壳应安全接地；

b) 电缆金属管、金属桥架、金属接线盒应接地，活动地板支架、隔墙龙骨、吊顶龙骨均应进行接地处理，以保证静电泄漏。

ICS 35.020
L 60

中华人民共和国国家标准

GB/T 36448—2018

集装箱式数据中心机房通用规范

General specification for container data center infrastructure

2018-06-07 发布　　　　2019-01-01 实施

国家市场监督管理总局
中国国家标准化管理委员会　发布

前　言

本标准按照 GB/T 1.1—2009 给出的规则起草。

请注意本文件的某些内容可能涉及专利。本文件的发布机构不承担识别这些专利的责任。

本标准由全国信息技术标准化技术委员会(SAC/TC 28)提出并归口。

本标准起草单位:浪潮电子信息产业股份有限公司、中国电子技术标准化研究院、北京科计通电子工程有限公司、华为技术有限公司、兰州理工大学、中科赛能(北京)科技有限公司、联通云数据有限公司、北京中网华通设计咨询有限公司、广东电网有限责任公司电力科学研究院、易事特集团股份有限公司、广东禹尧数据科技股份有限公司、广东省电信工程有限公司、中兴通讯股份有限公司、上海市建筑科学研究院、国家发展和改革委员会能源研究所、中国航天系统科学与工程研究院、国家电网公司信息通信分公司、深圳市英维克科技股份有限公司、国家节能中心、清华大学、贵州贵安新区管理委员会、深圳市艾特网能技术有限公司、北京纳源丰科技发展有限公司、中国建设银行股份有限公司广东省分行、国家标准化管理委员会标准信息中心、中国移动通信有限公司、北京林业大学、北京科海致能科技有限公司、北京工翔科技有限公司、中国威尔克通信实验室、中国电子学会、万国数据服务有限公司、中国联合通信网络有限公司北京市分公司、国网湖北省电力公司电力科学研究院、中国石油天然气股份有限公司勘探开发研究院、北京工翔科技有限公司、山东科技大学。

本标准主要起草人:王恩东、黄群骥、周相峰、高麟鹏、刘宇、赵吉志、刘紫亮、滕学军、刘龙、高书辰、赵江、陈伟、林立、张明智、倪亭、李俊山、任玉迎、王天雨、王红卫、范长征、盛有海、康楠、刘智宏、翁建刚、杨英仪、谢拥华、关永芬、张丞君、高家壮、杨光、郑竺凌、王安光、冯升波、于庆友、邓海东、赵丙镇、陈川、桂华、李震、吕俊峰、文静华、彭少华、陈洁云、杨建荣、冯剑超、赵京、胡雄伟、王玮、赵辉、刘晓辉、马江、马家庆、王力坚、朱小舟、王娟、赵钢、郭欣、祁少钧、张莹、胡捷。

集装箱式数据中心机房通用规范

1 范围

本标准规定了集装箱式数据中心机房(以下简称集装箱式数据中心)的分类、要求和测试方法。

本标准适用于集装箱式数据中心机房(包括:制冷系统、供配电系统、消防系统、综合监控系统、照明系统等)的设计、制造、安装、运输和测试。

2 规范性引用文件

下列文件对于本文件的应用是必不可少的。凡是注日期的引用文件,仅注日期的版本适用于本文件。凡是不注日期的引用文件,其最新版本(包括所有的修改单)适用于本文件。

GB/T 985.1 气焊、焊条电弧焊、气体保护焊和高能束焊的推荐坡口

GB/T 2887—2011 计算机场地通用规范

GB/T 4208 外壳防护等级(IP代码)

GB/T 5338—2002 系列1集装箱 技术要求和试验方法 第1部分:通用集装箱

GB/T 7392—1998 系列1集装箱的技术要求和试验方法 保温集装箱

GB 8624 建筑材料及制品燃烧性能分级

GB/T 8626 建筑材料可燃性试验方法

GB/T 12786 自动化内燃机电站通用技术条件

GB 14050 系统接地的型式及安全技术要求

GB/T 15395 电子设备机柜通用技术条件

GB/T 17382—2008 系列1集装箱 装卸和栓固

GB/T 17770—1999 集装箱 空/陆/水(联运)通用集装箱技术要求和试验方法

GB/T 18233 信息技术 用户建筑群的通用布缆

GB/T 18883—2002 室内空气质量标准

3 术语和定义

下列术语和定义适用于本文件。

3.1

信息技术设备箱 information technology equipment container

主要用于安装信息技术设备的集装箱。

3.2

动力箱 power container

主要用于安装供配电系统的集装箱。

3.3

制冷箱 refrigeration container

主要用于安装制冷系统的集装箱。

3.4

监控箱　monitor container

主要用于管理、监控、办公用的集装箱。

3.5

功能箱　function container

信息技术设备箱、动力箱、制冷箱、监控箱等实现各种功能的集装箱的统称。

4　集装箱式数据中心等级

根据集装箱式数据中心的计算机系统运行中断的影响程度，将集装箱式数据中心分为A、B、C三级：

A级——计算机系统运行中断后，会对国家安全、社会秩序、公共利益造成严重损害的；

B级——计算机系统运行中断后，会对国家安全、社会秩序、公共利益造成较大损害的；

C级——不属于A、B级的情况。

使用者可根据业务的重要性参照上述等级对集装箱式数据中心进行划分。

5　集装箱式数据中心分类

集装箱式数据中心是为计算机系统提供运行环境的场所。根据集装箱箱体的构成、布置等需求，可以将集装箱式数据中心划分为一体集装箱式数据中心和分体集装箱式数据中心。

一体集装箱式数据中心是指将信息设备系统、制冷系统、供配电系统、消防系统、综合监控系统、照明系统等集中安装到一个集装箱内所构成的数据中心，见附录A中图A.1，集装箱尺寸宜符合GB/T 1413—2008中5.2.2的要求。

分体集装箱式数据中心是指由两个及两个以上的一体集装箱式数据中心集群部署组成的数据中心，或将信息设备系统、制冷系统、供配电系统、消防系统、综合监控系统等组合或独立安装到两个或两个以上集装箱内共同构成的数据中心，见附录A中图A.2，集装箱尺寸宜符合GB/T 1413—2008中5.2.2的要求。

6　要求

6.1　基本要求

6.1.1　信息设备系统、供配电系统、制冷系统、综合监控系统应相互关联并匹配。

6.1.2　供配电、制冷等系统应有冗余备份，应设计完善的防雷接地系统，信息设备系统所在区域应保持恒温、恒湿。

6.1.3　应具有综合监控系统，对数据中心的设备、环境和安全进行管理。

6.1.4　功能箱内应留有足够的维护操作空间。

6.1.5　功能箱的安全性应满足以下要求：

a)　应防火防盗；

b)　功能箱内布置和功能箱间部署应考虑人机安全、运维及疏散逃生要求。

注：以上要求宜在供需双方的合同中规定。

6.2 结构要求

6.2.1 一体集装箱式数据中心

一体集装箱式数据中心箱体应满足以下要求：

a） 箱体外形尺寸宜符合 GB/T 1413—2008 中 5.2.2 的要求，定制箱体应满足海运和陆运等运输要求；
b） 箱体应防火防盗；
c） 箱体应考虑自然灾害防护措施；
d） 在吊装、运输和使用过程中，箱体不应出现影响使用的永久性变形或异状，并应满足附录 B 安装部署要求；
e） 箱体底架应具有足够的强度，载荷设计应能承受箱内设备在安装、运输、使用过程中所产生的各种作用力；
f） 箱体 IT 设备区域内应做保温处理，保温材料的阻燃等级不应低于 GB 8624 中的 B_1 级，保温材料综合导热率不大于 0.042 W/(m·K)且热阻不小于 1.2 m^2·K/W；
g） 箱体各外表面喷漆厚度不应小于 160 μm；
h） 箱体结构密实、无漏水，应满足 GB/T 4208 中 IP55 防护等级要求；
i） 箱体宜设计新风、排风系统；
j） 箱体内应安装设备承重底座；
k） 箱体应预留进线孔位及接口；
l） 箱体焊缝坡口尺寸应符合 GB/T 985.1，焊缝均匀，应无漏焊、气泡等焊接缺陷，焊接后应做去应力处理；
m） 箱体底部应安装反溢地漏；
n） 箱体内应按设计要求安装防静电地板；
o） 箱体内应安装相应的减震设备或减震垫；
p） 箱体安装后应用螺栓固定在基础地面上且固定牢靠，宜采用预埋螺栓；
q） 箱体内设备应进行等电位连接，并通过集装箱内部主接地排接地；
r） 箱体内布置应考虑人机安全及运维人员疏散逃生要求。

6.2.2 分体集装箱式数据中心

6.2.2.1 信息技术设备箱

分体集装箱式数据中心信息技术设备箱应满足以下要求：

a） 箱体外形尺寸宜符合 GB/T 1413—2008 中 5.2.2 的要求，定制箱体应满足海运和陆运等运输要求；
b） 箱体应防火防盗；
c） 箱体应考虑自然灾害防护措施；
d） 在吊装、运输和使用过程中，箱体不应出现影响使用的永久性变形或异状，并应满足附录 B 安装部署要求；
e） 箱体底架应具有足够的强度，载荷设计应能承受箱内设备在安装、运输、使用过程中所产生的各种作用力；
f） 箱体整体应做保温处理，保温材料的阻燃等级不应低于 GB 8624 中的 B_1 级，保温材料综合导热率不大于 0.042 W/(m·K)且热阻不小于 1.2 m^2·K/W；
g） 箱体各外表面喷漆厚度不应小于 160 μm；

h) 箱体结构密实、无漏水，应满足 GB/T 4208 中 IP55 防护等级要求；
i) 箱体宜设计新风、排风系统；
j) 箱体内应安装设备承重底座；
k) 箱体应预留进线孔位及接口；
l) 箱体焊缝坡口尺寸应符合 GB/T 985.1，焊缝均匀，应无漏焊、气泡等焊接缺陷，焊接后应做去应力处理；
m) 箱体底部应安装反溢地漏；
n) 箱体内应按设计要求安装防静电地板；
o) 箱体内应安装相应的减震设备或减震垫；
p) 箱体安装后应用螺栓固定在基础地面上且固定牢靠，宜采用预埋螺栓；
q) 箱体内设备应进行等电位连接，并通过集装箱内部主接地排接地；
r) 箱体内布置和功能箱箱间部署应考虑人机安全及运维人员疏散逃生要求。

6.2.2.2 动力箱

分体集装箱式数据中心动力箱应满足以下要求：
a) 箱体外形尺寸宜符合 GB/T 1413—2008 中 5.2.2 的要求，定制箱体应满足海运和陆运等运输要求；
b) 箱体应防火防盗；
c) 箱体应考虑自然灾害防护措施；
d) 在吊装、运输和使用过程中，箱体不应出现影响使用的永久性变形或异状，并应满足附录 B 安装部署要求；
e) 箱体底架应具有足够的强度，载荷设计应能承受箱内设备在安装、运输、使用过程中所产生的各种作用力；
f) 箱体各外表面喷漆厚度不应小于 160 μm；
g) 箱体结构密实、无漏水，应满足 GB/T 4208 中 IP55 防护等级要求；
h) 箱体底部应安装反溢地漏；
i) 箱体内动力设备应安装防雷模块；
j) 箱体内动力设备安装时应固定牢固，不应在运输过程中松动、掉落；
k) 箱体内动力设备应按要求预留走线孔位；
l) 箱体内应安装相应的减震设备或减震垫；
m) 箱体安装后应用螺栓固定在基础地面上且固定牢靠，宜采用预埋螺栓；
n) 箱体内设备应进行等电位连接，并通过集装箱内部主接地排接地；
o) 箱体内布置和功能箱箱间部署应考虑人机安全及运维人员疏散逃生要求。

6.2.2.3 监控箱

分体集装箱式数据中心监控箱应满足以下要求：
a) 箱体外形尺寸宜符合 GB/T 1413—2008 中 5.2.2 的要求，定制箱体应满足海运和陆运等运输要求；
b) 箱体应防火防盗；
c) 箱体应考虑自然灾害防护措施；
d) 在吊装、运输和使用过程中，箱体不应出现影响使用的永久性变形或异状，并应满足附录 B 安装部署要求；
e) 箱体底架应具有足够的强度，载荷设计应能承受箱内设备在安装、运输、使用过程中所产生的各种作用力；

f) 箱体内部整体宜做保温处理，保温材料的阻燃等级不应低于 GB 8624 中的 B_1 级，保温材料综合导热率不大于 0.042 W/(m·K)且热阻不小于 1.2 m^2·K/W；

g) 箱体各外表面喷漆厚度不应小于 160 μm；

h) 箱体结构密实、无漏水，应满足 GB/T 4208 中 IP55 防护等级要求；

i) 箱体底部应安装反溢地漏；

j) 箱体内应按设计要求安装防静电地板；

k) 监控显示屏宜安装在箱体长度方向的内墙中上方并面对办公人员位置；

l) 监控室线缆敷设应易安装维护；

m) 箱体内应安装相应的减震设备或减震垫；

n) 箱体安装后应用螺栓固定在基础地面上且固定牢靠，宜使用预埋螺栓；

o) 箱体内设备应进行等电位连接，并通过集装箱内部主接地排接地；

p) 箱体内布置和功能箱箱间部署应考虑人机安全及运维人员疏散逃生要求。

6.2.2.4 制冷箱

分体集装箱式数据中心制冷箱应满足以下要求：

a) 箱体外形尺寸宜符合 GB/T 1413—2008 中 5.2.2 的要求，定制箱体应满足海运和陆运等运输要求；

b) 箱体应防火防盗；

c) 箱体应考虑自然灾害防护措施；

d) 在吊装、运输和使用过程中，箱体不应出现影响使用的永久性变形或异状，并应满足附录 B 安装部署要求；

e) 箱体底架应具有足够的强度，载荷设计应能承受箱内设备在安装、运输、使用过程中所产生的各种作用力；

f) 箱体各外表面喷漆厚度不应小于 160 μm；

g) 箱体四周及顶部应通风良好，制冷系统末端进出风口 350 mm 内应没有阻挡物或风阻很小，室外机进出风口前 400 mm 内应没有阻挡物或风阻很小；

h) 箱体内应安装设备固定支架，并做相应加固处理，不应在运输过程中松动、掉落；

i) 箱体内应安装相应的减震设备或减震垫；

j) 箱体内设备应进行等电位连接，并通过集装箱内部主接地排接地；

k) 箱体内布置和功能箱箱间部署应考虑人机安全及运维人员疏散逃生要求。

6.2.3 柜体

集装箱式数据中心柜体应满足以下要求：

a) 柜体应符合 GB/T 15395 的要求；

b) 柜体应设接地点；

c) 柜体固定和连接螺栓螺母应发黑或镀锌处理，不得生锈；

d) 柜体底部应安装在承重架或散力架上，承重架或散力架应与箱体固定牢靠；

e) 柜体安装应满足运输要求，底部应采取减震措施，侧面宜采取减震措施；

f) 柜体安装后应进行等电位连接，并通过机柜的主接地排接地。

注：以上要求宜在供需双方的合同中规定。

6.3 制冷要求

6.3.1 空调系统制冷量应能满足电子信息系统运行要求并有冗余。

6.3.2 集装箱式数据中心宜采取冷热通道隔离措施。

6.3.3 制冷系统管路应布置合理，方便安装维护。

6.3.4 制冷系统末端进出风口 350 mm 内应没有阻挡物或风阻很小，室外机进出风口前 400 mm 内应没有阻挡物或风阻很小。

6.3.5 冷凝水管应向出水方向至少保持 1%的倾斜度，水管的布置应尽量短。

6.3.6 制冷系统中的冷媒管、供回水管、冷凝水管应分别进行保温处理。

6.3.7 信息技术设备箱、一体集装箱式数据中心内应保持正压，与箱体外静压差应不小于 10 Pa。

注：以上要求宜在供需双方的合同中规定。

6.4 环境要求

6.4.1 使用场地要求

集装箱式数据中心选址应满足 GB/T 2887—2011 中 5.5 的相关规定，并应满足以下要求：

a) 适宜温度：-40 ℃～55 ℃；

b) 适宜湿度：相对湿度 5%～95%(不得结露)；

c) 适宜海拔高度：不高于 5 000 m；

d) 安装基础平面平整度应不大于 0.5%；

e) 安装基础平面宜高出周围地面 25 cm 以上；

f) 应具备加湿需要的水源及供水设施；

g) 应具有满足集装箱式数据中心使用的供配电设施；

h) 使用环境应考虑防火防盗；

i) 使用环境应具有良好的防雷接地设施；

j) 环境电磁场干扰应符合 GB/T 2887—2011 中 5.6.6 的要求。

6.4.2 信息设备系统使用环境要求

6.4.2.1 温湿度要求

正常运行时，集装箱式数据中心内温湿度环境要求应满足表 1 中的规定。

表 1 集装箱式数据中心正常运行温湿度环境要求

环境条件	级别		
	A/B 级		C 级
	夏季	冬季	
温度/℃	24±2	20±2	15～28
相对湿度	35%～65%		30%～80%
温度变化率/(℃/h)	<10，不得凝露		<15，不得凝露

6.4.2.2 尘埃

集装箱内每立方米空气中粒径大于或等于 0.5 μm 的悬浮粒子数应小于 1.8×10^{7} 粒。

6.4.2.3 空气

集装箱内空气质量应符合 GB/T 18883—2002 中第 4 章的要求。

6.4.2.4 照明

6.4.2.4.1 集装箱式数据中心内部正常照明照度应不小于500 lx；

6.4.2.4.2 集装箱式数据中心内部应急照明照度应不小于50 lx。

注：以上要求宜在供需双方的合同中规定。

6.5 供配电要求

6.5.1 根据集装箱式数据中心内部电子信息系统运行供电要求，A、B、C三级集装箱式数据中心的供电基本要求分别如下：

a) A级供电：双路市电或一路市电加备用发电机，同时配备不间断电源系统；

b) B级供电：单路供电系统，并配备不间断电源系统；

c) C级供电：单路供电系统。

6.5.2 A、B、C三级集装箱式数据中心的配电参数应符合表2的要求。

表2 配电系统参数

级别	A级	B级	C级
稳态电压偏移范围	−2%～+2%	−3%～+3%	−10%～+10%
稳态频率偏移范围	−1%～+1%	−1%～+1%	−1%～+1%
电压波形畸变率	3%	5%	10%
允许断电持续时间/ms	<4	<10	不要求

6.5.3 集装箱式数据中心内的配电系统应采用GB 14050中的TN-S系统。

6.5.4 集装箱式数据中心配电设备配置及电缆选择应符合相关标准和规范的要求。

6.5.5 集装箱式数据中心低压供配电系统应符合相关标准和规范的要求。

6.5.6 集装箱式数据中心柴油发电机组技术要求宜符合GB/T 12786的相关要求。

注：以上要求宜在供需双方的合同中规定。

6.6 防雷与接地系统要求

6.6.1 集装箱式数据中心应采用联合接地。

6.6.2 防雷接地系统的设计应符合GB/T 2887—2011中6.1的要求。

注：以上要求宜在供需双方的合同中规定。

6.7 综合布线要求

综合布线应符合GB/T 18233的要求。

注：以上要求宜在供需双方的合同中规定。

6.8 综合监控系统要求

6.8.1 动力环境监控系统要求

动力环境监控系统应满足以下要求：

a) 动力环境监控系统宜采用集散或分布式网络结构，系统应易于扩展和维护，并应具备显示、记录、控制、报警、分析和提示功能，应具备远程管理接口；

b) 动力环境监控系统应监控功能箱的所有动力设备和环境状况；

c) 动力环境监控系统的供电应可靠,宜采用不间断电源系统供电;

d) 火灾报警系统应并入动力环境监控系统,保证火灾报警装置与动力环境监控系统联动。

6.8.2 安全防护系统要求

安全防护系统应满足以下要求:

a) 安全防护系统应具备入侵报警、出入口控制功能;

b) 安全防护系统宜具备视频监控功能,视频监控应覆盖重点部位(例如箱体周围)、主要通道,视频监控数据分辨率宜不低于 720 P,且保存时间宜不低于 1 个月。

注:以上要求宜在供需双方的合同中规定。

6.9 消防要求

6.9.1 火灾报警控制器和紧急起停按钮的安装高度宜为距地 1.5 m~1.8 m、且便于操作的位置。

6.9.2 点型探测器周围 0.5 m 内不应有遮挡物,且探测器至空调送风口边的水平距离应不小于 1.5 m。

6.9.3 火灾报警系统应同时设置两种不同类型火灾探测器,且火灾报警系统应与灭火系统联动。

6.9.4 灭火系统应采用洁净气体灭火系统。

6.9.5 在灭火系统启动前应联动关闭集装箱内的风阀、切断非消防电源等。

6.9.6 集装箱门外正上方应设置声光报警器和放气指示灯。

6.9.7 应在便于操作的位置设置紧急启停按钮,此按钮应具有防止误操作和防水的保护装置。

6.9.8 气体灭火系统的灭火剂及消防设施应采用经消防部门检测的合格产品。

6.9.9 应设置符合相关要求的灭火器,灭火剂不应对电子设备产生污渍损害。

6.9.10 A 级集装箱式数据中心内宜设置极早期消防报警。

注:以上要求宜在供需双方的合同中规定。

6.10 总装要求

6.10.1 集装箱式数据中心应按照设计、工艺要求的规定进行装配。

6.10.2 装配环境应保持清洁。

6.10.3 零部件应具有检验合格证或经检验合格后方可进行装配。

6.10.4 装配过程中和装配完毕后应确保设备及零部件表面无划伤和锈蚀。

6.10.5 箱体内设施的重量应均匀布置。

6.10.6 箱体内、外部所有设备应按图纸和工艺要求安装到位。

6.10.7 安装过程中,应避免损伤箱体内装饰。

6.10.8 试验、检验合格后,应排出试验用油、水、气等,保证功能箱的内部清洁。

6.10.9 总装后应按本标准中的测试要求进行试验和检验。

6.10.10 集装箱式数据中心堆叠应遵守下重上轻的原则,堆叠层数应执行产品说明书中的要求。

注:以上要求宜在供需双方的合同中规定。

6.11 运输要求

6.11.1 集装箱式数据中心箱体尺寸、承重应满足运输条件。

6.11.2 运输前应对集装箱式数据中心箱体内部易受振动影响的设备、部件进行加固。

6.11.3 集装箱内设备应进行减震处理。

6.11.4 集装箱箱体应牢固地固定在运输工具上,并安装减震装置。

6.11.5 运输过程中应保持集装箱式数据中心箱体的门、窗及各种排气孔、进线孔的密封。

7 测试

7.1 基本要求测试

7.1.1 应根据实际产品判断整体性是否符合 6.1.1 要求。

7.1.2 应根据实际产品判断冗余、防雷、接地是否符合 6.1.2 要求，并按 6.4.2.1 要求用温湿度检测仪检测判断信息设备系统所在区域的温湿度是否符合 6.1.2 要求。

7.1.3 应根据实际产品判断可管理性是否符合 6.1.3 要求。

7.1.4 应根据目测判断可维护性是否符合 6.1.4 要求。

7.1.5 安全性测试方法如下：

a) 应根据目测判断防火防盗是否符合 6.1.5a)要求；
b) 应根据目测判断箱内布置和箱间部署是否符合 6.1.5b)要求。

7.2 结构要求测试

7.2.1 一体集装箱式数据中心箱体测试

一体集装箱式数据中心箱体测试方法如下：

a) 应使用米尺测量箱体外形尺寸是否符合 6.2.1a)要求，定制箱体应根据实际产品判断运输要求是否符合 6.2.1a)要求。
b) 应根据目测判断防火防盗是否符合 6.2.1b)要求。
c) 应根据实际产品判断自然灾害防护措施是否符合 6.2.1c)要求。
d) 应按照 GB/T 17770—1999 中第 6 章和 GB/T 5338—2002 中第 6 章要求测试箱体强度是否符合 6.2.1d)要求。
e) 应按照 GB/T 7392—1998 中 8.9 要求测试箱底强度符合 6.2.1e)要求。
f) 应根据目测判断保温处理是否满足 6.2.1f)要求；应按照 GB/T 8626 进行难燃性测试，其燃烧性能应达到 GB/T 8626 所规定的指标且不允许有燃烧滴落物引燃滤纸的现象，依据测试结果判断难燃性是否符合 6.2.1f)要求；应按照 GB/T 7392—1998 中 8.15 漏热试验方法进行导热率测试，依据测试结果判断导热率是否符合 6.2.1f)要求；应按照附录 C 计算材料热阻，依据结果判断热阻是否符合 6.2.1f)要求。难燃性、导热率及热阻应由供应商完成测试及计算并提供测试报告。
g) 应使用漆层厚度测试仪检测箱体各外表面涂层厚度是否符合 6.2.1g)要求。
h) 应对未做保温、喷漆前的集装箱箱体进行水密测试，检查水密情况，依据测试环境和结果是否符合 GB/T 7392—1998 中 8.13 水密试验要求判断水密是否符合 6.2.1h)要求。
i) 应根据目测判断新风、排风是否符合 6.2.1i)要求。
j) 应根据目测判断承重底座是否符合 6.2.1j)要求。
k) 应根据目测判断进线孔位及接口是否符合 6.2.1k)要求。
l) 应使用磁探或者探测仪检测焊接是否符合 6.2.1l)要求。
m) 应根据目测判断地漏安装是否符合 6.2.1m)要求。
n) 应根据目测判断地板安装是否符合 6.2.1n)要求。
o) 应根据目测判断减震是否符合 6.2.1o)要求。
p) 应根据目测判断螺栓固定是否符合 6.2.1p)要求。
q) 应使用等电位连接电阻测试仪测量箱体内设备等电位电阻，用接地电阻测试仪器测量集装箱内部主接地排的电阻，依据测试结果判断等电位连接是否符合 6.2.1q)要求。

r) 应根据目测判断箱体内布置是否符合 6.2.1r)要求。

7.2.2 分体集装箱式数据中心测试

7.2.2.1 信息技术设备箱测试

分体集装箱式数据中心信息技术设备箱测试方法如下：

a) 应使用米尺测量箱体外形尺寸是否符合 6.2.2.1a)要求，定制箱体应根据实际产品判断运输要求是否符合 6.2.2.1a)要求。
b) 应根据目测判断防火防盗是否符合 6.2.2.1b)要求。
c) 应根据实际产品判断自然灾害防护措施是否符合 6.2.2.1c)要求。
d) 应按照 GB/T 17770—1999 中第 6 章和 GB/T 5338—2002 中第 6 章要求测试箱体强度是否符合 6.2.2.1d)要求。
e) 应按照 GB/T 7392—1998 中 8.9 要求测试箱底强度符合 6.2.2.1e)要求。
f) 应根据目测判断保温处理是否满足 6.2.2.1f)要求；应按照 GB/T 8626 进行难燃性测试，其燃烧性能应达到 GB/T 8626 所规定的指标且不允许有燃烧滴落物引燃滤纸的现象，依据测试结果判断难燃性是否符合 6.2.2.1f)要求；应按照 GB/T 7392—1998 中 8.15 漏热试验方法进行导热率测试，依据测试结果判断导热率是否符合 6.2.2.1f)要求；应按照附录 C 计算材料热阻，依据结果判断热阻是否符合 6.2.2.1f)要求。难燃性、导热率及热阻应由供应商完成测试及计算并提供测试报告。
g) 应使用漆层厚度测试仪检测箱体各外表面涂层厚度是否符合 6.2.2.1g)要求。
h) 应对未做保温、喷漆前的集装箱箱体进行水密测试，检查水密情况，依据测试环境和结果是否符合 GB/T 7392—1998 中 8.13 水密试验要求判断水密是否符合 6.2.2.1h)要求。
i) 应根据目测判断新风、排风是否符合 6.2.2.1i)要求。
j) 应根据目测判断承重底座是否符合 6.2.2.1j)要求。
k) 应根据目测判断进线孔位及接口是否符合 6.2.2.1k)要求。
l) 应使用磁探或者探测仪检测焊接是否符合 6.2.2.1l)要求。
m) 应根据目测判断地漏安装是否符合 6.2.2.1m)要求。
n) 应根据目测判断地板安装是否符合 6.2.2.1n)要求。
o) 应根据目测判断减震是否符合 6.2.2.1o)要求。
p) 应根据目测判断螺栓固定是否符合 6.2.2.1p)要求。
q) 应使用等电位连接电阻测试仪测量箱体内设备等电位电阻，用接地电阻测试仪器测量集装箱内部主接地排的电阻，依据测试结果判断等电位连接是否符合 6.2.2.1q)要求。
r) 应根据目测判断箱体内布置是否符合 6.2.2.1r)要求。

7.2.2.2 动力箱测试

分体集装箱式数据中心动力箱测试方法如下：

a) 应使用米尺测量箱体外形尺寸是否符合 6.2.2.2a)要求，定制箱体应根据实际产品判断运输要求是否符合 6.2.2.2a)要求。
b) 应根据目测判断防火防盗是否符合 6.2.2.2b)要求。
c) 应根据实际产品判断自然灾害防护措施是否符合 6.2.2.2c)要求。
d) 应按照 GB/T 17770—1999 中第 6 章和 GB/T 5338—2002 中第 6 章要求测试箱体强度是否符合 6.2.2.2d)要求。
e) 应按照 GB/T 7392—1998 中 8.9 要求测试箱底强度符合 6.2.2.2e)要求。

f) 应使用漆层厚度测试仪检测箱体各外表面涂层厚度是否符合 6.2.2.2f)要求。

g) 应对未做保温、喷漆前的集装箱箱体进行水密测试,检查水密情况,依据测试环境和结果是否符合 GB/T 7392—1998 中 8.13 水密试验要求判断水密是否符合 6.2.2.2g)要求。

h) 应根据目测判断地漏安装是否符合 6.2.2.2h)要求。

i) 应根据目测判断动力设备防雷是否符合 6.2.2.2i)要求。

j) 应根据目测判断动力设备安装固定是否符合 6.2.2.2j)要求。

k) 应根据目测判断走线孔位是否符合 6.2.2.2k)要求。

l) 应根据目测判断减震是否符合 6.2.2.2l)要求。

m) 应根据目测判断螺栓固定是否符合 6.2.2.2m)要求。

n) 应使用等电位连接电阻测试仪测量箱体内设备等电位电阻,用接地电阻测试仪器测量集装箱内部主接地排的电阻,依据测试结果判断等电位连接是否符合 6.2.2.2n)要求。

o) 应根据目测判断箱体内布置是否符合 6.2.2.2o)要求。

7.2.2.3 监控箱测试

分体集装箱式数据中心监控箱测试方法如下:

a) 应使用米尺测量箱体外形尺寸是否符合 6.2.2.3a)要求,定制箱体应根据实际产品判断运输要求是否符合 6.2.2.3a)要求。

b) 应根据目测判断防火防盗是否符合 6.2.2.3b)要求。

c) 应根据实际产品判断自然灾害防护措施是否符合 6.2.2.3c)要求。

d) 应按照 GB/T 17770—1999 中第 6 章和 GB/T 5338—2002 中第 6 章要求测试箱体强度是否符合 6.2.2.3d)要求。

e) 应按照 GB/T 7392—1998 中 8.9 要求测试箱底强度符合 6.2.2.3e)要求。

f) 应根据目测判断保温处理是否满足 6.2.2.3f)要求;应按照 GB/T 8626 进行难燃性测试,其燃烧性能应达到 GB/T 8626 所规定的指标且不允许有燃烧滴落物引燃滤纸的现象,依据测试结果判断难燃性是否符合 6.2.2.3f)要求;应按照 GB/T 7392—1998 中 8.15 漏热试验方法进行导热率测试,依据测试结果判断导热率是否符合 6.2.2.3f)要求;应按照附录 C 计算材料热阻,依据结果判断热阻是否符合 6.2.2.3f)要求。难燃性、导热率及热阻应由供应商完成测试及计算并提供测试报告。

g) 应使用漆层厚度测试仪检测箱体各外表面涂层厚度是否符合 6.2.2.3g)要求。

h) 应对未做保温、喷漆前的集装箱箱体进行水密测试,检查水密情况,依据测试环境和结果是否符合 GB/T 7392—1998 中 8.13 水密试验要求判断水密是否符合 6.2.2.3h)要求。

i) 应根据目测判断地漏安装是否符合 6.2.2.3i)要求。

j) 应根据目测判断地板安装是否符合 6.2.2.3j)要求。

k) 应根据目测判断显示屏安装是否符合 6.2.2.3k)要求。

l) 应根据目测判断线缆敷设是否符合 6.2.2.3l)要求。

m) 应根据目测判断减震是否符合 6.2.2.3m)要求。

n) 应根据目测判断螺栓固定是否符合 6.2.2.3n)要求。

o) 应使用等电位连接电阻测试仪测量箱体内设备等电位电阻,用接地电阻测试仪器测量集装箱内部主接地排的电阻,依据测试结果判断等电位连接是否符合 6.2.2.3o)要求。

p) 应根据目测判断箱体内布置是否符合 6.2.2.3p)要求。

7.2.2.4 制冷箱测试

分体集装箱式数据中心制冷箱测试方法如下:

a) 应使用米尺测量箱体外形尺寸是否符合6.2.2.4a)要求，定制箱体应根据实际产品判断运输要求是否符合6.2.2.4a)要求。
b) 应根据目测判断防火防盗是否符合6.2.2.4b)要求。
c) 应根据实际产品判断自然灾害防护措施是否符合6.2.2.4c)要求。
d) 应按照GB/T 17770—1999中第6章和GB/T 5338—2002中第6章要求测试箱体强度是否符合6.2.2.4d)要求。
e) 应按照GB/T 7392—1998中8.9要求测试箱底强度符合6.2.2.4e)要求。
f) 应使用漆层厚度测试仪检测箱体各外表面涂层厚度是否符合6.2.2.4f)要求。
g) 应根据实际产品判断通风是否符合6.2.2.4g)要求。
h) 应根据目测判断设备固定是否符合6.2.2.4h)要求。
i) 应根据目测判断减震是否符合6.2.2.4i)要求。
j) 应使用等电位连接电阻测试仪测量箱体内设备等电位电阻，用接地电阻测试仪器测量集装箱内部主接地排的电阻，依据测试结果判断等电位连接是否符合6.2.2.4j)要求。
k) 应根据目测判断箱体内布置是否符合6.2.2.4k)要求。

7.2.3 柜体测试

柜体测试方法如下：

a) 应使用米尺测量柜体是否符合6.2.3a)要求。
b) 应根据目测判断接地是否符合6.2.3b)要求。
c) 应使用盐雾试验方法测试判断螺栓螺母是否符合6.2.3c)要求。
d) 应根据目测判断柜体底部安装是否符合6.2.3d)要求。
e) 应根据目测判断减震是否符合6.2.3e)要求。
f) 应使用等电位连接电阻测试仪测量机柜之间的等电位电阻，用接地电阻测试仪器测量机柜主接地排的电阻，依据测试结果判断等电位连接是否符合6.2.3f)要求。

7.3 制冷要求测试

制冷要求测试方法如下：

a) 应在带载情况下测试判断空调系统制冷量是否符合6.3.1要求。
b) 应根据目测判断通道隔离是否符合6.3.2要求。
c) 应根据实际产品安装使用说明书中的规定判断管路布置是否符合6.3.3要求。
d) 应根据实际产品判断通风是否符合6.3.4要求。
e) 应现场测量判断冷凝水管布置是否符合6.3.5要求。
f) 应根据目测判断管路保温是否符合6.3.6要求。
g) 应现场测量判断压差是否符合6.3.7要求。

7.4 环境要求测试

7.4.1 使用场地要求测试

使用场地要求测试方法如下：

a) 应使用温度检测仪检测环境温度是否符合6.4.1a)要求；
b) 应使用湿度检测器检测环境湿度是否符合6.4.1b)要求；
c) 应根据国家地区实际情况判断海拔高度是否符合6.4.1c)要求；
d) 应使用平整度测试仪检测基础平面平整度是否符合6.4.1d)要求；

e) 应使用米尺测量基础高度是否符合 6.4.1e)要求；

f) 应根据周围环境判断供水是否符合 6.4.1f)要求；

g) 应根据实际情况判断供配电设施是否符合 6.4.1g)要求；

h) 应检测防火防盗设施及方法判断防火防盗是否符合 6.4.1h)要求；

i) 应根据目测判断防雷接地是否符合 6.4.1i)要求；

j) 应参照 GB/T 2887—2011 中 7.9.2 磁场干扰场强测试方法检验，依据测试结果判断尘埃是否符合 6.4.1j)要求。

7.4.2 信息设备系统使用环境要求测试

信息设备系统使用环境的温湿度要求测试方法如下：

a) 应对设备稳定运行 1 h 后，用温湿度测试仪取点测试，取点位置为集装箱内部居中，上、中、下取各 3 个测点，测 3～5 组，取平均值即可。测点应避免进、出风口。依据测试结果判断温湿度是否符合 6.4.2.1 要求。

b) 应参照 GB/T 2887—2011 中 7.5 尘埃测试方法检验，依据测试结果判断尘埃是否符合 6.4.2.2 要求。

c) 应参考 GB/T 18883—2002 中第 5 章及附录检测方法检验空气质量是否符合 6.4.2.3 要求。

d) 应在集装箱内部居中，高度 0.8 m 位置处，取 3～5 点测试，依据测试结果判断正常照明照度是否符合 6.4.2.4.1 要求。

e) 应在集装箱内部居中，高度 0.8 m 位置处，取 3～5 点测试，依据测试结果判断应急照明照度是否符合 6.4.2.4.2 要求。

7.5 供配电要求测试

供配电要求测试方法如下：

a) 应根据实际产品判断供电是否符合 6.5.1 要求。

b) 应使用示波器测试稳态电压、稳态频率、电压波形、允许断电持续时间，依据测试结果判断配电参数是否符合 6.5.2 要求。

c) 应核对设计检验判断配电系统是否符合 6.5.3 要求。

d) 应核对设计检验判断配电设备配置及电缆是否符合 6.5.4 要求。

e) 应根据供货厂家提供测试报告检验判断配电设备是否符合 6.5.5 要求。

f) 应参照 GB/T 12786 测试集装箱式数据中心柴油发电机组是否符合 6.5.6 要求。

7.6 防雷与接地系统要求测试

防雷与接地系统要求测试方法如下：

a) 应根据目测判断产品接地是否符合 6.6.1 要求。

b) 应根据 GB/T 2887—2011 中 6.1 要求相关测试条款检验判断防雷接地系统设计是否符合 6.6.2 要求。

7.7 综合布线要求测试

应按照 GB/T 18233 进行检验判断综合布线是否符合 6.7 要求。

7.8 综合监控系统要求测试

7.8.1 动力环境监控系统要求测试

动力环境监控系统要求测试方法如下：

a） 应根据实际产品判断动力环境监控系统是否符合 6.8.1a)要求。

b） 应根据目测判断动力环境监控系统监控范围是否符合 6.8.1b)要求。

c） 应根据目测判断动力环境监控系统供电是否符合 6.8.1c)要求。

d） 应根据实际产品判断火灾报警系统与动力环境监控系统联动是否符合 6.8.1d)要求。

7.8.2 安全防护系统要求测试

安全防护系统要求测试方法如下：

a） 应通过查阅告警记录判断安全防护系统控制功能是否符合 6.8.2a)要求。

b） 应通过查阅视频监控记录判断视频监控功能是否符合 6.8.2b)要求。

7.9 消防要求测试

消防要求测试方法如下：

a） 应根据目测及米尺测量检验判断安装高度是否符合 6.9.1 要求。

b） 应根据目测及米尺测量检验判断点型探测器是否符合 6.9.2 要求。

c） 应根据目测及消防联动测试检验判断火灾报警系统是否符合 6.9.3 要求。

d） 应根据消防气体成分判断灭火系统是否符合 6.9.4 要求。

e） 应采用模拟测试方式进行联动测试，观察是否能正常，关闭风阀，切断非消防电源等，依据测试结果判断联动是否符合 6.9.5 要求。

f） 应根据目测判断报警指示是否符合 6.9.6 要求。

g） 应根据目测及喷淋测试检验判断紧急启停按钮是否符合 6.9.7 要求。

h） 应根据核对检测报告检验判断灭火剂及消防设施是否符合 6.9.8 要求。

i） 应根据核对检测报告检验判断灭火器是否符合 6.9.9 要求。

j） 应采用放烟的模拟测试方法判断较早期报警响应时间是否符合 6.9.10 要求。

7.10 总装要求测试

总装要求测试方法如下：

a） 应根据核对设计图纸及工艺要求检验判断装配是否符合 6.10.1 要求。

b） 应根据目测判断装配环境是否符合 6.10.2 要求。

c） 应通过核对合格证或检测报告检验判断零部件是否符合 6.10.3 要求。

d） 应根据目测判断设备及零部件表面是否符合 6.10.4 要求。

e） 应根据目测判断箱体内设施布置是否符合 6.10.5 要求。

f） 应通过核对设计图和安装工艺要求检验判断设备安装是否符合 6.10.6 要求。

g） 应根据目测判断箱体内装饰是否符合 6.10.7 要求。

h） 应根据目测判断功能箱内部是否符合 6.10.8 要求。

i） 应通过以上测试方法测试，依据测试完整度判断总装测试是否符合 6.10.9 要求。

j） 应根据目测判断集装箱式数据中心堆叠是否符合 6.10.10 要求。

附 录 A
（规范性附录）
集装箱式数据中心构成

一体集装箱式数据中心构成见图A.1，分体集装箱式数据中心构成见图A.2。

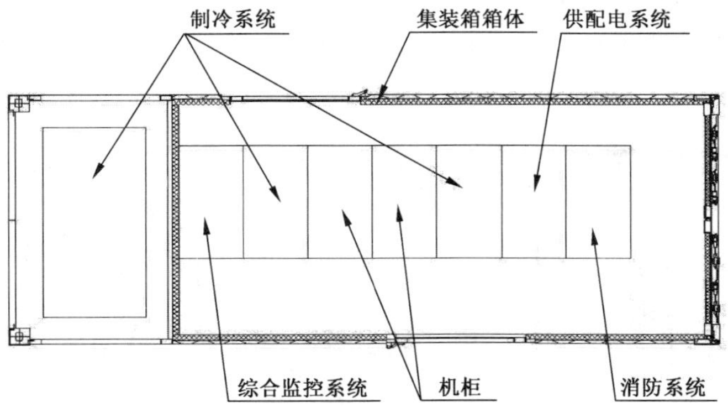

图A.1 一体集装箱式数据中心构成示意图（俯视图）

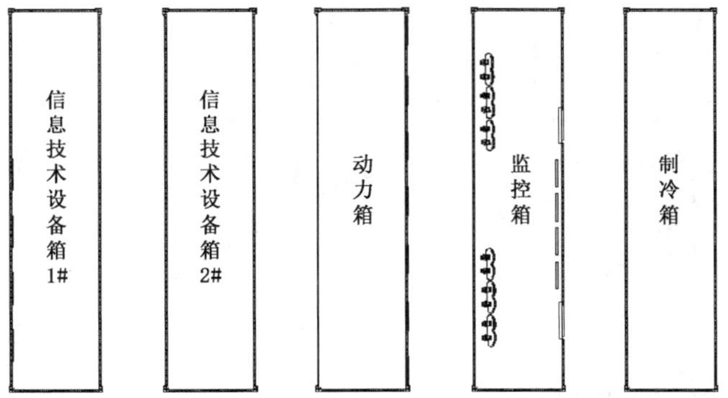

图A.2 分体集装箱式数据中心构成示意图（俯视图）

附 录 B
（规范性附录）
安装部署要求

安装部署应满足以下要求：

a） 集装箱箱体吊装时应参考 GB/T 17382—2008 的要求进行安全起吊操作，集装箱吊装时绳索与水平方向夹角应按照 GB/T 17382—2008 中表 6 要求。集装箱顶部吊装示意图见图 B.1。

单位为米

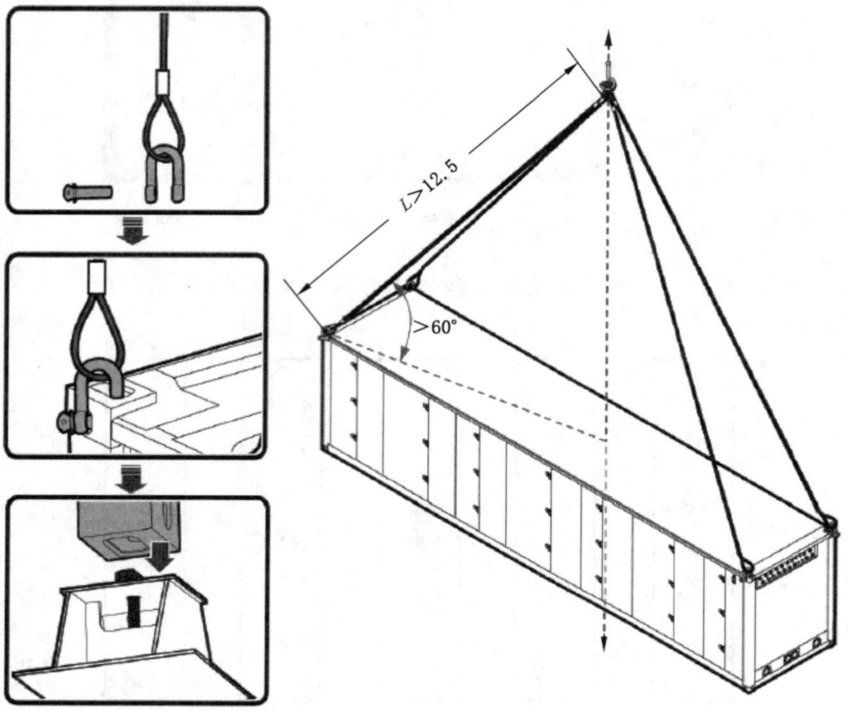

图 B.1 集装箱顶部吊装示意图

b） 现场宜搭建雨棚等防护措施。

c） 集装箱式数据中心安装后应通水、通电、其设备调试正常。

附 录 C
(规范性附录)
保温层热阻计算

C.1 单一材料层热阻计算

单一材料层热阻按式(C.1)计算:

$$R=\frac{\delta}{\lambda} \qquad \cdots\cdots(C.1)$$

式中:

R ——保温层热阻,单位为平方米开每瓦($m^2 \cdot K/W$);

δ ——保温层厚度,单位为米(m);

λ ——保温材料导热系数,单位为瓦每米开[$W/(m \cdot K)$]。

C.2 多层保温材料热阻计算

多层保温材料热阻按式(C.2)计算:

$$R=R_1+R_2+\cdots\cdots+R_n \qquad \cdots\cdots(C.2)$$

式中:

R_1、R_2、……、R_n——各层保温材料的热阻,单位为平方米开每瓦($m^2 \cdot K/W$)。

ICS 35.240.99
L 67

中华人民共和国国家标准

GB/T 36449—2018

电子考场系统通用要求

General requirements for electronic examination room system

2018-06-07 发布　　2019-01-01 实施

国家市场监督管理总局
中国国家标准化管理委员会　发布

前　言

本标准按照 GB/T 1.1—2009 给出的规则起草。

请注意本文件的某些内容可能涉及专利。本文件的发布机构不承担识别这些专利的责任。

本标准由全国信息技术标准化技术委员会(SAC/TC 28)提出并归口。

本标准起草单位:清华大学、华南理工大学、上海交通大学、北京大学、南京大学、浙江大学、中国科技大学、中山大学、武汉大学、中国传媒大学、中国人民大学、东华大学、华东理工大学、广州大学、北京理工大学、中央民族大学、北京科技大学、北京信息科技大学、北京对外经济贸易大学、苏州科技大学、常州大学、内蒙古大学、北京竞业达数码科技股份有限公司、成都佳发安泰科技股份有限公司、杭州恒生数字设备科技有限公司、苏州科达科技股份有限公司、浙江宇视科技有限公司、北京艾威康电子技术有限公司、上海金桥信息股份有限公司、科大讯飞股份有限公司、天津天地伟业数码科技有限公司、浙江大华技术股份有限公司、杭州海康威视数字技术股份有限公司、杭州艾力特音频技术有限公司、广州云积软件技术有限公司、深圳市台电实业有限公司、中国华录松下电子信息有限公司、汉柏科技有限公司、苏州信颐系统集成有限公司、深圳市东微智能科技股份有限公司、长沙世邦通信技术有限公司、中国电子技术标准化研究院。

本标准主要起草人:钟晓流、丁泉龙、沈宏兴、陈学林、何山、钱震、王坚、崔建生、蔡志华、吴庚生、郑道林、左渠、肖波、季至宇、薛玉田、道焰、牛长山、马振平、杜建新、刘鹏图、刘志勇、王晓、江一山、夏卫、张宇燕、王鹏、李海霞、宋述强、余云涛、李莹、彭涛、张少华、王梁斌、赵峰、任军军、邹喜军、任俊峰、姚下丽、张赛晖、贾云龙、侯移门、冉旭、王博、朱利民、季青松、周迪、季海交、龚小峰、李家齐、葛萌、柳定一、杜中华、马震远、张爱军。

电子考场系统通用要求

1 范围

本标准从视频巡考系统、无线电作弊防控系统、身份识别系统和指挥系统四个部分规定了电子考场网上巡查系统的系统结构、功能要求、技术要求、系统安全性、无线电兼容性、环境适应性和可靠性等通用技术要求。

本标准适用于电子考场网上巡查系统的设计、建设和管理。

2 规范性引用文件

下列文件对于本文件的应用是必不可少的。凡是注日期的引用文件,仅注日期的版本适用于本文件。凡是不注日期的引用文件,其最新版本(包括所有的修改单)适用于本文件。

GB/T 2887—2011 计算机场地通用规范

GB 8702—2014 电磁环境控制限值

GB/T 9361—2011 计算机场地安全要求

GB/T 13000—2010 信息技术 通用多八位编码字符集(UCS)

GB/T 17975.1—2010 信息技术 运动图像及其伴音信息的通用编码 第1部分:系统

GB 18030—2005 信息技术 中文编码字符集

GB/T 20090.1—2012 信息技术 先进音视频编码 第1部分:系统

GB/T 22239—2008 信息安全技术 信息系统安全等级保护基本要求

GB/T 25068.5—2010 信息技术 安全技术 IT网络安全 第5部分:使用虚拟专用网的跨网通信安全保护

GB/T 25724—2017 公共安全视频监控数字视音频编解码技术要求

GB/T 28181—2016 公共安全视频监控联网系统信息传输、交换、控制技术要求

GB/T 33782—2017 信息技术 学习、教育和培训 教育管理基础代码

GB 50799—2012 电子会议系统工程设计规范

GA 450—2013 台式居民身份证阅读器通用技术要求

GA/T 1011—2012 居民身份证指纹采集器通用技术要求

GA 1012—2012 居民身份证指纹采集和比对技术规范

ISO/IEC 14496-3 信息技术 视听对象的编码 第3部分:音频(Information technology—Coding of audio-visual objects—Part 3:Audio)

ITU-T G.711-1988 话音频率的脉冲编码调制[Pulse code modulation (PCM) of voice frequencies]

ITU-T G.721 32 kbit/s 自适应差分脉冲编码调制(32 kbit/s ADPCM adaptive difference pulse code modulation)

ITU-T G.729-2012 使用共轭结构代数代码激励线性预测(CS-CELP)的 8 kbit/s 语音编码[Coding of speech at 8 kbit/s using conjugate-structure algebraic-code-excited linear prediction (CS-ACELP)]

ITU-T VCEG AVC/H.264 视频编码标准(Advanced Video Coding)

ITU-T VCEG HEVC/H.265 高效视频编码标准(High Efficiency Video Coding)

IETF RFC 2327 SDP:会话描述协议(SDP: Session Description Protocol)

IETF RFC 3428 SIP:即时消息[SIP:Session Initiation Protocol(SIP)Extension for Instant Messaging]

3 术语和定义

下列术语和定义适用于本文件。

3.1

电子考场系统 online inspection system

以维护国家教育考试安全为目的,基于视音频、显示、存储及网络相关设备和相关软件,运用安全防范技术和技术手段组成的综合巡查系统。

3.2

中心管理单元 central management unit

教育考试电子考场系统中管理所有设备和资源的核心单元。

注:中心管理单元也是系统的中心信令控制服务器,具有注册服务器,代理服务器,重定向服务器,背靠背用户代理等 SIP 逻辑实体的功能。

3.3

媒体存储单元 media storage unit

教育考试电子考场系统中存储视音频数据的单元。

注:具有历史视音频文件检索和点播功能。

3.4

流媒体单元 streaming media unit

教育考试电子考场系统中对视音频媒体流进行转发的单元。

3.5

显示单元 display unit

教育考试电子考场系统中对解码后的视音频码流进行显示和收听的单元。

3.6

解码单元 decoding unit

教育考试电子考场系统中对视音频媒体流进行解码的单元。

3.7

网关单元 gateway unit

教育考试电子考场系统中进行控制协议转化和媒体流转码、转发的单元。

3.8

管理客户端 management client

教育考试电子考场系统中用户可直接操作的客户端软件。

注:用户可通过管理客户端执行系统功能。

3.9

用户终端 user terminal

经过指挥系统注册并授权的,有数据或设备操作需求的客户端设备。

3.10

指挥中心 dispatch and control center

电子考场系统中的某一级信息汇集、监视、控制、管理和共享的节点。

注：可与其他相关业务系统实施联动，支持相关部门实施业务管理。

3.11

无线电作弊　radio cheating

利用无线电通信工具和手段进行考试作弊的行为。

3.12

无线电作弊防控系统　radio cheating shielding system

对无线电作弊行为进行防控的系统。

3.13

无线电信号侦测子系统　radio signal detecting sub-system

安装于考点区域内适当位置，对该区域内异常无线电信号进行寻找的子系统。

注：具备频谱快速监测、异常信号识别、信号特征提取、信号还原取证及引导阻断子系统发送干扰信号的功能。

3.14

无线电信号阻断子系统　radio signal blocking sub-system

在无线电侦测子系统引导下发射阻断信号对异常信号进行干扰的子系统。

3.15

作弊防控管理子系统　cheating shielding management sub-system

安装在考点指挥中心，对考点区域内侦测子系统设备和阻断子系统设备集中控制管理，掌握设备工作状态，查看异常信号信息(时间、频率、类型、内容等)的子系统。

注：作弊防控管理子系统根据权限和具体管理内容不同，分为考点管理子系统和上级管理子系统，上级管理子系统部署于上级指挥中心，对下级作弊防控系统管理，包括系统设备信息、异常信号信息的汇总及呈现。

3.16

侦测引导阻断　detecting and blocking

当侦测系统检测到目标信号时，阻断系统发送阻断信号，实施阻断干预的技术。

3.17

背景频谱　background frequency spectrum

在考点区域内通过较长时间多次采集综合得到的日常信号，在系统工作时可以作为基准背景信号使用的频谱。

3.18

点频阻断　narrow band signal blocking

阻断信号为点频信号的阻断。

3.19

黑白名单　black and white list

一组具有特殊特征的名单列表。黑名单列表中的信号出现时应当将其阻断，白名单列表中的信号出现时系统不影响该频率的正常使用。

注：黑白名单可以是频点也可以是频段。

3.20

还原取证　evidence taken

对异常信号数据进行提取或者保存，为证据保留提供方便的技术手段。

3.21

侦测响应时间　detection response time

从异常信号出现到侦测发现该信号之间经历的时间。

3.22

侦测频率精度　frequencydetecting accuracy

侦测识别的异常信号频率和异常信号实际频率之间的频率间隔。

3.23

异常信号特征信息　abnormal signal characteristics

用以描述异常信号的关键参数信息。

注：包括频率、带宽、强度、调制方式等。

3.24

系统响应时间　system response time

从异常信号出现到系统发出阻断信号之间经历的时间。

3.25

图像识别　image recognition

利用计算机对图像进行处理、分析，以识别各种不同模式的目标和对像的技术。

3.26

生物识别　biometric recognition

通过计算机与光学、声学、生物传感器和生物统计学等手段结合，利用人体固有的生理特性（如指纹、脸像、虹膜等）和行为特征（如笔迹、声音、步态等）来鉴定个人身份的技术。

3.27

会话初始协议　session itiation protocol；SIP

由互联网工程任务组（IETF：Internet Engineering Task Force）制定的，用于多方多媒体通信的框架协议。

注：会话初始协议是一个基于文本的应用层控制协议，独立于底层传输协议，用于建立、修改和终止 IP 网上的双方或多方多媒体会话。

3.28

信令安全路由网关　signaling security routing gateway

负责接收或转发域内外 SIP 信令，完成信令安全路由网关间路由信息的传递以及路由信令、信令身份标识的添加和鉴别等功能的应用服务器。

3.29

网关级联　gateway connection

两个信令安全路由网关之间按照上下级关系连接，上级中心信令控制服务器通过信令安全路由网关可调用下级中心信令控制服务器所管辖的监控资源，下级中心信令控制服务器通过信令安全路由网关向上级中心信令控制服务器上传本级中心信令控制服务器所管辖的监控资源。

3.30

前端设备　field device

提供图像及声音功能的摄录像等设备。

3.31

服务质量　quality of service；QoS

可为不同的网络应用和网络流量提供可控和可预见的服务。通过 QoS，以太网系统能够对网络上传输的视频流等对实时性要求较高的数据提供优先服务，从而保证较低的时延。

3.32

紧急广播　emergency broadcast

应急指挥系统为应对突发事件而向其服务区发布的广播。

注：包括警报信号、指导公众疏散的信息和有关部门进行现场指挥的命令等。

3.33

寻呼　paging

寻人、寻物的广播；或根据现场需要临时向指定的服务区发布的广播。

3.34

强插 override

强行用某些广播内容覆盖正在广播的其他信号;或强行唤醒处于休眠状态的公共广播系统,发布紧急广播。

4 缩略语

下列缩略语适用于本文件。

AAC:高级音频编码技术(Advanced Audio Coding)

AVS:数字音视频编码标准(Audio and Video coding Standard)

AM:振幅调制(Amplitude Modulation)

DST:目的(Destination)

DVI:数字视频接口(Digital Visual Interface)

FTP:文件传输协议(File Transfer Protocol)

FM:调频调制(Fequency Modulation)

FSK:频移键控(Frequency-shift Keying)

HDMI:高清晰度多媒体接口(High Definition Multimedia Interface)

IPTD:IP包传输迟延变化(IP Packet Transfer Delay)

IPDV:IP包迟延变化(IP Packet Delay Variation)

IPLR:IP包丢失率(IP Packet Loss Ratio)

IPER:IP错误率(IP Packet Error Ratio)

INFO:信息(Information)

IP:互联网协议(Internet Protocol)

OSD:屏幕选单显示(On Screen Display)

PPS:图像参数集(Picture Parameter Set)

PS:节目流(Program Stream)

QoS:服务质量(Quality of Service)

RAID:磁盘阵列(Redundant Arrays of Independent Disks)

RTP 实时传输协议(Real-time Protocol)

RTCP:实时传输控制协议(Real-time Transport Control Protocol)

SATA:串行高级技术附件(Serial Advanced Technology Attachment)

SDP:会话描述协议(Session Description Protocol)

SIP:会话初始协议(Session Initiation Protocol)

SPS:序列参数集(Sequence Parameter Sets)

SRC:源(source)

SPR:伪IP包率(Spurious IP Packet Ratio)

SVAC:安全防范监控数字视音频编解码技术标准(Surveillance Video and Audio Coding)

TCP:传输控制协议(Transmission Control Protocol)

TS:传输流(Transport Stream)

TCP/IP:传输控制协议/互联网互联协议(Transmission Control Protocol/Internet Protocol)

UDP:用户数据报协议(User Datagram Protocol)

UPS:不间断电源(Uninterruptible Power Supply)

URI:全局资源标识符(Universal Resource Identifier)

VGA：一种视频传输标准(Video Graphics Array)

VLC：视频(Virtuna Light Communication)

5 概述

电子考场系统包括视频巡考系统、无线电作弊防控系统、身份识别系统和指挥系统：

a) 视频巡考系统：对各考场及相关区域的视频图像进行本地监控，并上传至市考试院、省考试院和国家考试中心；

b) 无线电作弊防控系统：采用侦测引导阻断、点频阻断、扫频阻断等多种技术对手机、无线局域网、蓝牙、对讲机和其他作弊器材频段实施有效干扰，以达到考生无法接收外来无线电作弊内容目的；

c) 身份识别系统：由前端考生身份采集验证、硬件和考生身份识别管理系统软件两大部分组成，考生经过身份信息核对和确认，管理软件对刷卡考生进行统计与管理，并逐级上报上级部门；

d) 指挥系统：由指挥中心、考务室和试卷保密室组成，指挥中心分五个级别，每级均包括中心管理单元、流媒体单元、媒体存储单元、解码单元、显示单元、管理客户端和网关单元。

学校(机构)的命名规则见附录A，电子考场设备兼容性检测参见附录B，作弊防控系统功能与性能测试参见附录C，身份识别系统测试参见附录D。

6 视频巡考系统

6.1 系统结构

6.1.1 概述

视频巡考系统分为学校、区县、地市、省、国家考试院五级部署。系统分级部署结构图见图1。

学校是视频巡考系统中前端。由摄像机、拾音器、信号处理器等设备构成并通过IP网络接入校级指挥中心，它覆盖了考点内小型考场、大型考场、考务室及试卷保密室、走廊及出入口。

国家考试院、省、地市、区县和学校五级视频巡考系统通过IP网络进行联结。

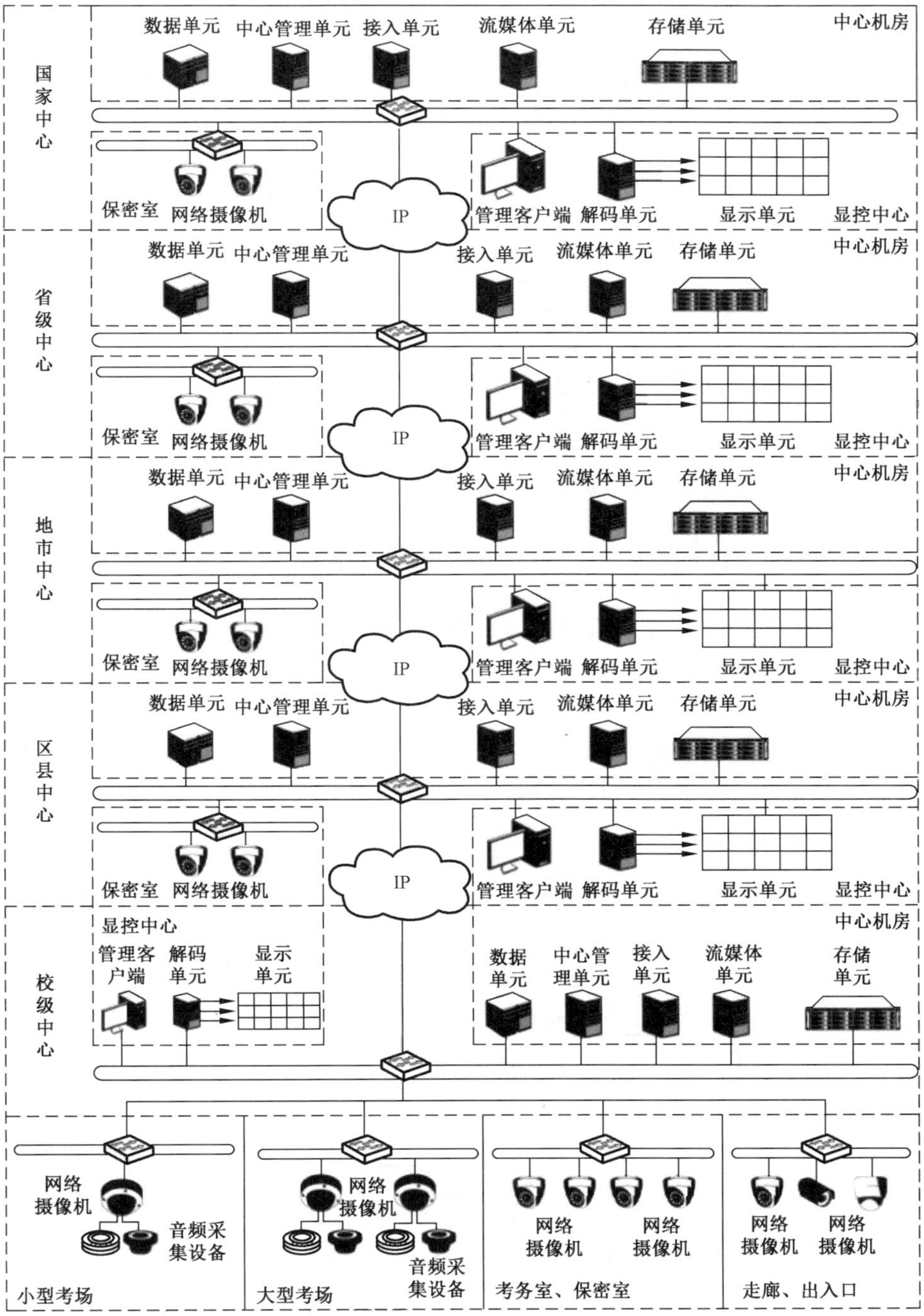

图 1　五级部署结构图

6.1.2　监控域内联网结构

视频巡查系统包括国家考试院、省、地市、区县、学校五级，其中国家考试院、省、地市、区县视频巡考系统组成基本相同，其主要包括指挥中心、中心管理单元，流媒体单元，媒体存储单元，解码单元，显示单元，管理客户端和网关单元。统称监控域，其内联网结构见图 2。

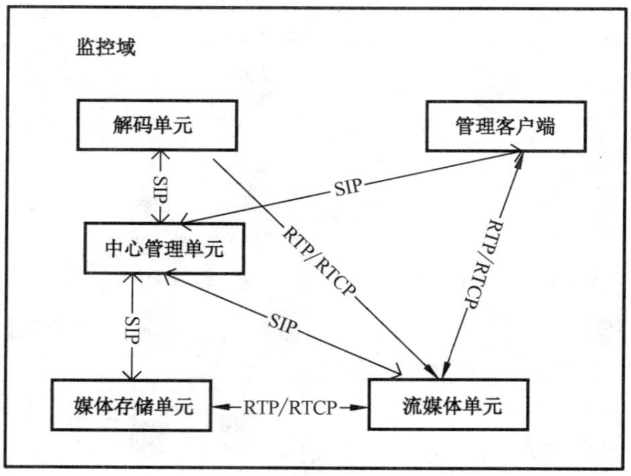

图 2 监控域内联网结构

相比于国家考试院、省、地市、区县四级视频巡考系统，校级巡考系统是最基层系统，需向上级联巡考系统，向下接入前端设备。校级巡考系统包括中心管理单元、流媒体单元、媒体存储单元、解码单元、显示单元、管理客户端和网关单元以及监控前端。校级监控域内联网结构见图 3。

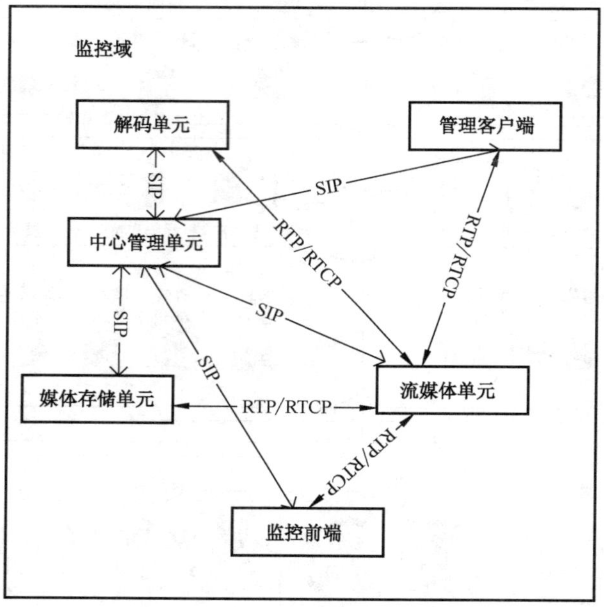

图 3 校级监控域内联网结构

监控域内各功能单元(设备)通过信令通道和流媒体通道进行互联。信令通道传输使用 SIP 协议的控制信令，流媒体通道使用 RTP/RTCP 协议传输视音频媒体流。

中心管理单元也是中心信令控制服务器，负责向各功能单元(设备)提供注册、路由选择等功能，是负责核心 SIP 信令应用处理的 SIP 服务器。

6.1.3 监控域间联网结构级联

国家、省、地市、区县、校级五级指挥中心的监控域构成了由上自下的级联关系。五级指挥中心的监控域级联关系见图 4。

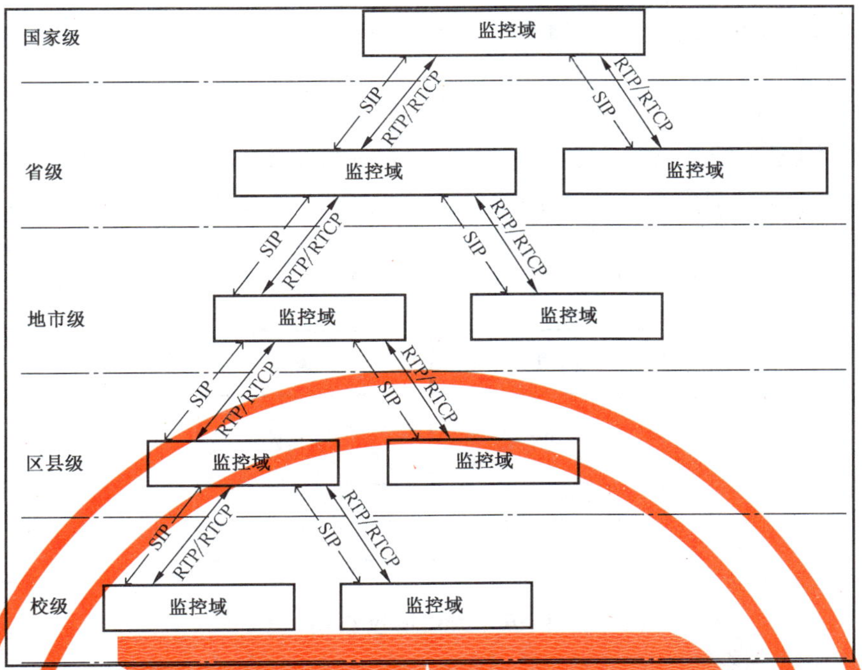

图 4　五级指挥中心的监控域级联关系

在上下级指挥中心的监控域互联结构中，监控域之间通过两个通道：信令通道和流媒体通道进行互联。其中信令通道用于传输遵循 SIP 协议的控制信令；流媒体通道使用 RTP/RTCP 协议传输视音频媒体流。

6.1.4　开放接口协议

实现标准电子考场系统与非标准电子考场系统之间的互联。使用网关单元进行互联，其互联结构见图 5。

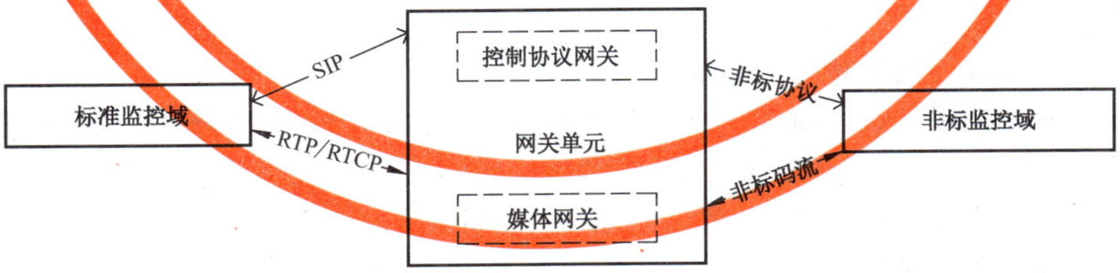

注：指挥中心的网关单元承担了控制协议网关和媒体网关的逻辑功能。

图 5　非标系统兼容性互联示意图

网关单元的控制协议和媒体网关功能如下：

a)　代理非标准监控域设备在标准监控域的中心管理单元上进行注册；
b)　将非标准监控域的网络传输协议与本标准中规定的网络传输协议进行双向协议转换；
c)　将非标准监控域的设备控制协议与本标准中规定的控制协议进行双向协议转换；
d)　将非标准监控域的设备地址与本标准中规定的设备地址进行双向地址转换；
e)　将非标准监控域的媒体传输协议和数据封装格式与本标准规定的媒体传输协议和数据封装格

式进行双向协议转换；

f） 将非标准监控域的媒体数据压缩编码与本标准规定的媒体数据压缩编码进行双向转码。

6.1.5 通信协议结构

国家教育考试电子考场系统中进行视频、音频、数据等信息传输、交换、控制时，通信协议的结构见图6，其中信令通道用于传输遵循SIP协议的控制信令；流媒体通道使用RTP/RTCP协议传输视音频媒体流。

上述相关信令协议的应用均以传输层的TCP或UDP为传输基础。其关系如图6：

信令通道	流媒体通道
SIP	RTP/RTCP
TCP/UDP	TCP/UDP
IP	

图6 通信协议结构

6.2 系统功能要求

6.2.1 音视频资源采集

视频巡考系统的音视频资源采集功能要求如下：

a） 系统应支持前端音视频的采集，对目标进行实时、有效、清晰的监视，接入到本级指挥中心；

b） 采集场所应包括考场、指挥中心、试卷保密室及指定相关区域；

c） 前端摄像机应使用定焦摄像机；

d） 考场监控区域应能保证监视无死角、无盲区；

e） 音频采集设备应能保证教室及考场范围内的声音采集完整清晰。

6.2.2 实时巡查

视频巡考系统的实时巡查功能要求如下：

a） 应能按照指定设备、指定通道进行音视频流的实时点播，支持点播音视频流的图像抓拍功能；

b） 应根据逻辑考场号、物理考场号实时点播音视频流；

c） 应能支持多组轮切并按预先设置同时进行实况图像轮流切换显示；

d） 应支持对预览的视频通道进行多码流切换操作。

6.2.3 音视频存储

视频巡考系统的音视频存储功能要求如下：

a） 存储设备宜采用支持流式存储的存储设备；

b） 考场音视频存储设备最低应能保证3×24 h录像存储空间。保密室存储设备最低应能保证10×24 h录像存储空间。同时应具备录像锁定功能，锁定的录像不能被覆盖；

c） 宜支持省市一级的巡查系统的存储录制；

d） 音视频存储应保持信息原始完整性，不能丢失，不能篡改。

6.2.4 录像检索及回放

视频巡考系统的录像检索及回放功能要求如下：

a) 系统可按照指定设备、考场、时间、报警信息等要素检索历史图像文件并回放。支持按考场、时间、类型进行录像检索并回放及下载；应支持倍速播放、倒放、单帧步进、暂停、停止等录像回放控制模式；
b) 支持录像标签，并可以对标签的录像进行查询、回放等相关操作；
c) 支持回放录像的同时对指定的录像文件本地下载；
d) 下载录像文件的文件名应符合固定的格式标准。

6.2.5 用户管理

视频巡考系统的用户管理功能要求如下：

a) 应对用户基本信息、属性信息以及用户 ID 与用户证书的对应关系作管理；
b) 应对所有用户进行身份认证；
c) 应支持基于数字证书的用户认证；
d) 应实现统一的用户管理和授权，在身份鉴别的基础上，教育考试电子考场系统宜采用基于属性或基于角色的访问控制模型对用户进行访问控制；
e) 应按照五级结构设置不同的操作角色、应对用户的功能操作和数据操作分开管理，各级的功能和操作都能定制到具体功能；
f) 对用户和角色应具有域内实时冻结、实时解冻、有效期、IP 地址和 MAC 地址绑定的机制；
g) 对系统内用户进行添加、删除和权限分配操作，可详细登记用户信息：用户名、密码、用户级别、联系方式以及所属机构等。

6.2.6 设备管理

视频巡考系统的设备管理功能要求如下：

a) 支持批量修改域内 OSD 选单和全网设备时间同步。
b) 应提供设备的在线状态、工作状态，以及设备型号、使用期的实时显示，应提供设备整体的运行状态、网络状况等的统计分析视图。

6.2.7 日志管理

视频巡考系统的日志管理功能要求如下：

a) 各类设备及指挥中心应详细记录操作日志、参数设置日志、录像操作日志、网络访问日志、设备间通信日志、指挥中心与指挥中心间的级联操作日志、报警日志等日志信息。并能够在授权访问的情况下供上级系统查询访问；
b) 视频联网平台的日志应能记录系统内设备启动、异常、故障、恢复、关闭等状态信息及发生时间；
c) 各类日志保存天数应大于 30 天，不提供日志清除功能，超出天数及条数按覆盖方式处理；
d) 应具有日志信息查询和统计等功能。

6.2.8 报警联动

视频巡考系统的报警联动功能要求如下：

a) 提供多种报警业务：包括视频入侵检测报警、传感器入侵报警、视频丢失报警和硬盘空间提示报警。宜支持与其他业务系统进行报警联动接口。可在地图上联动显示或在客户端提示报警信息；

b） 播放联动视频，在地图上定位报警位置；

c） 应对保密室应依据报警信息实现自动录像、锁定、抓图等一系列的操作；

d） 应对考场、公共场合的视频应支持视频模糊、视频丢失等常见问题的报警联动。

6.2.9 应用接口

按 GB/T 28181—2016 相关规定，支持第三方使用本标准应用接口对系统平台进行访问。

6.3 音视频编解码要求

6.3.1 视频编码要求

6.3.1.1 H.264

H.264 的视频编码作为必选格式，系统码流要求符合 ITU-T VCEG AVC/H.264 视频编码标准。系统码流具体要求为复合流方式采用 PS/TS 流的格式，系统输出码流率应满足表 1 分辨率与对应码流（除非特别说明，本标准中涉及的分辨率与对应码流率关系的帧率均为 25 帧/s）。

表 1 H.264 视频编码分辨率与对应码流率

分辨率	对应码流率 Mbps
3 840×2 160	10～12
1 920×1 080	4～6
1 280×720	2～4
704×576	0.5～1

6.3.1.2 H.265

如果视频编码采用 H.265，系统码流要求符合 ITU-T VCEG HEVC/H.265 高效视频编码标准。复合流方式采用 PS/TS 流的格式时，系统输出码流率应满足表 2 分辨率与对应码流。

表 2 H.265 视频编码分辨率与对应码流率

分辨率	对应码流率 Mbps
3 840×2 160	5～8
1 920×1 080	2～3
1 280×720	1～2
704×576	0.5～1

6.3.1.3 AVS

AVS 作为可选的的视频编码，系统码流一般要求应符合 GB/T 20090.1—2012 的规定，系统码流为复合流方式采用 PS/TS 流的格式时，系统输出码流率应满足表 3 分辨率与对应码流。

表 3 AVS 视频编码分辨率与对应码流率

分辨率	对应码流率 Mbps
1 920×1 080	4～6
1 280×720	2～4
704×576	0.5～1

6.3.1.4 SVAC

SVAC 作为可选的视频编码，系统码流要求应符合 GB/T 25724—2017 的规定，具体要求为复合流方式采用 PS/TS 流的格式，视频流不包括 B 帧，系统输出码流率应满足表 4 分辨率与对应码流。

表 4 SVAC 视频编码分辨率与对应码流率

分辨率	对应码流率 Mbps
1 920×1 080	4～6
1 280×720	2～4
704×576	0.5～1

6.3.2 视频解码要求

视频解码应满足表 5 格式、档次及级别要求。

表 5 视频解码要求

视频解码格式	编码档次	编码级别
H.264	Baseline、main-profile、high-profile	不低于 Level 3
H.265	Main Profile	不低于 Level 5
AVS	基准档次(Jizhunprofile)	不低于 Level 2
SVAC	High-Profile	Level 6.2

6.3.3 音频编码要求

音频编码应满足表 6 格式、采样率及标准要求。

表 6 音频编码要求

音频编码要求	采样率	符合要求
G.711	8 k	ITU-T G.711-1988 A 律
G.729	8 k	ITU-TG.729-2012 编码要求
MPEG Layer Ⅱ	8 k,32 k,48 k	ITU-TG.721 标准
AAC	32 k,48 k	ISO/IEC 14496-3 标准

6.3.4 音频解码要求

音频解码应满足表7格式、采样率及标准要求。

表7 音频解码要求

音频解码要求	采样率	符合要求
G.711	8 k	ITU-T G.711 测试序列
G.729	8 k	ITU-T G.729-2012 测试序列
MPEG Layer Ⅱ	8 k,32 k,48 k	ITU-T G.721 标准
AAC	32 k,48 k	ISO/IEC 14496-3 标准

6.4 数据传输要求

6.4.1 网络传输协议要求

教育考试电子考场系统网络层应支持IP协议,传输层应支持TCP和UDP协议。

6.4.2 媒体传输协议要求

视音频流在基于IP的网络上传输时应支持RTP/RTCP协议;视音频流的数据封装格式应符合6.6.2中的要求。

6.4.3 信息传输延迟时间

信息经由IP网络传输时,监控域中功能单元之间信息交互的延迟时间应不大于2 s。

6.4.4 网络传输带宽

电子考场系统视频联网平台网络带宽设计应能满足前端设备接入视频联网平台、视频联网平台互联、用户终端接入视频联网平台的带宽要求并留有余量。

网络带宽的估算方法如下:

a) 前端设备接入视频联网平台所需的网络带宽应不小于允许并发接入的视频路数×单路视频码率;
b) 视频联网平台互联所需的网络带宽应不小于并发联接的视频路数×单路视频码率;
c) 用户终端接入视频联网平台所需的网络带宽应不小于并发显示的视频路数×单路视频码率;
d) 预留的网络带宽应根据视频联网平台的应用情况确定,一般应包括其他业务数据传输带宽、业务扩展所需带宽和网络正常运行需要的冗余带宽;
e) 视频码率按照表1~表4对应的编码格式计算。
f) 监控前端接入指挥中心、指挥中心互联的带宽要求,按照a)、b)估算并留有余量。

6.4.5 网络传输质量

网络传输质量要求如下:

a) 联网系统IP网络的传输质量(如传输时延、包丢失率、包误差率、虚假包率等)应符合如下要求:
   1) 网络时延上限值为400 ms;
   2) 时延抖动上限值为50 ms;

3） 包丢率上限值为 1×10^{-3}；

4） 包误差率上限值为 1×10^{-4}；

b） 表 8 中规定了以测量点(MP)为边界的端到端的 IP 网络性能指标，在根据实际运营经验修订(增大或减少)这些指标后，运营商应该能够满足这些指标；

c） 定义端到端的性能指标为 IP 包传送参考时间(IPRE)s 所对应的 IP 性能参数。端到端的 IP 网络路径包括一组把 IP 包从 SRC 传送到 DST 的电路域和网络域，但不包括：源主机和宿主机上的底层协议(IP 层、一层和二层)也是 IP 网的一部分。

表 8 IP 网络性能指标

项目			Qos 等级			
网络性能指标的性质		默认值	0 级	1 级(交互式)	2 级(非交互式)	3 级(U 级)
IPTD	(IP 包传输迟延)上限值	需要规定	150 ms	400 ms	1 s	U
IPDV	IP 包迟延抖动上限值	需要规定	50 ms	50 ms	1 s	U
IPLR	包丢失率的上限值	需要规定	1×10^{-3}	1×10^{-3}	1×10^{-3}	U
IPER	包误差率的上限值	1×10^{-4}	默认	默认	默认	默认
SPR	虚假包率的上限值	默认	默认	默认	默认	默认

6.4.6 网络通信安全

网络通信安全应符合 GB/T 25068.5—2010 的规定。

6.5 数据交换要求

6.5.1 系统标识的统一命名规则

系统标识的统一命名规则见附录 A。

6.5.2 媒体存储封装格式

音视频等媒体数据的存储封装格式应为 PS 格式或者 TS 格式，应符合 GB/T 17975.1—2010 的规定。

6.5.3 SDP 定义

SIP 消息体中携带的 SDP 内容应符合 IETF RFC 2327 的相关规定，具体 SDP 要求见 GB/T 28181—2016 附录 F。

6.5.4 媒体数据格式的转换

应支持将非 SIP 监控域的媒体数据转换为符合 6.3 中规定的媒体编码格式的数据。

6.5.5 信令字符集

应至少符合 GB 18030—2005 信息技术中文字符编码集强制部分的要求，并应于 GB/T 13000—2010 相应部分建立映射关系。

6.6 端口定义

6.6.1 概述

SIP 路由器及分发服务器的设备端口分为主用端口和备用端口。

6.6.2 主用端口

主用端口定义建议设置为音视频流的传输端口：9901，控制传输端口：9902，TELNET 端口：9923，FTP 端口：9921，备用：9903，音视频流的收发端口范围：55000～56999。

6.6.3 备用端口

备用端口定义建议设置为音视频流的传输端口：12001，控制传输端口：12002，TELNET 端口：12023，FTP 端口：12021，备用：12003。

6.7 设备控制协议

6.7.1 注册与注销

6.7.1.1 注册流程

设备控制协议的注册流程如下：

a) 监控域中各功能单元(设备)应向中心管理单元进行注册。注册时应进行认证，支持数字摘要认证方式和数字证书认证方式；

b) 功能单元(设备)向中心管理单元基本注册流程使用 GB/T 28181—2016 中 9.1.2.1 描述的信令流程：中心管理单元为此流程中的 SIP 服务器，请求注册的功能单元(设备)为此流程中的 SIP 代理；

c) 基本注册流程的信令描述见 GB/T 28181—2016 中 9.1.2.1；

d) 功能单元(设备)向中心管理单元基于数字证书的双向认证注册流程使用 GB/T 28181—2016 中 9.1.2.2.2 描述的信令流程：中心管理单元为此流程中的 SIP 服务器，请求注册的功能单元(设备)为此流程中的 SIP 代理；

e) 基于数字证书的双向认证注册流程的信令描述见 GB/T 28181—2016 中 9.1.2.2。

6.7.1.2 注销流程

监控域中各功能单元(设备)向中心管理单元进行注销的流程使用 GB/T 28181—2016 中 9.1.2.3 描述的信令流程：中心管理单元为此流程中的 SIP 服务器，请求注销的功能单元(设备)为此流程中的 SIP 代理。

6.7.2 设备控制流程

6.7.2.1 概述

监控域中的功能单元(设备)可向另一功能单元(设备) 发送设备控制命令。控制令的类型包括球机/云台控制、远程启动、录像控制、报警布防/撤防和报警复位等。设备控制使用 IETF RFC 3428 的 MESSAGE 方法实现。设备控制和应答命令采用 GB/T 28181—2016 的 MANSCDP 协议定义，使用 IETF RFC 3428 的 MESSAGE 方法携带。MANSCDP 协议定义见 GB/T 28181—2016 附录 A。

6.7.2.2 无应答设备控制流程

无应答设备控制流程要求如下：

a) 无应答设备控制流程中：监控域中发起控制请求的功能单元(设备)发送设备控制命令，使用 IETF RFC 3428 的 MESSAGE 方法携带。接受控制请求的功能单元(设备)收到控制命令后，并不返回应答命令给发起控制请求的功能单元(设备)；
b) 无应答设备控制流程使用 GB/T 28181—2016 中 9.3.2.1 定义的信令流程：发起控制请求的功能单元(设备)为此流程中的源设备，接受控制请求的功能单元(设备)为此流程中的目标设备，中心管理单元为此流程中的 SIP 服务器；
c) 无应答设备控制流程的信令描述见 GB/T 28181—2016 中 9.3.3。

6.7.2.3 有应答设备控制流程

有应答设备控制流程要求如下：

a) 有应答设备控制流程中，监控域中发起控制请求的功能单元(设备)发送设备控制命令，使用 IETF RFC 3428 的 MESSAGE 方法携带。接受控制请求的功能单元(设备)收到控制命令后，返回 IETF RFC 3428 的 MESSAGE 方法携带的应答命令给发起控制请求的功能单元(设备)；
b) 有应答设备控制流程使用 GB/T 28181—2016 中 9.3.2.2 定义的信令流程：发起控制请求的功能单元(设备)为此流程中的源设备，接受控制请求的功能单元(设备)为此流程中的目标设备，中心管理单元为此流程中的 SIP 服务器；
c) 有应答设备控制流程的信令描述见 GB/T 28181—2016 中 9.3.3。

6.7.3 设备信息管理

6.7.3.1 设备信息查询

设备信息查询功能要求如下：

a) 监控域中的功能单元(设备)可查询其他功能单元(设备)的设备信息、设备目录、设备状态、设备配置，监控前端的预置位等信息；
b) 设备信息查询流程使用 GB/T 28181—2016 中 9.5.2 描述的信令流程：发起查询请求的功能单元(设备)为此流程中的源设备，返回查询响应的功能单元(设备)为此流程中的目标设备，中心管理单元为此流程中的 SIP 服务器；
c) 设备信息查询流程的信令描述见 GB/T 28181—2016 中 9.5.1 和 9.5.3。

6.7.3.2 设备目录订阅与通知

设备目录订阅与通知功能要求如下：

a) 监控域中的功能单元(设备)可向其他功能单元(设备)订阅其设备目录信息，被订阅方当设备目录发生变化时要立即通知订阅方；
b) 设备目录订阅流程使用 GB/T 28181—2016 中 9.11.3.2 描述的信令流程：订阅方为此流程中的目录接收者，被订阅方为此流程中的目录拥有者；
c) 设备目录订阅流程的信令描述见 GB/T 28181—2016 中 9.11.3.1 和 9.11.3.3；
d) 设备目录通知流程使用 GB/T 28181—2016 中 9.11.4.2 描述的信令流程：订阅方为此流程中的目录接收者，被订阅方为此流程中的目录拥有者；
e) 设备目录通知流程的信令描述见 GB/T 28181—2016 中 9.11.4.1 和 9.11.4.3。

6.7.4 实时视音频点播

6.7.4.1 概述

实时视音频点播采用SIP协议中的INVITE方法实现会话连接,采用RTP/RTCP协议实现媒体传输。实时视音频点播的信令流程分为客户端主动发起和第三方呼叫控制两种方式。

6.7.4.2 客户端主动发起方式

客户端主动发起方式要求如下:

a) 客户端主动发起方式适用于监控域中的功能单元(设备)点播监控前端的实时视音频流。在客户端主动发起方式中:点播发起方首先向中心管理单元发起会话请求。中心管理单元收到点播发起方的媒体接收会话请求后,建立流媒体单元与监控前端之间的媒体流连接。当监控前端向流媒体单元发送实时媒体流之后,中心管理单元将点播发起方之前发送的媒体接收会话请求转发给流媒体单元,建立起点播发起方与流媒体单元之间的媒体流连接,完成点播发起方对监控前端产生媒体流的接收。

b) 当点播发起方不再接收媒体流时,向中心管理单元发起断开会话请求,依次断开点播发起方与中心管理单元、中心管理单元与流媒体单元以及流媒体单元与监控前端之间的会话连接。

c) 客户端主动发起方式的流程使用GB/T 28181—2016中9.2.2.1描述的信令流程:点播发起方为此流程中的媒体流接收者,监控前端为此流程中的媒体流发送者,中心管理单元为此流程中的SIP服务器,流媒体单元为此流程中的媒体服务器。

d) 客户端主动发起方式流程的信令描述见GB/T 28181—2016中9.2.3。

6.7.4.3 实时点播的第三方呼叫控制方式

第三方呼叫控制方式适用于中心管理单元控制解码单元接收来自监控前端的实时视音频流。第三方呼叫控制方式要求如下:

a) 中心管理单元首先分别向流媒体单元和监控前端发起会话请求,建立流媒体单元和监控前端之间的媒体流传输,然后向解码单元发起会话请求,获取解码单元的SDP参数后又向流媒体单元发起会话请求,将解码单元的参数传递给流媒体单元,建立流媒体单元向解码单元的媒体传输,完成解码单元对监控前端的实时视音频流接收;

b) 当中心管理单元需要终止媒体流传输时,首先向解码单元发起断开会话连接,然后依次断开与流媒体单元、监控前端的会话连接;

c) 第三方呼叫控制方式的流程使用GB/T 28181—2016中9.2.2.2描述的信令流程:解码单元为此流程中的媒体流接收者,监控前端为此流程中的媒体流发送者,中心管理单元为此流程中的SIP服务器,流媒体单元为此流程中的媒体服务器;

d) 第三方呼叫控制方式的信令描述见GB/T 28181—2016中9.2.3。

6.7.5 录像控制

6.7.5.1 录像启停

录像启停功能要求如下:

a) 监控域中的媒体存储单元完成录像功能;

b) 录像启停流程符合GB/T 28181—2016中9.3.2.2规定,媒体存储单元接收来自监控域中其他功能单元(设备)发起的录像启停操作命令;

c) 录像启停流程的控制命令使用GB/T 28181—2016的MANSCDP中定义,见GB/T 28181—

2016 中 A.2.3 的命令定义。

6.7.5.2 录像检索

录像检索功能要求如下：

a) 监控域中的功能单元(设备)可检索媒体存储单元中录像文件的目录信息。录像文件的检索主要用区域、设备、录像时间段、录像地点、录像内容为条件进行查询，媒体存储单元返回视音频文件的检索结果；
b) 录像检索流程使用 GB/T 28181—2016 中 9.7.2 描述的信令流程：发起检索请求的功能单元(设备)为此流程中的目录检索方，媒体存储单元为此流程中的目录拥有方；
c) 录像检索流程的信令描述见 GB/T 28181—2016 中 9.7.1。

6.7.5.3 录像目录订阅和通知

录像目录订阅和通知功能要求如下：

a) 监控域中的功能单元(设备)可向媒体存储单元订阅其录像目录信息，媒体存储单元当录像目录发生变化时要立即通知订阅方；
b) 录像目录订阅流程使用 GB/T 28181—2016 中 9.11.3.2 描述的信令流程：订阅方为此流程中的目录接收者，媒体存储单元为此流程中的目录拥有者；
c) 录像目录订阅流程的信令描述见 GB/T 28181—2016 中 9.11.3.1 和 9.11.3.3；
d) 录像目录通知流程使用 GB/T 28181—2016 中 9.11.4.2 描述的信令流程：订阅方为此流程中的目录接收者，媒体存储单元为此流程中的目录拥有者；
e) 录像目录通知流程的信令描述见 GB/T 28181—2016 中 9.11.4.1 和 9.11.4.3。

6.7.6 录像回放

6.7.6.1 概述

录像回放分为客户端主动发起和第三方呼叫控制两种方式。

6.7.6.2 客户端主动发起方式

客户端主动发起方式要求如下：

a) 客户端主动发起方式适用于监控域中的功能单元(设备)回放媒体存储单元的视音频录像文件；
b) 在客户端主动发起方式中，回放发起方首先向中心管理单元发起会话请求。中心管理单元收到回放发起方的媒体接收会话请求后，建立流媒体单元与媒体存储单元之间的媒体流连接。当媒体存储单元向流媒体单元发送录像文件媒体流之后，中心管理单元将回放发起方之前发送的媒体接收会话请求转发给流媒体单元，建立起回放发起方与流媒体单元之间的媒体流连接，完成回放发起方对媒体存储单元的录像文件媒体流的接收。回放发起方在回放过程中可进行各项回放控制操作；
c) 当录像文件播放完毕时，媒体存储单元经中心管理单元向回放发起方发送文件发送完成消息。回放发起方收到文件发送完成消息后，向中心管理单元发起断开会话请求，依次断开回放发起方与中心管理单元，中心管理单元与流媒体单元，流媒体单元与媒体存储单元之间的会话连接；
d) 客户端主动发起方式的流程使用 GB/T 28181—2016 中 9.8.2.1 描述的信令流程：回放发起方为此流程中的媒体流接收者，媒体存储单元为此流程中的媒体流发送者，中心管理单元为此流程中的 SIP 服务器，流媒体单元为此流程中的媒体服务器；

e) 客户端主动发起方式的信令描述见 GB/T 28181—2016 中 9.8.3。

6.7.6.3 第三方呼叫控制方式

第三方呼叫控制方式要求如下：

a) 第三方呼叫控制方式适用于中心管理单元控制解码单元接收来自媒体存储单元中录像文件的视音频流；

b) 在第三方呼叫控制方式中，中心管理单元首先分别向流媒体单元和媒体存储单元发起会话请求，建立流媒体单元和媒体存储单元之间的媒体流传输，然后向解码单元发起会话请求，获取解码单元的 SDP 参数后又向流媒体单元发起会话请求，将解码单元的参数传递给流媒体单元，建立流媒体单元向解码单元的媒体传输，完成解码单元对媒体存储单元的录像文件媒体流的接收。解码单元在回放过程中可进行各项回放控制操作；

c) 当录像文件播放完毕时，媒体存储单元经中心管理单元向解码单元发送文件发送完成消息。中心管理单元需要终止媒体流传输时，首先向解码单元发起断开会话连接，然后依次断开与流媒体单元、媒体存储单元的会话连接；

d) 第三方呼叫控制方式的流程使用 GB/T 28181—2016 中 9.8.2.2 描述的信令流程：解码单元为此流程中的媒体流接收者，媒体存储单元为此流程中的媒体流发送者，中心管理单元为此流程中的 SIP 服务器，流媒体单元为此流程中的媒体服务器；

e) 第三方呼叫控制方式的信令描述见 GB/T 28181—2016 中 9.8.3。

6.7.6.4 录像回放控制信令

录像回放控制协议使用 GB/T 28181—2016 中 9.8.3.2 描述的视音频回放控制协议。控制信令由 SIP 的 INFO 消息承载，信令定义参见 GB/T 28181—2016 附录 B。

6.7.7 报警管理

6.7.7.1 报警布撤防

报警布撤防要求如下：

a) 监控域中可设置各功能单元(设备)的报警布撤防功能；

b) 报警布防和撤防的信令流程使用 6.7.2.3 中描述的有应答设备控制流程：监控域中的功能单元(设备)可接受来自其他功能单元(设备)的布撤防命令；

c) 报警布撤防命令见 GB/T 28181—2016 中 A.2.3 定义，报警布撤防响应命令见 GB/T 28181—2016 中 A.2.6 定义。

6.7.7.2 报警通知和分发

报警通知和分发要求如下：

a) 监控域中的功能单元(设备)产生报警事件时，可通过中心管理单元通知和分发到其他功能单元(设备)；

b) 报警通知和分发流程使用 GB/T 28181—2016 中 9.4.2 描述的信令流程：发送告警事件的功能单元(设备)为此流程中的源设备，接收告警事件的功能单元(设备)为此流程中的目标设备，中心管理单元为此流程中的 SIP 服务器；

c) 报警通知和分发流程的信令描述见 GB/T 28181—2016 中 9.4.3。

6.7.7.3 报警订阅与通知

报警订阅与通知要求如下：

a) 监控域中的功能单元(设备)可向其他功能单元(设备)订阅其产生的报警事件；

b) 报警事件订阅流程使用 GB/T 28181—2016 中 9.11.1.2 描述的信令流程：订阅报警事件的功能单元(设备)为此流程中的事件观察者，产生报警事件的功能单元(设备)为此流程中的事件源；

c) 报警事件订阅流程的信令描述见 GB/T 28181—2016 中 9.11.1.1 和 9.11.1.3；

d) 报警事件通知流程使用 GB/T 28181—2016 中 9.11.2.2 描述的信令流程：接收报警事件的功能单元(设备)为此流程中的事件观察者，通知报警事件的功能单元(设备)为此流程中的事件源；

e) 报警事件通知流程的信令描述见 GB/T 28181—2016 中 9.11.2.1 和 9.11.2.3。

6.8 电子考场设备兼容性

各级教育考试机构建立的电子考场系统应能与“国家教育考试电子考场系统”互通直联。电子考场设备的兼容性检测参见附录 B。

7 无线电作弊防控系统

7.1 概述

无线电作弊防控系统至少由无线电信号侦测子系统、无线电信号阻断子系统、无线电作弊防控管理子系统三部分组成：

a) 无线电信号侦测子系统部署在所辖考点区域内，时刻处于在线工作状态，所获得的异常信号特征信息能及时、准确地传递到无线电信号阻断子系统和作弊防控管理子系统；

b) 无线电信号阻断子系统由多台阻断设备组成，阻断设备部署在考点的各个考场内；

c) 作弊防控管理子系统通过管理平台对所辖无线电作弊防控系统内的侦测设备、阻断设备进行管理控制，实时查看无线电信号侦测子系统、无线电信号阻断子系统运行状态。

无线电信号阻断子系统、无线电信号侦测子系统、无线电信号作弊防控管理子系统采用有线网络连接。

无线电作弊防控系统与视频巡考系统、身份识别系统、指挥系统等之间互联互通，并接受上一级指挥控制中心的统一监管和指挥。

无线电作弊防控系统组成见图 7，无线电作弊防控系统五级联网管理图见图 8。

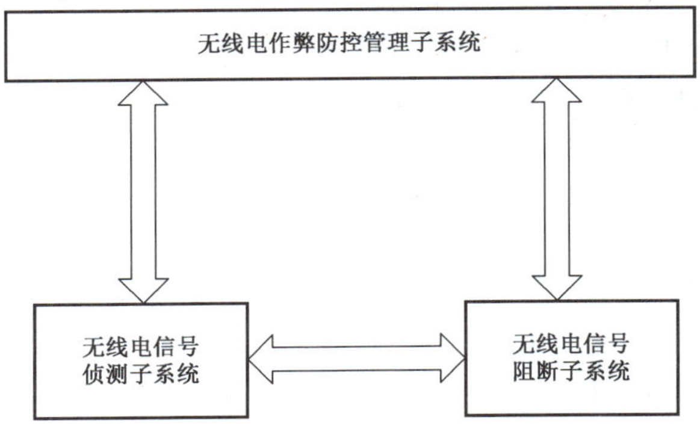

图 7 无线电作弊防控系统组成

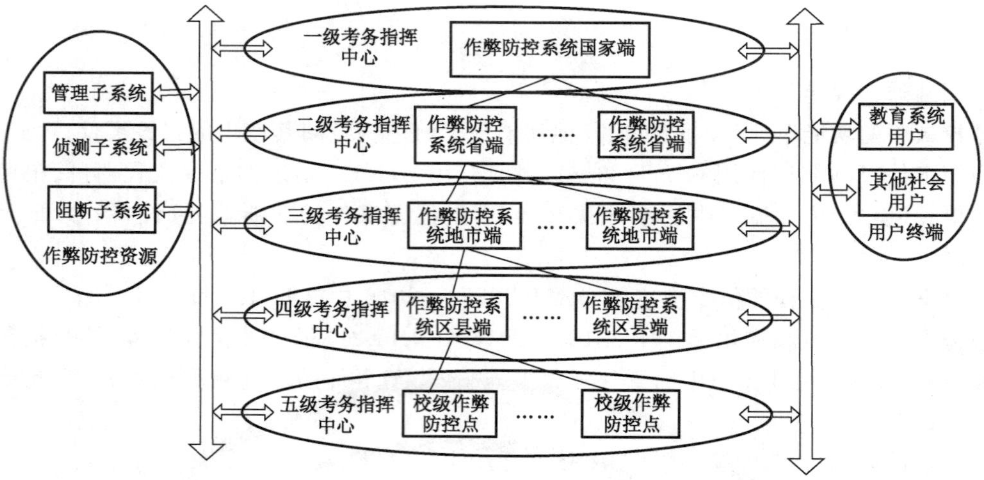

图 8　无线电作弊防控系统五级联网管理图

7.2　系统功能要求

7.2.1　侦测子系统

侦测子系统功能要求如下：

a）应支持对考点区域内无线电信号进行快速扫频，及时发现和捕获可疑的异常信号；

b）应支持对考点区域内常在背景信号进行扫描和存储，通过长时间多次采集和综合，确定考点常在无线电信号范围内，作为系统工作的背景频谱；

c）应支持黑白名单信号处理；

d）应支持对异常信号进行综合分析，提取异常信号特征信息；

e）确定异常信号后应能自动实时向阻断子系统发送引导阻断命令，并对异常信号进行阻断；

f）应支持在扫频发现异常信号并引导阻断设备发射干扰信号的同时，对异常信号进行采集、还原、取证并及时上传到考点管理子系统；

g）侦测子系统的侦测频率范围应具有扩展性。

7.2.2　阻断子系统

阻断子系统功能要求如下：

a）针对无线电通讯中使用的公众通讯频段，进行实时阻断；

b）针对异常信号，系统采用“侦测引导阻断”方法，在异常信号出现期间发射干扰信号，异常信号消失后停止发射干扰信号，能同时对多个异常信号进行并发阻断；

c）阻断设备具备扩展槽、扩展接口；

d）阻断设备支持远程管理控制；

e）阻断设备软件可通过网络进行集中批量升级。

7.2.3　作弊防控管理子系统

作弊防控管理子系统功能要求如下：

a）应支持对所辖系统内侦测设备、阻断设备进行集中管理；

b）应支持对所辖系统内全部或部分阻断设备工作状态进行实时控制；

c）应支持查看所辖系统内侦测设备、阻断设备运行状态，查看关键信息；

d） 应能检查系统内各设备的基本状态，对侦测系统和阻断系统进行自检，并显示设备自检结果；
e） 应支持查询异常信号信息（时间、频率、信号类型等），调听还原的异常语音，调看还原的数传文本；
f） 应支持对考点异常信号情况进行汇总、统计和分析，输出相关结果；
g） 应支持对所辖系统内阻断设备软件进行集中批量升级；
h） 应支持用户权限管理。
i） 应支持记录系统的关键操作（模块开关控制、管理员重大操作等）日志；
j） 对异常数据存储和传输时应进行加密并建立相关密钥管理；
k） 应支持与上级管理系统进行连接，汇报所辖系统运行状态及作弊信号信息，接收上级指令包括：
  1） 同步上级考试计划，根据计划打开或关闭侦测设备、阻断设备；
  2） 同步上级黑白名单，进行相应处理；
  3） 向上级上传考点设备工作状态；
  4） 向上级上传考点作弊信号情况。

7.2.4 系统功能测试

系统功能测试参见附录C。

7.3 系统性能要求

7.3.1 侦测子系统

侦测子系统性能要求如下：
a） 侦测引导频率范围：50 MHz～3 000 MHz；
b） 侦测响应时间：≤500 ms；
c） 侦测频率精度：≤25 kHz；
d） 侦测灵敏度：≤－80 dBm；
e） 侦测动态范围：≥70 dB；
f） 能够还原的信号类型：FM、AM、FSK。

7.3.2 阻断子系统

阻断子系统性能要求如下：
a） 侦测引导阻断频率范围：50 MHz～3 000 MHz，公共通讯频道所定义的下行频率除外；
b） 侦测引导阻断响应时间：≤600 ms；
c） 阻断信号带宽：0.7 倍作弊信号带宽≤阻断信号带宽≤5 倍作弊信号带宽；
d） 阻断效果：在 6 m×9 m 标准化考场空间内，信号强度≤－65 dBm 时，可有效屏蔽 95%以上区域；
e） 异常信号并发阻断≥20 个；
f） 电磁辐射控制限制应符合 GB 8702—2014 规定。

7.3.3 系统性能测试

系统性能测试参见附录C。

7.4 传输与管理

7.4.1 数据编码要求

7.4.1.1 音频类数据

音频信号数据文件采用 AAC 方式进行编码,并封装为 PS 流用于网络传输。

7.4.1.2 字符类数据

采用图片叠加选单字符的方式来展示解调后的字符信息,选取异常信号频谱作为图片背景,并在其上叠加相应频谱信息及解调后的字符信息,图片应存储为 BMP 格式。如解调后的文字信息较多,则保存多张图片。

7.4.2 SIP URI 编码要求

一个典型的 SIP URI 如“学校.区县.市教育.省教育.国家教育@市.省.cn”,其中“市.省.cn”表示域(SIP 路由)的物理位置,可以是域名,也可以是 IP 地址。而“学校.区县.市教育.省教育.国家教育”表示该 URI 的逻辑位置,用于 SIP 路由的解析。可以根据该 URI 构成一个树型结构,见图 9。

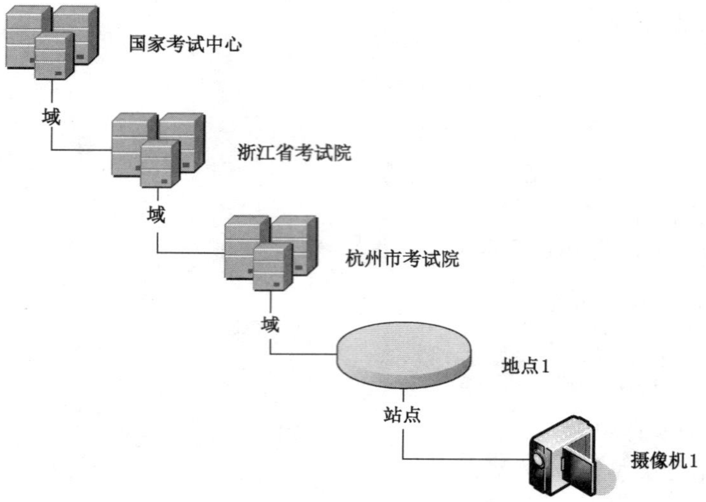

图 9 URI 构成树形结构

7.4.3 SIP URI 分类

7.4.3.1 点(Unit)

独立的功能单元,前端某一个侦测阻断或阻断设备是一个点,后端的用户也叫做一个点,每个点对应一个 SIP URI。

7.4.3.2 域(Domain)

有 SIP 路由支持的区域,包含所有该路由管理的设备和用户。

7.4.3.3 组(Group)

无 SIP 路由支持的区域,是域的一个子集,可以包含一个小区域的所有设备,也可以包含一个部门的所有用户。

7.4.4 设备认证

设备只接收或转发经过认证的用户或设备发来的消息，使用 SIP 协议的认证机制，保证设备接收到的消息肯定是来自经过认证的用户或设备。

上下级作弊防控管理子系统之间、作弊防控侦测子系统与作弊防控管理子系统之间、作弊防控阻断子系统与作弊防控管理子系统之间，可使用 SIP 协议的认证机制。设备认证采用 SIP REGISTER 方法实现。

7.4.5 设备列表获取

设备列表的获取主要用于上级作弊防控中心获取下级作弊防控中心的作弊防控资源，资源包括组、作弊信号侦测点、作弊信号阻断点，采用逐级请求的方式获取。设备列表获取用 SIP MESSAGE 方法实现，消息体内容见表 9。

表 9 作弊防控资源设备列表消息体内容

类型	类 型 说 明
DCSS	作弊信号侦测设备 Device for Cheating Signal Surveillance
DBCS	作弊信号阻断设备 Device for Blocking Cheating Signal
PS	SIP 代理服务器(Sip Proxy Server、Sip Router)
MS	媒体代理服务器(Media Proxy Server)
DO	域(Domain)
DG	设备组(Group)
UG	用户组
UU	用户

设备列表的获取主要用于上级作弊防控中心获取下级作弊防控中心的作弊防控资源，资源包括组、作弊信号侦测点、作弊信号阻断点，采用逐级请求的方式获取。设备列表获取用 SIP MESSAGE 方法实现，见表 10。

表 10 状态信息列表

状态	状态说明
ON	在线
OFF	离线
BUSY	阻断通道忙

7.4.6 阻断频点列表获取

阻断频点列表的获取主要用于上级作弊防控中心获取校级作弊防控点当前正在阻断的频点，频点包含默认阻断频点、可疑作弊频点、实际作弊频点，采用逐级请求的方式获取。设备列表获取用 SIP MESSAGE 方法实现，见表 11。

表 11　阻断频点设备列表获取

类型	类型说明
DB	默认阻断的固定频段(Default Band)
CP	确认属实的作弊频点(Cheating Point)

7.4.7　控制指令下发

指令下发控制使用 SIP MESSAGE 信令实现,Content-Type:Application/FKECP。

注:FKECP:FK 表示防控,ECP:Equipment Control Protocol 设备控制协议。

7.4.8　作弊信号检索

作弊信号检索使用 SIP MESSAGE 信令来实现。

7.4.9　作弊信号回放

7.4.9.1　语音类信号回放

作弊信号回放使用 SIP MESSAGE 信令来实现。

7.4.9.2　字符类信号回放

作弊信号回放使用 SIP MESSAGE 信令来实现。

8　身份识别系统

8.1　概述

8.1.1　系统组成架构

电子考场身份识别系统由前端考生身份采集验证终端硬件和考生身份识别管理系统软件两大部分组成。系统组成架构见图 10。

考生身份识别管理系统软件分为校级管理平台和区域级管理平台:

a) 校级管理平台应具备以下功能:
   1) 管理前端考生身份采集验证终端硬件;
   2) 考生身份认证数据下发、收集、统计汇总、数据可视化;
   3) 支持向上级联。
b) 区域级管理平台应具备以下功能:
   1) 与考生报名系统数据接口功能;
   2) 考生身份认证数据下发、收集、统计汇总、数据可视化;
   3) 与区域级国家教育考试电子考场系统的考场巡查、调度指挥的接口功能;
   4) 支持系统级联。

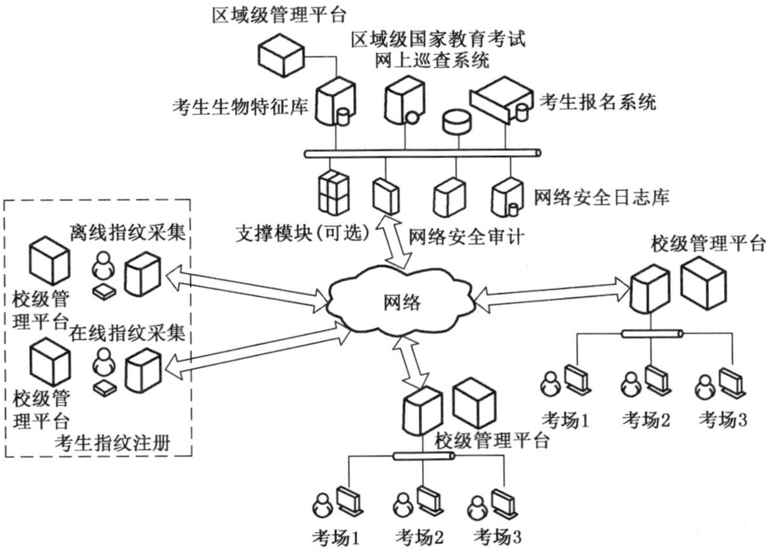

图 10　身份识别系统组成架构

8.1.2　考生身份信息采集验证终端

考生身份采集验证终端应包括身份证核对、生物特征识别、头像比对三个基本功能。实现考生生物特征、身份证和相片的“人证同一性”信息认定：

a)　身份核对子系统主要用于核实身份证上的有关信息；

b)　生物特征识别子系统通过获取考生的生物特征信息进行身份鉴定；

c)　头像比对子系统则通过自动方式查验考生的相片。

身份采集验证终端分为手持式和立式两种类型。见表 12。

表 12　身份采集验证终端分类

分类		基本功能要求
手持式	手持式识别终端 A	能够读取显示考生身份证信息,并能够进行生物特征采集、验证、显示、查询等功能的身份认证终端设备
	手持式识别终端 B	能够读取显示考生身份证 ID 号,并能够进行生物特征采集、验证、显示、查询等功能的身份认证终端设备
立式	立式识别终端	能够读取显示考生身份证信息,并能够进行生物特征采集、验证、显示、查询等功能的身份识别终端设备

8.1.3　考生身份识别管理系统软件

考生身份识别管理系统软件主要由服务端和客户端两个部分组成：

a)　服务端：部署于后端,对身份识别系统提供基础的数据、管理、分析等服务,包括对生物特征进行比对、稽查、筛选等处理的技术或算法；

b)　客户端：部署于前端,面向用户,用于显示和呈现身份识别管理系统的界面、显示信息和识别结果。客户端呈现的内容包括但不限于:考试姓名、考生号、考场号、公民身份号码、照片、考试科目、识别比对结果等。

8.1.4 管理计算机

通过网络与验证终端连接，进行终端系统和后端系统的管理，监控验证过程。

8.1.5 网络设备

把各考场的验证终端连接起来，并且连到数据中心。

8.2 考生身份信息采集验证终端技术要求

8.2.1 概述

考生身份采集验证终端应能支持考生指纹识别和人脸识别技术；应支持考生生物特征在线和离线两种采集验证方式。

生物识别技术的有关技术要求如表 13。

表 13 生物识别技术的有关技术要求

分类	要求	
指纹识别	传感器	半导体电容式传感器，支持活体识别， 360 度自动旋转符合 GA/T 1011—2012
	指纹算法	符合 GA 1012—2012
	图像分辨率	500 dpi
	采集面积	18.00 mm × 12.8 mm
	使用寿命	≥100 万次
	指纹模版	<512 字节 可调节
	指纹录入时间	<1.1 s
	指纹对比时间	<0.3 s
人脸识别	a) 支持人脸瞳距 60 像素以上人脸识别； b) 支持人脸在左右摆动 30°，上下俯仰 15°内人脸识别； c) 支持戴眼镜、留胡子、刘海等轻微遮挡识别； d) 支持报名时照片、身份证照片与实时采集的人脸进行一一比对，人脸验证准确率≥97%	

8.2.2 手持式验证终端技术要求

手持式验证终端技术要求如下：

a) 验证终端采用的指纹传感器，需同时具备采集和验证考生指纹的能力；
b) 验证终端采用指纹作为主要的认证方式，同时需提供人脸和身份证作为扩展的认证；
c) 验证终端指纹的验证时间≤2 s/次；
d) 电池容量需满足正常工作≥4 h。

8.2.3 立式验证终端技术要求

立式验证终端技术要求如下：

a) 应支持指纹、人脸生物特征识别认证；
b) 验证终端的验证时间≤2 s/次；

c) 身份证阅读设备应符合 GA 450—2013 要求。

8.3 考生身份信息识别管理系统功能要求

8.3.1 考生身份信息识别与验证管理系统

考生身份信息识别管理系统功能应包括信息输入(考生生物特征现场采集,指纹、人脸、证件信息);传输与存储(批量上传采集与验证结果到数据中心并自动存储备份);信息比对(考试现场采集的考生生物特征及证件信息自动地与数据中心存储的原始数据比对);输出(比对结果的输出与自动生成报表)等功能。

考生身份识别管理系统功能要求如下:

a) 应能与报名系统进行数据对接;
b) 应能控制采集终端进行考生生物特征及证件信息采集和存储;
c) 应能自动分考点按编排数据对考生考试信息进行打包下载;
d) 应具有对采集、验证数据进行查询、统计等基本功能;
e) 应支持存疑考生管理、缺考管理、人工审核、违纪管理、异常管理;
f) 应能实际反应出考生的验证轨迹,可对异常考生进行溯源追踪;
g) 应支持综合验证、相互校验。通过身份证件真伪识别、指纹比对、人脸图像识别等多种组合验证,以及各场次进场照片、指纹智能比对等。设备上应显示考生的姓名、性别、公民身份号码、报名时采集的相片、考生号、考点名称、考场和座位号。

8.3.2 考生信息采集

应具有采集考生指纹、人脸图像、身份证件等相关信息的能力,并自动生成身份识别信息数据库。

8.4 系统安全要求

考生身份识别系统安全应符合如下要求:

a) 应能对特定网段、服务进行物理和逻辑隔离,并建立访问控制机制;
b) 应有对网络和运行系统安全漏洞的周期检查机制;
c) 关键数据传送时,应有相应的措施加密通信;
d) 应具有良好的备份和恢复机制;
e) 内部网络业务处理计算机上需要安装企业级防病毒软件;
f) 应能够用模块(对应系统菜单)、功能(对应模块的子功能)两级定义系统功能权限,用角色定义一组系统模块、功能集合,通过向用户分配角色来管理用户权限。同时,通过对象权限定义用户能操作的数据,如全省、地市、区县、学校的数据;
g) 应能以日志的形式记录关键业务的操作过程,日志记录在数据库中,便于审计时查阅。

8.5 身份识别系统性能测试

身份识别系统性能测试参见附录 D。

9 指挥系统

9.1 概述

指挥系统依据行政隶属关系及工作相关性,在国家级(部)教育考试院设置一级指挥系统,省、自治区、直辖市等考试中心设置二级指挥系统,市级考试中心或考务部门设置三级指挥系统,区(县)级招考办或考务部门设置四级指挥系统，各学校考点设置五级指挥系统。部、省、市、区（县）、校五级指挥系统形成上下级级联关系。

指挥系统包括了指挥中心以及受其监控的考务室和试卷保密室。指挥中心是指挥系统的核心。

9.2 指挥中心功能要求

9.2.1 视频显示及控制功能

指挥中心视频显示及控制系统功能要求如下：

a） 指挥中心应根据不同机构级别及需要建设拼接屏显示系统；

b） 巡查图像显示应以轮巡方式为主，大屏幕以 4 分屏或 9 分屏方式进行画面分割，轮巡时间设置为 5 min，有 1 块～2 块屏单独显示选定考场或区域的图像；

c） 指挥中心应能通过信息显示屏同时显示本级及所属下级电子考场系统的图像和视频会议系统等的图像及信息；

d） 信息显示屏应能够将地图、告警、实况辅屏、配置等进行分屏显示；

e） 可支持天气、交通等信息显示。

9.2.2 指挥中心拾音、扩声与广播功能

指挥中心拾音、扩声与广播功能要求如下：

a） 指挥中心应具有独立的拾音系统、扩声系统和公共广播系统，供视频会议系统、广播系统和巡查系统音频采集、播放使用；

b） 扩声系统声学特性指标应参照 JYJS 201102《多媒体教学环境工程建设规范》第二册中的 4.3.2.1要求；

c） 广播覆盖区域应能分区控制，应具备手动选通或关闭任何广播分区功能；

d） 应具有强插功能，对任何选定的广播分区（包括已经关闭了的分区）强行插入寻呼广播或其他紧急广播；

e） 应能实现自动管理，包括定时接通/关闭广播系统的电源，定时播放通知、寻呼以及其他信息节目；

f） 可控制各考场、考务室内的广播设备播放对应音频；

g） 系统可扩展支持级联功能，可通过级联同步上下级配置和相关音频文件以及播放控制。

9.2.3 指挥中心视频会议系统功能

指挥中心视频会议系统功能要求如下：

a） 指挥中心的视频会议系统除应符合 GB 50799—2012 中 4.3 性能设计要求，还应支持以双流的形式实现桌面共享，实时共享电子地图、方案等；

b） 视频会议系统在使用期间应能同时显示本地和对端图像，未使用期间可不显示；

c） 在电子考场系统上发现应急情况时，上级可通过视频会议系统向下级推送该巡查视频，并能够保证上下级所看的视频图像相同。

9.2.4 指挥中心调度指挥功能

指挥中心应具备电子考场资源的控制、管理和监视等功能。

9.2.5 指挥中心实时图像的点播功能

指挥中心实时图像的点播功能要求如下：

a） 指挥中心应支持按照指定设备、指定通道进行图像的实时点播；
b） 应支持点播图像的显示、缩放、抓拍和录像；
c） 应支持多用户对同一图像资源的同时点播；
d） 应支持基于地理信息系统的图像点播。

9.2.6 指挥中心管理平台功能

9.2.6.1 概述

指挥中心管理平台应具备管理功能及业务功能。实现中心管理、媒体转发、数据单元、前端接入、音视频解码等功能。

9.2.6.2 中心管理单元

中心管理单元功能要求如下：

a） 应具备平台配置、网管、用户管理、设备管理、日志管理、录像管理、电视墙管理、告警管理、系统远程维护等管理功能；
b） 应具备视频浏览、窗口轮巡、图像窗口可调、PTZ 控制、音频对讲、图片抓拍、录像回放、电子地图、报警设置、报警联动功能；
c） 直连前端接入路数要求应不低于 1 000 路；
d） 应支持支持级联功能，能够实现向上接入上级指挥中心平台；
e） 应支持分域管理；
f） 应支持设备分组管理；
g） 应支持用户分组管理；
h） 应采用稳定性较高的操作系统和硬件设备作为中心管理单元设备，充分保证核心单元的安全性，并且核心单元具有备份机制；
i） 应保持高稳定性、高可靠性，能够满足 7×24 h 不间断工作。

9.2.6.3 流媒体转发单元

流媒体转发单元功能要求如下：

a） 应支持堆叠或级联扩展其并发能力，单台并发能力不低于 300 路视频；
b） 应支持选择性开启转码服务，实现不同分辨率、不同格式的转换；
c） 多个流媒体单元一起使用时，流媒体单元间应可以实现负载均衡。

9.2.6.4 数据单元

数据单元功能要求如下：

a） 应支持主流数据库技术，支持双机热备机制；
b） 针对数据库应采用数据库代理、数据库中间件技术等多种有效技术进行处理，不直接对外开放数据库通讯端口，保证数据库系统安全可靠。

9.2.6.5 接入单元

接入单元主要解决非标系统与标准系统的正常对接，其应符合以下功能及性能要求：

a） 接入单元应支持将非标系统中的设备信息同步至标准系统中，可同步的前端数量不低于 1 万个；
b） 接入单元需将非标系统码流转换成标准系统码流再进行转发，并发转码能力应不低于 9 路；

c) 接入单元应支持双网段功能，匹配双网段的网络环境。

9.2.6.6 解码单元

解码单元功能要求如下：

a) 音视频解码设备应可以根据前端的视频编码格式、分辨率、帧率等参数自适应解码，解码音频默认与当前图像视频同步输出；
b) 音视频解码设备应按照平台信令提供的字幕内容，以及字符规格信息(包括字型、颜色、大小和位置)，对各解码通道在相应的位置叠加相应内容的字幕；
c) 音视频解码设备应支持混合解码，多画面风格时，根据解码总能力进行限定，画面风格与最高解码分辨率不严格绑定。

9.2.7 指挥中心视频显示设备性能要求

指挥中心视频显示设备性能要求如下：

a) 显示设备的分辨率指标应高于系统对采集、传输过程规定的分辨率指标。建议支持分辨率为1 080 P及以上；
b) 应支持键盘、网络计算机双重控制方式；
c) 显示设备和信号切换设备的安全性应符合国家相关产品标准规定的安全要求；
d) 显示设备和信号切换设备的输入\输出接口应符合现行常见接口，如DVI、HDMI、VGA、YPbPr、CVBS、BNC等；
e) 信号切换数字视频网络虚拟交换/切换模式的系统应具有系统信息存储功能，在供电中断或关机后，对所有编程信息和时间信息均应保持。

9.2.8 指挥中心的数据存储

指挥中心的数据存储要求如下：

a) 宜采用前端存储、监控中心存储、客户端存储、存储备份相结合的分布式存储策略；
b) 配置的专用存储设备(如磁盘阵列、网络存储系统、光盘刻录机等)应能备份需要长期保留的信息，保存时间应该符合电子考场业务和安全管理的要求；
c) 考点指挥中心存储应至少存储考场、考务室、保密室等重要场所的现场音视频信息；
d) 监控中心存储设备宜集中存放在中心机房，应具有冗余、纠错及自动备份功能；宜采用网络存储技术，支持远程访问和高效存储；
e) 应支持图像存储和回放的双工模式，宜支持图像高码流记录和远程图像低码流传输的双码流、多码流模式。

9.2.9 指挥中心磁盘阵列

指挥中心资料存储应支持本地磁盘阵列方式或云存储方式，要求如下：

a) 应支持RAID冗余磁盘技术，支持RAID0、1、5、6、10，支持热备盘；
b) 阵列系统宜有状态报警，提供控制台告警、指示灯告警、邮件告警等多种告警方式，且针对坏扇区磁盘的热顶替，支持虚拟磁盘；
c) 设备宜实现对考场录像的自动备份；
d) 系统性能与系统容量线性增长，单设备应具备不低于千兆网络传输能力，系统支持负载均衡；
e) 支持SATA硬盘，支持硬盘热插拔；
f) 单台设备支持冗余网口，支持网口绑定，冗余电源，实现负载均衡和冗余备份，实现负载均衡；
g) 应支持通过WEB方式对集群内所有的存储设备进行统一化集中管理，实现集群的配置、性能监控、运行状态监控、资源监控、日志记录以及故障报警等功能；

h） 系统的存储容量应能够保存六个月以上的音像资料。

9.2.10 历史图像的检索和回放功能

指挥中心应支持按照指定设备、时间、报警信息等要素检索历史图像资料并回放。

9.2.11 报警管理功能

指挥中心应支持实时接收报警源发送来的报警信息，包括身份识别异常、屏蔽系统异常信息，及时分发给相应的用户终端或系统、设备。

9.2.12 与其他系统的对接功能

指挥中心应能支持身份识别系统、屏蔽系统、巡查系统的接入。

9.2.13 管理人员身份认证与权限管理功能

指挥中心管理人员的身份认证与权限管理功能要求如下：

a） 指挥中心应提供相关接口，接受身份验证系统的所有验证、统计数据、信息汇总；

b） 各种数据应可通过显示屏或电子地图系统统计图显示；

c） 指挥中心宜具有用户统一管理的门户对用户进行授权和认证。用户及权限管理可由各级管理平台独立控制。

9.2.14 设备管理功能

指挥中心应能对系统设备运行状态进行实时监测；对重要的设备进行冗余设置实现双机热备或者冷备。

9.2.15 网络信息安全管理功能

指挥中心应具备保证信息安全的功能，包括认证安全、传输安全、数据安全。应对某些重要的数据进行定期备份，对重要的数据应做异地备份。按照 GB/T 22239—2008，本系统的安保等级定为二级。

9.2.16 系统安全审计

指挥系统安全审计功能要求如下：

a） 应对身份鉴别事件、系统管理员（安全员/审计员）/操作员所实施的操作、其他与系统安全相关的事件做审计，并做好相应的审计响应，例如实时报警、违例进程终止、服务取消等措施；

b） 应支持审计功能的开启和关闭。

9.2.17 有线电话

指挥中心应配备 2 门以上有线电话。

9.2.18 无线屏蔽系统工作状态显示

无线屏蔽系统工作状态显示功能要求如下：

a） 无线屏蔽系统可通过接口将系统工作状态、屏蔽工作状态等数据上传到指挥中心，通过电子地图或其他方式进行展示；

b） 已经安装侦测设备的考场，指挥中心应显示侦测频段等信息。

9.3 指挥中心的布局与环境要求

9.3.1 布局与要求

指挥中心宜具备指挥区、操作区、接待区、设备区、值班区等，具体布局与面积大小视所在建筑情况和需要而定：

a) 主显示屏幕的尺寸、安装位置可参照 JYJS 201101《多媒体教学环境工程建设规范》第一册 7.4.2和 7.4.3 的要求；

b) 扬声器系统的布置可参照 JYJS 201102《多媒体教学环境工程建设规范》第二册 5.3.4 的要求。

9.3.2 环境要求

9.3.2.1 概述

环境要求除 9.3.2.2、9.3.2.3 规定之外的，均按照 GB/T 2887—2011 执行。

9.3.2.2 声场及环境噪声要求

指挥区域、操作区域的声学指标应符合 GB/T 9361—2011。

9.3.2.3 抗电磁干扰性能要求

指挥中心抗电磁干扰性能应满足 GB/T 2887—2011 的 4.6.5 要求。

9.3.3 电力保障

指挥中心电力保障系统要求如下：

a) 指挥中心配电系统应符合 GB/T 2887—2011 中 4.7.1a)的规定；

b) 电源质量应符合 GB/T 2887—2011 中 4.7.3 的规定。

9.3.4 照明等供电控制

指挥中心照明等供电控制要求如下：

a) 指挥中心终端及系统设备供电应独立控制；

b) 指挥中心终端及系统设备供电需配置 UPS 作为备用电源；在外来电源断电后，备用电源容量应至少能保证核心系统、重要监控点能正常工作 8 小时以上；

c) 指挥中心空调、新风换气等设备供电应独立控制。

9.3.5 防雷与接地要求

指挥中心的防雷与接地要求如下：

a) 指挥中心的防雷应满足 GB/T 9361—2011 中 10.3 的规定；

b) 指挥中心的接地应满足 GB/T 2887—2011 中 4.8 的规定。

9.4 考务室技防设备系统

考务室技防设备系统建设要求如下：

a) 考务室在考试期间，应接受全面监控和录像，实施无线电信号屏蔽等安全措施；

b) 考务室应配备金属探测仪等安检设备；

c) 考务室应配备至少一门固定电话；

d) 在考试期间，所有防范设备应开启并处于正常工作状态，视频监控资料应当保存到考试结束后 6 个月。

9.5 试卷保密室技防设备系统建设要求

9.5.1 概述

保密室的技防设备系统主要由监控系统、报警系统、保密室网络及相关平台软件组成。条件允许应包含门禁系统。

9.5.2 技防系统架构及设备组成

试卷保密室技防系统架构及设备要求如下：

a) 监控系统前端采用高清网络摄像机，后端采用 NVR(硬盘录像机)，并能够与指挥中心巡查系统进行互联互通。视频监控资料应当保存到考试结束后 6 个月；
b) 报警系统发现有入侵行为，应能立即本地报警，并将警情上传到上级平台，通过上级平台能够对报警时间、类型、布防撤防等信息进行查询；
c) 试卷保密室网络应采用专网(或安全网络)将监控设备连接到本级(上级)指挥中心；
d) 在试卷保密室门口安装指纹门禁考勤一体机，实现对保密室进出人员的管理，应支持在平台软件查询刷卡记录。

9.5.3 试卷保密室报警系统

试卷保密室报警系统技术要求如下：

a) 根据保密室空间大小及布局选择吸顶或壁挂双鉴探测器；
b) 空间环境探测宜采用红外探测、多普勒效应探测技术；
c) 应能够自动触发报警，同时记录并上传报警信息；
d) 保密室门口应安装门磁探测器；
e) 通过管理中心报警管理软件，接收保密室上传的报警信号，并支持对报警信息进行查询统计。

9.5.4 试卷保密室网络

试卷保密室网络技术要求如下：

a) 试卷保密室应组建巡查专网，省级平台可以与各级保密室的网络设备进行相互访问，各市级平台能够直接与本市所有保密室网络设备进行相互访问，区县平台能够与本地保密室的网络设备进行相互访问。使用期间网络带宽独享，不低于 10 Mbps；
b) 各市及各区县之间通过路由限制进行逻辑隔离，禁止互相访问，从而形成全省互联，各区域彼此独立的保密室巡查专网。

9.5.5 试卷保密室门禁系统

试卷保密室门禁系统技术要求如下：

a) 系统应支持刷卡、指纹识别、人脸识别、密码等多种组合认证方式；
b) 应支持 TCP/IP 有线联网，支持跨网通讯传输各类事件信息，供各级平台软件进行查询；
c) 系统应具有防拆设计，支持防拆报警功能，并具有胁迫报警功能，遇紧急状况时，用户可输入胁迫码开门，同时系统会将胁迫事件发送至管理中心进行报警；
d) 系统应具有读卡错误超次警告功能，可设定最大读卡错误次数，超次后可设定系统自动停止操作，预防擅入并自我保全；
e) 系统应具有黑名单报警功能、门未关妥报警功能、门被外力开启报警功能，支持自定义警报解除码，报警发生时可以使用解除码消警；
f) 设备应内置电子时钟及看门狗程序设计，提供准确的日期、时间，以确保主机正常运作。

附　录　A
（规范性附录）
学校（机构）命名规则

A.1　代码结构

各级各类学校（机构）代码分5段，代码结构示意图见图A.1：

—— 第一段为“机构代码”，共10位，是按国家规定的设置标准和审批程序批准成立的各级各类学校（机构）拥有的全国唯一的代码标识；
—— 第二段为“学校驻地地域码”，共12位，采用国家统计局的《统计用区划代码》，用于标识学校所在地的区域；
—— 第三段为“属地管理部门驻地地域码（统计用）”，共12位，采用国家统计局的《统计用区划代码》，用于标识属地管理部门所在地的区域；
—— 第四段为“学校举办者码”，共3位，用于标识各级各类学校（机构）的举办者类别；
—— 第五段为学校（机构）的其他属性码，用于标识学校办学类型、类别和学校所在地的自然属性等。

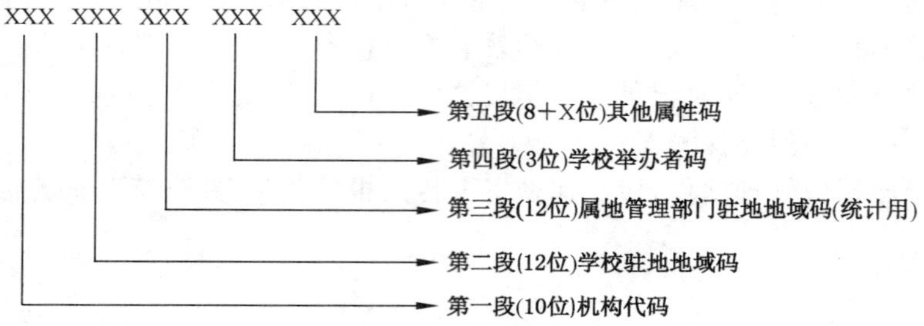

图A.1　学校（机构）代码结构

A.2　编码方法

编码方法按照GB/T 33782—2017的规定执行。

A.3　代码更新与维护

教育部根据国家统计局每年公布的《区划和城乡代码》及各地学校（机构）变动情况，统一修订学校（机构）代码，并将调整后的新代码提供给相关单位使用。各地及时掌握本地区学校（机构）变动情况，定期对学校（机构）基本信息变动以及新生成代码进行审核，并及时报送教育部。

附 录 B
（资料性附录）
电子考场设备兼容性检测

B.1 电子考场设备

B.1.1 概述

电子考场系统互通直联的关键设备主要包括：

a) 流媒体服务器：又称视频服务器、数字视频服务器或视频编码器等，是用来实现将模拟音视频信号转换成数字音视频信号，放到网络传送，并实现本地存储的设备；

b) SIP 路由器：负责统一管理接入的各类 SIP 终端（包括用户、流媒体服务器、流媒体矩阵和媒体分发服务器等），按照统一命名规则（SIP URI）实现分级命名、联合定位等功能，并通过建立 SIP 路由器间的信任关系实现接入认证功能，进行终端访问呼叫过程控制及远程访问权限控制等功能；

c) 媒体分发服务器：又叫流媒体转发服务器，当多个用户并发访问同一路图像资源时，为减轻流媒体服务器的压力和节约网络传输开销，通过媒体分发模块与流媒体服务器间建立单路连接，然后采用组播、分发或广播的方式将音视频流分发给资源调用者；

d) 解码器：又称流媒体矩阵，将数字化的音视频流还原成模拟信号，可以直接输出到监视器或电视机上进行显示的设备。

在设备选型时保证上述 4 类关键设备符合本标准要求，确保在各地自行建立的电子考场系统间实现互通直联。

B.1.2 测试流程

电子考场系统互联关键设备检测及互通联调测试流程分为 3 个阶段：

a) 厂商自测阶段，由待测厂商根据本标准自行完成；

b) 网络流和稳定性测试阶段，需要现场进行；

c) 互通联调测试阶段，需要现场进行。

上述三个阶段的测试都通过后，该厂商生产的设备即符合本标准。

B.1.3 省级端测试环境

当设备厂商通过第一阶段的测试后，可以携带其设备到省级考试机构进行第二和第三阶段的测试，为此省级考试机构应该做如下准备工作：

a) 不低于 10 M 的专线 Internet 接入（应有固定 IP 地址）；

b) 有局域网供厂商搭测试环境；

c) 监视器或电视机作为图像输出显示；

d) 安装 VLC(0.86 版）软件的电子计算机 2 台～3 台；

e) 厂商需提供的设备：SIP 路由器（可由电子计算机＋专用软件模拟）1 台；

f) 视频服务器（带存储，且支持组播功能）1 台；解码器（支持组播功能）1 台；

g) 影碟机、摄像机和拾音器各 1 台作为音视频源（可共用）。

B.1.4 厂商自测阶段

B.1.4.1 概述

设备制造商设备接入电子考场系统时，厂商先进行自测。自测分为vlc检测和Elecard检测两种。

B.1.4.2 VLC检测方式

厂商从待检测视频服务器的输出上录制一段不少于120 s的录像文件(根据情况，厂商也可以采用从网络上直接获取音视频流的方式来进行本步测试，方法见第二阶段网络流及稳定性测试部分说明)，用VLC软件(0.86版)进行播放，通过查看VLC的报告，判定是否同时满足如下6条技术要求：

注：VLC播放器的下载地址是 http://www.videolan.org。

a) 视频编码为H.264

当以下两条信息成对出现时可判定该音视频流的视频编码格式为H.264，满足本标准中关于视频编码关于H.264的技术要求：

——当开始播放音视频流时，在报告开头部分出现如下信息：

ffmpeg debug：ffmpeg codec (H.264) started

——当终止播放时在报告的末端出现如下信息：

ffmpeg debug：ffmpeg codec (H.264) stopped

b) 视频编码为MPEG4

当以下两条信息成对出现时可判定该音视频流的视频编码格式为MPEG-4，满足本标准中关于视频编码的技术要求：

——当开始播放音视频流时，在报告开头部分出现如下信息：

ffmpeg debug：ffmpeg codec (MPEG-4 Video) started

——当终止播放时在报告的末端出现如下信息：

ffmpeg debug：ffmpeg codec (MPEG-4 Video) stopped

c) 封装为TS

当以下两条信息成对出现时可判定该音视频流的封装格式为TS，满足本标准中关于音视频流封装格式的技术要求：

——当开始播放音视频流时，在报告开头部分出现如下信息：

maindebug：using demux module "ts"

——当终止播放时在报告的末端出现如下信息：

main debug：removing module "ts"

d) 封装为PS

当以下两条信息成对出现时可判定该音视频流的封装格式为PS，满足本标准中关于音视频流封装格式的技术要求：

——当开始播放音视频流时，在报告开头部分出现如下信息：

main debug：using demux2 module "ps"

——当终止播放时在报告的末端出现如下信息：

main debug：removing module "ps"

e) 音频格式为MPEG Layer Ⅱ

当以下两条信息成对出现时可判定该音视频流的音频编码格式为MPEG Layer Ⅱ，满足本标准中关于音频编码的技术要求：

——当开始播放音视频流时，在报告开头部分出现如下信息：

main debug：using decoder module "mpeg_audio"

——当终止播放时在报告的末端如下信息：

main debug：removing module "mpeg_audio"

f） 音频格式为 AAC

当以下两条信息成对出现时可判定该音视频流的音频编码格式为 G711-ulaw，满足本标准中关于音频编码的技术要求：

——当开始播放音视频流时，在报告开头部分出现如下信息：

main debug：using decoder module "faad"

——当终止播放时在报告的末端出现如下信息：

main debug：removing module "faad"

B.1.4.3 Elecard 检测方式

Elecard 检测方式如下：

a） 视频编码是否为 H.264

H.264 视频包含 SPS 和 PPS，通过 Elecard Stream Analizer 打开视频文件，在右侧显示框中会有 H.264 Sequence Parameter Set 和 H.264 Picture Parameter Set 两列，Elecard 检测方式见图 B.1。

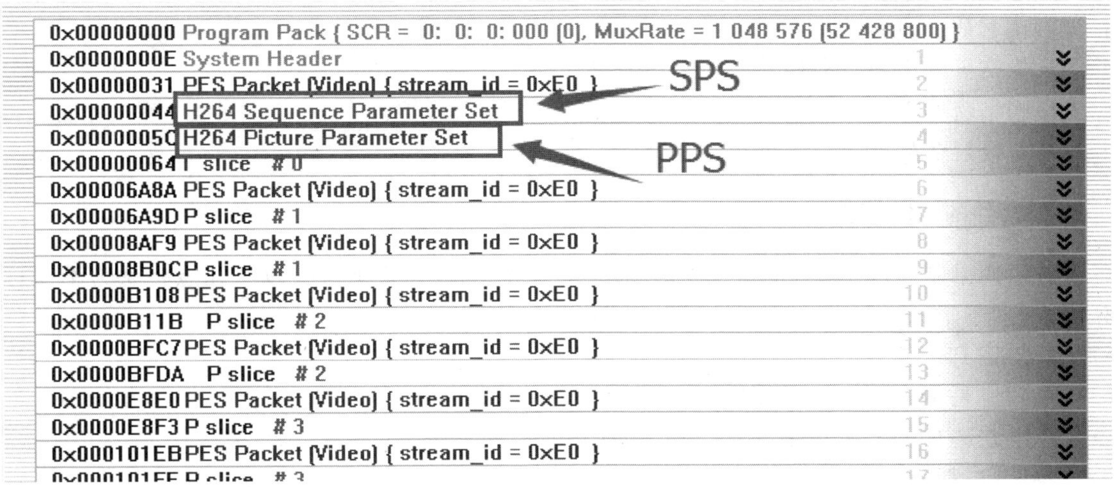

图 B.1 Elecard 检测方式

b） 如何检测封装是否为 TS

通过抓包工具将视频数据去掉 RTP 头保存视频裸流成文件，使用 Elecard Stream Analizer 打开该视频文件，StreamInfo 一栏显示 StreamType：Transport，表示该视频流为 TS 流，见图 B.2。

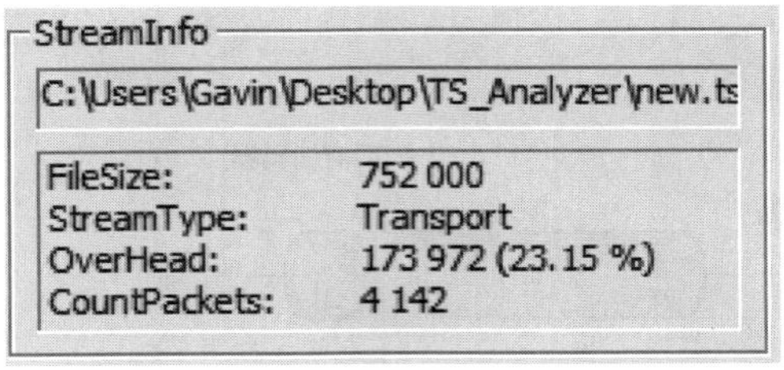

图 B.2 视频流为 TS 流检测方式

c) 如何检测封装是否为 PS

StreamInfo 一栏显示 StreamType:Program,表示该视频流为 PS 流,见图 B.3。

图 B.3 视频流为 PS 流检测方式

d) 如何检测 SIP 协议是否符合标准

宜由厂家联合或者委托某单个厂家开发一套标准 SIP 协议检测软件,该检测软件能够覆盖所有 SIP 信令的检测点,以此来规范 SIP 协议检测标准。

B.2 检测架构要求

B.2.1 概述

音视频编解码测试方法由 3 部分组成:

a) 录像文件的 VLC 测试;
b) 设网络流的 VLC 测试;
c) 与符合规范的解码设备进行兼容测试。

B.2.2 录像文件的 VLC 测试

各设备厂商录制一段 120 s 的录像文件,用 VLC 来播放,如果不符合以下几点将认为不是标准的音视频流:

a) 封装是 PS;
b) 视频流是 H.264、H.265、SVAC 或者 MPEG-4;
c) 音频流是 MPEG-Layer Ⅱ,G.711,AAC_LC;
d) 在 VLC 播放音视频同步。

B.2.3 设备网络流的 VLC 测试

厂商在通过以上测试后可进入下一步测试。VLC 测试结构见图 B.4。

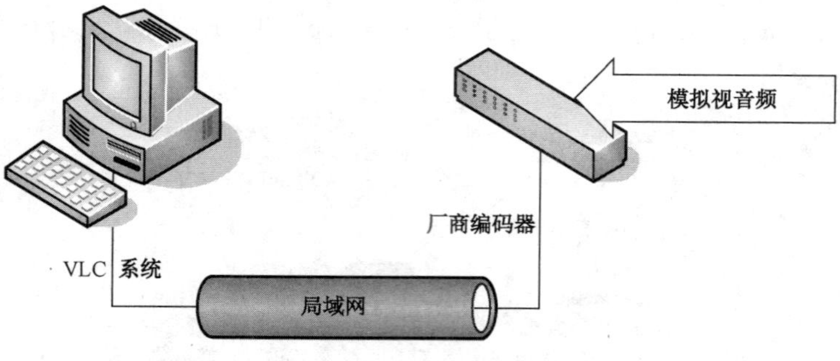

图 B.4 VLC 测试结构

待测编码器通过网络发送音视频流,VLC 系统接收如果不符合以下几点将认为不是标准的音视频流：

a) 封装是 PS；

b) 视频流是 H.264、H.265、SVAC 或者 MPEG-4；

c) 音频流是 MPEG-Layer Ⅱ,G.711,AAC_LC；

d) 在 VLC 播放音视频同步；

e) 连续运行 24 h 不宕机。

B.2.4 与符合规范的解码设备兼容测试

通过录像文件的 VLC 测试和设网络流的 VLC 测试的待测设备还应与符合规范的解码设备做直联互的兼容性测试，达到其互编互解。

附 录 C
（资料性附录）
作弊防控系统功能与性能测试

C.1 测试设备

测试设备包括：信号发生器、对讲机或可调频对讲机、侦测服务器、分贝仪、频谱仪。

C.2 系统功能测试

C.2.1 侦测捕捉能力测试

系统应能够实现对所在区域内出现的无线电作弊信号实施有效的侦测，能够快速检测到无线电信号的存在，并给出其频率值。测试方法如下：

a） 将信号源调至 50 MHz～3 000 MHz 范围内任意频点发射信号；

b） 用频谱仪观察确认是否有对应信号产生；

c） 确认侦测服务器是否侦测到与频谱仪观察到的信号一致。

C.2.2 整体阻断性能测试

针对不同频段无线电信号的阻断需求，阻断子系统需能同时输出一定数量的阻断信号，信号数量≥20。测试方法如下：

a） 阻断信号包括点频阻断和全时阻断，全时阻断需依据具体通信频段进行划分；

b） 用频谱仪观察确认是否有对应信号产生。

C.2.3 绿色阻断方式测试

对于无需进行全时压制的频段，无作弊信号时，不发射阻断信号；当作弊信号出现时，自动发射阻断信号；作弊信号消失后，阻断信号停止发射。测试方法如下：

a） 无作弊信号时利用频谱仪观察有无屏蔽信号；

b） 通过可调节对讲机任意给出一个作弊信号；

c） 侦测服务器侦测到作弊信号，利用频谱仪观察阻断子系统有无屏蔽信号产生；

d） 关闭对讲机后观察作弊信号是否消失。

C.2.4 数据捕捉还原性能测试

侦测系统应能够对语音信号、数字信号进行精确捕捉，对捕捉到的数据信息进行有效存储及还原。测试方法如下：

a） 语音、数据作弊设备距离侦测天线 9 m 以外进行数据传输；

b） 侦测服务器自动对数据信息进行捕捉储存；

c） 确认捕捉到的数据能否被还原。

C.2.5 侦测引导阻断能力测试

待测系统发射的阻断信号频率无缝覆盖 50 MHz～3 000 MHz。信号侦测子系统侦测接收到

50 MHz～3 000 MHz 内任一频点的可疑信号，通过网络发送控制命令给信号阻断子系统，信号阻断子系统接收到控制指令后开启相应的阻断频率对其覆盖。测试方法如下：

a) 频谱仪放置在距离阻断设备正前方 3 m 处；
b) 信号发生器在每段待测频段随机指定一个“选测频点”进行发射；
c) 侦测子系统频谱显示选测频点信号；
d) 阻断子系统发射相对应的频点阻断信号；
e) 频谱仪检测到阻断设备发出的信号。

C.2.6 阻断子系统邻频点阻断压力测试

系统应在 50 MHz～3 000 MHz 范围拥有相邻作弊信号同时精确阻断的能力。测试方法如下：

a) 信号发生器在 50 MHz～3 000 MHz 范围内任意选择两个 3 MHz 以内相邻频点输出；
b) 阻断子系统输出选测频点的阻断信号；
c) 频谱仪观察阻断子系统发出的信号频谱是否与信号发生器发出的一致。

C.2.7 固定频段的无线电信号的全实时阻断能力

针对固定频段的无线电信号，如手机、无线局域网(2.4G 和 5.8G)进行全实时阻断能力测试。测试方法如下：

a) 待测系统的阻断设备统一置于场地中央。将频谱仪置于阻断设备 5 m 以外；
b) 阻断子系统输出相对应的阻断信号；
c) 频谱仪观察阻断信号频谱信息；
d) 测试手机、无线路由器等接收设备的接收信号能力是否被阻断。

C.2.8 对讲信号频段的阻断能力测试

针对无线对讲频段信号(136 MHz～174 MHz、400 MHz～470 MHz)两个频段，每个频段不小于多组信号的情况下，阻断无遗漏。测试方法如下：

a) 待测系统的阻断设备统一置于场地中央。将频谱仪置于阻断设备 5 m 以外；
b) 阻断子系统输出相对应的阻断信号；
c) 频谱仪观察阻断信号频谱信息；
d) 用户根据需求，确定测试多组以上对讲机，接收设备的整个屏蔽效果是否达标。

C.2.9 管理平台的测试

管理子系统应支持黑白名单功能，应能实时报告设备的运行情况、各设备的开关机状态、作弊信号发现和阻断的运行情况，并且具备侦测数据信息的分类、识别及频谱显示，支持作弊数据下载。测试方法如下：

a) 黑白名单，按照指定频率在系统上添加黑白名单，测试人员分别使用对讲机设置为黑名单频点和白名单频点，通过频谱仪观察阻断信号检查黑白名单功能是否同时生效；
b) 设备状态，对待测系统的阻断设备进行开机和关机操作，测试人员在用户管理接口上查看设备状态应符合设备开机和关机状态；
c) 在线控制，对待测系统的阻断设备进行在线控制，测试人员通过频谱仪观察控制信息是否生效；
d) 数据下载，测试人员确认侦测资料是否拥有下载功能；
e) 分类识别及频谱显示，直接在侦测平台观察侦测信息是否实现分类识别及频谱显示功能。

C.2.10 互联互通测试

互联互通指阻断子系统、侦测子系统通过SIP协议向不同生产侦测设备、阻断设备的厂家提供的管理子系统注册、列表获取、控制指令下发、信号文件还原等操作的互联互通。测试方法如下：

a) 设备生产厂家自行组建局域网，将阻断子系统、侦测子系统、管理子系统接入自行组建的局域网环境内；
b) 提供一个主交换机将各设备生产厂的连接组成一个各厂商设备在网络层的互通性；
c) 以抽签形式确定先后顺序，各设备生产厂商轮流模拟管理子系统，其他设备生产厂商的阻断子系统、侦测子系统向管理子系统注册，注册成功后在管理子系统上面查看各厂商设备的在线状态，控制阻断子系统模块通道的开关，查询作弊信号信息，调听还原的作弊语音，调看还原的数传文本。

C.3 系统性能测试

C.3.1 侦测子系统

侦测子系统性能测试方法如下：

a) 侦测频率范围：50 MHz～3 000 MHz，可扩展。
   1) 信号源在50 MHz～3 000 MHz频段内均匀间隔发射多个正弦波信号；
   2) 信号强度设置为−60 dBm，可以检测出该信号符合，否则不符合。
b) 侦测响应时间：≤500 ms。
   1) 信号源在50 MHz～3 000 MHz频段内均匀间隔发射多个正弦波信号；
   2) 设置驻留时间为500 ms，侦测可以实时监测到该信号，则符合。
c) 侦测频率精度：≤25 kHz。
   1) 信号源在50 MHz～3 000 MHz频段内均匀间隔发射多个正弦波信号；
   2) 信号强度设置为−60 dBm，侦测给出该信号频率值；
   3) 如果系统检测得到频率值与信号源设定频率偏差在25 kHz内则符合，否则不符合。
d) 侦测灵敏度：≤−80 dBm。
   1) 信号源在50 MHz～3 000 MHz频段内均匀间隔发射多个正弦波信号；
   2) 信号强度设置为−80 dBm，侦测可以检测出该信号则符合，否则不符合。
e) 侦测动态范围：≥70 dB。
   1) 信号源在50 MHz～3 000 MHz频段内均匀间隔发射多个正弦波信号。
   2) 部分信号强度设置为−80 dBm，部分信号强度设置为−10 dBm。
   3) 如果−80 dBm和−10 dBm情况下，侦测都能检测出该信号，则符合。
f) 能够还原FM、FSK、AM等调试信号：
   1) 信号源在50 MHz～3 000 MHz频段内发射调制信号；
   2) 设置信号调制方式为AM，系统能还原调制内容则符合；
   3) 设置信号调制方式为FM，系统能还原调制内容则符合；
   4) 设置信号调制方式为FSK，系统能还原调制内容则符合；
   5) 如果AM、FM和FSK体制方式都能还原，则本项测试通过，否则不通过。

C.3.2 阻断子系统

阻断子系统性能测试方法如下：

a) 阻断频率范围：无缝覆盖50 MHz～3 000 MHz，可扩展。

1) 侦测子系统设备在 50 MHz～3 000 MHz 范围内任一频点引导阻断子系统设备发射阻断信号；
2) 采用频谱仪在阻断设备前方 6 m 处测试对应频点频谱；
3) 如果频谱仪能观测到对应频点存在阻断信号则符合，否则不符合。

b) 阻断信号带宽：0.7～5 倍异常信号带宽。
1) 信号源在 50 MHz～3 000 MHz 范围内发射信号，接入侦测设备使设备引导阻断设备发射阻断信号；
2) 采用频谱仪在阻断设备前方 6 m 处测试对应频点频谱；
3) 读取信号源信号的 3 dB 带宽值 X，阻断设备发射信号的 3 dB 带宽 Y；
4) 如果 $0.7 \leqslant Y/X \leqslant 5$ 则符合，否则不符合。

c) 异常信号并发阻断能力：≥20 个。
1) 侦测设备在 50 MHz～3 000 MHz 范围内引导阻断设备发射 20 个频点的阻断信号；
2) 采用频谱仪在阻断设备前方 6 米处测试对应频点频谱；
3) 如果频谱仪上可看到 20 个对应频点上的阻断信号则符合，否则不符合。

d) 阻断效果：在 6 m×9 m 标准化考场空间内，异常信号强度≤－65 dBm 时，屏蔽有效率≥95%。
1) 选取适当位置放置对讲机、语音类作弊器材和数传类作弊器材发射端设备，使得考场内作弊信号强度≤－65 dBm；
2) 采用发射设备发射 X 个字符的作弊语音，考场内听取收到的语音并写出，如果考场内正确写出的字符个数为 Y 个，则对语音作弊信号阻断有效率为 $(X-Y)/X$；
3) 采用发射设备发射 X 条作弊数传，考场内接收查看清晰的数传，如果考场内能正确读取的数传有 Y 条，则对数传作弊信号阻断有效率为 $(X-Y)/X$。

C.4 侦测引导阻断响应时间的测试

侦测引导阻断响应时间的测试方法：系统响应时间≤600 ms。

a) 信号采集设备置于信号采集分析状态；
b) 发射作弊信号或作弊模拟信号，侦测设备引导阻断设备后阻断设备发出阻断信号；
c) 记录作弊信号出现的时刻 t_1，记录阻断信号出现的时刻 t_2；
d) 如果 $t_2 - t_1 \leqslant 600$ ms 则符合，否则不符合。

附　录　D
（资料性附录）
身份识别系统测试

D.1　考生身份采集验证终端硬件测试

D.1.1　概述

提供两套指纹验证终端现场测试，其中一套应预存储120条模拟考生不同的指纹信息，另一套应预存储2 000条模拟考生不同的指纹信息。

D.1.2　身份认证终端基本身份信息采集认证功能

身份认证终端基本身份信息采集认证功能测试包括如下内容：

a）　终端应具备指纹采集功能；

b）　终端应具备身份证扫描功能；

c）　终端应具备人脸信息的采集认证功能，人脸信息的采集应具有能够满足认证要求的清晰度。

D.1.3　终端信息存储量

身份认证设备应能存储5 000条以上模拟考生详细资料，包括考生号、姓名、公民身份号码、考点、考场、照片、指纹等。

D.1.4　识别率测试

比对不正确指纹20次；比对正确指纹20次。

D.1.5　比对速度测试

测试100人身份信息的采集认证速率，测试5次。

D.1.6　验证终端脱机工作能力

身份识别终端应能够实现离线状态的身份信息采集和验证，并通过现场采集5人身份信息进行监测。

D.2　考生身份识别管理系统软件测试

D.2.1　生物特征及证件信息采集比对

生物特征信息采集功能测试，要求采集的考生生物特征信息与身份证信息一致。测试方法如下：

a）　采集指纹进行比对；

b）　视频拍摄进行人脸特征识别比对；

c）　扫描身份证件，进行对比验证。

D.2.2　身份识别信息管理平台

身份识别信息管理平台功能测试，主要包括如下内容：

a) 各种采集信息的统计、查询、管理；
b) 验证信息的统计、查询、管理；
c) 支持针对多场次考生的相互校验；
d) 支持打印相关报表、设置缺考、人工审核等考务业务；
e) 能够对采集、验证等各个阶段进行时间控制、角色权限控制；
f) 数据的安全性、正确性测试。

参 考 文 献

[1] JYJS 201101《多媒体教学环境工程建设规范》,第一册
[2] JYJS 201102《多媒体教学环境工程建设规范》,第二册

ICS 35.200
L 65

中华人民共和国国家标准

GB/T 36450.1—2018/ISO/IEC 24775-1:2014

信息技术 存储管理 第1部分:概述

Information technology—Storage management—Part 1:Overview

(ISO/IEC 24775-1:2014,IDT)

2018-06-07 发布 2019-01-01 实施

国家市场监督管理总局
中国国家标准化管理委员会 发布

前　言

GB/T 36450《信息技术　存储管理》分为以下几部分：

——第1部分：概述；

——第2部分：通用体系结构；

——第3部分：通用配置文件；

——第4部分：块设备；

——第5部分：文件系统；

——第6部分：光纤；

——第7部分：主机元素；

——第8部分：媒体库。

本部分是GB/T 36450的第1部分。

本部分按照GB/T 1.1—2009给出的规则起草。

本部分使用翻译法等同采用ISO/IEC 24775-1:2014《信息技术　存储管理　第1部分：概述》。

请注意本文件的某些内容可能涉及专利。本文件的发布机构不承担识别这些专利的责任。

本部分由全国信息技术标准化技术委员会(SAC/TC 28)提出并归口。

本部分起草单位：华中科技大学、中国电子技术标准化研究院、中国地质大学(武汉)、西北工业大学、浪潮(北京)电子信息产业有限公司、杭州海康威视数字技术股份有限公司、中国航天科工集团第二研究院706所、中国科学院计算技术研究所、无锡江南计算技术研究所、中兴通讯股份有限公司、四川长虹佳华信息产品技术有限公司。

本部分主要起草人：冯丹、于金玉、杨宏、陈宇、马原野、邓泽、张晓、赵向阳、赵晓南、文中领、赵江、袁鹏飞、汪渭春、陕振、田鹏、陈付、董欢庆、何霞、杜文宾。

引　言

《信息技术　存储管理》的概述部分包含概述 SMI-S 是如何工作的条款,是理解标准详细内容的重要基础。但《信息技术　存储管理》系列标准的规范信息包含在其他部分中,《信息技术　存储管理　第1部分:概述》提供关键概念的高层次的介绍材料。

以下是本版本相对于第二版本 ISO/IEC 24775 的重大修改。

——改进组织结构。国际标准被重组为8部分,以便提供更多信息。这些部分是:

a) 第1部分　概述:概述部分提供 ISO/IEC 24775 系列标准的高层次概述;
b) 第2部分　通用体系结构:本部分包含关于接口的基本信息,如安全和协议;
c) 第3部分　通用配置文件:本部分包含扩展其他书中配置文件的组件配置文件,如目标端口和作业控制;
d) 第4部分　块设备:本部分包含支持磁盘存储各种形式的存储配置文件;
e) 第5部分　文件系统:本部分包含支持文件系统的配置文件,如 NAS(附网存储);
f) 第6部分　交换结构:本部分包含处理主机服务器和存储设备互联的配置文件,如交换机;
g) 第7部分　主机元素:本部分包含主机服务器上存储软件的配置文件,如磁盘分区和主机硬件 RAID 控制器;
h) 第8部分　媒体库:本部分包含处理可移动媒体如磁带库的配置文件。

——成熟度等级标识。材料添加到本标准中,要经过多种级别的成熟度。初始级别是实验性的,表示材料还未实现并有可能改变。其他级别表明实现的程度。这些级别分别是:

a) 实验性的:完整的设计评审,没有商业实现;
b) 实现的:有初始实现,可以在小修改中删除;
c) 稳定的:三个及以上的提供者实现该认证材料,确保后向兼容性,只在主要修订中删除;
d) 完成的:仅依赖于完成的内容,只在主要修订中弃用;
e) 弃用的:过时的材料,在未来版本中可能被移除。

每个成熟度级别及其印刷标记的详细说明,请参阅第4章“印刷约定”。

——扩展适用范围。扩展了依据各部分定义的配置文件进行建模的 SAN 组件的范围。

新配置文件包括:

a) 第3部分　通用配置文件:SAS 目标端口、SATA 目标端口、SB 目标端口、SAS 发起端端口、ATA 发起端端口、FC-SB-x 发起端端口、FCoE 发起端端口、供给电源、风扇、传感器、基础服务器、媒体访问设备、储存盘柜、软件清单、配置文件注册、代理服务器系统管理、操作电源;
b) 第4部分　块设备:块存储视图、CKD 块服务、擦除、不对称存储服务器、卷构成、存储元素保护、副本服务、卷存储池、组掩码和映射、自动精简配置;
c) 第5部分　文件系统:文件导出、文件服务器操作、文件存储、文件系统、文件系统复制服务、文件系统性能、文件系统配额、NAS 网络端口、主机文件系统、文件系统远程复制服务;
d) 第6部分　光纤:光纤通道安全、光纤视图、虚拟光纤网络、交换机分区、SAS 扩展器、N 端口虚拟化、光纤间路由;
e) 第7部分　主机元素:存储 HBA、主机硬件 RAID 控制器;

f） 第8部分 媒体库：分区磁带库、虚拟磁带库、虚拟磁带库复制和库视图。

标准删除下列实验性配置文件：

a） 第3部分 通用配置文件：安全、第三方认证、授权、凭证管理、身份管理、基于访问控制和安全资源所有权的安全角色。

b） 第4部分 块设备：池管理策略。

标准弃用了以下配置文件：

a） 第3部分 通用配置文件：级联（改为直接使用级联的类）。

b） 第4部分 块设备：卷管理（无替换）。

c） 第6部分 光纤：路由器（无替换）。

d） 第7部分 主机元素：FC HBA（改为存储 HBA）、SB 多路径管理（无替换）。

此外，许多现有配置文件已得到加强。

信息技术　存储管理　第1部分:概述

1　范围

GB/T 36450 的本部分定义了分布式异构存储系统的安全、可扩展和可互操作的管理接口。该接口使用面向对象的、基于 XML 的、基于消息的协议,以支持此类存储环境中对设备以及子系统管理的特定需求。使用此协议,本部分描述了来自符合本标准的 CIM WBEM 服务器的、可用于 WBEM 客户端的信息。

2　规范性引用文件

下列文件对于本文件的应用是必不可少的。凡是注日期的引用文件,仅注日期的版本适用于本文件。凡是不注日期的引用文件,其最新版本(包括所有的修改单)适用于本文件。

ISO/IEC 24775-2:2014　信息技术　存储管理　第2部分:通用体系结构(Information technology—Storage management—Part 2:Common architecture)

ISO/IEC 24775-3:2014　信息技术　存储管理　第3部分:通用配置文件(Information technology—Storage management—Part 3:Common profiles)

3　术语、定义、符号、缩略语和约定

ISO/IEC 24775-2:2014 中界定的术语、定义、符号、缩略语和约定适用于本文件。

4　印刷约定

4.1　成熟度模型

除了资料性和规范性内容之外,本标准包含关于新生材料的指南;此类材料经过了严格的设计审查,但是,在商业化产品中的实现有限。本章对此类材料给出了明确界定。印刷约定的目的在于,在不改变规范性内容的前提下,给出相应材料的成熟度含义。按本标准的不同部分认可的相应成熟度,实现者宜进一步做出决策,以确定是否在商业化产品中采用和部署本标准的各不同部分。

本标准的编排结构考虑了,对"信息技术　存储管理 API"及其新生的实现和部署生存周期,既提出正式要求,又给出假定。总而言之,目的是本标准的所有内容将展示一个成熟且稳定的设计,将接受大量实现的检验,确保对后向兼容性的一致支持,并且只依赖于已经达到类似成熟度等级的内容材料。除非明确标记出本标准定义的子级成熟度等级,对其余所有的内容,都假定它们满足这些要求并且称之为"完成的"。因为,在给定的任何实现中,不断演变的标准内容有很多达不到这个"完成级",所以,本标准定义了实现成熟度的三个子等级,它们确定技术内容的不断提升的成熟度和稳定性的各个重要方面。每个子成熟度等级用其实现经验程度、稳定性和对于其他新生标准的依存性予以定义。每个子成熟度等级用一个唯一的编排标签约定予以标识,使得一个成熟度模型中的内容明确区别于另一个等级的内容。

4.2 实验性的成熟度等级

本标准仅包含初始体系结构已经完成并通过设计审查的技术内容。本标准中部分技术内容已完成设计且经过审查,但缺乏实现经验和得自实现经验的成熟度。将此类内容包含在本标准中是为了获得更广泛的审查和实现经验。这些材料将会被标记为“实验性的”。将其纳入本标准,对存储管理类标准的未来制定感兴趣的实现者有帮助。“实验性的”配置文件的内容可能随产品实现经验的积累而改变。很可能将改变了的内容包含在本标准的新版本中。一旦有实现,实验性材料就能提升到较高的成熟度级别。图1是实验性内容的印刷约定示例。

实验性的

此处给出实验性内容。

实验性的

图1　实验性成熟度等级标签

4.3 实现的成熟度等级

已完成初步实现的配置文件归类为“实现的”。这表示至少有两个不同的供应商实现了该配置文件,至少包括一个提供者实现。在该成熟度等级,有稳定的底层体系结构和建模过程,未来版本改变仅限于修正更多实现经验中发现的缺陷。假如将来此类材料过时了,在将其从后续实现版本中删除前,应在对本标准做小修改时弃用该材料。图2是实现的内容的印刷约定示例。

实现的

此处给出实现的内容。

实现的

图2　实现的成熟度等级标签

4.4 稳定的成熟度等级

一旦处于实现的成熟度等级的内容获得了更多的实现经验,即可将其标记为稳定的成熟度等级。处于该成熟度等级的材料已被三个不同供应商实现,其中包括一个提供者和一个客户。假如已经达到此成熟度等级的材料过时了,可以在对本标准做小修改时弃用该材料。在对本标准进行小的修改从而产生下一个版本时,要保证达到该成熟度等级的配置文件的后向兼容性。因此,处于或高于稳定的成熟度等级的配置文件不应依赖任何处于实验性的成熟度等级的内容。图3是稳定的内容的印刷约定示例。

稳定的

此处给出稳定的内容。

稳定的

图3 稳定的成熟度等级标签

4.5 完成的成熟度等级

达到最高成熟度等级的内容称为“完成的”。除了满足稳定级成熟度的要求外，处于完成级成熟度的内容应仅依赖于已达到完成级的材料或其细化。假如已达到此成熟度等级的材料过时了，可以在对本标准做重大修改时弃用该材料。达到该成熟度等级的配置文件保证本标准每次小修改后的版本的后向兼容性。总之，希望本标准的所有内容达到此成熟度等级。因此，对于此等级成熟度，没有像对其他子成熟度等级那样的专门印刷约定。对于本标准的内容，如果没有使用针对子成熟度等级规定的某个印刷约定做出标记，宜假定它已经达到完成级成熟度。

4.6 弃用的材料

本标准的后续修订版中不包含可以弃用的实验性材料。标识为“弃用的”的章节中包含的材料是过时的，建议不要在新的开发工作中使用。现有的和新的实现可能仍然使用该材料，但应尽快采用新的方法。刚弃用的材料将在标准中逗留多长时间取决于它的成熟度等级。“实现的”内容至少保留到该规范的下一次修订时，而“稳定的”和“完成的”材料应保留到本标准的下一次重大修改时。弃用的材料，只要仍出现在本标准中，提供者者就应实现它，以保证后向兼容。客户可能依赖于弃用的材料，但鼓励其在可能的情况下使用未弃用的替代方法。

以引证上一个版本内容的方式编排弃用的条款，将弃用条款作为规范性材料纳入当前标准的替代条款中。图4是弃用内容的印刷约定示例。

弃用的

此处给出已弃用的内容。

弃用的

图4 弃用标签

5 存储管理简介

5.1 前言

大型存储系统和存储区域网络(SAN)正逐渐成为企业级以及中级计算环境中IT基础设施中重要且独立的一层。此类新存储技术的问世衍生的应用以及功能实例包括：

——多个系统通过网络共享海量存储资源；

——无需局域网的备份；

——任务关键数据的远程、容灾、在线镜像；

——围绕单一数据副本的容错应用和相关系统的聚合；

——敏感商业信息的归档需求；

——分布式数据库和文件系统。

为了加速市场中出现具有更多功能、更复杂的存储系统，工业界需要一个标准管理接口，使得各供应商的不同类型的硬件和软件产品可进行可靠且无缝的互操作，以便监控资源。本标准可以为像 SAN 一样复杂、分布式的多供应商的存储技术提供异构、功能丰富、可靠以及安全的全局任务资源的监控功能。本标准定义的接口克服了传统管理系统的妨碍用户采用更先进存储管理系统的不足。

5.2 业务原理

该接口目标是建立更广泛的多厂商管理互操作性，从而增加用户满意度。为此，本标准定义了一个"开放"的、可扩展的接口，使得大型存储系统全局范围中的子系统和设备可以通过在快速发展的多厂商市场环境中，叠加展示框架和管理系统进行可靠且安全的管理。具体地说，SAN 集成商(如终端用户、VAR 及 SSP)，为了管理独立于底层硬件系统的大型存储系统而构建所要求的分层结构软件系统时，经由此标准化的管理接口，可以比较灵活地在多个厂商间做出选择。此外，在构建存储配置时，存储集成商可以比较灵活地在不同的硬件厂商间做出选择。广泛地采纳本标准中定义和扩展的标准会令客户更加满意，而且会：

——使得诸如 SAN、iSCSI 之类新的存储管理技术更快地得到广泛接受；

——加快用户获取新存储管理技术；

——拓展市场。

此外，一个单一的通用管理接口可以使 SAN 厂商和集成商缩短将新的更多功能的技术、产品和解决方案引入市场的时间。

5.3 接口定义

该管理接口使得存储管理系统能够可靠地识别、分类、监视和控制存储系统中物理和逻辑资源。该接口与存储管理软件、展示框架、用户应用、SAN 物理实体(如设备)、SAN 发现系统、SAN 逻辑实体的基本关系如图 5 所示。

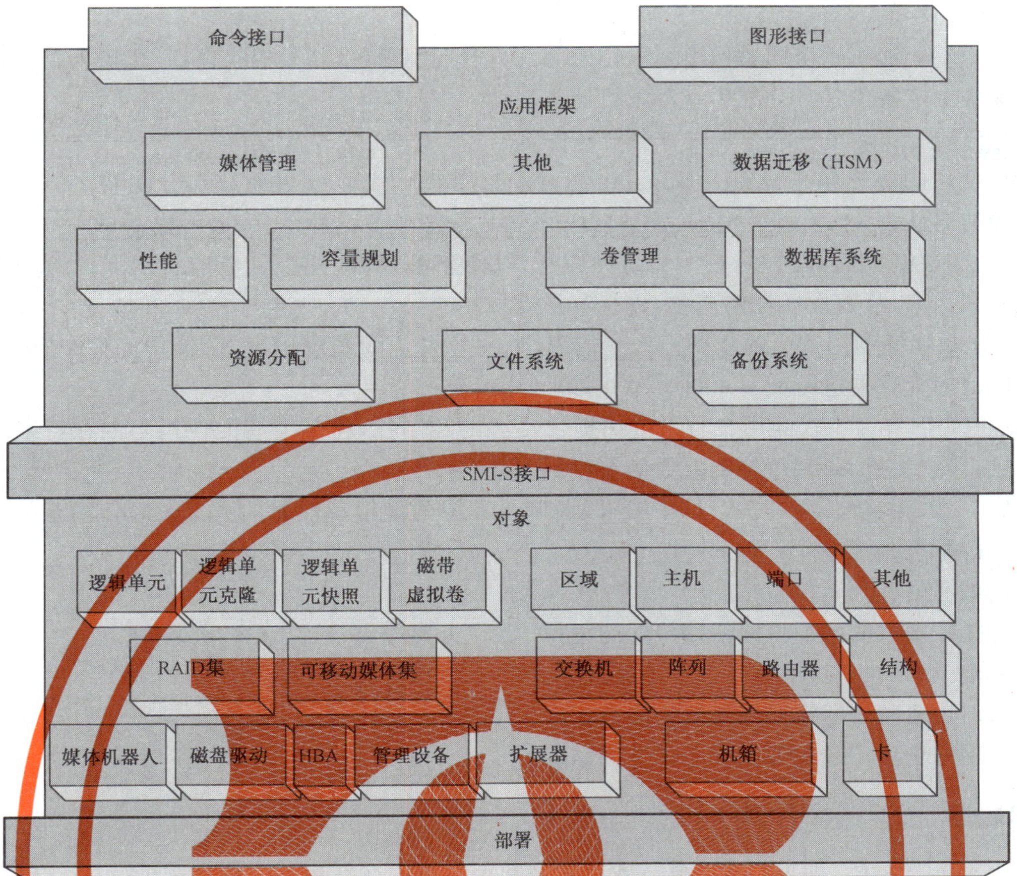

图5　接口功能

如图5所示，这些接口功能可以跨多个硬件设备（如交换机和盘阵列控制器）和/或软件系统（如设备发现系统）分布。尽管接口的功能分布在存储环境内或环境间，可确保客户端监控操作的一致性和可靠性，但是，如果某给定资源的状态同时可供来自多个非同步源的客户端使用，此状态不一定是有效的。

示例1：

宜由一个监视实体负责协调存储资源管理（SRM）应用和备份引擎对某给定光纤通道路径上的可用带宽的请求，以保证信息的一致性。如SRM应用和备份引擎从多个非同步源上获得了某给定光纤通道路径的不同可用带宽信息，可能发生冲突导致环境效率降低。

应对此类问题是配置依据本标准定义原语的存储和网络管理客户端的各方的责任。

注：在这个体系结构（图5所示）中，各个实体比如一个基于设备的卷管理器，对于该接口，既可作为客户端又可作为服务器。

示例2：

基于主机的卷管理器想构造一个由多个基于SAN设备的卷以及源于盘阵列控制器的卷/LUN组成的大型存储池。在这种情况下，基于主机的卷管理器需要检查SAN设备和盘阵列控制器的卷特性。此外，SAN设备（运行卷管理器的）需在创建其卷时检查存储设备的属性。此种情况下，SAN设备在管理环境中既是客户端，也是服务器，这取决于它所进行的操作。

图5包括该接口的许多重要功能要求。随着时间的推移，这些能力将被引入到接口的实现中，但可能不会在此接口版本中呈现。为完全满足那些使用存储管理接口的客户端的需求，所要求的功能包括：

a）　客户端能够获得足够的信息以确定SAN或复杂的存储系统的拓扑结构；

b）　客户端能够可靠地识别出经历了已导致降级/终止操作的错误/故障状况的资源；

c）　客户端能够围绕所选的一组主机和存储资源构建一个配置区；

d）　客户端能够识别存储管理系统可用的非易失存储资源，以便建立一个在可用性和性能上保持一致的存储池；

e) 客户端能够识别协同备份引擎可用的第三方复制引擎(及相关的媒体库/机器人)，使备份引擎能为给定备份任务分配引擎/库/机器人；

f) 客户端能够动态分配非易失存储资源；

g) 所使用的每个卷需满足严格的可用性和性能要求。因此，文件系统在分配卷之前需检查每个卷的属性；

h) 客户端能够获得足够的拓扑和组件信息，以便于SRM应用如性能监视器那样检查拓扑和线路利用率，从而发现性能瓶颈，进行容量规划；

i) 客户端能够利用适当的数据报告和追溯，以便容量规划系统识别SAN中的每个存储池，与存储池的管理器进行交互，以便评估统计利用情况；

j) 客户端需要为特权的用户写入应用提供足够的控制权，将某个卷的使用限制在特定的某个主机、某组主机、或某组控制器通信端口；

k) 客户端需要确保将有关SAN中的设备和子系统的健康和性能的数据及时传输至故障隔离与分析系统。

该接口的非目标性示例包括：

a) 选择收发数据的逻辑通信端口的能力；

b) 卷上读写数据的能力；

c) 识别数据通信的错误并恢复的能力；

d) 向网络中登记新的通信设备的能力。

5.4 技术趋势

为了广泛接受和长久生存，管理接口宜反映并利用业界中关键技术的演变趋势，包括：

a) 改进的连通性：无论是通过可用的带内(如光纤通道、iSCSI)或可用的带外(例如LAN/MAN/WAN)或可用的带内/带外混合方式，事实上，存储管理环境中所有的设备都已(或很快将)接入适用于承载管理信息内容(如TCP/IP)的通用通信传输，此类传输工具用于传输可识别语义(如CIM)的标准化编码(如WBEM协议)。

b) 提升的设备可管理性：通过公共的通用网络传输，可以选择提供代理服务，经由此标准化管理接口提供对(如通用计算机系统)设备的访问。

示例1：

传统的盘阵列控制器不具备运行为实现此接口的管理服务器所必要的软件的能力，而使用SAN设备上的代理服务器在管理环境内通信。

示例2：

HBA不具备运行为实现此接口的管理服务器所必要的软件的能力，而使用其宿主系统上的代理服务器在管理环境内通信。

c) XML标准化：XML以可扩展的、独立于平台的、人可读的、内容可描述的通信语言提供创建管理协议的能力。这简化了开发支持其接口和围绕该接口调试系统的基础设施的任务。

d) 对象独立协议：这些协议提供了适当的抽象——从协议的语义/语法中分离出对象模型的定义。此外，XML的独立传输、内容描述(如标记)的特性使其能被支持web的应用和装置使用。

e) SAN复杂性提高：SAN正在用不同种类的组件和广阔的分布式拓扑结构进行配置。环境中的管理客户端和服务器需要预期遍及大型SAN拓扑中广泛分布的系统、装置和设备，同时还要实时维护各个逻辑实体的分布状态。图6给出了一个由分布在3个物理位置(如A、B和C 3个站点)的多种类别组件构建的一个SAN的例子。

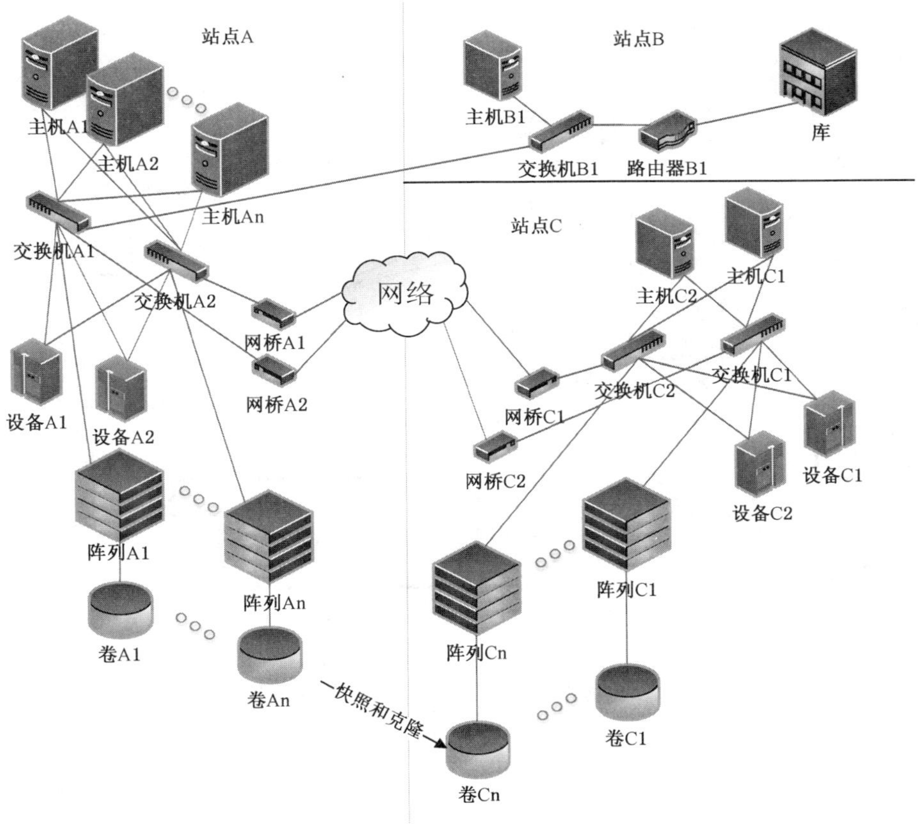

图6　大型SAN的拓扑结构

5.5　管理环境

该接口的客户端和服务器端可以广泛分布在包含一个或多个大型SAN拓扑结构的网络中的系统、装置和设备上。

在图7中的配置提供了一个客户端/服务器分布例子，其中使用了带内TCP/IP通信、带外TCP/IP通信、或用于桥接传统和/或专有通信接口的代理服务。设备“早期的盘阵列控制器”无法适当的与管理环境中的客户端和服务器通信，进而无法提供管理访问能力(例如CIM服务器)。对客户端和服务器端共享的通信传输层的访问是通过图7右上角所示的主机代理服务来实现的。所有其他的客户端和服务器的通信都是直接对通用通信传输层进行访问。

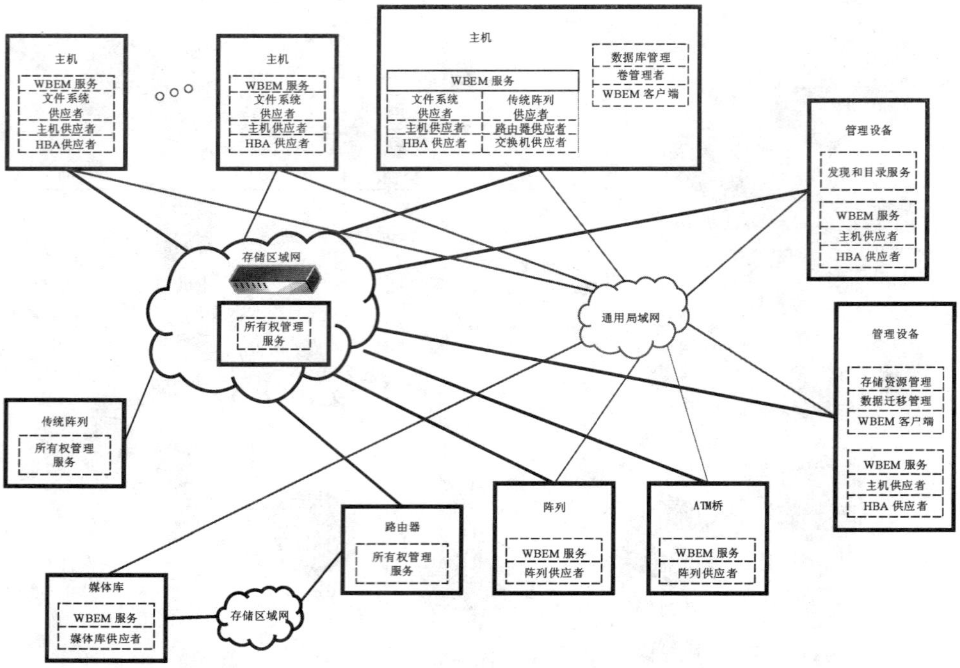

图 7　存储区域网络中客户机和服务器的分布案例

5.6　结构的目标

以下列出了该接口结构的目标，其中一些能力在接口的初始版本中尚未实现，但仍是体系结构固有的和计划的扩展性。

a)　一致性：托管对象内部及对象之间的状态保持一致，并且独立于同时发出控制的客户端的数目、对象在环境中的分布情况，以及同时执行的管理操作的数目。

b)　隔离性：客户端需对一个或多个对象执行一些原子性的管理操作，进而保证对同一对象操作的多个客户端之间相互保持隔离。

c)　稳定性：管理环境中任何实体或系统通信路径发生故障时，具有保持一致性和隔离性的能力。

d)　一致的名称空间：单一管理域中的托管对象应遵循独立于 SAN 中任何对象、设备或子系统的状态和可靠性的一致的命名约定。

e)　分布式的安全：监控和控制操作要保证安全。体系结构支持：

　　1)　客户端认证；

　　2)　协议中消息内容的保密(加密)；

　　3)　客户端授权。

f)　物理互联独立性：接口将功能独立于组件、任何供应商或任何拓扑之间的任何特定物理互连。

g)　不同供应商设备之间的可交互性：客户端和服务器需要建立一个通用的通信传输和消息传输的语法和协议，实现实现该接口的异构多供应商的组件间的无缝兼容。

h)　可测量性：存储系统的大小、物理分布、异构性不会降低管理接口的质量和功能。

i)　供应商唯一的可扩展性：接口允许供应商实现在这里定义之外的专有功能以区别市场中他们的产品和服务，而独立于接口新版本的发布。

j)　状态波动性：接口并不假定对象都保存在非易失性存储库中。客户端和服务器端可在故障时保持对象状态，而对对象进行保存是非必需。

k)　复制能力：在管理环境下，接口不提供对对象状态的自动化复制。

l)　功能分层独立性：接口的设计独立于供应商选择的用于构建存储管理系统(硬件和软件)的管

理存储系统必要的任何功能分层。

m) 异步或同步执行：管理操作可同步或异步的执行。

n) 事件：接口提供可靠的事件异步传输到一个或者多个注册的客户端。

o) 可撤销的管理操作：长期运行的同步或异步指令需可被客户端撤销。撤销需使服务器结束该任务并释放资源。

p) 持久的可参考性：在整个运行周期内持续的对象类需被监控和控制，独立于 SAN 重构（如逻辑卷配置）。对象类需用“持久的名字”进行标记，保证可被客户端一致地引用。

q) 动态的安装和重新配置：新的客户端和服务器应需在不中断其他客户和服务器运行的状态下，自由添加或者移除。多数情况下，客户端能够动态地管理添加到本标准管理环境的新服务器。

r) 自动发现新服务器：当新管理服务器添加到管理系统中时，管理客户端能够在无需管理工作人员手动配置服务器的条件下，直接对服务器进行访问。

6 存储管理概述

6.1 基本能力

为达到第 5 章中列出的结构目标并支持关键的技术趋势，本章描述了可扩展、安全的、面向对象的、可自动发现的、基于 XML 的消息接口设计以满足存储系统中管理设备的具体需求。本标准中实现的基于消息接口的顶层协议称为基于 Web 的企业管理（WBEM），即 http 上的 CIM/XML。为了标准的快速普及，本标准最大限度地利用现有的一些企业管理标准，如：

——分布式管理任务组（DMTF）制定的公共信息模型（CIM）和基于 Web 的企业管理（WBEM）标准；

——由 ANSI 编写的光纤信道和 SCSI 标准；

——W3C 的 XML 标准；

——互联网工作组（IETF）的 HTTP、SLP 和 iSCSI 的标准。

6.2 面向对象类

本标准大部分能力可通过一组带有属性和方法的对象类来描述，这些类可使用 UML 描述其继承和关联关系。本标准对象模型基于 CIM，并成为 DMTF 中 CIM 的一部分。本标准的实现可参考 UML 或者 uml.org 网站（www.uml.org）上的公共可用文档对 UML 进行深入了解。ISO/IEC 24775-2:2014 第 7 章提供了 UML 的简要教程。

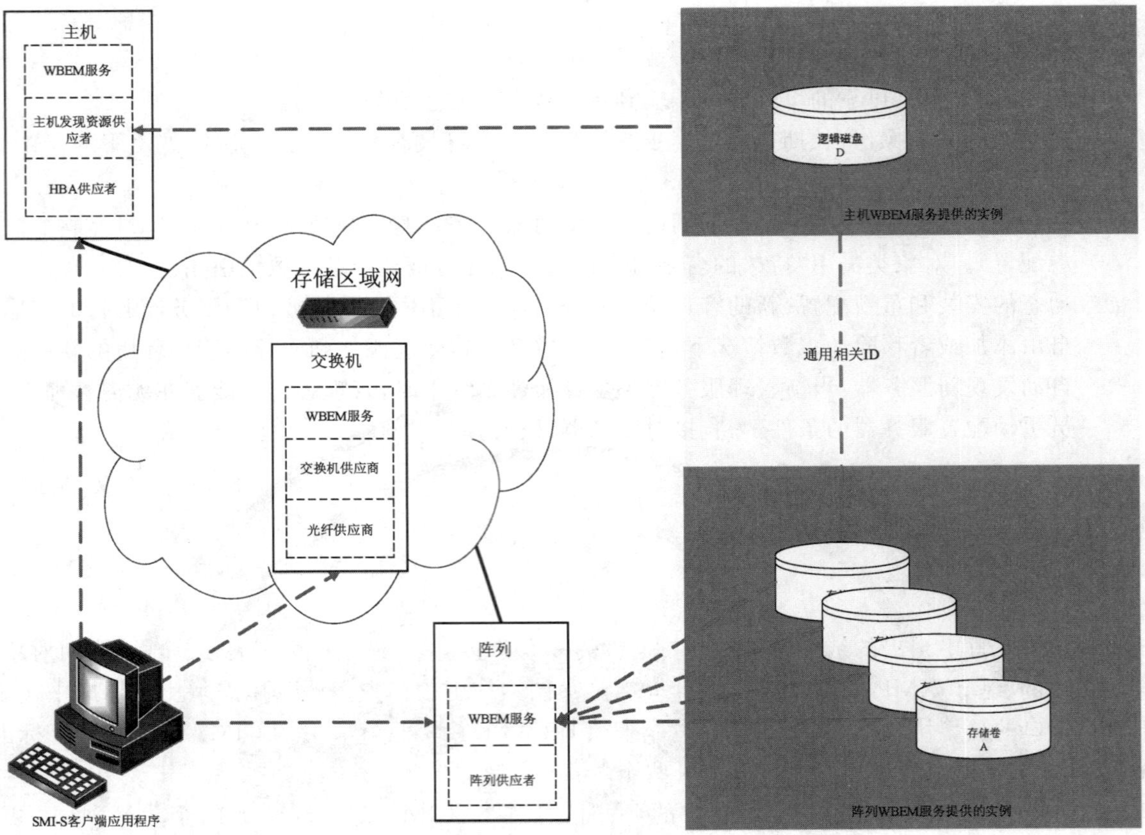

图 8 面向对象模型/服务器关系

图 8 给出了基于本标准的客户端获取对象类和实例进行存储管理的示例。在该层次上,关注点是本标准中一致的 WBEM 客户端和服务器。WBEM 服务器具有负责类和关联实例的多种组件的提供方,这些类和关联实例允许下层组件的实现被管理。

标准的、面向对象的接口及标准的接口协议,允许 WBEM 客户端对存储及网络设备的发现、监视和控制,而与设备的底层实现无关。

通过 UML 图表、easy-to-use 表格以及机器可识别的 CIM-对象管理格式文件(Managed Object Forma,MOF,MOF 由 DMTF 的 CIM 维护),清楚准确地描述了符合本标准的 WBEM 服务到 WBEM 客户端的信息。可简化客户端部署以及简化使用现有 WBEM 服务器的任务。应当指出的是 MOF 接口描述语言是本标准中对象模型精确的表示形式,并鼓励开发者学习使用该方式实现此接口。程序员面对接口实现决定时,应参考对象模型的 MOF 表示形式部署该接口。

遵循本标准的 WBEM 服务器通过一个或多个配置文件(见 ISO/IEC 24775-3:2014)的形式提供实例。当支持这些实例的对象模型符合本标准规定的配置文件时,即可被供应商扩展。为了利用特定供应商扩展的功能,WBEM 客户端需要供应商的唯一代码。在不考虑厂商扩展功能时,通用的 WBEM 客户端能够使用在配置文件中定义的所支持的功能。

上述扩展要求见图 9。

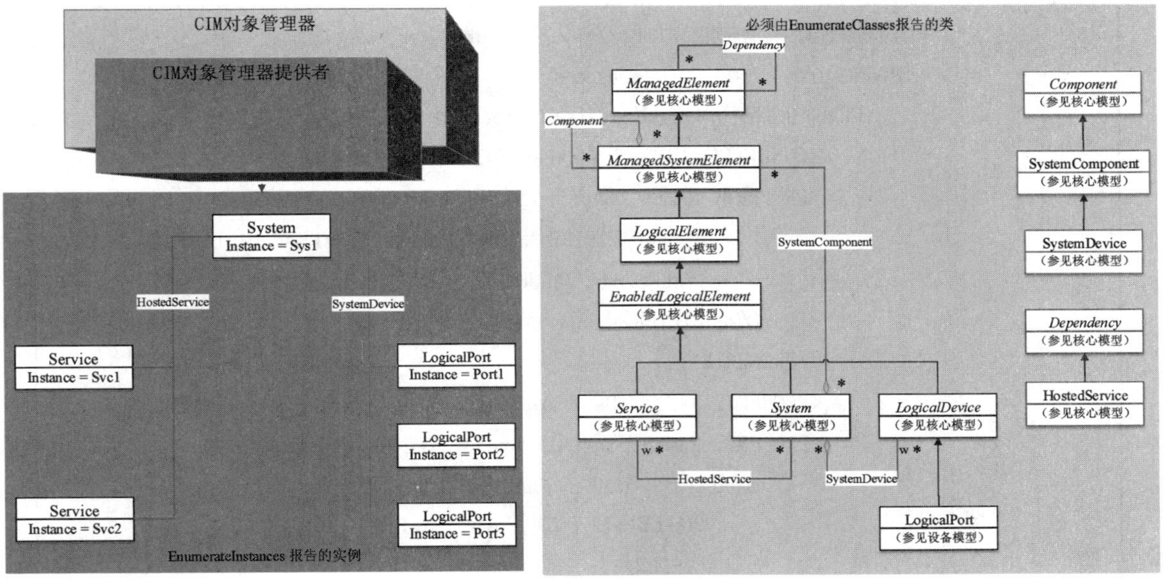

图 9　典型继承

如图 9 所示，光纤信道交换机可仅报告实例，允许特定对象的相关方法执行，当客户端请求枚举其对象类时，报告树中所有类的层级。类似地，一个实例化盘阵列控制器的服务器需报告连接到本标准定义的存储管理模型的基础典型对象的对象类集合。该单根模型允许存储管理客户端对给定 SAN 中的对象集进行发现、映射和操作。

本标准定义的对象模型可促进产品的互操作性，但并不限制产品的特性。因此，对象模型仅起到“核”的作用，以实现多厂商间的互操作性。为了使产品更具有竞争力，特定厂商可围绕这个“核”，通过该接口扩展对象类、属性、方法、事件及关联。这些厂商特有的对象模型扩展在一定情形下（例如外部方法），需要更改客户端的代码以支持这些功能。

6.3　基于消息的接口

选择基于消息的接口而不是传统的过程调用接口，可使遵循该接口的设备、客户和厂商达到平台和语言独立性。基于消息的环境也可简化在不同通信传输和协议中传输管理指令的任务。

符合本标准的 CIM-XML 消息示例片段如图 10 所示。

```
<!DOCTYPE CIM SYSTEM HTTP://www.dmtf.org/cim-v2.dtd/>
<CIMVERSION=" 2.0"  DTDVersion=" 2.0" >
    <CLASS NAME=" ManagedSystemElement" >
        <QUALIFIER NAME=" abstract" ></QUALIFIER>
        <PROPERTY NAME=" Caption"  TYPE=" string" >
                <QUALIFIER NAME=" MaxLen"  TYPE=" sint32" >
                <VALUE>64</VALUE>
            </QUALIFIER>
        </PROPERTY>
        <PROPERTY NAME=" Description"  TYPE=" string" ></PROPERTY>
        <PROPERTY NAME=" InstallDate"  TYPE=" datetime" >
            <QUALIFIER NAME=" MappingStrings"  TYPE=" string" >
                <VALUE>MIF.DMTF|ComponentID|001.5</VALUE>
            </QUALIFIER>
        </PROPERTY>
        <PROPERTY NAME=" Status"  TYPE=" string" >
            <QUALIFIER NAME=" Values"  TYPE=" string"  ARRAY=" TRUE" >
                <VALUE>OK</VALUE>
                <VALUE>Error</VALUE>
```

图 10　CIM-XML 消息示例

7　功能矩阵

7.1　概述

本标准的功能使能遵循一个多层的模型。在该模型的每一层内，描述了管理的几个大的种类。这样创建一个功能矩阵，该矩阵有两个作用。首先，它将本标准所有方法使能的一些复杂的能力组织在一起。其次，它有助于确保好的管理功能覆盖超出本标准管理的设备。本章提供了一个功能矩阵方法的概述，该功能矩阵方法描述了本标准本版支持的管理功能。如表 1 是一个空白的功能矩阵。

表 1　功能矩阵

	故障管理	配置管理	账户管理	性能管理	安全管理
应用层					
文件/记录层					
块层					
连接层					
设备层					

7.2　网络存储管理功能的多层模型

网络存储管理功能多层模型中的最底层适用于管理网络存储环境中发现的元素的基本物理方面，

上层参与管理这些被管元素支持的不同逻辑层。本模型的每一层都依赖于下层所处位置。

依自上而下的顺序,功能层依次是:

——(第五层)应用层功能;

——(第四层)文件/记录层功能;

——(第三层)块层功能;

——(第二层)连接层功能;

——(第一层)设备层功能。

在网络存储环境中,被管理物理元素应该支持第一层的功能,同时也可能支持其他的功能层,取决于被管理物理元素的逻辑能力。在本模型里,一个被管理元素支持的功能通常包含一个连续层的集合。如果一个被管理物理元素支持一个特定上层的功能,它将也支持该层到第一层之间的每一层的功能。

作为最后一点的一个例子,考虑一个 NAS 头设备。它有一个物理组件(第一层)。它连接到网络存储环境中的其他的物理组件(第二层),它处理块存储(第三层),并且处理文件(第四层)。因此,一个 NAS 头设备预期能支持网络存储管理功能的多层模型功能的第一到第四层。类似地,由于常规 NAS 设备没有 SAN 后端,虽然每层支持的功能可能有少许不同,但是一个常规的 NAS 设备应支持这些相同层次的每一层中的管理功能。

7.3 模型的基本能力

本模型的每层中,需要一系列基本的功能允许管理应用在支持该层的元素上运用 FCAPS(即故障管理、配置管理、账户管理、性能管理和安全管理)能力。FCAPS 是一个网络管理工作目标模型,这些同样的概念适用于网络存储管理功能多层模型中的每一层。FCAPS 能力概括来说包括:

——故障管理:标识、隔离、校正、记录被管理元素故障。包括运行诊断、生成故障报警和保持错误统计;

——配置管理:发现、配置和监视被管理元素。包括添加、改变和移除被管理元素;

——账户管理:测量和跟踪被管理元素或服务的使用。包括分配资源、设置限额和计费;

——性能管理:监视被管理元素的性能、错误率和使用率的指标。包括设置阈值、报告问题、数据日志和检查历史数据;

——安全管理:确保被管理元素或服务的正当使用。包括核查用户访问权限、维持审计跟踪日志、生成安全事件和警报,并在必要时维持数据的保密性。

通过指定每一层的 FCAPS 能力,该多层模型用于描述基于本标准提供的所有功能,以及单个配置文件或者子配置文件提供的功能。每层对 FCAPS 能力的实际支持程度由各自的本标准配置文件决定。

7.4 模型中的每层的管理功能

7.4.1 (第一层)设备层功能

本层包括在网络存储环境中允许管理应用处理被管理元素的物理方面所需的所有功能。本层功能处理主机总线适配器(HBA)、交换机、存储系统等物理方面,也处理在网络存储环境中不对其他层暴露的功能,例如,在将存储设备分配到可通过数据网络访问的存储池中之前在存储系统中管理这些设备。

7.4.2 (第二层)连接层功能

本层包括在网络存储环境中允许管理应用程序处理物理元素间的管理连通性在逻辑方面关联的所有功能。本层是处理如光纤通道结构和区域的层,也是处理 iSCSI 会话的层。本层也处理交换机和扩展连通性的逻辑方面。

7.4.3 （第三层）块层功能

本层包括在网络存储环境中允许管理应用程序处理存储卷的所有必要功能。本层适用于逻辑单元、LUN 掩码和映射、类似卷管理器的块集合等，也适用于块级虚拟化。

7.4.4 （第四层）文件/记录层功能

本层包括在网络存储环境中允许管理应用程序处理数据对象（如文件系统）关联的所有功能。注意到本层不仅仅适用于文件系统，它还适用于记录中间件应用（例如数据库和邮件服务器）结构化地使用块存储。本层提供的功能，使管理应用能决定块级功能处理的存储卷的空间利用率。

7.4.5 （第五层）应用层功能

本层包括在网络存储环境中允许管理应用程序处理被管理应用所需的所有功能。本层适用于数据库应用，邮件服务器应用等直接使用在文件/记录层功能处理的数据对象的应用。

7.5 多层模型中的层和能力相关内容

为简化对网络存储管理功能多层模型中的层和能力的描述，本标准使用了下面的简化表示方法。

单个功能层记为 L1～L5，附加在本层的单个字母表明一个 FCAPS 功能的特定种类。例如，连接层中故障管理功能可以简化为 L2F 功能，一个物理设备的配置管理功能简化为 L1C 功能。

7.6 本标准配置文件的功能描述

为了便于理解本标准文档中的单个配置文件或者子配置文件覆盖提供的管理功能，每个配置文件都列出了配置文件和其子配置文件提供的功能。如果一个功能是子配置文件提供的，无论该子配置文件是可选的还是必选的，都会明确标出。配置文件中列出的功能，按照层来组织，在每层内，就像功能矩阵定义的那样按照 FCAPS 分类进行组织。

7.7 本标准能力

本节从较高层次，基于功能矩阵、以层进行组织，列出了本标准的能力。

7.7.1 设备层

7.7.1.1 故障管理

本标准的设备配置文件包括健康包（见 ISO/IEC 24775-3:2014 的第 26 章）提供报告 SAN 设备健康和状态的能力，包括类型、范畴和故障源。指示子配置文件提供设备健康状态变化的异步通知（见 ISO/IEC 24775-3:2014 的第 43 章）。

7.7.1.2 配置管理

本标准定义了在 SAN 中发现、配置、监视设备所需的能力。指示子配置文件提供设备配置信息变化的异步通知（见 ISO/IEC 24775-3:2014 的第 43 章）。

7.7.1.3 账户管理

除了基本的设备发现，本标准对设备账户管理不提供其他特殊能力。

7.7.1.4 性能管理

本标准能够管理一些 SAN 设备的性能(见《信息技术　存储管理　第 4 部分:块设备》[1] 第 8 章块服务器性能子框架)。

7.7.1.5 安全管理

本标准通过基本的认证能力提供设备级的安全。更多信息请见本标准的安全条款(见 ISO/IEC 24775-2:2014 中第 13 章"安全")和设备信任配置文件(见 ISO/IEC 24775-3:2014 的第 47 章)。注意在设备代理 CIM 服务器和设备之间的安全通信超出本标准的范围。

7.7.2 连接层

7.7.2.1 故障管理

本标准提供识别 SAN 设备互联的健康状态的能力,主要是通 LogicalPort.OperationalStatus(见 ISO/IEC 24775-3:2014 的所有端口子配置文件和交换配置文件)。指示子配置文件也提供连接健康状态改变的异步通知(见 ISO/IEC 24775-3:2014 的第 43 章)。

7.7.2.2 配置管理

本标准定义了在 SAN 中发现,配置和监视互联设备所需的能力。指示子配置文件提供结构配置改变的异步通知。

7.7.2.3 账户管理

本标准通过基本的发现能力来使能连接层账户管理,通过可选的光纤路径性能子配置文件来追踪使用情况。

7.7.2.4 性能管理

本标准通过 FCPortStatistics(见《信息技术　存储管理　第 6 部分:光纤》[2] 的 13.8.14,CIM_FC-PortSettings)类和独立传输结构路径性能子配置文件使能 SAN 互连的性能管理。

7.7.2.5 安全管理

本标准通过基本的设备认证能力、区域控制和增强型区域子配置文件和结构安全子配置文件提供连接层的安全。

7.7.3 块层

7.7.3.1 故障管理

包含健康包的本标准块层配置文件(见 ISO/IEC 24775-3:2014 的第 26 章)提供报告块层健康和状态(包括类型、范畴和故障源)的能力。

7.7.3.2 配置管理

本标准定义了发现、配置和监视块层资源所需的能力。这包括在 SAN 中发现、创建、删除、修改存

1) 《信息技术　存储管理　第 4 部分:块设备》已发布为 ISO/IEC 24775-4:2014。

2) 《信息技术　存储管理　第 6 部分:光纤》已发布为 ISO/IEC 24775-6:2014。

储卷的能力。

7.7.3.3 账户管理

本标准能够通过基本的发现以及访问权限和映射的发现对块级资源进行账户管理。

7.7.3.4 性能管理

本标准通过块服务器性能子配置文件(见《信息技术 存储管理 第4部分:块设备》第8章块服务器性能子框架)对SAN块级资源(如由阵列、虚拟化系统或者卷管理器提供的)提供性能管理能力。

7.7.3.5 安全管理

本标准管理(创建/删除、使能/非使能)SAN中存储卷的连接性和访问权限。

7.7.4 文件/记录层

7.7.4.1 故障管理

本标准NAS配置文件提供文件系统和文件共享支持的操作状态的指示。

7.7.4.2 配置管理

本标准NAS配置文件提供发现逻辑存储(存储池)和逻辑磁盘上的存储范围。

7.7.4.3 账户管理

本标准在文件层未定义独特的账户管理能力。

7.7.4.4 性能管理

本标准在文件层未定义独特的性能管理能力。

7.7.4.5 安全管理

本标准在文件层未定义独特的安全管理能力。

7.7.5 应用层

本标准未讨论应用层功能。

8 操作环境

8.1 概要

图11显示了客户端与服务器端需要考虑或提供设备支持的一些活动:

——发现管理环境的成分;

——发现管理环境中服务器提供的对象类和相关的联合、属性、方法、指示及返回状态码;

——环境中资源和通信的安全;

——面对非协作客户端的资源锁定;(锁定的定义留给未来版本)

——通信消息的编组或反编组;

——基本方法的执行,这些方法对于在SAN中由分布式服务器提供的对象模型的建造、遍历和管理是内部方法;

——对象特有外部方法的执行,使客户端能够改变SAN中实例的状态。

此外，为了减轻安装、启动、扩展、升级，对客户端和服务器的开发者特别指定了实现的要求。

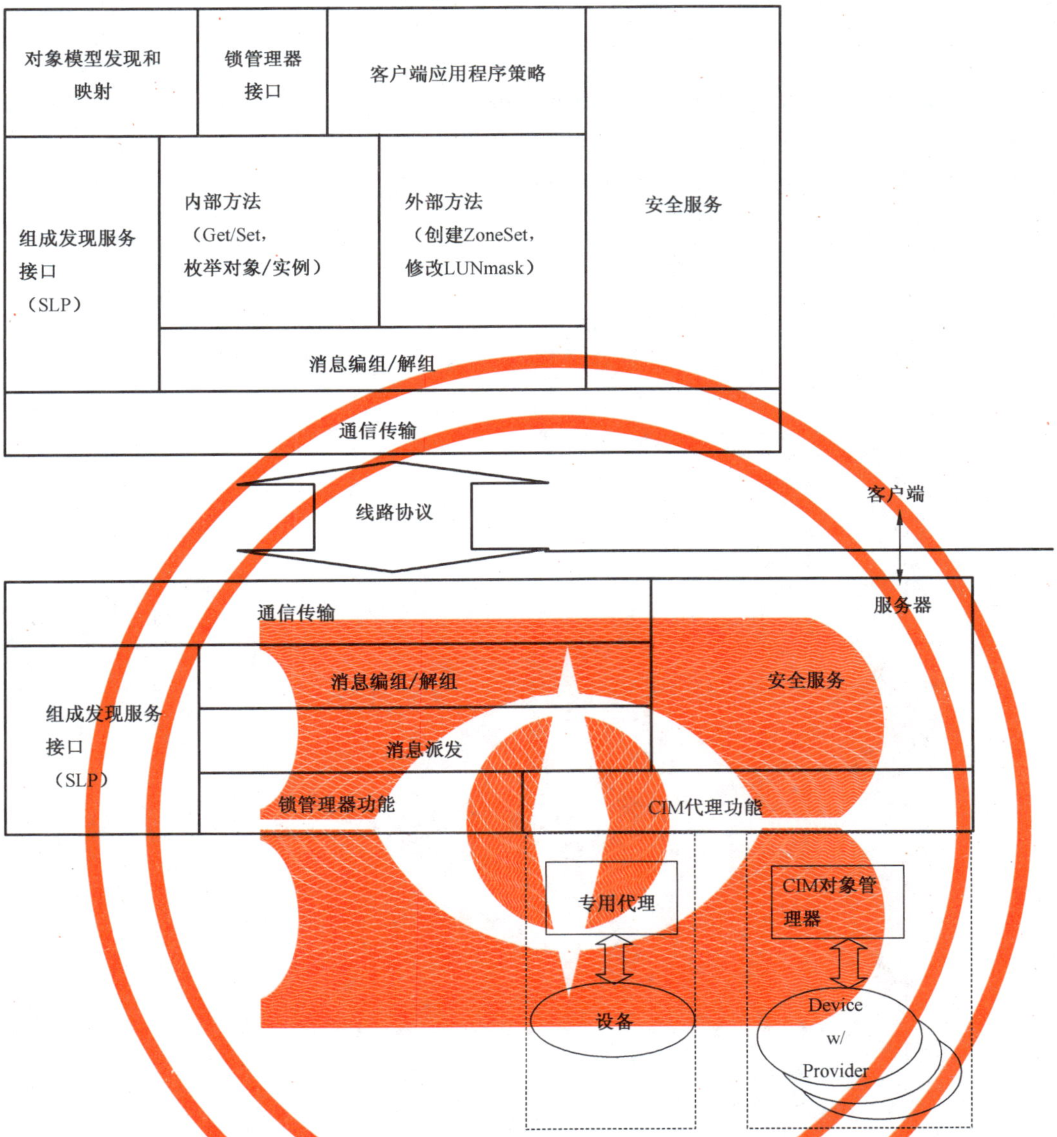

图 11　操作环境

8.2　使用本标准

本标准不足以作为 SMI-S 客户端和服务器的开发者唯一的参考资源。建议开发者首先阅读 DMTF 关于 CIM 和 WBEM 的规范，同时熟悉 UML 和 IETF 关于 SLP 的规范。

实现基于本标准的客户端或服务器端的开发者需要按顺序阅读本标准。注意 ISO/IEC 24775-3：2014 中第 4 章“配置文件介绍”主要作为本标准环境提供或管理的特定设备类型的一个参考。

8.3　语言绑定

作为通信接口，本标准对过程调用机制中的句法没有明确要求，该机制将遵循本标准的消息转换为采用现代程序语言的语义。用来表达这些语义的句法由本标准的开发者自行判断。

一些开源代码库对于想简化任务的程序编写者们是可用的，这些任务是将遵循本标准的消息解析成为传统的过程调用语义并且按照这些语义存储对象实例。请参阅 WBEM 源(http://wbemsource.org)当前绑定的语言，这对于实现本标准接口是很有用的。

参考文献

[1] ISO/IEC 14776-453 Information technology—Small computer system interface (SCSI)—Part 453: Primary Commands-3 (SPC-3)

[2] DMTF DSP0214:2004 CIM Operations over HTTP

ICS 35.110
L 79

中华人民共和国国家标准

GB/T 36451—2018/ISO/IEC/IEEE 18880:2015

信息技术　系统间远程通信和信息交换　社区节能控制网络协议

Information technology—Telecommunications and information exchange between systems—Community energy-saving control network protocol

(ISO/IEC/IEEE 18880:2015, Information technology—Ubiquitous green community control network protocol, IDT)

2018-06-07 发布　　2019-01-01 实施

国家市场监督管理总局
中国国家标准化管理委员会　发布

前　言

本标准按照 GB/T 1.1—2009 给出的规则起草。

本标准使用翻译法等同采用 ISO/IEC/IEEE 18880:2015《信息技术　泛在绿色社区控制网络协议》。

与本标准中规范性引用的国际文件有一致性对应关系的我国文件如下：

——GB/T 7408—2005　数据元和交换格式　信息交换　日期和时间表示法(ISO 8601:2000，IDT)

本标准还做了下列编辑性修改：

——为与国家标准体系协调一致，对标准名称进行了改变，改为《信息技术　系统间远程通信和信息交换　社区节能控制网络协议》。

请注意本文件的某些内容可能涉及专利。本文件的发布机构不承担识别这些专利的责任。

本标准由全国信息技术标准化技术委员会(SAC/TC 28)提出并归口。

本标准起草单位：中国电子技术标准化研究院、北京天地互连信息技术有限公司、深圳赛西信息技术有限公司、中国电信股份有限公司北京研究院、下一代互联网关键技术和评测北京市工程研究中心有限公司、北京交通大学。

本标准主要起草人：寇宏、宋阳、刘东、卓兰、李文杰、张宏科、部帅、余晖。

引　言

本标准定义了建设数字社区的重要系统组件，包括用于现场总线网络的网关，用于搭建数据共享平台的数据存储器以及应用单元，可用于建设楼宇级及城市范围内的泛在设施网络基础设施。本标准定义了在 IPv4/IPv6 网络环境下，组件（网关，存储，应用单元）之间互联和数据交换的通信协议，能够将多样设备、存储器及包括集中管理、节能降耗、环境监测、警报系统等在内的应用服务进行集成。

目前普遍认为，在建筑、房屋、工厂内部部署设施网络是实现能源管理以及节能目标的有效工具。基于 TCP/IP 协议对设施进行组网则可以实现建筑物范围内甚至是全市范围内的能源管理。然而，目前大多数的系统是独立研制开发，独立部署运营的，这使得安装和运行成本相当高。

通常情况下，为了更好地在现场总线中通过互联网连接传感器以及执行器，我们引入了网关的设计。然而，当前我们要求这种规模的设施网络应用不能仅仅是简单地连接设备，这些新兴应用在实际部署实现中，通常要具备(1)大容量的存储器，用于存储传感器读数的历史数据，(2)支持交互操作的用户接口，(3)上报系统，以及(4)数据分析器。

这些系统组件之间能够相互协作，特别是在具有能源感知功能的设施网络中。然而由于这些系统组件是独立开发并独立集成的，因此如果没有对各系统之间进行专门分析、集成和操作处理，它们之间很难直接实现协作或互操作。

如果定义一个通用的通信协议，能够实现这些系统组件之间的互操作，提高设施网络部署的效率，同时可以减少系统集成和互操作性管理的成本，使设施网络能够应用于中小规模的建筑中，甚至部署在房屋内。对于产品供应商，生产的组件无需做任何定制化的改动，仍可销往世界各地，有时用合理的成本就可以实现大规模的生产。

为了实现整幢建筑物范围内，甚至是城市范围的能源管理，IEEE P18880 工作组启动了泛在绿色社区网络控制协议项目（UGCCNet），它规范了设施网络的远程控制架构。本项目的范围和目的是通过规范设施网络组件之间（即设备接入网关，数据存储器和应用单位）的通信协议，实现组件之间的互操作，从而构建基于互联网模式的设施网络基础架构。制定本标准是为了支持设施网络组件之间的互操作性和组件开发的开放性。首先，通过简单的组件模型抽象出通用的设施网络组件。然后，本标准定义了组件之间的通信协议。为了支持组件之间的自主协作，本标准还引入了注册机制。

本标准定义了通信的基础框架，旨在构建一个新的网络用于设施的更新，下一代的设施管理和中小型规模设施网络的节能。本标准以实现节能和管理平台的集成化为目的，从过去的设施管理扩展到运营级管理。此外，本标准定义的基础框架还可用于系统级的协作。

信息技术　系统间远程通信和信息交换　社区节能控制网络协议

1　概述

1.1　范围

本标准定义了在IPv4/IPv6网络环境下，组件(网关、存储、应用单元)之间互联和数据交换的通信协议，在通用的数字化基础设施上采用开放的应用接口实现对多厂商设备的兼容。本标准定义了建设数字社区的重要系统组件，包括用于现场总线网络的网关，用于搭建数据共享平台的存储器以及应用单元，可用于建设楼宇间及城市范围内的泛在设施网络基础设施。本标准允许多家服务提供商和集成商对基础设施进行分布式运营，定义了支持分布式基础设施互操作的组件管理协议。本标准也考虑了相应的安全要求，以保证数据的安全性和完整性。

1.2　目的

本标准适用于建设能够对能源的使用情况进行良好管理且利用率高的绿色社区，并且允许包括中小规模的不同现场网络、数据共享平台和应用单元在内的多楼宇设施实现互连。基于此标准的产品能够实现泛在信息的感知、存储和展示，例如，产能和用能情况、环境状态及信息、人体活动、暖通空调的工作状态、电灯系统、天气、报警、数据分析、数据预测等。通过系统组件之间的集成互操作，本标准可提供并分享数据平台，包括实现与控制系统的协同。

2　规范性引用文件

下列文件对于本文件的应用是必不可少的。凡是注日期的引用文件，仅注日期的版本适用于本文件。凡是不注日期的引用文件，其最新版本(包括所有的修改单)适用于本文件。

ISO 8601　数据元交换格式　信息交换　日期和时间的表示(Data elements and interchange formats—Information interchange—Representation of dates and times)[1)]

IETF RFC 793　传输控制协议[Transmission Control Protocol (TCP)][2)]

IETF RFC 2460　互联网协议第六版[Internet Protocol, Version 6 (IPv6) Specification]

IETF RFC 3986　统一资源标识符：通用语法[Uniform Resource Identifiers (URI): Generic Syntax]

W3C®　可扩展置标语言[Extensible Markup Language (XML) 1.0][3),4)]

W3C　XML的命名空间1.1版本(Namespaces in XML 1.1)

W3C　SOAP协议1.2版本　第1部分：消息传递框架(SOAP Version 1.2—Part 1: Messaging framework)

W3C　XML概要　第1部分：结构(XML Schema—Part 1: Structures)

---

1)　ISO出版物可从ISO官方网站获取(http://www.iso.org/)。

2)　IETF文本(RFC文档)可在网站http://www.rfc-archive.org/下载。

3)　W3C出版物可从W3C万维网联盟获取(http://www.w3.org/)。

4)　W3C®是万维网联盟的商标(在多个国家注册)；W3C的商标由它的总部机构美国麻省理工大学(MIT)、欧洲数学与信息学研究联盟(ERCIM)、日本庆应大学(Keio University)和中国北京航空航天大学注册和持有。

W3C　XML 概要　第 2 部分：数据类型(XML Schema—Part 2：Datatypes)

3　术语和定义、缩略语

3.1　术语和定义

下列术语和定义适用于本文件。本条款未定义的术语应查阅 IEEE 线上标准词典。[5)]

3.1.1

访问控制　access control

允许经授权的访问以及对资源使用的方法。

3.1.2

执行器　actuator

接收数据信号，将其转换成物理动作的装置。

3.1.3

可扩展置标语言命名空间　eXtensible Markup Language (XML) namespace

一种区分具有相同名称但不同含义的 XML 元素及属性的方法。URL 作为"本地名称"的前缀，可确保元素或属性名称的唯一性。URL 仅作为一种创建唯一前缀的方法，不一定真正指向互联网上的某个实际页面。

3.1.4

传感器　sensor

一种将物理、生物或化学参数转化为数字信号的转换器。

3.1.5

全局唯一标识符　universally unique identifier

UUID

在某些已定义空间内保证唯一性的标识符。

注：在本标准中，除非另有说明，传输数据结构中的查询表达式和查找表达式都由 UUID 标识。[6)]

3.2　缩略语

下列缩略语适用于本文件。

AAA：认证，授权和计费(Authentication, Authorization, and Accounting)

API：应用程序编程接口(Application Programming Interface)

EPR ：端点引用(End-Point Reference)

FTP：文件传输协议(File Transfer Protocol)

HTTP：超文本传输协议(Hypertext Transfer Protocol)

HTTPS：超文本传输安全协议(Hypertext Transfer Protocol Secure)

IP：互联网协议(Internet Protocol)

IPv6：互联网协议第六版本(Internet Protocol Version 6)

NAT：网络地址转换(Network Address Translation)

RPC：远程过程调用(Remote Procedure Call)

SIP：会话发起协议(Session Initiation Protocol)

---

5)　IEEE 线上标准词典订阅地址：http://www.ieee.org/portal/innovate/products/standard/standards_dictionary.html。

6)　标准文本、表格和图形中的注释仅供参考，不包含实施本标准的必然要求。

SMTP:简单邮件传输协议(Simple Mail Transfer Protocol)
SOAP:简单对象访问协议(Simple Object Access Protocol)
SSH:安全外壳协议(Secure Shell)
SSL:安全套接层(Secure Sockets Layer)
TCP:传输控制协议(Transmission Control Protocol)
TTL:生存时间(Time To Live)
UGCCNet:泛在绿色社区控制网络(Ubiquitous Green Community Control Network)
URI:统一资源标识符(Uniform Resource Identifier)
UUID:全局唯一标识符(Universally Unique Identifier)
VPN :虚拟专用网络(Virtual Private Network)
W3C:万维网联盟(World Wide Web Consortium)
WSDL :网络服务描述语言(Web Services Description Language)
XML:可扩展置标语言(eXtensible Markup Language)

4 架构

4.1 UGCCNet 架构

本标准适用于基于 TCP/IP 协议的设施网络架构,见图 1。本标准的主要目标之一是实现设施网络组件之间的互操作性。因此,网关、存储器和应用单元,即本标准中定义的"组件",具有相同的通信接口。注册器与这些组件有不同通信接口,在图 1 中以虚线框表示。组件属于数据平面,注册器则属于控制平面。在图 1 中还强调了 AAA,提供运营管理支持。本标准并没有对 AAA 进行定义,但相关工作可能在未来必要时启动。

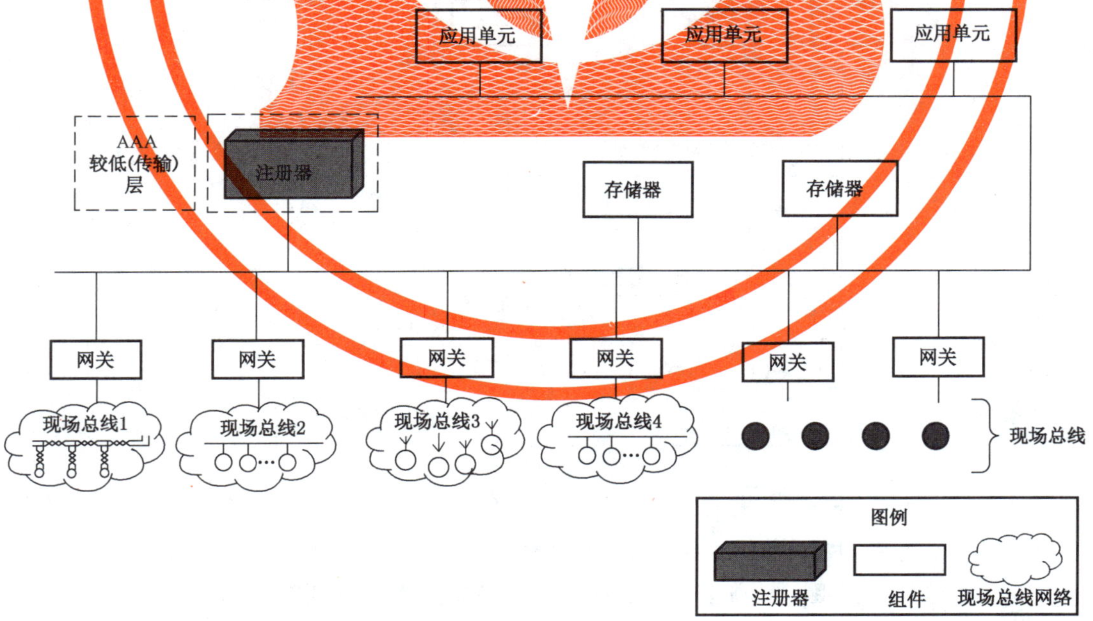

图 1 泛在绿色社区控制网络组网架构

在泛在绿色社区控制网络环境中,注册器是组件的代理,管理元信息,例如,组件充当的角色以及点标识的语义等,从而实现组件之间的自主绑定和管理。本标准详细描述了泛在绿色社区控制网络的组件之间相互协作的过程。

4.1.1 网关

网关组件连接传感器和执行器，为这些设备的数据模型和接入方法进行统一抽象，并对物理层(现场总线)的数据模型和访问方法进行封装。网关根据其他组件写入的值对执行器进行相应操作，并向其他组件(存储器和应用单元)提供传感器读取的数值。

4.1.2 存储器

存储器组件存储历史数据，其他组件写入的数值被永久保存在后端磁盘，当其他组件请求获取数据时，存储器还负责提供相应的值。

4.1.3 应用单元

应用单元组件针对传感器读取的数据和执行器的指令提供相关的应用。应用单元可以提供用户接口以显示当前环境状况，支持用户输入对执行器的设定策略，还可以作为一个虚拟设备实时分析传感器获取的数据，并提供分析结果。

4.1.4 注册器

注册器作为网关、存储器及应用单元的代理，主要负责实现组件之间主动适当的绑定。注册器不属于数据平面，不会对传感器和执行器进行直接操作。本标准允许系统在没有注册器的情况下运行。

4.2 典型通信过程

组件和注册器之间典型的通信协议过程见图2，实线表示组件之间的通信，虚线表示组件与注册器之间的通信。

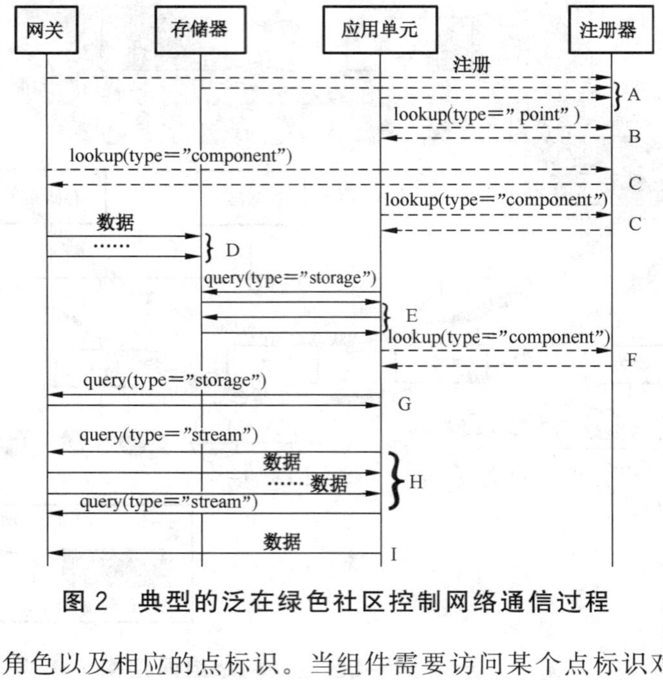

图2 典型的泛在绿色社区控制网络通信过程

注册器管理组件的角色以及相应的点标识。当组件需要访问某个点标识对应的数据或接口时，首先查询注册器。注册器会在返回的响应中携带管理该点标识对应的数据或接口的组件的接入URI。组件与注册器的交互是可选的，如果请求组件通过配置方式知道访问对象的URI，就不必向注册器查询。下面给出了从过程A到过程I的通信说明。

注：每个通信过程的详细说明参见附录A。

a) 组件的注册。注册信息包括(1)网关管理的点信息,(2)存储器负责存储的点标识对应的数据,(3)应用单元读取或提供的点数据。具体内容见5.3.2。
b) 通过语义查询搜索相应的点。具体内容见5.3.3。
c) 搜索某指定点对应的存储器,返回解析得到的组件的接入URI(见IETF RFC 3986)[7]。具体内容见5.3.3。
d) 数据的传输。网关将传感器获取的数据发送到存储器。具体内容见5.2.3。
e) 数据的获取。应用单元从存储器中获取数据。如果返回的数据很大,支持数据按序分段,逐段传输。具体内容见5.2.2。
f) 搜索管理某指定点的网关组件。返回解析得到的组件的URI。具体内容见5.3.3。
g) 数据的获取,应用单元从网关获取数据。如果不是需要分段的超大数据,则可以在一个远程过程调用中读取完成。具体内容见5.2.2。
h) 数据的通知。应用单元周期性的向网关设定事件查询条件,网关在满足触发条件时向应用单元主动提交更新的数据。具体内容见5.2.4。
i) 写入数据。应用单元向网关发送对某执行器的指令。具体内容见5.2.3。

4.3 网络设计

所有组件都可以充当一个TCP(见IETF RFC 793)连接的发起方和接收方,组件之间是对等的关系,可组成扁平化的网络,因此为了不对直接进行的双向通信造成影响,应避免引入NAT路由器或防火墙之类的中间设备。

为解决该问题,本标准强烈建议采用IPv6网络(见IETF RFC 2460),除此以外还可采用基于HTTP代理或NAT穿越的解决方案,然而,这些方案通常都依赖于网络配置需求。本标准并不排斥这类解决方案,但要求他们与其他基于泛在绿色社区控制网络构建的系统可以互操作,具体的除IPv6之外的解决方案不在本标准讨论的范围内。

4.4 系统模型和部署

泛在绿色社区控制网络的系统模型见图3。

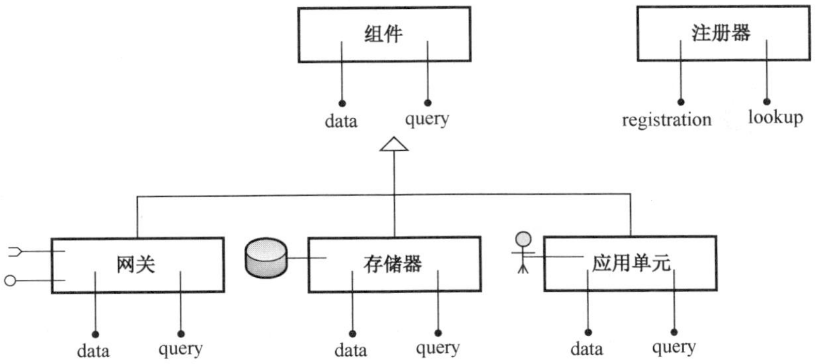

图3 系统模型

作为泛在绿色社区控制网络的基本单元,组件是对网关、存储器、应用单元的统一抽象,组件接口提供两种方法:data[8]和query[9]。由于网关、存储器和应用单元都是组件的继承类,因此,它们具有相同的接口(data和query),并使用相同的协议通信。

query是一种从组件中获取数据(包括基于事件的数据传输)的方法;

7) 标准文本、表格和图形中的注释仅供参考,不包含实施本标准的必然要求。
8) 本标准中用“data”表示向组件写入数据的接口方法。
9) 本标准中用“query”表示从组件中获取数据(包括基于事件的数据传输)的方法。

data 是一种向组件中写入数据的方法。

注册器作为组件的代理，具有不同的接口，提供 registration[10] 和 lookup[11] 方法。

registration 是一种记录组件角色和点语义的方法；

lookup 是一种搜索特定组件或点的方法。

在网关、存储器、应用单元和注册器的实际实现中：

网关通过 query 和 data 方法实现对现场总线的封装，提供对物理设备的输入/输出访问；

存储器将通过 data 方法获取的数据进行保存，并通过 query 方法实现历史数据的查询；

应用单元实现其他功能。例如，提供用户门户，实现数据处理等；

注册器管理并维护组件与相关点标识之间的关系，通过 registration 方法提供组件角色和点标识语义间的绑定，通过 lookup 方法提供针对组件和点标识的查询。

注：本标准也允许调用 APP 系统不通过 quary 和 data 方法访问其他组件。

上述的统一抽象保证了任何厂商都可以开放的自主研发设施网络组件(即网关、存储器和应用单元)。与此同时，在客户楼宇部署设施网络系统时，无需针对用户进行额外的改动，见图 4。

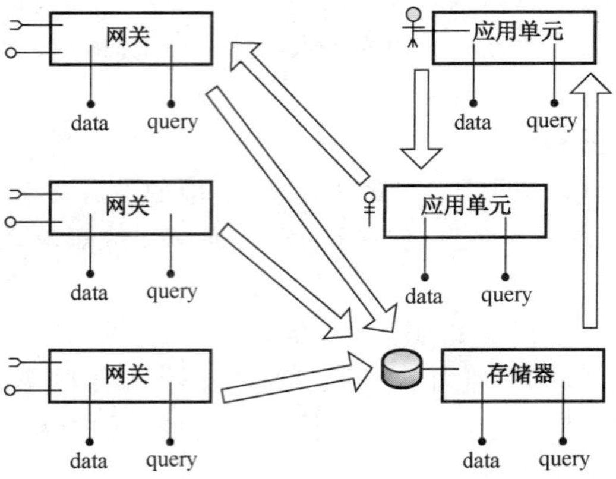

图 4　设施网络系统的实现

注册器的作用是增加组件之间协作的自治程度。在可操作范围内，注册器允许组件通过分享角色信息进行协作(事实上，不仅仅适用于可操作范围内，对于非可操作域同样适用)，见图 5。

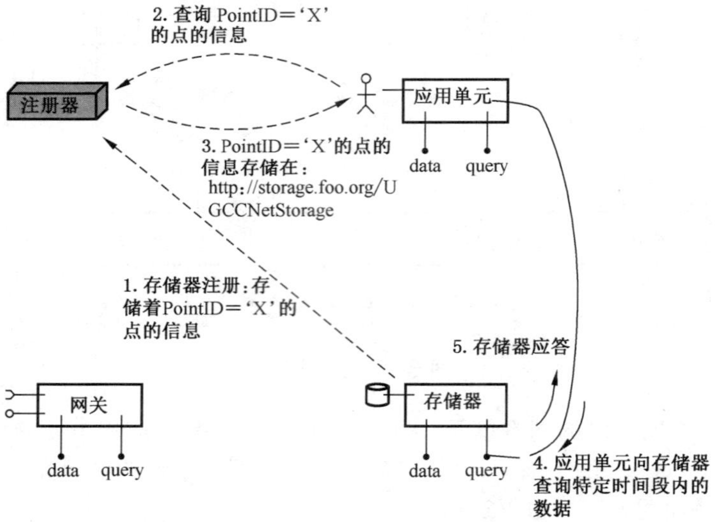

图 5　组件之间的协同

10)　本标准中用“registration”表示组件或点注册的接口方法。

11)　本标准中用“lookup”表示查询组件或点的接口方法。

4.5 点

4.5.1 概述

本条定义“点”的概念，一个点由基于 URI 的全局唯一标识符进行标识，它确定了组件之间交换数据的数据流（如传感器读数、执行器命令及控制信号等）。

4.5.2 定义

点描述了用于在组件之间传输某特定数据序列的消息通道，一系列的传感器读数，执行器命令等（如虚拟的传感器读数、元控制信号）都应与点绑定。在一个点（来自于传感器或到执行器中去）中通过数据值来表示信息，点中的数据值可以是任何的对象类型。

通过调用其他组件的接口方法，可以在组件之间传递点的数据值。提供的方法是：

query：从某指定点读取对象；

data：向某指定点写入对象。

通过使用这些方法，一个组件可以从另一个组件得到指定点的数据值，同时也可以将某点相关的数据值传输到另一个组件。

注：本标准扩展了“点”在设施网络中的传统概念。传统上，“点”代表一个可实现直接访问（通过读写方式）的特定设备。当目标组件是网关时，此定义仍然适用。然而，在本标准中，存储器和应用单元具有与网关相同的接口，因此我们扩展了其定义，不仅可以访问它们，还可以管理与它们相关的数据序列。在向一个点写入数据值时，如果组件具有网关功能，则与之相关联的物理执行器将根据写入值进行操作。如果组件具有存储器功能，则该值将被归档在其磁盘中。

4.5.3 基于 URI 的标识

一个点对应于一个全球唯一标识的数据序列。数据可能是来自某特定传感器的读取数据，或是发往某特定执行器的指令数据。因此，为了区分全球的数据序列，每个点都应该有一个全球唯一的标识符。当然对于局部范围的私有应用，无需全局唯一，但本标准并不推荐使用该方式。

在泛在绿色社区控制网络中，每个点都需要一个 URI 作为标识符。在实际应用中，可以首先给物理传感器和执行器分配标识符，然后基于该标识符生成点标识，这种操作方式可以在传统的设施网络运营中很好的应用。

通过使用 URI 作为标识符，可以实现该点的全局访问，如 X（=http://gw.foo.org/sensor1）可作为一个点标识。

如果组件不知道管理点标识 X 的注册服务器的地址，组件应尝试直接访问 X，然后，URI 能够重定向到注册服务器。如果组件已经获知管理 X 的注册服务器，点标识则不需要是可达的。然而，为了操作方便，提高可读性，URI 的主机部分应该是网关的主机名称（因为物理传感器和执行器连接到网关）。例如典型的 URI 格式是：point ID = http://〈GW host name〉/〈any format to identify the Point in the GW〉。

4.5.4 点集合

本标准定义了点集合，点集合支持点的分级管理。一个点集合聚集多个点和多个点集合，这个定义允许对点进行分组分层的常规操作。点集合功能是可选功能，所有的组件应允许在没有点集合的情况下进行操作。点集合的具体定义见 8.3.2.5。

5 通信协议

5.1 综述

本标准针对组件和注册器定义了两种类型的通信协议,包括组件与组件之间的通信协议和组件与注册器之间的通信协议,两种通信协议基于 SOAP 协议来实现(见 W3C,SOAP 协议 1.2 版本第 1 部分:消息传递框架)。

5.2 组件与组件之间的通信协议

5.2.1 组件与组件之间通信协议的类型

本条定义和描述了组件之间通信的 3 种子协议类型,组件指的是网关、存储器和应用单元。对于注册器的接入方法参见 5.3。

FETCH[12] 协议——用于从远程组件获取数据。

WRITE[13] 协议——用于向远程组件传输数据。

TRAP[14] 协议——用于基于事件查询的注册和基于事件的数据传输。

下面给出了这 3 种协议的详细定义和描述。

5.2.2 FETCH 协议

FETCH 协议用于从远程组件获取数据。本标准将请求获取数据的组件称为“信息请求方”,将负责应答提供数据的组件称为“信息提供方”。FETCH 协议的示意图见图 6。

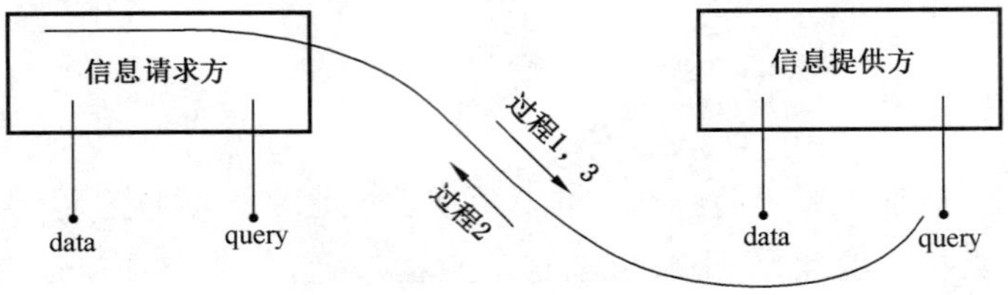

图 6 FETCH 协议示意图

过程 1:信息请求方调用信息提供方的 query 方法。信息请求方发送查询请求信息(例如,限定感兴趣的数据集的范围),并指明在远程过程调用响应时可接受的最大数据集大小,即可同时接收数据值的最大数目,默认值为 100。

过程 2:信息提供方通过远程过程调用响应返回数据集。如果返回数据集的大小超过了信息请求方最大可接受的数据的大小,或是需要消耗信息提供方过多的计算资源,则信息提供方仅返回整个数据集的一个子集,并提供一个指针用于后续的数据获取过程。

过程 3:如果在接收到的响应中有一个指针,则信息请求方再次调用信息提供方的 query 方法,重复过程 2。

过程 4:如果接收到的响应中没有指针,表示所有的数据已经传递完毕,FETCH 过程也完成了。

注 1:指针应具有有效时间。如果信息提供方收到的请求消息中的指针已经过期失效,则返回报错信息。指针有效期推荐值为 60s。但是如果网络带宽不够,可能导致 RPC 耗时变长,因此需要适当增加指针的有效期时间。

注 2:信息提供方遇到任何错误时都应主动返回错误信息,如访问控制策略错误,XML 的格式不正确的,或其他系统错误。

12) 本标准中用“FETCH”表示数据获取协议的名称。

13) 本标准中用“WRITE”表示数据推送协议的名称。

14) 本标准中用“TRAP”表示基于事件触发协议的名称。

5.2.3 WRITE 协议

WRITE 协议是用于向远程组件传输数据。提交数据的组件为“信息提交方”，接收数据的组件为“信息接收方”。WRITE 协议示意图见图 7。

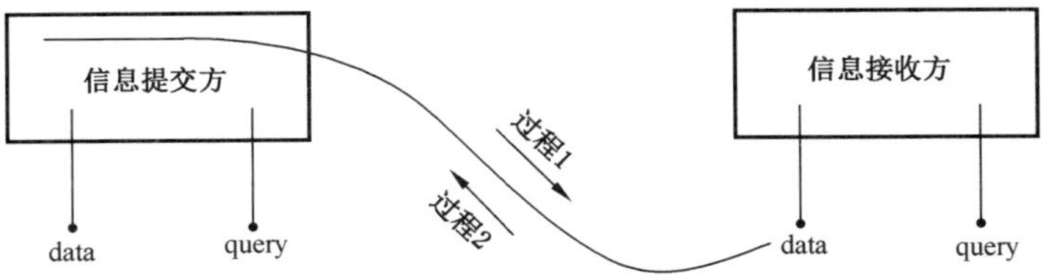

图 7 WRITE 协议示意图

过程 1：信息提交方调用信息接收方的 data 方法，携带待发送数据的内容。

过程 2：信息接收方向信息提交方返回结果，表明此次 WRITE 操作是成功或失败。

5.2.4 TRAP 协议

TRAP 支持基于事件的查询注册和数据传输。组件命名如下：

信息请求方——向信息提供方设置基于事件的查询条件的组件；

信息提供方——负责当收到与触发查询条件匹配的更新时，发送数据的组件；

数据信息回送方——从信息提供方接收数据的组件；

控制信息回送方——从信息提供方接收控制信息的组件。

本条描述了组件之间的协作(见图 8)。尽管组件的角色一般都有明确的分类，但在大多数实际应用中，数据信息回送方、控制信息回送方和信息请求方通常是同一个组件(见图 9)。

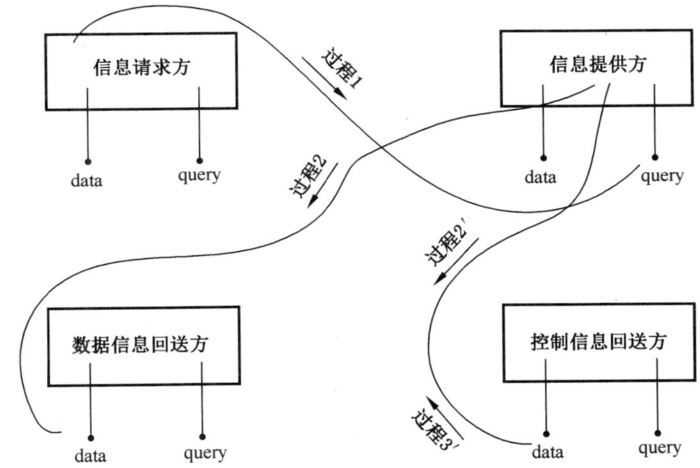

图 8 TRAP 协议(通用部署)

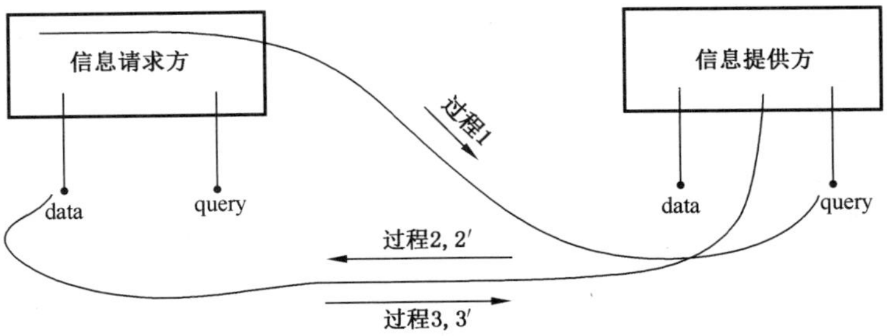

图 9 TRAP 协议(实际部署)

过程 1:信息请求方调用信息提供方的 query 方法。除了查询表达式之外,同时传输的参数还包括查询的有效时间(TTL),以秒(s)为单位,数据信息回送方组件的 URI 和控制信息回送方组件的 URI。

注 1:在该过程中,需要周期性的更新触发该过程,以更新信息提供方记录的 TTL,从而使信息提供方能够继续接收该通知消息,更新频率推荐为 TTL 的一半或三分之一。为了使信息提供方可以区分接收到的是更新请求还是新的设置请求,需要为更新的触发请求设置相同的标识。

注 2:如果信息提供方无法接受该请求,则返回错误消息。

过程 2:信息提供方调用数据信息回送方的 data 方法,推送与查询表达式匹配的更新数据,同时信息提供方发出请求。

过程 3:数据信息回送方回送成功或错误信息。

过程 2′:信息提供方调用控制信息回送方的 data 方法,推送通信错误信息(例如,过程 3 中遇到的错误)。

过程 3′:控制信息回送方回送成功或错误信息。

注 1:在 TRAP 过程中,每过 1s,信息提供方就将查询表达式的 TTL 减 1。如果 TTL 达到“0”,信息提供方拒绝该查询,并将其从查询表项中删除。

注 2:如果信息请求方想显示的删除某查询请求,也可以通过指定 TTL=0 的方法实现。

5.3 组件与注册器的通信协议

5.3.1 组件与注册器的通信协议类型

本条定义了组件和注册器间通信的两种类型的子协议:

REGISTRATION[15)] 协议——组件角色和点对象语义信息的注册。

LOOKUP[16)] 协议——查找相应的组件和点对象。

注:注册器的接口提供两种方法:registration 和 lookup,见 6.4。REGISTRATION 协议调用 registration 方法,LOOKUP 协议调用 lookup 方法。

下面给出了这两种协议的详细描述。

5.3.2 REGISTRATION 协议

REGISTRATION 协议使组件注册自己的角色以及点对象的语义信息,提交注册申请的组件为“注册发起方”,示意图见图 10。

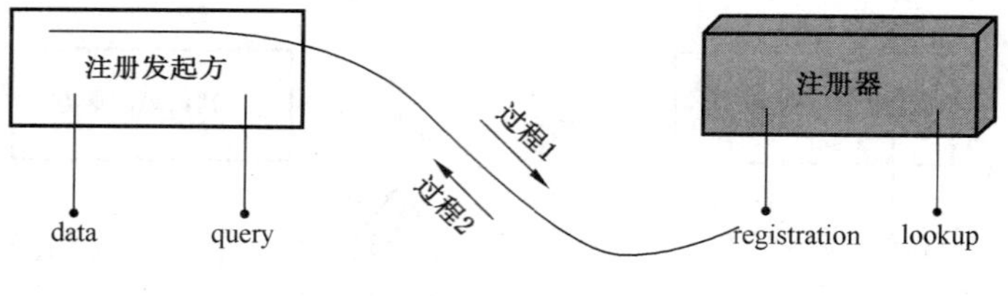

图 10 REGISTRATION 示意图

过程 1:注册发起方调用注册器的 registration 方法,提供组件信息(如:名称,接入 URI,支持的协议类型)和角色信息(如:组件管理的点对象信息)。

注:本标准不要求注册发起方支持 data 和 query 方法,例如对于点属性的注册过程,注册的是点语义信息,并非是一个组件的角色信息。见 6.4.2。

过程 2:注册器返回成功或失败结果。如果未成功,注册器应返回错误信息给注册发起方。

15) 本标准中用“REGISTRATION”表示组件或点注册协议的名称。

16) 本标准中用“LOOKUP”表示组件或点查询协议的名称。

5.3.3 LOOKUP 协议

通过 LOOKUP 协议，组件可以查询需要接入的组件(对于组件之间的通信)，或是通过语义查询寻找指定的点。发起查询请求的组件为“查找请求方”，示意图见图 11。

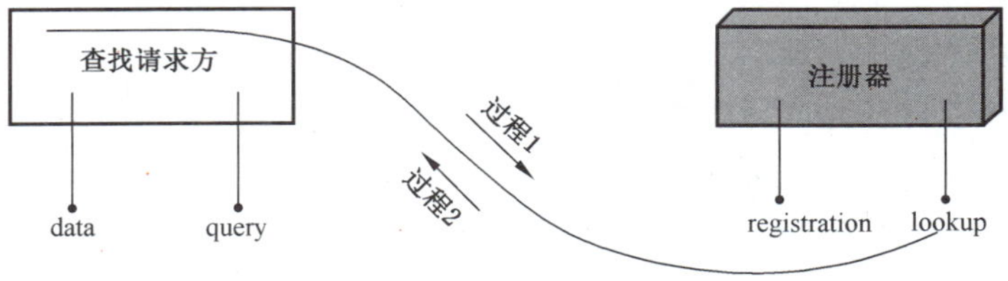

图 11 LOOKUP 示意图

过程 1：查找请求方调用注册器的 lookup 方法，其中的查找表达式指明查询对象的类型(如是查询组件还是查询点信息)。

过程 2：注册器返回解析的组件或点的接入 URI。

6 应用程序编程接口

6.1 综述

本条定义了两种类型的应用程序编程接口(API)。

组件访问接口——用于组件到组件的通信过程。

注册器访问接口——用于组件和注册器之间的通信过程。

6.2 传输的数据结构

本标准中无论是组件之间的通信还是组件与注册器之间的通信，都通过远程过程调用 RPC 实现接入方法，见图 12。调用方调用被调用方的接口方法，发起请求消息，而被调用方返回响应消息。请求消息和响应消息具有相同的数据结构，包括消息头和消息体。消息头包含控制信息，如用于组件之间通信的查询表达式，用于组件和注册器之间通信的查找表达式，确认信息，失败信息等。消息体包含携带数值的点或点集合对象，例如来自传感器的读数和对执行器的指令(用于组件之间的通信)，或是组件角色和对应点标识(用于组件和注册器之间的通信)。点或特定数据值相关的控制信息也是消息体的一部分。

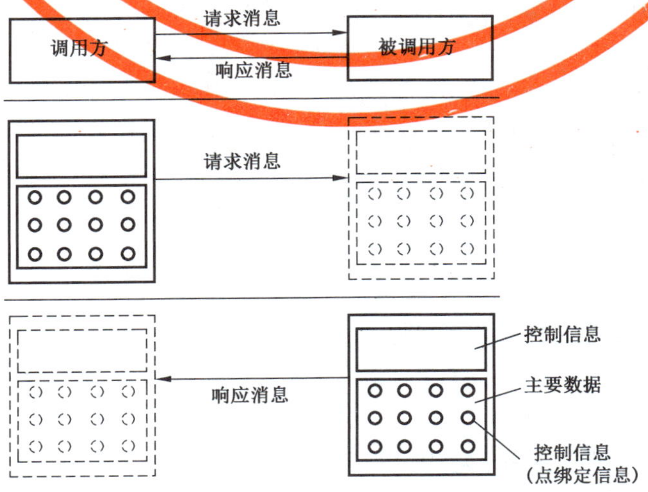

图 12 传输消息的数据结构

6.3 组件的访问接口

6.3.1 方法类型

组件(网关、存储器和应用单元)调用此接口,接口定义了 query 和 data 方法,用于其他组件的访问。接口方法的定义以 WSDL 形式提供,具体内容参见附录 D。

query 方法:用于从组件获取或订阅数据;

data 方法:用于向组件推送数据。

在 5.2 中定义的如下三种子协议通过 query 和 data 两种方法实现其功能:

FETCH 协议;

WRTIE 协议;

TRAP 协议。

协议的实际应用内容参见附录 C。

注:所有组件都应支持这些方法,然而,一些组件(特别是 APP)并不总是需要支持所有功能(例如,一些组件仅支持 FETCH 信息请求方的功能)。

6.3.2 query 方法

6.3.2.1 简介

6.3.2.1.1 格式

"Transport query(Transport t)"。

6.3.2.1.2 介绍

信息请求方通过 query 方法,指定查询表达式,从信息提供方获取数据。查询表达式应包含在 t 的消息头中。

本标准定义了两种类型请求:类型为"storage"和"stream"。根据请求的类型,信息提供方应通过以下方式工作。

类型为"storage"时,表明应用 FETCH 协议。

类型为"stream"时,表明应用 TRAP 协议。

下面给出了上述情况下 query 方法的详细描述。

6.3.2.2 query(类型为"storage")

6.3.2.2.1 请求消息

查询表达式应放在 t 的头部,而 t 的消息体部分应被忽略。

6.3.2.2.1.1 查询表达式的属性

FETCH 协议的查询表达式具有如下属性:

id:用于标识该请求;

type:设置为"storage";

acceptableSize:信息请求方在一个远程过程调用响应中,一次所能接收的数据值元素的最大数目;

cursor:用于获取未传完的后续数据,cursor 属性不会出现在信息请求方发送的第一个请求消息中,其值由信息提供方根据响应消息的发送情况设定。

6.3.2.2.2 响应消息

6.3.2.2.2.1 消息头

在响应的消息头部分应携带有查询表达式和“OK”或“Error”。如果查询表达式有指针属性，就意味着有后续的提供方的数据集。如果没有，这说明已经从提供者获取了所有数据。

OK 对象表示在提供者的程序已顺利完成。Error 对象表示同时开展的程序发生了错误，错误信息应包括在 Error 对象中。

6.3.2.2.2.2 消息体

如果消息传输成功(消息头中包含 OK 对象)，则点集合或点的对象应包含在消息体部分。如果未成功，消息体对象应被忽略。

6.3.2.3 query(类型为“stream”)

6.3.2.3.1 请求消息

查询表达式应放在 t 的头部，t 的消息体部分应被忽略。

6.3.2.3.1.1 查询表达式的属性

TRAP 协议的查询表达式具有如下属性：

id：用于标识该查询(UUID 格式)；

type：设置为“stream”；

ttl：设置该请求在信息提供方处的生存时间，单位为秒(s)；

callbackData：当数据与查询匹配时，数据发送的目标组件的 URI；

callbackControl：当需要发送控制类信息时，接收该类信息的目标组件的 URI；

acceptableSize：可选，callbackData 标识的组件在一次数据传输过程中，一次所能接收的数据值元素的最大数目。

6.3.2.3.2 响应消息

6.3.2.3.2.1 消息头

在响应的消息头部分，包含查询表达式和“OK”或“Error”对象。

OK 对象表示提供者侧的流程已成功完成，Error 对象表示执行过程中发生了错误，错误信息应包含在 Error 对象里。

6.3.2.3.2.2 消息体

消息体对象应被忽略。

6.3.2.3.3 其他

信息提供方调用 callbackData 所标识组件的 data 方法，从而传输与查询匹配的数据。信息提供方查询表达式添加到参数 t 的头部，以便 callbackData 可以识别数据传输的上下文。

注：当信息请求方更新信息提供方的查询 TTL 时，信息请求方应使用相同的查询标识(TRAP 协议)。

6.3.3 data 方法

6.3.3.1 格式

Transport data(Transport t)。

6.3.3.2 介绍

信息提交方将向信息接收方传送的点或点集合的相关信息封装在 data 请求消息 t 的消息体中。如果在 TRAP 协议中调用 data 方法，从信息提交方向数据信息回送方组件传送数据，则 t 的消息头中复制有相应的 query 方法消息头中携带的查询表达式。

6.3.3.3 请求消息

数据对象应放在消息体部分。在消息头部分，TRAP 协议中应包含相应的查询表达式和控制信号。

6.3.3.4 响应消息

6.3.3.4.1 消息头

在响应的消息头部分应包含“OK”或“Error”对象。

OK 对象表示提供者侧的流程已成功完成，Error 对象表示执行过程中发生了错误，错误信息应包含在 Error 对象里。

6.3.3.4.2 消息体

消息体部分应被忽略。

6.4 注册器的访问接口

6.4.1 方法类型

注册器应支持此访问接口，访问接口定义了 registration 和 lookup 方法，从而支持组件(网关、存储器和应用单元)访问注册器。此接口功能对于组件是可选的。WSDL 格式的注册器访问接口的定义参见附录 E。

registration：注册组件角色和点对象语义；

lookup：查找相应的接入组件，通过语义查询查找点对象。

在 5.3 中定义的如下两种子协议通过 registration 和 lookup 两种方法实现其功能：

REGISTRATION 协议；

LOOKUP 协议。

6.4.1.1 注册器访问接口的数据结构

对于注册器支持的协议 REGISTRATION 和 LOOKUP 而言，具有相同的数据结构，都包括消息头 Header 和消息体 Body。其中消息头中包含有查找表达式，以及成功或失败的状态信息。消息体部分则描述了组件的实现角色，以及对应的点对象信息，见 8.4。

```
Transport
    +——Header
    |      +——Lookup
    |            +——Key
    |            +——Point
    +——Body
           +——Component
           |        +——Key
           +——Point
```

6.4.2 registration 方法

6.4.2.1 简介

6.4.2.1.1 格式

Transport registration(Transport t)。

6.4.2.1.2 介绍

当注册发起方调用注册器的 registration 方法时,完成自身的实现角色以及对应的点信息的注册。基于该方法可以实现 REGISTRATION 协议(见 5.3.2)。在本标准中,注册器应管理两种类型的注册信息:

描述组件角色的信息;

描述点对象的信息。

6.4.2.2 组件的注册过程

6.4.2.2.1 请求消息

当处理组件相关的注册信息时,请求消息 t 的消息体中携带关于组件的信息。

6.4.2.2.2 响应消息

6.4.2.2.2.1 消息头

在响应的消息头部分应包含"OK"或"Error"对象。

OK 对象表示注册器侧的流程已成功完成,Error 对象表示执行过程中发生了错误,错误信息应包在 Error 对象内。

6.4.2.2.2.2 消息体

响应消息的消息体应被忽略。

6.4.2.3 点的注册

点对象语义相关的信息应携带于 t 的消息体中。

在本标准中,对于点对象,除了点标识之外,不指定其他的任何属性。系统操作员可根据不同的应用背景,设计适当的点配置文件,并提交配置文件到注册表访问接口,使系统的部署和操作更灵活。

6.4.3 lookup 方法

6.4.3.1 简介

6.4.3.1.1 格式

Transport lookup (Transport t)。

6.4.3.1.2 概述

lookup 方法用于组件查找某特定点对象的归属组件,或者查找符合一定约束条件的匹配点对象。

基于该方法可以实现LOOKUP协议。当信息请求方通过调用注册器的lookup方法时，在消息实例t的消息头中指明查找表达式。查找表达式的一个重要属性是查找的对象，用“type”表示，有两种不同的取值，分别为“component”和“point”。根据不同的类型，注册器会采用不同的处理方法。

当类型type=“component”时，找到匹配的一个或多个组件来访问。注册器返回解析得到的一个或多个组件的接入URI；

当类型type=“point”时，用于完成一个或多个点的语义查询。注册器返回一个或多个匹配点的信息，包括配置文件等。

6.4.3.2 lookup(类型为“component”)

6.4.3.2.1 请求消息

lookup请求消息t的消息头部分携带查找表达式，t的消息体部分应被忽略。

6.4.3.2.1.1 查找表达式的属性

查找表达式包括如下属性：

id：用于标识该查询；

type：设置为“component”。

6.4.3.2.2 响应消息

6.4.3.2.2.1 消息头

在响应的消息头部分，应包含查找表达式和“OK”或“Error”对象。

OK表明注册器成功的完成了lookup方法对应的组件查找过程，Error表示注册器在执行lookup方法调用时出现了错误，Error也可提供具体的错误描述信息，供信息请求方检查。

6.4.3.2.2.2 消息体

如果lookup响应携带OK，则其消息体中携带解析得到的接入组件的URI，否则该消息体被接收方忽略。

6.4.3.3 lookup(类型为“point”)

6.4.3.3.1 请求消息

请求消息t的消息头部分携带有查找表达式，t的消息体部分应被忽略。

6.4.3.3.1.1 查找表达式的属性

查找表达式包括如下属性：

id：用于标识该查找(UUID格式)；

type：设置为“point”。

6.4.3.3.2 响应消息

6.4.3.3.2.1 消息头

在响应的消息头里应包含查找表达式和“OK”或“Error”对象。

OK 对象表示在注册器中的程序已顺利完成,Error 对象表示执行过程中发生了错误,错误信息应包括在 Error 对象里。

6.4.3.3.2.2 消息体

如果它是成功的(如果一个 OK 对象包含在消息头),则其消息体中携带与查找匹配的点对象的属性文件,否则该消息体被接收方忽略。

7 data 和 query 模型

7.1 总则

本部分定义组件到组件通信的 data 和 query 模型,这个数据模型基本上采用传统的树状数据结构。

7.2 点集合树结构的点管理

一个典型点集合数据树结构见图 13。一个点集合聚集多个点和点集合,这种结构实现了分级管理。每个点通过一系列的数据值元素来描述,传感器的一个读数或执行器的一条指令都是一个数据值元素。数据值元素本身不需要全局唯一的标识符,但具有时间属性,从而标识该数据值何时从传感器提取,或者应在何时将该数据值发往执行器上。

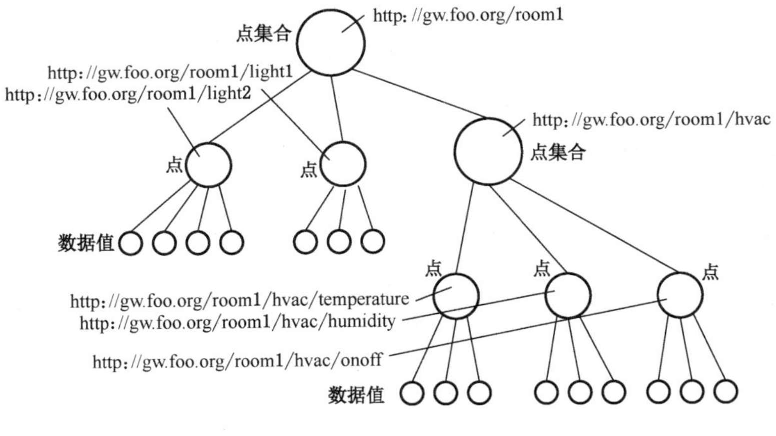

图 13 点集合树数据模型

本标准定义了点集合的概念,但点集合的功能是可选的。所有的组件应允许在没有点集合下进行操作。

在本标准中,仅对点和点集合定义了 id 属性,对数据值定义了时间属性,其他的属性可以根据具体的节点应用和现场网络进行灵活的定义和扩展。

7.3 点集合树结构的查询模式

FETCH 和 TRAP 的请求方通过 query 和 key 元素指定了数据集的范围,然后信息提供方应提供相应的点集合,点和数据值对象。信息提供方将指定的点集合和点对象作为响应消息 body 元素的子集,点集合和点对象在点集合树上不应有两个以上的子节点。

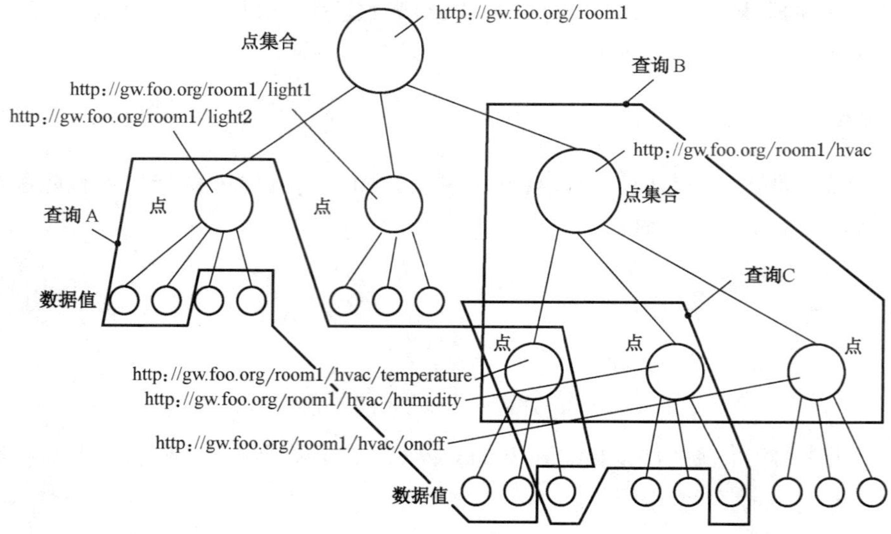

图 14 基于树状结构的 query 接口查询

7.3.1 查询 A

图 14 提供了点集合树的简单请求模型，以下描述了针对指定数据集范围的查询。

描述：查询标识为 http://gw.foo.org/room1/light2 或 http://gw.foo.org/room1/hvac/temperature 在 2009 年 10 月 1 日到 2009 年 10 月 2 日之间的值。

〈query〉
　〈key id=″http://gw.foo.org/room1/light2″ attrName=″time″
　gteq=″2009—10—01T00:00:00.00000000+08:00″
　lteq=″2009—10—02T00:00:00.00000000+08:00″ /〉
　〈key id=″http://gw.foo.org/room1/hvac/temperature″ attrName=″time″
　gteq=″2009—10—01T00:00:00.00000000+08:00″
　lteq=″2009—10—02T00:00:00.00000000+08:00″ /〉
〈/query〉

7.3.2 查询 B

描述：查询 http://gw.foo.org/room1/hvac 点的信息。

〈query〉
　〈key id=″http://gw.foo.org/room1/hvac″ /〉
〈/query〉

7.3.3 查询 C

描述：获取 http://gw.foo.org/room1/hvac/temperature 及 http://gw.foo.org/room1/hvac/humidity 的当前值。

〈query〉
　〈key id=″http://gw.foo.org/room1/hvac/temperature″ attrName=″time″
　select=″maximum″ /〉
　〈key id=″http://gw.foo.org/room1/hvac/humidity″ attrName=″time″
select=″maximum″ /〉

8 数据结构

8.1 总则

本章针对组件之间，以及组件与注册器之间的通信协议，定义了相应的数据结构。所有的消息遵从 XML 格式(见 W3C 可扩展置标语言)。本标准中一个类对应一个 XML 元素，下面章条中类的定义给出了 XML 构架(见 W3C XML 概要　第 1 部分：结构，W3C XML 概要　第 2 部分：数据类型)，在这种数据格式下 XML 的命名空间(见 W3C XML 的命名空间 1.1 版本)为 xmlns=http://gutp.jp/fiap/2009/11/。

8.2 对象类和 XML 元素的命名规则

命名有大小写之分，本标准规定，类的名称以大写字母开始，XML 元素的名称以小写字母开始。从第二个字母开始，类的名称和 XML 的名称应该是完全一样的。

8.3 组件之间通信协议的数据结构

8.3.1 介绍

本条定义了组件之间通信的数据结构，此数据结构将在以下协议(5.2 中定义)中以请求及响应交互方式传输：

——FETCH 协议；

——WRITE 协议；

——TRAP 协议。

8.3.2 类列表

8.3.2.1 总则

针对 UGCCNet 中组件之间的通信协议，定义了如下 10 种类。

——Tranport；

——Header；

——Body；

——PointSet；

——Point；

——Value；

——Query；

——Key；

——OK；

——Error。

8.3.2.2 Transport 类

8.3.2.2.1 类描述

Transport 类用于在一个消息中同时传输数据平面信息和控制平面信息递。

8.3.2.2.2 类成员

Transport 类有一个 Header 对象和 Body 对象。它们不包含任何数据时可能被忽略。

8.3.2.2.3 类属性

无。

8.3.2.2.4 类示例

〈transport〉
  〈header〉……〈/header〉
  〈body〉……〈/body〉
〈/transport〉

8.3.2.3 Header 类

8.3.2.3.1 类描述

Header 类用于承载控制平面信息，包括查询表达式、失败消息等。

8.3.2.3.2 类成员

Header 类有 Query 对象、OK 对象和 Error 对象。

8.3.2.3.3 类属性

无。

8.3.2.3.4 类示例 1

〈header〉
  〈query…〉…〈/query〉
〈/header〉

8.3.2.3.5 类示例 2

〈header〉
  〈OK/〉
〈/header〉

8.3.2.4 Body 类

8.3.2.4.1 类描述

Body 类用于承载点对象或点集合对象的相关数据信息。

注：与点对象或数据值密切相关的控制信息也应被当做数据处理并以点对象或数据值来表示。

8.3.2.4.2 类成员

Body 类有 PointSet 对象和 Point 对象。

8.3.2.4.3 类属性

无。

8.3.2.4.4 类示例 1

〈body〉

```
  〈pointSet id="http://gw.foo.org/tv1"〉...〈/pointSet〉
  〈pointSet id="http://gw.foo.org/refrigerator1"〉...〈/pointSet〉
  〈pointSet id="http://gw.foo.org/pot1"〉...〈/pointSet〉
〈/body〉
```

8.3.2.4.5 类示例 2

```
〈body〉
  〈point id="http://gw.foo.org/tv1/power"〉...〈/point〉
  〈point id="http://gw.foo.org/tv1/switch"〉...〈/point〉
  〈point id="http://gw.foo.org/pot1/power"〉...〈/point〉
〈/body〉
```

8.3.2.4.6 类示例 3

```
〈body〉
  〈pointSet id="http://gw.foo.org/room1/light"〉...〈/pointSet〉
  〈pointSet id="http://gw.foo.org/room1/hvac"〉...〈/pointSet〉
  〈point id="http://gw.foo.org/tv1/power"〉...〈/point〉
  〈point id="http://gw.foo.org/pot1/power"〉...〈/point〉
〈/body〉
```

8.3.2.5 **PointSet 类**

8.3.2.5.1 类描述

PointSet 类聚合相关的 Point 对象和 PointSet 对象。

8.3.2.5.2 类成员

PointSet 类包括 PointSet 对象和 Point 对象。

8.3.2.5.3 类属性

类属性为 id,是基于 URI 的标识符,用来唯一标识 PointSet 对象。

8.3.2.5.4 类示例 1

```
〈pointSetid="http://gw.foo.org/room1"〉
  〈pointSetid="http://gw.foo.org/room1/light"〉...〈/pointSet〉
  〈pointSetid="http://gw.foo.org/room1/hvac"〉...〈/pointSet〉
〈/pointSet〉
```

8.3.2.5.5 类示例 2

```
〈pointSetid="http://gw.foo.org/tv1"〉
  〈pointid="http://gw.foo.org/tv1/power"〉...〈/point〉
  〈pointid="http://gw.foo.org/tv1/switch"〉...〈/point〉
  〈pointid="http://gw.foo.org/tv1/channel"〉...〈/point〉
〈/pointSet〉
```

8.3.2.5.6 类示例 3

〈pointSetid=″http://gw.foo.org/room1〉
　〈pointSetid=″http://gw.foo.org/room1/light″〉...〈/pointSet〉
　〈pointSetid=″http://gw.foo.org/room1/hvac″〉...〈/pointSet〉
　〈pointid=″http://gw.foo.org/room1/temperature″〉...〈/point〉
　〈pointid=″http://gw.foo.org/room1/humidity″〉...〈/point〉
〈/pointSet〉

8.3.2.6 **Point 类**

8.3.2.6.1 类描述

Point 类用以描述点对象。

8.3.2.6.2 类成员

Point 类成员包括 Value 对象。

8.3.2.6.3 类属性

Point 类的属性为 id,用来唯一标识 Point 对象。

8.3.2.6.4 类示例

〈pointid=″http://gw.foo.org/room1/temperature″〉
　〈valuetime=″2009-09-01T00:00:00.0000000+08:00″〉25.5〈/value〉
　〈valuetime=″2009-09-01T00:01:00.0000000+08:00″〉25.6〈/value〉
　〈valuetime=″2009-09-01T00:02:00.0000000+08:00″〉25.6〈/value〉
　〈value time=″2009-09-01T00:03:00.0000000+08:00″〉25.7〈/value〉
〈/point〉

8.3.2.7 **Value 类**

8.3.2.7.1 类描述

Value 类包括了具体的数据值,来自传感器的输入数据或是发往执行器的指令数据都可以封装在 Value 对象中。

8.3.2.7.2 类成员

无。

8.3.2.7.3 类属性

time:按照 ISO 8601 定义的格式,至少指定秒和时区,记录输入数据的产生时间或指令数据的执行时间。

8.3.2.7.4 类示例

〈value time=″2009-10-19T00:00:00+08:00″〉true〈/value〉
〈value time=″2009-10-19T00:00:00+08:00″〉false〈/value〉

〈value time="2009-10-19T00:00:00+08:00"〉10〈/value〉
〈value time="2009-10-19T00:00:00+08:00"〉0〈/value〉
〈value time="2009-10-19T00:00:00+08:00"〉3.4〈/value〉
〈value time="2009-10-19T00:00:00+08:00"〉0.5323〈/value〉
〈value time="2009-10-19T00:00:00+08:00"〉HIGH〈/value〉
〈value time="2009-10-19T00:00:00+08:00"〉MID〈/value〉
〈value time="2009-10-19T00:00:00+08:00"〉LOW〈/value〉

8.3.2.8 Query 类

8.3.2.8.1 类描述

Query 类针对类型为“storage”以及“stream”的 query 方法管理相应的查询表达式。

8.3.2.8.2 类成员

Query 类的类成员为 Key。

8.3.2.8.3 类属性

Query 对象的属性包括：

——id：用于标识该请求(UUID)；

——type：标识 query 方法的类型，取值为“storage”或“stream”；

——cursor：用于接收连续数据集时的指针(当类型为“storage”时有效)：在一次远程过程调用过程中，接收方能够接收的值对象的最大长度；

——ttl：设置该请求在信息提供方处的生存时间(当类型为“stream”时有效)；

——callbackData：在 TRAP 协议中，数据信息回送方的 URI(当类型为“stream”时有效)；

——callbackControl：在 TRAP 协议中，控制信息回送方的 URI(当类型为“stream”时有效)。

8.3.2.8.4 类示例

```
〈query id ="6229c37f-970d-9292-83e4-7c0e54733f8a"
        type="storage"
        acceptableSize="20"
        cursor="dab751ed-0133-4ce4-8b7d-ba5c54ce4fb5"〉
  〈key〉 ... 〈/key〉
  〈key〉 ... 〈/key〉
〈/query〉

〈query id ="9eed9de4-1c48-4b08-a41d-dac067fc1c0d"
        type="stream"
        ttl="60"
        callbackData="http://foo.org/axis/services/GUTAPI"
        callbackControl="http://foo.org/axis/services/GUTAPI" 〉
  〈key〉 ... 〈/key〉
  〈key〉 ... 〈/key〉
〈/query〉
```

8.3.2.9 Key类

8.3.2.9.1 类描述

Key类用于描述查询表达式。Key对象与7.3中的key描述相一致。

8.3.2.9.2 类成员

Key类的成员是Key对象。

8.3.2.9.3 类属性

Key对象的类属性包括：

——id:对应点或点集合的目标标识符；

——attrName:定义的如下属性的名称；

——eq:若Key对象的属性值等于某给定值,则为真,否则为假；

——neq:若Key对象的属性值不等于某给定值,则为真,否则为假；

——lt:若Key对象的属性值小于某给定值,则为真,否则为假；

——gt:若Key对象的属性值大于某给定值,则为真,否则为假；

——lteq:若Key对象的属性值小于或等于某给定值,则为真,否则为假；

——gteq:若Key对象的属性值大于或等于某给定值,则为真,否则为假；

——select:具有{maximum,minimum}两个属性值；

——trap:若检测到了发生某事件,则取值为{changed}(仅在请求类型为"stream"时有效)。

注：eq、neq、lt、gt、lteq、gteq的时间格式应按照ISO 8601规定的格式,且至少指定到秒和时区。

8.3.2.9.4 类示例

```
〈key id="http://gw.foo.org/room1/temperature"
  attrName="time" select="maximum /〉

〈key id="http://gw.foo.org/room1/temperature"
attrName="time"
lteq="2009-10-01T00:00:00+08:00"
gteq="2009-09-01T00:00:00+08:00" /〉

〈key id="http://gw.foo.org/room1/temperature"
attrName="time" trap="changed" /〉

〈key id="http://gw.foo.org/room1/temperature"
attrName="value" trap="changed" /〉
```

8.3.2.10 OK类

8.3.2.10.1 类描述

OK类表示请求已被成功的接受。

8.3.2.10.2 类成员

无。

8.3.2.10.3 类属性

无。

8.3.2.10.4 类示例

〈OK/〉

8.3.2.11 ERROR 类

8.3.2.11.1 类描述

Error 类承载错误信息。

8.3.2.11.2 类成员

无。

8.3.2.11.3 类属性

Type：错误类型。

组件之间通信的类型属性值参见附录 F。

8.3.2.11.4 类示例

〈error type="INVALID_REQUEST"〉Malformed IEEE1888/XML Error-query element should be specified in FETCH request〈/error〉

〈error type="POINT_NOT_FOUND"〉Point id="…" is not managed in this storage.〈/error〉

8.4 组件与注册器之间通信协议的数据结构

8.4.1 介绍

本条定义了组件和注册器之间通信的数据结构，此数据结构将在以下协议（5.3 中定义）中以请求及响应交互方式传输：

——REGISTRATION 协议；

——LOOKUP 协议。

8.4.2 类列表

8.4.2.1 总则

针对 UGCCNet 中组件与注册器之间的通信协议，定义如下 9 种类：

——Transport；

——Header；

——Body；

——Component；

——Point；

——Lookup；

——Key；

——OK；

——Error。

8.4.2.2 Transport 类

8.4.2.2.1 类描述

Transport 类用于在一个消息中同时传输数据平面信息和控制平面信息递。

8.4.2.2.2 类成员

Transport 类有一个 Header 对象和 Body 对象，它们不包含任何数据时可以被忽略。

8.4.2.2.3 类属性

无。

8.4.2.2.4 类示例 1

〈transport〉
  〈header〉... 〈/header〉
  〈body〉... 〈/body〉
〈/transport〉

8.4.2.2.5 类示例 2

当向注册器注册点对象的属性时，需要创建点对象的属性文件，并在向注册器提交时指明命名空间，如：

〈transport xmlns:s="..."〉
  〈body〉... 〈/body〉
〈/transport〉

8.4.2.3 Header 消息头类

8.4.2.3.1 类描述

Header 类用于承载控制平面信息，包括查找表达式、失败消息等。

8.4.2.3.2 类成员

Header 类有 Lookup 对象、OK 对象和 Error 对象。

8.4.2.3.3 类属性

无。

8.4.2.3.4 类示例 1

〈header〉
  〈lookup ... 〉... 〈/lookup〉
〈/header〉

8.4.2.3.5 类示例 2

〈header〉

```
  〈OK/〉
〈/header〉
```

8.4.2.4 Body 类

8.4.2.4.1 类描述

Body 类用于承载解析得到的组件(网关、存储器、应用单元)或点对象的属性信息。

8.4.2.4.2 类成员

Body 类有 Component 对象和 Point 对象(例如,与网关相关联的点对象,由存储器管理其点标识的点对象等)。

8.4.2.4.3 类属性

无。

8.4.2.4.4 类示例 1

```
〈body〉
  〈component…〉…〈/component〉
〈/body〉
```

8.4.2.4.5 类示例 2

```
〈body〉
  〈point id="…"…/〉
  〈point id="…"…/〉
  〈point id="…"…/〉
〈/body〉
```

8.4.2.5 Component 类

8.4.2.5.1 类描述

Component 类是对网关、存储器和应用单元的抽象。

8.4.2.5.2 类成员

类成员包括 Key 对象。

8.4.2.5.3 类属性

Component 类的属性包括:

——name:指定组件的名称(例如,网关、存储器或应用单元);

——uri:指定某组件的接入 URI;

——priority:冗余数据集的接入优先级(可选属性);

——support:组件支持的协议类型(FETCH、WRITE、TRAP);

——expires:注册的有效期,以秒标识(可选属性)。

注 1:当存在多于一个的候选组件可以接入时(例如,存在组件的备份),需提供 priority 属性,宜选择 Priority 的值大的组件优先接入。

注 2：通过 expires 属性，注册器可以掌握某注册信息的有效期，并且每过 1 s 就将该属性值减去 1。当该属性值为 0 时，注册器将拒绝该注册消息。

注 3：要删除某组件的注册，注册发起方应调用注册器的 registration 方法将 expires 设置为 0。

注 4：如果注册发起方并未提供该属性，则由注册器自行决定对应注册条目的有效期。

8.4.2.5.4 类示例 1

一个典型的网关类示例如下：

〈componentname =″ myGW″ uri =″ http:// gw. foo. org/axis/services/FIAPBACnetWSGW″ support=″FETCH|TRAP″〉

〈key id=″http://gw.foo.org /EngBldg2/10F/102A2/DB1″stream=″in″ limit=″1″/〉

〈keyid=″http://gw.foo.org /EngBldg2/10F/102A2/DB2″stream=″in″ limit=″1″ /〉

〈key id=″http://gw.foo.org /EngBldg2/10F/102A2/RH1″stream=″in″ limit=″1″ /〉

〈key id=″http://gw.foo.org /EngBldg2/10F/102A2/RH2″stream=″in″ limit=″1″ /〉

…

〈/component〉

其中 limit= “1”指的是 myGW 只有一个数据的缓存。

8.4.2.5.5 类示例 2

一个典型的存储器类描述如下：

〈component name=″myStorage″

uri=″http://fiap－storage.gutp.ic.i.u－tokyo.ac.jp/axis/services/FIAPStorage″

support=″FETCH|WRITE″〉

〈key id=″http://gw.foo.org /EngBldg2/10F/102A2/DB1″/〉

〈key id=″http://gw.foo.org /EngBldg2/10F/102A2/DB2″/〉

〈key id=″http://gw.foo.org /EngBldg2/10F/102A2/RH1″/〉

〈key id=″http://gw.foo.org /EngBldg2/10F/102A2/RH2″/〉

…

〈/component〉

8.4.2.6 Point 类

8.4.2.6.1 类描述

Point 类描述了点对象，但不包括点对象的数据值。

8.4.2.6.2 类成员

无。

注：不同于组件之间通信协议的数据结构，这里的点对象不包含任何对象成员。

8.4.2.6.3 类属性

id：点对象的标识。

注：为实现针对点属性设计的灵活性，其他的属性（例如，类型、可读写性、物理位置等）支持自定义。

8.4.2.6.4 类示例

〈point id=″X″ s:type=″BINARY_INPUT″ s:writable=″false″

s:location=″Building2F221MeetingRoom1″/〉

〈point id="Y" s:type="BINARY_INPUT" s:writable="false" s:location="Building2F221MeetingRoom1"/〉
〈point id="Z" s:type="ANALOG_INPUT" s:writable="false" s:location="Building2F221MeetingRoom1"/〉
〈point id="W" s:type="MULTI_STATE_INPUT" s:writable="false" s:location="Building2 F221MeetingRoom1"/〉

8.4.2.7 Lookup 类

8.4.2.7.1 类描述

Lookup 类管理查找表达式。

8.4.2.7.2 类成员

Lookup 类成员为 Key 对象和 Point 对象。

8.4.2.7.3 类属性

Lookup 类的属性包括：

——id:用于标识该查找；

——type:标识 lookup 方法的类型，取值为"component"或"point"。

8.4.2.7.4 类示例 1:查找组件

〈lookup id="6e5a0e85—b4a0—485f—be54—a758115317e1" type="component"〉
  〈key id="http://gw.foo.org/EngBldg2/10F/102A2/DB1"…/〉
〈/lookup〉

8.4.2.7.5 类示例 2:查找点对象

〈lookup id="3f2504e0—4f89—11d3—9a0c—0305e82c3301" type="point"〉
  〈point s:type="BINARY_INPUT" s:location="Building2F221MeetingRoom1" …/〉
〈/lookup〉

其中 S 是点配置文件的目标命名空间的命名空间前缀，例如，XMLNS:S ="http://application—dependent.org/AttributeSet/"。

8.4.2.8 Key 关键类

8.4.2.8.1 类描述

Key 类用于描述查找表达式，以及点对象的属性文件。

8.4.2.8.2 类成员

无。

8.4.2.8.3 类属性

Key 对象的类属性包括：

——id:用于标识点对象的标识符，如用"pointID"表示；

——attrName:对象搜索属性的名称；

——stream:若组件接收数据,则取值为“in”;若组件发送数据,则取值为“out”;

——limit:数据缓存区的大小;

——eq:若 Key 对象的属性值等于某给定值,则为真,否则为假;

——neq:若 Key 对象的属性值不等于某给定值,则为真,否则为假;

——lt:若 Key 对象的属性值小于某给定值,则为真,否则为假;

——gt:若 Key 对象的属性值大于某给定值,则为真,否则为假;

——lteq:若 Key 对象的属性值小于或等于某给定值,则为真,否则为假;

——gteq:若 Key 对象的属性值大于或等于某给定值,则为真,否则为假。

注:eq、neq、lt、gt、lteq、gteq 的时间格式应按照 ISO 8601 规定的格式,且至少指定到秒和时区。

8.4.2.8.4 类示例

如果一个组件保存标识符为“X”的点对象从 2010 年 1 月 1 日之后的数据,则对应的 Key 对象为:

〈key id="X" attrName="time" gteq="2010-01-01T00:00:00+08:00"/〉

如果一个组件从传感器 X 中获取数据,则对应的 key 为:

〈key id="X" attrName="time" stream="in"/〉

如果一个组件向执行器 X 发送指令,则对应的 key 是:

〈key id="X" attrName="time" stream="out"/〉

如果一个组件可以提供输入和输出数据流,则对应的 key 是:

〈key id="X" attrName="time" stream="in|out"/〉

8.4.2.9 OK 类

8.4.2.9.1 类描述

OK 类表示请求已被成功的接受。

8.4.2.9.2 类成员

无。

8.4.2.9.3 类属性

无。

8.4.2.9.4 类示例

〈OK/〉

8.4.2.10 Error 类

8.4.2.10.1 类描述

Error 类承载错误信息。

8.4.2.10.2 类成员

无。

8.4.2.10.3 类属性

type:错误类型

Error 类的属性为“type”，用于描述错误类别等具体的错误信息，组件和注册器之间通信的 type 属性值参见附录 G。

8.4.2.10.4 类示例

〈error type="INVALID_REQUEST"〉Malformed IEEE1888/XML Error-lookup element should be specified.〈/error〉

〈error type="SERVER_ERROR"〉The server encountered an out of memory error.〈/error〉

9 协议绑定

泛在绿色社区控制网络协议支持几乎所有的现有通信协议实现数据传输，如 SMTP、SIP、FTP 和 HTTP 等，然而考虑到应用和实现的普遍性，本标准推荐采用 SOAP、HTTP 和 SIP 作为实现 UGCCNet 通信的底层绑定协议，尤其是应用 SIP 协议实现网络设施的操作和管理[17]。

10 安全考虑

本标准定义的协议是开放的，支持来自多领域的操作及其他领域系统组件的接入访问。在这种情况下，系统的安全考虑如下：

——避免向公众意外泄露数据；

——避免未经授权的访问资源；

——远程通信主机的可用性和保密性；

——数据的完整性和保密性；

——避免意外的访问或操作冲突。

我们将使用 VPN、SSL、SSH 和其他相关技术来保证远程通信主机的机密性，应用 HTTPS 或 SIP 及安全扩展协议将有助于保证数据的完整性和保密性。

访问控制和访问冲突管理应是另一个重要但不同类型的安全问题，应独立讨论。通常，访问控制用于仅允许特定用户访问可读和可写资源，这必将有助于避免来自公众用户(有时是匿名)的未授权访问或数据意外泄露。为了管理这一点，系统需要引入用户的概念来识别谁正在访问资源。我们采用基于 URI 的标识用于用户认证，正如用 URI 来标识点 Point ID 一样，用户和组件的认证(可能通过利用现有的认证平台)也需要考虑。

---

17) 基于 SIP 协议的 UGCCNet 标准是 IEEE P1888 工作组的后续工作。

附　录　A
（资料性附录）
UGCCNet 通信的典型序列

UGCCNet 通信的典型序列见图 A.1。

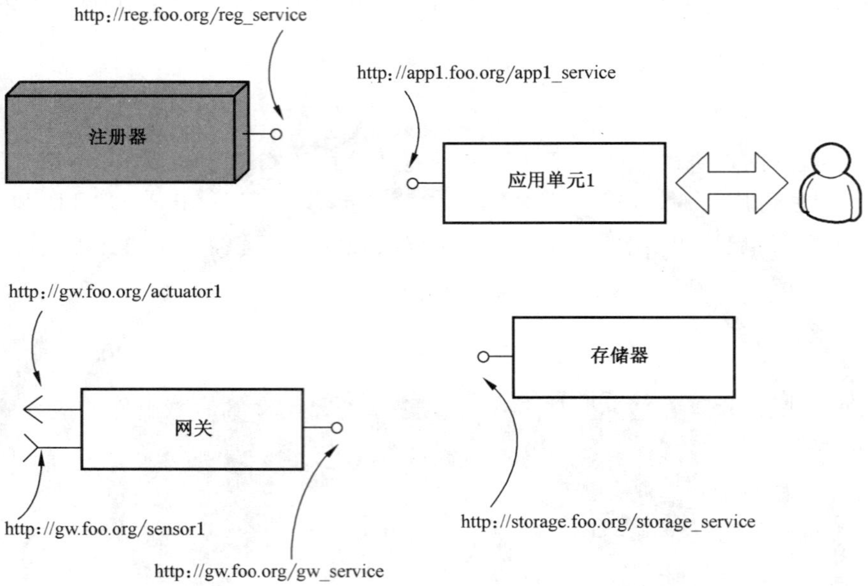

图 A.1　配置详情

过程 A:组件的注册:

http://reg.foo.org/reg_servic,e ⟨--(request) -- registration("Description of GW")

http://reg.foo.org/reg_service --(response)--⟩ "⟨OK /⟩"

http://reg.foo.org/reg_service ⟨--(request) -- registration("Description of Storage")

http://reg.foo.org/reg_service --(response)--⟩ "⟨OK /⟩"

http://reg.foo.org/reg_service ⟨--(request) -- registration("Description of APP")

http://reg.foo.org/reg_service --(response)--⟩ "⟨OK /⟩"

过程 B:通过语义查询寻找 Points 点:

http://reg. foo. org/reg _ service ⟨--(request) -- lookup (" Search query for Points through specified Point properties")

http://reg.foo.org/reg_service --(response)--⟩ lookup⟨the lookup-match Point(s) profile⟩

过程 C:搜索存储有 point ID=http://gw.foo.org/sensor1 信息的存储组件:

http://reg.foo.org/reg_service ⟨--(request) -- lookup("Search query for Storage that manages point ID=\"http://gw.foo.org/sensor1\.")

http://reg.foo.org/reg_service --(response)--⟩ It is http://storage.foo.org/storage_service

过程 D:从网关到存储器传输数据:

http://storage.foo.org/storage_service ⟨--(request)-- data("⟨point id=\"http://gw.foo.org/sensor1\" ⟩⟨value time=\"2009-09-01T00:00:00+08:00\"⟩25.5⟨/value⟩⟨/point⟩")

http://storage.foo.org/storage_service --(response)--〉"〈OK /〉"

过程 E:应用单元 APP 从存储器检索数据序列：

http://storage.foo.org/storage_service 〈--(request) -query("<query〉Values from time=\"2009-09-01T00:00:00+08:00\" until time=\"2009-10-01T00:00:00+08:00\" for point ID=\"http://gw.foo.org/sensor1\"〈/query〉")

http://storage.foo.org/storage_service --(response)--〉"〈query cursor=\"001\"〉"++"〈point id=\"http://gw.foo.org/ sensor1\"〉〈value〉...〈/value〉...〈/point〉"

http://storage.foo.org/storage_service 〈--(request) -- query("〈query cursor=\"001\"〉Values from time=\"2009-09-01T00:00:00+08:00\" until time=\"2009-10-01T00:00:00+08:00\" for point ID=\"http://gw.foo.org/sensor1\"〈/query〉")

http://storage.foo.org/storage_service --(response)--〉"〈query cursor=\"001\"〉"++"〈point id=\"http://gw.foo.org/ sensor1\"〉〈value〉...〈/value〉...〈/point〉"

http://storage.foo.org/storage_service 〈--(request) -- query("〈query cursor=\"001\"〉Values from time=\"2009-09-01T00:00:00+08:00\" until time=\"2009-10-01T00:00:00+08:00\" for point ID=\"http://gw.foo.org/sensor1\"〈/query〉")

http://storage.foo.org/storage_service --(response)--〉"〈query /〉"++"〈point id=\"http://gw.foo.org/ sensor1\"〉〈value〉...〈/value〉...〈/point〉"

过程 F：搜索管理点 point ID=http://gw.foo.org/sensor1 的网关组件：

http://reg.foo. org/reg_service 〈--(request) -- lookup("Search query for GW that manages point ID=\"http://gw.foo.org/sensor1\.")

http://reg.foo.org/reg_service --(response)--〉It is "http://gw.foo.org/gw_service"

过程 G：应用单元 APP 从网关获取数据：

http://gw. foo. org/gw _ service 〈--(request) -- query ("〈query〉Values select time gives maximum for point ID=\"http://gw.foo.org/sensor1\"〈/query〉")

http://gw.foo.org/gw_service --(response)--〉"〈query /〉"+"〈point id=\"http://gw.foo.org/sensor1\"〉〈value〉...〈/value〉...〈/point〉"

过程 H：网关向应用单元 APP 提交数据通知：

a) 应用单元 APP 周期性的向网关设定事件查询条件

http://gw.foo.org/gw_service 〈--(request) -- query("〈query〉post data to \"http://app.foo.org/app_service\" if point id=\"http://gw.foo.org/sensor1\" has updated.〈 /query〉")

http://gw.foo.org/gw_service --(response)--〉"〈OK /〉"

b) 网关向 APP 提交更新的数据

http://app.foo.org/app_service 〈-- (request) -- data("〈query〉" + "〈point id=\"http://gw.foo.org/sensor1\"〉〈value time="2009-09-02T01:00:00+08:00"〉30.2〈/value〉〈/point〉")

http://app.foo.org/app_service --(response)--〉"〈OK/〉"

过程 I：应用单元 APP 向网关写入数据：

http://gw.foo.org/gw_service 〈-- (request) -- data("〈point id=\"http://gw.foo.org/actuator1\"〉〈value〉true〈/value〉〈/point〉")

http://gw.foo.org/gw_service -- (response)--〉"〈OK/〉"

附 录 B
（资料性附录）
典型的设施网络系统部署

设施网络系统的典型部署图见图 B.1。{A，B，…，G}代表组件，{a，b，…，h}代表点。

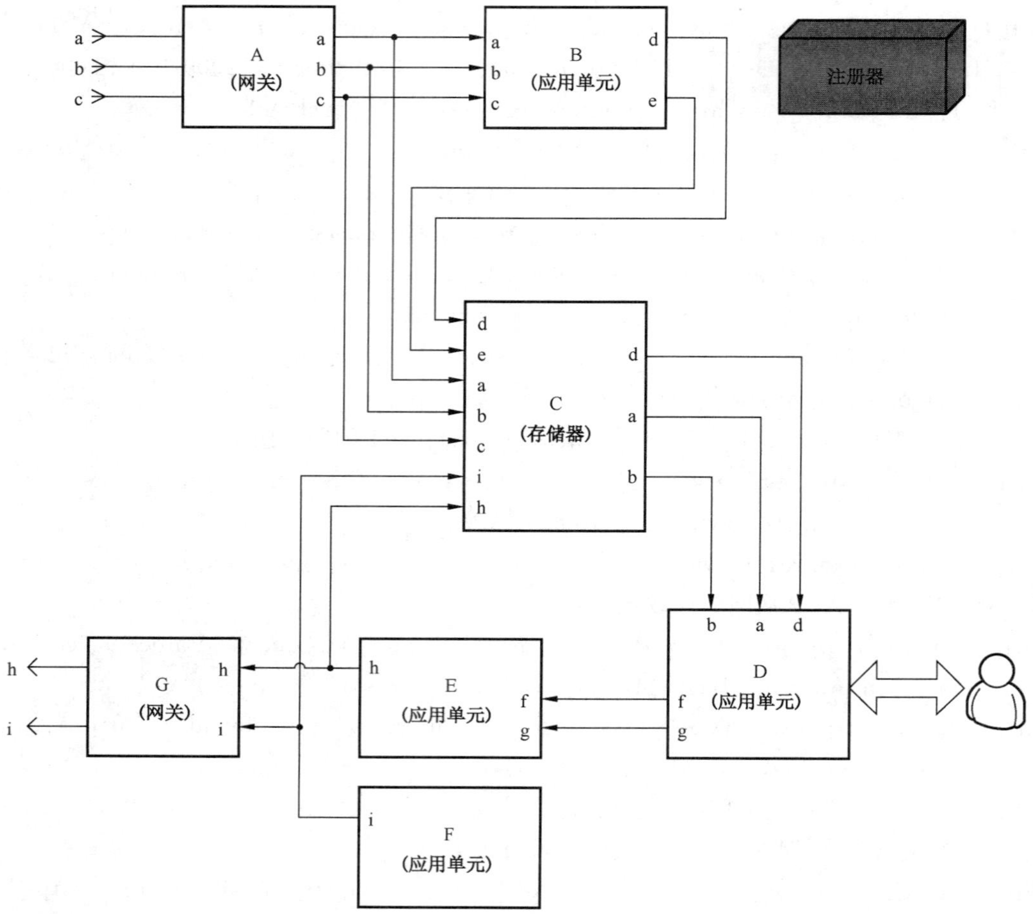

图 B.1 典型的设施网络系统部署图

每一个组件的功能角色如下：

A ——管理{a，b，c}物理传感器的网关；

B ——应用单元(数据处理组件)，读取{a，b，c} 点数据，生成{d，e}点数据；

C ——作为存储{a，b，c，d，e，h，i}点数据的存储器；

D ——应用单元(提供用户接口)，读取{a，b，d}点数据，生成{f，g}点数据；

E ——应用单元(数据交换组件)，读取{f，g}点数据，生成{h}点数据；

F ——应用单元(计时器)，生成{i}点数据；

G ——管理{h，i}物理执行器的网关。

组件的角色信息由注册器进行管理，组件通过查阅注册器找到相应的合作对象，并发送或接收数据值。

附　录　C
（资料性附录）
query 方法和 data 方法应用指南

C.1　FETCH 协议（请求类型为"storage"）。

C.1.1　首次调用 query 方法

```
〈transport〉
  〈header〉
    〈query id="6229c37f-970d-9292-83e4-7c0e54733f8a"
            type="storage"
            acceptableSize="20"〉
     ... SEARCH_KEY ...
    〈/query〉
  〈/header〉
〈/transport〉
```

C.1.2　应答

```
〈transport〉
  〈header〉
    〈query id="6229c37f-970d-9292-83e4-7c0e54733f8a"
            type="storage"
            acceptableSize="20"
            cursor="dab751ed-0133-4ce4-8b7d-ba5c54ce4fb5"〉〈! -- cursor is given, so there are
succeeding dataset. --〉
  ... SEARCH_KEY ...
    〈/query〉
    〈OK /〉
  〈/header〉
  〈body〉
    〈point id="..."〉
      〈value time="..."〉...〈/value〉
      〈value time="..."〉...〈/value〉
      〈value time="..."〉...〈/value〉
      ...
    〈/point〉
  〈/body〉
〈/transport〉
```

C.1.3　第二次调用 query 方法

```
〈transport〉
  〈header〉
```

```
    〈query id="6229c37f-970d-9292-83e4-7c0e54733f8a"
            type="storage"
            acceptableSize="20"〉
            cursor="dab751ed-0133-4ce4-8b7d-ba5c54ce4fb5"〉 〈! -- query with the given cursor i-
dentifier --〉
      ... SEARCH_KEY ...
    〈/query〉
  〈/header〉
〈/transport〉
```

C.1.4 应答

```
〈transport〉
〈header〉
    〈query id="61af19c3-2da2-4344-aa43-76e640521ce5"
            type="storage" acceptableSize="20" 〉〈! -- cursor is not given, so all the dataset has
been retrieved. --〉
      ... SEARCH_KEY ...
    〈/query〉
    〈OK /〉
  〈/header〉
  〈body〉
    〈point id="..."〉
      〈value time="..."〉...〈/value〉
      〈value time="..."〉...〈/value〉
      〈value time="..."〉...〈/value〉
      ...
    〈/point〉
  〈/body〉
〈/transport〉
```

C.2 WRITE 协议

C.2.1 调用 data 方法

```
〈transport〉
  〈body〉
    〈point id="..."〉
    〈value time="..."〉...〈/value〉
    〈/point〉
  〈/body〉
〈/transport〉
```

C.2.2 应答

```
〈transport〉
  〈header〉
```

```
    〈OK/〉
  〈/header〉
〈/transport〉
```

C.3 TRAP 协议（请求类型为″stream″）

C.3.1 调用 query 方法

```
〈transport〉
  〈header〉
    〈query id=″9eed9de4-1c48-4b08-a41d-dac067fc1c0d″
            type=″stream″
            ttl=″60″
            callbackData=″http://foo.org/axis/services/GUTAPI″
            callbackControl=″http://foo.org/axis/services/GUTAPI″ 〉
      ... SEARCH_KEY ...
    〈/query〉
  〈/header〉
〈/transport〉
```

C.3.2 应答

```
〈transport〉
  〈header〉
    〈query id=″9eed9de4-1c48-4b08-a41d-dac067fc1c0d″
            type=″stream″ ttl=″60″
            callbackData=″http://foo.org/axis/services/GUTAPI″
            callbackControl=″http://foo.org/axis/services/GUTAPI″ 〉
            ... SEARCH_KEY ...
〈/query〉
    〈OK /〉
  〈/header〉
〈/transport〉
```

C.3.3 调用 callback (Data)的 data 方法

```
〈transport〉
  〈header〉
    〈query id=″9eed9de4-1c48-4b08-a41d-dac067fc1c0d″
            type=″stream″
            ttl=″60″
            callbackData=″http://foo.org/axis/services/GUTAPI″
            callbackControl=″http://foo.org/axis/services/GUTAPI″ 〉
            ... SEARCH_KEY ...
    〈/query〉
  〈/header〉
```

```
  〈body〉
    〈point id="..."〉
    〈value time="..."〉...〈/value〉
    〈/point〉
  〈/body〉
〈/transport〉
```

C.3.4 callback (Data)回送应答消息给信息提供方

```
〈transport〉
  〈header〉
    〈OK/〉
  〈/header〉
〈/transport〉
```

附 录 D
（资料性附录）
组件访问接口的 Web 服务描述语言

对于组件与组件之间的通信，所有的组件都应使用如下的 Web 服务描述语言（WSDL）同时不做任何修改，以便执行针对 RPC 服务端和客户端的 SOAP 通信，这有助于在通信层面（SOAP/XML/HTTP）增加互操作性。

```
〈? xml version="1.0" encoding="utf-8"?〉
〈wsdl:definitions xmlns:s0="http://gutp.jp/fiap/2009/11/"
                   xmlns:soap="http://schemas.xmlsoap.org/wsdl/soap/"
                   xmlns:s="http://www.w3.org/2001/XMLSchema"
                   xmlns:http="http://schemas.xmlsoap.org/wsdl/http/"
                   xmlns:tns="http://soap.fiap.org/"
                   targetNamespace="http://soap.fiap.org/"
                   xmlns:wsdl="http://schemas.xmlsoap.org/wsdl/"〉
〈wsdl:types〉
〈s:schema elementFormDefault="qualified" targetNamespace="http://gutp.jp/fiap/2009/11/"〉

〈s:simpleType name="uuid"〉
〈s:restriction base="s:string"〉
〈s:pattern
value="[a-fA-F0-9]{8}-[a-fA-F0-9]{4}-[a-fA-F0-9]{4}-[a-fA-F0-9]{4}-[a-fA-F0-9]{12}"/〉
〈/s:restriction〉
〈/s:simpleType〉

〈s:simpleType name="queryType"〉
〈s:restriction base="s:string"〉
〈s:enumeration value="storage"/〉
〈s:enumeration value="stream"/〉
〈/s:restriction〉
〈/s:simpleType〉

〈s:simpleType name="attrNameType"〉
〈s:restriction base="s:string"〉
〈s:enumeration value="time"/〉
〈s:enumeration value="value"/〉
〈/s:restriction〉
〈/s:simpleType〉

〈s:simpleType name="selectType"〉
〈s:restriction base="s:string"〉
〈s:enumeration value="minimum"/〉
```

```
<s:enumeration value="maximum"/>
</s:restriction>
</s:simpleType>

<s:simpleType name="trapType">
<s:restriction base="s:string">
<s:enumeration value="changed"/>
</s:restriction>
</s:simpleType>

<s:complexType name="key">
<s:sequence>
<s:element minOccurs="0" maxOccurs="unbounded" name="key" type="s0:key" />
</s:sequence>
<s:attribute name="id" type="s:anyURI" use="required" />
<s:attribute name="attrName" type="s0:attrNameType" use="required" />
<s:attribute name="eq" type="s:string" use="optional" />
<s:attribute name="neq" type="s:string" use="optional" />
<s:attribute name="lt" type="s:string" use="optional" />
<s:attribute name="gt" type="s:string" use="optional" />
<s:attribute name="lteq" type="s:string" use="optional" />
<s:attribute name="gteq" type="s:string" use="optional" />
<s:attribute name="select" type="s0:selectType" use="optional" />
<s:attribute name="trap" type="s0:trapType" use="optional" />
</s:complexType>

<s:complexType name="query">
<s:sequence>
<s:element minOccurs="0" maxOccurs="unbounded" name="key" type="s0:key" />
</s:sequence>
<s:attribute name="id" type="s0:uuid" use="required" />
<s:attribute name="type" type="s0:queryType" use="required" />
<s:attribute name="cursor" type="s0:uuid" use="optional" />
<s:attribute name="ttl" type="s:nonNegativeInteger" use="optional" />
<s:attribute name="acceptableSize" type="s:positiveInteger" use="optional" />
<s:attribute name="callbackData" type="s:anyURI" use="optional" />
<s:attribute name="callbackControl" type="s:anyURI" use="optional" />
</s:complexType>

<s:complexType name="error">
<s:simpleContent>
<s:extension base="s:string">
<s:attribute name="type" type="s:string" use="required" />
```

```
</s:extension>
</s:simpleContent>
</s:complexType>

<s:complexType name="OK">
</s:complexType>

<s:complexType name="header">
<s:sequence>
<s:element minOccurs="0" maxOccurs="1" name="OK" type="s0:OK" />
<s:element minOccurs="0" maxOccurs="1" name="error" type="s0:error" />
<s:element minOccurs="0" maxOccurs="1" name="query" type="s0:query" />
</s:sequence>
</s:complexType>

<s:complexType name="value">
<s:simpleContent>
<s:extension base="s:string">
<s:attribute name="time" type="s:dateTime" use="optional" />
</s:extension>
</s:simpleContent>
</s:complexType>

<s:complexType name="point">
<s:sequence>
<s:element minOccurs="0" maxOccurs="unbounded" name="value" type="s0:value" />
</s:sequence>
<s:attribute name="id" type="s:anyURI" use="required" />
</s:complexType>

<s:complexType name="pointSet">
<s:sequence>
<s:element minOccurs="0" maxOccurs="unbounded" name="pointSet" type="s0:pointSet" />
<s:element minOccurs="0" maxOccurs="unbounded" name="point" type="s0:point" />
</s:sequence>
<s:attribute name="id" type="s:anyURI" use="required" />
</s:complexType>

<s:complexType name="body">
<s:sequence>
<s:element minOccurs="0" maxOccurs="unbounded" name="pointSet" type="s0:pointSet"/>
<s:element minOccurs="0" maxOccurs="unbounded" name="point" type="s0:point"/>
</s:sequence>
```

```
</s:complexType>

<s:complexType name="transport">
<s:sequence>
<s:element minOccurs="0" maxOccurs="1" name="header" type="s0:header" />
<s:element minOccurs="0" maxOccurs="1" name="body" type="s0:body" />
</s:sequence>
</s:complexType>

<s:element name="transport" type="s0:transport" />

</s:schema>

<s:schema elementFormDefault="qualified" targetNamespace="http://soap.fiap.org/">
<s:import namespace="http://gutp.jp/fiap/2009/11/" />

<s:element name="queryRQ">
<s:complexType>
<s:sequence>
<s:element minOccurs="1" maxOccurs="1" ref="s0:transport" />
</s:sequence>
</s:complexType>
</s:element>

<s:element name="queryRS">
<s:complexType>
<s:sequence>
<s:element minOccurs="1" maxOccurs="1" ref="s0:transport" />
</s:sequence>
</s:complexType>
</s:element>

<s:element name="dataRQ">
<s:complexType>
<s:sequence>
<s:element minOccurs="1" maxOccurs="1" ref="s0:transport" />
</s:sequence>
</s:complexType>
</s:element>

<s:element name="dataRS">
<s:complexType>
<s:sequence>
```

```
<s:element minOccurs="1" maxOccurs="1" ref="s0:transport" />
</s:sequence>
</s:complexType>
</s:element>

</s:schema>
</wsdl:types>
<wsdl:message name="querySoapIn">
<wsdl:part name="parameters" element="tns:queryRQ" />
</wsdl:message>
<wsdl:message name="querySoapOut">
<wsdl:part name="parameters" element="tns:queryRS" />
</wsdl:message>
<wsdl:message name="dataSoapIn">
<wsdl:part name="parameters" element="tns:dataRQ" />
</wsdl:message>
<wsdl:message name="dataSoapOut">
<wsdl:part name="parameters" element="tns:dataRS" />
</wsdl:message>
<wsdl:portType name="FIAPServiceSoap">
<wsdl:operation name="query">
<wsdl:input message="tns:querySoapIn" />
<wsdl:output message="tns:querySoapOut" />
</wsdl:operation>
<wsdl:operation name="data">
<wsdl:input message="tns:dataSoapIn" />
<wsdl:output message="tns:dataSoapOut" />
</wsdl:operation>
</wsdl:portType>
<wsdl:binding name="FIAPServiceSoap" type="tns:FIAPServiceSoap">
<soap:binding transport="http://schemas.xmlsoap.org/soap/http" />
<wsdl:operation name="query">
<soap:operation soapAction="http://soap.fiap.org/query" style="document" />
<wsdl:input>
<soap:body use="literal" />
</wsdl:input>
<wsdl:output>
<soap:body use="literal" />
</wsdl:output>
</wsdl:operation>
<wsdl:operation name="data">
<soap:operation soapAction="http://soap.fiap.org/data" style="document" />
<wsdl:input>
```

```
〈soap:body use="literal" /〉
〈/wsdl:input〉
〈wsdl:output〉
〈soap:body use="literal" /〉
〈/wsdl:output〉
〈/wsdl:operation〉
〈/wsdl:binding〉
〈wsdl:service name="FIAPWS"〉
〈wsdl:port name="FIAPServiceSoap" binding="tns:FIAPServiceSoap"〉
〈soap:address location="http://localhost/axis2/services/FIAPWS" /〉
〈/wsdl:port〉
〈/wsdl:service〉
〈/wsdl:definitions〉
```

附 录 E
（资料性附录）
注册器访问接口的 Web 服务描述语言

对于组件和注册器之间的通信，所有的 UGCCNet 组件和注册器都应使用如下的 Web 服务描述语言(WSDL)同时不做任何修改，以便执行针对 RPC 服务端和客户端的 SOAP 通信，这有助于在通信层面(SOAP/XML/HTTP)增加互操作性。


```
<?xml version="1.0" encoding="UTF-8"?>
<wsdl:definitions
targetNamespace="http://soap.fiap.org/"
xmlns:s0="http://gutp.jp/fiap-mgmt/2009/11/"
xmlns:s="http://www.w3.org/2001/XMLSchema"
xmlns:wsdl="http://schemas.xmlsoap.org/wsdl/"
xmlns:tns="http://soap.fiap.org/"
xmlns:http="http://schemas.xmlsoap.org/wsdl/http/"
xmlns:soap="http://schemas.xmlsoap.org/wsdl/soap/">

<wsdl:types>
<s:schema
elementFormDefault="qualified"
targetNamespace="http://gutp.jp/fiap-mgmt/2009/11/">

<s:simpleType name="uuid">
<s:restriction base="s:string">
<s:pattern
value="[a-fA-F0-9]{8}-[a-fA-F0-9]{4}-[a-fA-F0-9]{4}-[a-fA-F0-9]{4}-[a-fA-F0-9]{12}"/>
</s:restriction>
</s:simpleType>

<s:simpleType name="streamType">
<s:restriction base="s:string">
<s:enumeration value="in"/>
<s:enumeration value="out"/>
<s:enumeration value="in|out"/>
</s:restriction>
</s:simpleType>

<s:simpleType name="attrNameType">
<s:restriction base="s:string">
<s:enumeration value="time"/>
<s:enumeration value="value"/>
</s:restriction>
```

```
</s:simpleType>

<s:simpleType name="lookupType">
<s:restriction base="s:string">
<s:enumeration value="component"/>
<s:enumeration value="point"/>
</s:restriction>
</s:simpleType>

<s:complexType name="key">
<s:attribute name="id" type="s:anyURI" use="required"/>
<s:attribute name="attrName" type="s0:attrNameType" use="required"/>
<s:attribute name="stream" type="s0:streamType" use="optional"/>
<s:attribute name="limit" type="s:nonNegativeInteger" use="optional"/>
<s:attribute name="eq" type="s:string" use="optional"/>
<s:attribute name="neq" type="s:string" use="optional"/>
<s:attribute name="lt" type="s:string" use="optional"/>
<s:attribute name="gt" type="s:string" use="optional"/>
<s:attribute name="lteq" type="s:string" use="optional"/>
<s:attribute name="gteq" type="s:string" use="optional"/>
</s:complexType>

<s:complexType name="lookup">
<s:sequence>
<s:element maxOccurs="unbounded" minOccurs="0" name="key" type="s0:key"/>
<s:element maxOccurs="unbounded" minOccurs="0" name="point" type="s0:point"/>
</s:sequence>
<s:attribute name="id" type="s0:uuid" use="required"/>
<s:attribute name="type" type="s0:lookupType" use="required"/>
</s:complexType>

<s:complexType name="component">
<s:sequence>
<s:element maxOccurs="unbounded" minOccurs="0" name="key" type="s0:key"/>
</s:sequence>
<s:attribute name="name" type="s:string" use="required"/>
<s:attribute name="uri" type="s:anyURI" use="required"/>
<s:attribute name="priority" type="s:nonNegativeInteger" use="optional"/>
<s:attribute name="support" type="s:string" use="required"/>
<s:attribute name="expires" type="s:nonNegativeInteger" use="optional"/>
</s:complexType>

<s:complexType name="error">
```

```
<s:simpleContent>
<s:extension base="s:string">
<s:attribute name="type" type="s:string" use="required"/>
</s:extension>
</s:simpleContent>
</s:complexType>

<s:complexType name="OK">
</s:complexType>

<s:complexType name="header">
<s:sequence>
<s:element maxOccurs="1" minOccurs="0" name="OK" type="s0:OK"/>
<s:element maxOccurs="1" minOccurs="0" name="error" type="s0:error"/>
<s:element maxOccurs="1" minOccurs="0" name="lookup" type="s0:lookup"/>
</s:sequence>
</s:complexType>

<s:complexType name="point">
<s:attribute name="id" type="s:anyURI" use="optional"/>
<s:anyAttribute namespace="##other" processContents="lax"/>
</s:complexType>

<s:complexType name="body">
<s:sequence>
<s:element maxOccurs="unbounded" minOccurs="0" name="component" type="s0:component"/>
<s:element maxOccurs="unbounded" minOccurs="0" name="point" type="s0:point"/>
</s:sequence>
</s:complexType>

<s:complexType name="transport">
<s:sequence>
<s:element maxOccurs="1" minOccurs="0" name="header" type="s0:header"/>
<s:element maxOccurs="1" minOccurs="0" name="body" type="s0:body"/>
</s:sequence>
</s:complexType>

<s:element name="transport" type="s0:transport"/>

</s:schema>
<s:schema elementFormDefault="qualified" targetNamespace="http://soap.fiap.org/">
<s:import namespace="http://gutp.jp/fiap-mgmt/2009/11/"/>
```

```
<s:element name="registrationRQ">
<s:complexType>
<s:sequence>
<s:element maxOccurs="1" minOccurs="1" ref="s0:transport"/>
</s:sequence>
</s:complexType>
</s:element>

<s:element name="registrationRS">
<s:complexType>
<s:sequence>
<s:element maxOccurs="1" minOccurs="1" ref="s0:transport"/>
</s:sequence>
</s:complexType>
</s:element>

<s:element name="lookupRQ">
<s:complexType>
<s:sequence>
<s:element maxOccurs="1" minOccurs="1" ref="s0:transport"/>
</s:sequence>
</s:complexType>
</s:element>

<s:element name="lookupRS">
<s:complexType>
<s:sequence>
<s:element maxOccurs="1" minOccurs="1" ref="s0:transport"/>
</s:sequence>
</s:complexType>
</s:element>

</s:schema>
</wsdl:types>
<wsdl:message name="registrationSoapIn">
<wsdl:part name="parameters" element="tns:registrationRQ">
</wsdl:part>
</wsdl:message>
<wsdl:message name="registrationSoapOut">
<wsdl:part name="parameters" element="tns:registrationRS">
</wsdl:part>
</wsdl:message>
<wsdl:message name="lookupSoapIn">
```

```
〈wsdl:part name=″parameters″ element=″tns:lookupRQ″〉
〈/wsdl:part〉
〈/wsdl:message〉
〈wsdl:message name=″lookupSoapOut″〉
〈wsdl:part name=″parameters″ element=″tns:lookupRS″〉
〈/wsdl:part〉
〈/wsdl:message〉
〈wsdl:portType name=″FIAPMgmtServiceSoap″〉
〈wsdl:operation name=″registration″〉
〈wsdl:input message=″tns:registrationSoapIn″〉
〈/wsdl:input〉
〈wsdl:output message=″tns:registrationSoapOut″〉
〈/wsdl:output〉
〈/wsdl:operation〉
〈wsdl:operation name=″lookup″〉
〈wsdl:input message=″tns:lookupSoapIn″〉
〈/wsdl:input〉
〈wsdl:output message=″tns:lookupSoapOut″〉
〈/wsdl:output〉
〈/wsdl:operation〉
〈/wsdl:portType〉
〈wsdl:binding name=″FIAPMgmtServiceSoap″ type=″tns:FIAPMgmtServiceSoap″〉
〈soap:binding transport=″http://schemas.xmlsoap.org/soap/http″/〉
〈wsdl:operation name=″registration″〉
〈soap:operation soapAction=″http://soap.fiap.org/registration″ style=″document″/〉
〈wsdl:input〉
〈soap:body use=″literal″/〉
〈/wsdl:input〉
〈wsdl:output〉
〈soap:body use=″literal″/〉
〈/wsdl:output〉
〈/wsdl:operation〉
〈wsdl:operation name=″lookup″〉
〈soap:operation soapAction=″http://soap.fiap.org/lookup″ style=″document″/〉
〈wsdl:input〉
〈soap:body use=″literal″/〉
〈/wsdl:input〉
〈wsdl:output〉
〈soap:body use=″literal″/〉
〈/wsdl:output〉
〈/wsdl:operation〉
〈/wsdl:binding〉
〈wsdl:service name=″FIAPMgmtWS″〉
```

〈wsdl:port name="FIAPMgmtServiceSoap" binding="tns:FIAPMgmtServiceSoap"〉
〈soap:address location="http://localhost/axis2/services/FIAPMgmtWS"/〉
〈/wsdl:port〉
〈/wsdl:service〉
〈/wsdl:definitions〉

附　录　F
（资料性附录）
组件与组件通信的错误类型

组件与组件之间通信的错误类型见表 F.1。

表 F.1　组件与组件之间通信的错误类型

错误类型	语义说明
INVALID_REQUEST	请求的消息结构错误
INVALID_CURSOR	FETCH 请求中指定的指针未在该服务器管理范围下
QUERY_NOT_SUPPORTED	服务器不支持 Key 中指定的属性操作(例如 eq，lt，gteq，...)
POINT_NOT_FOUND	Key 中指定的点标识不在该服务器的管理范围下
FORBIDDEN	访问被禁止，未被处理
TOO_MANY_KEYS	查询中指定的 Key 的数量超出了服务器配置的上限
TOO_MANY_CURSOR_SESSIONS	含有指针的会话数量超出了服务器配置的上限
TOO_MANY_POINTS	在消息体中指定的点的数量超出了服务器配置的上限
TOO_MANY_VALUES	在消息体里指定的数据值的数量超出了服务器配置的上限
VALUE_TIME_NOT_SPECIFIED	在数据值中，该客户端应指明时间属性
TIME_FORMAT	数据值的时间属性的格式 eq、neq、lt、gt、lteq、gteq 无效。应遵循 ISO 8601 的格式，显示秒和时区
TIME_PRECISION	在请求中指定的时间精度太详细，无法精确处理
CALLBACK_CONTROL_NOT_SUPPORTED	客户端在 TRAP 的请求查询中指定了 callbackControl 属性，但是服务端不支持 callbackControl 功能
TRAP_ON_POINTSET	客户端尝试在点集合上进行 TRAP 协议
TOO_MANY_TRAP_QUERIES	服务器已经超过了 TRAP 查询管理的上限
INVALID_KEY_IN_TRAP_REQUEST	TRAP 查询中指定的 Key 是无效的
SERVER_ERROR	服务器遇到问题：如内存资源问题，I/O 接口错误
UNKNOWN	由于某些原因(有时原因未知)，服务器无法处理该请求

附　录　G
（资料性附录）
组件与注册器通信的错误类型

组件与注册器通信的错误类型见表G.1。

表G.1　组件与注册器通信的错误类型

错误类型	语义说明
INVALID_REQUEST	请求的消息结构错误
POINT_NOT_FOUND	Key中指定的点标识不在该服务器的管理范围下
TOO_MANY_KEYS	在查询lookup命令中指定的Key的数量超过了服务器配置的上限
TOO_MANY_POINTS	在消息中指定的点的数量超过了服务器配置的上限
SERVER_ERROR	服务器遇到问题:如内存资源问题,I/O接口错误
UNKNOWN	由于某些原因(有时原因未知),服务器无法处理该请求

ICS 35.240.01
L 70

中华人民共和国国家标准

GB/T 36452—2018

信息处理用藏文分词规范

Specification on Tibetan segmentation for information processing

2018-06-07 发布　　　　2019-01-01 实施

国家市场监督管理总局
中国国家标准化管理委员会　发布

前　言

本标准按照 GB/T 1.1—2009 给出的规则起草。

请注意本文件的某些内容可能涉及专利。本文件的发布机构不承担识别这些专利的责任。

本标准由全国信息技术标准化技术委员会(SAC/TC 28)提出并归口。

本标准起草单位:中国电子技术标准化研究院、西藏大学、西北民族大学、西藏自治区藏语文工作委员会办公室、青海师范大学、青海民族大学、中国科学院软件研究所、西藏自治区工业和信息化厅。

本标准主要起草人:扎西加、欧珠、尼玛扎西、熊涛、格桑多吉、多拉、拉巴泽仁、大罗桑朗杰、高定国、拉琼、仁青诺布、索南尖措、旺堆、小尼玛扎西、普次仁、顿珠次仁、赵栋材、边巴嘉措。

引　言

本标准以现代藏语的词类和分词研究成果为基础，根据藏文词汇特点与构词规律，并参考汉语分词及词类标记相关标准(见参考文献)的部分内容，规定了信息处理用藏文分词规范。

信息处理用藏文分词规范

1 范围

本标准规定了信息处理用藏文分词规范。

本标准适用于藏文信息处理各领域，其他行业和有关学科可参照使用。

2 规范性引用文件

下列文件对于本文件的应用是必不可少的。凡是注日期的引用文件，仅注日期的版本适用于本文件。凡是不注日期的引用文件，其最新版本(包括所有的修改单)适用于本文件。

GB/T 36337—2018 信息处理用藏语词类标记集

3 术语和定义

下列术语和定义适用于本文件。

3.1

词 word

区别事物意义的最小的语法单位。

3.2

词组 phrase

两个或更多词组合成的语言单位。

注：词组可以是实词与实词的组合，也可以是实词和虚词的组合。

3.3

藏文信息处理 Tibetan information processing；TIP

用计算机对藏文的音、形、义等信息进行处理。

3.4

分词单位 segment unit

在分词过程中出现的词。

注：分词单位不仅限于语法词，其中也包含了信息处理所需的一部分结合紧密、使用稳定的词组。

3.5

藏文分词 Tibetan segmentation

将连续的藏文音节序列按照一定的规范重新组合词序列的过程。

4 分词规范

4.1 藏文分词单位和词类的标记

本标准以“/”作为藏文分词单位的标记，藏语词类标记依据 GB/T 36337—2018 的规定。

4.2 一般名词〈སྤྱིར་བཏང་གི་མིང་།〉(nn)

4.2.1 由单音节名词和单音节形容词组成的词为一个分词单位。

示例：

དབང་ཆུང/ ལོ་ཆུང/ ན་ཆུང/ ཞིང་ཆུང/ ཞིང་ཆུང/ ལམ་ཆེན/ མི་ཆེན/ དབང་ཆེན/

4.2.2　由双音节名词和单音节形容词组成的三音节名词为一个分词单位。

示例：

སྣ་བོ་ཆེ/ མི་བོ་ཆེ/ མདུང་མོ་ཆེ/ ཛ་བོ་ཆེ/ དར་མོ་ཆེ/ རླབས་པོ་ཆེ/ ཁ་བོ་ཆེ/

4.2.3　由名词性分词单位和专职词“པ། པོ། བ། བོ། མ། མོ།”组成的名词为一个分词单位。

示例：

སྨོན་ཆེན་པ/ ཞིང་པ/ བདག་པོ/ རྫོང་བ/ རྫི་བོ/ ཛ་མ/ གནས་མོ/ རྩོམ་པ་པོ/ རྒྱལ་མོ/ དྲེགས་ལྡན་མ/ སྙིང་ མ་བ/ སྦྲུལ་མ་བ/ གྲངས་ཅན་པ/

4.2.4　名词性的构词后缀“ཅན། ལྡན། མཁན།”不单独切分。

示例：

ལག་ཤེས་ཅན/ དཔྱོད་ལྡན/ ཡོན་ཏན་ཅན/ ཛ་མཁན/ བླ་བཙོང་མཁན/

4.2.5　四音节构成的复合词为一个分词单位。

示例：

ཟག་པ་ཀུན་ཟད/ རྒྱ་གར་ཏིག་ཏ/ ཨུ་ཡོན་ལྷན་ཁང/ དབྱང་ཉིས་ཐན་འགྱུར/ གུང་ཁྲན་རིང་ལུགས/ ཁ་ཆེ་གུར་གུམ/

4.2.6　五音节构成的复合词为一个分词单位。

示例：

བྱ་རྒོད་ཕུང་པོ་རི/ མི་མཇེད་འཇིག་རྟེན་ཁམས/ པོ་ཏི་ལྷགས་ལུང་མ/ སྤང་ཀོང་ཕྱག་རྒྱ་བ/

4.2.7　三音节构成的固定词组为一个分词单位。

示例：

རྒྱ་ལོངས་སྤྱོད/ སྟག་དམར་ཡག/ ཛ་ཁྲ་ཡག/ འགྲོང་བྲེ་སེར/ ཏ་འདོད་བ/ མཛོ་ཁྱུང་དཀར/

4.2.8　四音节构成的固定词组为一个分词单位。

示例：

དབྱར་དགུན་སྟོན་དཔྱིད/ སྐྱེ་ཀ་ན་འཆི/ ཞི་རྒྱས་དབང་གྲགས/ ཆགས་གནས་འཇིག་སྟོང/ དཀར་སེར་དམར་ལྗང/ འཆད་ ཉན་སྒོམ་སྒྲུབ/ ལེགས་ཉེས་བླང་དོར/ བླ་སྤྲུལ་ཡང་སྤྲུལ/ ཕ་མེས་ཡང་མེས/

4.2.9　五音节及以上音节构成的固定词组为一个分词单位。

示例：

ནུབ་སྣང་བ་མཐའ་ཡས/ བསམ་པ་ལྷུན་གྲུབ་མ/ ཞིང་ཁམས་རབ་འབྱམས་རྒྱ་མཚོ/ སྤེལ་སྦྱོར་རིན་ཆེན་འབྱུང་གནས/ དག་ཡིག་མཁས་པ་དགའ་སྐྱེད/

4.3　人名〈མིའི་མིང་།〉(nr)

4.3.1　不易区分姓和名的笔名通常作为一个分词单位。

示例：

ཙོང་ཁ་པ/ འཇུ་མི་ཕམ/ བོད་མཁས་པ/ ཛོ་ཐྲིས་དགེ་བཤེས/ འབྲོམ་སྟོན་པ/

4.3.2　人名的译名按其习惯形式作为一个分词单位。

示例：

ཨེ་དབྱིན་ས་ཐེན/ མར་ཁི་སི/ ལུའུ་ཤུན/ པ་ཅིན/ ཚའོ་ཞེ་ཆེན/ ཏུ་ཧྥུ་ལི/

4.3.3　人名(包括带格助词的人名)作为一个分词单位。

示例：

ཙོང་ཁ་པ/ འཇམ་མི་ཕམ/ བོད་མཁས་པ/ རྗོ་སྲིས་དགེ་བཤེས/ འབྲོམ་སྟོན་པ/ གཟུགས་ཀྱི་ཉི་མ/ ཀུན་དུ་བཟང་པོ/ ཆོས་ཀྱི་རྒྱལ་མཚན/ སྤྲང་རྟེའི་བློ་གྲོས/

4.4 地名<ས་ཆའི་མིང་།>(ns)

4.4.1 山丘河流等名称作为一个分词单位。

示例：

དམར་པོ་རི/ ལྕགས་པོ་རི/ འབབ་ཆུ/ རྒྱང་ཆུ/ མང་ཆུ/ ཏོ་ནོ་གཙང་པོ/ ཡར་ཀླུང་གཙང་པོ/ ཁུ་ནུ་རི་བོ/ གདང་ ལ་རི་བོ/ ཇི་ཕུ་ལོ་ཇི་གླིང་ཕྲན/

4.4.2 地名后有表示自然区划的普通名词，如"ལམ"等，作为一个分词单位。

示例：

རྗོ་སེང་གེ་ལམ/ སེ་ར་ལམ/ ཉང་བྲན་ལམ/ གཙང་བྲན་ལམ/ ཀླུ་སྡིངས་ལམ/

4.4.3 地址叙述中的大小地名分别作为一个分词单位，如其中地名或路名是一个音节则不予切分。

示例：

སེ་ར་ལམ་/ སྒོ་རྟགས་/ ༥༤/ པ/ ང་དྲུག་པ

4.5 国名<རྒྱལ་ཁབ་ཀྱི་མིང་།>(ng)

国名不论长短，作为一个分词单位。

示例：

ཀྲུང་གོ/ འཛར་པན/ ཨུ་རུ་སུ/

4.6 族群名<རིགས་རྒྱུད་ཚོ་བའི་མིང་།>(ne)

4.6.1 表示民族、人种的词作为一个分词单位。

示例：

བོད་རིགས/ རྒྱ་རིགས/ དབྱི་རིགས/ ཧ་སག་རིགས/ ཡུ་གུར་རིགས/ བོད་མི/ རྒྱ་མི/ ཧོར་མི/

4.6.2 表示部落、部族的词作为一个分词单位。

示例：

མགར་རྗེ་ཚོ་བ/ ཤར་པ/

4.6.3 表示文种、语种的词作为一个分词单位。

示例：

བོད་ཡིག/ དབྱིན་ཡིག/ རྒྱ་ཡིག/ སོག་སྐད/ བོད་སྐད/ དབྱིན་སྐད/ ཨུ་རུ་སུའི་སྐད/ འབར་མའི་སྐད/ འབྲུག་པའི་སྐད/ བོད་རྩོམ/ རྒྱ་རྩོམ/

4.7 团体机构名<ལས་ཁུངས་ཀྱི་མིང་།>(na)

4.7.1 行政区划称谓中两个音节及以上做切分，地名或行政区划名如其中一个是单音节，则不切分，将地名与行政区划名合起来作为一个词。

示例：

བོད་རང་སྐྱོང་ལྗོངས/ མཚོ་སྔོན་/ཞིང་ཆེན/ མཚོ་ལྷོ་ཁུལ/ ནག་ཆུ་/ས་ཁུལ/ རྒྱ་ཚ་རྫོང/ སུམ་མདོ་ཤང་/ གོང་དཀར་རྫོང་/ ཕོད་མདོ/གྲོང་ཚོ/ མང་རྫོང/ སོག་རྫོང/ འབའ་རྫོང/

4.7.2 团体机构名称作为一个分词单位。

示例：

མཉམ་འབྲེལ་རྒྱལ་ཚོགས/ ཀྲུང་གུང་ཀྲུང་དབྱང/ མི་བཞི་ཤོག་ཁག/ རྒྱ་གྲམ་དམར་པོའི་ཚོགས་པ/ བོད་ལྗོངས་སློབ་གྲྭ་ཆེན་མོ/ བོད་ ལྗོངས་དཔེ་མཛོད་ཁང/

4.8 专有名词<ཆེད་བཏགས་ཀྱི་མིང་།>(nz)

专有名词作为一个分词单位。

示例：

སྟག་ལོའི་སྤྱི་གཟར/ འབྲི་གུང་གླིང་ལོག ར་སྟག་དོན་རྒྱན/ གོར་བོད་དམག་འཁྲུག/ ལྷ་བཞིའི་ལས་འགུལ/ ལྕགས་ཕག་ལོའི་གསར་བརྗེ/ དབྱིན་འགོག་དམག་འཁྲུག/ ཆུ་ངོགས་གཏམ་རྒྱུད/ མི་ལ་རས་པའི་རྣམ་ཐར/ ཉིན་རེའི་ཚགས་པར/

4.9 辞藻<མངོན་བརྗོད།>(no)

辞藻作为一个分词单位。

示例：

བརྟན་པའི་འཁོར་ལོ/ རྟ་བདུན་དབང་པོ / ཉིན་བྱེད་བདག་པོ/ གཞི་སྐྱོན་སྐྱེས/ ཆུ་གཏེར/ འདོད་ཡོན/ གཟུགས་ཅན/ བསེ་རུ/ མི་མཁའ་རྒྱ་མཚོ/

4.10 数称词<གྲངས་འདྲེན།>(nm)

数称词作为一个分词单位。

示例：

ཚོགས་གཉིས/ ལུགས་གཉིས/ ཆོས་སྲིད་གཉིས/ ས་བཅུ/ དཔལ་ཡོན་གཉིས/ བདེན་པ་བཞི/ དཀོན་མཆོག་གསུམ/ མཆོད་བྱེད་གསུམ/ རྒྱལ་བ་རིགས་ལྔ/ རྣམ་ཤེས་ཚོགས་དྲུག/ འཁོར་ལོ་རྩིབས་བརྒྱད/ པད་མ་འདབ་བརྒྱད/ དབུ་མ་བཞི་བརྒྱ་པ/ རྡོ་བསྟོད་སུམ་ཅུ་མ/ སྟོད་མངའ་རིས་སྐོར་གསུམ/ བར་དབུས་གཙང་རུ་བཞི/ དགུང་ཉི་ཟླ་དཀར་གསུམ/ དཔལ་ལྡན་ས་གསུམ་མ/ དགའ་ལྡན་ལྷ་བརྒྱ་མ/ ནད་རིགས་བཞི་བརྒྱ་རྩ་བཞི/ དགག་རིགས་སྟོང་ཕྲག་བརྒྱད་ཅུ/ ཆོས་རྒྱལ་མེས་དབོན་རྣམ་གསུམ/

4.11 处所方位词<ཕྱོགས་གནས་ཀྱི་མིང་།>(nf)

处所词方位词为一个分词单位。

示例：

ཕྱི་ལོག/ ནང་ལོག/ ཕྱི་སོ/ ནང་སོ/ ཉེ་འགྲམ/ མཐའ་འཁོར/ ཤར/ ལྷོ/ ནུབ/ བྱང/ སྟེང / གཡས/ གཡོན/ རྒྱབ/ མདུན/ བཞུག/ གཡས་གཡོན/

4.12 时间词<དུས་སྟོན་པའི་མིང་།>(nt)

4.12.1 历史朝代的时间词为一个分词单位。

示例：

སུང་རྒྱལ་རབས/ མན་རྒྱལ་རབས/ ཡོན་རྒྱལ་རབས/

4.12.2 季节、月份的时间词为一个分词单位。

示例：

དབྱར་ཁ/ དགུན་ཁ/ སྟོན་ཁ/ དཔྱིད་ཀ/ ཟླ་བ་དང་པོ/ ཟླ་བ་བཅུ་གཉིས་པ/ གནམ་གང/

4.12.3 民俗节庆的时间词为一个分词单位。

示例：

ས་ག་ཟླ་བ/ ལྷ་མཆོད/ སྒྲུབ་མཆོད/ སྐར་མ་རི་ཁྲི/ དཔལ་ལྷའི་དུས་མཆོད/

4.12.4 每周的七天、一天的时辰、一般的时期等为一个分词单位。

示例：

གཟའ་ཉི་མ/ ས་སྲོད/ ནུབ་མོ/ ཉིན་གུང/ ཕྱི་དྲོ/ ཁ་སང/ དེ་རིང/ སང་ཉིན/ གནང་ཉིན/ ན་ནིང/ གཞིས་ནིང/ ད་ལོ/ སང་ལོ/ ད་ལྟ/ མ་འོངས་པ/

4.12.5 “年、月、日、时、分、秒”分别为一个分词单位。

示例：

སྤྱི་ལོ/ 2010/ལོ/ ཚེས/ ཚེས་པ/ 10/ སྐར་མ/ 11/ སྐར་ཆ/ 11/ སྤྱི་ལོ/ ཉིས་སྟོང་བཅུ/

4.13 动名词<བྱ་ལས་ཀྱི་མིང་།>(nv)

动名词为一个分词单位。

示例：

ཉུ་སྐོར/ གསོ་སྐྱོང/ གྲོས་སྡུར/ མཇུབ་སྟོན/ རེ་སྐུག/ སློ་ཁྲིད/

4.14 职衔名<ཚེ་ལོའི་མིང་།>(nx)

职衔、称谓名为一个分词单位。

示例：

གོ་ཁྲི/ སྡེ་སྲིད/ བཀའ་བློན/ དྲུང་ཡིག/ མདའ་དཔོན/ སྤྱི་དཔོན/ ཀུའུ་ཞི/ ཧྲུའུ་ཅི/ སློབ་སྤྱི/ ཨ་ཁུ/ ཨ་ ཞང་/ པ་ཕ/

4.15 数词<གྲངས་ཀའི་མིང་།>(m)

4.15.1 表示计数<བགྲང་གྲངས།>(mj)的词为一个分词单位。

示例：

གཅིག/ བཅུ/ བརྒྱ/ ཁྲི/ འབུམ/ དུང་ཕྱུར/ དྲུག་ཅུ་རེ་དྲུག/ བརྒྱ་རྩ་བརྒྱད/ ཕྱེད་དང་བརྒྱད/ ཆིག་སྟོང་བཞི་བརྒྱ/ བཅུ་ཆ་གཅིག/ བཞི་ཆ་གསུམ/ བརྒྱ་ཆ་དྲུག་ཅུ/ སྟོང་ཆ་ལྔ/

4.15.2 表示序数<རིམ་གྲངས།>(mx)的数词为一个分词单位。

示例：

ཨང་དང་པོ/ དང་པོ/ གཉིས་པ/ གསུམ་པ/ བརྒྱ་དང་དྲུག་ཅུ་པ/

4.15.3 表示概数<ཚོད་གྲངས་ཀྱི་མིང་།>(mg)的数词为一个分词单位。

示例：

འགའ/ ཁ་ཤས/ བཅུ་ཡས་མས/ བཅུ་ལྷག/ གཅིག་ཙམ/ དུ་མ/

4.16 量词<འཇལ་བྱེད་ཀྱི་མིང་།>(q)

4.16.1 度量词<འཇལ་གཞོར་གྱི་མིང་།>(qd) 为一个分词单位。

示例：

སོར/ མཐོ/ འདོམ/ རྒྱང་གྲགས/ དཔག་ཚད/ ཁྲུ/ ཚུན/ སྨི/ རྒྱ་མ/ སྲང/ ཕྱེང/ བྲེ/ ཁལ/ སྨིད/

4.16.2 个体量词<ཁེར་རྐྱང་གི་མིང་།>(qg) 为一个分词单位。

示例：

ཉག་མ/ ཡ/ ཀང་/

4.16.3 集体量词〈ཚོགས་སྤྱིའི་མིང་།〉(qj) 为一个分词单位。

示例：

ཚོགས/ ཁྱུ/ ཕོན་པོ/ ཆུན་པོ/ སྡེབ/ ཆ/

4.16.4 倍率量词〈ལྡབ་ཚད་ཀྱི་མིང་།〉(ql) 为一个分词单位。

示例：

ལྡབ/ ཆ་ཤས་དྲུག/

4.16.5 动量词〈ལན་གྲངས་ཀྱི་མིང་།〉(qc) 为一个分词单位。

示例：

ཐེངས/ ཚར/ རེབ/ ལན/

4.17 代词〈ངེས་བཟུང་གི་མིང་།〉(r)

4.17.1 人称代词〈གང་ཟག་ངེས་བཟུང་གི་མིང་།〉(rr) 为一个分词单位。

示例：

ང/ ཁྱོད/ ཁྱེད/ ཁོ/ ཁོ་བོ/ ཁོ་མོ/

4.17.2 单音节人称代词加“ཚོ ཅག”为一个分词单位。

示例：

ང་ཚོ/ ཁྱ་ཚོ/ ཁོང་ཚོ/ ཁྱེད་ཚོ/ ངེད་ཅག/ བདག་ཅག/ ཁྱ་ཅག/ ཁྱེད་ཅག/

4.17.3 表示复数的代词为一个分词单位。

示例：

རྣམས/ དག/

4.17.4 疑问代词〈དྲི་བ་སྟོན་པའི་མིང་།〉(ry) 为一个分词单位。

示例：

ཅི/ ཇི/ སུ/ གང/ ནམ/ ཅི་ཙམ/ དུ/ ག་ཚོད/

4.17.5 疑问代词与“སྙེད། སྲིད། ལྟར། བཞིན། སྐད། ཞིག སྟེ། སྣད། འདྲ། ཕྱིར།”组合为一个分词单位。

示例：

ཅི་ཞིག/ ཅི་འདྲ/ གང་ཞིག/ ཅིའི་ཕྱིར/ ཇི་ལྟར/ ཅི་སྣད/ ཅི་འདྲ/ ཅིའི་ཕྱིར/ ཇི་སྙེད/ ཇི་སྲིད/ ཇི་ལྟར/ ཇི་ བཞིན/ ཇི་སྐད/ ནམ་ཞིག/ གང་འདྲ/ གང་སྙེད/ གང་ལྟར/

4.17.6 指示代词〈བརྗོད་དོན་ངེས་བཟུང་གི་མིང་།〉(rz) 为一个分词单位。

示例：

ཁ་ཅིག/ སོ་སོ/ འགའ་ཞིག/ རེ་འགའ/ ཅིག་ཤོས/ ལ་ལ/ གཞན་དག/ འགའ་རེ/ གང་ཅུང་/ དེ/ དེ་ག/ དེ་ ཙམ/ དེ་ག་ཙམ/ དེ་ཀ/ དེ་ཚོ/ འདི་ཀ/ འདི་ཙམ/ འདི་ཀ་ཙམ/ འདི/ དེ་འདྲ/ འདི་འདྲ/

4.17.7 反身代词〈སྤྱི་དོན་ངེས་བཟུང་གི་མིང་།〉(rf) 为一个分词单位。

示例：

རང་/ མཆོག/ ལགས/ ཉིད/

4.18 动词〈བྱ་བའི་མིང་།〉(v)

4.18.1 不及物动词〈བྱེད་མེད་ལས་ཚིག〉(vi) 为一个分词单位。

示例：

འཁོར/ འཕུར/ བངས/ ལངས/ འདོགས/ ཆད་པ/ ལྡང་བ/

4.18.2 及物动词〈བྱེད་འབྲེལ་ལས་ཚིག〉(vt) 为一个分词单位。

示例：

བསྒྲུབ/ སྐོར/ སྤུར/ བསྐངས/ འཁྲོལ་བ/ བསྒྲུགས་པ/

4.18.3 "AA"形式重叠的动词为一个分词单位。

示例：

འབབ་འབབ/ འཁོར་འཁོར/ འཁྱིལ་འཁྱིལ/ ལྡིང་ལྡིང་/ འཁྲོལ་འཁྲོལ/

4.18.4 "ABB"形式重叠的动词为一个分词单位。

示例：

འགྲོ་ཚིག་ཚིག/ བསམ་ཚིག་ཚིག/ ལེན་ཚིག་ཚིག/ བསྐུར་ཚིག་ཚིག/

4.18.5 "AA＋后缀"形式重叠的动词为一个分词单位。

示例：

དཔར་དཔར་པོ/ བཅག་བཅག་པོ/ ཕམ་ཕམ་པོ/ སོང་སོང་པོ/

4.18.6 "AABB"形式重叠的动词为一个分词单位。

示例：

གོ་གོ་རིག་རིག/ བལྟས་བལྟས་རིག་རིག/ བསམ་བསམ་འདོད་འདོད/

4.18.7 "A＋མི/མ＋A"形式的动词为一个分词单位。

示例：

མཐོང་མ་མཐོང་/ སྒྲུབ་མི་སྒྲུབ/

4.18.8 判断动词〈རྣམ་གཅོད་ཀྱི་མིང་།〉(vj) 为一个分词单位。

示例：

ཡིན/ རེད/ མིན/ མེད/

4.18.9 存在动词〈གནས་པ་སྟོན་པའི་མིང་།〉(vc) 为一个分词单位。

示例：

ཡོད/ མངའ/ མཆིས/ འདུག/ གདའ/ བདོག/ ལྡན/ གནས/ སྣང/

4.18.10 助动词〈བྱ་མིང་རྗེས་མཐུན།〉(vu) 为一个分词单位。

示例：

ཐུབ/ བྱུང་/ མྱོང་/ དགོས/ ཐུབ/ འཚད/ འགྲིག/ ནུས/ དཔེ/ འོས/ ཆོག/ སྲིད/ མོས/ བསམ/ འདོད/ རིགས/ ཉང་/
ངེས/ དཀའ/ སླ/ ཡོང་/ འགྲོ/ བཞད/ འདུག/ བྱུང་/ སོང་/

4.19 形容词〈ཁྱད་ཆོས་ཀྱི་མིང་།〉(a)

4.19.1 一般形容词〈སྤྱིར་བཏང་ཁྱད་ཆོས་ཀྱི་མིང་།〉(as) 为一个分词单位。

示例：

མཛེས་པ/ མཐོན་པོ/

4.19.2 谓语形容词〈བྱ་དོན་ཁྱད་མིང་། 〉(ad)为一个分词单位。

示例：

ཡག/ མཛེས/ སྙན/ འཇམ/

4.19.3 “AA”形式重叠的形容词为一个分词单位。

示例：

དཀར་དཀར/ སྔོག་སྔོག/ བཟང་བཟང་/ ངན་ངན/ མཛེས་མཛེས/

4.19.4 “AA＋后缀”形式重叠的谓语形容词为一个分词单位。

示例：

ངན་ངན་པོ/ ལེགས་ལེགས་པོ/ འཁྱོག་འཁྱོག་པོ/

4.19.5 “A＋མི/མ＋A”形式的形容词为一个分词单位。

示例：

ཡག་མི་ཡག/ མཛེས་མི་མཛེས/ དྲང་མི་དྲང་/ དགའ་མི་དགའ/

4.19.6 两个及以上的多音节形容词为一个分词单位。

示例：

རིང་ཐུང/ ཡག་ཉེས/ བཟང་ངན/ བདེན་རྫུན/ དམར་སྨུག/ སེར་སྐྱ/ ལྗང་ནག/ སྔོ་ནག/ ཚ་ཚ་ཝུར་ཝུར/ དགའ་དགའ་སྤྲོ་སྤྲོ/

4.20 状态词〈ངང་ཚུལ་སྟོན་པའི་མིང་།〉(zt)

状态词为一个分词单位。

示例：

ཞིག་སེ་ཞིག/ ཐུ་ལི་ལི/ ཐིབས་སེ་ཐིབ/ ཤ་ར་ར/ གུལ་ལུ་ལུ/ ལྡེམ་སེ་ལྡེམ/ ལྷབ་ལྷབ/ ཝུར་ཝུར/ བན་བུན/ ཀྱུ་ཀྱུ/ ཟླིག་ཟླིག/ ངན་ངོན/ དྲད་མ་དྲུད/ ཐླན་ན་ཐླན་ནེ/ རྩུབ་ཧྲག་གེ/ ནག་ཀྱུག་ཀྱུག/ དམར་ཁྱུག་ཁྱུག/ སྔོ་ཡུག་ཡུག/ འཇམ་ཐིང་ཐིང/ སྙིག་དིར་རེ/ ཡོར་རོ་རོ/ ཁྲོག་སེ་ཁྲོག/ ཤར་སེ་ཤར/ ཐ་ར་ར/ འཛེར་ར་ར/ སི་ལི་ལི/ ཟེ་རེ་རེ/ ཀྱུ་ཙེ་ཙེ/ འཛོལ་ལོ་ལོ/

4.21 拟声词〈སྒྲ་ཚུལ་སྟོན་པའི་མིང་།〉(oo)

拟声词为一个分词单位。

示例：

དིར་དིར/ ཐག་ཐག/ བང་བང/ སང་སང/ ཆིལ་ཆིལ/ ཟེར་ཟེར/ ཝུར་ཝུར/ ལྷང་ལྷང/ སྙིག་སྙིག/ ཐིག་ཐིག/ ཁྲོག་ཁྲོག/

4.22 叹词〈འབོད་སྒྲ།〉(ee)

叹词为一个分词单位。

示例：

ཀྱེ་མ/ ཀྱེ་ཧུད/ ཨེ་མ/ ཨེ་མ་ཧོ/ ཨ་ཧོ་ཧོ/ ཀྱེ་ཀྱེ/ ཨ་ཙི/ ཨ་ཚི་ཚི/ ཨ་ཧོ/

4.23 副词〈མི་ཟད་པའི་མིང་།〉(d)

4.23.1 程度副词〈དངོས་ཚད་མི་ཟད་པ།〉(dc)为一个分词单位。

示例：

ཤིན་ཏུ/ ཐེ/ ཧ་ཅང་/ ཅུང་/ ཅུང་ཟད/ ཅུང་ཟད་ཙམ/ ཆེས/ ཆེས་ཆེར/ རབ་ཏུ/ རྣམ་པར/ ལྷག་ཏུ/ ལྷག་པར/ ལྷག་པར་དུ/ ཁྱད་དུ/ ཁྱད་པར/ ཁྱད་པར་དུ/ དྲག་ཏུ/ རྨད་དུ/ མཆོག་ཏུ/ ཀུན་ཏུ/

4.23.2　时频副词〈དུས་ཚད་མི་ཟད་པ།〉(dp)为一个分词单位。

示例：

གློ་བུར་དུ/ གློ་བུར/ མྱུར་དུ/ རྒྱུན་དུ/ མུ་མཐུད་དུ/ ཡུད་ཙམ/ ནམ་ཡང་/ འཕྲལ་དུ/ སྔར་བཞིན/ ནམ་རྒྱུན/ ནམ་རྒྱུན་དུ/ སྐབས་རེར/ ད་ལན/ རྒྱུན་པར/ གཏན་གྱི/ གཏན་དུ/ སྔར/ སྔར་གྱི/ སྔར་ནས/ སྔར་བས/ སྔར་ལས/ སྔར་ལས་ཀྱང་/ ལམ་སང་/ ཅིག་ཅར/ ཅིག་ཅར་དུ/

4.23.3　范围副词〈ཁྱབ་ཚད་མི་ཟད་པ།〉(dw)为一个分词单位。

示例：

ཁྱོན་ནས/ མ་ལུས་པ/ ཆ་ཚང/ ཡོངས་རྫོགས/ ཐམས་ཅད/ ཡོད་དོ་ཅོག/ འབའ་ཞིག/ མཉམ་དུ/ མཉམ་གཅིག་ཏུ/ ལྷན་དུ/ ལྷན་ཅིག་ཏུ/ ཆབས་ཅིག་ཏུ/ ཡོངས་སུ/ མཐའ་གཅིག་ཏུ/ ཀུན་ནས/

4.23.4　情态副词〈སེམས་འདུན་མི་ཟད་པ།〉(dx)为一个分词单位。

示例：

ཅི་ནས་ཀྱང་/ ཡང་དག་པར/ ངོ་མ/ མངོན་སུམ་དུ/ མདོར་ན/ ཕལ་ཆེར/ ངོ་ཐོག་ཏུ/ ནན་ཏན་དུ/ དོན་དམ་པར/ ཇི་ལྟར་ན/ དེ་ལྟར་དུ/ རིམ་བཞིན་དུ/ རིམ་གྱིས/ ཐད་ཀར/ ཞིབ་ཏུ/ ཞིབ་པར/ ཁད་ཀྱིས/ གཏན་ནས/ ངེས་པར/ ངེས་པར་དུ/ ཡེ་ནས/ ཁྱོན་ནས/ རྩ་བ་ནས/ ཁོ་ཐག/

4.23.5　否定副词〈དགག་པ་མི་ཟད་པ།〉(df)为一个分词单位。

示例：

མ/ མི/ མིན/ མེད/

4.23.6　重复副词〈ལད་ཟློས་མི་ཟད་པ།〉(dl)为一个分词单位。

示例：

ཡང་ཡང་/ ཡང་ནས་ཡང་དུ/ ཡང་སྐྱར/ ད་དུང་/ ད་རུང་/ སླར/ སླར་ཡང་/

4.24　**助词**〈གསལ་བྱེད་ཀྱི་མིང་།〉(**u**)

4.24.1　动词与时态助词〈དུས་གསལ་བྱེད་ཀྱི་མིང་།〉(us)组合为一个分词单位。

示例：

འགྲོ་བཞིན/ བསམ་གྱིན/ སློབ་ཀྱིན/ བྲི་རྒྱུ/ འབྲི་གྲབས/ འབྲི་རྗེས/

4.24.2　语气助词〈རྗོད་ངག་གསལ་བྱེད་ཀྱི་མིང་།〉(uu)为一个分词单位。

示例：

ཨོས/ ག་ལ/ ཨེ/ གྲང་/ ཨོ/ གྲག/ ཟེར/ ལེ/ རེ/

4.24.3　比喻助词〈མཚུངས་པ་གསལ་གྱི་མིང་།〉(ub)为一个分词单位。

示例：

འདྲ/ བཞིན/ མཚུངས/

4.24.4　动词与祈愿助词〈སྐུལ་སྨོན་གསལ་བྱེད་ཀྱི་མིང་།〉(uq)组合为一个分词单位。

示例：

སྐྱོལ་ཅིག/ སོངས་ཤིག/ འཛུལ་ཞིག/ ཁྱེར་ཤོག/ ཤོད་དང་/ འབད་པར་གྱིས/

4.24.5 终结助词<སླར་བསྡུ་གསལ་བྱེད་ཀྱི་མིང་།>(uz)为一个分词单位。

示例：

གོ/ ངོ/ དོ/ ནོ/ བོ/ མོ/ འོ/ རོ/ ལོ/ སོ/ ཏོ/

4.24.6 语尾助词< མཇུག་སྡུད་གསལ་བྱེད་ཀྱི་མིང་།>(ud)为一个分词单位。

示例：

ཡིན/ རེད/

4.25 位格<ལ་དོན>(l)

4.25.1 业格<ལས་སུ་བྱ་བ།>(ls)为一个分词单位。业格助词有：

སུ/ ར/ རུ/ རུ/ ན/ ལ/ དུ/

4.25.2 为格<དགོས་ཆེད།>(lg)为一个分词单位。为格助词有：

སུ/ ར/ རུ/ ཏུ/ ན/ ལ/ དུ/ ཕྱིར/ སླད/ དོན/

4.25.3 依格<གནས་གཞི།>(lt)为一个分词单位。依格助词有：

སུ/ ར/ རུ/ ཏུ/ ན/ ལ/ དུ/

4.25.4 同格<དེ་ཉིད།>(ld)为一个分词单位。同格助词有：

སུ/ ར/ རུ/ ཏུ/ ན/ ལ/ དུ/

4.25.5 时格<ཚེ་སྐབས།>(lh)为一个分词单位。时格助词有：

སུ/ ར/ རུ/ ཏུ/ ན/ ལ/ དུ/ ཚེ/ སྐབས/ དུས/

4.25.6 黏着性格助词"ས། ར། འོ། འི འང་། འམ།"应予切分，若黏着性"ར། འི། འོ།"时用还原的方法来保留词的原形。

示例：

ང/ས/བཤད/ གོ/འང/གོ/ ནམ་མཁ/འི་/སྤྲིན/ ནམ་མཁ/ར་/སྤྲིན་/ཡོད/ དག/འོ/时先切分黏着词然后其词补上一个འ，这时得出词的原形。

4.26 具格<བྱེད་སྒྲ>(b)

4.26.1 施事格<བྱེད་པོ།>(bo)为一个分词单位。施事格助词有：

གིས/ ཀྱིས/ གྱིས/ འིས/ ཡིས/

4.26.2 工具凭事格<ལག་ཆའི་བྱེད་པ།>(ba)为一个分词单位。工具凭事格助词有：

གིས/ ཀྱིས/ གྱིས/ འིས/ ཡིས/

4.26.3 材料凭事格<རྒྱུ་ཆའི་བྱེད་པ།>(bc)为一个分词单位。材料凭事格助词有：

གིས/ ཀྱིས/ གྱིས/ འིས/ ཡིས/

4.26.4 方式事格<ཐབས་ཚུལ་གྱི་བྱ་བ།>(by)为一个分词单位。方式事格助词有：

གིས/ ཀྱིས/ གྱིས/ འིས/ ཡིས/

4.26.5 缘由格<བྱེད་སྒྲ་རྒྱུ་མཚན།>(bg)为一个分词单位。缘由格助词有：

འིས/ ཡིས/

4.27 属格〈འབྲེལ་སྒྲ།〉(gi)

属格为一个分词单位。属格助词有：

གི/ ཀྱི/ གྱི/ འི/ ཡི/

4.28 源格〈འབྱུང་ཁུངས།〉(jg)

源格为一个分词单位。源格助词有：

ནས/ ལས/ ལ/

4.29 单纯连词〈ཚིག་ཕྲད་རྐྱང་པ〉(c)

4.29.1 据引连词〈གཞི་འཛིན་དོན་འདྲེན།〉(cv)为一个分词单位。据引连词有：

ན/

4.29.2 引指连词〈ངོས་འཛིན།〉(cl)为一个分词单位。引指连词有：

ལ/ ར/

4.29.3 衔接连词〈མཚམས་སྦྱོར།〉(cn)为一个分词单位。衔接连词有：

ཏེ/ དེ/ སྟེ/ ཅིང/ ཞིང/ ཤིང/ ནས/

4.29.4 比较连词〈བསྡུར་བའི་ཕྲད།〉(cb)为一个分词单位。比较连词有：

ལས/ བས/

4.29.5 所指连词〈ངེས་བཟུང་།〉(ci)为一个分词单位。所指连词有：

ནི/ ལ/

4.29.6 添加连词〈ཁ་སྐོང་།〉(ck)为一个分词单位。添加连词有：

ནི/

4.29.7 统分连词〈དང་སྒྲ་འབྱེད་སྡུད།〉(cd)为一个分词单位。统分连词有：

དང་/

4.29.8 缘由连词〈དང་སྒྲ་རྒྱུ་མཚན།〉(ca)为一个分词单位。缘由连词有：

དང་/

4.29.9 时间连词〈དང་སྒྲ་ཚེ་སྐབས།〉(ct)为一个分词单位。时间连词有：

དང་/

4.29.10 随同关系连词〈བྱ་བའི་སྦྱར་གཞི་སྟོན་པའི་དང་སྒྲ།〉(cc)为一个分词单位。随同关系连词有：

དང་/

4.29.11 复加桥接连词〈མཐུན་པའི་ཚིག་རྒྱན།〉(cf)为一个分词单位。复加桥接连词：

ཀྱང/ ཡང་/ འང་/

4.29.12 转折连词〈མི་མཐུན་པའི་ཚིག་རྒྱན།〉(cz)为一个分词单位。转折连词有：

ཀྱང་/ ཡང་/ འང་/

4.29.13 复指连词〈འོག་མས་གོང་མ་སྡུད་པ།〉(cu)为一个分词单位。复指连词有：

ཀྱང་/ ཡང་/ འང་/

4.29.14 关系引连连词〈ལྷག་མ་འདྲེན་པ།〉(cg)为一个分词单位。关系引连连词：

ཏེ/ དེ/ སྟེ/

4.29.15 具指连词〈འདྲེན་སྒྲ།〉(ce)为一个分词单位。具指连词有：

ཅེས/ ཞེས/ ཤེས/

4.29.16 释疑连词〈འདྲི་གཞི་སྟོན་པ།〉(cs)为一个分词单位。释疑连词有：

ཅེའོ/ ཞེའོ/ ཤེའོ/ ཅེ་ན/ ཞེ་ན/

4.29.17 分义连词〈འབྱེད་སྡུད།〉(cm)为一个分词单位。分义连词有：

གམ/ ངམ/ དམ/ ནམ/ བམ/ མམ/ འམ/ རམ/ ལམ/ སམ/ ཏམ/

4.29.18 疑问连词〈དྲི་བ།〉(cy)为一个分词单位。

示例：

གམ/ ངམ/ དམ/ ནམ/ བམ/ མམ/ འམ/ རམ/ ལམ/ སམ/ ཏམ/

4.29.19 数起止连词〈གྲངས་སྡུད་པ།〉(cr)为一个分词单位。数起止连词：

ནས/

4.29.20 境起止连词〈ཡུལ་སྡུད་པ།〉(cj)为一个分词单位。境起止连词有：

ནས/

4.29.21 时起止连词〈དུས་སྡུད་པ།〉(cp),时起止连词为一个分词单位。时起止连词有：

ནས/……བར

4.29.22 区别连词〈དགར་བ〉(cq),区别连词为一个分词单位。区别连词有：

ནས/ ལས/ དུ/

4.30 复合连词〈ཐད་འདུས་མ།〉(f)

4.30.1 语义转折连词〈དོན་གཞན་འདྲེན་པ།〉(fh)为一个分词单位。

示例：

ཡིན་ན་ཡང་/ དེ་ལྟ་མོད་ཀྱི/ ཡིན་མོད/ འོན་ཀྱང་/

4.30.2 语义关联连词〈དོན་གྱི་སྐབས་དབྱེ་དང་དམིགས་འཛིན་མཚམས་སྦྱོར།〉(fg)为一个分词单位。

示例：

དེ་ལ/ དེ་ཡང་/ དེ་ནི/ འོ་ན/ དཔེར་ན/ མདོར་བསྡུས་ན/ མདོར་ན/ མདོར་དྲིལ་ན/ སྤྱིར་ན/ སྤྱིར་བཤད་ན/ གཞན་ཡང་/ ད་དུང་/ ད་རུང་/

4.30.3 泛指关联连词〈དམིགས་ཀྱིས་མི་འཛིན་པའི་མཚམས་སྦྱོར།〉(fz)为一个分词单位。

示例：

གང་དུ་ན/ གང་གི་ཕྱིར/ གང་ལྟར་ཡང་/ ཇི་ལྟར་ཡང་/ ཅིར་ཡང་/ ཅང་/ ཅི་ཡང་/

4.30.4 假设关联连词〈བརྟག་པ་མཐའ་བཟུང་གི་མཚམས་སྦྱོར།〉(fj)为一个分词单位。

示例：

གལ་ཏེ/ གལ་སྲིད/ གཅིག་བྱུས་ན/ ཆ་བཞག་ན/ དབང་དུ་བཏང་ན/

4.31 词缀〈ཕྱི་རྐྱེན།〉(h)

4.31.1 中接成分〈བར་གྱི་གསལ་བྱེད།〉(hz){~མ~}组合的词为一个分词单位。

示例：

ར་མ་ལུག/ ས་མ་འབྲོག/ རོང་མ་འབྲོག/ ཏ་མ་རྟོལ/ གདངས་མ་ཆར/ རྒྱ་མ་བོད/

4.31.2 后接成分〈མིང་མཐའ།〉(hh)组合的词为一个分词单位。

后接成分主要有：

a) 带元音{ཨ}的后接成分有{~པ}{~བ}{~མ}{~ཀ}{~ཁ}{~ག}{~ཆ}{~ཏ}{~སྤྱད}{~བྱེད}{~ཆས}等形式。

示例：

ཟམ་པ/ མིད་པ/ གད་པ/ སྐལ་བ/ སེར་བ/ ཤྭ་བ/ ར་མ/ ཟླ་མ/ ཇ་མ/ གྲངས་ཀ/ ལས་ཀ/ འཁོས་ཀ/ དགུན་ཁ/ གཡེར་ཁ/ རྒྱལ་ཁ/ དང་ག/ གླིང་ག/ ཐང་ག/ ལག་ཆ/ རས་ཆ/ སྐད་ཆ/ ཞལ་ཏ/ ལབ་ཏ/ ཁ་ཏ/ འབྲིག་སྤྱད/ ཟ་སྤྱད/ འབྲི་བྱེད/ ཉན་བྱེད/ སྒོམ་བྱེད/ ཟ་ཆས/

b) 带元音{ཨེ}的后接成分有{~ཅེ}{~ཆེ}等形式。

示例：

ངོང་ཅེ/ ཅོག་ཅེ/ ལབ་ཅེ/ མེལ་ཆེ/ ལེབ་ཆེ/

c) 带元音{ཨོ}的后接成分有{~པོ}{~བོ}{~མོ}{~སོ}{~ཏོ}{~པ་པོ}等形式。

示例：

དངོས་པོ/ སོག་པོ/ ཚོན་པོ/ ཆུ་བོ/ སྤྲི་བོ/ ཇོ་བོ/ དགོང་མོ/ རོལ་མོ/ ཡད་མོ/ བང་སོ/ ནང་སོ/ འཁྱེར་སོ/ དབྱུག་ཏོ/ མཇུག་ཏོ/ ཏུལ་ཏོ/ རྩོམ་པ་པོ/

d) 带元音{ཨུ}的后接成分有{~འུ}{~བུ}{~གུ}{~ངུ}等形式。

示例：

རྟེའུ/ ཁྱེའུ/ མིའུ/ བེའུ/ རེའུ/ སྤྲེའུ/ རྒྱལ་བུ/ གང་བུ/ སྤྲེལ་བུ/ འཇོར་བུ/ ལུ་གུ/ ཕྲུ་གུ/ སྦུ་གུ/ མཆུ་གུ/ ཆུང་ངུ་/ ཐུང་ངུ་/ ཉུང་ངུ་/

e) 带{ཅིག}{ཞིག}后接成分的词为一个分词单位。

示例：

ཆབས་ཅིག/ ཁ་ཅིག/ ལྷན་ཅིག/ འབའ་ཞིག/ རེ་ཞིག/

f) 带{སྟངས}{ཚུལ}{ལུགས}{རང་བཞིན}后接成分的词为一个分词单位。

示例：

འགྲོ་སྟངས/ བཤད་སྟངས/ ལྟ་ཚུལ/ བསམ་ཚུལ/ བདེ་འཇགས་རང་བཞིན/

4.32 成语(习语)〈དཔེ་ཚིག།〉(xx)

4.32.1 四字格成语为一个分词单位。

示例：

སྤྱི་ནང་སྣང་བརྙན/ གྲིབ་ནག་འདྲེར་མཐོང་/ ངན་པ་སྨུག་འདྲེན/ ཆུ་སྣ་གར་ཁྲིད/ ནམ་མཁའི་མེ་ཏོག/ ཉུས་སྤྲུལ་གྱི་སྐུ/ གང་གཱའི་བྱེ་མ/ རླུང་ཁའི་མར་མེ/ མོ་གཤམ་གྱི་བུ/ གཅིག་ཤེས་ཀུན་གྲོལ/ བརྒྱ་ཁ་གཅིག་གཅོད/ ཆུ་ངན་ལམ་ཐོར/ ཟླར་བལྟས་ལེབ་མཐོང་/ ཁྲག་མཐོང་ཞེ་མེར/

4.32.2 约定俗成的习语为一个分词单位。

示例：

ཅི་བསམ་ལྷུན་འགྲུབ/ བཀྲ་ཤིས་བདེ་ལེགས/ ཕུན་སུམ་ཚོགས་པ/ སྐྱིལ་ལད་འཁྲབ་པ/ ཞྭ་མོ་གཡོག་པ/

4.32.3 能产性强的四字格词为一个分词单位。

示例：

སྐྱུ་མིན་སེར་མིན/ རེས་མངོན་རེས་ཡིབ/ རེས་མོག་རེས་གསལ/ དུས་བདེ་གནས་བདེ/ ལྷ་མིན་འདྲེ་མིན/ མི་ཡག་མི་བཙོག/

4.33 语素〈བཀླག་ཙང་གི་སྨྲ། 〉(ii)

语素为一个分词单位

示例：

ད/ བ/ ས/ ཀྱི/ ག/ ང་/ གི/

4.34 标点符号〈ཚེག་རྟགས།〉(ww)

藏文标点符号与其他语种的标点符号为一个分词单位。

示例：

༄༅/ ༈/ ༄།༔།/ ༄༅༔ 《/

4.35 非藏文字符〈བོད་ཡིག་མ་ཡིན་པ།〉(ot)

藏语中出现的非藏文字符，如其他语言的符号串、数理化符号、阿拉伯数字等作为一个分词单位。

示例：

H_2O/ 汉文/ =/ cm/ 12/ 3.14/ 10%/ H_2O/ kg/ lm/ TB/

4.36 梵文〈ལེགས་སྦྱར།〉(sk)

梵文为一个分词单位。

示例：

པཎྜ/ ཎྜམ/

参 考 文 献

[1] GB/T 13715—1992 信息处理用现代汉语分词规范
[2] GB/T 20532—2006 信息处理用现代汉语词类标记规范

ICS 35.240.99
L 67

中华人民共和国国家标准

GB/T 36453—2018

信息技术　学习、教育和培训 电子课本信息模型

Information technology—Learning, education and training—Information model of e-textbook

2018-06-07 发布　　2019-01-01 实施

国家市场监督管理总局
中国国家标准化管理委员会　发布

前　言

本标准按照 GB/T 1.1—2009 给出的规则起草。

请注意本文件的某些内容可能涉及专利。本文件的发布机构不承担识别这些专利的责任。

本标准由全国信息技术标准化技术委员会(SAC/TC 28)提出并归口。

本标准起草单位:华东师范大学、人教数字出版有限公司、尚学博志(上海)教育科技有限公司、中国电子技术标准化研究院、飞利浦(中国)有限公司、人民教育出版社有限公司。

本标准主要起草人:顾小清、傅伟、沙沙、杨凯、钟岑岑、张媛媛、戈蔚、王芳、许哲、齐贵超、李海波、张茹、张海立、屈劲、葛鑫、顾洁、吴洪平、吴丹、余云涛、李莹。

信息技术　学习、教育和培训
电子课本信息模型

1　范围

本标准规定了电子课本的信息模型，包括信息元素与结构、元数据、配置信息、页、资源与控件、元素的扩展等内容。

本标准适用于电子课本的设计制作。

2　规范性引用文件

下列文件对于本文件的应用是必不可少的。凡是注日期的引用文件，仅注日期的版本适用于本文件。凡是不注日期的引用文件，其最新版本(包括所有的修改单)适用于本文件。

GB/T 21365—2008　信息技术　学习、教育和培训　学习对象元数据

3　术语和定义

下列术语和定义适用于本文件。

3.1

电子课本　e-textbook

为实现特定学习目标或课程标准而制作开发的，能满足在线学习或混合式学习需求，并具有内容逐页(或逐屏)呈现特征的可交互教学软件或学习软件。

3.2

电子课本信息模型　information model of e-textbook

用于表示电子课本中包含的哪些信息及其关系的抽象模型，包括电子课本中所有必备信息元素、可选信息元素及信息结构。

3.3

信息元素　information element

电子课本中所包含的信息单元。一个信息元素可以是不可分割的，也可以由若干个(子)信息元素构成。

注：信息元素的类型包括：容器元素、值元素、扩展元素、未定元素。

3.4

容器元素　container element

包含一个或多个(子)信息元素的信息元素。

注：例如电子课本的元数据就是一个容器元素，它包含若干具体的元数据元素。

3.5

值元素　value element

具有确定的数据类型和值空间的元素，应被赋予至少一个数据值，并不包含任何子元素。

注：例如电子课本的“版本”就是一个值元素。对每个具体的电子课本，其“版本”信息会赋值以若干个字符，这些字即“版本”信息的数据值(例如 v1.1)，用以区分电子课本的不同版本状态。

3.6

信息结构　information structure

构成电子课本的信息元素之间的搭配和逻辑关系。

3.7

配置信息　configuration information

电子课本中记录页、资源、控件等元素的列表及组织方法的信息。

3.8

控件　control

在电子课本中可用于实现某种交互性技术功能的，可被独立调用并单独封装的操作对象。

3.9

资源　resource

用于教育、培训或学习的信息单元，包括资源文件(一个或多个)及其描述。

3.10

资源文件　resource file

作为一个单元存储在计算机中的，用于承载以学习内容为主要信息的数据集合。

3.11

电子课本阅读器　reader of e-textbook

用于打开电子课本，读取电子课本各信息元素，呈现电子课本内容，并可调用电子课本控件功能的软件，本身具备辅助电子课本使用的相关功能。

3.12

元数据　metadata

关于数据和数据元素的数据(可能包括其数据描述)，以及关于数据拥有权、存储路径、访问权和数据易变性的数据。

4　电子课本信息模型概述

4.1　描述方式

电子课本信息模型用于表示电子课本中包含的哪些信息及其关系的抽象模型。

本标准通过对电子课本中的必备、可选信息元素，部分信息元素的子信息元素，以及信息元素的结构关系来描述电子课本的信息模型。

4.2　信息的逻辑层次

电子课本是一类特殊的可交互教学(或学习)软件。电子课本的概念中引入了数字出版领域中电子图书的基本特征：可逐页(或逐屏)呈现内容。这一特征符合学习、教育活动中的实际应用习惯。

电子课本具有数字出版领域和教育信息化领域的双重属性，在其信息构成上一方面应体现定义中的可交互和逐页呈现的特点，另一方面应兼顾与数字出版领域和教育信息化领域可能出现的兼容要求。例如，电子课本在特定场景中可能需要满足数字化学习设备和平台的互操作需求，或满足出版系统的信息交互需求。

构成电子课本的信息在逻辑上划分为三个层次，每个层次内部的信息元素和信息结构相对完整，以分别对应电子课本的逐页呈现特征，以及与数字出版领域、教育信息化领域的兼容要求。

本标准中，构成电子课本的信息在逻辑上划分为三个层次，见图1。电子课本整体为最外一层，以页为基本构成单元，对应数字出版领域的兼容要求。中间层为页层，电子课本的页由若干资源和控件构成，对应电子课本的逐页呈现要求。最内层是资源和控件，也是最基础的一层，用于承载电子课本的基本内容和基本交互功能。资源和控件层对应电子课本的可交互特征和教育信息化领域可能出现的兼容要求。

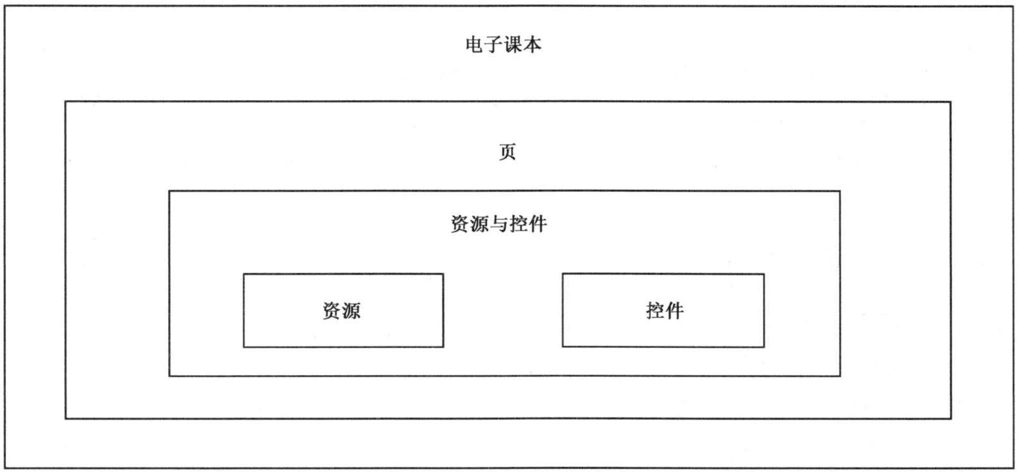

图1　电子课本信息逻辑层次

5　电子课本的信息元素与信息结构

5.1　信息元素

电子课本信息模型中的所有信息元素通过编号、元素名称、解释、约束、元素类型、数据类型、补充说明等7个属性进行描述：

a)　编号。元素的序号，表示了元素的层次结构及其组成成分。

b)　名称。元素的描述性称谓，包括中文名称（必备）和英文名称（可选）。

c)　解释。元素的简要释义。

d)　约束。元素的需要属性，包括必备、可选、条件必备3种类型：

——必备(M)，表示电子课本中应具备该信息元素；

——可选(O)，表示电子课本中可以根据实际情况选择是否具备该信息元素；

——条件必备(C)，表示在满足相应条件时（条件在补充说明中具体描述），电子课本应具备该信息元素。

e)　元素类型。电子课本中的信息元素分为：容器元素、值元素、未定元素。各元素的基本属性如下：

——容器元素。容器元素可以包含一个或多个信息元素，包括：(子)容器元素、值元素和扩展元素。容器元素没有具体的数据类型和值空间；

——值元素。值元素是具有确定的数据类型和值空间的元素，值元素应包含至少一个数据值，并不包含任何子元素；

——未定元素。未定元素指元素的类型不确定，可以是本标准中定义的容器元素、值元素或本标准中未被定义的其他元素。

f) 数据类型。适用于值元素。指元素的取值约束范畴，是由某一类值组成的集合。例如：字符串、布尔型、日期时间、词汇表、数值型等。

g) 补充说明。关于信息元素的其他必要描述信息。

构成电子课本的信息元素见表1。

表1 电子课本信息元素

<table>
<tr><th>编号</th><th>元素名称</th><th>解释</th><th>约束</th><th>元素类型</th><th>数据类型</th><th>补充说明</th></tr>
<tr><td>1</td><td>电子课本元数据</td><td>描述电子课本并解释其属性特征的数据</td><td>M</td><td>容器元素</td><td>不适用</td><td></td></tr>
<tr><td>2</td><td>电子课本的配置信息</td><td>电子课本包含的所有页的列表、排序和分组信息</td><td>M</td><td>容器元素</td><td>不适用</td><td rowspan="2">电子课本中应至少包含1页</td></tr>
<tr><td>3</td><td>页</td><td>构成电子课本的主要信息单元，包含内容和功能</td><td>M</td><td>容器元素</td><td>不适用</td></tr>
<tr><td>3.1</td><td>页的元数据</td><td>对页的基本信息的描述</td><td>O</td><td>容器元素</td><td>不适用</td><td></td></tr>
<tr><td>3.2</td><td>页的配置信息</td><td>对一页中所包含的所有控件、资源的列表、编排和组织方式的信息</td><td>M</td><td>容器元素</td><td>不适用</td><td></td></tr>
<tr><td>3.3</td><td>资源</td><td>用于构成页面内容的单元，包括资源文件(一个或多个)及其描述</td><td>O</td><td>容器元素</td><td>不适用</td><td>允许页中不包含任何资源</td></tr>
<tr><td>3.3.1</td><td>资源元数据</td><td>对资源基本信息的描述</td><td>O</td><td>容器元素</td><td>不适用</td><td></td></tr>
<tr><td>3.3.2</td><td>资源的配置信息</td><td>对资源中所有资源文件(清单)及其组织方式信息的描述</td><td>O</td><td>容器元素</td><td>不适用</td><td></td></tr>
<tr><td>3.3.3</td><td>资源文件</td><td>资源文件是一些实际的内容文件、媒体素材、评估文件或其他以文件形式存在的数据</td><td>C</td><td>未定元素</td><td>不适用</td><td>一个资源至少应包含一个资源文件</td></tr>
<tr><td>3.4</td><td>控件</td><td>在电子课本中可用于实现某种技术功能的，可被独立调用并单独封装的操作对象</td><td>O</td><td>容器元素</td><td>不适用</td><td>允许页中不包含任何控件</td></tr>
<tr><td>3.4.1</td><td>控件元数据</td><td>对控件基本信息的描述</td><td>C</td><td>容器元素</td><td>不适用</td><td></td></tr>
<tr><td>3.4.2</td><td>控件的配置信息</td><td>对控件主体中包含的信息元素(包括承载具体功能的控件程序文件和控件素材文件等)及其组织方式的描述</td><td>C</td><td>未定元素</td><td>不适用</td><td>允许在控件中包含资源和控件；类型可为容器元素或值元素</td></tr>
<tr><td>3.4.3</td><td>控件主体</td><td>控件所执行的具体功能(数据的输入与输出)和控件可视化素材文件</td><td>C</td><td>容器元素</td><td>不适用</td><td></td></tr>
</table>

5.2 信息结构

电子课本的信息结构见图2，信息结构中所有的信息元素均可被电子课本阅读器识别和调用。

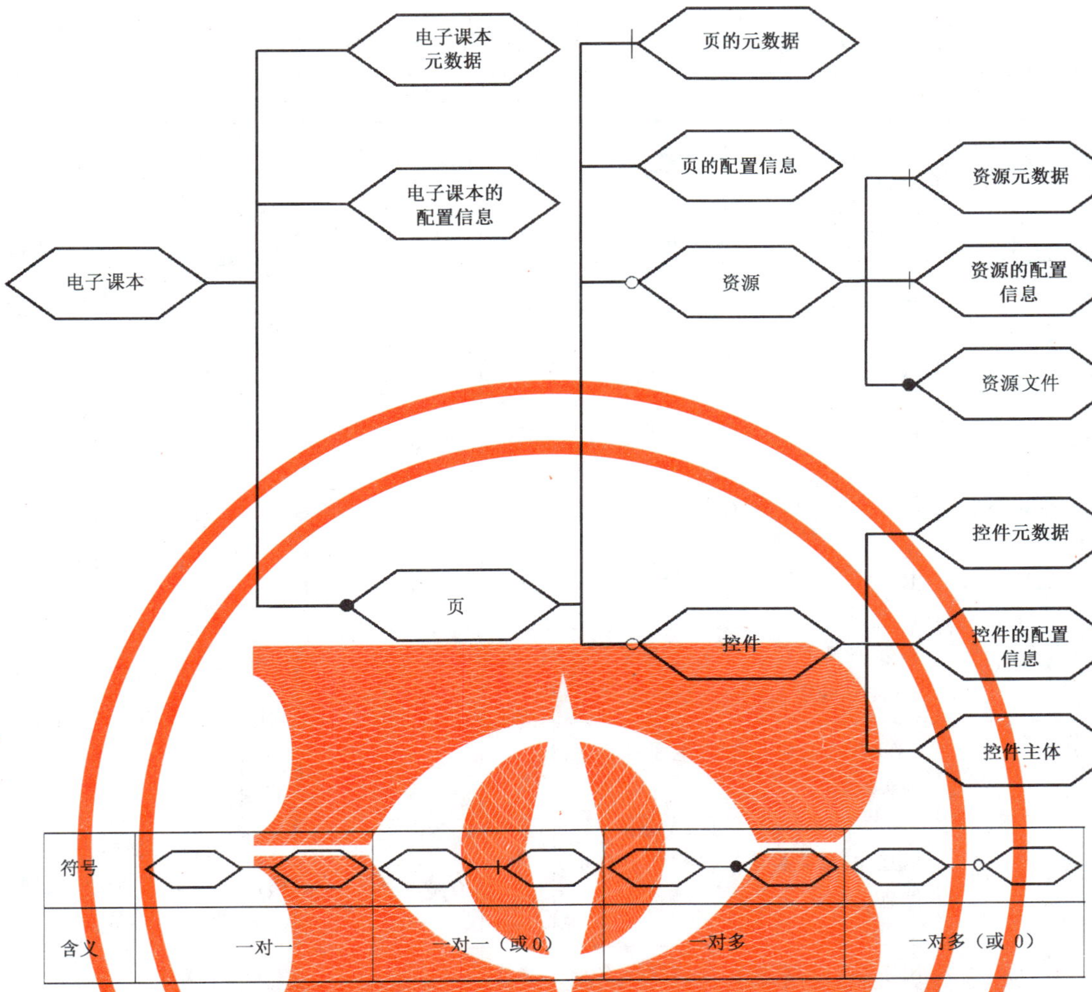

图 2 电子课本信息结构

6 电子课本元数据

电子课本元数据用于描述电子课本整体，见表 2。电子课本元数据与都柏林核心元数据（GB/T 25100—2010）的对应关系参见附录 A。

表 2 电子课本元数据

编号	元素名称	解释	约束	元素类型	数据类型	补充说明
1.1	名称	电子课本的正式完整的名称	M	值元素	字符串	
1.2	标识符	电子课本的唯一标号	M	值元素	字符串	
1.3	版本	电子课本的版本状态信息	M	值元素	字符串	
1.4	贡献者	对电子课本的产出或发展做出贡献的实体	M	容器元素	不适用	
1.4.1	角色	贡献者的角色或贡献方式	M	值元素	字符串	
1.4.2	实体	做出贡献的实体信息	M	值元素	字符串	

表 2（续）

编号	元素名称	解释	约束	元素类型	数据类型	补充说明
1.4.3	贡献时间	贡献者做出贡献或完成贡献的时间	O	值元素	日期时间	
1.5	摘要	对电子课本内容的简要介绍	O	值元素	字符串	
1.6	关键词	表征电子课本特征的重要词语或短语	M	值元素	字符串	最能体现电子课本特点的一个或多个主题词，如：数与代数等
1.7	语种	描述电子课本内容的语言种类	M	值元素	字符串	3 位语言编码，如：chi、eng 等
1.8	学科分类	按知识体系划分的类别	O	值元素	字符串	如：语文、数学、英语等
1.9	适用年级	电子课本适合使用的年级	O	值元素	字符串	如：高中一年级、高中二年级等
1.10	册次	某电子课本在适用年级中的排序或分类、分层的内容模块设置	O	值元素	字符串	如：七年级上、高中选修 2
1.11	价格	发布者或出版者赋予电子课本的购买金额	O	值元素	货币型	如：￥16.99、$ 8.99
1.12	元-元数据	描述电子课本元数据实例自身的信息	M	容器元素	不适用	包括元数据实例的标识符、贡献者、元数据方案等信息
1.12.1	元-元数据方案	用于创建元数据实例的规范名称和版本	M	值元素	字符串	
1.12.2	标识符	元数据实例的唯一标号	O	值元素	字符串	
1.12.3	贡献者	对元数据实例做出贡献的实体	O	值元素	字符串	
1.12.4	语种	元数据使用的主要语言	O	值元素	字符串	
1.13	出版	描述电子课本出版的地点、时间等信息	O	容器元素	不适用	包括电子课本的出版时间、出版地点信息
1.13.1	出版时间	描述出版的日期	C	值元素	日期时间	当出版元素被选用时，出版时间和出版地为必备元素
1.13.2	出版地	描述出版的地点	C	值元素	字符串	
1.14	权限	电子课本使用时的版权、声明等信息	O	值元素	字符串	说明电子课本的使用权限，可包括版权记录、使用许可方式等信息
1.15	来源	电子课本所依据的教科书、课程标准等的名称、年份等信息	O	值元素	字符串	
1.16	审定情况	电子课本经教育行政部分审核或授权审定的情况	O	值元素	字符串	注明电子课本的审定机构和通过时间

表 2（续）

编号	元素名称	解释	约束	元素类型	数据类型	补充说明
1.17	技术要求	使用电子课本所需要的软件、硬件等要求	O	值元素	字符串	注明使用电子课本所需的操作系统、网络环境等的具体要求。如：Android 4.0 及以上等
1.18	格式	描述电子课本封装的技术方式或类型	M	值元素	字符串	
1.19	大小	电子课本的大小，以字节为单位表示	O	值元素	数值型	
1.20	覆盖范围	电子课本所涉及的时间、文化和地理空间，适用的范围和广度	O	值元素	字符串	注明电子课本适用的地名、地理坐标、区域或时间范围等
1.21	位置	获取电子课本的有效链接网络或本地地址	O	值元素	字符串	使用本地 URL 地址或在线访问的地址均可
1.22	类型	描述电子课本的资源类型	O	值元素	字符串	注明资源是何种类型的电子课本。如电子课本符合的标准或兼容的标准等
1.23	关联	描述电子课本关联的相关资源	O	值元素	字符串	

7　电子课本的配置信息

电子课本的配置信息见表 3，其子信息元素包括：所有页的列表，页的组织排序，页的分类（如章节或单元的构成），与页的组织相关的其他信息。

表 3　电子课本的配置信息

编号	元素名称	解释	约束	元素类型	数据类型	补充说明
2.1	页的列表	用于记录构成电子课本的所有页的名称、路径和媒体类型等信息	M	未定元素	不适用	
2.2	页的组织	描述电子课本中所有页的一种或多种编排次序	M	未定元素	不适用	
2.3	页的分类	描述页分类信息（如按内容将页划分为电子封面、版权记录页、各章节等）	M	未定元素	不适用	页的分类信息与页的组织信息相关，不同编排次序下可能有不同的分类
2.4	其他信息	描述除 2.1、2.2、2.3 所列，其他与页的组织相关的信息，或与电子课本层信息元素扩展相关的信息	O	未定元素	不适用	

8 页

8.1 概述

电子课本的页是以便于显示为目的，对电子课本的主要学习内容进行切分后形成的组件单元。能够以逐页（或逐屏）呈现的方式展示其学习内容，是电子课本区别于其他教学软件或学习软件的核心特征之一。页的信息构成见表4，主要由资源与控件聚合形成，其信息元素包括元数据、页的配置信息、资源、控件等。

表4 页的信息构成

编号	元素名称	解释	约束	元素类型	数据类型	补充说明
3.1	页的元数据	对页的基本信息的描述	O	容器元素	不适用	
3.2	页的配置信息	对一页中所包含的所有控件、资源的列表、编排和组织方式的信息	M	容器元素	不适用	类型可为容器元素或值元素
3.3	资源	用于构成页面内容的单元，包括资源文件（一个或多个）及其描述	O	未定元素	不适用	允许页中不包含任何资源或控件，即允许空页
3.4	控件	在电子课本中可用于实现某种技术功能的，可被独立调用并单独封装的操作对象	O	容器元素	不适用	

8.2 页的元数据

在电子课本中，可为页设置元数据。其具体数据元素见表5。

表5 页的元数据

编号	元素名称	解释	约束	元素类型	数据类型	补充说明
3.1.1	标签	在某册电子课本中页的唯一标识	C	值元素	字符串	每册电子课本中，每页的标签是唯一的，如：PageI、P59等；当页的元数据被选用时，此元素必备
3.1.2	标识符	给页分配的唯一标识	O	值元素	字符串	
3.1.3	摘要	对页的内容或功能的简要描述	O	值元素	字符串	
3.1.4	关键词	表征本页内容、功能的重要词语或短语	O	值元素	字符串	
3.1.5	页类型	页所属的类别	O	值元素	字符串	如：空白页、目录页、正文页等
3.1.6	贡献者	对电子课本某页的创作、修改等做出贡献的实体	C	容器元素	不适用	当元数据（页）被选用时，此元素必备
3.1.6.1	角色	贡献者的角色或贡献方式	C	值元素	字符串	

表 5（续）

编号	元素名称	解释	约束	元素类型	数据类型	补充说明
3.1.6.2	实体	做出贡献的实体信息	C	值元素	字符串	
3.1.6.3	贡献时间	贡献者做出贡献或完成贡献的时间	O	值元素	日期时间	
3.1.7	版本	页的版本状态信息	C	值元素	字符串	当元数据（页）被选用时，此元素必备
3.1.8	时间	电子课本页版本对应的日期 时间	C	值元素	日期时间	当元数据（页）被选用时，此元素必备
3.1.9	技术要求	使用电子课本页所需的软件、硬件等要求	O	值元素	字符串	
3.1.10	格式	电子课本页的技术方式或文件类型	O	值元素	字符串	
3.1.11	大小	电子课本页所占空间的大小。以字节为单位表示	O	值元素	数值型	
3.1.12	元-元数据	描述电子课本页的元数据实例自身的信息	C	容器元素	不适用	当元数据（页）被选用时，此元素必备
3.1.12.1	元-元数据方案	用于创建元数据实例的规范名称和版本	C	值元素	字符串	
3.1.12.2	标识符	元数据实例的唯一标号	O	值元素	字符串	
3.1.12.3	贡献者	对元数据实例做出贡献的实体	O	值元素	字符串	
3.1.13	语种	电子课本页所使用的语种。	O	值元素	字符串	
3.1.14	位置	获取电子课本页的有效链接网络或本地地址	O	值元素	字符串	

8.3 页的配置信息

页的配置信息所含的子信息元素见表 6，包括：页内包含所有资源、控件的列表，资源、控件的组织方式和位置信息（例如两个控件之间具有先后次序、包含关系等），以及与资源、控件的组织相关的其他信息。

表 6 页的配置信息

编号	元素名称	解释	约束	元素类型	数据类型	补充说明
3.2.1	资源列表	用于记录构成某一页的所有资源的名称、路径和媒体类型等信息	M	未定元素	不适用	对空白页，应注明资源列表为空
3.2.2	控件列表	用于记录构成某一页的所有控件的名称、路径等信息	O	未定元素	不适用	

表 6（续）

编号	元素名称	解释	约束	元素类型	数据类型	补充说明
3.2.3	资源和控件的组织结构集	用于记录电子课本的页中所包含的资源和控件的位置信息、逻辑关联方式(例如两个控件之间具有先后次序、包含关系,控件与资源之间的交互预设等),以及与资源、控件的组织相关的其他信息	O	未定元素	不适用	
3.2.4	其他信息	描述除 3.2.1、3.2.2、3.2.3 所列,其他与资源和控件的组织相关的信息,或与页层信息元素扩展相关的信息	O	未定元素	不适用	

9 资源与控件

9.1 资源

9.1.1 资源概述

电子课本中的资源由元数据、资源的配置信息和资源文件构成,见表 7。

表 7 资源的信息构成

编号	元素名称	解释	约束	元素类型	数据类型	补充说明
3.3.1	资源元数据	对资源的基本信息的描述	O	容器元素	不适用	
3.3.2	资源文件	一些实际的内容文件、媒体素材、评估文件或其他以文件形式存在的数据	C	未定元素	不适用	一个资源中至少包含一个资源文件
3.3.3	资源的配置信息	资源中所有资源文件的清单,及它们的组织方式信息	O	容器元素	不适用	

9.1.2 资源元数据

电子课本内资源可包含元数据。当资源中包含元数据信息时,应根据 GB/T 21365—2008 确定其数据元素及属性。

9.1.3 资源文件

资源文件是一些实际的内容文件、媒体素材、评估文件或其他以文件形式存在的数据,可直接使用,也可通过资源文件集的资源文件组织信息来使用。一个资源中至少包含一个资源文件。

9.1.4 资源的配置信息

资源的配置信息见表 8,包含了资源中所有资源文件的清单及其组织方式等信息。对一些内部结构较为复杂的具有多资源文件的资源来说,资源啊的配置信息是必须的。

表 8　资源的配置信息

编号	元素名称	解释	约束	元素类型	数据类型	补充说明
3.3.3.1	资源组织结构集	用于描述资源文件的组织方式信息,用于一些内部结构较为复杂的具有多资源文件的资源	O	未定元素	不适用	
3.3.3.2	资源文件集	用于记录构成某一页的所有控件的名称、路径等信息	C	未定元素	不适用	资源的配置信息被选用时,资源文件集为必备元素
3.3.3.3	其他信息	描述除 3.3.3.1、3.3.3.2 所列,其他与资源文件的组织相关的信息,或其他与资源相关的扩展信息	O	未定元素	不适用	

9.2　控件

9.2.1　控件概述

在电子课本中可用于实现某种交互性技术功能的,可被独立调用并单独封装的操作对象。控件的信息由元数据、控件主体、功能描述构成。具体信息构成见表 9。

表 9　控件的信息构成

编号	元素名称	解释	约束	元素类型	数据类型	补充说明
3.4.1	控件元数据	对控件基本信息的描述	C	容器元素	不适用	存在控件时则该元素必备
3.4.2	控件的配置信息	描述每个控件的文件位置、组织结构等信息。	C	容器元素	不适用	
3.4.3	控件主体	承载控件功能(包括属性和方法)并能够实现这些功能的数据集	C	未定元素	不适用	

9.2.2　控件元数据

当电子课本中存在控件时,应包含该控件的元数据信息。控件的元数据见表 10。

表 10　控件元数据

编号	元素名称	解释	约束	元素类型	数据类型	补充说明
3.4.1.1	控件名称	控件的命名	C	值元素	字符串	控件的通用名称,如:画廊、视频播放器等等;当电子课本中存在控件时,此元素必备
3.4.1.2	控件标识符	控件的唯一标号	O	值元素	字符串	

表 10（续）

编号	元素名称	解释	约束	元素类型	数据类型	补充说明
3.4.1.3	控件功能	对控件功能的简要说明,包括基本作用、功能特点等	C	值元素	字符串	当电子课本中存在控件时,此元素必备
3.4.1.4	语种	使用控件时呈现的语种	O	值元素	字符串	
3.4.1.5	贡献者	页所属的类别	O	容器元素	不适用	包括角色、实体信息。角色有设计者、开发者、更新者等
3.4.1.5.1	角色	贡献者的角色或贡献方式	C	值元素	字符串	当电子课本中存在控件时,此元素必备
3.4.1.5.2	实体	做出贡献的实体信息	C	值元素	字符串	
3.4.1.5.3	贡献时间	贡献者做出贡献或完成贡献的时间	O	值元素	日期时间	
3.4.1.6	关键词	表征控件特征的重要词语或短语	O	值元素	字符串	
3.4.1.7	控件类型	某控件所划归的类别	C	值元素	字符串	如:按学科分类、按作用对象分类等;当电子课本中存在控件时,此元素必备
3.4.1.8	技术要求	使用控件所需的软件、硬件等要求	O	值元素	字符串	注明使用控件所需的网络环境、软件等要求
3.4.1.9	元-元数据	描述控件的元数据实例自身的信息	C	容器元素	字符串	当电子课本中存在控件时,此元素必备
3.4.1.9.1	元-元数据方案	用于创建元数据实例的规范名称和版本	C	值元素	字符串	
3.4.1.9.2	标识符	元数据实例的唯一标号	O	值元素	字符串	
3.4.1.9.3	贡献者	对元数据实例做出贡献的实体	O	值元素	字符串	
3.4.1.9.4	语种	元数据实例的语种	O	值元素	字符串	
3.4.1.10	格式	控件的技术方式或文件类型	O	值元素	字符串	
3.4.1.11	位置	获取控件主体的有效链接网络或本地地址	O	值元素	字符串	使用本地 URL 地址或在线访问的地址等均可

9.2.3 控件的配置信息

控件的配置信息见表 11,是用于描述每个控件的文件列表、组织结构等信息的元素。控件的配置信息对的控件来说是必须的。

表 11 控件的配置信息

编号	元素名称	解释	约束	元素类型	数据类型	补充说明
3.4.2.1	控件组织结构集	用于描述控件主体中所有文件的组织方式	C	未定元素	不适用	当电子课本中存在控件时，此元素必备
3.4.2.2	控件文件列表	描述控件主体中所有控件运行文件和控件素材文件的文件名及相对路径	C	未定元素	不适用	
3.4.2.3	其他信息	描述除3.4.2.1、3.4.2.2所列，其他与控件主体中的文件组织相关的信息，或其他与控件功能相关的扩展信息	O	未定元素	不适用	

9.2.4 控件主体

控件主体中包含了技术功能的属性、方法、指令等信息，并能够在电子课本中完成特定功能的实现。具有可视化特征的控件，其控件主体还应包含用于呈现控件的各类素材文件。

10 信息元素的扩展

电子课本的信息元素允许扩展，扩展的元素类型可以是容器型、数值型、扩展型。电子课本信息模型中的扩展点包括：

a) 所有元数据中允许扩展新的数据元素，但新元素不得与已有元素的名称、语义发生冲突。

b) 电子课本层允许扩展基本信息、页、配置信息之外的信息元素，扩展的信息元素与已有信息元素之间的组织关系应在配置信息中体现。

c) 页层允许扩展元数据、页的配置信息、资源、控件之外的信息元素，扩展的信息元素与已有信息元素之间的组织关系应在页的配置信息中体现。

附　录　A
（资料性附录）
电子课本元数据与都柏林核心元数据的对应关系

电子课本元数据与都柏林核心元数据的对应关系见表 A.1。

表 A.1　电子课本元数据与都柏林核心元数据的对应关系

<table>
<tr><th>电子课本元数据元素</th><th>都柏林核心元数据元素</th><th>补充说明</th></tr>
<tr><td>1.1　名称</td><td>名称</td><td></td></tr>
<tr><td>1.4　贡献者</td><td>创建者</td><td></td></tr>
<tr><td>1.6　关键词</td><td>主题</td><td></td></tr>
<tr><td>1.5　摘要</td><td>描述</td><td></td></tr>
<tr><td>1.4　贡献者</td><td>出版者</td><td></td></tr>
<tr><td>1.4　贡献者</td><td>其他责任者</td><td></td></tr>
<tr><td>1.4.3　贡献者-贡献时间</td><td rowspan="2">日期</td><td>非正式出版的电子课本宜选用此时间作为特征日期</td></tr>
<tr><td>1.13.1　出版-出版时间</td><td>正式出版的电子课本宜选用此时间作为特征日期</td></tr>
<tr><td>1.22　类型</td><td>类型</td><td></td></tr>
<tr><td>1.18　格式</td><td>格式</td><td></td></tr>
<tr><td>1.2　标识符</td><td>标识符</td><td></td></tr>
<tr><td>1.15　来源</td><td>来源</td><td></td></tr>
<tr><td>1.7　语种</td><td>语种</td><td></td></tr>
<tr><td>1.23　关联</td><td>关联</td><td></td></tr>
<tr><td>1.20　时空范围</td><td>时空范围</td><td></td></tr>
<tr><td>1.14　权限</td><td>权限</td><td></td></tr>
</table>

参 考 文 献

[1] GB/T 5271.17—2010 信息技术 词汇 第17部分:数据库
[2] GB/T 25100—2010 信息与文献 都柏林核心元数据元素集
[3] GB/T 26622—2010 信息技术 学习、教育和培训 内容包装
[4] GB/T 29802—2013 信息技术 学习、教育和培训 测试试题信息模型
[5] CY/T 125—2015 中小学数字教材加工规范
[6] 许哲,顾小清.电子课本国际标准的发展与追踪调研[J].现代远程教育研究,2014,(01):62-71.
[7] 傅伟,葛鑫,屈劲,顾洁.电子课本数字版权管理方案设计与技术验证[J].现代远程教育研究,2014,(01):72-78.
[8] 傅伟,许哲.电子课本元数据模型设计[J].中国电化教育,2013,(12):83-88.
[9] 傅伟,顾小清.兼容与超越:电子课本的内容包装设计[J].远程教育杂志,2013,(02):80-87.
[10] 顾小清,傅伟,齐贵超.连接阅读与学习:电子课本的信息模型设计[J].华东师范大学学报(自然科学版),2012,(02):81-90.

ICS 35.110
L 78

中华人民共和国国家标准

GB/T 36454—2018

信息技术　系统间远程通信和信息交换中高速无线局域网媒体访问控制和物理层规范

Information technology—Telecommunications and information exchange between systems—Medium access control and physical layer specifications for middle-high throughput wireless local area network

2018-06-07 发布　　　　2019-01-01 实施

国家市场监督管理总局
中国国家标准化管理委员会　发布

前　言

本标准按照 GB/T 1.1—2009 给出的规则起草。

本标准由全国信息技术标准化技术委员会(SAC/TC 28)提出并归口。

本标准起草单位:北京新岸线移动多媒体技术有限公司、中国电子技术标准化研究院、中国传媒大学、天津大学、东南大学、电子科技大学、北京邮电大学、中科院微电子研究所、中国农业大学。

本标准主要起草人:徐冬梅、雷俊、刘慎发、于晓燕、王凯、张晖、徐伟掌、杨晋生、沈连丰、冷甦鹏、张宁波、王云峰、李振波、陈英义、王成然。

引　言

本文件的发布机构提请注意，声明符合本文件时，涉及相关的专利的使用。本文件所涉及的专利相关信息见表1。

表1　已知专利及对应章条段

专利号	专利名称	对应条款
201280012769.4	一种无线通信方法、发送装置及接收装置	7.1,7.2,7.3.2
201280013108.3	一种数据传输方法和装置	7.1,7.3,7.4
201280013150.5	一种用于资源请求的方法、站点和中心访问点	7.2,7.2.2,7.3.4.7,8.6.1,8.6.2,8.9
201110191160.5	一种用于重传的方法和装置	7.2,7.2.3,7.3.4.11,7.3.4.12,7.4,8.9,8.10
201280013095.X	一种用于帧确认的方法和装置	7.2,7.2.3,7.3.4.11,7.3.4.12,8.9,8.10
201110190767.1	一种用于帧确认的方法和装置	7.2,7.2.3,7.3.4.11,7.3.4.12,8.9,8.10
201280013145.4	一种用于帧确认的方法和装置	7.2,7.2.3,8.9,8.10
201280012712.4	用于数据传输的方法及装置	7.3.4.1
201280012763.7	用于访问无线网络的方法及装置	7.3.4.2,7.3.4.3,8.4.3,8.14.2.1,8.14.3.3,8.17,9.8.3,9.8.4
201280012672.3	用于访问无线网络的方法及装置	7.3.4.4,7.3.4.5,8.4.4,8.14.3.4,9.5.6.3
201280012986.3	无线通信系统中导频的配置方法及装置	7.3.4.4～7.3.4.6,9.5.3
201280012987.8	无线通信系统中解调导频的调整方法及系统	7.3.4.4～7.3.4.6,9.5.3
201280012693.5	业务流管理方法及装置	7.3.4.6,8.5.1
201280012561.2	业务流建立方法和装置、及业务流修改方法和装置	7.3.4.6,8.5.1,8.5.2,8.7.2
201280012683.1	业务流删除方法及装置	7.3.4.6,8.5.3
201280013147.3	一种用于资源请求的方法、站点和中心访问点	7.3.4.7,8.6.1,8.6.2,8.13,8.14.1.2,9.8.2.1
201280012796.1	一种用于实现链路自适应的方法、网络设备和终端设备	7.3.4.9,8.11,9.4,9.5.6.4
201280012802.3	一种用于实现链路自适应的方法、终端设备及网络设备	7.3.4.9,8.11.1.3
201280012514.8	节电方法及装置	7.3.4.15,7.3.4.16,8.16
201280013020.1	一种数据发送、接收方法和装置	7.4,8.8,8.10

表 1（续）

专利号	专利名称	对应条款
201280012764.1	用于访问无线网络的方法及装置	8.4.3,9.4.1
201110189177.7	一种用于资源分配的方法、装置及系统	8.6.1
201280012844.7	无线通信系统、网络设备及终端设备	8.11.1.2,9
201280012870.X	无线通信系统与设备	9
201280012898.3	用于无线通信的装置	9
201280012885.6	用于无线通信的装置	9.1.1
201280012780.0	一种用于数据传输的方法和设备	9.2
201280012767.5	一种用于数据传输的方法及装置	9.2.3.3,附录 G
201280013011.2	一种调度方法、网络设备和终端设备	9,8.11
201280012812.7	一种资源调度方法和设备	9,8.11.1.2
201280012988.2	无线通信系统及其通信方法	9.7,9.8
201280012538.3	上行访问开环功率控制的方法及装置	9.9.1
201280013155.8	上行传输开环功率控制方法及装置	9.9.1

本文件的发布机构对于该专利的真实性、有效性和范围无任何立场。

该专利持有人已向本文件的发布机构保证，愿意同任何申请人在合理且无歧视的条款和条件下，就专利授权许可进行谈判。该专利持有人的声明已在本文件的发布机构备案。相关信息可以通过以下联系方式获得：

专利持有人名称：北京新岸线移动多媒体技术有限公司

地址：北京市海淀区清华科技园科技大厦 A 座 16 层

联系人：郑兴旺

联系电话：010-82150688

请注意除上述专利外，本文件的某些内容仍可能涉及专利。本文件的发布机构不承担识别这些专利的责任。

信息技术 系统间远程通信和信息交换 中高速无线局域网媒体访问控制和物理层规范

1 范围

本标准规定了中高速无线局域网媒体访问控制和物理层规范，包括：系统参考模型、媒体访问控制层结构、媒体访问控制层帧格式、媒体访问控制层功能、物理层等。

本标准适用于中高速无线局域网系统的设计、开发和生产。

2 规范性引用文件

下列文件对于本文件的应用是必不可少的。凡是注日期的引用文件，仅注日期的版本适用于本文件。凡是不注日期的引用文件，其最新版本（包括所有的修改单）适用于本文件。

GB 15629.11—2003 信息技术 系统间远程通信和信息交换 局域网和城域网 特定要求 第11部分：无线局域网媒体访问控制和物理层规范

GB 15629.11—2003/XG1—2006 信息技术 系统间远程通信和信息交换 局域网和城域网 特定要求 第11部分：无线局域网媒体访问控制和物理层规范 第1号修改单

3 术语和定义

下列术语和定义适用于本文件。

3.1

媒体访问控制协议数据单元 medium access control protocol data unit

两个对等 MAC 实体之间利用 PHY 层服务所交换的数据单元。

3.2

MAC 管理协议数据单元 MAC management protocol data unit

两个对等 MAC 实体之间为实现 MAC 管理协议所交换的数据单元。

3.3

MAC 服务数据单元 MAC service data unit

MAC 服务访问点之间作为单元而交付的信息。

3.4

中心访问点 central access point

为访问的站点提供访问服务的实体。

3.5

站点 station

具有 MAC 和 PHY 功能接口，能与 CAP 通信的终端设备。

3.6

调制编码方案　modulation and coding scheme

在空间流上采用的特定调制方式和编码速率的组合。

3.7

波束赋形　beam forming

根据已知的信道条件,对发送数据进行预处理的一种技术。

3.8

空间流　space stream

空间并行发射的数据流。

3.9

空时流　space time stream

对空间流进行空时编码后的空时编码流。

3.10

组确认　group acknowledgement

批量反馈确认信息的方式。

3.11

短前导序列　short preamble sequence

用于自动增益控制和粗同步的训练序列。

3.12

长前导序列　long preamble sequence

用于细同步和信道估计的训练序列。

3.13

系统信息信道　system information channel

包含帧结构配置等系统信息的物理信道。

3.14

控制信道　control channel

包含用户上下行传输调度信息的物理信道。

3.15

下行探测信道　downlink sounding channel

用于发送下行探测信号,完成下行信道测量的物理信道。

3.16

上行探测信道　uplink sounding channel

用于发送上行探测信号,完成上行信道测量的物理信道。

3.17

上行调度请求信道　uplink scheduling request channel

用于发送上行调度请求信号的物理信道。

3.18

上行随机访问信道　uplink random access channel

用于发送上行随机访问信号的物理信道。

3.19

下行传输信道　downlink transmission channel

用于传输用户下行业务数据和控制信息的物理信道。

3.20

上行传输信道　uplink transmission channel

用于传输用户上行业务数据和反馈信息的物理信道。

3.21

下行保护间隔　downlink guard interval

物理层帧结构中下行到上行转换的保护间隔。

3.22

上行保护间隔　uplink guard interval

物理层帧结构中上行到下行转换的保护间隔。

4　缩略语

下列缩略语适用于本文件。

ACK：确认(Acknowledgement)

ARQ：自动请求重传(Automatic Repeat Request)

BCC：二进制卷积码(Binary Convolutional Code)

BCF：广播信息帧(Broadcasting Control Frame)

BFM：波束赋形矩阵(Beam forming Matrix)

BPSK：二相相移键控(Binary Phase Shift Keying)

BS：缓存大小(Buffer Size)

BSTAID：广播 STAID(Broadcasting STAID)

CAP：访问点(Central Access Point)

CCH：控制信道(Control Channel)

CP：循环前缀(Cyclic Prefix)

CQI：信道质量信息(Channel Quality Information)

CRC：循环冗余校验(Cyclic Redundancy Check)

CSI：信道状态信息(Channel State Information)

DL-SCH：下行探测信道(Downlink Sounding Channel)

DL-TCH：下行传输信道(Downlink Transmission Channel)

DSA：动态业务建立(Dynamic Service Addition)

DSC：动态业务改变(Dynamic Service Change)

DSD：动态业务删除(Dynamic Service Delete)

EQM：同等调制(Equal Modulation)

EUHT：增强型超高吞吐(Enhanced Ultra High Throughput)

FCS：帧校验序列(Frame Check Sequence)

FFT：快速傅里叶变换(Fast Fourier Transform)

FID：流标识(Flow ID)

FPI：反馈子载波间隔(Feedback Pilot Interval)

FSN：分片号(Fragment Sequence Number)

G-MPDU：组 MAC 协议数据单元(Group MPDU)

GroupACK：组确认(Group Acknowledgement)

IFFT：逆快速傅里叶变换(Inverse Fast Fourier Transform)

IP：因特网协议(Internet Protocol)

LDPC:低密度奇偶校验码(Low Density Parity Code)
L-Preamble:长前导(Long Preamble)
LSB:最低有效位(Least Significant Bit)
MAC:媒体访问控制(Media Access Control)
MCS:调制编码方案(Modulation and Coding Scheme)
MIMO:多输入多输出(Multiple Input Multiple Output)
MMPDU:MAC 管理协议数据单元(MAC Management Protocol Data Unit)
MPDU:MAC 协议数据单元(MAC Protocol Data Unit)
MSB:最高有效位(Most Significant Bit)
MSDU:MAC 业务数据单元(MAC Service Data Unit)
MU-MIMO:多用户 MIMO(Multiple User MIMO)
OFDM:正交频分复用(Orthogonal Frequency Division Multiplexing)
PDU:协议数据单元(Protocol Data Unit)
PHY:物理层(Physical layer)
PICS:协议实现一致性声明(Protocol implementation consistent assertion)
PN:伪噪声(Pseudo Noise)
QAM:正交幅度调制(Quadrature Amplitude Modulation)
QoS:服务质量(Quality Of Service)
QPSK:四相相移键控(Quadrature Phase Shift Keying)
RA:随机访问(Random Access)
REQ:请求(Request)
RMS:根均方(Root Mean Square)
RSP:响应(Response)
SBC:终端基本能力(STA Basic Capability)
SDU:服务数据单元(Service Data Unit)
SICH:系统信息信道(System Information Channel)
SINR:信干噪比(Signal To Interference Noise Ratio)
SN:序号(Sequence Number)
SNR:信噪比(Signal To Noise Ratio)
S-Preamble:短前导(Short Preamble)
SSN:起始序号(Starting Sequence Number)
STA:站点(Station)
STAID:站点标识(STA Identifier)
STBC:空时分组编码(Space Time Block Code)
SU-MIMO:单用户 MIMO(Single User MIMO)
TDD:时分双工(Time Division Duplexing)
TSTAID:临时站点标识(Temporary STAID)
UEQM:不等调制(Unequal Modulation)
UGI:上行保护间隔(Uplink Guard Interval)
UL-RACH:上行随机访问信道(Uplink Random Access Channel)
UL-SCH:上行探测信道(Uplink Sounding Channel)
UL-SRCH:上行调度请求信道(Uplink Schedule Request Channel)
UL-TCH:上行传输信道(Uplink Transmission Channel)

5 系统参考模型

系统参考模型见图1,其中各层的主要功能如下:

a) MAC层包括适配子层和MAC子层:

——适配子层:主要提供外部网络数据和本部分MAC层业务数据单元(MSDU)之间的映射和转换的功能;

——MAC子层:除了担当媒体访问控制功能外,还包括对系统的管理和控制以及对PHY的特定功能的支持。

b) PHY层主要提供将MAC层协议数据单元(MPDU)映射到相应的物理信道的PHY传输机制,采用了正交频分复用(OFDM)和多入多出(MIMO)技术。

MAC和PHY层的PICS见附录A。

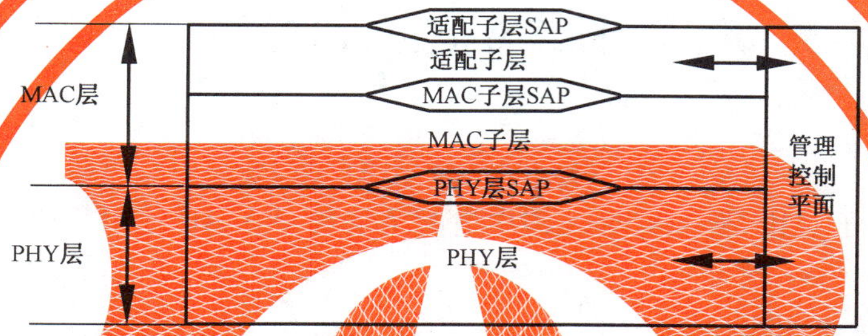

图1 系统参考模型

6 媒体访问控制层概述

6.1 概述

MAC层用于管理和控制多个用户之间分配和共享物理层传输资源,功能组成见图2。本标准定义的MAC层具有如下特征:

——系统采用面向多用户调度的集中控制架构;

——系统MAC层提供面向连接的服务,支持不同优先级业务的QoS。

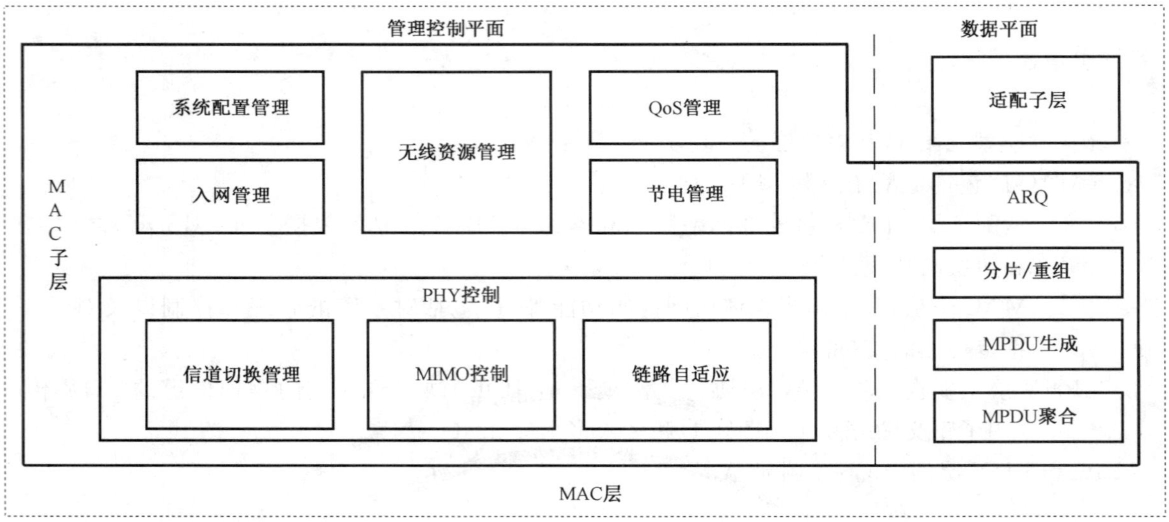

图 2　MAC 层功能组成

6.2　适配子层

MAC 层分为适配子层和 MAC 子层。其中适配子层使用 MAC 子层提供的服务。适配子层完成功能如下：

——接收来自上层的 SDU；

——对接收的上层 SDU 进行分类；

——将本层生成的适配子层的 PDU 送给 MAC 子层；

——接收对等实体中适配子层的 SDU。

6.3　媒体访问控制子层

MAC 子层基本功能分为管理控制平面和数据平面。

管理控制平面包括如下功能：

a)　系统配置：管理系统配置消息，并和终端交互系统配置信息。

b)　无线资源管理：主要完成业务调度功能，基于业务参数和信道条件完成资源分配，具备负载均衡、访问控制等功能。

c)　入网管理：负责初始化和访问流程，产生访问流程所需的消息，包括：访问码选择、能力协商等。

d)　QoS 管理：管理业务的 QoS 参数，并维护每个业务流的建立、修改和删除等。

e)　节电管理：管理无业务的 STA 进入休眠状态，以及从休眠状态回到激活状态。

f)　PHY 层控制，主要包括以下子功能：

1)　信道管理：包含信道切换、管理频谱测量和消息报告；

2)　MIMO 管理：信道探测机制，确定和选择 MIMO 工作模式确定和选择；

3)　链路自适应：

——CQI 测量和反馈；

——MCS 选择和反馈；

——功率的控制和管理。

数据平面包括如下功能：

——自动请求重传(ARQ)：对 MAC 层的 MPDU 或者分片/聚合 MPDU 的确认和重传操作；

——分片/重组：根据调度结果发端将上层业务数据单元进行分片处理后发送给下一个处理模块，

在接收端将多个分片重组恢复；

——MPDU 生成：将上层业务单元封装成基本的 MAC 帧，然后发送给下一个处理模块；

——MPDU 聚合：根据调度结果发端将上层业务数据单元进行聚合操作。

7 媒体访问控制帧格式

7.1 通用媒体访问控制帧格式

7.1.1 通用媒体访问控制帧格式概述

MAC 协议数据单元(MPDU)的帧格式见图 3。每一个 MPDU 都可以被分成三部分。第一部分为定长的通用 MAC 头；第二部分为 MPDU 所携带的净荷；第三部分为校验(FCS)信息。

MAC 帧中的所有字段包含的比特按照从低到高进行编号，按照从低到高的顺序发送到物理层。一个字节内的比特按照由左(LSB)到右(MSB)的顺序传送到物理层。同一字段内包含的比特按照从低到高的编号顺序对应十进制数，例如 b9～b11＝000，对应 0；b9～b11＝001，对应 4。

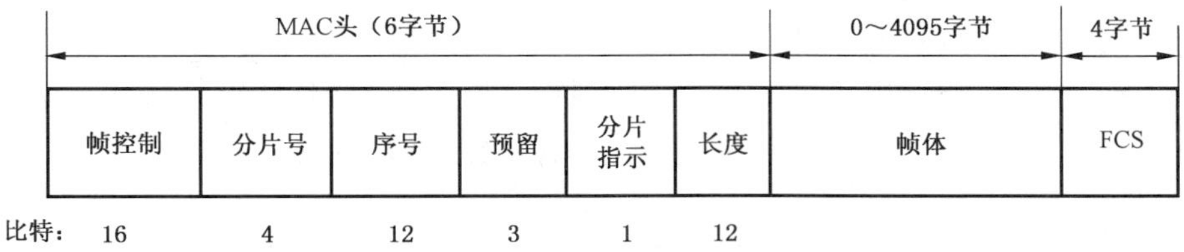

图 3 通用 MAC 帧格式

7.1.2 帧控制字段

7.1.2.1 帧控制字段概述

帧控制域包含下列字段：协议版本、帧类型、子类型、流标识(FID)、重传指示和预留，具体格式见图 4所示。所有 MAC 帧都包含帧控制字段。

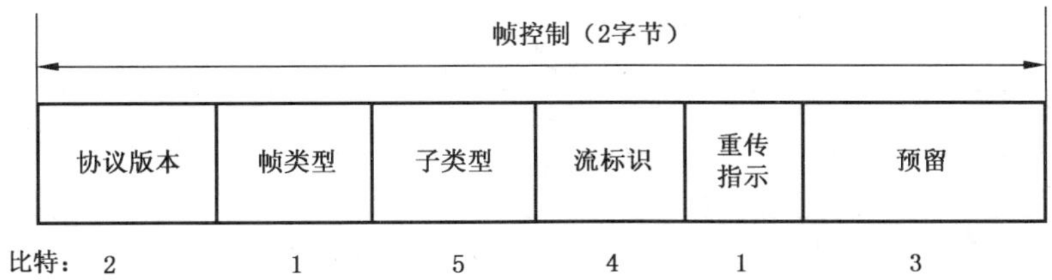

图 4 帧控制域

7.1.2.2 协议版本字段

协议版本字段长度为 2 比特，且在本标准的所有修订版中长度和位置始终不变。对本标准而言，协议版本值为 0，所有的其他值保留。

7.1.2.3 帧类型和子类型字段

帧类型字段长度为 1 比特，子类型字段长度为 5 比特，这两个字段共同标识帧的功能。帧类型共有两种类型：管理控制和数据。每种帧类型又分为几种子类型。表 2 定义了类型和子类型的各种有效组合。

表 2　有效的类型和子类型的组合

类型 b2	类型描述	子类型值 b7 b6 b5 b4 b3	子类型描述
0	管理控制	00000	广播信息帧(BCF)
		00001	随机访问请求帧(RA-REQ)
		00010	随机访问响应帧(RA-RSP)
		00011	终端基本能力协商请求帧(SBC-REQ)
		00100	终端基本能力协商响应帧(SBC-RSP)
		00101	动态业务建立请求帧(DSA-REQ)
		00110	动态业务建立响应帧(DSA-RSP)
		00111	动态业务修改请求帧(DSC-REQ)
		01000	动态业务修改响应帧(DSC-RSP)
		01001	动态业务删除请求帧(DSD-REQ)
		01010	动态业务删除响应帧(DSD-RSP)
		01011	独立资源请求帧(RES-REQ)
		01100	基于信道状态信息的多入多出反馈帧(CSI-MIMO)
		01101	信道质量反馈帧(CQI-FB)
		01110	保留
		01111	基于波束赋形矩阵的反馈帧(BFM-MIMO)
		10000	确认帧(ACK)
		10001	组确认请求帧(GroupAckReq)
		10010	组确认帧(GroupAck)
		10011	退出网络帧(Quit)
		10100	信道切换通知帧(CSW-INF)
		10101	休眠请求帧(SLP-REQ)
		10110	休眠响应帧(SLP-RSP)
		10111	下行业务指示帧(DTF-IND)
		11000～11111	保留
1	数据	00000	数据帧(DATA)
		00001	数据填充帧(PAD-DATA)
		00010～11111	保留

7.1.2.4　流标识(FID)字段

FID 字段的长度为 4 比特。0000 用于管理控制流,0001～1111 用于数据流。

7.1.2.5 重传指示字段

重传指示字段长度为1比特。若当前帧为前面帧的重传帧,该字段设置为1;否则,设置为0。

7.1.2.6 预留字段

预留字段为3比特,默认设置为0。

7.1.2.7 分片号字段

分片号字段长度为4比特,用于指示MSDU/MMPDU的每个分片的编号,取值范围为0～15。当MSDU/MMPDU仅有一个分片时,分片号为0;当MSDU/MMPDU有多个分片时,其第一个分片号为0。同一MSDU/MMPDU的不同分片的分片号以1递增。

7.1.2.8 序号字段

序号字段长度为12比特,取值范围为0～4095,用以指示MSDU/MMPDU的序列编号。一个FID流内所有发送的MSDU/MMPDU均被分配一个序号。第一个MSDU/MMPDU序号为0,同一FID内不同MSDU/MMPDU的序号以1递增。

7.1.2.9 预留

预留字段为3比特,默认设置为0。

7.1.3 分片指示字段

分片指示字段长度为1比特。在所有的数据帧或有序列号管理控制帧中,若后面还有当前MSDU/MMPDU的分片,该字段被设置为1;否则,该字段被设置为0。

7.1.4 长度字段

长度字段为12比特,表示MAC头字段与FCS字段之间所有字段的总字节长度。

7.1.5 帧体字段

帧体字段的长度是可变的,最小帧体长度为0字节,最大帧体长度为4095字节。

7.1.6 帧校验序列字段

FCS字段是一个32比特长的字段,包含一个32比特CRC。FCS由MAC帧头和帧体的全部字段计算得到。

FCS采用下述32次方标准多项式计算得到,见式(1):

$$G(x)=x^{32}+x^{26}+x^{23}+x^{22}+x^{16}+x^{12}+x^{11}+x^{10}+x^{8}+x^{7}+x^{5}+x^{4}+x^{2}+x+1 \cdots (1)$$

寄存器初始状态为0xFFFFFFFF,运算结束后将寄存器状态取反作为FCS字段输出。FCS字段按照从高阶到低阶的字节顺序进行发送。

7.2 数据帧

7.2.1 数据帧格式

数据帧的帧格式见图5。

	MAC头（6字节）								0～4095字节	4字节
	帧控制	分片号	序号	预留	随路请求指示	立即/延迟确认	分片指示	长度	帧体	FCS
比特：	16	4	12	1	1	1	1	12		

图5　数据帧格式

7.2.2　预留字段

该字段长度为1比特，默认设置为0。

7.2.3　随路请求指示字段

随路请求指示字段长度为1比特。该字段为1，表示在帧体部分的最前面会增加一个随路资源请求字段；该字段为0，表示无随路资源请求字段。

7.2.4　立即/延迟确认字段

立即/延迟确认字段长度为1比特。该字段为1，表示发送端通知接收端，收到该帧后需要对所有未确认的数据帧立即确认；该字段为0，表示发送端允许接收端收到该帧后延迟确认。

7.2.5　数据填充帧

类型为1，并且子类型为00001时，表示为数据填充帧，此时帧体部分为无效数据，只起占位作用。

7.3　管理控制帧

7.3.1　概述

管理控制帧包括有序列号管理控制帧和无序列号管理控制帧。

无序列号管理控制帧包括：随机访问请求帧、随机访问响应帧、终端基本能力协商请求帧、终端基本能力协商响应帧、动态业务建立请求帧、动态业务建立响应帧、动态业务修改请求帧、动态业务修改响应帧、动态业务删除请求帧、动态业务删除响应帧、独立资源请求帧、ACK帧、GroupAckReq帧、GroupAck帧、退出网络帧、信道切换通知帧、休眠请求帧、休眠响应帧和下行业务指示帧。

有序列号管理控制帧包括：BCF帧、CSI-MIMO帧、BFM-MIMO帧、CQI-FB帧。

7.3.2　无序列号管理控制帧通用帧格式

无序列号管理控制帧通用帧格式见图6。

2字节		4字节
帧控制	帧体	FCS

图6　无序列号管理控制帧通用帧格式

7.3.3　有序列号管理控制帧通用帧格式

有序列号管理控制帧通用帧格式见图7。

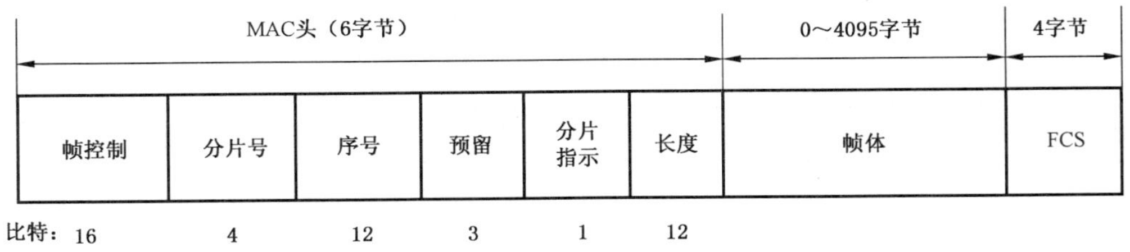

图 7　有序列号管理控制帧通用帧格式

7.3.4　管理控制帧定义

7.3.4.1　广播控制帧

BCF 帧用于 CAP 广播能力。

帧体包含固定和可扩展部分。固定部分的信息见表 3。可扩展部分可以是 TLV 结构。

表 3　BCF 帧体固定部分

信息	长度/比特	备　　注
CAP-MAC 地址	48	CAP 的唯一标识
工作信道号	8	CAP 占用的信道编号最小值，见附录 B
工作带宽	2	用于广播 CAP 的支持的工作带宽， 0:20 MHz； 1:40 MHz； 2:80 MHz； 3:保留
CAP 端天线配置	3	用于指示 CAP 端最多的天线配置， 0:1 根天线； 1:2 根天线； 2:3 根天线； 3:4 根天线； 4:5 根天线； 5:6 根天线； 6:7 根天线； 7:8 根天线
预留	3	默认设置为 0
网络别名长度	8	网络别名字段的有效长度，取值范围 1～31，单位字节
网络别名	248	以字母或数字开头的字符串，最大长度是 31 字节
时间戳	64	提供一个 CAP 内的公共时钟，用于 STA 初始化的系统同步，单位 μs
BCF 间隔	16	指示 BCF 帧出现的时间周期，单位 ms
随机访问退避的最小窗口	4	用于随机访问退避窗口的控制，最小窗口取值范围 0～2^n-1
调度请求退避的最小窗口	4	用于基于竞争的资源请求的退避窗口的控制，最小窗口取值范围0～2^n-1

表 3（续）

信息	长度/比特	备　注
随机访问退避的最大窗口	8	用于随机访问退避窗口的控制，最大窗口取值范围 $0\sim2^{n}-1$
调度请求退避的最大窗口	8	用于基于竞争的资源请求的退避窗口的控制，最大窗口取值范围 $0\sim2^{n}-1$
CAP　发射功率	8	指示 CAP 当前的发射功率， 该字段对应带符号的十进制数为 n，$n=-128\sim127$（负数部分以补码形式表示）；CAP 发射功率为 ndBm
预留	5	默认设置为 0
下行探测导频图样	3	指示下行探测导频图样索引（表 F.1）
下行探测信道的位置	8	指示下行探测信道在 DL-TCH 信道中的位置。该字段对应十进制数为 n，$n=0\sim255$，下行探测信道将 DL-TCH 信道分为前后两部分，后一部分共有 n 个 OFDM 符号
解调导频时域间隔 0	7	相邻解调导频时间域间隔的 OFDM 符号个数（短间隔配置）
解调导频时域间隔 1	9	相邻解调导频时间域间隔的 OFDM 符号个数（长间隔配置）
DGI	2	下行与上行的转换时间， 0：保护间隔为 2 个 OFDM 符号周期； 1：保护间隔为 4 个 OFDM 符号周期； 2～3：保留
UGI	2	上行与下行的转换时间， 0：保护间隔为 2 个 OFDM 符号周期； 1：保护间隔为 4 个 OFDM 符号周期（处理延迟）； 2～3：保留
UL-RACH 信道格式	2	00：随机访问格式 1； 01：随机访问格式 2； 10：随机访问格式 3； 11：保留
预留	10	默认设置为 0

7.3.4.2　随机访问请求帧

随机访问请求帧见图 8，用于 STA 向 CAP 发起随机访问请求。

比特：	16	48	48	8	8	32	32
	帧控制	STA-MAC	CAP-MAC	功率调整余量	STA发射功率	预留	FCS

图 8　随机访问请求帧

随机访问请求帧帧体内容见表 4。

表 4 随机访问请求帧体

名称	长度/比特	值
STA-MAC 地址	48	终端的 MAC 地址
CAP-MAC 地址	48	请求访问的 CAP 的 MAC 地址
功率调整余量	8	STA 发射功率调整余量， 该字段对应带符号的十进制数为 n，$n=-128\sim127$（负数部分以补码形式表示）；发射功率余量为 ndBm
STA 发射功率	8	STA 当前发射功率， 该字段对应带符号的十进制数为 n，$n=-128\sim127$（负数部分以补码形式表示）；STA 发射功率为 ndBm
预留	32	默认设置为 0

7.3.4.3 随机访问响应帧

随机访问响应帧见图 9，用于 CAP 对接收到的随机访问请求做出响应。

比特：	16	8	2	6	48	12	36	32
	帧控制	功率调整	接入状态	预留	STA-MAC	TSTAID	预留	FCS

图 9 随机访问响应帧

随机访问响应帧帧体内容如表 5。

表 5 随机访问响应帧体

名称	长度/比特	值
功率调整	8	STA 发射功率调整值， 该字段对应带符号的十进制数为 n，$n=-128\sim127$（负数部分以补码形式表示）；发射功率调整为 ndBm
访问状态	2	0：保留； 1：放弃； 2：成功； 3：重新访问
预留	6	默认值 0
STA 的 MAC 地址	48	终端的 MAC 地址
TSTAID	12	用于识别用户的临时标识
预留	36	默认设置为 0

7.3.4.4 终端基本能力协商请求帧

终端基本能力协商请求帧用于 STA 向 CAP 通报自己的基本能力。帧体包含的信息见表 6。

表 6　终端基本能力请求帧体

名称	长度/比特	值
STA 天线数	3	0:1 根天线; 1:2 根天线; 2:3 根天线; 3:4 根天线; 4:5 根天线; 5:6 根天线; 6:7 根天线; 7:8 根天线
STA 最大工作带宽	2	0:20 MHz; 1:40 MHz; 2:80 MHz; 3:保留
STA 支持频谱聚合	2	0:不支持; 1:支持频谱聚合模式 1; 2:支持频谱聚合模式 2; 3:支持频谱聚合模式 1 和模式 2
STA 支持的调度机制	1	0:仅支持时分调度; 1:保留
STA 工作子信道映射	4	0001:子信道 0; 0010:子信道 1; 0100:子信道 2; 1000:子信道 3; 对 Bitmap 或运算可指示 40 MHz 和 80 MHz 终端工作在多个 20 MHz 子信道
预留	4	默认设置为 0
STA 最大发射流数	3	0:流数为 1; 1:流数为 2; 2:流数为 3; 3:流数为 4; 4:流数为 5; 5:流数为 6; 6:流数为 7; 7:流数为 8
STA 最大接收流数	3	0:流数为 1; 1:流数为 2; 2:流数为 3; 3:流数为 4; 4:流数为 5; 5:流数为 6; 6:流数为 7; 7:流数为 8

表 6（续）

名称	长度/比特	值
STA MCS 能力指示	1	0：不支持 256-QAM； 1：支持 256-QAM
STA UEQM 能力指示	1	0：不支持 UEQM； 1：支持 UEQM
STA LDPC 能力指示	1	0：不支持 LDPC 码长 1； 1：支持 LDPC 码长 1
STA Tx STBC 能力指示	1	0：不支持； 1：支持
STA Rx STBC 能力指示	1	0：不支持； 1：支持
STA MU-MIMO 能力指示	1	0：不支持； 1：支持
预留	1	默认设置为 0
子载波分组 Ns 反馈能力	3	表示组内的子载波个数： 0：组中包括 1(FPI=1)个子载波(未分组)； 1：组中包括 2(FPI=2)个子载波； 2：组中包括 4(FPI=4)个子载波； 3：组中包括 8(FPI=8)个子载波； 4：组中包括 16(FPI=16)个子载波； 5～7：保留
支持的 MIMO 反馈模式组合	3	000：不支持反馈； 001：CSI-MIMO 反馈； 010：BFM-MIMO 反馈； 100：保留； 对 Bitmap 或运算可指示 STA 支持多种反馈的组合
上行信令/反馈信道格式 2 支持指示	1	0：不支持； 1：支持
STA DGI 需求指示	2	0：需要 2 个 OFDM 符号保护； 1：需要 4 个 OFDM 符号保护； 2～3：保留
STA UGI 需求指示	2	0：需要 2 个 OFDM 符号保护； 1：需要 4 个 OFDM 符号保护； 2～3：保留
预留	64	默认设置为 0

7.3.4.5 终端基本能力协商响应帧

终端基本能力协商响应帧用于CAP通知STA工作参数。帧体包含的信息见表7。

表7 终端基本能力协商响应帧体

名称	长度/比特	值
STA ID	12	用于识别用户
工作子信道映射	4	0001:子信道0; 0010:子信道1; 0100:子信道2; 1000:子信道3; 对Bitmap或运算可指示40 MHz和80 MHz终端工作在多个20 MHz子信道
频谱聚合模式	2	0:不聚合; 1:聚合模式1(非连续频谱聚合); 2:聚合模式2(连续频谱聚合); 3:保留
调度机制	1	0:仅时分调度; 1:保留
MCS指示	1	指示STA是否支持256-QAM; 0:不支持256-QAM; 1:支持256-QAM
UEQM指示	1	0:不支持UEQM; 1:支持UEQM
LDPC指示	1	STA所支持的编码方式: 0:不支持LDPC码长1; 1:支持LDPC码长1
Tx STBC	1	0:不支持; 1:支持
Rx STBC	1	0:不支持; 1:支持
STA最大发射流数	3	0:流数为1; 1:流数为2; 2:流数为3; 3:流数为4; 4:流数为5; 5:流数为6; 6:流数为7; 7:流数为8

表 7（续）

名称	长度/比特	值
STA 最大接收流数	3	0：流数为 1； 1：流数为 2； 2：流数为 3； 3：流数为 4； 4：流数为 5； 5：流数为 6； 6：流数为 7； 7：流数为 8
MU-MIMO	1	0：不支持； 1：支持
预留	1	默认设置为 0
子载波分组 Ns 反馈能力	3	表示组内的子载波个数： 0：组中包括 1(FPI=1)个子载波(未分组)； 1：组中包括 2(FPI=2)个子载波； 2：组中包括 4(FPI=4)个子载波； 3：组中包括 8(FPI=8)个子载波； 4：组中包括 16(FPI=16)个子载波； 5～7：保留
支持的 MIMO 反馈模式组合	3	000：不支持反馈； 001：CSI-MIMO 反馈； 010：BFM-MIMO 反馈； 100：保留； 对 Bitmap 或运算可确认 STA 多种反馈的组合
上行信令/反馈信道格式 2	1	0：不支持格式 2； 1：支持格式 2
预留	1	默认 0
STA DGI 需求	2	0：需要 2 个 OFDM 符号保护； 1：需要 4 个 OFDM 符号保护； 2～3：保留
STA UGI 需求	2	0：需要 2 个 OFDM 符号保护； 1：需要 4 个 OFDM 符号保护； 2～3：保留
预留	68	默认 0

7.3.4.6 业务流管理

动态业务建立请求帧见图 10，用于 CAP 和 STA 之间建立业务流所做出的请求。

比特：	16	4	3	1	32	48	36	4	32
	帧控制	FID	业务类型	方向	业务保障速率	目的MAC地址	预留	FID最大缓冲能力（MaxBufferSize）	FCS

图 10 动态业务建立请求帧

动态业务建立响应帧见图 11，用于 CAP 对 STA 发起的动态业务建立请求所做出的响应。

比特：	16	4	3	1	32	32	36	4	32
	帧控制	FID	业务类型	预留	业务保障速率	业务最大速率	预留	FID最大缓冲能力（MaxBufferSize）	FCS

图 11 动态业务建立响应帧

动态业务修改请求帧见图 12，用于 CAP 和 STA 对业务流的 QoS 参数所做出的修改请求。

比特：	16	4	3	1	32	48	36	4	32
	帧控制	FID	业务类型	方向	业务保障速率	目的MAC地址	预留	FID最大缓冲能力（MaxBufferSize）	FCS

图 12 动态业务修改请求帧

动态业务修改响应帧见图 13，用于 CAP 对 STA 发起的动态业务修改请求所做出的响应。

比特：	16	4	3	1	32	32	36	4	32
	帧控制	FID	业务类型	预留	业务保障速率	业务最大速率	预留	FID最大缓冲能力（MaxBufferSize）	FCS

图 13 动态业务修改响应帧

动态业务删除请求帧见图 14，用于 CAP 和 STA 删除业务流所做出的请求。

比特：	16	4	11	1	32
	帧控制	FID	预留	方向	FCS

图 14 动态业务删除请求帧

动态业务删除响应帧见图 15，用于 CAP 对 STA 发起的动态业务流删除请求所做出的响应。

比特：	16	4	11	1	32
	帧控制	FID	预留	方向	FCS

图 15 动态业务删除响应帧

动态业务建立请求、响应,动态业务修改请求、响应的帧体内容定义见表8。

表8 业务流管理的帧体字段

字　段	长度/比特	描　述
FID	4	业务流标识
业务类型	3	具体的业务类型(见表27)
方向	1	0表示下行;1表示上行
预留	36/1/11	默认设置为0
业务保障速率	32	单位 bit/s,取值 $0\sim2^{32}$
业务最大速率	32	单位 bit/s,取值 $0\sim2^{32}$
目的 MAC 地址	48	48位 MAC 地址
FID 最大缓冲能力(MaxBufferSize)	4	0:最多缓冲8个MPDU; 1:最多缓冲16个MPDU; 2:最多缓冲32个MPDU; 3:最多缓冲64个MPDU; 4:最多缓冲128个MPDU; 5:最多缓冲256个MPDU; 6～15:保留

7.3.4.7 资源请求帧

资源请求包括两种方式:

a) 独立发送资源请求;

b) 发送数据时携带随路资源请求。

独立资源请求帧用于STA的业务流向CAP请求带宽,见图16。

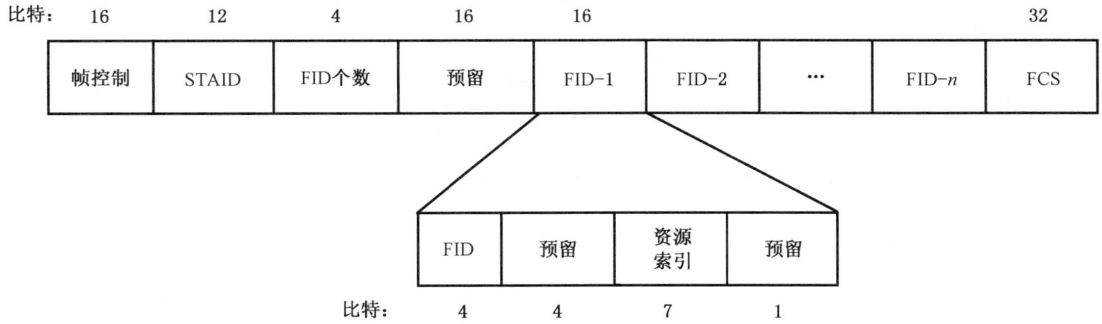

图16 独立资源请求帧

独立资源请求帧的帧体部分内容见表9。

表 9　独立资源请求帧体

字　段	长度/比特	描　　　述
STAID	12	唯一标识一个 STA
FID 个数	4	指示资源请求的业务流个数
预留	16	默认设置为 0
FID	4	表示 STA 为业务流 FID 进行资源请求
预留	4	默认设置为 0
资源索引	7	表示请求的资源大小在资源表格中的索引
预留	1	默认设置为 0

资源表格见表 10。

表 10　资源表格

索引	资源大小值/字节	索引	资源大小值/字节
0	BS＝0	23	337＜BS≤364
1	1＜BS≤14	24	365＜BS≤392
2	15＜BS≤28	25	393＜BS≤420
3	29＜BS≤42	26	421＜BS≤448
4	43＜BS≤56	27	449＜BS≤476
5	57＜BS≤70	28	477＜BS≤504
6	71＜BS≤84	29	505＜BS≤532
7	85＜BS≤98	30	533＜BS≤560
8	99＜BS≤112	31	561＜BS≤588
9	113＜BS≤126	32	589＜BS≤616
10	127＜BS≤140	33	617＜BS≤644
11	141＜BS≤154	34	645＜BS≤672
12	155＜BS≤168	35	673＜BS≤700
13	169＜BS≤182	36	701＜BS≤728
14	183＜BS≤196	37	729＜BS≤784
15	197＜BS≤210	38	785＜BS≤840
16	211＜BS≤224	39	841＜BS≤896
17	225＜BS≤238	40	897＜BS≤952
18	239＜BS≤252	41	953＜BS≤1 008
19	253＜BS≤266	42	1 009＜BS≤1 064
20	267＜BS≤280	43	1 065＜BS≤1 120
21	281＜BS≤308	44	1 121＜BS≤1 176
22	309＜BS≤336	45	1 177＜BS≤1 232

表 10（续）

索引	资源大小值/字节	索引	资源大小值/字节
46	1 233＜BS≤1 288	80	5 825＜BS≤6 272
47	1 289＜BS≤1 344	81	6 273＜BS≤6 720
48	1 345＜BS≤1 400	82	6 721＜BS≤7 168
49	1 401＜BS≤1 456	83	7 169＜BS≤7 616
50	1 457＜BS≤1 512	84	7 617＜BS≤8 064
51	1 513＜BS≤1 568	85	8 065＜BS≤8 512
52	1 569＜BS≤1 624	86	8 513＜BS≤8 960
53	1 625＜BS≤1 680	87	8 961＜BS≤9 408
54	1 681＜BS≤1 736	88	9 409＜BS≤9 856
55	1 737＜BS≤1 792	89	9 857＜BS≤10 304
56	1 793＜BS≤1 904	90	10 305＜BS≤10 752
57	1 905＜BS≤2 016	91	10 753＜BS≤11 648
58	2 017＜BS≤2 128	92	11 649＜BS≤12 544
59	2 129＜BS≤2 240	93	12 545＜BS≤13 440
60	2 241＜BS≤2 352	94	13 441＜BS≤14 336
61	2 353＜BS≤2 464	95	14 337＜BS≤15 232
62	2 465＜BS≤2 576	96	15 233＜BS≤16 128
63	2 577＜BS≤2 688	97	16 129＜BS≤17 920
64	2 689＜BS≤2 800	98	17 921＜BS≤19 712
65	2 801＜BS≤2 912	99	19 713＜BS≤21 504
66	2 913＜BS≤3 024	100	21 505＜BS≤23 296
67	3 025＜BS≤3 136	101	23 297＜BS≤25 088
68	3 137＜BS≤3 360	102	25 089＜BS≤28 672
69	3 361＜BS≤3 584	103	28 673＜BS≤32 256
70	3 585＜BS≤3 808	104	32 257＜BS≤35 840
71	3 809＜BS≤4 032	105	35 841＜BS≤39 424
72	4 033＜BS≤4 256	106	39 425＜BS≤43 008
73	4 257＜BS≤4 480	107	43 009＜BS≤50 176
74	4 481＜BS≤4 704	108	50 177＜BS≤57 344
75	4 705＜BS≤4 928	109	57 345＜BS≤64 512
76	4 929＜BS≤5 152	110	64 513＜BS≤71 680
77	5 153＜BS≤5 376	111	71 681＜BS≤86 016
78	5 377＜BS≤5 600	112	86 017＜BS≤100 352
79	5 601＜BS≤5 824	113	100 353＜BS≤114 688

表 10（续）

索引	资源大小值/字节	索引	资源大小值/字节
114	114 689＜BS≤129 024	121	286 721＜BS≤344 064
115	129 025＜BS≤143 360	122	344 065＜BS≤458 752
116	143 361＜BS≤172 032	123	458 753＜BS≤573 440
117	172 033＜BS≤200 704	124	573 441＜BS≤802 816
118	200 705＜BS≤229 376	125	802 817＜BS≤1 835 008
119	229 377＜BS≤258 048	126	1 835 009＜BS≤3 500 000
120	258 049＜BS≤286 720	127	BS＞3 500 000

当随路请求指示字段为 1，在帧体部分的最前面会增加一个随路资源请求字段，见图 17。

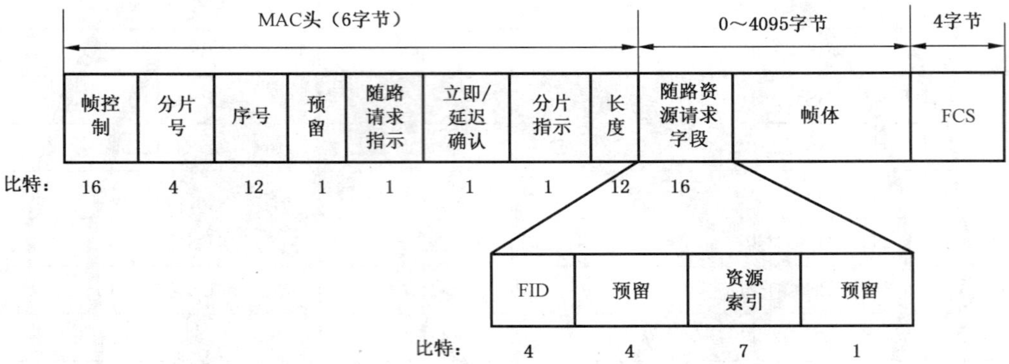

图 17　包含随路资源请求的数据帧

FID 和资源索引定义见表 9 和表 10。

7.3.4.8　MIMO 反馈帧

7.3.4.8.1　MIMO 反馈类型

MIMO 反馈类型包括信道状态信息矩阵（CSI）和波束赋形矩阵（BFM）两种，见图 18 和图 19。当本条涉及的 MAC 帧体出现字节不对齐时，需要在帧体后补充 1 个～7 个比特保持字节对齐。

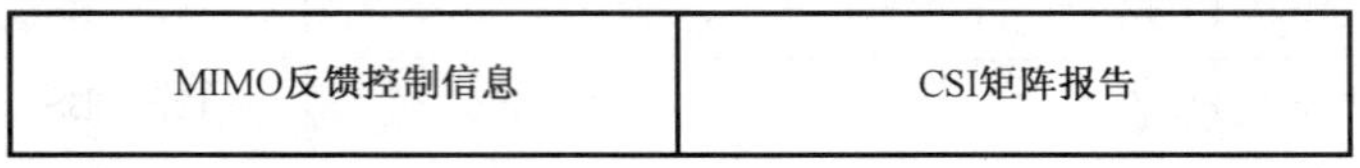

图 18　CSI 矩阵反馈（CSI-MIMO）帧体

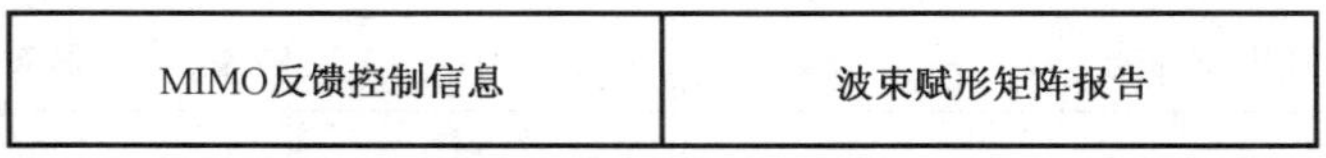

图 19　波束赋形矩阵反馈（BFM-MIMO）帧体

7.3.4.8.2 MIMO 反馈控制信息

. MIMO 反馈控制信息字段定义见表 11。

表 11 MIMO 反馈控制信息字段

字　段	长度/比特	描　　述
子信道映射指示	4	表示 MIMO 反馈的信道带宽和具体的子信道
量化模式	2	对于 CSI 反馈时， 00:CSI 矩阵量化模式 1,Nb=6; 01:CSI 矩阵量化模式 2,Nb=8; 10:CSI 矩阵量化模式 3; 11:CSI 矩阵量化模式 4。 对于波束赋形矩阵反馈时， 00:波束赋形矩阵量化模式 1; 01:波束赋形矩阵量化模式 2; 10:波束赋形矩阵量化模式 3; 11:波束赋形矩阵量化模式 4
子载波分组(Ns)	3	表示组内的子载波个数: 0:组中包括 1(FPI=1)个子载波(未分组); 1:组中包括 2(FPI=2)个子载波; 2:组中包括 4(FPI=4)个子载波; 3:组中包括 8(FPI=8)个子载波; 4:组中包括 16(FPI=16)个子载波; 5～7:保留
预留	7	默认设置 0

7.3.4.8.3 信道状态信息矩阵报告字段

CSI-MIMO 反馈帧见表 12、表 13 和表 14 所示，统工作在单独的 20 MHz,CSI 报告字段的结构见表 12;当系统工作在连续 40 MHz 下,CSI 报告字段见表 13。表 14 给出了系统工作在连续 80 MHz 下 CSI 报告字段。

其中,Nr 是反馈请求的 CSI 矩阵的行数(见表 12)。

表 12 中的 CQI 信息由 SNR 表示,SNR 编码为 8 比特。8 比特对应的十进制数为 n,取值 0～255,表示各子载波 SNR 线性平均值为$(-10+0.25n)$dB。

表 12 CSI 报告字段(20 MHz)

字　段	含　义
接收天线 1 上的 CQI	接收天线 1 上的平均信道质量信息
……	
接收天线 Nr 上的 CQI	接收天线 Nr 上的平均信道质量信息
子载波－115 的 CSI 矩阵	CSI 矩阵

表 12（续）

字　段	含　义
……	
子载波－1 的 CSI 矩阵	CSI 矩阵
子载波 1 的 CSI 矩阵	CSI 矩阵
子载波 1＋FPI 的 CSI 矩阵	CSI 矩阵
……	
子载波 115 的 CSI 矩阵	CSI 矩阵

表 13　CSI 报告字段(40 MHz)

字　段	含　义
接收天线 1 上的 CQI	接收天线 1 上的平均信道质量信息
……	
接收天线 Nr 上的 CQI	接收天线 Nr 上的平均信道质量信息
子载波－243 的 CSI 矩阵	CSI 矩阵
……	
子载波－1 的 CSI 矩阵	CSI 矩阵
子载波 1 的 CSI 矩阵	CSI 矩阵
子载波 1＋FPI 的 CSI 矩阵	CSI 矩阵
……	
子载波 243 的 CSI 矩阵	CSI 矩阵

表 14　CSI 报告字段(80 MHz)

字　段	含　义
接收天线 1 上的 CQI	接收天线 1 上的平均信道质量信息
……	
接收天线 Nr 上的 CQI	接收天线 Nr 上的平均信道质量信息
子载波－499 的 CSI 矩阵	CSI 矩阵
……	
子载波－1 的 CSI 矩阵	CSI 矩阵
子载波 1 的 CSI 矩阵	CSI 矩阵
子载波 1＋FPI 的 CSI 矩阵	CSI 矩阵
……	
子载波 499 的 CSI 矩阵	CSI 矩阵

分组是一种减少 CSI 报告字段大小的方法，即对于 FPI 个相邻子载波形成的组只报告一个值。

FPI 的取值以及矩阵在哪些载波上发送由附录 C 定义。

7.3.4.8.4 波束赋形矩阵报告字段

波束赋形矩阵反馈帧(BFM-MIMO),见表 15、表 16 和表 17。其中,系统工作在单独的 20 MHz 时波束赋形矩阵报告字段的内容见表 15。表 16 给出了系统工作在连续的 40 MHz 工作带宽下的波束赋形矩阵报告字段。当系统工作在连续的 80 MHz 工作带宽下的波束赋形矩阵报告字段见表 17。

其中,Nc 是反馈请求的 BFM-MIMO 矩阵的列数,见表 15。

表 15 波束赋形矩阵报告字段(20 MHz)

字 段	含 义
空时流 1 上的 CQI	空时流 1 上的平均信道质量信息
……	
空时流 Nc 上的 CQI	空时流 Nc 上的平均信道质量信息
子载波-115 的波束赋形矩阵	波束赋形矩阵
……	
子载波-1 的波束赋形矩阵	波束赋形矩阵
子载波 1 的波束赋形矩阵	波束赋形矩阵
子载波 1+FPI 波束赋形矩阵	波束赋形矩阵
……	
子载波 115 的波束赋形矩阵	波束赋形矩阵

表 16 波束赋形矩阵反馈报告字段(40 MHz)

字 段	含 义
空时流 1 上的 CQI	空时流 1 上的平均信道质量信息
……	
空时流 Nc 上的 CQI	空时流 Nc 上的平均信道质量信息
子载波-243 的波束赋形矩阵	波束赋形矩阵
……	
子载波-1 的波束赋形矩阵	波束赋形矩阵
子载波 1 的波束赋形矩阵	波束赋形矩阵
子载波 1+FPI 波束赋形矩阵	波束赋形矩阵
……	
子载波 243 的波束赋形矩阵	波束赋形矩阵

表 17　波束赋形矩阵反馈报告字段(80 MHz)

字　段	含　义
空时流 1 上的 CQI	空时流 1 上的平均信道质量信息
……	
空时流 Nc 上的 CQI	空时流 Nc 上的平均信道质量信息
子载波-499 的波束赋形矩阵	波束赋形矩阵
……	
子载波-1 的波束赋形矩阵	波束赋形矩阵
子载波 1 的波束赋形矩阵	波束赋形矩阵
子载波 1+FPI 波束赋形矩阵	波束赋形矩阵
……	
子载波 499 的波束赋形矩阵	波束赋形矩阵

空时流 i 上的 CQI 对应于波束赋形反馈矩阵的第 i 列的 SNR。SNR 编码为 8 比特。8 比特对应的十进制数为 n,取值 0～255,表示各子载波 SNR 线性平均值为 $-10+0.25n$ dB。

分组是一种减少波束赋形报告字段大小的方法,即对于 FPI 个相邻子载波形成的组只报告一个值。FPI 的取值以及矩阵在哪些载波上发送由附录 C 定义。

7.3.4.9　信道质量反馈帧

信道质量反馈帧见图 20,帧体 CQI 信息部分包括子信道映射、MCS1 和 MCS2、编码类型和 SINR,帧体定义见表 18。

当本条涉及的 MAC 帧体出现字节不对齐时,需要在帧体后补充 1 个～7 个比特保持字节对齐。

	子信道映射	MCS1	MCS2	编码类型	SINR
比特:	4	7	7	2	8

图 20　CQI 信息部分

表 18　CQI 信息部分

字　段	长度/比特	描　述
子信道映射	4	0001:反馈子信道 0; 0010:反馈子信道 1; 0100:反馈子信道 2; 1000:反馈子信道 3
MCS1	7	请求信道码字 1 的 MCS
MCS2	7	请求信道码字 2 的 MCS

表 18（续）

字　段	长度/比特	描　述
编码类型	2	表示 STA 推荐的编码方式， 0：BCC； 1：LDPC 码长 1； 2：LDPC 码长 2； 3：LDPC 码长 3
SINR	8	请求信道各空间流上的平均 SINR， 该字段对应的十进制数为 n，取值 0～255，SINR 表示为 $-10+0.25n$ dB

当系统工作在 20 MHz 时，CQI-FB 帧体部分见图 20。

当系统工作在 40 MHz 聚合模式 1 时，CQI-FB 帧体部分见图 21。

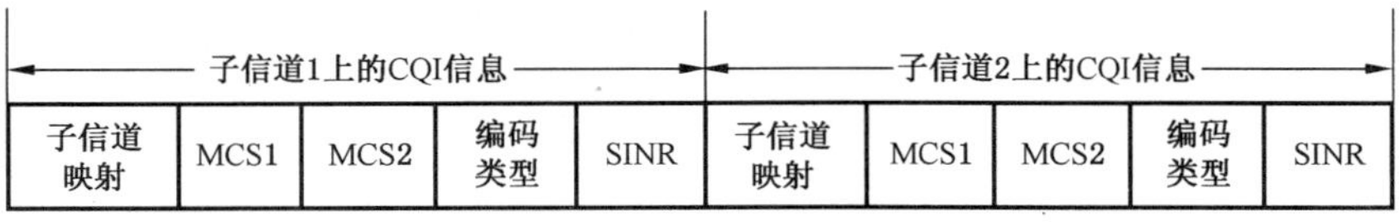

图 21　40 MHz 聚合模式 1 下的 CQI-FB 帧体部分

当系统工作在 80 MHz 聚合模式 1 时，CQI-FB 帧体部分见图 22。

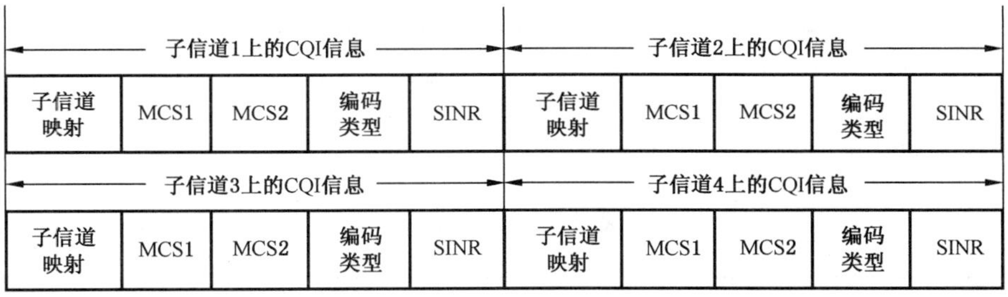

图 22　80 MHz 聚合模式 1 下的 CQI-FB 帧体部分

当系统工作在 40 MHz 聚合模式 2 时，CQI-FB 帧体部分见图 23。

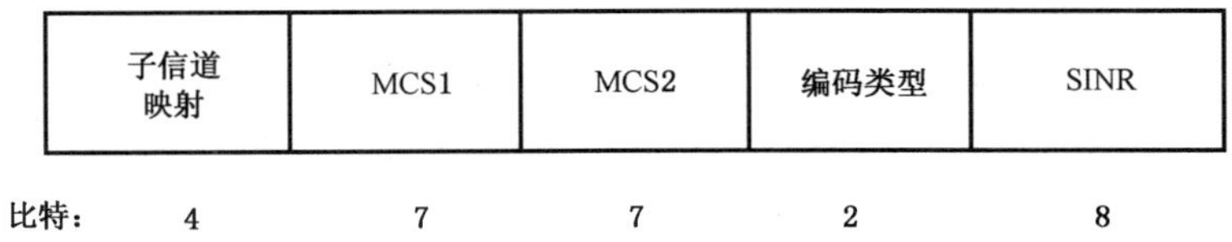

图 23　40 MHz 聚合模式 2 下的 CQI-FB 帧体部分

当 80 MHz 系统工作在连续的 40 MHz 时，CQI-FB 帧体部分见图 24。

子信道1上的CQI信息					子信道2上的CQI信息				
子信道映射	MCS1	MCS2	编码类型	SINR	子信道映射	MCS1	MCS2	编码类型	SINR

图 24　80 MHz 系统工作在连续 40 MHz 下的 CQI-FB 帧体部分

当系统工作在连续的 80 MHz 时，CQI-FB 帧体部分见图 25。

	子信道映射	MCS1	MCS2	编码类型	SINR
比特：	4	7	7	2	8

图 25　80 MHz 聚合模式 2 下的 CQI-FB 帧体部分

7.3.4.10　确认帧

确认帧字段定义见图 26。

比特：	16	4	4	4	12	32
	帧控制	预留	FID	FSN	SN	FCS

图 26　ACK 帧

ACK 帧的帧体部分内容见表 19。

表 19　ACK 帧体

字　段	长度/比特	描　　述
预留	4	默认设置为 0
FID	4	业务流标识
FSN	4	表示该确认是为分片号 FSN 的帧进行确认。如果未采用分片，则此字段设置为 0
SN	12	表示该确认是为序号 SN 的 MPDU 进行确认。如果需要确认的是无序列号管理控制帧，则 SN 设置为 0

7.3.4.11　组确认请求帧

组确认请求帧字段定义见图 27。

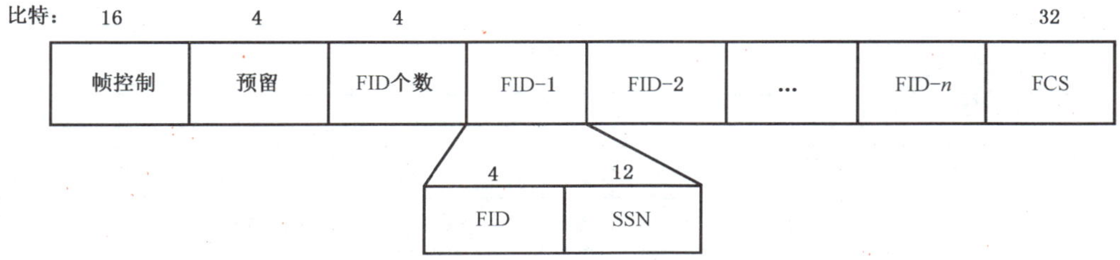

图 27　组确认请求帧

帧体部分内容见表 20。

表 20　组确认请求帧体

字　段	长度/比特	描　　述
预留	4	默认设置为 0
FID 个数	4	指示在该字段与 FCS 之间包含 FID 信息块的个数。每个 FID 信息块的格式相同
FID	4	要求接收端对该 FID 业务流进行 GroupAck 确认
SSN	12	通知接收端在 GroupAck 确认时，使用该值作为 Bitmap 起始序号

7.3.4.12　组确认帧

组确认帧字段定义见图 28。

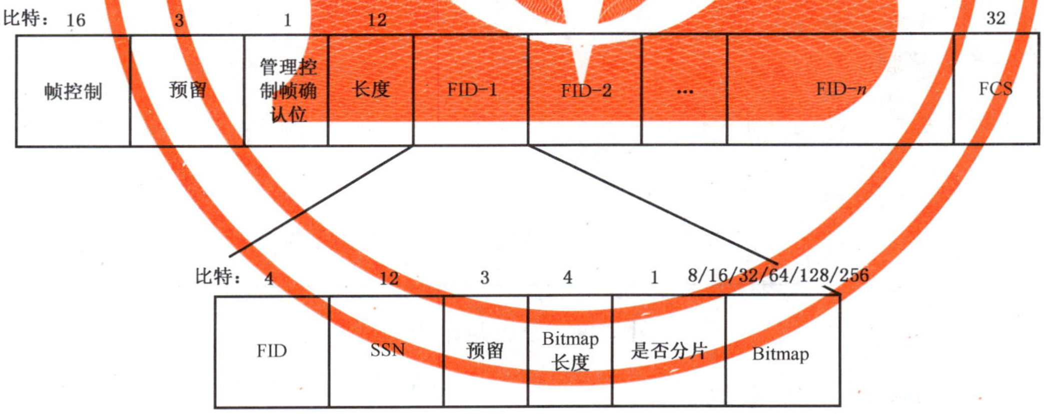

图 28　组确认帧

组确认帧的帧体部分内容如见表 21。

表 21　组确认帧体

字段	长度/比特	描　　述
预留	3	默认设置为 0
管理控制帧确认位	1	指示对接收到一个无序列号管理控制帧进行确认

表 21（续）

字段	长度/比特	描　　述
长度	12	表示长度字段与 FCS 字段之间所有字段的总字节长度
FID	4	通知发送端该 FID 信息块是对某一 FID 业务流进行 GroupAck 确认
SSN	12	通知发送端该 FID 信息块的 Bitmap 的起始序号
Bitmap 长度	4	指示每个 FID 信息块的 Bitmap 的长度。 0:8 比特； 1:16 比特； 2:32 比特； 3:64 比特； 4:128 比特； 5:256 比特； 6～15:保留
预留	3	默认设置为 0
是否分片	1	为 1,指示是对分片数据帧的确认。此时,Bitmap 中每个 bit 是为某帧的一个分片做出确认。 为 0,指示是对未分片数据帧的确认。此时,Bitmap 中每个 bit 是为某帧做出确认
Bitmap	8/16/32/64/128/256	Bitmap 中的一个比特表示某个 MPDU/分片是否成功接收,成功接收设为 1,否则设为 0,MPDU 序号/分片号根据 SSN 与偏移量计算得出

7.3.4.13　退出网络帧

退出网络帧见图 29,用于 STA 退出网络。

比特:	16	4	12	32
	帧控制	预留	STAID	FCS

图 29　退出网络帧

退出网络帧的帧体部分定义见表 22。

表 22　退出网络帧的帧体描述

字　　段	长度/比特	描　　述
预留	4	默认设置为 0
STAID	12	用于识别用户

7.3.4.14　信道切换通知帧

信道切换通知帧用于 CAP 向 STA 通知信道切换,字段定义见图 30。

比特： 16	8	2	4	18	8	8	32
帧控制	CAP 起始信道号	CAP 工作带宽	工作子信 道映射	预留	信道切换模式	信道切换 计数器	FCS

图 30　信道切换通知帧

信道切换通知帧的帧体内容见表 23。

表 23　信道切换通知帧体

字　段	长度/比特	含　　义
CAP 起始信道号	8	CAP 占用频带起始频率对应的最低信道号，例如 2.4G 频段的信道号 3，见附录 E
CAP 工作带宽	2	表示 CAP 的工作带宽， 0：20 MHz； 1：40 MHz； 3：80 MHz； 4：保留
工作子信道映射	4	0001：子信道 0； 0010：子信道 1； 0100：子信道 2； 1000：子信道 3。 对 Bitmap 或运算可指示 40 MHz 和 80 MHz 终端工作在多个20 MHz 子信道
预留	18	默认设置为 0
信道切换模式	8	表示信道切换期间对传输的限制。 1：表示 CAP 要求 STA 在信道切换之前停止数据传输； 其他值保留
信道切换计数器	8	表示从发送信道切换通知帧到 STA 切换到新信道的经过的时间，以 BCF 间隔为单位

7.3.4.15　休眠请求帧

休眠请求帧用于 STA 向 CAP 发送的由激活模式向休眠模式的切换请求，字段定义见图 31。

比特： 16	4	4	16	16	16	32
帧控制	保留	后续休眠窗口 变化	休眠开始时间	起始休眠窗口	侦听窗口	FCS

图 31　休眠请求帧

休眠请求帧的帧体内容见表 24。

表 24　休眠请求帧体

字　段	长度/比特	含　义
保留	4	默认设置为 0
后续休眠窗口变化	4	表示 STA 请求的相对于起始休眠窗口的变化， 0：不变； 1：倍增； 其他值保留
休眠开始时间	16	表示 STA 请求的第一个休眠窗口的开始时刻，用帧号表示
起始休眠窗口	16	表示 STA 请求的第一个休眠窗口的大小，以时间为单位
侦听窗口	16	表示 STA 请求的侦听窗口的大小，以时间为单位

7.3.4.16　休眠响应帧

休眠响应帧用于 CAP 主动发送通知 STA 休眠，或者用于休眠请求帧的响应，其帧体字段定义见图 32。

比特：	16	4	4	16	16	16	32
	帧控制	保留	后续休眠窗口变化	休眠开始时间	起始休眠窗口	侦听窗口	FCS

图 32　休眠响应帧

休眠响应帧的帧体内容见表 25。

表 25　休眠响应帧的帧体描述

字　段	长度/比特	含　义
保留	4	默认设置为 0
后续休眠窗口变化	4	表示 CAP 允许的相对于起始休眠窗口的变化， 0：不变； 1：倍增； 其他值保留
休眠开始时间	16	表示 CAP 允许的第一个休眠窗口的开始时刻，用帧号表示
起始休眠窗口	16	表示 CAP 允许的第一个休眠窗口的大小，以时间为单位
侦听窗口	16	表示 CAP 允许的侦听窗口的大小，以时间为单位

7.3.4.17　下行业务指示帧

下行业务指示帧用于 CAP 通知处于休眠状态的 STA 的下行业务情况，其帧体字段定义见图 33。

比特：	16	12	4	32
	帧控制	预留	TI指示	FCS

图 33　下行业务指示帧

下行业务指示帧的帧体内容见表 26。

表 26　下行业务指示帧体字段的含义

字　　段	长度/比特	含　　　义
预留	12	默认设置为 0
TI 指示	4	表示 CAP 侧是否有本 STA 的下行数据， 0：表示无本 STA 的数据； 1：表示有本 STA 的数据； 其他值保留

7.4　组媒体访问控制协议数据单元

G-MPDU 由一系列 G-MPDU 子帧组成，见图 34。

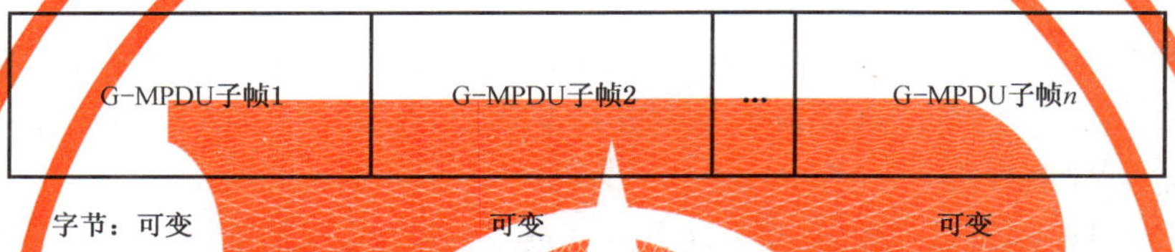

图 34　G-MPDU 格式

G-MPDU 子帧包括 G-MPDU 定界符、MPDU 和可能的填充字节。除了最后一个 G-MPDU 子帧，每个 G-MPDU 子帧需要增加 0 个～1 个填充字节，使每个 G-MPDU 子帧的长度是 2 字节的整数倍。G-MPDU 子帧格式见图 35。

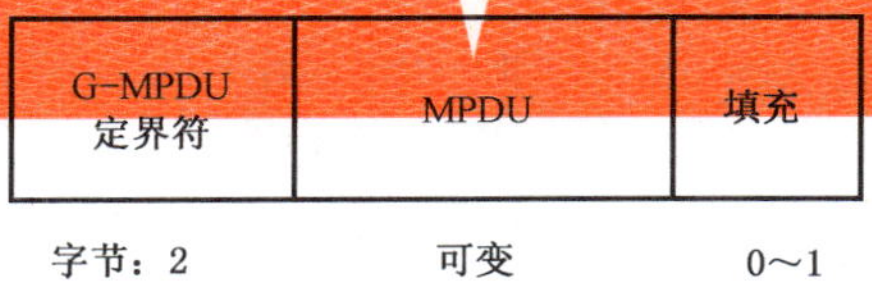

图 35　G-MPDU 子帧格式

G-MPDU 定界符长度为 2 字节，用来定位 G-MPDU 的 MPDU 单元。定界符的格式见图 36。

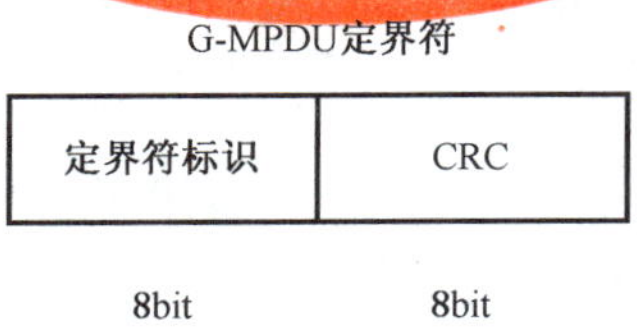

图 36　G-MPDU 定界符

定界符标识的值固定为 0x46。CRC 由 MPDU 去掉 FCS 的剩余长度得出。采用 8 位 CRC 校验，CRC 采用标准多项式产生，见式(2)：

$$G(x)=x^8+x^2+x+1 \quad\cdots\cdots\cdots\cdots(2)$$

寄存器初始状态为 0xFF，运算结束后将寄存器状态取反作为 CRC 校验序列输出。CRC 校验比特按照从高阶到低阶的字节顺序进行发送。

在业务传输信道传输的所有 MPDU 都使用 G-MPDU 方式传输。

8 媒体访问控制层功能

8.1 适配子层

适配子层的功能是对 IP 层数据分类，并用一个 FID 标识一个业务流。

在 STA/CAP 内部，适配层将 IP 数据包分成多个业务流。每个业务流属于一种业务类型，并使用一个 FID 标识。FID 范围是 1～15，每个 FID 业务流都对应着一组 QoS 参数。

每个 STA 内部最多允许同时建立 15 个业务流占用 UL-TCH 与 CAP 数据通信。同样，CAP 针对每个 STA 最多允许同时建立 15 个业务流占用 DL-TCH 同 STA 数据通信。各种管理控制帧占用 FID 为 0 的数据通信连接并且默认已建立成功。

8.2 媒体访问控制子层

8.2.1 寻址与连接

STA 和 CAP 都具有一个 48 比特全球唯一的 MAC 地址作为标识。该地址用于在网络访问阶段相互确认和网内数据包转发。如果 STA 成功访问到网络中，CAP 会为 STA 分配一个 12 比特的终端标识(STAID)用于唯一标识 STA。

MAC 层可为应用提供面向连接的服务，CAP 与每个 STA 之间上行/下行最多可以保持 16 个连接，每个连接用 4 比特的 FID 进行内部标识。

8.2.2 媒体访问控制地址

STA 和 CAP 都采用全球唯一的 48 比特的 MAC 地址则作为标识。

8.2.3 广播标识

BSTAID 长度为 12 比特，取值范围 0x000 和 0x001，用于向本 CAP 范围内所有 STA 广播。

8.2.4 终端标识

STAID 长度为 12 比特，取值范围 0x100～0xFFF。

STA 完成能力协商后，CAP 为每个 STA 分配在本 CAP 范围内的唯一标识(STAID)。

在接收并解析 CCH 信息过程中，终端除了需要处理和本 STAID 匹配的控制信息外，还需要处理 BSTAID 所携带的控制信息。

8.2.5 临时终端标识

TSTAID 长度为 12 比特，取值范围 0x002～0x0FF，用于在分配 STAID 之前临时标识一个 STA。CAP 通过随机访问响应帧分配一个 TSTAID 值给 STA。

在 STA 与 CAP 能力协商过程中，STA 使用 TSTAID 来匹配 CCH 中携带的 STAID，并解析出属于自己的控制信息。一旦终端获取了 STAID，则原有的 TSTAID 失效。

8.2.6 流标识(FID)

FID 长度为 4 比特，用于标识一个上行或下行业务流。FID 编号由发送端管理，上行和下行相互独立。

8.3 中心访问点检测空闲信道

CAP 检测空闲信道的流程见图 37。步骤如下：

a) CAP 确定待检测的信道列表。

b) 从信道列表中按序选择一个未检测的信道号。

c) CAP 在所选信道上开始检测无线信号能量，并启动检测周期定时器。

——在检测周期内，若检测到的信号能量低于预设门限值，则将此信道加入可用信道列表，继续检测其他尚未检测的信道，直至所述信道列表中所有信道全部检测完毕。

——在检测周期内，若检测到信号能量超过预设门限，则继续扫描其他尚未检测的信道，直至所述信道列表中所有信道全部检测完毕。

d) 所述信道列表中所有信道全部检测完毕后，如果可用信道列表非空，则启动网络创建过程，否则延迟一段时间后重新启动检测。

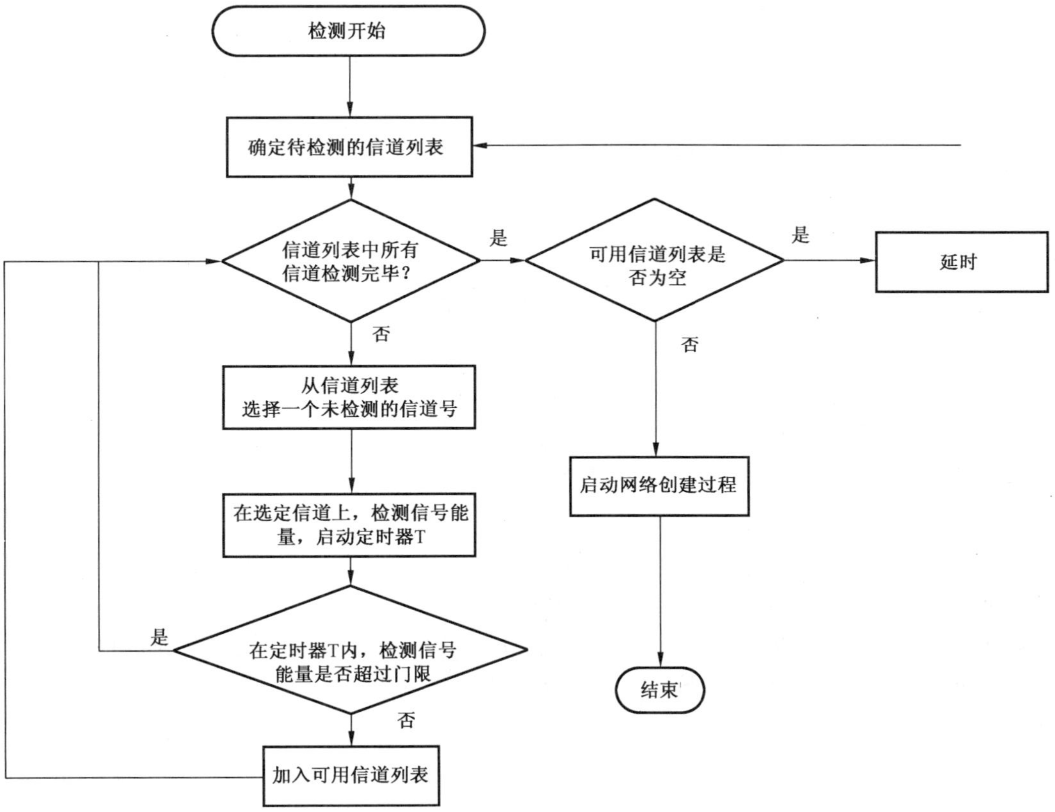

图 37 检测空闲信道流程

8.4 站点入网流程

8.4.1 概述

入网流程指 STA 发现网络，并与 CAP 建立连接的过程。网络访问包括下列步骤：

a) 获取系统同步；

b) 随机访问；

c) 能力协商。

入网流程如图 38。

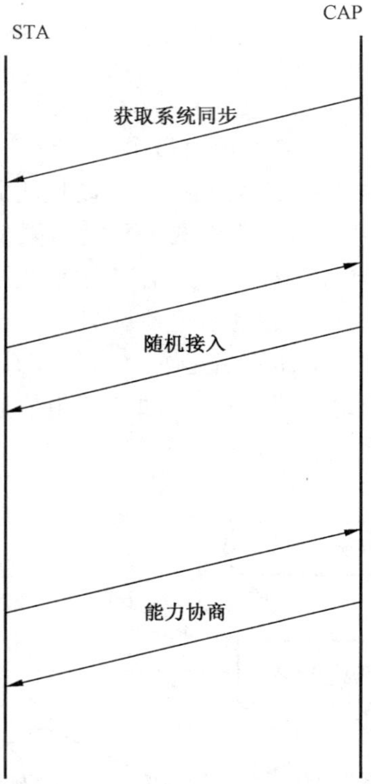

图 38 入网流程

8.4.2 获取系统同步

STA 获取系统同步流程如图 39 所示。

主要操作流程如下：

a） 某一信道上扫描物理信号；

b） 如果 STA 能正确检测出物理帧头，则认为该信道存在物理帧，否则重复检测操作，直到超过信道等待时间，切换到下一信道重复上述操作；

c） 如果 STA 能正确解析 SICH 和 BCF 信息，成功获取系统信息，则系统初始同步成功，否则，超过信道等待时间后，切换到下一信道重复上述操作。

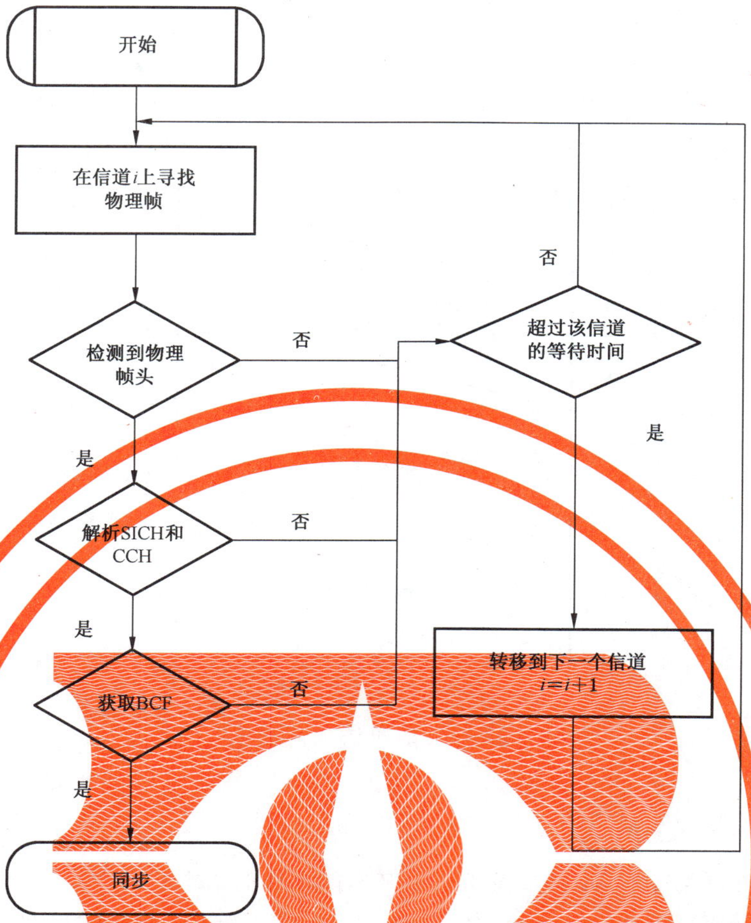

图 39 终端获取系统同步

在 STA 初始同步成功之后,STA 进入同步保持环节。

如果 SICH 定时器超时或者 BCF 定时器超时,STA 需要重新建立初始同步,进入图 39 的流程。保持同步的流程如图 40 所示。

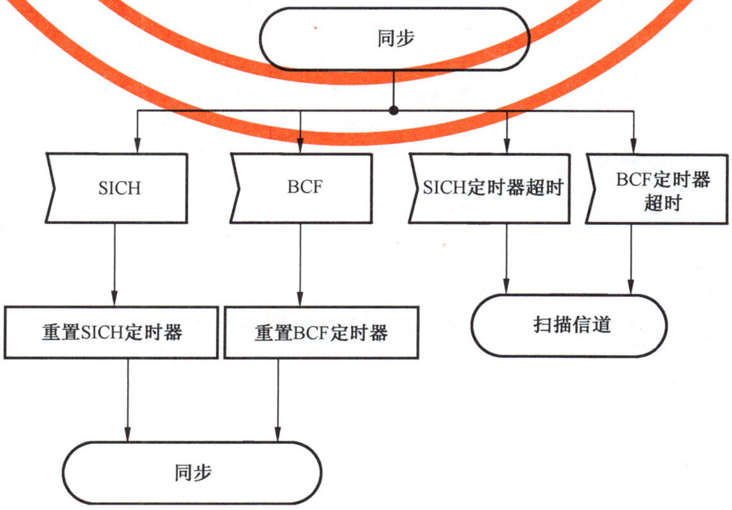

图 40 保持同步

8.4.3 随机访问

随机访问流程见图 41。

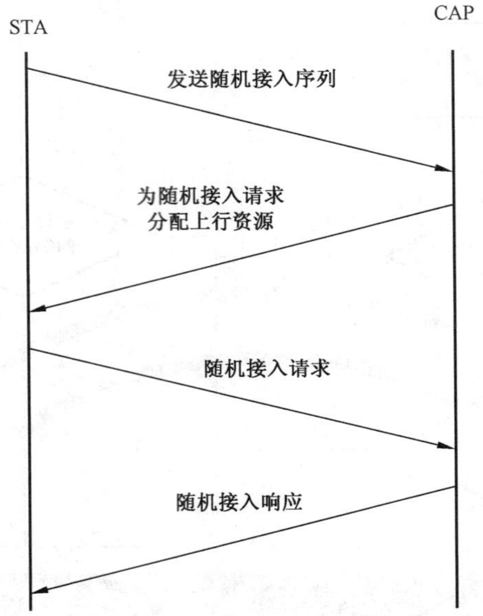

图 41 随机访问流程图

8.4.4 能力协商

能力协商流程见图 42。STA 通过发送终端基本能力协商请求帧(SBC-REQ)来通知 CAP 它的基本能力。CAP 收到 SBC-REQ 后,进行能力参数对比。将双方都支持的能力参数,以及为 STA 分配的驻留信道和频谱聚合模式信息都包含在终端基本能力协商响应帧(SBC-RSP)中通知给 STA。

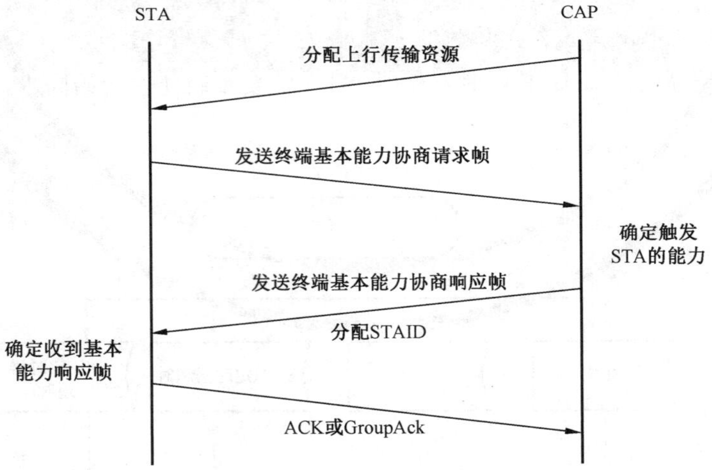

图 42 能力协商

8.5 管理业务流

8.5.1 建立业务流和数据发送

上行业务流建立和数据发送流程见图 43。

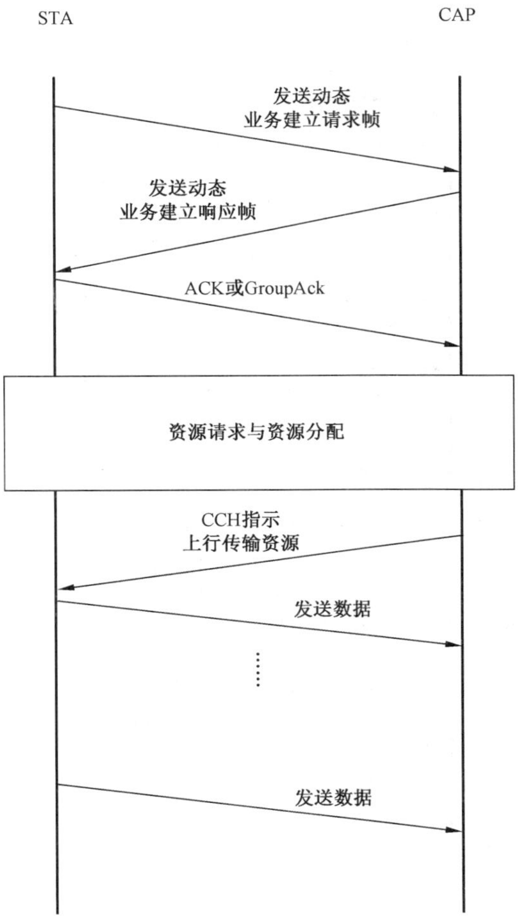

图 43　上行业务流建立和数据发送流程

下行业务流建立和数据发送流程见图 44。

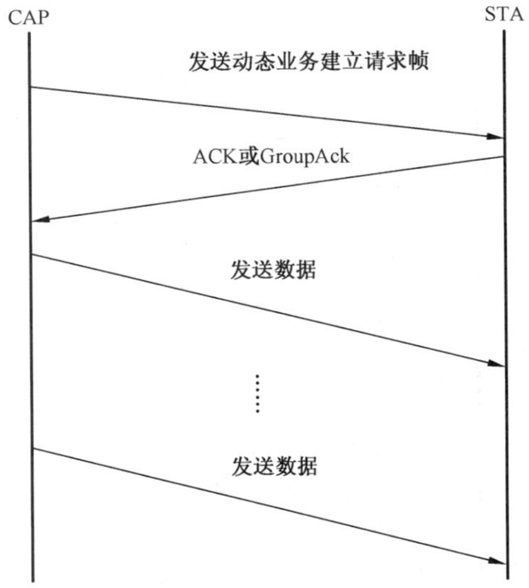

图 44　下行业务流建立和数据发送流程

8.5.2 修改业务流

上行业务流修改和数据发送流程如图45所示。

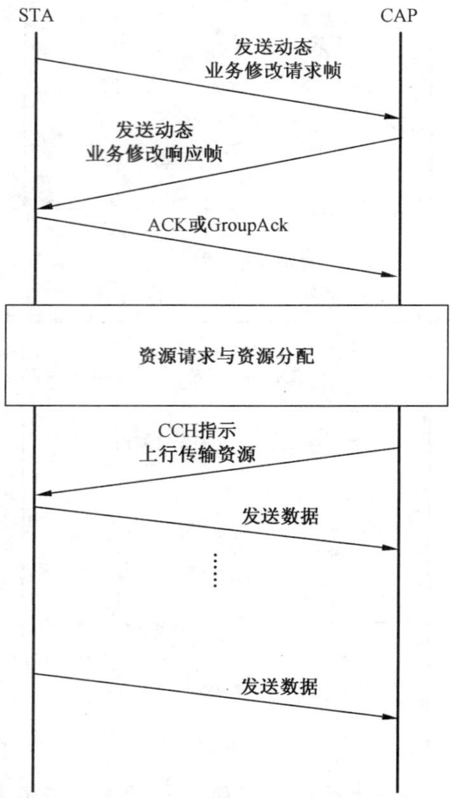

图45 上行业务流修改和数据发送流程

下行业务流修改和数据发送流程如图46所示。

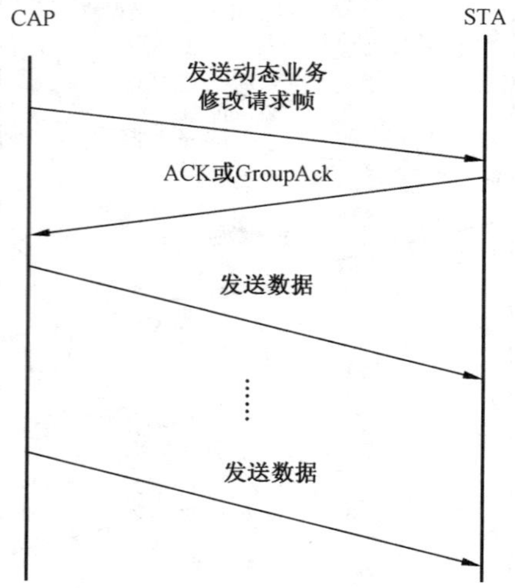

图46 下行业务流修改和数据发送流程

8.5.3 删除业务流

业务传输结束，STA 发起动态业务删除流程，见图 47。

业务传输结束，CAP 发起动态业务删除流程，见图 48。其中，CAP 可通过设置动态业务删除请求帧的方向字段删除上行业务流。

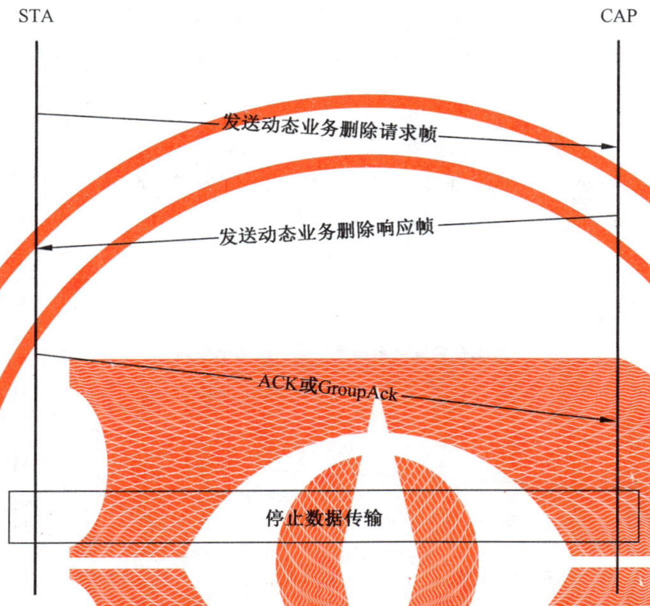

图 47 上行业务流删除流程

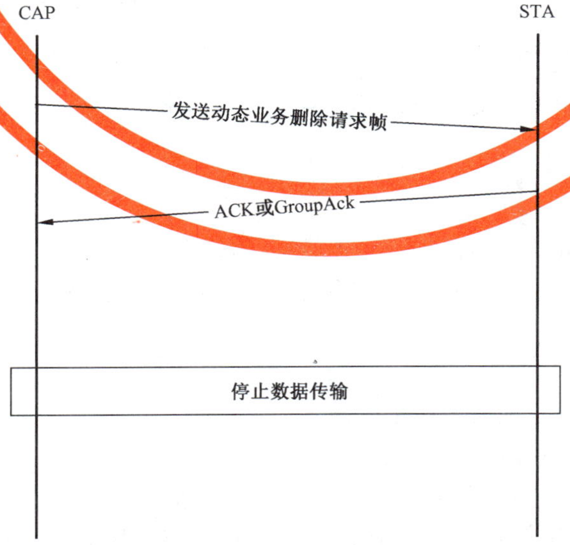

图 48 上/下行业务流删除流程

8.6 资源请求与资源分配

8.6.1 资源请求

8.6.1.1 资源请求概述

本标准系统支持的资源请求方式如下：

a) 竞争资源请求：STA 在调度请求信道发送调度请求序列；

b) 轮询：STA 在 CAP 轮询分配的上行带宽内发出资源请求帧；

c) 随路资源请求：STA 在拥有上行资源时通过随路字段发送资源请求。

8.6.1.2 竞争资源请求

STA 在需要上行传输资源时，通过在上行调度请求信道发送调度请求序列进行资源请求。资源请求流程见图 49。

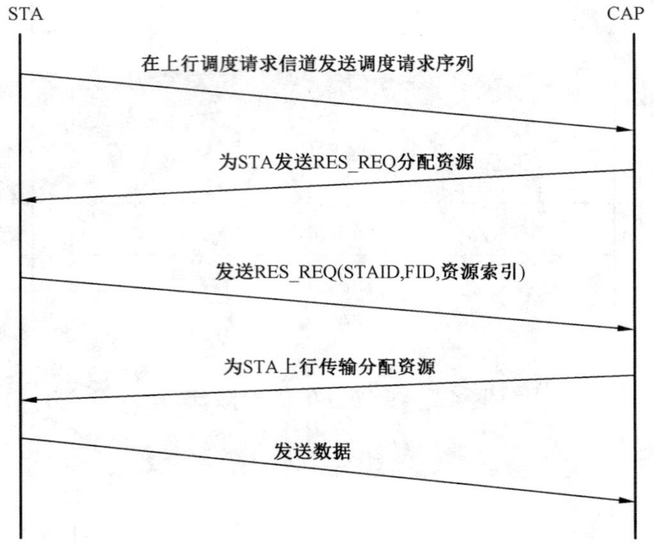

图 49 竞争资源请求

8.6.1.3 轮询

如果 CAP 有足够的带宽资源，可以对 STA 进行单播轮询。CAP 为每个 STA 都维护一个定时器。该定时器超时，CAP 分配资源给 STA 进行上行业务传输，同时复位定时器。

轮询流程见图 50。

轮询流程图的说明：

a) 检查 CAP 是否有足够的带宽用于轮询。

b) 如果没有足够的带宽，结束流程。

c) 如果有足够的带宽，检查 STA 的轮询定时器是否超时。

d) 如果超时，为 STA 分配用于数据传输的资源，同时复位轮询定时器。

e) 如果没有超时，结束流程。

图 50　轮询流程图

8.6.2　资源分配

STA 按 FID 业务流进行资源请求,CAP 通过 CCH 将资源分配给 STA。STA 所有的 FID 流之间资源分配由 STA 内部调度完成。资源请求及分配流程见图 51。

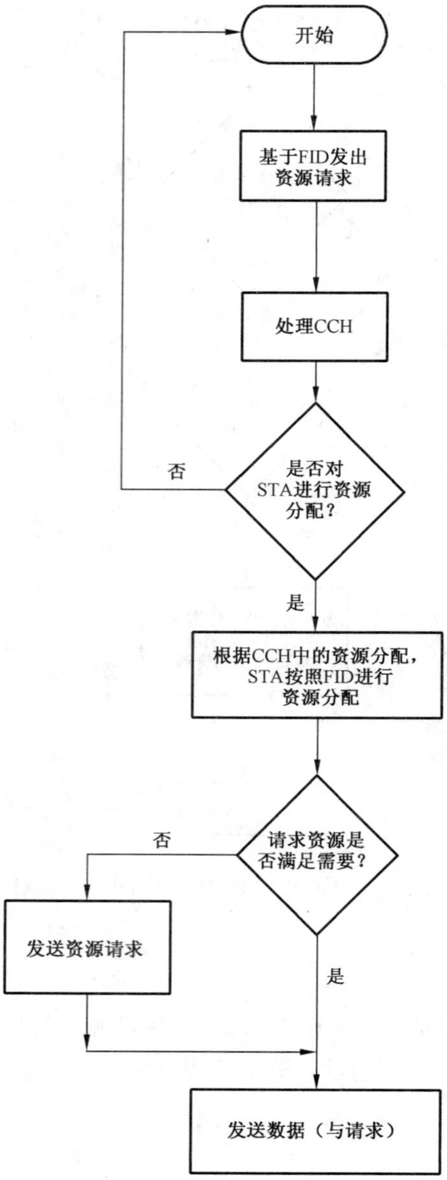

图 51　资源请求/分配流程

8.7　业务类型与 QoS

8.7.1　QoS

业务流的 QoS 参数如下：

——业务类型：此参数唯一确定业务的种类。

——业务优先级：此参数规定了分配给一个业务流的优先级。

——业务保障速率：此参数定义了保障本业务的基本速率，单位比特每秒，其与 IP 适配层输入的 SDU 速率相匹配。此参数不包括 MAC 开销。

——最大业务速率：此参数描述了系统提供给业务的最大业务速率用于速率整形，超出该速率的额外数据将会被丢弃，单位比特每秒，其与 IP 适配层输入的 SDU 速率相匹配。此参数不包括 MAC 开销。

8.7.2 业务类型

根据业务的 QoS 参数，在 MAC 层定义 8 种业务类型，分为预留资源类和不预留资源类两大类。其中业务类型 0 到业务类型 3 属于预留资源类，系统为对应业务保证传输比特速率；业务类型 4 到业务类型 7 属于不预留资源类，系统不为对应业务保证传输比特速率。

业务类型和参数要求见表 27。

表 27　8 种业务的应用类别、主要 QoS 参数

业务类型	资源类型	优先级	时延预算	丢包率预算	业务举例
0	预留资源	2	100 ms	10^{-2}	语音会话
1		4	150 ms	10^{-3}	视频会话（实时流业务）
2		3	50 ms	10^{-3}	实时游戏
3		5	300 ms	10^{-6}	非会话类视频（缓存流业务）
4	不预留资源	1	100 ms	10^{-6}	信令
5		6	100 ms	10^{-3}	交互式游戏
6		7	300 ms	10^{-6}	视频（缓存流业务）、基于 TCP 的业务（例如，WWW、FTP、P2P 文件共享等）
7		8	1 000 ms	10^{-6}	对传输时间要求低的后台 E-Mail 接收、文件下载和文件打印等

8.8 分片和重组

将一个 MSDU/MMPDU 划分成长度更小的一组 MAC 帧的过程称为分片，见图 52。分片由发送端完成。在接收端将多个分片重新组合在一起，即重组。

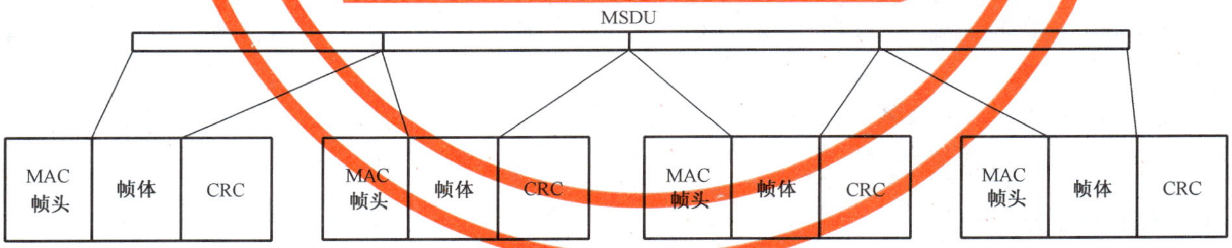

图 52　MAC 帧分片

8.9 重传机制

本标准中所有非广播的管理控制帧（除随机访问请求响应帧和独立资源请求帧）都需要发送确认帧或者隐含确认。隐含确认是指对于有对应响应帧的单播管理控制帧可以将响应帧当作这一帧的确认帧。非广播的管理控制帧不需要立即确认，响应帧可以在之后允许的最大物理帧数内做出响应即可。CAP 发送的响应帧收不到 STA 的确认帧，可以未达到"MPDU 最大重传次数"前重传该响应帧，重传次数超过"MPDU 最大重传次数"后，发送端将丢弃该帧。

数据帧使用立即确认和延迟确认由发送端决定。接收端根据 MAC 头的立即/延迟确认字段来决定是否需要立即确认。如果在下一个时间周期没有收到确认帧，则可以在未达到"MPDU 最大重传次数”前重传该数据帧，重传次数超过“MPDU 最大重传次数”后，发送端将丢弃该帧。这里说的下一个时间周期可以上行物理帧周期对于下行物理帧周期，也可以是下行物理帧周期对应与上一物理帧的上行周期。当 MPDU 重传时，序号和分片号保持不变。

8.10 帧确认

本标准使用 ACK 帧或 GroupAck 帧进行帧确认。

对于管理控制帧，没有对应响应帧的单播管理控制帧需要使用 ACK 或 GroupAck 确认，否则直接用对应响应帧确认，对应响应帧列表见表 28。

表 28 对应响应帧列表

请求帧	对应响应帧
随机访问请求帧(RA-REQ)	随机访问响应帧(RA-RSP)
终端基本能力协商请求(SBC-REQ)	终端基本能力协商响应(SBC-RSP)
上行动态业务建立请求(DSA-REQ)	动态业务建立响应(DSA-RSP)
上行动态业务修改请求(DSC-REQ)	动态业务修改响应(DSC-RSP)
上行动态业务删除请求(DSD-REQ)	动态业务删除响应(DSD-RSP)
组确认请求帧(GroupAckReq)	组确认帧(GroupAck)
休眠请求帧(SLP-REQ)	休眠响应帧(SLP-RSP)

ACK 帧和 GroupAck 帧，不再需要其他帧进行确认。

根据 DSA-REQ/DSA-RSP 或者 DSS-REQ/DSC-RSP 消息中的分片确认指示字段为 0，表示采用分片组合确认机制。发送端依次发送多个分片，接收端不针对分片进行确认，接收端正确收到所有数据分片后，对整个数据帧进行确认。发送端发完所有分片后，如果收不到确认，需要重传整个数据帧，而不是重传数据帧的分片。

对于分片和未分片的数据帧，可以使用 ACK 或 GroupAck 任意一种方式确认。

使用立即确认的帧确认等待间隔是一个时间周期。使用延迟确认的帧确认等待间隔由发送端决定。

接收端将以 SN 升序来将 MSDU 送入下一个 MAC 处理流程。任何送入下一个 MAC 处理流程的 MSDU 将被从缓存中删除。

8.11 链路自适应

8.11.1 下行链路自适应

8.11.1.1 下行链路自适应概述

CAP 端根据 STA 反馈的信道质量信息(CQI)，自适应地为终端选择不同的物理层传输模式，包括 MIMO 工作模式、编码类型和 MCS 等。

8.11.1.2 请求-响应的反馈机制

基于请求-响应的反馈机制指 CAP 主动发送 CQI 反馈请求，见图 53。

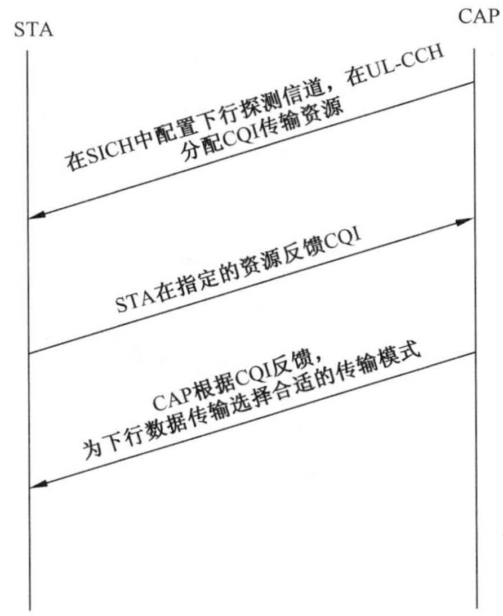

图 53　基于请求-响应的下行链路自适应

8.11.1.3　主动反馈

STA 可以主动向 CAP 发送 CQI。反馈所需资源的获取可以包括如下方式：

a）CQI 反馈直接和数据聚合在一起，利用已分配的上行数据资源来传输；

b）STA 在上行数据帧中，携带相应 CQI 上报的资源请求，然后 CAP 分配资源；

c）STA 通过发送调度请求序列，发送资源请求，为 CQI 反馈请求资源分配。

主动反馈时，CQI 信息封装成 CQI-FB 帧。

8.11.2　上行链路自适应

CAP 可以根据 STA 的上行链路质量和上行功率等信息，自适应为 STA 调整物理层传输模式。

8.11.3　闭环 MIMO 模式

闭环 MIMO 的工作模式，包括 SU-MIMO 和 MU-MIMO。其中 SU-MIMO 可作为 MU-MIMO 的一种特例，采用统一的 MAC 层处理流程，见图 54。

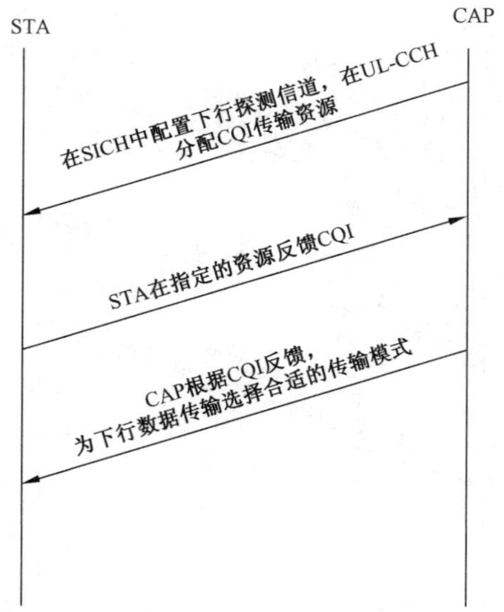

图 54 下行闭环 **MIMO** 工作模式流程

8.12 退出网络流程

当 STA 希望离开网络时，则主动向 CAP 发送退出网络帧，收到 CAP 的 ACK 反馈后即可离开。下行方向 CAP 可以向 STA 发送退出网络帧，要求 STA 退出网络，见图 55 和图 56。

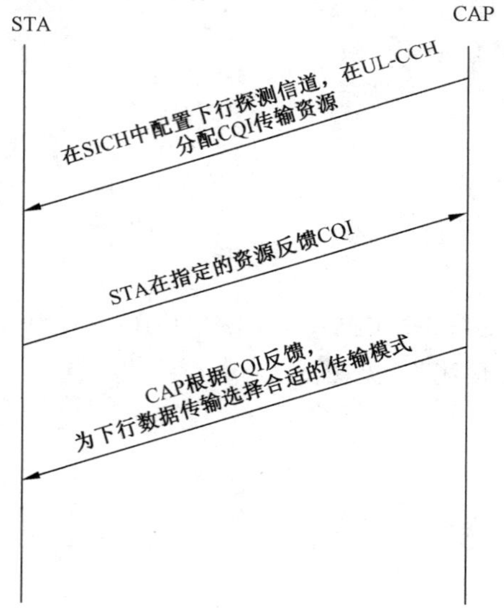

图 55 上行退出网络流程

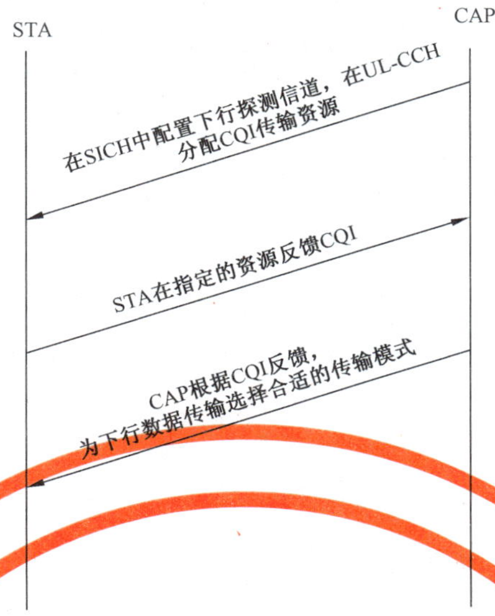

图 56 下行退出网络流程

8.13 随机退避

采用二进制指数退避算法来处理碰撞冲突。二进制指数退避算法的最小回退窗口和最大回退窗口的大小由 CAP 控制，并在 BCF 帧(见表 3)广播。

随机退避步骤如下：

a) 步骤 1：当 STA 发送随机访问序列或调度请求序列时，首先设置其内部回退窗口等于 BCF 帧中定义的最小回退窗口 CW_{min}；
b) 步骤 2：STA 在随机访问信道发送随机访问序列或在调度请求信道发送调度请求序列；
c) 步骤 3：STA 在随后的 CCH 中等待用于随机访问请求或资源请求的资源分配信息；
d) 步骤 4：如果 STA 接收到资源分配信息，则处理过程结束；
e) 步骤 5：如果在"随机访问最大等待帧间隔"或"调度请求最大等待帧间隔"内没有在 CCH 中检测到用于随机访问请求或资源请求的资源分配信息，则 STA 认为竞争冲突；
f) 步骤 6：STA 将在[0　$2^{m-1} \cdot CW_{min}$]间随机选择退避值(退避窗口不大于最大回退窗口)，退避单位为一个帧，其中 m 表示重传次数；
g) 步骤 7：STA 在退避计数器为 0 后，再次发送随机访问序列或调度请求序列。然后重复步骤 4、步骤 5、步骤 6、步骤 7 四个步骤，直至达到"随机访问最大重试次数"。

8.14 异常处理

8.14.1 异常处理概述

异常处理分为两种类型，竞争冲突引起的异常处理和意外情况导致的异常处理。

8.14.2 竞争冲突引起的异常处理

8.14.2.1 随机访问序列冲突

STA 发送随机访问序列后，如果超过"随机访问最大等待帧间隔"后，仍然没有得到 CAP 的资源分配，则认为本次随机访问失败，需要重新进行随机访问流程。

STA 发送随机访问请求帧后,如果超过“随机访问响应最大等待帧间隔”后,仍然没有收到随机访问响应帧,则认为本次随机访问失败,需要重新进行随机访问流程。

8.14.2.2 调度请求序列冲突

STA 发送调度请求序列后,如果超过“调度请求最大等待帧间隔”后,仍然没有得到 CAP 的资源分配,则认为本次资源请求失败,需要重新进行资源请求。

STA 发送独立资源请求帧后,如果超过“资源请求最大等待帧间隔”后,仍然没有得到 CAP 的资源分配,则认为本次资源请求失败,需要重新进行资源请求。

8.14.3 意外情况导致的异常处理

8.14.3.1 站点失去同步

STA 超过 BCF 定时器,仍然没有收到 BCF 帧,则认为 STA 已经与 CAP 失去同步,需要重新访问网络。

8.14.3.2 中心访问点连续发送失败

CAP 向 STA 发送 MPDU/G-MPDU 后,如果没有收到任何一个 MPDU 正确的确认,则认为本次发送失败并启动发送失败次数计数器。如果发给该 STA 的后续 MPDU/G-MPDU 仍然失败,则将发送失败次数累加。如果收到任何一个 MPDU 的正确的确认,则将累加计数器清零。如果该累加值超过“CAP 对 STA 允许的连续发送失败最大次数”,CAP 则认为该 STA 已经出现异常,将其从活动 STA 列表中删除。

8.14.3.3 随机访问阶段异常

STA 发送随机访问序列后,等待“随机访问最大等待帧间隔”后,如果没有收到 CAP 的发送随机访问请求帧的资源指示,重新发送随机访问序列。CAP 在收到 STA 随机访问序列后,等待“随机访问最大等待帧间隔”后,如果没有收到 STA 的随机访问请求帧,删除对应 STA 的所有信息。STA 在发送随机访问请求帧后,等待“随机访问响应最大等待帧间隔”后,如果没有收到 CAP 的随机访问响应帧,重新发送随机访问序列。STA 检测接收到的随机访问响应帧中的 STA 的 MAC 地址,如果与自身的地址不匹配,重新发送随机访问序列。

8.14.3.4 能力协商阶段异常

STA 收到 CAP 的随机访问响应帧,并等待“终端基本能力协商请求帧的最大等待帧间隔”后,如果没有收到 CAP 的终端基本能力协商请求帧资源指示,则认为本次能力协商失败,重新进行随机访问流程。

STA 发送终端基本能力协商请求帧后,等待“终端基本能力协商响应帧的最大等待帧间隔”后,如果没有收到终端基本能力协商响应帧,则认为本次能力协商失败,重新进行随机访问流程。

CAP 发送终端基本能力协商响应帧,并在“终端基本能力协商响应帧确认的最大等待帧间隔”后,如果没有收到 STA 对终端基本能力协商响应帧的确认,则认为本次能力协商失败。在终端基本能力协商响应帧确认的最大等待帧间隔内,CAP 可以重传终端基本能力协商响应帧。

8.14.3.5 动态业务流管理阶段异常

STA 在上行业务流管理过程中,发送业务流管理请求,超过“业务流响应帧的最大等待帧间隔”,认为本次业务流管理过程失败。CAP 发送业务流响应帧后,超过“业务流响应帧确认的最大等待帧间隔”认为本次业务流管理过程失败。

CAP 发送业务流管理请求帧后,超过“下行业务流请求帧确认的最大等待帧间隔”认为本次业务流管理过程失败。

对于 CAP 发送业务流管理请求响应帧重传超限后,CAP 主动发起删除该业务流过程。下行业务流管理过程中,CAP 发送业务流管理请求重传超限后,CAP 主动发起删除该业务流过程。上述两个过程中,CAP 重传累加值超过“CAP 连续重传最大次数”后,CAP 则认为 STA 已经出现异常,主动将其从活动 STA 列表中删除。

8.15 信道切换管理

8.15.1 概述

系统支持不同带宽能力的 CAP 和 STA 组网并相互通信。EUHT 系统以 20 MHz 为基本信道带宽,通过频谱聚合可支持 40 MHz 和 80 MHz 频谱连续或非连续带宽。其中,根据是否使用中间的保护子载波进行数据传输,EUHT 支持的多信道工作模式包括聚合模式 1 和聚合模式 2,具体聚合模式可见 9.10。

在 EUHT 系统中,由 MAC 层统一管理和控制多个不同的子信道,即 CAP 根据当前可用带宽、STA 的带宽能力,以及调度结果确定 STA 在 PHY 层每次传输采用带宽模式。EUHT 系统支持的多信道工作模式见图 57。CAP 可以支持在 STA 在不同的信道以及工作带宽之间的切换。

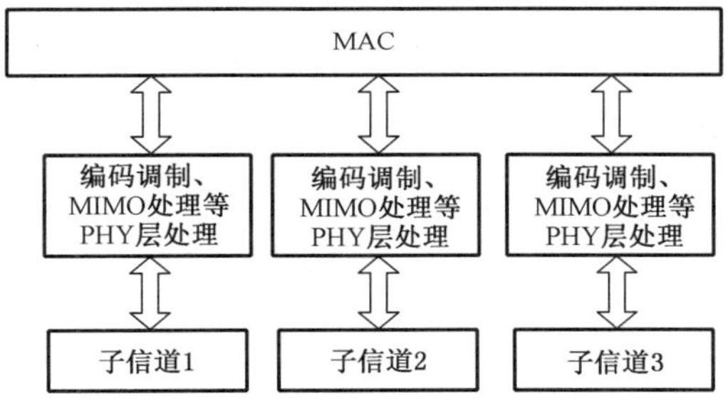

图 57 EUHT 系统多载波多信道工作模式

8.15.2 管理要求

CAP 根据信道测量结果,可以触发工作带宽或者信道的切换,或者包括工作带宽和信道的切换。其中信道带宽即从一个信道切换到另一个信道,工作带宽切换指工作带宽在 20 M/40 M/80 M 之间的切换。

CAP 可以通过信道切换通知帧改变 CAP 工作信道和 CAP 工作带宽域。

如果 STA 需要进行信道切换,CAP 需向 STA 发送信道切换通知帧,通知 STA 的信道切换的相关操作参数,具体见 7.3.4.14。

注:这里的信道切换管理仅适用于 CAP 工作在连续的子信道。

8.16 节电管理

8.16.1 概述

STA 有两种功率状态:

——激活状态：即 STA 处于全功率的正常的通信模式；

——休眠状态：指 STA 处于较低的功率状态模式下，不能发送和接收数据。

这两种状态之间的转移由 STA 的功率管理模式确定的。其中管理模式如下：

——激活模式(AM：Active Mode)指 STA 处于激活状态，在任意时刻都可以接收帧。

——休眠模式(SM：Sleep Mode)指 STA 在一定周期之内处于最小的功率状态，从而节省功率和空中接口资源。

在休眠模式下，休眠周期包括休眠窗口和侦听窗口。在休眠窗口内 STA 不能与 CAP 通信，此时可以在一个或者多个物理帧关闭一个或者多个硬件设备，以达到节电的目的。在每个休眠窗口结束后都会有一个侦听窗口。在侦听窗口内，CAP 通过 DTF-IND 帧指示 STA 是否有数据到达。侦听窗口结束后，如果 STA 收到数据到达指示，则退出休眠模式准备接收数据，否则继续保持休眠模式，返回休眠窗口。

8.16.2 节电机制

8.16.2.1 节电机制概述

休眠模式可以由 STA 或者 CAP 触发。休眠参数在 STA 和 CAP 之间通过 MAC 层信令协商。

8.16.2.2 由 STA 触发的休眠

当 STA 在某段时间内都没有上行数据传输时，STA 可以触发相应的休眠操作，通过相应的管理控制帧交互(SLP-REQ/SLP-RSP)，和 CAP 协商休眠周期和休眠开始时间等参数，具体见 7.3.4.15 和 7.3.4.16。

CAP 为处于休眠模式的 STA 缓存下行数据，当缓存数据到达一定门限时，CAP 在侦听窗口发送 DTF-IND 帧激活休眠中的 STA。具体流程见图 58。

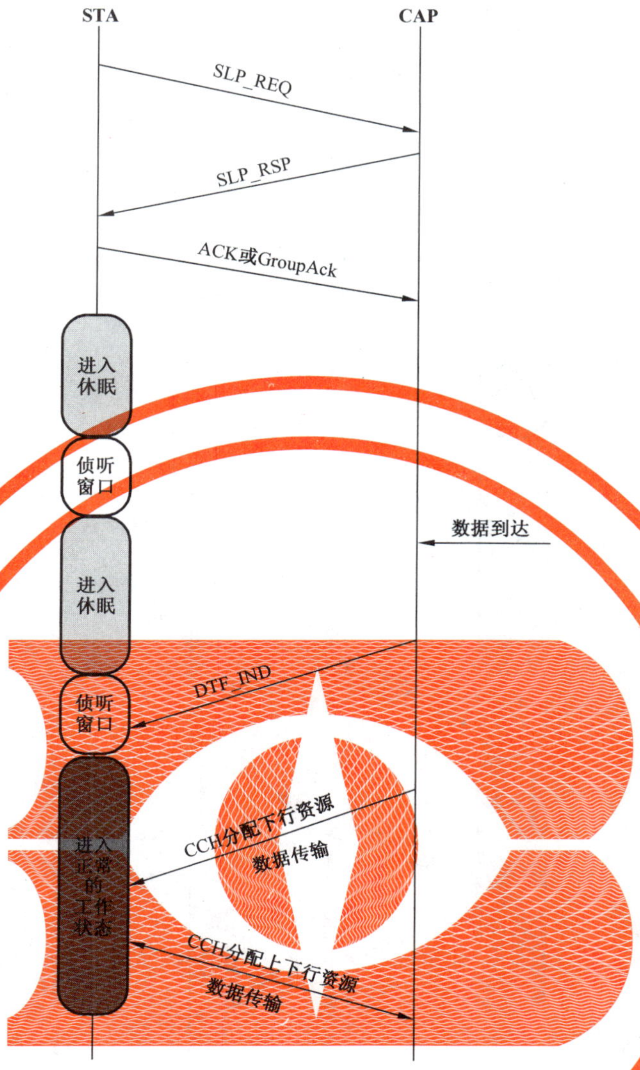

图 58　由 STA 触发的休眠,由 CAP 唤醒的示例

8.16.2.3　由 CAP 触发的休眠

CAP 根据 STA 的工作状态,通过 SLP-RSP 帧,通知 STA 进入休眠状态,并在 SLP-RSP 帧中携带 STA 的休眠参数。

在 STA 休眠周期内,CAP 缓存 STA 的下行数据。当缓存数据到达一定门限时,CAP 在侦听窗口发送 DTF-IND 帧激活休眠中的 STA。具体流程见图 59。

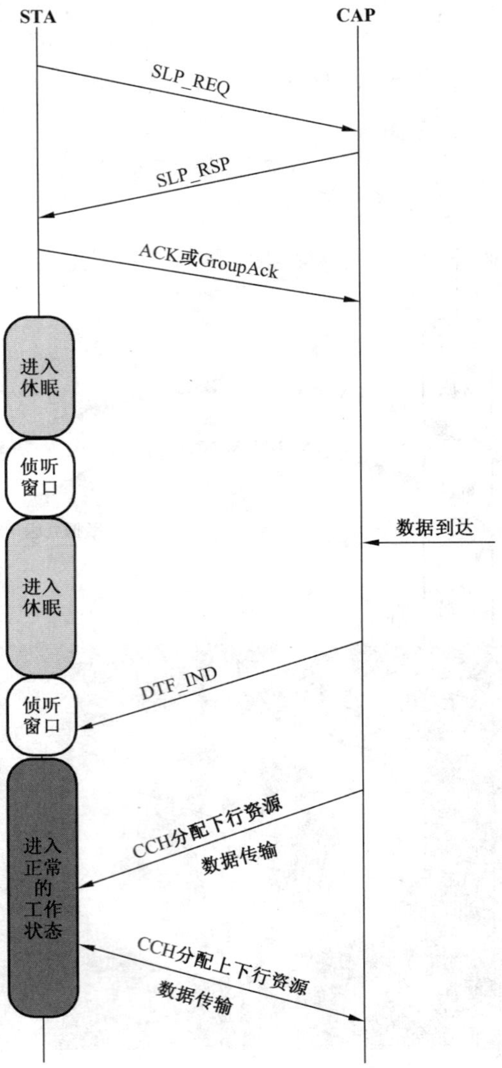

图 59　由 CAP 触发休眠，并由 CAP 唤醒的流程

8.16.2.4　由 STA 触发的唤醒

如果休眠中的 STA 有上行数据需要传输，STA 可以主动终止休眠，进入激活状态，具体流程见图 60。

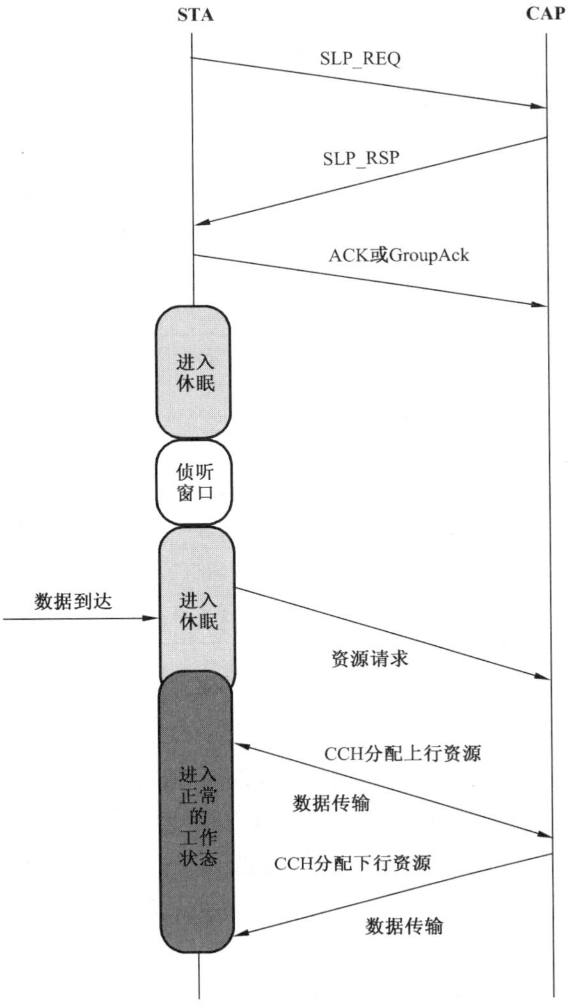

图 60　由 STA 触发唤醒的流程

8.17　系统配置参数

系统配置参数见表 29。

表 29　系统配置参数设置表

参数名称	默认值	含义
随机访问最大等待帧间隔	4	STA 发送随机访问序列后，可以容忍的最大等待帧数
随机访问响应最大等待帧间隔	4	STA 发送随机访问请求帧后，可以容忍的最大等待帧数
终端基本能力协商请求帧的最大等待帧间隔	4	STA 收到随机访问请求响应帧后，等待 CAP 为 STA 分配资源指示的最大帧数
终端基本能力协商响应帧的最大帧间隔	4	STA 发送终端基本能力协商请求帧后，可以容忍的最大等待帧数
终端基本能力协商响应帧确认的最大等待帧间隔	4	CAP 发送终端基本能力协商请求响应帧后，可以容忍的最大等待帧数
业务流响应帧的最大等待帧间隔	4	STA 发送业务流请求帧后，可以容忍的最大等待帧数

表 29（续）

参数名称	默认值	含义
下行业务流请求帧确认的最大等待帧间隔	4	CAP 发送业务流请求帧后，可以容忍的最大等待帧数
业务流响应帧确认的最大等待帧间隔	4	CAP 发送业务流响应帧后，可以容忍的最大等待帧数
调度请求最大等待帧间隔	4	STA 发送调度请求序列后，可以容忍的最大等待帧数
资源请求最大等待帧间隔	4	STA 发送独立资源请求帧或者捎带资源请求帧后，可以容忍的最大等待帧数
CAP 对 STA 允许的连续发送失败最大次数	20	针对某一 STA，CAP 可以容忍的连续发送失败次数
MPDU 最大重传次数	5	某一个 MPDU，尝试重传的最大次数
随机访问最大重试次数	10	STA 可以尝试随机访问的最大次数
FID 为 0 的连接的最大缓冲能力	16	FID 为 0 的连接最多缓冲 16 个 MPDU

8.18 鉴别与保密

中高速无线局域网鉴别与保密机制通过在移动站点侧 STA 和网络侧的配合完成鉴别，采用“带密钥协商生成的鉴别认证”安全机制，实现网络与移动站点的双向鉴别认证，保证合法用户的授权访问。并通过鉴别认证过程中生成进行数据安全传输的加解密密钥，从而保证数据传输的安全性。

为了提高安全性，根密钥并不在空口和网络路径中进行传输，仅仅保留在 STA 本地和网络侧本地以提高安全性。

支持移动站点和网络间的双向鉴别，即同时支持网络对移动站点的鉴别和移动站点对网络的鉴别。在鉴别过程中由可信第三方提供鉴别服务，确保鉴别结果的安全性。

支持数据面加解密密钥的隔离：每个 STA 在每个 CAP 上都是用独立不同的密钥进行加解密。对数据面报文进行加解密，支持数据报文的安全传输。

鉴别与保密机制见 GB 15629.11—2003 中第 8 章、GB 15629.11—2003/XG1—2006 的规定。

9 物理层

9.1 帧结构与正交频分复用基本参数

9.1.1 帧结构

物理层帧结构见图 61。

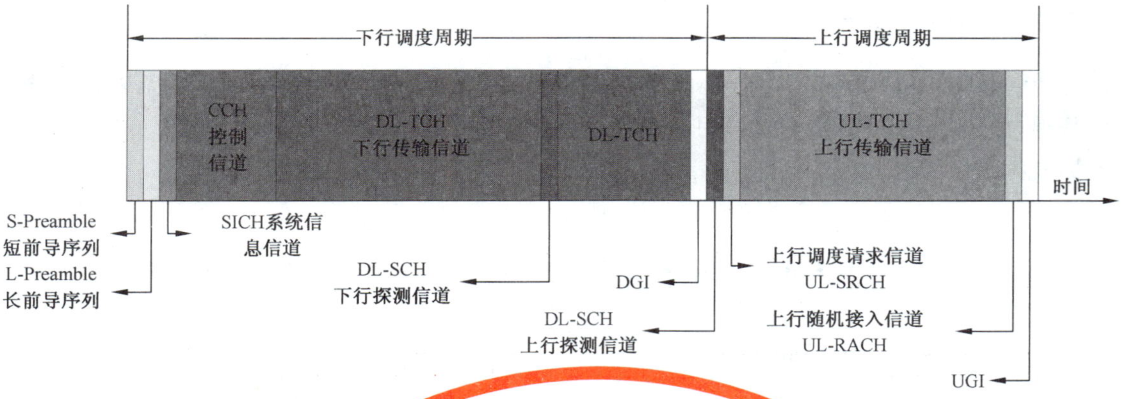

图 61　物理层帧结构

帧结构中各子信道定义见表 30。

表 30　帧结构子信道定义

信道名称	功能	持续时间
短前导序列 S-Preamble	系统粗同步	1　OFDM 符号
长前导序列 L-Preamble	系统精同步及信道估计	1　OFDM 符号
系统信息信道 SICH	广播帧结构配置	1　OFDM 符号
传输控制信道 CCH	上行传输信道资源调度 下行传输信道资源调度	SICH 指示 (小于或等于 63 个符号)
下行探测信道 DL-SCH	下行信道测量	MAC 层 BCF 帧指示
上行探测信道 UL-SCH	上行信道测量	SICH 指示 (小于或等于 4 个符号)
上行调度请求信道 UL-SRCH	上行调度请求	SICH 指示 (小于或等于 4 个符号)
上行随机访问信道 UL-RACH	STA 初始访问	MAC 层 BCF 帧指示
下行传输信道 DL-TCH	下行业务传输 下行信令传输	SICH 指示 (小于或等于 511 个符号)
上行传输信道 UL-TCH	上行业务传输 上行反馈传输	SICH 指示 (小于或等于 511 个符号)
下行保护间隔 DGI	下行至上行收发保护间隔	MAC 层 BCF 帧指示
上行保护间隔 UGI	上行至下行收发保护间隔	MAC 层 BCF 帧指示
注：MAC 层 BCF 帧是广播配置消息，在 DL-TCH 信道周期性广播。广播周期在 MAC 层 BCF 帧中指示。		

9.1.2 正交频分复用基本参数

支持 20 MHz、40 MHz 和 80 MHz 带宽(见 9.10)。20 MHz 为系统基本带宽,本条以 20 MHz 基本带宽为基础,描述每个 OFDM 符号可用的频域子载波资源。

本标准频率域子载波结构见图 62。

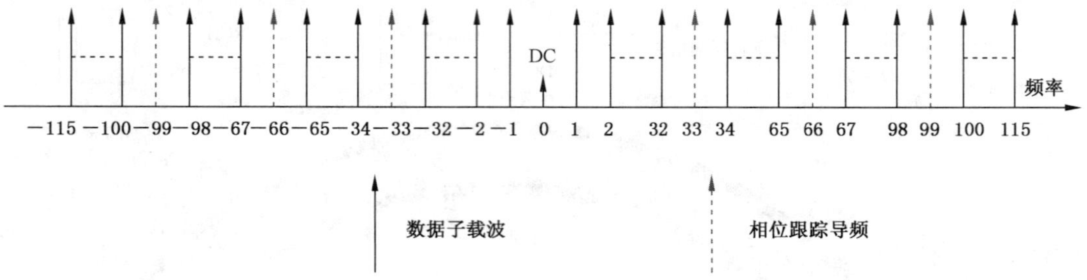

图 62 频率域子载波结构

时频域 OFDM 基本参数见表 31。对于 20 MHz 系统,虚拟子载波集合为式(3):

$$SC_{v}^{20}=\{k \mid k=-128,\cdots -116,0,116\cdots 127\} \qquad (3)$$

表 31 20 MHz 本标准 OFDM 基本参数

系统带宽	20 MHz
频率域子载波间隔	78.125 kHz
基带采样时钟	20 MHz
FFT 样点数	256
CP 样点数	32
数据子载波数	224
数据子载波索引	[−115…−100][−98…−67][−65…−34][−32…−1] [+115…+100][+98…+67][+65…+34][+32…+1]
相位跟踪导频子载波数	6
相位跟踪导频索引	[−99 −66 −33 +33 +66 +99]
虚拟子载波数	26
虚拟子载波索引	[−128…−116][0][+116…+127]
FFT 时间窗口	12.8 μs
循环前缀周期	1.6 μs
OFDM 符号周期	14.4 μs

9.1.3 物理层符号

本标准相关物理层符号定义见表 32。

表 32　物理层符号定义

符号	定义
N_{ID}^{AP}	CAP　MAC 地址低 7 位
N_{ID}^{STA}	STA　MAC 地址低 12 位
N_{Frame}	帧编号 0～4 095
N_{fft}	FFT 样点数
N_{cp}	CP 样点数
Δf	子载波间隔
N_{sympss}	每个空间流 OFDM 符号个数
N_{scpsym}	每个 OFDM 符号数据子载波个数
N_{cbpsym}	每个 OFDM 符号承载的编码后比特数
N_{cbpsc}	每子载波承载的编码后比特数
N_{ss}	并行空间流数
N_{tx}	发射天线数
DPI_F	解调导频频域周期(子载波间隔)
DPI_T	解调导频时域周期(OFDM 符号间隔)
DPI_{num}	解调导频占用的 OFDM 符号个数
SPI_F	探测导频频域周期(子载波间隔)
SPI_{num}	探测导频占用的 OFDM 符号个数
SC_V^{20}	20 MHz 系统虚拟子载波集合
SC_V^{40}	40 MHz 系统虚拟子载波集合
SC_V^{80}	80 MHz 系统虚拟子载波集合
SC_{ap}^{sti}	第 sti 个空时流解调导频子载波集合索引
SC_{sp}^{ti}	第 ti 个发射天线探测导频子载波集合索引
si	空间流索引
sti	空时流索引
ti	发射天线索引

9.2　发射机框图与信号处理流程

9.2.1　发射机框图

CAP 侧发射机框图见图 63。

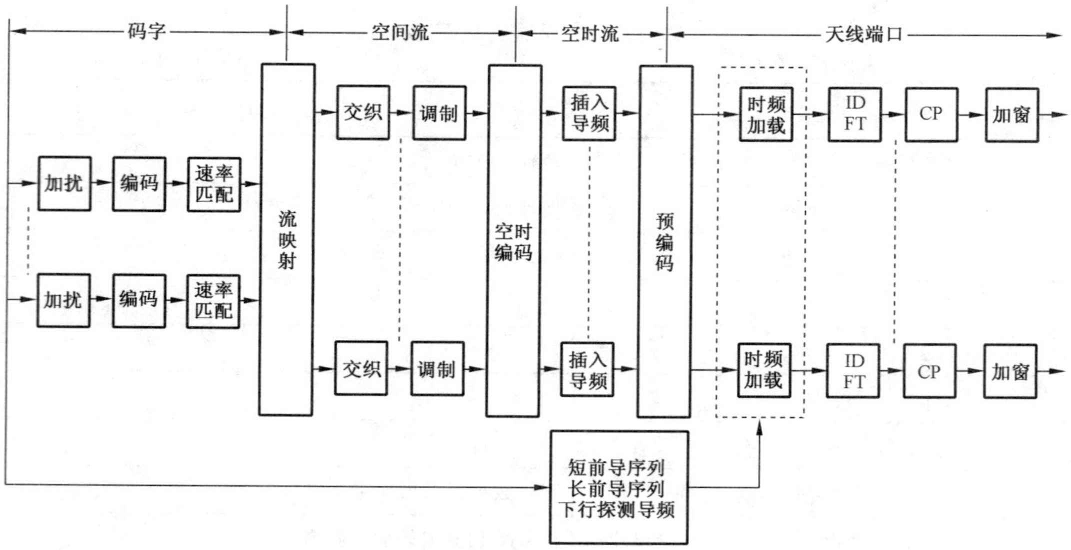

注：插入导频为插入解调导频和相位跟踪导频。

图 63　CAP 侧发射机框图

下行多天线传输支持：开环 SU-MIMO，闭环 SU-MIMO 与闭环 MU-MIMO。

STA 侧发射机框图见图 64。

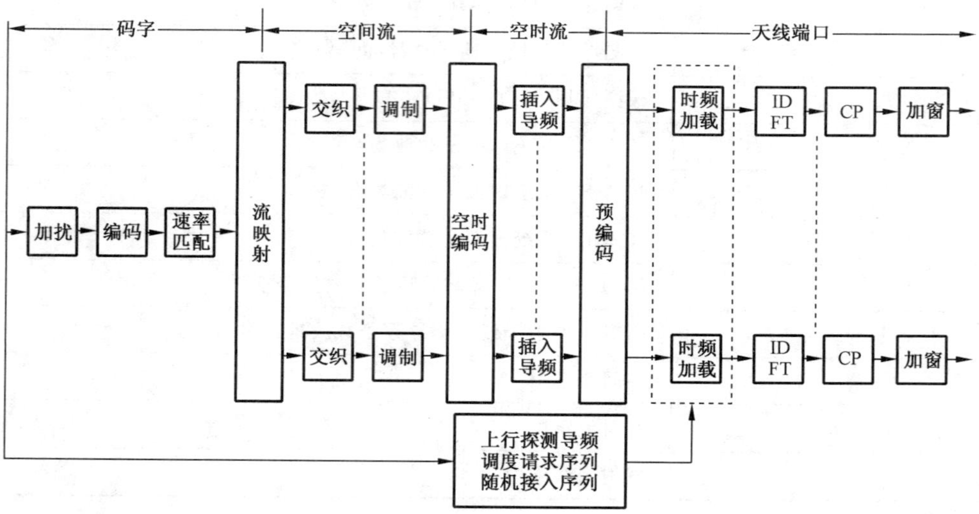

注：插入导频为插入解调导频和相位跟踪导频。

图 64　STA 侧发射机框图

对于上行传输，各用户只能传输一个码字。上行多天线传输支持开环 SU-MIMO 和闭环 SU-MIMO。

9.2.2　加扰

将生成多项式为 $1+X^{11}+X^{15}$ 的最大长度线性反馈移位寄存器的输出二进制序列 $[s_0 s_1 \cdots s_{Len\_bit-1}]$ 作为扰码序列，对数据比特序列 $[b_0 b_1 \cdots b_{Len\_bit-1}]$ 加扰。系统中每个编码块加扰复位一次。扰码序列生成框图见图 65。

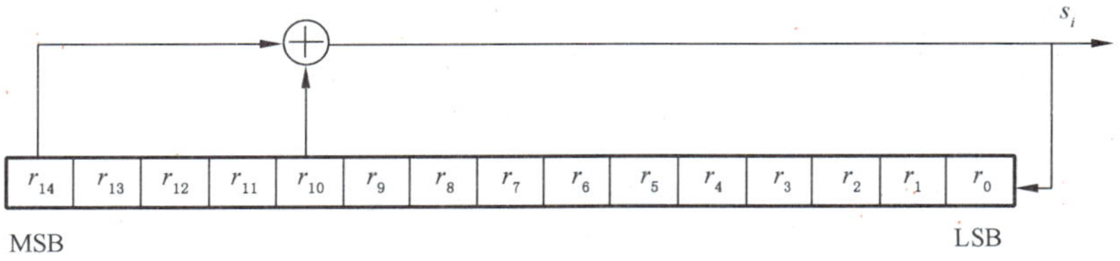

图 65　扰码序列生成框图

对于下行系统信息信道，寄存器的初始值 $r_{init}=[101010001110110]_b$，MSB 在左，LSB 在右；对于其他上下行控制信道和业务信道，寄存器的初始值 $r_{init}=[00101011N_{ID}^{AP}]$，其中 N_{ID}^{AP} 为 CAP　MAC 地址的最低 7 比特，在系统信息信道广播。

对数据比特序列和扰码序列按照式(4)逐位进行异或运算，就可以得到加扰输出的比特序列 $[\tilde{b}_0\tilde{b}_1\cdots\tilde{b}_{Len\_bit-1}]$。

$$\tilde{b}_i=(b_i+s_i)\mathrm{mod}2 \quad i=0,1,\cdots Len\_bit-1 \qquad (4)$$

9.2.3　信道编码

9.2.3.1　概述

信道编码模块对加扰输出的数据比特序列 $[\tilde{b}_0\tilde{b}_1\cdots\tilde{b}_{Len\_bit-1}]$ 进行 FEC 保护。本标准支持卷积编码和 LDPC 编码两种前向纠错码。

9.2.3.2　卷积编码

本标准卷积码结构为[133　171]，见图 66。卷积编码输出为 $[c_0c_1\cdots c_{Len\_cw-1}]$。

$$Len\_cw=2\times(Len\_bit+6) \qquad (5)$$

其中

$$c_{2l}=c_l^0$$

$$c_{2l+1}=c_l^1 \quad l=0,1,\cdots Len\_cw/2$$

本标准采用归零卷积编码，在比特序列 $[\tilde{b}_0\tilde{b}_1\cdots\tilde{b}_{Len\_bit-1}]$ 后需要填充 6 个零比特。

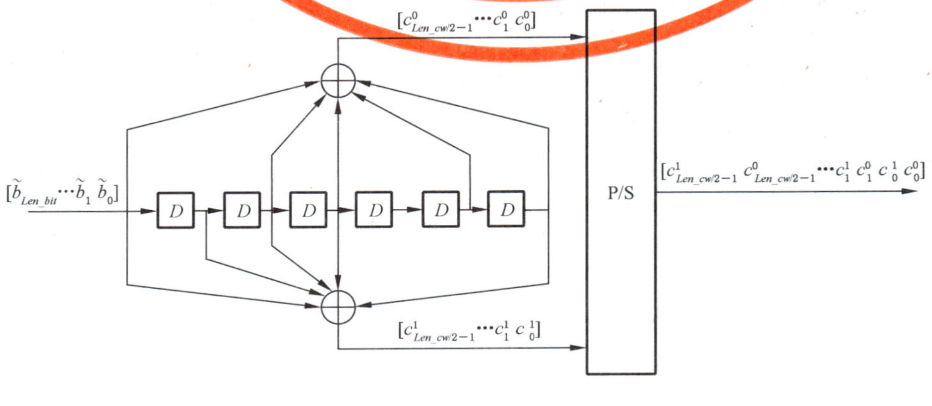

图 66　卷积编码器结构

9.2.3.3 低密度奇偶校验编码

9.2.3.3.1 低密度奇偶码校验矩阵与生成矩阵

高性能纠错编码采用 LDPC 码。其校验矩阵 H 可以表示为如下形式，见式(6)：

$$H=\begin{bmatrix} A_{0,0} & A_{0,1} & \cdots & A_{0,c-1} \\ A_{1,0} & A_{1,1} & \cdots & A_{1,c-1} \\ \vdots & \vdots & \ddots & \vdots \\ A_{\rho-1,0} & A_{\rho-1,1} & \cdots & A_{\rho-1,c-1} \end{bmatrix} \qquad \cdots\cdots(6)$$

其中 $A_{i,j}$ 是一个行重量为 0 或者 1 的 $t\times t$ 循环矩阵，该矩阵的每行皆由其上一行循环右移一位得到，其中第一行是最后一行的循环右移。矩阵 H 表征的码字称为(N,K)LDPC 码，其中 $N=c\times t$ 为码长，$K=(c-\rho)\times t$ 表示编码信息比特的长度，其编码码率为 $R=K/N$。$A_i=[A_{i,0},A_{i,1}\cdots,A_{i,c-1}]$，$i=0,1,\cdots,\rho-1$ 的第一行称为 H 的第 $i+1$ 个行生成器，则 H 共有 ρ 个行生成器。

校验矩阵 H 对应的生成矩阵 G 可以表示为：

$$G=[I/P],$$

其中 I 是单位阵，矩阵 P 可以如下表示，见式(7)：

$$P=\begin{bmatrix} P_{0,0} & P_{0,1} & \cdots & P_{0,\rho-1} \\ P_{1,0} & P_{1,1} & \cdots & P_{1,\rho-1} \\ \vdots & \vdots & \ddots & \vdots \\ P_{c-\rho-1,0} & P_{c-\rho-1,1} & \cdots & P_{c-\rho-1,\rho-1} \end{bmatrix} \qquad \cdots\cdots(7)$$

其中 $P_{i,j}$ 是一个 $t\times t$ 循环矩阵，该矩阵的各列皆由其前一列循环下移一位得到，其中第一列是最后一列的循环下移。$P_j=[P_{0,j},P_{1,j},\cdots P_{c-\rho-1,j}]^T$，$j=0,1,\cdots,\rho-1$ 的第一列称为生成矩阵 G 的第 $j+1$ 个列生成器，则 G 共有 ρ 个列生成器。

9.2.3.3.2 低密度奇偶编码

LDPC 码编码过程可以表示为式(8)：

$$x=u\cdot G \qquad \cdots\cdots(8)$$

其中 $u=(u_0,u_1,\cdots,u_{K-1})$为 K 个编码信息比特，$x=(u_0,u_1,\cdots,u_{k-1},v_0,v_1,\cdots,v_{N-K-1})$为长度为 N 的码字，$v=(v_1,\cdots,v_{N-K-1})$为 $N-K$ 个校验比特，且编码码字满足校验方程 $H\cdot x^T=0$。

LDPC 码长、码率、信息比特长度、循环子矩阵的大小如表 33 所示。LDPC 校验矩阵见附录 G。

表 33 LDPC 编码参数

N	K	R	t
1 344	672	1/2	42
1 344	840	5/8	42
1 344	1 008	3/4	42
1 344	1 176	7/8	42
2 688	1 344	1/2	112
2 688	1 680	5/8	112
2 688	2 016	3/4	112

表 33（续）

N	K	R	t
2 688	2 240	5/6	112
5 376	2 688	1/2	112
5 376	3 360	5/8	112
5 376	4 032	3/4	112
5 376	4 704	7/8	112

9.2.4 速率匹配

若信道编码为卷积码，编码器输出码率为 1/2。通过打孔，可获得 5/8，2/3，3/4，5/6 和 7/8 码率。打孔图样见图 67～图 71：

a) 5/8 码率

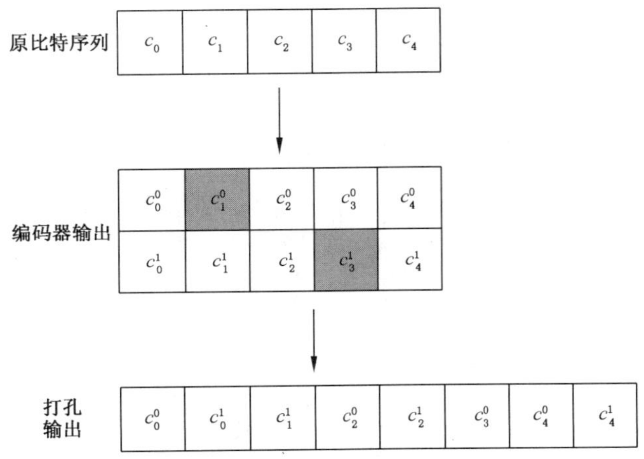

图 67 5/8 码率打孔

b) 2/3 码率

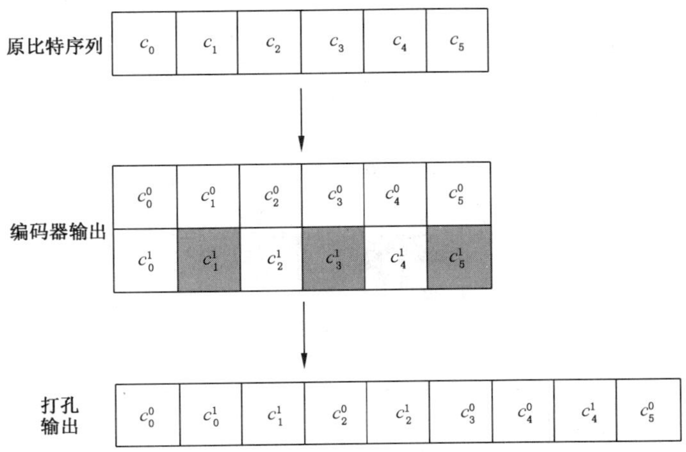

图 68 2/3 码率打孔

c) 3/4 码率

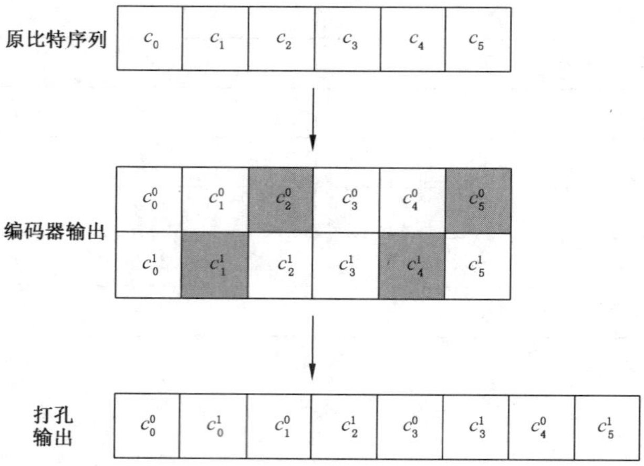

图 69　3/4 码率打孔

d) 5/6 码率

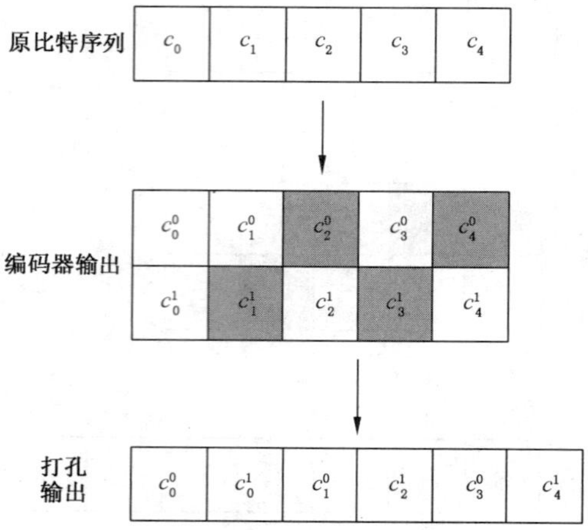

图 70　5/6 码率打孔

e) 7/8 码率

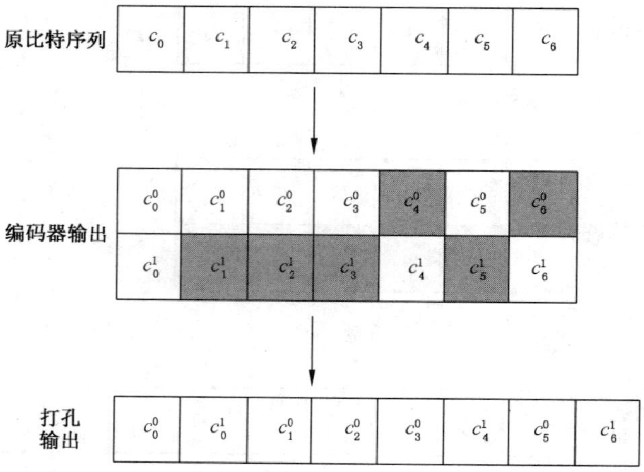

图 71　7/8 码率打孔

若信道编码为 LDPC 码,不需要上述打孔处理。

无论是 EQM 调制,还是 UEQM 调制,同一码字的不同空间流传输的 OFDM 符号数量相同。打孔处理后,输出码字$[\tilde{c}_0 \tilde{c}_1 \cdots \tilde{c}_{Len_punc-1}]$,计算公式见式(9)。

$$Len\_punc = N_{sympss} \cdot N_{scpsym} \cdot \sum_{si=0}^{N_{ss}-1} N_{cbpsc}(si) \quad \cdots\cdots(9)$$

9.2.5 流映射

各空间流可采用相同的调制阶数,也可采用不同的调制阶数。各空间流均有 $N_{sympss} \cdot N_{scpsym}$ 个调制符号。若各空间流采用相同调制阶数,各空间流分配相同数量的比特,否则各空间流分配的比特数量不同。对于第 si 个空间流,分配比特标记为$[q_0^{si}\ q_1^{si} \cdots q_{Len_cb(si)-1}^{si}]$。$Len_cb(si)$为空间流 si 分配的编码比特个数。

令 $l=0,1,2\cdots Len\_cb(si)-1$,见式(10):

$$q_l^{si} = \begin{cases} \tilde{c}_{\left\lfloor \frac{l}{N_{cbpsc}(si)} \right\rfloor \cdot \sum_{n=0}^{N_{ss}-1} N_{cbpsc}(n) + \sum_{i=\left\lfloor \frac{l}{N_{cbpsc}(si)} \right\rfloor \cdot N_{cbpsc}(si)}^{l-1} N_{ss}^{si}(i) + si} & l \leqslant Len\_cb(si)-1 \\ non & l > Len\_cb(si) \end{cases} \quad \cdots(10)$$

$$Len\_cb(si) = N_{sympss} \cdot N_{scpsym} \cdot N_{cbpsc}(si)$$

其中,$N_{ss}^{si}(i)$为第 si 个空间流发射第 i 个比特时并行空间流数,$N_{cbpsc}(si)$为第 si 个空间流上每个子载波承载的编码比特个数。$Len_cb(si)$个比特共分为 $N_{sympss} \cdot N_{scpsym}$ 个分配周期,在每个分配周期内:对于 EQM 调制,$N_{ss}^{si}(i)=N_{ss}^{si}(j)\ 0 \leqslant i,j < Len\_cb(si)-1$;对于 UEQM 调制,流映射输入比特序列以 $\sum_{si=0}^{N_{ss}-1} N_{cbpsc}(si)$ 为周期,在所有空间流之间逐比特依次分配。对于一个分配周期,当第 si 个空间流分配了 $N_{cbpsc}(si)$个比特时,该空间流在本周期内退出后续流映射环节。下一比特序列周期重复前一比特序列周期的分配过程。以 MCS=77 为例,第 0 个空间流的 $N_{ss}^{0}(i)=[4\ 4\ 2\ 2\ 4\ 4\ 2\ 2 \ldots\ldots]$,第 2 个空间流的 $N_{ss}^{2}(i)=[4\ 4\ 4\ 4 \ldots\ldots]$。

空间流并行传输时,每个码字映射到哪些空间流在控制信道(见表 42)中指示。

各空间流映射的编码比特 q_l^{si},在每个 OFDM 符号内,进行如下循环移位操作,见式(11),

$$r = [l + si \cdot N_{cbpsc}(si) \cdot 37] \bmod [N_{scpsym} \cdot N_{cbpsc}(si)]$$
$$l = 0,1,2,\cdots,N_{scpsym} \cdot N_{cbpsc}(si)-1 \quad \cdots\cdots(11)$$

循环移位后,各空间流输出比特序列 $q_{r(l)}^{si}$,$l=0,1,\cdots,N_{scpsym} \cdot N_{cbpsc}(si)-1$ 输出到比特交织器。

9.2.6 比特交织

如果信道编码为 LDPC 码,不需要比特交织处理;如果信道编码为卷积码,采用如下比特交织处理。每个空间流的交织深度见式(12)。

$$N_{cbpsc}(si) = N_{cbpsc}(si) \cdot N_{scpsym} \quad \cdots\cdots(12)$$

采用如下两次置换过程。

第一次置换见式(13):

$$i = (N_{cbpsym}(si)/16) \cdot \bmod(k,16) + [k/16] i, k=0,1,\cdots N_{cbpsym}-1 \quad \cdots\cdots(13)$$

第二次置换见式(14):

$$j = \widetilde{Q}(si) \times [i/\widetilde{Q}(si)] + \bmod\{[i + N_{cbpsym}(si) - [16 \times i / N_{cbpsym}(si)]], \widetilde{Q}(si)\} \cdots\cdots(14)$$

式中:

$$\widetilde{Q}(si) = \max\left(\frac{N_{cbpsc}(si)}{2}, 1\right)$$

经过上述交织处理,各流输出比特序列为$[\tilde{q}_0^{si}\ \tilde{q}_1^{si} \cdots \tilde{q}_{Len_cw(si)-1}^{si}]$。

解交织过程如下。第一次置换见式(15):

$$i = \tilde{Q}(si) \times [j/\tilde{Q}(si)] + \text{mod}\{[j + [16 \times j/N_{cbpsym}(si)]], \tilde{Q}(si)\} \quad \cdots\cdots\cdots\cdots (15)$$

式中:

$$j = 0, 1, \cdots N_{cbpsym} - 1$$

第二次置换见式(16):

$$k = 16 \cdot i - (N_{cbpsym}(si) - 1) \times [16 \times i/N_{cbpsym}(si)] \quad \cdots\cdots\cdots\cdots (16)$$

9.2.7 星座映射

每个子载波均可支持 BPSK、QPSK、16-QAM、64-QAM 和 256-QAM 调制。每个子载波调制输出符号为式(17)。

$$d = (I + jQ) \times K_{\text{MOD}} \quad \cdots\cdots\cdots\cdots (17)$$

K_{MOD}是不同调制方式的归一化参数,见表 34。

表 34 不同调制方式的归一化参数

调制方式	K_{MOD}
BPSK	1
QPSK	$1/\sqrt{2}$
16-QAM	$1/\sqrt{10}$
64-QAM	$1/\sqrt{42}$
256-QAM	$1/\sqrt{170}$

不同调制方式的比特映射关系见表 35、表 36、表 37、表 38 和表 39。

表 35 BPSK 星座映射表

输入比特(b_0)	I 路输出	Q 路输出
0	−1	0
1	1	0

表 36 QPSK 星座映射表

输入比特(b_0)	I 路输出	输入比特(b_1)	Q 路输出
0	−1	0	−1
1	1	1	1

表 37 16-QAM 星座映射表

输入比特(b_0b_1)	I 路输出	输入比特(b_2b_3)	Q 路输出
00	−3	00	−3
01	−1	01	−1
11	1	11	1
10	3	10	3

表 38　64-QAM 星座映射表

输入比特($b_0b_1b_2$)	I 路输出	输入比特($b_3b_4b_5$)	Q 路输出
000	−7	000	−7
001	−5	001	−5
011	−3	011	−3
010	−1	010	−1
110	1	110	1
111	3	111	3
101	5	101	5
100	7	100	7

表 39　256-QAM 星座映射表

输入比特($b_0b_1b_2b_3$)	I 路输出	输入比特($b_4b_5b_6b_7$)	Q 路输出
0000	−15	0000	−15
0001	−13	0001	−13
0010	−9	0010	−9
0011	−11	0011	−11
0100	−1	0100	−1
0101	−3	0101	−3
0110	−7	0110	−7
0111	−5	0111	−5
1000	15	1000	15
1001	13	1001	13
1010	9	1010	9
1011	11	1011	11
1100	1	1100	1
1101	3	1101	3
1110	7	1110	7
1111	5	1111	5
0000	−15	0000	−15

不同调制方式的比特映射图样见图 72、图 73、图 74、图 75 和图 76。

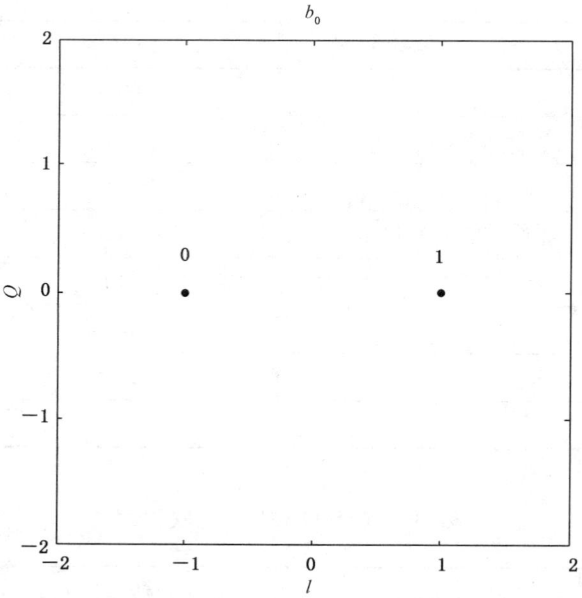

图 72　**BPSK 星座映射**

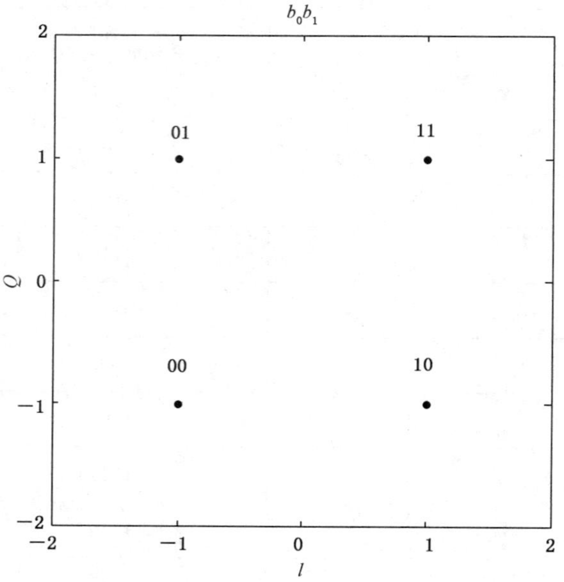

图 73　**QPSK 星座映射**

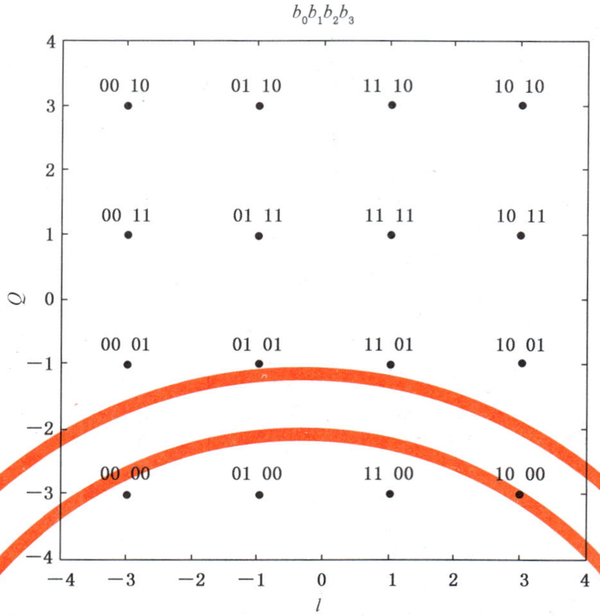

图 74　16-QAM 星座映射

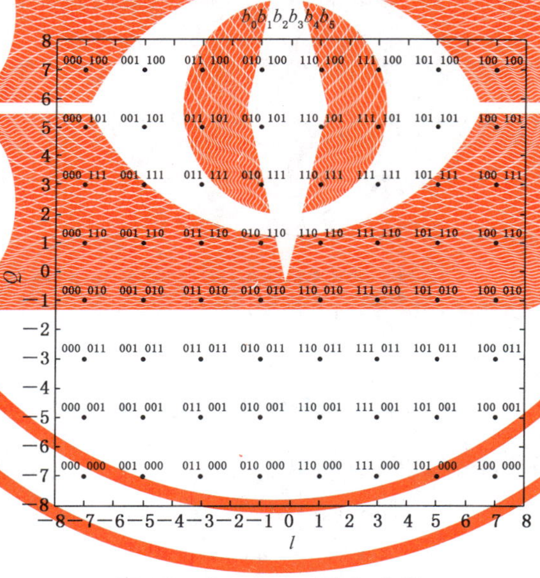

图 75　64-QAM 星座映射

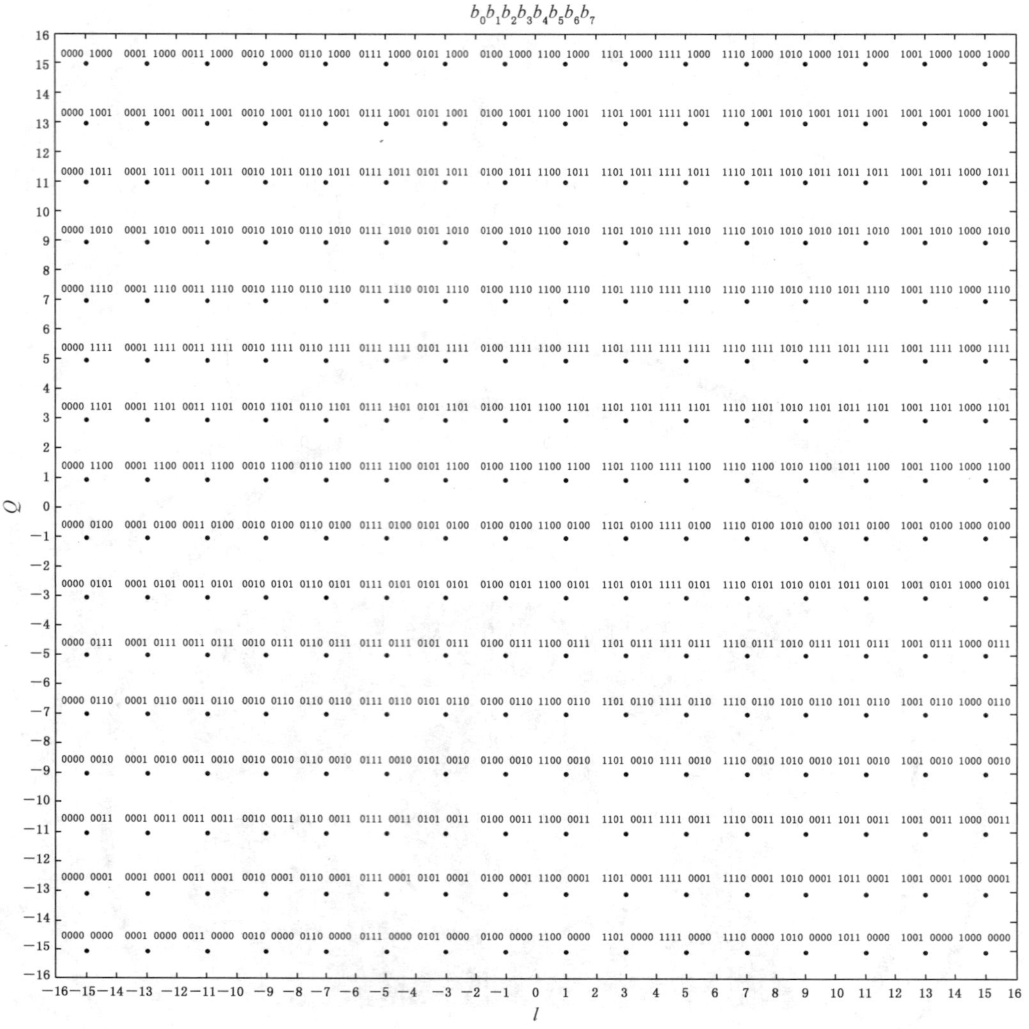

图 76　256-QAM 星座映射

经过上述调制映射后，各空间流输出调制符号流为[$d_0^{si}\ d_1^{si} \cdots d_{Len\_\mathrm{mod}(si)-1}^{si}$]，见式(18)。

$$Len\_\mathrm{mod}(si) = N_{sympss} \cdot N_{scpsym} \quad \cdots\cdots (18)$$

9.2.8　空时编码(可选)

本标准所定义的系统支持 1 个、2 个、3 个和 4 个并行调制符号流空时编码，将空间流扩展为 2 个、4 个、6 个和 8 个空时流，使系统获得发射分集增益。若在传输中使用空时编码，表 42 中 b_{55} 置为 1，否则置 0。

调制输出符号为 $d_{k,i,n}$；$k=0\ldots N_{scpsym}-1$；$i=0\ldots N_{ss}-1$；$n=0\ldots N_{sympss}-1$，经 STBC 编码后，输出为 $\tilde{d}_{k,l,n}$；$k=0\ldots N_{scpsym}-1$；$i=0\ldots N_{sts}-1$；$n=0\ldots N_{sympss}-1$。STBC 输出符号与输入符号间的映射关系见表 40。

表 40　空时编码

N_{sts}	N_{ss}	i_{STS}	$\tilde{d}_{k,i,2m}$	$\tilde{d}_{k,i,2m+1}$
2	1	1	$d_{k,1,2m}$	$d_{k,1,2m+1}$
		2	$-d^*_{k,1,2m+1}$	$d^*_{k,1,2m}$
4	2	1	$d_{k,1,2m}$	$d_{k,1,2m+1}$
		2	$-d^*_{k,1,2m+1}$	$d^*_{k,1,2m}$
		3	$d_{k,2,2m}$	$d_{k,2,2m+1}$
		4	$-d^*_{k,2,2m+1}$	$d^*_{k,2,2m}$
6	3	1	$d_{k,1,2m}$	$d_{k,1,2m+1}$
		2	$-d^*_{k,1,2m+1}$	$d^*_{k,1,2m}$
		3	$d_{k,2,2m}$	$d_{k,2,2m+1}$
		4	$-d^*_{k,2,2m+1}$	$d^*_{k,2,2m}$
		5	$d_{k,3,2m}$	$d_{k,3,2m+1}$
		6	$-d^*_{k,3,2m+1}$	$d^*_{k,3,2m}$
8	4	1	$d_{k,1,2m}$	$d_{k,1,2m+1}$
		2	$-d^*_{k,1,2m+1}$	$d^*_{k,1,2m}$
		3	$d_{k,2,2m}$	$d_{k,2,2m+1}$
		4	$-d^*_{k,2,2m+1}$	$d^*_{k,2,2m}$
		5	$d_{k,3,2m}$	$d_{k,3,2m+1}$
		6	$-d^*_{k,3,2m+1}$	$d^*_{k,3,2m}$
		7	$d_{k,4,2m}$	$d_{k,4,2m+1}$
		8	$-d^*_{k,4,2m+1}$	$d^*_{k,4,2m}$

9.2.9　相位跟踪导频

在 20 MHz 带宽下共配置 6 个相位跟踪导频，占用的子载波索引为[−99　−66　−33　33　66　99]。各相位跟踪导频发射符号依次为[1　0　1　0　1　0]，经 BPSK 调制后加载到相位跟踪导频子载波。

9.2.10　时频加载

对第 ti 个天线端口，发射符号流为[$\tilde{x}_0^{ti}$ $\tilde{x}_1^{ti}$ $\cdots$ $\tilde{x}_{Len\_precode-1}^{ti}$]，见式(19)。

$$Len\_precode = N_{sympss} + Len\_dp \qquad \cdots\cdots\cdots (19)$$

式中：Len_dp 为解调导频符号个数。依据调度信令(见 9.5.3)指示的解调导频图样，可计算获得解调导频占用的 OFDM 符号数。

时频加载顺序见图 77，先做频域加载后做时域加载。

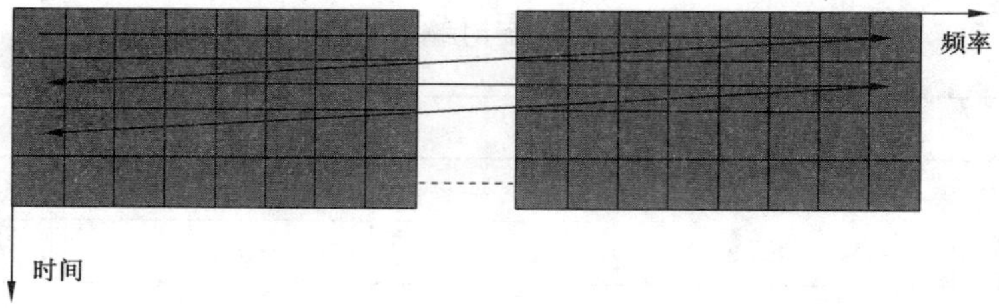

图 77 预编码输出符号流时频加载顺序

9.3 前导序列

9.3.1 概述

物理层前导序列由短前导序列和长前导序列组成，占用两个 OFDM 符号，见图 78。

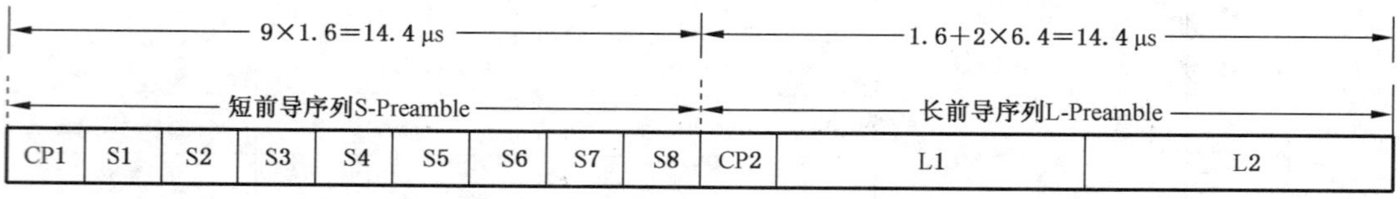

图 78 物理层前导序列

发送前导时，CAP 以 20 MHz 为基本单位，其 IFFT 点数随聚合的带宽大小而变化。20 MHz 基本带宽时，CAP 和 STA 的 IFFT 点数 $N_{ifft}=256$；40 MHz 带宽时，CAP 的 IFFT 点数 $N_{ifft}=512$，在 2 个 20 MHz 频带上发送相同的前导；80 MHz 带宽时，CAP 的 IFFT 点数 $N_{ifft}=1\ 024$，在 4 个 20 MHz 频带上发送相同的前导。

9.3.2 短前导序列(S-Preamble)

短前导序列共有 28 个符号，在频域占用 28 个子载波。这些子载波由序列 Z 组成的元素进行调制，见式(20)。

$$Z(n)=e^{j\pi\frac{rn^2}{N}},n=0,1,\ldots 27;r=27;N=28 \qquad \cdots\cdots (20)$$

短前导序列的 28 个符号通过下述方法映射到 28 个频域子载波上。

需要填充的子载波集合为：$\{k_n \mid k_n=-112+8\cdot m, m=0,1,2\cdots 28, m\neq 14\}$。

$n=0$

$for\ k=-115:1:+115$

$if\ k\in\{k_n\}$

$S_k=Z(n)$

$n=n+1$

$else$

$S_k=0$

end

end

9.3.3 长前导序列(L-Preamble)

长前导序列共有 114 个符号，在频域占用 114 个子载波。长度为 114 的伪随机序列$\{C_n, n=0,1,\ldots,113\}$经 BPSK 调制后，通过下述方法映射到子载波上，见式(21)。

需要填充的子载波集合为：$\{k_n | k_n = -114 + 2 \cdot m, m = 0, 1, 2 \cdots 114, m \neq 57\}$。

$$
\begin{aligned}
& n = 0 \\
& for\ k = -115 : 1 : +115 \\
& if\ k \in \{k_n\} \\
& S_k = C(n) \\
& n = n + 1 \\
& else \\
& S_k = 0 \\
& end \\
& end
\end{aligned}
\qquad \cdots\cdots (21)
$$

经上述方法映射后，子载波−115～+115 加载的符号为：

$L_{-115,115}$ = {0，−1，0，−1，0，1，0，1，0，1，0，−1，0，1，0，1，0，−1，0，−1，0，1，0，−1，0，1，0，1，0，−1，0，−1，0，−1，0，1，0，1，0，−1，0，1，0，−1，0，−1，0，−1，0，−1，0，−1，0，1，0，−1，0，1，0，−1，0，1，0，−1，0，1，0，−1，0，1，0，1，0，−1，0，−1，0，−1，0，1，0，−1，0，1，0，1，0，1，0，−1，0，1，0，1，0，−1，0，1，0，1，0，1，0，−1，0，−1，0，1，0，−1，0，1，0，1，0，0，0，−1，0，1，0，1，0，1，0，−1，0，−1，0，−1，0，1，0，−1，0，−1，0，1，0，−1，0，1，0，1，0，−1，0，1，0，−1，0，−1，0，−1，0，1，0，−1，0，−1，0，1，0，−1，0，1，0，1，0，1，0，1，0，1，0，−1，0，1，0，1，0，−1，0，−1，0，1，0，1，0，−1，0，1，0，1，0，−1，0，1，0，−1，0，1，0，−1，0，−1，0，−1，0，−1，0，1，0，1，0，1，0，−1，0，−1，0，−1，0，1，0，−1，0，1，0，−1，0}

9.4 系统信息信道与控制信道

9.4.1 系统信息信道字段定义

系统信息信道采用 MCS0 传输，不采用空时编码。系统信息字段定义见表 41。

表 41 系统信息字段定义

比特	定义	注释
$b_7\ b_6 \cdots b_0$	本 CAP MAC 地址低 8 位	CAP 标识及扰码种子
$b_{20}\ b_{19} \cdots b_6$	预留	预留
$b_{23}\ b_{22} \cdots b_{21}$	CAP 天线配置	000：1 根天线； 001：2 根天线； … 111：8 根天线
$b_{29}\ b_{28} \cdots b_{24}$	控制信道周期指示	控制信道周期，≤63 OFDM 符号
$b_{31}\ b_{30}$	预留	预留
$b_{40}\ b_{39} \cdots b_{32}$	下行传输信道周期指示	下行传输信道周期，≤511 OFDM 符号
$b_{47}\ b_{46} \cdots b_{41}$	预留	预留
$b_{56}\ b_{55} \cdots b_{48}$	上行传输信道周期指示	上行传输信道周期，≤511 OFDM 符号
$b_{63}\ b_{62} \cdots b_{57}$	预留	预留
b_{64}	下行探测信道配置	0：无下行探测信道； 1：配置下行探测信道
$b_{66}\ b_{65}$	预留	预留

表 41（续）

比特	定义	注释
$b_{68}\ b_{67}$	上行探测信道配置	00:无上行探测信道；
		01:上行探测信道为 1 个 OFDM 符号；
		10:上行探测信道为 2 个 OFDM 符号；
		11:上行探测信道为 4 个 OFDM 符号
$b_{70}\ b_{69}$	上行调度请求信道配置	00:无调度请求信道；
		01:调度请求信道为 1 个 OFDM 符号；
		10:调度请求信道为 2 个 OFDM 符号；
		11:调度请求信道为 4 个 OFDM 符号
b_{71}	上行随机访问信道配置	0:无上行随机访问信道；
		1:配置上行随机访问信道
$b_{75}\ b_{74}\cdots b_{72}$	预留	预留
$b_{87}\ b_{86}\cdots b_{76}$	帧标号	0～4095,帧编号计数
$b_{103}\ b_{102}\cdots b_{88}$	16 比特 CRC	CRC 校验保护
$b_{111}\ b_{110}\cdots b_{104}$	卷积码编码器归零比特	将卷积码结束状态归零
注：系统信息信道采用 16 位 CRC 校验,CRC 生成多项式为 $g(D)=D^{16}+D^{12}+D^{5}+1$。寄存器初始状态为 0xFF,运算结束后将寄存器状态取反作为 CRC 校验序列输出。高阶寄存器输出对应高位(b_{103}),低阶寄存器输出对应低位(b_{88})。		

9.4.2 控制信道字段

控制信道采用 MCS1 传输,不采用空时编码。控制信道由多个单播和广播调度信令组成。上下行单播调度信令字段见表 42。

表 42 下行与上行调度信令字段定义

比特	定义	
	DL	UL
b_0	$b_0=1$,下行调度； $b_0=0$,上行调度	
b_1	$b_1=0$,时分资源调度； $b_1=1$,预留	
$b_5\ b_4\cdots b_2$	$[b_5\ b_4\cdots b_2]$,Bit Map 指示该调度信令有效的 20 MHz 子信道位置(9.10.2.4)	
$b_7\ b_6$	指示本次调度传输方式： 00:开环 SU-MIMO 传输； 01:闭环 SU-MIMO 传输(专用解调导频模式)； 10:闭环 MU-MIMO 传输(仅 $b_0=1$ 时有效)； 11:闭环 SU-MIMO 传输(公共解调导频模式)	

表 42（续）

<table>
<tr><td rowspan="2">比特</td><td colspan="2">定义</td></tr>
<tr><td>DL</td><td>UL</td></tr>
<tr><td>$b_{16}\ b_{15}\cdots b_{8}$</td><td colspan="2">用户资源组起始 OFDM 符号索引，域值：0～510</td></tr>
<tr><td>$b_{23}\ b_{22}\cdots b_{17}$</td><td colspan="2">码字Ⅰ的 MCS 及并行空间流数(≤4)指示(见附录 C)</td></tr>
<tr><td>$b_{32}\ b_{31}\cdots b_{24}$</td><td colspan="2">用户资源组连续 OFDM 符号数，域值：1～511</td></tr>
<tr><td>$b_{39}\ b_{38}\cdots b_{33}$</td><td>码字Ⅱ的 MCS 及并行空间流数指示：
1111111，本次传输为 SU-MIMO 无码字Ⅱ；
1111110，本次传输为 2 流 MU-MIMO；
1111101，本次传输为 3 流 MU-MIMO；
1111100，本次传输为 4 流 MU-MIMO；
1111011，本次传输为 5 流 MU-MIMO；
1111010，本次传输为 6 流 MU-MIMO；
1111001，本次传输为 7 流 MU-MIMO；
1111000，本次传输为 8 流 MU-MIMO；
0000000～1100011，SU-MIMO 码字Ⅱ的 MCS 及流数(见附录 D)</td><td>$b_{36}\ b_{35}\cdots b_{33}$，BitMap 指示 CQI，CSI，或 BFM 反馈子信道；
$b_{39}\ b_{38}\cdots b_{37}$，对于 CSI 反馈，指示反馈矩阵的行数；对于 BFM 反馈，指示反馈矩阵的列数</td></tr>
<tr><td>$b_{42}\ b_{41}\ b_{40}$</td><td>SU-MIMO：000；
MU-MIMO：空间流起始位置索引，域值 0～7</td><td>$b_{40}=1$，请求 CQI 反馈；
$b_{42}\ b_{41}=01$，请求 CSI 反馈；
$b_{42}\ b_{41}=10$，请求 BFM 反馈；
$b_{42}\ b_{41}=11$，预留</td></tr>
<tr><td>$b_{44}\ b_{43}$</td><td colspan="2">00：BCC 编码；
01：LDPC 码长 1(1 344 比特)；
10：LDPC 码长 2(2 688 比特)；
11：LDPC 码长 3(5 376 比特)</td></tr>
<tr><td>b_{45}</td><td colspan="2">0：时域解调导频间隔 0(短解调导频间隔，见表 3)；
1：时域解调导频间隔 1(长解调导频间隔，见表 3)</td></tr>
<tr><td>$b_{47}\ b_{46}$</td><td colspan="2">00：频域解调导频图样 1(DPI=1)；
01：频域解调导频图样 2(DPI=2)；
10：频域解调导频图样 3(DPI=4)；
11：预留</td></tr>
<tr><td rowspan="2">$b_{54}\ b_{53}\cdots b_{48}$</td><td colspan="2">$b_{48}=0$，$b_{54}\cdots b_{49}$ 指示本用户资源组内用于信令和反馈传输的资源，域值 0～63；</td></tr>
<tr><td colspan="2">$b_{48}=1$，$b_{54}\cdots b_{49}$ 预留</td></tr>
<tr><td>b_{55}</td><td colspan="2">0：不采用 STBC 传输；
1：采用 STBC 传输</td></tr>
<tr><td>$b_{71}\ b_{70}\cdots b_{56}$</td><td colspan="2">CRC 校验保护与 STA　ID 标识</td></tr>
<tr><td colspan="3">注 1：$b_{71}\ b_{70}\cdots b_{56}$ 为单播调度信令字段的 CRC 校验码与 CAP 分配的本小区唯一的 12 比特 ID 异或。
$$[b_{71}\ b_{70}\cdots b_{56}]=[0\ 0\ 0\ 0\ d_{11}\ d_{10}\cdots d_{0}]_{STAID}\oplus[c_{15}\ c_{14}\cdots c_{0}]_{CRC}$$
注 2：控制信道采用 16 位 CRC 校验，CRC 生成多项式为 $g(D)=D^{16}+D^{12}+D^{5}+1$。定义同表 41。
注 3：$b_{54}\cdots b_{49}$ 指示的信令和反馈传输格式见 9.5.6。</td></tr>
</table>

9.5 上下行传输信道

9.5.1 上下行传输信道资源分配类型

9.5.1.1 概述

在上下行传输信道,本标准支持时分资源复用调度。

9.5.1.2 时分复用资源分配

在上行或下行传输信道为每个STA分配的时频资源称为资源组。

时分复用时,STA资源组内OFDM符号索引按照时间增长方向由0至$D(b_{32}\ b_{31}\cdots b_{24})-1$。其中,$D(b_{32}\ b_{31}\cdots b_{24})$表示比特$b_{32}\ b_{31}\cdots b_{24}$对应的十进制数。

9.5.2 上下行传输信道资源指示

9.5.2.1 概述

在上下行传输信道,本标准支持时分资源的指示。

9.5.2.2 时分复用资源分配

在STA调度信令(见表42)中,用$[b_{16}\ b_{15}\cdots b_8]$指示STA资源组起始OFDM符号索引,域值0~510;用$[b_{32}\ b_{31}\cdots b_{24}]$指示STA资源组占用的连续OFDM符号个数。

为STA分配的资源组包括解调导频占用的资源。

9.5.3 传输信道解调导频

9.5.3.1 概述

本标准可动态调整解调导频图样。通过控制信道调度信令b_{45}(表42)可配置不同的时域导频间隔;通过控制信道调度信令$b_{47}\ b_{46}$(见表42)可配置不同的频域导频图样。

若表42中$b_7 b_6$为01或10,解调导频需经预编码处理(专用解调导频);若表42中$b_7\ b_6$为00或11,解调导频不需要预编码处理(公共解调导频)。

9.5.3.2 解调导频图样

解调导频图样见附录B。

9.5.3.3 解调导频间隔

通过控制信道调度信令b_{45}(见表42)可配置不同的时域导频间隔,以自适应不同的无线传播环境。时域导频间隔配置,DPI_T,即:每隔DPI_T个OFDM符号插入一组解调导频。$b_{45}=0$为短DPI_T,$b_{45}=1$为长DPI_T。长、短DPI_T在MAC层BCF帧指示。

9.5.3.4 解调导频序列

导频序列生成多项式为$1+X^{11}+X^{15}$。最大长度线性反馈移位寄存器结构如图65。生成序列经BPSK调制得到导频符号序列$\{s_i\}\quad i=0,1,\cdots,32\ 767$。寄存器初始状态为:

$$[0\ 0\ 1\ 0\ 1\ 0\ 1\ 1\ a_6\ a_5\ a_4\ a_3\ a_2\ a_1\ a_0]$$

MSB在左,LSB在右。$a_6\ a_5\cdots a_0$是CAP的MAC地址最低7比特。

解调导频按照式(22)、式(23)规则映射到时频资源。令：

$$i = 231 \cdot l + (k + 115) \quad \cdots\cdots (22)$$

式中：$k = -115, \cdots, +115$；$l = 0, 1, \cdots, DP_{mm} - 1$。

```
i = 0
for l = 0 : 1 : DP_mm - 1
    for k = -115 : 1 : +115
        if k ∈ SC_dp^sti
            p_{k,l}^sti = s_i
        else                                  ……(23)
            p_{k,l}^sti = 0
        end
        i = i + 1
    end
end
```

SC_{dp}^{sti} 在表 F.2 中定义。

9.5.4 下行传输信道多天线方案

9.5.4.1 概述

多天线传输模式下，第 ti 个天线端口的时域基带信号为式(24)：

$$r_{Field}^{(ti)}(t) = \frac{1}{\sqrt{N_{Field}^{Tone} \cdot N_{sts}}} w_T(t) \sum_{\substack{k=-N_{fft}/2 \\ k \notin SC_V}}^{N_{fft}/2-1} \sum_{si=1}^{N_{sts}} [Q_k]_{ti,si} \tilde{x}_k^{(si)} \exp(j 2\pi k \Delta f t) \quad \cdots\cdots (24)$$

式中：

$w_T(t)$ ——时域窗函数；

$\tilde{x}_k^{(si)}$ ——第 si 个空间流上第 k 个子载波的加载符号；

$[Q_k]_{ti,si}$ ——预编码矩阵 $Q_k \in C^{N_{TX} \times N_{ss}}$ 的第 ti 行、si 列的元素。

本标准支持的下行多天线传输模式有：

模式 1：开环 SU-MIMO；

模式 2：闭环 SU-MIMO；

模式 3：闭环 MU-MIMO。

9.5.4.2 模式 1：开环 SU-MIMO

开环 SU-MIMO 时，STA 可并行接收两个码字。开环模式下的预编码矩阵 $Q_k \in C^{N_{TX} \times N_{ss}}$ 为列正交矩阵，且 $\| Q_k \| = \sqrt{N_{sts}}$。

9.5.4.3 模式 2：闭环 SU-MIMO

闭环 SU-MIMO 时，STA 可并行接收两个码字，且以子载波组为单位预编码。预编码矩阵分组定义如下：有用子载波的预编码分组的组数为 N_g，第 g 个分组内的子载波序号集合为 Ω_g，该组使用相同的预编码矩阵。

SU-MIMO 模式下的同一预编码分组内的子载波数$|\Omega_g|$通过式(25)确定。

$$|\Omega_g|=4\cdot DPI_F \qquad (25)$$

其中 DPI_F 定义在附录 B 使用预编码分组时，DPI_F 的取值为 1 和 2 两种。

$DPI_F=1$ 时，4 个子载波分组：

[−115,−113][−112,−109][−108,−105][−104,−101][−100,−97][−96,−93][−92,−89][−88,−85][−84,−81][−80,−77][−76,−73][−72,−69][−68,−65][−64,−61][−60,−57][−56,−53][−52,−49][−48,−45][−44,−41][−40,−37][−36,−33][−32,−29][−28,−25][−24,−21][−20,−17][−16,−13][−12,−9][−8,−5][−4,−1][1,4][5,8][9,12][13,16][17,20][21,24][25,28][29,32][33,36][37,40][41,44][45,48][49,52][53,56][57,60][61,64][65,68][69,72][73,76][77,80][81,84][85,88][89,92][93,96][97,100][101,104][105,108][109,112][113,115]

$DPI_F=2$ 时，8 个子载波分组：

[−115,−105][−104,−97][−96,−89][−88,−81][−80,−73][−72,−65][−64,−57][−56,−49][−48,−41][−40,−33][−32,−25][−24,−17][−16,−9][−8,−1][1,8][9,16][17,24][25,32][33,40][41,48][49,56][57,64][65,72][73,80][81,88][89,96][97,104][105,115]

闭环 SU-MIMO 下，STA 可依据 MAC 层指示反馈信道信息。

9.5.4.4 模式 3：闭环 MU-MIMO

闭环 MU-MIMO 时，各 STA 只能接收一个码字，且以子载波组为单位预编码。预编码矩阵分组定义如下：有用子载波的预编码分组的组数为 N_g，第 g 个分组内的子载波序号集合为 Ω_g，该组使用相同的预编码矩阵。MU-MIMO 模式下的同一预编码分组内的子载波数$|\Omega_g|$通过式(26)确定。

$$|\Omega_g|=DPI_F \qquad (26)$$

其中 DPI_F 定义在附录 B 使用基于 CSI 矩阵反馈的 MU-MIMO 预编码分组时，DPI_F 的取值为 1。

闭环 MU-MIMO 下，STA 可依据 MAC 层指示反馈信道信息。

9.5.5 上行传输信道多天线方案

9.5.5.1 模式 1：开环 SU-MIMO

同 9.5.4.2。

9.5.5.2 模式 2：闭环 SU-MIMO

同 9.5.4.3。

9.5.6 信令/反馈传输信道

9.5.6.1 概述

STA 时分复用资源时，表 42 中 $b_{54}\ b_{53}\cdots b_{49}$ 指示业务传输从 STA 资源组中索引为 $D(b_{54}\ b_{53}\cdots b_{49})$ 的 OFDM 符号开始传输分组数据及其解调导频。$D(b_{54}\ b_{53}\cdots b_{49})$ 为 $b_{54}\ b_{53}\cdots b_{49}$ 对应的十进制数，其中 b_{54} 为高位，b_{49} 为低位。在 STA 资源组内，OFDM 符号 0 至 OFDM 符号 $D(b_{54}\ b_{53}\cdots b_{49})-1$ 用于信令或反馈传输，且传输格式独立于表 42 中的指示。其对应的传输格式见表 43。

表 43　信令/反馈传输格式

编码	卷积码,1/2 码率
流数	单流
调制	QPSK
空时编码	禁用
公共解调导频	格式 1(见附录 B)
传输模式	开环 SU-MIMO

信令/反馈传输除复用表 42 分配的业务传输资源外,还可通过如下广播信令分配专用的信令/反馈传输资源。

9.5.6.2　下行信令/反馈传输信道

下行信令/反馈传输信道复用 DL-TCH 资源,见图 79。所有下行信令/反馈传输信道共享一个解调导频。

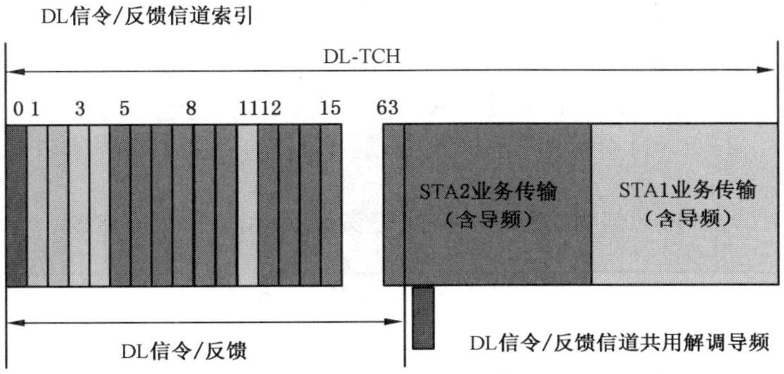

图 79　下行信令/反馈传输信道

9.5.6.3　上行信令/反馈传输信道

上行信令/反馈传输信道复用 UL-TCH 资源。上行信令/反馈传输信道可支持两种结构,分别见图 80和图 81。在图 81 格式 2 中,每个基本资源块为 $28_{subc}\times 8_{symbol}$(不包括相位跟踪导频)。其中,前 4 个 OFDM 符号和后 4 个 OFDM 符号如图 81 所示方式跳频。

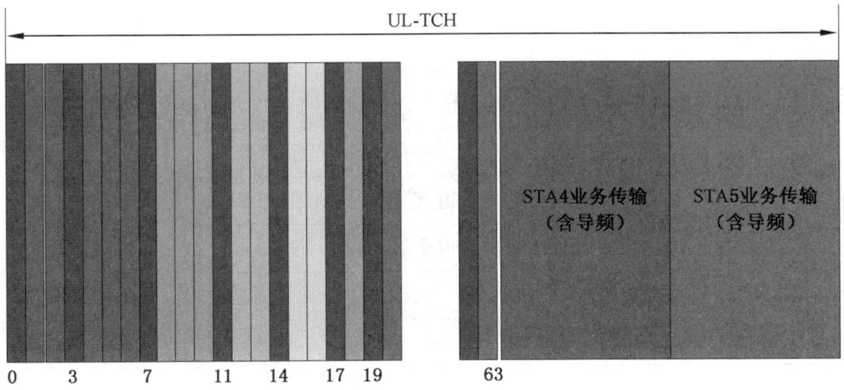

图 80　上行信令/反馈传输信道格式 1

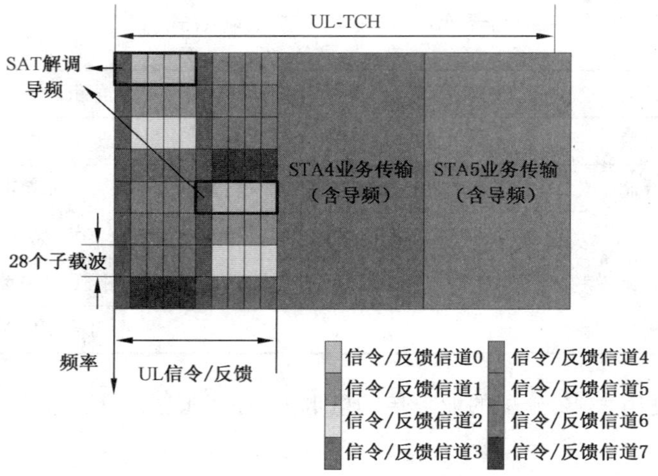

图 81　上行信令/反馈传输信道格式 2

9.5.6.4　信令/反馈传输信道资源指示

每帧内，信令/反馈传输信道在 DL-TCH 和 UL-TCH 占用资源通过 CCH 广播调度信令以广播方式通知所有 STA。该广播调度信令使用控制信道资源，与控制信道调度信令具有相同的分组大小，采用相同的传输格式(见 9.4.2)。广播调度信令 CRC 校验用 MAC 层定义的 BSTAID 加扰。具体字段定义见表 44。

表 44　信令/反馈传输信道资源指示信令字段定义

比特	定义	
	DL	UL
$b_3\ b_2\ b_1\ b_0$	广播类型： $b_3\ b_2\ b_1\ b_0$=0001，下行信令/反馈信道资源指示； $b_3\ b_2\ b_1\ b_0$=0000，上行信令/反馈信道资源指示	
$b_7\ b_6\ b_5\ b_4$	20 MHz 子信道 Bitmap，多个子信道可设置相同的信令/反馈信道(9.10.2.6)	
$b_{16}\ b_{15}\cdots b_8$	信令/反馈信道资源组起始 OFDM 符号索引，域值：0～510	
$b_{22}\ b_{21}\cdots b_{17}$	预留	
$b_{28}\ b_{27}\cdots b_{23}$	信令/反馈信道占用的符号数，域值：1～63	
$b_{30}\ b_{29}$	预留	00：格式 1； 01：格式 2； 10～11：预留
b_{31}	0：下行广播信道分配有效；1：下行广播信道分配无效	预留
$b_{36}\ b_{35}\cdots b_{32}$	下行广播信道占用的信令/反馈信道起始索引，域值：1～31	
$b_{39}\ b_{38}\ b_{37}$	下行广播信道占用的信令/反馈信道个数，域值：1～7	
$b_{55}\ b_{54}\cdots b_{40}$	预留	
$b_{71}\ b_{70}\cdots b_{56}$	16 比特 CRC 被 BSTAID 加扰	

注 1：下行信令反馈信道占用的 OFDM 符号数为 $D(b_{28}b_{27}\cdots b_{23})$，索引为 0 的 OFDM 符号为公共解调导频占用资源。
注 2：CRC 定义同表 41。

9.5.6.5 信令/反馈传输信道分配

CAP 可通过表 45 中的信令为 STA 分配信令/反馈传输信道。

表 45 信令/反馈传输信道分配信令字段定义

<table>
<tr><th rowspan="2">比特</th><th colspan="2">定义</th></tr>
<tr><th>DL</th><th>UL</th></tr>
<tr><td>$b_3\ b_2\ b_1\ b_0$</td><td colspan="2">广播类型：
$b_3\ b_2\ b_1\ b_0$=0011,下行信令/反馈信道分配；
$b_3\ b_2\ b_1\ b_0$=0010,上行信令/反馈信道分配</td></tr>
<tr><td>$b_7\ b_6\ b_5\ b_4$</td><td colspan="2">预留</td></tr>
<tr><td rowspan="4">$b_{31}\ b_{30}\cdots b_8$
信道 1</td><td colspan="2">$b_{19}\ b_{18}\cdots b_8$,指示 STA　ID</td></tr>
<tr><td colspan="2">$b_{22}\ b_{21}\ b_{20}$,预留</td></tr>
<tr><td colspan="2">$b_{31}\ b_{30}\cdots b_{29}$,指示该 STA　在信令/反馈信道起始位置索引,域值取值范围 0～63</td></tr>
<tr><td colspan="2">$b_{31}\ b_{30}\ b_{29}$,指示占用的信令/反馈信道个数,域值:1～7;域值为 0 表示该信道指示无效</td></tr>
<tr><td rowspan="4">$b_{55}\ b_{54}\cdots b_{32}$
信道 2</td><td colspan="2">$b_{43}\ b_{42}\cdots b_{32}$,指示 STA　ID</td></tr>
<tr><td colspan="2">$b_{46}\ b_{45}\ b_{44}$,预留</td></tr>
<tr><td colspan="2">$b_{52}\ b_{51}\cdots b_{47}$,指示该 STA　在信令/反馈信道的起始位置索引,域值取值范围 0～63</td></tr>
<tr><td colspan="2">$b_{55}\ b_{54}\ b_{53}$,指示占用的信令/反馈信道个数,域值:1～7;域值为 0 表示该信道指示无效</td></tr>
<tr><td>$b_{71}\ b_{70}\cdots b_{56}$</td><td colspan="2">16 比特 CRC 被 BSTAID 加扰</td></tr>
<tr><td colspan="3">注：下行信令反馈传输信道,$D(b_{28}\ b_{27}\cdots b_{23})$指示的是对应 STA 下行信令反馈传输信道的第 1 个 OFDM 符号,$D(b_{28}\ b_{27}\cdots b_{23})=0$ 指示下行信令反馈传输信道公共解调导频,属于无效指示。上行信令反馈传输信道格式 1,$D(b_{28}\ b_{27}\cdots b_{23})$指示的是对应 STA 上行信令反馈传输信道的第 1 个 OFDM 符号,$D(b_{28}\ b_{27}\cdots b_{23})-1$ 对应的 OFDM 符号是该 STA 上行信令反馈传输信道的解调导频。对于格式 1,$D(b_{28}\ b_{27}\cdots b_{23})=0$ 是无效指示。
上行信令反馈传输信道格式 2,$D(b_{28}\ b_{27}\cdots b_{23})$指示的是对应 STA 上行信令反馈传输信道索引,$D(b_{28}\ b_{27}\cdots b_{23})=0$ 指示信令/反馈信道 0(见图 81)。
下行信令反馈传输信道和上行信令反馈传输信道格式 1,每个 OFDM 符号为一个信令/反馈信道;上行信令反馈传输信道格式 2,每个资源块为一个信令/反馈信道(见图 81)。</td></tr>
</table>

9.6 上下行探测信道

9.6.1 下行探测信道

9.6.1.1 概述

当系统信息字段 SICH 中的 $b_{64}=1$,表示本帧配置下行探测信道。下行探测信道在下行传输信道的具体位置以及下行探测信道导频图样由 MAC 层 BCF 帧指示。

9.6.1.2 下行探测导频图样

下行探测信道可支持的逻辑天线端口数为 1 个～8 个,导频图样见附录 F。

9.6.1.3 下行探测序列生成

导频序列生成多项式为 $1+X^{11}+X^{15}$。最大长度线性反馈移位寄存器结构见图 65。生成序列经 BPSK 调制得到导频符号序列$\{S_i\}$　$i=0,1,\cdots,32\,767$。寄存器初始状态为：

$$[0\ 0\ 1\ 0\ 1\ 0\ 1\ 1\ a_6\ a_5\ a_4\ a_3\ a_2\ a_1\ a_0]$$

MSB 在左，LSB 在右。$a_6\ a_5 \cdots a_0$ 是 CAP 的 MAC 地址最低 7 比特。

探测导频按照式(27)、式(28)规则映射到时频资源。令：

$$i=231 \cdot l+(k+115) \qquad \cdots\cdots(27)$$

式中：$k=-115,\cdots,+115$；$l=0,1,\cdots,SP_{num}-1$。

$$
\begin{aligned}
& i=0 \\
& for\ l=0:1:SP_{num}-1 \\
& \quad for\ k=-115:1:+115 \\
& \quad\quad if\ k \in SC_{sp}^{ti} \\
& \quad\quad\quad p_{k,l}^{ti}=s_i \\
& \quad\quad else \\
& \quad\quad\quad p_{k,l}^{ti}=0 \\
& \quad\quad end \\
& \quad\quad i=i+1 \\
& \quad end \\
& end
\end{aligned}
\qquad \cdots\cdots(28)
$$

其中，SC_{sp}^{ti} 定义见表 F.2。

9.6.2 上行探测信道

9.6.2.1 上行探测导频端口

上行探测导频端口见表 46。

表 46　上行探测导频端口索引

子载波分组索引	导频端口子载波位置	上行探测导频端口索引			
		OFDM 符号 0	OFDM 符号 1	OFDM 符号 2	OFDM 符号 3
0	[±1,±5,…,±113]	0	4	8	12
1	[±2,±6,…,±114]	1	5	9	13
2	[±3,±7,…,±115]	2	6	10	14
3	[±4,±8,…,±112]	3	7	11	15

9.6.2.2 上行探测信道分配

CAP 通过表 47 所示信令为 STA 分配上行探测信道。

表 47　上行探测信道分配信令字段定义

比特	定义	
$b_3\ b_2\ b_1\ b_0$	广播类型： $b_3\ b_2\ b_1\ b_0=1\ 000$，上行探测信道资源指示	
$b_7\ b_6\ b_5\ b_4$	预留	
$b_{23}\ b_{22}\cdots b_8$	端口 1	$b_{19}\ b_{18}\cdots b_{20}$，STA　ID
		$b_{23}\ b_{22}\cdots b_{20}$，上行探测导频端口索引
$b_{39}\ b_{38}\cdots b_{24}$	端口 2	$b_{35}\ b_{34}\cdots b_{24}$，STA　ID
		$b_{39}\ b_{38}\cdots b_{36}$，上行探测导频端口索引
$b_{55}\ b_{54}\cdots b_{40}$	端口 3	$b_{51}\ b_{50}\cdots b_{40}$，STA　ID
		$b_{55}\ b_{54}\cdots b_{52}$，上行探测导频端口索引
$b_{71}\ b_{70}\cdots b_{56}$	16 比特 CRC 被 BSTAID 加扰	

注：上行探测导频端口索引指示 STA 天线 0 的探测导频端口。如果 STA 为多天线配置，其他天线上行探测导频端口索引如下式：

$$SP_{ti}^{UL}=D(b_k\ b_{k-1}\cdots b_{k-3})+ti\quad(ti=0,1,\cdots,7)$$

其中，$D(b_k\ b_{k-1}\cdots b_{k-3})$表示比特 $b_k\ b_{k-1}\cdots b_{k-3}$对应的十进制数。

9.6.2.3　上行探测导频序列

导频序列生成多项式为 $1+X^{11}+X^{15}$。最大长度线性反馈移位寄存器结构见图 65。生成序列经 BPSK 调制得到导频符号序列$\{S_i\}$　$i=0,1,\cdots,32\ 767$。寄存器初始状态为：

$$[0\ 0\ 1\ 0\ 1\ 0\ 1\ 1\ a_6\ a_5\ a_4\ a_3\ a_2\ a_1\ a_0]$$

MSB 在左，LSB 在右。$a_6\ a_5\cdots a_0$ 是 CAP 的 MAC 地址最低 7 比特。

CAP 为 STA 分配的上行探测导频端口集合为：$SP_{port}^{ti}=\{(k,l)\mid k\in[-115,+115],l\in[0,3]\}$，其中 k 为表 46 中子载波索引，l 为表 46 中 OFDM 符号索引，ti 为 STA 天线端口索引，$port$ 为上行探测导频端口索引。上行探测导频按照式(29)、式(30)规则映射到时频资源。令：

$$i=231\cdot l+(k+115) \qquad \cdots\cdots(29)$$

式中：$k=-115,\cdots,+115$；$l=0,1,2,3$。

$i=0$

$for\ l=0:1:3$

　$for\ k=-115:1:+115$

　　$if\ \{k,l\}\in\{SP_{port}^{ti}\mid ti=0,1,\cdots,N_{tx}-1\}$

　　　$p_{port}^{k,l}=s_i$

　　$else$　　　　　　　　　　　　　　　　　　　　　　　　$\cdots\cdots(30)$

　　　$p_{port}^{k,l}=0$

　　end

　　$i=i+1$

　end

end

9.7 上行调度请求信道

9.7.1 概述

上行调度请求信道 UL-SRCH 在上行帧中的位置见本标准帧结构，见图 61。请求信号按照图 82 所示方法产生。

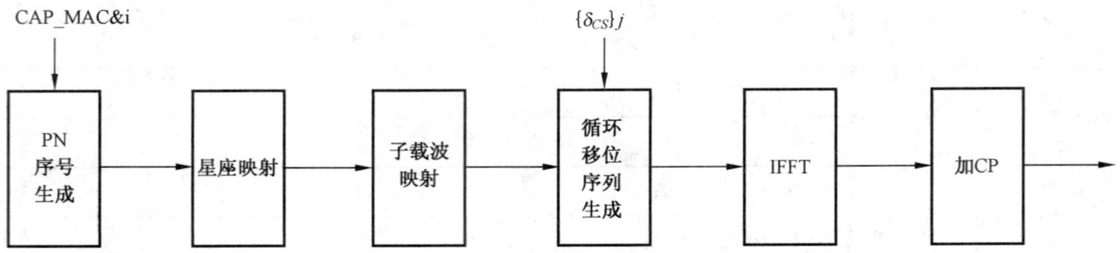

图 82 调度请求信号生成方法

图中，CAP_MAC 指 CAP 的 MAC 地址的最低 7 比特，i 为 PN 序列索引($0 \leqslant i < 4$)，$\{\delta_{CS}\}$为循环移位参数集，j 为循环移位参数索引($0 \leqslant j < 8$)。

9.7.2 PN 序列的产生

PN 序列采用生成多项式为 $1+X^{11}+X^{15}$ 的最大长度线性反馈移位寄存器序列，其框图见图 83。

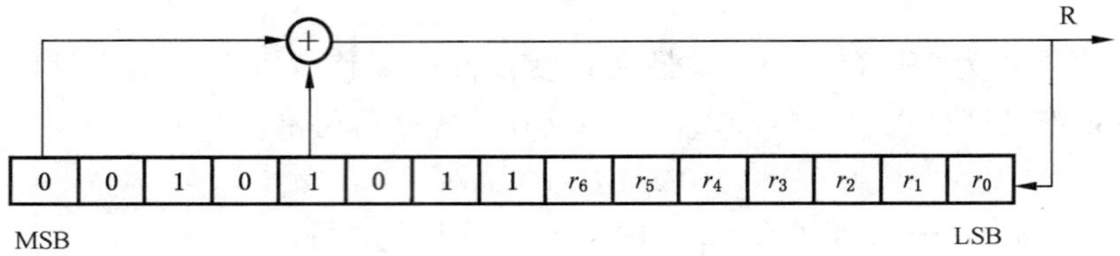

图 83 PN 序列生成器

寄存器的初始值 $r_{init}=[00101011r_6r_5r_4r_3r_2r_1r_0]_b$，MSB 在左，LSB 在右；其中$[r_6r_5r_4r_3r_2r_1r_0]_b=$ CAP_MAC，是 CAP 的 MAC 地址的最低 7 比特。

9.7.3 调制映射

序列 S_i 经 BPSK 调制(表 35)后，得到序列 C_i。

9.7.4 子载波映射

序列 C_i 按照式(31)进行子载波映射，得到序列 M_i。

$$M_{i,k}=\begin{cases} C_{i,k+112} & \text{if} \quad -112 \leqslant k < 0 \\ C_{i,k+111} & \text{if} \quad 1 \leqslant k < 113 \\ 0 & otherwise \end{cases} \quad \cdots\cdots\cdots\cdots (31)$$

9.7.5 频域循环移位

对子载波映射后的序列 M_i 按照式(32)循环移位，得到序列 T_i^j。

$$T_{i,k}^{j}=M_{i,k}e^{-j\frac{2\pi k\delta_{CS}^{j}}{N_{IFFT}}} \quad \cdots\cdots(32)$$

式中：N_{IFFT}为 IFFT 的点数，$k\in[-\frac{N_{IFFT}}{2},\frac{N_{IFFT}}{2}-1]$，$\delta_{CS}^{j}$为循环移位参数，单位为采样点个数。对于 20 MHz 系统，$N_{IFFT}=256$，$\{\delta_{CS}\}=\{0\quad 32\quad 64\quad 96\quad 128\quad 160\quad 192\quad 224\}$。

9.7.6 独立资源请求帧资源分配

CAP 通过表 48 所示信令为 STA 分配独立资源请求帧占用的 UL-TCH 资源。

表 48 独立资源请求帧资源分配

比特	定义
$b_3b_2b_1b_0$	广播类型： $b_3b_2b_1b_0=0110$，独立资源请求帧（为独立资源请求帧分配资源）
$b_7b_6b_5b_4$	预留
$b_{23}b_{22}\cdots b_8$ 分配 1	$b_9b_8=00$，对应 UL-SRCH 第 1 个 OFDM 符号的调度请求； $b_9b_8=01$，对应 UL-SRCH 第 2 个 OFDM 符号的调度请求； $b_9b_8=10$，对应 UL-SRCH 第 3 个 OFDM 符号的调度请求； $b_9b_8=11$，对应 UL-SRCH 第 4 个 OFDM 符号的调度请求
	$b_{11}b_{10}$，PN 序列索引，域值：0～3
	$b_{14}b_{13}b_{12}$，PN 序列频域循环移位索引， 000 循环移位 0，001 循环移位 32，依次类推 111 循环移位 224
	$b_{17}b_{16}b_{15}$，调度请求发生的系统帧号最低 3 比特指示
	$b_{23}b_{22}\cdots b_{18}$，为调度请求分配的资源在信令/反馈信道的起始位置索引，域值取值范围 1～63，域值为 0 表示无效指示
$b_{39}b_{38}\cdots b_{24}$ 分配 2	$b_{25}b_{24}$，定义同 b_9b_8
	$b_{27}b_{26}$，PN 序列索引，域值：0～3
	$b_{30}b_{29}b_{28}$，PN 序列频域循环移位索引， 000 循环移位 0，001 循环移位 32，依次类推 111 循环移位 224
	$b_{33}b_{32}b_{31}$，调度请求发生的系统帧号最低 3 比特指示
	$b_{39}b_{38}\cdots b_{34}$，为调度请求分配的资源在信令/反馈信道的起始位置索引，域值取值范围 1～63，域值为 0 表示无效指示
$b_{55}b_{54}\cdots b_{40}$ 分配 3	$b_{41}b_{40}$，定义同 b_9b_8
	$b_{43}b_{42}$，PN 序列索引，域值：0～3
	$b_{46}b_{45}b_{44}$，PN 序列频域循环移位索引， 000 循环移位 0，001 循环移位 32，依次类推 111 循环移位 224
	$b_{49}b_{48}b_{47}$，调度请求发生的系统帧号最低 3 比特指示
	$b_{55}b_{54}\cdots b_{50}$，为调度请求分配的资源在信令/反馈信道的起始位置索引，域值取值范围 1～63，域值为 0 表示无效指示
$b_{71}b_{70}\cdots b_{56}$	16 比特 CRC 被 BSTAID 加扰

9.8 上行随机访问信道

9.8.1 随机访问信号产生

随机访问信号的产生同上行调度请求信号，见 9.7。上行随机访问信号的序列索引号和循环移位索引号$\{i, j\}$由各 STA 随机选择。

9.8.2 随机访问信道格式

9.8.2.1 格式 1

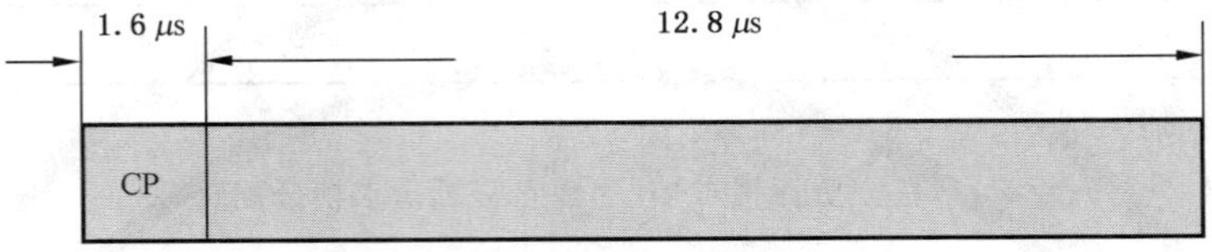

$\{\delta_{CS}\}=\{0\quad 1.6\ \mu s\quad 3.2\ \mu s\quad 4.8\ \mu s\quad 6.4\ \mu s\quad 8.0\ \mu s\quad 9.6\ \mu s\quad 11.2\ \mu s\}$

9.8.2.2 格式 2

格式 2 见表 49。

表 49 格式 2

比特	定　　义
$b_3b_2b_1b_0$	广播类型 $b_3b_2b_1b_0=0100$，随机访问请求（为随机访问请求帧分配资源）
$b_7b_6b_5b_4$	预留
$b_{31}b_{30}\cdots b_8$ 分配 1	b_9b_8，PN 序列索引，域值 0～3
	$b_{12}b_{11}b_{10}$，PN 序列频域循环移位索引， 000 循环移位 0，001 循环移位 32，依次类推 111 循环移位 224
	$b_{15}b_{14}b_{13}$，随机访问发生的系统帧号最低 3 比特
	$b_{25}b_{24}\cdots b_{16}$，发射定时提前量
	$b_{31}b_{30}\cdots b_{26}$，随机访问请求分配的资源在信令/反馈信道的起始位置索引，域值取值范围 1～63，域值为 0 表示无效指示
$b_{55}b_{54}\cdots b_{32}$ 分配 2	$b_{33}b_{32}$，PN 序列索引，域值 0～3
	$b_{36}b_{35}b_{34}$，PN 序列频域循环移位索引， 000 循环移位 0，001 循环移位 32，依次类推 111 循环移位 224
	$b_{39}b_{38}b_{37}$，随机访问发生的系统帧号最低 3 比特
	$b_{49}b_{48}\cdots b_{40}$，发射定时提前量
	$b_{55}b_{54}\cdots b_{50}$，随机访问请求分配的资源在信令/反馈信道的起始位置索引，域值取值范围 1～63，域值为 0 表示无效指示
$b_{71}b_{70}\cdots b_{56}$	16 比特 CRC 被 BSTAID 加扰
注：发射定时提前量为 $D(b_{i+5}b_{i+4}\cdots b_i)\cdot N$，单位：样点数。定时提前量以 100 ns 为单位，若采样时钟为 20 MHz，$N=2$。	

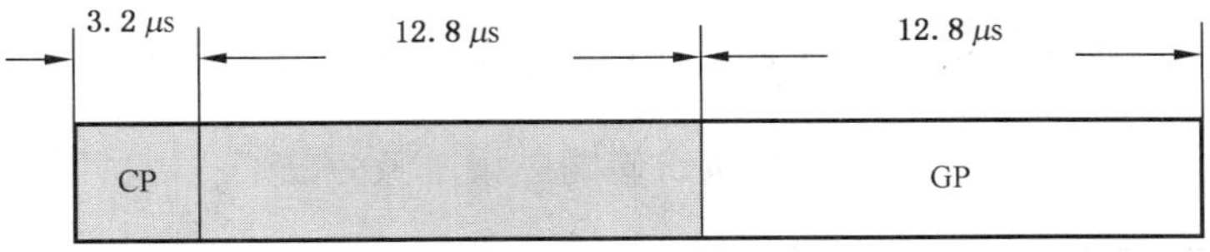

$\{\delta_{CS}\}=\{0 \quad 3.2\ \mu s \quad 6.4\ \mu s \quad 9.6\ \mu s\}$

9.8.2.3 格式 3

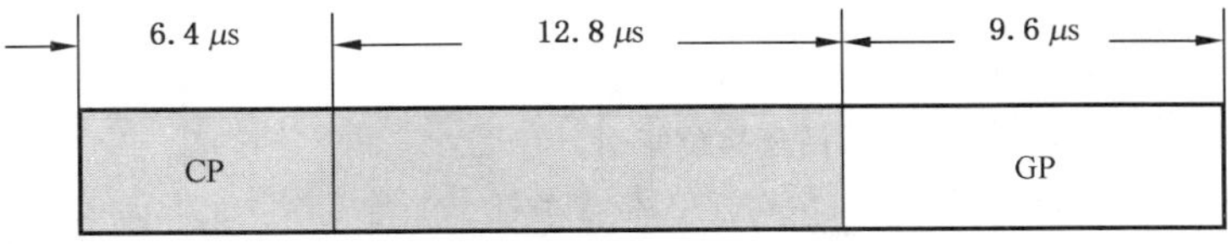

$\{\delta_{CS}\}=\{0 \quad 6.4\ \mu s\}$

9.8.3 随机访问请求帧资源分配

CAP 通过如表 50 所示信令为 STA 分配随机访问请求帧占用的 UL-TCH 资源。

表 50 随机访问请求帧资源分配

比特	定义
$b_3b_2b_1b_0$	广播类型 $b_3b_2b_1b_0$=0100,随机访问请求(为随机访问请求帧分配资源)
$b_7b_6b_5b_4$	预留
$b_{31}b_{30}\cdots b_8$ 分配 1	b_9b_8,PN 序列索引,域值 0～3
	$b_{12}b_{11}b_{10}$,PN 序列频域循环移位索引, 000 循环移位 0,001 循环移位 32,依次类推 111 循环移位 224
	$b_{15}b_{14}b_{13}$,随机访问发生的系统帧号最低 3 比特
	$b_{25}b_{24}\cdots b_{16}$,发射定时提前量
	$b_{31}b_{30}\cdots b_{26}$,随机访问请求分配的资源在信令/反馈信道的起始位置索引,域值取值范围 1～63,域值为 0 表示无效指示
$b_{55}b_{54}\cdots b_{32}$ 分配 2	$b_{33}b_{32}$,PN 序列索引,域值 0～3
	$b_{36}b_{35}b_{34}$,PN 序列频域循环移位索引, 000 循环移位 0,001 循环移位 32,依次类推 111 循环移位 224
	$b_{39}b_{38}b_{37}$,随机访问发生的系统帧号最低 3 比特
	$b_{49}b_{48}\cdots b_{40}$,发射定时提前量
	$b_{55}b_{54}\cdots b_{50}$,随机访问请求分配的资源在信令/反馈信道的起始位置索引,域值取值范围 1～63,域值为 0 表示无效指示
$b_{71}b_{70}\cdots b_{56}$	16 比特 CRC 被 BSTAID 加扰
注:发射定时提前量为 $D(b_{i+5}b_{i+4}\cdots b_i)\cdot N$,单位:样点数。定时提前量以 100 ns 为单位,若采样时钟为 20 MHz,$N=2$。	

9.8.4 随机访问响应帧资源分配

CAP 通过表 51 所示信令为 STA 指示随机访问响应帧占用的 DL-TCH 资源。

表 51 随机访问响应帧资源分配

比特	定义
$b_3b_2b_1b_0$	广播类型 $b_3b_2b_1b_0$=0101,随机访问响应帧(为随机访问响应帧分配资源)
$b_7b_6b_5b_4$	预留
$b_{23}b_{22}\cdots b_8$ 分配 1	b_9b_8,PN 序列索引,域值 0～3
	$b_{12}b_{11}b_{10}$,PN 序列频域循环移位索引, 000 循环移位 0,001 循环移位 32,依次类推 111 循环移位 224
	$b_{15}b_{14}b_{13}$,随机访问发生的系统帧号最低 3 比特
	$b_{21}b_{20}\cdots b_{16}$,为随机访问响应分配的资源在信令/反馈信道的起始位置索引,域值取值范围 1～63,域值为 0 表示无效指示
	$b_{23}b_{22}$,预留
$b_{39}b_{38}\cdots b_{24}$ 分配 2	$b_{25}b_{24}$,PN 序列索引,域值 0～3
	$b_{28}b_{27}b_{26}$,PN 序列频域循环移位索引, 000 循环移位 0,001 循环移位 32,依次类推 111 循环移位 224
	$b_{31}b_{30}b_{29}$,随机访问发生的系统帧号最低 3 比特
	$b_{37}b_{36}\cdots b_{32}$,为随机访问响应分配的资源在信令/反馈信道的起始位置索引,域值取值范围 1～63,域值为 0 表示无效指示
	$b_{39}b_{38}$,预留
$b_{55}b_{54}\cdots b_{40}$ 分配 3	$b_{41}b_{40}$,PN 序列索引,域值 0～3
	$b_{44}b_{43}b_{42}$,PN 序列频域循环移位索引, 000 循环移位 0,001 循环移位 32,依次类推 111 循环移位 224
	$b_{47}b_{46}b_{45}$,随机访问发生的系统帧号最低 3 比特
	$b_{53}b_{52}\cdots b_{48}$,为随机访问响应分配的资源在信令/反馈信道的起始位置索引,域值取值范围 1～63,域值为 0 表示无效指示
	$b_{55}b_{54}$,预留
$b_{71}b_{70}\cdots b_{56}$	16 比特 CRC 被 BSTAID 加扰

9.9 上行功率控制

9.9.1 开环功控

考虑到 TDD 系统上下行链路的信道互易性,可以采用开环功控,见式(33)。

$$P_{STA}=\min\{P_{STA\_MAX},PL_{OL}+C/N+10\log_{10}(BW)\}(\text{dBm}) \qquad (33)$$

式中:

PL_{OL}——传输路径损耗估计值。可依据 STA 接收信号功率与 CAP 发送功率估计。CAP 发送功率在 MAC 层 BCF 帧指示;

C/N——不同 MCS 对应的载噪比;

BW——CAP 分配给 STA 的传输带宽。

9.9.2 闭环功控

闭环功率控制见表 52。

表 52 闭环控制信令

比特	定义
$b_3b_2b_1b_0$	广播类型 $b_3b_2b_1b_0=1001$，闭环链路控制
$b_7b_6b_5b_4$	预留
$b_{55}b_{54}\cdots b_8$ 指示	$b_{19}b_{18}\cdots b_8$，STAID
	$b_{29}b_{28}\cdots b_{20}$，定时提前量
	$b_{31}b_{30}$，预留
	$b_{39}b_{38}\cdots b_{32}$，发射功率调整为 $b_{39}b_{38}\cdots b_{32}$ 表示的带符号十进制数 n，单位 dBm。其中，$n=-128\sim127$(负数部分以补码形式表示)
	$b_{55}b_{54}\cdots b_{40}$，预留
$b_{71}b_{70}\cdots b_{56}$	16 比特 CRC 被 BSTAID 加扰

9.10 频谱聚合

9.10.1 概述

本标准以 20 MHz 为基本信道带宽，通过频谱聚合可支持 40 MHz 和 80 MHz 频谱连续或非连续带宽，见图 84。

——聚合模式 1：各 20 MHz 子信道为独立信道，20 MHz、40 MHz 和 80 MHz STA 可被调度在一个或多个 20 MHz 子信道上独立传输；

——聚合模式 2：多个连续的 20 MHz 子信道聚合，40 MHz 和 80 MHz STA 可在聚合信道上频率域连续传输。

20 MHz STA 只能选择聚合模式 1，40 MHz 和 80 MHz STA 可选择聚合模式 1 或模式 2。

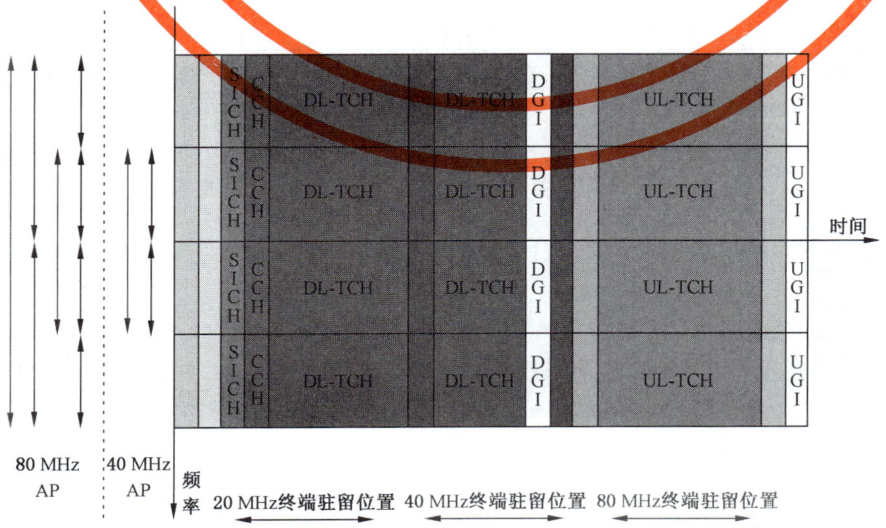

图 84 频谱聚合模式

9.10.2 频谱聚合模式 1

9.10.2.1 频谱聚合模式 1 的参数

在频谱聚合模式 1 下,STA 驻留在各 20 MHz 子信道上。CAP 可独立调度各 20 MHz 子信道并行传输。20 MHz STA 在一帧内只能被调度在 1 个子信道传输;40 MHz STA 在一帧内可调度 1 个或 2 个子信道传输;80 MHz STA 在一帧内可调度 1 个或 2 个或 3 个或 4 个子信道传输。

在频谱聚合模式 1 下,20 MHz、40 MHz 和 80 MHz 系统基本参数见表 53。

表 53 频谱聚合模式 1 参数

系统带宽	20 MHz	40 MHz	80 MHz
频率域子载波间隔	78.125 KHz	78.125 KHz	78.125 KHz
基带采样时钟	20 MHz	40 MHz	80 MHz
FFT 样点数	256	512	1 024
循环前缀样点数	32	64	128
数据子载波数	224	448	896
相位跟踪导频子载波数	6	12	24
虚拟子载波数	26	52	104
FFT 时间窗	12.8 μs	12.8 μs	12.8 μs
循环前缀	1.6 μs	1.6 μs	1.6 μs
OFDM 符号周期	14.4 μs	14.4 μs	14.4 μs

在频谱聚合模式 1 下,4 个 20 MHz 子信道由低频率到高频率依次编号子信道 0、1、2、3。子载波索引如图 85。子信道 0 的相位跟踪导频子载波索引为−483,−450,−417,−351,−318,−285;子信道 1 的相位跟踪导频子载波索引为−277,−194,−161,−95,−62,−29;子信道 2 的相位跟踪导频子载波索引为 29,62,95,161,194,227;子信道 3 的相位跟踪导频索引为 285,318,351,417,450,483。

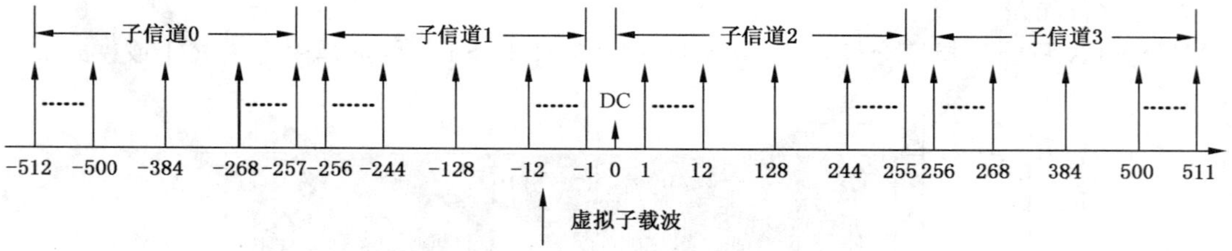

图 85 80 MHz 带宽下频谱聚合模式 1 子载波索引

系统带宽为 40 MHz,频谱聚合模式 1 下只有子信道 1 与 2。

9.10.2.2 前导序列

各 20 MHz 子信道前导序列相同,均采用 9.3 所述方法生成序列,并映射到各 20 MHz 子信道对应子载波上。

对于短前导序列,各子信道需要填充的子载波集合分别为:

子信道 0:$\{k_n \mid k_n = -496 + 8 \cdot m, m = 0,1,2 \cdots 28, m \neq 14\}$

子信道 1:$\{k_n \mid k_n = -240 + 8 \cdot m, m = 0,1,2 \cdots 28, m \neq 14\}$

子信道 2:$\{k_n \mid k_n = 16 + 8 \cdot m, m = 0,1,2 \cdots 28, m \neq 14\}$

子信道 3:$\{k_n \mid k_n = 272 + 8 \cdot m, m = 0,1,2 \cdots 28, m \neq 14\}$

对于长前导序列，各子信道需要填充的子载波集合分别为：

子信道 0：$\{k_n | k_n = -498+2\cdot m, m=0,1,2\cdots114, m\neq57\}$

子信道 1：$\{k_n | k_n = -242+2\cdot m, m=0,1,2\cdots114, m\neq57\}$

子信道 2：$\{k_n | k_n = 14+2\cdot m, m=0,1,2\cdots114, m\neq57\}$

子信道 3：$\{k_n | k_n = 270+2\cdot m, m=0,1,2\cdots114, m\neq57\}$

各子信道短前导与长前导映射方法见 9.3.2 与 9.3.3。

9.10.2.3 系统信息信道

各 20 MHz 子信道 SICH 信道分别指示各子信道的帧结构。各子信道系统信息字段定义及 SICH 信道传输格式与 9.4.1 定义相同。

9.10.2.4 控制信道

上下行传输信道可时分资源复用。各子信道控制信道调度信令可跨子信道调度。表 42 中比特 $[b_5 b_4 \cdots b_2]$ 指示调度的子信道。$b_2=1$ 指示此次调度对子信道 0 有效，否则无效。$b_3=1$ 指示此次调度对子信道 1 有效，否则无效。$b_4=1$ 指示此次调度对子信道 2 有效，否则无效。$b_5=1$ 指示此次调度对子信道 3 有效，否则无效。

9.10.2.5 上下行传输信道

解调导频图样见附录 B。

各子信道子载波索引如下。各子信道解调导频序列生成及加载同 9.5.3.4。

子信道 0：$k=-499,\cdots,-269$

子信道 1：$k=-243,\cdots,-13$

子信道 2：$k=13,\cdots,243$

子信道 3：$k=269,\cdots,499$

9.10.2.6 信令/反馈传输信道

信令/反馈传输信道复用上下行传输信道资源。信令/反馈传输信道资源指示信令（见 9.5.6.4）也可同时指示多个子信道的信令/反馈传输信道资源。表 44 中，比特 $[b_7 b_6 \cdots b_4]$ 指示调度的子信道。b_4 对应子信道 0，b_5 对应子信道 1，依次类推。对应比特置 1，表示该资源指示信令对对应子信道有效。

信令/反馈传输信道分配信令（见 9.5.6.5，表 45）仅对本子信道有效。

9.10.2.7 下行探测信道

下行探测导频图样见附录 F。

各子信道子载波索引见 9.10.2.5。各子信道探测导频序列生成及加载同 9.6.1.3。

9.10.2.8 上行探测信道

同 9.6.2。

40 MHz STA，一次可探测 1 个或者 2 个 20 MHz 子信道；80 MHz STA，一次可探测 1 个或者 2 个或者 3 个或者 4 个 20 MHz 子信道。各子信道分别采用表 47（上行探测信道分配信令）调度各子信道的上行探测信道。

对于子信道 0、1、2、3，上行探测导频端口对应的子载波索引（表 46）分别偏移 -384，-128，128 和 384。各子信道按照 9.6.2.2 加载上行探测导频序列。各子信道对应的子载波索引见 9.10.2.5。

9.10.2.9 调度请求信道

同9.7。

40 MHz或80 MHz STA,可在任意一个子信道上发起调度请求。调度请求信令交互过程只在一个子信道上完成。

9.10.2.10 随机访问信道

同9.8。

40 MHz或80 MHz终端,可在任意一个子信道上发起随机访问。随机访问过程只在一个子信道完成。随机访问后,20 MHz,40 MHz或80 MHz STA依据CAP指配,完成子信道切换,并驻留在CAP指配的一个或多个20 MHz子信道上。

9.10.3 频谱聚合模式2

9.10.3.1 频谱聚合模式2的参数

在频谱聚合模式2下,40 MHz与80 MHz STA可驻留在两个或多个连续的20 MHz子信道上。下行传输信道与上行传输信道可借用相邻的20 MHz子信道之间的虚拟载波。下行传输信道与上行传输信道OFDM参数见表54。虚拟子载波及相位跟踪导频图样见图86和图87。

表54 频谱聚合模式2下DL-TCH与UL-TCH OFDM参数

系统带宽	40 MHz	80 MHz
频率域子载波间隔	78.125 KHz	78.125 KHz
基带采样时钟	40 MHz	80 MHz
FFT样点数	512	1 024
循环前缀样点数	64	128
数据子载波数	480	992
相位跟踪导频子载波数	6	6
虚拟子载波数	26	26
FFT时间窗	12.8 μs	12.8 μs
循环前缀	1.6 μs	1.6 μs
OFDM符号周期	14.4 μs	14.4 μs

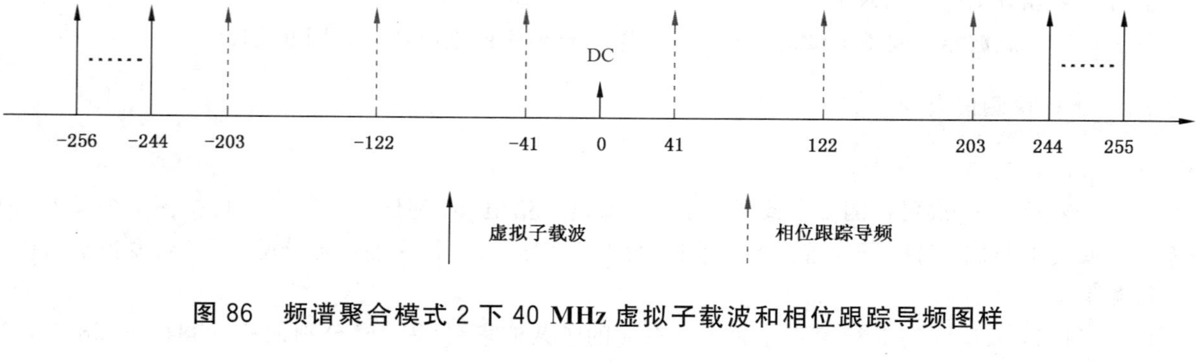

图86 频谱聚合模式2下40 MHz虚拟子载波和相位跟踪导频图样

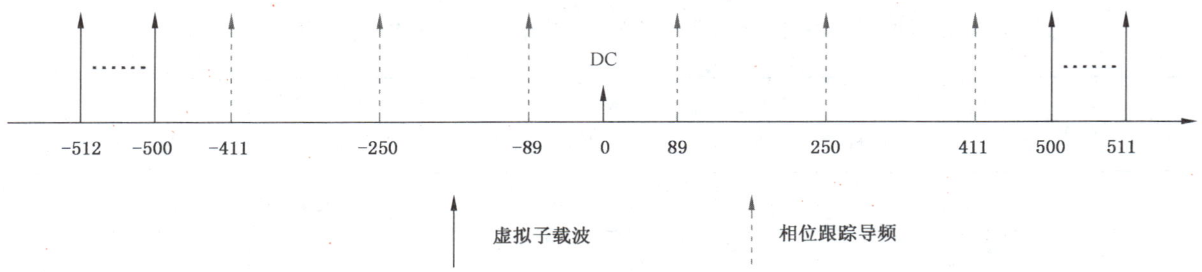

图 87　频谱聚合模式 2 下 80 MHz 虚拟子载波和相位跟踪导频图样

在频谱聚合模式 2 下，系统带宽 80 MHz，40 MHz STA（或驻留带宽为 40 MHz 的 STA）可驻留在 20 MHz 子信道 0 和 1、或 1 和 2、或 2 和 3，见图 84。如果 40MHz STA 驻留子信道 0 和 1，图 86 所示子载波索引偏移－256；如果 40 MHz STA 驻留子信道 2 和 3，图 86 所示子载波索引偏移＋256。

9.10.3.2　前导序列

在频谱聚合模式 2 下，前导序列不占用相邻 20 MHz 子信道之间的虚拟子载波。前导序列发射流程与频谱聚合模式 1 下相同，见 9.10.2.2。

9.10.3.3　系统信息信道

在频谱聚合模式 2 下，系统信息信道不占用相邻 20 MHz 子信道之间的虚拟子载波，且与 9.10.2.3 定义相同。

9.10.3.4　控制信道

在频谱聚合模式 2 下，控制信道不占用相邻 20 MHz 子信道之间的虚拟子载波，且与 9.10.2.4 定义相同。

9.10.3.5　上下行传输信道

在频谱聚合模式 2 下，上下行传输信道可占用相邻 20 MHz 子信道之间的虚拟子载波。

在频谱聚合模式 2 下，解调导频图样见附录 B，解调导频序列生成及加载同 9.5.3.4。解调导频加载时，子载波索引 k 为 STA 驻留信道对应的非虚拟子载波索引。

9.10.3.6　信令/反馈传输信道

信令/反馈传输信道复用上下行传输信道资源。信令/反馈传输信道不占用相邻 20 MHz 子信道之间的虚拟子载波。信令/反馈传输信道定义同 9.5.6。

信令/反馈传输信道资源指示及信道分配同 9.10.2.6。

9.10.3.7　下行探测信道

在频谱聚合模式 2 下，下行探测信道需要探测相邻 20 MHz 子信道之间的虚拟子载波。下行探测导频图样见附录 F，测导频序列生成及加载同 9.6.1.3。探测导频加载时，子载波索引 k 为 STA 驻留信道对应的非虚拟子载波索引。

9.10.3.8　上行探测信道

在频谱聚合模式 2 下，上行探测信道需要探测相邻 20 MHz 子信道之间的虚拟子载波。4 个探测导频端口子载波索引见表 55。

表 55 聚合模式 2 下上行探测导频子载波位置索引

子载波分组索引	频谱聚合模式 2 40 MHz 系统 上行探测导频端口子载波位置	频谱聚合模式 2 80 MHz 系统 上行探测导频端口子载波位置
0	[±1,±5,…,±241]	[±1,±4,…,±497]
1	[±2,±6,…,±242]	[±2,±5,…,±498]
2	[±3,±7,…,±243]	[±3,±6,…,±499]
3	[±4,±8,…,±240]	[±4,±8,…,±496]

注：如果 40 MHz STA 驻留子信道 0 和 1 或 2 和 3，上行探测导频子载波索引相对表中 40 MHz 上行探测导频子载波索引分别偏移−256 和+256。

上行探测导频序列生成及时频加载见 9.6.2.3。

9.10.3.9 调度请求信道

同 9.7。

在频谱聚合模式 2 下，调度请求信道不占用相邻 20 MHz 子信道之间的虚拟子载波。STA 只能在其驻留的某个 20 MHz 子信道发起调度请求。

9.10.3.10 随机访问信道

同 9.8。

在频谱聚合模式 2 下，随机访问信道不占用相邻 20 MHz 子信道之间的虚拟子载波。STA 只能在其驻留的某个 20 MHz 子信道发起随机访问请求。

9.11 发射机与接收机指标要求

9.11.1 工作频段及信道

本条所定义系统可工作在 2.4 GHz 或 5.8 GHz 频段，或其他未来可能规划的频段。详细的工作频段要求严格按照国家无线电管理部门的相关频率规划执行，具体参见信部无[2002]353 号和信部无[2002]277 的规定。

在各频段下，各子信道载波中心频率见附录 E。

9.11.2 带内发射和杂散发射

本条应服从国家无线电管理部门相关文件规定的带内发射及杂散发射要求。

9.11.3 发射频谱模板

20 MHz、40 MHz 与 80 MHz 系统频谱发射模板见图 88～图 90。

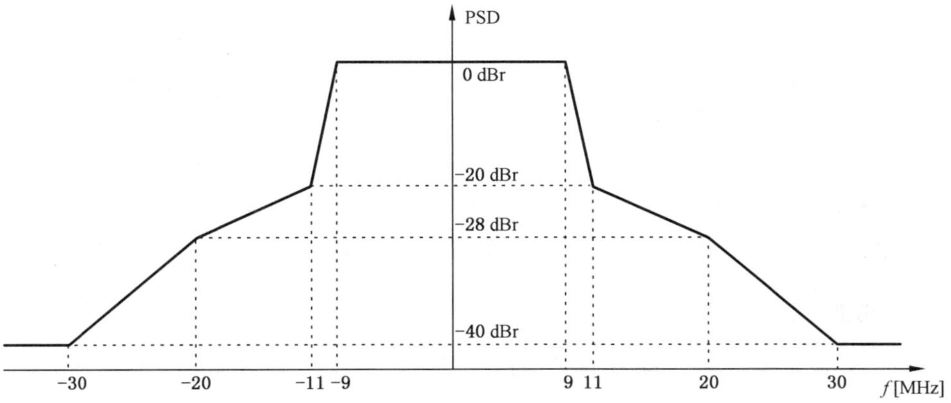

图 88　20 MHz 系统频谱发射模板

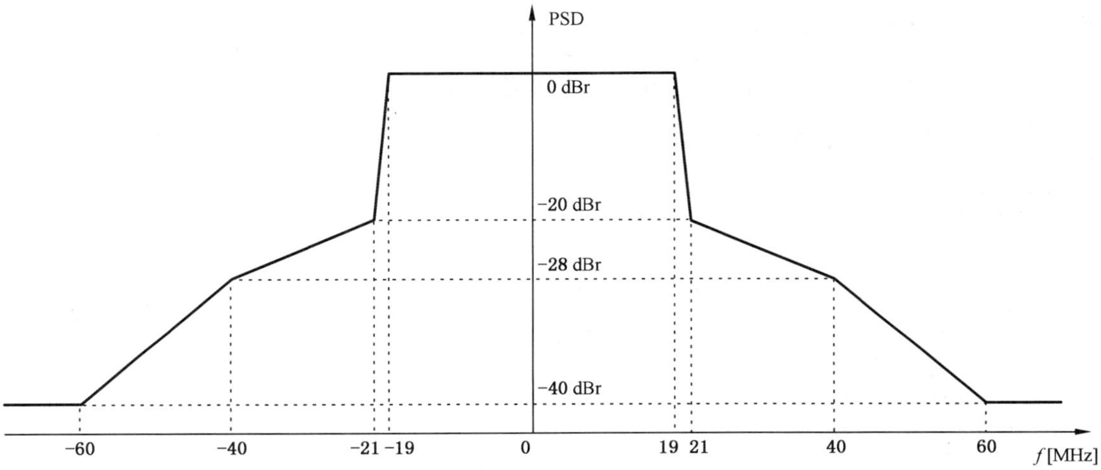

图 89　40 MHz 系统频谱发射模板

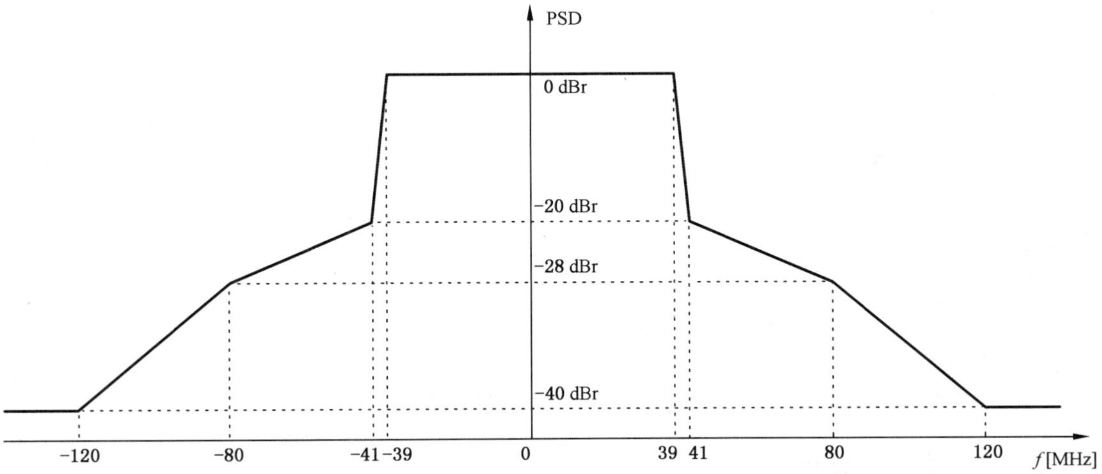

图 90　80 MHz 系统频谱发射模板

9.11.4 发射功率

本条所定义系统发射功率应服从无线电管理部门相关文件规定的发射功率要求。

9.11.5 发射频率容差

本条所定义系统的发射频率容差应服从无线电管理部门相关文件规定的发射频率容差要求。不同发射链路中心频率(LO)和每个发射链路符号时钟频率都应由同一个参考振荡器产生。

9.11.6 符号时钟频率容差

符号时钟频率容差在高于 3 GHz 频段应为最大 $\pm 20\times10^{-6}$,在低于 3 GHz 频段时应为最大 $\pm 25\times10^{-6}$。所有发射天线的发射中心频率和符号时钟频率都应由同一个参考振荡器产生。

9.11.7 发射机星座误差

发射星座帧平均化 RMS 误差不应超过表 56 定义的值。

表 56 允许的相对星座误差与星座大小及编码速率的关系

调制方式	编码速率	相对星座误差/dB
BPSK	1/2	−6
QPSK	1/2	−10
QPSK	3/4	−13
16-QAM	1/2	−16
16-QAM	5/8	−18
16-QAM	3/4	−20
16-QAM	7/8	−21
64-QAM	2/3	−24
64-QAM	3/4	−25
64-QAM	5/6	−26
64-QAM	7/8	−27
256-QAM	3/4	−30
256-QAM	5/6	−32
256-QAM	7/8	−33

9.11.8 接收机最小输入灵敏度

对于长度为 1 000 字节的 PSDU,分组错误率小于 10%时,接收机输入电平最小灵敏度见表 57。

表 57 接收机最小输入电平灵敏度

调制方式	编码速率 R	最小灵敏度/dBm（20 MHz 信道间隔）	最小灵敏度/dBm（40 MHz 信道间隔）	最小灵敏度/dBm（80 MHz 信道间隔）
BPSK	1/2	−82	−79	−76
QPSK	1/2	−79	−76	−73
QPSK	3/4	−77	−74	−71
16-QAM	1/2	−74	−71	−68
16-QAM	5/8	−72	−69	−66
16-QAM	3/4	−70	−67	−64
16-QAM	7/8	−69	−66	−63
64-QAM	2/3	−66	−63	−60
64-QAM	3/4	−65	−62	−59
64-QAM	5/6	−64	−61	−58
64-QAM	7/8	−63	−60	−57
256-QAM	3/4	−60	−57	−54
256-QAM	5/6	−58	−55	−52
256-QAM	7/8	−57	−54	−51

附　录　A
（规范性附录）
协议实现一致性声明(PICS)形式表

A.1　引言

声称与本标准一致的协议实现的供应者应填写下列协议实现一致性声明(PICS)形式表。

已填写的PICS形式表就是对该实现的PICS。PICS是对已实现协议的能力和选项的声明。PICS可有多种用处，包括：

a）　由协议实现者，用作检查清单，以便通过监督来减少与本标准不一致的风险。

b）　由实现的供应者和获得者或潜在的获得者，用作实现能力的详细指示，说明了它与标准的PICS形式表所提供的公共理解基础的相对关系。

c）　由实现的用户或潜在的用户，用作初始检查与另一个实现相互工作的可能性的基础。

d）　由协议测试者，用作选择合适的测试的基础，根据这些测试来实现一致性的声称进行评价。

A.2　缩略语和特殊符号

A.2.1　状态符号

M　　必备的

O　　可选的

A.2.2　缩略语

AD　　地址功能能力

CF　　实现被测(IUT)配置

FT　　MAC帧发送能力

FR　　MAC帧接收能力

PC　　协议能力

PH　　PHY功能能力

PICS　　协议实现一致性声明

A.3　PICS形式表

A.3.1　实现识别

实现识别见表A.1。

表A.1　PICS实现识别

供应商
询问有关PICS的联系点
实现名称和版本
对整个标识所需的其他信息，如机器和/或操作系统的名称和版本，系统名称
注1：只有前三项是对全部实现的要求；在满足整个标识的情况下可适当给出其他信息。 注2：对术语名称和版本应作适应解释，以至符合供应者的术语(如类型、系列和模型)。

A.3.2 协议概要

协议概要见表 A.2。

表 A.2 协议概要

协议标准的标识
作为本 PICS 一部分的对 PICS 形式表的修改和勘误的标识
声明的日期(dd/mm/yy)

A.3.3 IUT 配置

IUT 配置见表 A.3。

表 A.3 IUT 配置

项目	IUT 配置	引用条号	状态	支持
IUT 的配置是什么?				
* CF1	访问点(CAP)	6	0.1	是□否□
* CF2	独立 STA(不是 CAP)	6	0.1	是□否□

A.3.4 MAC 协议

A.3.4.1 MAC 协议能力

MAC 协议能力见表 A.4。

表 A.4 MAC 协议能力

项目	协议能力	引用条号	状态	支持
PC1	是否支持下列 MAC 协议能力? 适配子层	8.1	M	是□否□
PC2	MAC 子层	8.2	M	是□否□
PC2.1	寻址与连接	8.2.1	M	是□否□
PC2.2	MAC 地址	8.2.2	M	是□否□
PC2.3	广播标识	8.2.3	M	是□否□
PC2.4	终端标识	8.2.4	M	是□否□
PC2.5	临时终端标识	8.2.5	M	是□否□
PC2.6	流标识(FID)	8.2.6	M	是□否□
PC3	CAP 检测空闲信道	8.3	M	是□否□
PC4	STA 入网流程	8.4	M	是□否□
PC4.1	获取系统同步	8.4.2	M	是□否□
PC4.2	随机访问	8.4.3	M	是□否□
PC4.3	能力协商	8.4.4	M	是□否□

表 A.4（续）

项目	协议能力	引用条号	状态	支持
PC5	管理业务流	8.5	M	是□否□
PC5.1	建立业务流和数据	8.5.1	M	是□否□
PC5.2	修改业务流	8.5.2	M	是□否□
PC5.3	删除业务流	8.5.3	M	是□否□
PC6	资源请求与资源分配	8.6	M	是□否□
PC6.1	竞争资源请求	8.6.1.2	M	是□否□
PC6.2	轮询	8.6.1.3	M	是□否□
PC6.3	资源分配	8.6.2	M	是□否□
PC7	业务类型与 QoS	8.7	M	是□否□
PC7.1	QoS	8.7.1	M	是□否□
PC7.2	业务类型	8.7.2	M	是□否□
PC8	分片和重组	8.8	M	是□否□
PC9	重传机制	8.9	M	是□否□
PC10	帧确认	8.10	M	是□否□
PC11	链路自适应	8.11	M	是□否□
PC11.1	下行链路自适应	8.11.1	M	是□否□
PC11.2	请求-响应的反馈机制	8.11.1.2	M	是□否□
PC11.3	主动反馈	8.11.1.3	M	是□否□
PC11.4	上行链路自适应	8.11.2	M	是□否□
PC11.5	闭环 MIMO 模式	8.11.3	M	是□否□
PC12	退出网络流程	8.12	M	是□否□
PC13	随机退避	8.13	M	是□否□
PC14	异常处理	8.14	M	是□否□
PC14.1	竞争冲突引起的异常处理	8.14.2	M	是□否□
PC14.2	随机访问序列冲突	8.14.2.1	M	是□否□
PC14.3	调度请求序列冲突	8.14.2.2	M	是□否□
PC14.4	意外情况导致的异常处理	8.14.3	M	是□否□
PC14.5	STA 失去同步	8.14.3.1	M	是□否□
PC14.6	CAP 连续发送失败	8.14.3.2	M	是□否□
PC14.7	随机访问阶段异常	8.14.3.3	M	是□否□
PC14.8	能力协商阶段异常	8.14.3.4	M	是□否□
PC14.9	动态业务流管理阶段异常	8.14.3.5	M	是□否□
PC15	信道切换管理	8.15	M	是□否□
PC16	节电管理	8.16,8.16.2	M	是□否□
PC16.1	由 STA 触发的休眠	8.16.2.2	M	是□否□
PC16.2	由 CAP 触发的休眠	8.16.2.3	M	是□否□
PC16.3	由 STA 触发的唤醒	8.16.2.4	M	是□否□
PC17	系统配置参数	8.17	M	是□否□

A.3.4.2 MAC 帧

MAC 帧 PICS 见表 A.5。

表 A.5 MAC 帧 PICS

项目	MAC 帧	引用条号	状态	支持
	是否支持下列 MAC 帧的发送	7	M	是□否□
FT1	广播控制帧	7.3.4.1	M	是□否□
FT2	随机访问请求帧	7.3.4.2	M	是□否□
FT3	随机访问响应帧	7.3.4.3	M	是□否□
FT4	终端基本能力协商请求帧	7.3.4.4	M	是□否□
FT5	终端基本能力协商响应帧	7.3.4.5	M	是□否□
FT6	动态业务建立请求帧	7.3.4.6	M	是□否□
FT7	动态业务修改响应帧	7.3.4.6	M	是□否□
FT8	动态业务删除请求帧	7.3.4.6	M	是□否□
FT9	动态业务删除响应帧	7.3.4.6	M	是□否□
FT10	独立资源请求帧	7.3.4.7	M	是□否□
FT11	MIMO 反馈帧	7.3.4.8	M	是□否□
FT12	信道质量反馈帧	7.3.4.9	M	是□否□
FT13	保留	7	M	是□否□
FT14	基于波速赋形矩阵的反馈帧	7.3.4.8.4	M	是□否□
FT15	确认帧	7.3.4.10	M	是□否□
FT16	组确认请求帧	7.3.4.11	M	是□否□
FT17	组确认帧	7.3.4.12	M	是□否□
FT18	退出网络帧	7.3.4.13	M	是□否□
FT19	信道切换通知帧	7.3.4.14	M	是□否□
FT20	休眠请求帧	7.3.4.15	M	是□否□
FT21	休眠响应帧	7.3.4.16	M	是□否□
FT22	下行业务指示帧	7.3.4.17	M	是□否□
FT23	保留	7	M	是□否□
FT24	数据帧	7.2	M	是□否□
FT25	数据填充帧	7.2.5	M	是□否□
FT26	保留	7	M	是□否□

表 A.5（续）

项目	MAC 帧	引用条号	状态	支　持
	是否支持下列 MAC 帧的接收	7	M	是□否□
FR1	广播控制帧	7.3.4.1	M	是□否□
FR2	随机访问请求帧	7.3.4.2	M	是□否□
FR3	随机访问响应帧	7.3.4.3	M	是□否□
FR4	终端基本能力协商请求帧	7.3.4.4	M	是□否□
FR5	终端基本能力协商响应帧	7.3.4.5	M	是□否□
FR6	动态业务建立请求帧	7.3.4.6	M	是□否□
FR7	动态业务修改响应帧	7.3.4.6	M	是□否□
FR8	动态业务删除请求帧	7.3.4.6	M	是□否□
FR9	动态业务删除响应帧	7.3.4.6	M	是□否□
FR10	独立资源请求帧	7.3.4.7	M	是□否□
FR11	基于信道状态信息的多入多出反馈帧	7.3.4.8	M	是□否□
FR12	信道质量反馈帧	7.3.4.9	M	是□否□
FR13	保留	7	M	是□否□
FR14	基于波速赋形矩阵的反馈帧	7.3.4.8.4	M	是□否□
FR15	确认帧	7.3.4.10	M	是□否□
FR16	组确认请求帧	7.3.4.11	M	是□否□
FR17	组确认帧	7.3.4.12	M	是□否□
FR18	退出网络帧	7.3.4.13	M	是□否□
FR19	信道切换通知帧	7.3.4.14	M	是□否□
FR20	休眠请求帧	7.3.4.15	M	是□否□
FR21	休眠响应帧	7.3.4.16	M	是□否□
FR22	下行业务指示帧	7.3.4.17	M	是□否□
FR23	保留	7	M	是□否□
FR24	数据帧	7.2	M	是□否□
FR25	数据填充帧	7.2.5	M	是□否□
FR1	保留	7	M	是□否□

A.3.4.3　MAC 寻址功能

MAC 寻址功能见表 A.6。

表 A.6　MAC 寻址功能

项目	帧交换序列	引用条号	状态	支　持
AD1	是否支持下列 MAC 寻址功能 STA 和 CAP 都采用全球唯一的 48 比特的 MAC 地址则作为标识	8.2.1	M	是□否□

A.3.4.4　PHY 功能

PHY 功能见表 A.7。

表 A.7 PHY 功能

项目	PHY 特征	引用条号	状态	支持
	是否支持下列 PHY 特性?			
PH1	帧结构	9.1.1	M	是□否□
PH1.1	短前导序列	9.1.1,9.3.2	M	是□否□
PH1.2	长前导序列	9.1.1,9.3.3	M	是□否□
PH1.3	系统信息信道	9.1.1,9.4.1	M	是□否□
PH1.4	控制信息信道	9.1.1,9.4.2	M	是□否□
PH1.5	下行探测信道	9.1.1,9.6.1	M	是□否□
PH1.6	上行探测信道	9.1.1,9.6.2	M	是□否□
PH1.7	上行调度请求信道	9.1.1,9.7	M	是□否□
PH1.8	上行随机访问信道	9.1.1,9.8	M	是□否□
PH1.9	下行传输信道	9.1.1,9.5	M	是□否□
PH1.10	上行传输信道	9.1.1,9.5	M	是□否□
PH1.11	下行保护间隔	9.1.1	M	是□否□
PH1.12	上行保护间隔	9.1.1	M	是□否□
PH2	发射机框图与信号处理流程	9.2,9.2.1	M	是□否□
PH2.1	加扰	9.2.2	M	是□否□
PH2.2	信道编码-卷积编码	9.2.3.2	M	是□否□
PH2.3	信道编码-LDPC 编码	9.2.3.3	M	是□否□
PH2.4	速率匹配	9.2.4	M	是□否□
PH2.5	流映射	9.2.5	M	是□否□
PH2.6	比特交织	9.2.6	M	是□否□
PH2.7	星座映射	9.2.7	M	是□否□
PH2.8	空时编码	9.2.8	O	是□否□
PH2.9	相位跟踪导频	9.2.9	M	是□否□
PH2.10	时频加载	9.2.10	M	是□否□
PH3	上下行传输信道	9.5	M	是□否□
PH3.1	时分资源分配类型	9.5.1	M	是□否□
PH3.2	时分资源分配指示	9.5.2	M	是□否□
PH4	传输信道解调导频	9.5.3	M	是□否□
PH4.1	解调导频图样	9.5.3.2	M	是□否□
PH4.2	解调导频间隔	9.5.3.3	M	是□否□
PH4.3	解调导频序列	9.5.3.4	M	是□否□
PH5	下行传输信道多天线方案	9.5.4	M	是□否□
PH5.1	开环 SU-MIMO	9.5.4.2	M	是□否□
PH5.2	闭环 SU-MIMO	9.5.4.3	M	是□否□
PH5.3	闭环 MU－MIMO	9.5.4.4	M	是□否□
PH6	信令/反馈传输信道	9.5.6	M	是□否□
PH6.1	下行信令/反馈传输信道	9.5.6.2	M	是□否□
PH6.2	上行信令/反馈传输信道	9.5.6.3	M	是□否□
PH6.3	信令/反馈传输信道资源指示	9.5.6.4	M	是□否□
PH6.4	信令/反馈传输信道分配	9.5.6.5	M	是□否□

表 A.7（续）

项目	PHY 特征	引用条号	状态	支持
PH7	上下行探测信道	9.6	M	是□否□
PH7.1	下行探测导频图样	9.6.1.2	M	是□否□
PH7.2	下行探测序列生成	9.6.1.3	M	是□否□
PH7.3	上行探测导频端口	9.6.2.1	M	是□否□
PH7.4	上行探测信道分配	9.6.2.2	M	是□否□
PH7.5	上行探测导频序列	9.6.2.3	M	是□否□
PH8	上行调度请求信道	9.7	M	是□否□
PH8.1	PN 序列的产生	9.7.2	M	是□否□
PH8.2	调制映射	9.7.3	M	是□否□
PH8.3	子载波映射	9.7.4	M	是□否□
PH8.4	频域循环移位	9.7.5	M	是□否□
PH8.5	独立资源请求帧资源分配	9.7.6	M	是□否□
PH9	上行随机访问信道	9.8	M	是□否□
PH9.1	随机访问信号产生	9.8.1	M	是□否□
PH9.2	随机计入信道格式	9.8.2	M	是□否□
PH9.3	随机访问请求帧资源分配	9.8.3	M	是□否□
PH9.4	随机访问响应帧资源分配	9.8.4	M	是□否□
PH10	上行功率控制-开环功控	9.9.1	M	是□否□
PH11	闭环功控	9.9.2	M	是□否□
PH12	频谱聚合模式 1	9.10.2	M	是□否□
PH12.1	频谱聚合模式 1 的参数	9.10.2.1	M	是□否□
PH12.2	前导序列	9.10.2.2	M	是□否□
PH12.3	系统信息信道	9.10.2.3	M	是□否□
PH12.4	控制信道	9.10.2.4	M	是□否□
PH12.5	上下行传输信道	9.10.2.5	M	是□否□
PH12.6	信令/反馈传输信道	9.10.2.6	M	是□否□
PH12.7	下行探测信道	9.10.2.7	M	是□否□
PH12.8	上行探测信道	9.10.2.8	M	是□否□
PH12.9	调度请求信道	9.10.2.9	M	是□否□
PH12.10	随机访问信道	9.10.2.10	M	是□否□
PH13	频谱聚合模式 2	9.10.3	M	是□否□
PH13.1	频谱聚合模式 2 的参数	9.10.3.1	M	是□否□
PH13.2	前导序列	9.10.3.2	M	是□否□
PH13.3	系统信息信道	9.10.3.3	M	是□否□
PH13.4	控制信道	9.10.3.4	M	是□否□
PH13.5	上下行传输信道	9.10.3.5	M	是□否□
PH13.6	信令/反馈传输信道	9.10.3.6	M	是□否□
PH13.7	下行探测信道	9.10.3.7	M	是□否□
PH13.8	上行探测信道	9.10.3.8	M	是□否□
PH13.9	调度请求信道	9.10.3.9	M	是□否□
PH13.10	随机访问信道	9.10.3.10	M	是□否□

表 A.7（续）

项目	PHY 特征	引用条号	状态	支持
PH14	发射机与接收机指标要求	9.11	M	是□否□
PH14.1	工作频段及信道	9.11.1	M	是□否□
PH14.2	带内发射和杂散发射	9.11.2	M	是□否□
PH14.3	发射频谱模板	9.11.3	M	是□否□
PH14.4	发射功率	9.11.4	M	是□否□
PH14.5	发射功率容差	9.11.5	M	是□否□
PH14.6	符号时钟频率容差	9.11.6	M	是□否□
PH14.7	发射机星座误差	9.11.7	M	是□否□
PH14.8	接收机最小输入灵敏度	9.11.8	M	是□否□

附 录 B
（规范性附录）
解调导频图样

解调导频图样如表 B.1 所示。

表 B.1 解调导频图样

索引	N_{sts}	DPI_F	DP_{num}
1	1	1	1
2	1	2	1
3	2	1	2
4	2	2	1
5	3	1	3
6	3	2	2
7	3	4	1
8	4	1	4
9	4	2	2
10	4	4	1
11	5	1	5
12	5	2	3
13	5	4	2
14	6	1	6
15	6	2	3
16	6	4	2
17	7	1	7
18	7	2	4
19	7	4	2
20	8	1	8
21	8	2	4
22	8	4	2

注：

——导频周期 DPI_F 指同一空时流导频符号子载波周期。例如：$DPI_F=2$ 指示每 2 个相邻的有用子载波有一个解调导频。

——导频符号数，DP_{num}，指解调导频在时间域占用的连续 OFDM 符号个数。

表 B.2 定义了解调导频图样中各导频符号对应的子载波位置。

表 B.2 解调导频位置

<table>
<tr><th>载波聚合模式</th><th>带宽</th><th>解调导频子载波集合</th></tr>
<tr><td rowspan="3">1</td><td>20 MHz</td><td>$SC_{dp}^{sti}=[\pm(1+sti-(l-1)\cdot DPI),\pm(1+DPI+sti-(l-1)\cdot \mathrm{DPI}),\cdots,\pm(N+sti-(l-1)\cdot DPI)]_{l=\lfloor\frac{sti}{DPI}\rfloor+1}$
$N=1+DPI\cdot\lfloor(N_{sr}-sti+(l-1)\cdot DPI-1)/DPI\rfloor$
$DPI=1,2,4,8$
$sti=0\sim7$
$N_{sr}=115$</td></tr>
<tr><td>40 MHz</td><td>$SC_{dp}^{sti}=\begin{cases}128+[\pm(1+sti-(l-1)\cdot DPI)),\pm(1+DPI+sti-(l-1)\cdot DPI)),\cdots,\\ \pm(N+sti-(l-1)\cdot DPI))]_{l=\lfloor\frac{sti}{DPI}\rfloor+1}\\ -128+[\pm(1+sti-(l-1)\cdot DPI)),\pm(1+DPI+sti-(l-1)\cdot DPI)),\cdots,\\ \pm(N+sti-(l-1)\cdot DPI))]_{l=\lfloor\frac{sti}{DPI}\rfloor+1}\end{cases}$
$N=1+DPI\cdot\lfloor(N_{sr}-sti+(l-1)\cdot DPI-1)/DPI\rfloor$
$DPI=1,2,4,8$
$sti=0\sim7$
$N_{sr}=115$</td></tr>
<tr><td>80 MHz</td><td>$SC_{dp}^{sti}=\begin{cases}384+[\pm(1+sti-(l-1)\cdot DPI)),\pm(1+DPI+sti-(l-1)\cdot DPI)),\cdots,\\ \pm(N+sti-(l-1)\cdot DPI))]_{l=\lfloor\frac{sti}{DPI}\rfloor+1}\\ 128+[\pm(1+sti-(l-1)\cdot DPI)),\pm(1+DPI+sti-(l-1)\cdot DPI)),\cdots,\\ \pm(N+sti-(l-1)\cdot DPI))]_{l=\lfloor\frac{sti}{DPI}\rfloor+1}\\ -128+[\pm(1+sti-(l-1)\cdot DPI)),\pm(1+DPI+sti-(l-1)\cdot DPI)),\cdots,\\ \pm(N+sti-(l-1)\cdot DPI))]_{l=\lfloor\frac{sti}{DPI}\rfloor+1}\\ -384+[\pm(1+sti-(l-1)\cdot DPI)),\pm(1+DPI+sti-(l-1)\cdot DPI)),\cdots,\\ \pm(N+sti-(l-1)\cdot DPI))]_{l=\lfloor\frac{sti}{DPI}\rfloor+1}\end{cases}$
$N=1+DPI\cdot\lfloor(N_{sr}-sti+(l-1)\cdot DPI-1)/DPI\rfloor$
$DPI=1,2,4,8$
$sti=0\sim7$
$N_{sr}=115$</td></tr>
<tr><td>2</td><td>40 MHz</td><td>$SC_{dp}^{sti}=[\pm(1+sti-(l-1)\cdot DPI)),\pm(1+DPI+sti-(l-1)\cdot \mathrm{DPI})),\cdots,\pm(N+sti-(l-1)\cdot DPI))]_{l=\lfloor\frac{sti}{DPI}\rfloor+1}$
$N=1+DPI\cdot\lfloor(N_{sr}-sti+(l-1)\cdot DPI-1)/DPI\rfloor$
$DPI=1,2,4,8$
$sti=0\sim7$
$N_{sr}=243$</td></tr>
</table>

表 B.2（续）

载波聚合模式	带宽	解调导频子载波集合
2	80 MHz	$SC_{dp}^{sti}=[\pm(1+sti-(l-1)\cdot DPI)),\pm(1+DPI+sti-(l-1)\cdot \mathrm{DPI})),\cdots,\pm(N+sti-(l-1)\cdot DPI))]_{l=\lfloor\frac{sti}{DPI}\rfloor+1}$ $N=1+DPI\cdot\lfloor(N_{sr}-sti+(l-1)\cdot DPI-1)/DPI\rfloor$ $DPI=1,2,4,8$ $sti=0\sim7$ $N_{sr}=499$

注：SC_{dp}^{sti} 为第 sti 个空时流解调导频子载波索引集合；$l=1,\cdots,DP_{num}$ 指示解调导频占用的 OFDM 符号；表内的 DPI 为频域的解调导频周期，即 DPI_F。

附 录 C
（规范性附录）
反馈子载波分组

表 C.1 定义了本标准反馈子载波分组方案。

表 C.1 反馈子载波分组表

载波聚合模式	带宽	反馈子载波周期 FPI	反馈子载波数目	反馈矩阵的子载波编号
1	20 MHz	1	230	$SC_{fp}=[\pm1,\pm(1+FPI),\cdots,\pm(1+N)]$ $N=FPI\cdot\lfloor(N_{sr}-1)/FPI\rfloor$ $FPI=1,2$ $N_{sr}=115$
		2	116	
		4	60	$SC_{fp}=[\pm1,\pm(1+FPI),\cdots,\pm(1+N),\pm N_{sr}]$ $N=FPI\cdot\lfloor(N_{sr}-1)/FPI\rfloor$ $FPI=4,8,16$ $N_{sr}=115$
		8	32	
		16	18	
	40 MHz	1	460	$SC_{fp}=\begin{cases}128+[\pm1,\pm(1+FPI),\cdots,\pm(1+N)]\\-128+[\pm1,\pm(1+FPI),\cdots,\pm(1+N)]\end{cases}$ $N=FPI\cdot\lfloor(N_{sr}-1)/FPI\rfloor$ $FPI=1,2$ $N_{sr}=115$
		2	232	
		4	120	$SC_{fp}=\begin{cases}128+[\pm1,\pm(1+FPI),\cdots,\pm(1+N),\pm N_{sr}]\\-128+[\pm1,\pm(1+FPI),\cdots,\pm(1+N),\pm N_{sr}]\end{cases}$ $N=FPI\cdot\lfloor(N_{sr}-1)/FPI\rfloor$ $FPI=4,8,16$ $N_{sr}=115$
		8	64	
		16	36	
	80 MHz	1	920	$SC_{fp}=\begin{cases}384+[\pm1,\pm(1+FPI),\cdots,\pm(1+N)]\\128+[\pm1,\pm(1+FPI),\cdots,\pm(1+N)]\\-128+[\pm1,\pm(1+FPI),\cdots,\pm(1+N)]\\-384+[\pm1,\pm(1+FPI),\cdots,\pm(1+N)]\end{cases}$ $N=FPI\cdot\lfloor(N_{sr}-1)/FPI\rfloor$ $FPI=1,2$ $N_{sr}=115$
		2	464	
		4	240	$SC_{fp}=\begin{cases}384+[\pm1,\pm(1+FPI),\cdots,\pm(1+N)]\\128+[\pm1,\pm(1+FPI),\cdots,\pm(1+N)]\\-128+[\pm1,\pm(1+FPI),\cdots,\pm(1+N)\pm N_{sr}]\\-384+[\pm1,\pm(1+FPI),\cdots,\pm(SC+N)\pm N_{sr}]\end{cases}$ $N=FPI\cdot\lfloor(N_{sr}-1)/FPI\rfloor$ $FPI=4,8,16$ $N_{sr}=115$
		8	128	
		16	72	

表 C.1（续）

载波聚合模式	带宽	反馈子载波周期 FPI	反馈子载波数目	反馈矩阵的子载波编号
2	40 MHz	1	486	$SC_{fp}=[\pm1,\pm(1+FPI),\cdots,\pm(1+N)]$ $N=FPI\cdot\lfloor(N_{sr}-1)/FPI\rfloor$ $FPI=1,2$ $N_{sr}=243$
		2	244	
		4	124	$SC_{fp}=[\pm1,\pm(1+FPI),\cdots,\pm(1+N),\pm N_{sr}]$ $N=FPI\cdot\lfloor(N_{sr}-1)/FPI\rfloor$ $FPI=4,8,16$ $N_{sr}=243$
		8	64	
		16	34	
	80 MHz	1	998	$SC_{fp}=[\pm1,\pm(1+FPI),\cdots,\pm(1+N)]$ $N=FPI\cdot\lfloor(N_{sr}-1)/FPI\rfloor$ $FPI=1,2$ $N_{sr}=499$
		2	500	
		4	252	$SC_{fp}=[\pm1,\pm(1+FPI),\cdots,\pm(1+N),\pm N_{sr}]$ $N=FPI\cdot\lfloor(N_{sr}-1)/FPI\rfloor$ $FPI=4,8,16$ $N_{sr}=499$
		8	128	
		16	66	

附　录　D
（规范性附录）
MCS 参数

表 D.1 定义了用于 MCS 参数表的符号与速率相关的参数表中的符号。

表 D.1　用于 MCS 参数表的符号

符号	解　　释
R	编码码率
N_{BPSC}	每个子载波各空间流已编码比特数之和

表 D.2 定义了各空间流等阶调制时 MCS 集合。

表 D.2　EQM 模式的 MCS 参数

MCS 索引号	调制方式	N_{ss}	R	N_{BPSC}
0	BPSK	1	1/2	1
1	QPSK	1	1/2	2
2	QPSK	1	3/4	2
3	16-QAM	1	1/2	4
4	16-QAM	1	5/8	4
5	16-QAM	1	3/4	4
6	16-QAM	1	7/8	4
7	64-QAM	1	2/3	6
8	64-QAM	1	3/4	6
9	64-QAM	1	5/6	6
10	64-QAM	1	7/8	6
11	256-QAM	1	3/4	8
12	256-QAM	1	5/6	8
13	256-QAM	1	7/8	8
14	BPSK	2	1/2	2
15	QPSK	2	1/2	4
16	QPSK	2	3/4	4
17	16-QAM	2	1/2	8
18	16-QAM	2	5/8	8
19	16-QAM	2	3/4	8
20	16-QAM	2	7/8	8
21	64-QAM	2	2/3	12

表 D.2（续）

MCS 索引号	调制方式	N_{ss}	R	N_{BPSC}
22	64-QAM	2	3/4	12
23	64-QAM	2	5/6	12
24	64-QAM	2	7/8	12
25	256-QAM	2	3/4	16
26	256-QAM	2	5/6	16
27	256-QAM	2	7/8	16
28	BPSK	3	1/2	3
29	QPSK	3	1/2	6
30	QPSK	3	3/4	6
31	16-QAM	3	1/2	12
32	16-QAM	3	5/8	12
33	16-QAM	3	3/4	12
34	16-QAM	3	7/8	12
35	64-QAM	3	2/3	18
36	64-QAM	3	3/4	18
37	64-QAM	3	5/6	18
38	64-QAM	3	7/8	18
39	256-QAM	3	3/4	24
40	256-QAM	3	5/6	24
41	256-QAM	3	7/8	24
42	BPSK	4	1/2	4
43	QPSK	4	1/2	8
44	QPSK	4	3/4	8
45	16-QAM	4	1/2	16
46	16-QAM	4	5/8	16
47	16-QAM	4	3/4	16
48	16-QAM	4	7/8	16
49	64-QAM	4	2/3	24
50	64-QAM	4	3/4	24
51	64-QAM	4	5/6	24
52	64-QAM	4	7/8	24
53	256-QAM	4	3/4	32
54	256-QAM	4	5/6	32
55	256-QAM	4	7/8	32

表 D.3 定义了 2 个空间流非等阶调制时 MCS 集合。

表 D.3　$N_{ss}=2$ 的 UEQM 的 MCS 参数

MCS 索引号	调制方式		R	N_{BPSC}
	流 1	流 2		
56	16-QAM	QPSK	1/2	6
57	64-QAM	QPSK	1/2	8
58	64-QAM	16-QAM	1/2	10
59	16-QAM	QPSK	3/4	6
60	64-QAM	QPSK	3/4	8
61	64-QAM	16-QAM	3/4	10

表 D.4 定义了 3 个空间流非等阶调制时 MCS 集合。

表 D.4　$N_{ss}=3$ 的 UEQM 的 MCS 参数

MCS 索引号	调制方式			R	N_{BPSC}
	流 1	流 2	流 3		
62	16-QAM	QPSK	QPSK	1/2	8
63	16-QAM	16-QAM	QPSK	1/2	10
64	64-QAM	QPSK	QPSK	1/2	10
65	64-QAM	16-QAM	QPSK	1/2	12
66	64-QAM	16-QAM	16-QAM	1/2	14
67	64-QAM	64-QAM	QPSK	1/2	14
68	64-QAM	64-QAM	16-QAM	1/2	16
69	16-QAM	QPSK	QPSK	3/4	8
70	16-QAM	16-QAM	QPSK	3/4	10
71	64-QAM	QPSK	QPSK	3/4	10
72	64-QAM	16-QAM	QPSK	3/4	12
73	64-QAM	16-QAM	16-QAM	3/4	14
74	64-QAM	64-QAM	QPSK	3/4	14
75	64-QAM	64-QAM	16-QAM	3/4	16

表 D.5 定义了 4 个空间流非等阶调制时 MCS 集合。

表 D.5 $N_{ss}=4$ 的 UEQM 的 MCS 参数

MCS 索引号	调制方式				R	N_{BPSC}
	流 1	流 2	流 3	流 4		
76	16-QAM	QPSK	QPSK	QPSK	1/2	10
77	16-QAM	16-QAM	QPSK	QPSK	1/2	12
78	16-QAM	16-QAM	16-QAM	QPSK	1/2	14
79	64-QAM	QPSK	QPSK	QPSK	1/2	12
80	64-QAM	16-QAM	QPSK	QPSK	1/2	14
81	64-QAM	16-QAM	16-QAM	QPSK	1/2	16
82	64-QAM	16-QAM	16-QAM	16-QAM	1/2	18
83	64-QAM	64-QAM	QPSK	QPSK	1/2	16
84	64-QAM	64-QAM	16-QAM	QPSK	1/2	18
85	64-QAM	64-QAM	16-QAM	16-QAM	1/2	20
86	64-QAM	64-QAM	64-QAM	QPSK	1/2	20
87	64-QAM	64-QAM	64-QAM	16-QAM	1/2	22
88	16-QAM	QPSK	QPSK	QPSK	3/4	10
89	16-QAM	16-QAM	QPSK	QPSK	3/4	12
90	16-QAM	16-QAM	16-QAM	QPSK	3/4	14
91	64-QAM	QPSK	QPSK	QPSK	3/4	12
92	64-QAM	16-QAM	QPSK	QPSK	3/4	14
93	64-QAM	16-QAM	16-QAM	QPSK	3/4	16
94	64-QAM	16-QAM	16-QAM	16-QAM	3/4	18
95	64-QAM	64-QAM	QPSK	QPSK	3/4	16
96	64-QAM	64-QAM	16-QAM	QPSK	3/4	18
97	64-QAM	64-QAM	16-QAM	16-QAM	3/4	20
98	64-QAM	64-QAM	64-QAM	QPSK	3/4	20
99	64-QAM	64-QAM	64-QAM	16-QAM	3/4	22

附　录　E
（规范性附录）
载波中心频率

表 E.1 定义了 2.4 GHz 频段下各信道载波中心频率。

表 E.1　2.4 GHz 频段各信道载波中心频率

信道编号	载波中心频率 MHz
1	2 412
2	2 417
3	2 422
4	2 427
5	2 432
6	2 437
7	2 442
8	2 447
9	2 452
10	2 457
11	2 462
12	2 467
13	2 472

附 录 F
（规范性附录）
探测导频图样

表 F.1 定义了本标准探测导频图样。

表 F.1 探测导频图样

索引	N_{tx}	SPI	SP_{num}
1	1	4	1
2	2	4	1
3	3	4	1
4	4	4	1
5	5	4	2
6	6	4	2
7	7	4	2
8	8	4	2

表 F.2 定义了解调导频图样中各导频符号对应的子载波位置。

表 F.2 探测导频位置

载波聚合模式	带宽	探测导频子载波集合
1	20 MHz	$SC_{dp}^{ti}=[\pm(1+ti-(l-1)\cdot DPI),\pm(1+DPI+ti-(l-1)\cdot \mathrm{DPI}),\cdots,\pm(N+ti-(l-1)\cdot SPI)]_{l=\lfloor\frac{ti}{SPI}\rfloor+1}$ $N=1+SPI\cdot\lfloor(N_{sr}-ti+(l-1)\cdot SPI-1)/SPI\rfloor$ $SPI=4$ $ti=0\sim7$ $N_{sr}=115$
	40 MHz	$SC_{dp}^{ti}=\begin{cases}128+[\pm(1+ti-(l-1)\cdot SPI)),\pm(1+SPI+ti-(l-1)\cdot SPI)),\cdots,\\ \pm(N+ti-(l-1)\cdot SPI))]_{l=\lfloor\frac{ti}{SPI}\rfloor+1}\\ -128+[\pm(1+ti-(l-1)\cdot SPI)),\pm(1+SPI+ti-(l-1)\cdot SPI)),\cdots,\\ \pm(N+ti-(l-1)\cdot SPI))]_{l=\lfloor\frac{ti}{SPI}\rfloor+1}\end{cases}$ $N=1+SPI\cdot\lfloor(N_{sr}-ti+(l-1)\cdot SPI-1)/SPI\rfloor$ $SPI=4$ $ti=0\sim7$ $N_{sr}=115$

表 F.2（续）

载波聚合模式	带宽	探测导频子载波集合
1	80 MHz	$SC_{dp}^{ti}=\begin{cases} 384+[\pm(1+ti-(l-1)\cdot SPI)),\pm(1+SPI+ti-(l-1)\cdot SPI)),\cdots, \\ \pm(N+ti-(l-1)\cdot SPI))]_{l=\lfloor\frac{ti}{SPI}\rfloor+1} \\ 128+[\pm(1+ti-(l-1)\cdot SPI)),\pm(1+SPI+ti-(l-1)\cdot SPI)),\cdots, \\ \pm(N+ti-(l-1)\cdot SPI))]_{l=\lfloor\frac{ti}{SPI}\rfloor+1} \\ -128+[\pm(1+ti-(l-1)\cdot SPI)),\pm(1+SPI+ti-(l-1)\cdot SPI)),\cdots, \\ \pm(N+ti-(l-1)\cdot SPI))]_{l=\lfloor\frac{ti}{SPI}\rfloor+1} \\ -384+[\pm(1+ti-(l-1)\cdot SPI)),\pm(1+SPI+ti-(l-1)\cdot SPI)),\cdots, \\ \pm(N+ti-(l-1)\cdot SPI))]_{l=\lfloor\frac{ti}{SPI}\rfloor+1} \end{cases}$ $N=1+SPI\cdot\lfloor(N_{sr}-ti+(l-1)\cdot SPI-1)/SPI\rfloor$ $SPI=4$ $ti=0\sim7$ $N_{sr}=115$
2	40 MHz	$SC_{dp}^{ti}=[\pm(1+ti-(l-1)\cdot SPI)),\pm(1+SPI+ti-(l-1)\cdot SPI)),\cdots,\pm(N+ti-(l-1)\cdot SPI))]_{l=\lfloor\frac{ti}{SPI}\rfloor+1}$ $N=1+SPI\cdot\lfloor(N_{sr}-ti+(l-1)\cdot SPI-1)/SPI\rfloor$ $SPI=4$ $ti=0\sim7$ $N_{sr}=243$
	80 MHz	$SC_{dp}^{ti}=[\pm(1+ti-(l-1)\cdot SPI)),\pm(1+SPI+ti-(l-1)\cdot SPI)),\cdots,\pm(N+ti-(l-1)\cdot SPI))]_{l=\lfloor\frac{ti}{SPI}\rfloor+1}$ $N=1+SPI\cdot\lfloor(N_{sr}-ti+(l-1)\cdot SPI-1)/SPI\rfloor$ $SPI=4$ $ti=0\sim7$ $N_{sr}=499$

附　录　G
（规范性附录）
LDPC 校验矩阵

（N，K）LDPC 码的校验矩阵由它的行生成器循环移位生成，每个行生成器用元素 1 所处的列数（范围：0～N-1）来表示。

图 G.1 表示(1344,672) LDPC 码的行生成器，其中第(i+1)行对应第(i+1)个行生成器($0 \leqslant i < 16$)。

```
156  326  342  444  575  898  1005
55  85  167  486  617  1047  1307
410  821  873  927  982  1106  1191
10  61  139  251  468  773  915
52  103  324  400  612  743  792
26  70  145  195  502  718  1108
31  68  112  187  544  578  1313
73  110  229  307  337  681  1192
18  196  271  379  806  1168  1267
60  121  262  391  421  548  1088
25  163  355  433  652  712  1067
96  144  505  618  632  1172  1251
5  109  138  186  320  517  846
35  47  151  228  671  716  1256
0  89  270  367  713  1032  1298
20  42  119  131  235  264  956
```

图 G.1　(1344,672)LDPC 码校验矩阵的 16 个行生成器

图 G.2 表示(1344,840)LDPC 码的行生成器，其中第(i+1)行对应第(i+1)个行生成器($0 \leqslant i < 12$)。

```
265  295  377  408  422  544  578  696  722  1176
122  201  244  279  307  337  450  464  885  1295
164  243  321  349  379  461  492  916  927  1015
120  262  363  391  421  503  548  720  765  958
8  185  280  304  355  576  712  762  1190  1229
24  50  204  278  322  447  618  804  1042  1108
66  283  320  364  388  439  660  899  1257  1313
134  289  325  406  430  531  838  1004  1137  1316
150  214  367  404  448  523  601  880  983  1073
40  90  264  409  615  643  786  862  1088  1276
277  306  354  415  532  607  657  685  828  1130
64  319  348  396  457  493  574  727  870  1172
```

图 G.2　(1344,840)LDPC 码校验矩阵的 12 个行生成器

图 G.3 表示(1344,1008)LDPC 码的行生成器,其中第(i+1)行对应第(i+1)个行生成器(0≤i<8)。

3 91 140 223 253 335 366 502 536 680 718 785 1089 1103 1253
34 165 237 265 295 377 408 422 544 594 899 989 1106 1295 1307
76 87 279 337 419 450 464 586 681 764 918 1004 1031 1066 1145
207 220 271 321 379 568 628 662 806 960 1053 1099 1148 1187 1302
238 262 313 363 391 503 534 548 720 765 822 848 953 1025 1173
80 236 280 304 355 405 433 463 576 590 652 890 928 1044 1232
36 159 171 241 278 322 346 397 447 475 505 632 754 849 1274
78 101 202 247 320 364 388 439 517 547 674 830 846 974 1192

图 G.3 (1344,1008)LDPC 码校验矩阵的 8 个行生成器

图 G.4 表示(1344,1176)LDPC 码的行生成器,其中第(i+1)行对应第(i+1)个行生成器(0≤i<4)。

55 85 167 198 212 274 334 368 384 429 486 512 550 617 666 689 752 779 874 885 940 973 1047 1064 1103 1149 1253 1265
20 69 97 127 209 240 254 316 376 410 426 471 528 554 592 659 708 731 794 821 873 927 982 1015 1089 1145 1191 1307
15 61 111 139 169 251 282 296 358 418 452 468 513 570 596 634 701 750 773 836 863 915 969 1131 1148 1187 1238 1260
11 52 103 153 181 211 293 324 338 400 460 494 510 555 612 638 676 743 792 815 905 957 1011 1066 1099 1190 1233 1302

图 G.4 (1344,1176)LDPC 码校验矩阵的 4 个行生成器

图 G.5 表示(2688,1344)LDPC 码的行生成器,其中第(i+1)行对应第(i+1)个行生成器(0≤i<12)。

417 582 1113 1518 2328 2388 2544
112 343 529 607 844 1405 1861
61 176 302 393 455 641 2054
259 414 505 753 918 1706 2166
248 371 526 943 1030 1257 1680
91 328 483 729 1292 1792 2390
440 595 841 1561 1613 1904 2502
265 434 552 707 1279 1547 2302
22 273 377 546 1127 1659 2645
134 283 489 808 931 1949 2077
256 497 770 888 920 1198 1351
278 368 1032 1155 1401 2173 2602

图 G.5 (2688,1344)LDPC 码校验矩阵的 12 个行生成器

图 G.6 表示(2688,1680)LDPC 码的行生成器,其中第($i+1$)行对应第($i+1$)个行生成器($0\leqslant i<9$)。

7 193 271 358 508 941 1069 1232 1830 2544
57 119 305 383 470 875 1482 1630 1710 1861
78 169 231 417 582 732 987 1456 1594 2427
35 190 281 343 529 607 1099 1405 1520 2085
24 147 302 393 641 806 1211 1680 2197 2278
104 136 259 414 1145 1323 1449 1744 2309 2646
98 216 248 371 526 943 1257 1904 2190 2502
41 210 328 360 729 1055 1142 1673 2382 2614
49 153 322 440 595 750 841 1404 1965 2080

图 G.6 (2688,1680)LDPC 码校验矩阵的 9 个行生成器

图 G.7 表示(2688,2016)LDPC 码的行生成器,其中第($i+1$)行对应第($i+1$)个行生成器($0\leqslant i<6$)。

62 293 374 514 679 865 943 1030 1180 1257 1435 1613 1904 2203 2388
26 626 729 791 977 1055 1142 1292 1369 1547 1725 1853 1968 2016 2500
138 598 750 841 903 1089 1167 1404 1659 1785 1837 1965 2080 2310 2552
112 398 707 862 953 1015 1201 1279 1366 1516 1593 1897 1949 2306 2664
61 176 224 362 510 590 696 819 974 1065 1127 1478 1628 1705 2197
288 474 776 808 931 1086 1177 1239 1503 1740 1817 2121 2158 2390 2646

图 G.7 (2688,2016)LDPC 码校验矩阵的 6 个行生成器

图 G.8 表示(2688,2240)LDPC 码的行生成器,其中第($i+1$)行对应第($i+1$)个行生成器($0\leqslant i<6$)。

7 193 271 358 508 585 763 889 941 1069 1184 1232 1370 1518 1598 1749 1830 1970 2086 2203 2544
57 119 305 383 470 620 697 875 1001 1053 1181 1296 1344 1482 1630 1861 1942 2198 2315 2440 2500
78 169 231 417 495 582 732 809 987 1113 1165 1293 1408 1456 1594 1742 1822 2054 2194 2310 2612
35 190 281 343 529 607 694 844 921 1099 1225 1277 1405 1520 1568 1706 1934 2085 2306 2422 2664

图 G.8 (2688,2240)LDPC 码校验矩阵的 4 个行生成器

图 G.9 表示(5376,2688)LDPC 码的行生成器,其中第($i+1$)行对应第($i+1$)个行生成器($0 \leqslant i < 24$)。

147	281	1109	1381	2089	4658	5232
98	607	826	1108	1813	2024	4398
1220	1333	1605	2406	3031	4661	4998
248	526	1445	1906	2238	2248	4854
880	968	1092	1162	1557	2149	3494
322	718	827	992	1080	1274	4317
434	1316	1668	3048	3214	3305	5109
377	765	815	1216	2354	3417	3743
1163	1610	1686	1892	2005	2466	3591
658	1039	1166	1275	2117	2808	3967
1101	1151	2501	2682	2985	4079	4571
796	1019	1213	2341	2613	3083	3865
502	706	908	1325	1776	2802	4795
37	818	991	1020	1487	2933	5213
614	930	1300	1835	3682	4764	5325
357	558	946	1244	2394	2676	4953
751	886	1356	1773	1823	2059	2949
100	764	1468	2336	3321	4168	4537
213	876	975	1378	1580	2730	3433
688	835	988	1692	2159	2560	2772
783	1199	1334	2760	3750	4081	4472
912	1311	1504	1916	2884	3952	4193
699	1024	1171	1999	2196	5097	5345
184	771	3221	3474	3816	4315	4840

图 G.9　(5376,2688)LDPC 码校验矩阵的 24 个行生成器

图 G.10 表示(5376,3360)LDPC 码的行生成器,其中第($i+1$)行对应第($i+1$)个行生成器($0 \leqslant i < 18$)。

60	773	981	1045	1226	1234	1576	1846	2969	4437
22	566	772	1093	2048	2289	3329	3984	4318	5344
315	408	532	678	1977	2070	2505	2792	3494	4742
432	520	714	790	996	1570	2936	3214	3305	3367
826	1221	1429	1493	1674	2024	2201	3016	4654	5222
382	491	744	868	938	1786	2313	4137	4189	4997
119	367	603	1126	1445	1470	2238	2747	3395	4301
479	715	968	1444	1557	1765	2350	3234	3830	4413
347	1080	1204	1877	1941	2130	2472	2832	4653	4816
459	653	703	830	939	1462	3662	3703	4585	4765
302	571	942	1216	1428	1918	3056	3195	3815	5040
431	628	877	1054	1163	1328	1686	2458	3307	5290
210	370	543	572	740	1039	1166	2389	2570	4973
153	386	655	907	1101	2682	2821	3998	4907	5085
498	796	1213	1263	1664	2613	3531	3625	4110	4527
438	879	908	1076	1864	2453	2661	3045	4222	5257
550	608	818	1020	1188	1243	2773	2837	3368	3526
8	527	662	720	834	930	1103	3130	3616	3745

图 G.10　(5376,3360)LDPC 码校验矩阵的 18 个行生成器

图 G.11 表示(5376,4032)LDPC 码的行生成器,其中第($i+1$)行对应第($i+1$)个行生成器($0 \leqslant i < 12$)。

0 181 342 661 686 869 933 1963 2919 3105 3183 3270 4398 4518 5076
64 308 378 660 773 1365 2177 2450 2568 2723 2878 3532 4144 4770 5344
296 490 566 772 885 1477 1678 1688 2562 2680 3721 4077 4256 4661 5240
320 532 602 884 997 1022 1450 1458 1589 1790 1800 3193 4011 4205 4854
267 432 644 714 790 1134 1317 1381 1562 1902 2089 3367 3868 4506 4966
379 544 632 826 902 1246 1674 1682 2014 2294 2729 2898 3016 3048 4846
382 491 656 744 868 1014 2126 2136 2313 2406 2496 3438 3942 4361 4730
60 157 317 367 494 768 856 1050 1126 1906 2608 3641 3889 4054 4990
235 429 479 606 715 1162 1238 1444 1557 1582 1765 3352 3507 3662 5102
292 347 541 827 1080 1204 1274 2742 2832 3464 3774 3927 4316 5214 5294
236 459 703 939 1806 2053 2234 2242 3083 3185 3576 3608 3886 4428 4697
319 348 516 571 765 815 1893 1918 2354 2686 2966 3297 3720 4089 4225

图 G.11 (5376,4032)LDPC 码校验矩阵的 12 个行生成器

图 G.12 表示(5376,4704)LDPC 码的行生成器,其中第($i+1$)行对应第($i+1$)个行生成器($0 \leqslant i < 6$)。

70 154 230 436 549 574 757 821 1002 1010 1141 1342 1352 1953 2226 2499 2745 2807 2993 3071 3308 3563 3869 4398 4549 4770 4891 5232
196 266 342 548 661 686 869 1122 1253 1464 1824 1963 2065 2338 2456 2611 2766 2857 3105 3183 3675 3801 3981 4096 4430 4510 4661 5003
184 308 378 454 660 773 798 981 1226 1753 1846 1936 2075 2450 2568 2878 2969 3217 3295 3382 3532 3609 3787 4093 4208 4542 4773 4882
208 296 420 490 566 772 885 910 1093 1157 1346 1477 1678 1688 1865 2187 2680 2990 3081 3494 4077 4320 4368 4654 4734 4994 5110 5352
30 155 320 408 532 602 678 884 1022 1269 1450 1458 1589 2160 2299 2792 3193 3255 3441 3756 3833 4011 4189 4317 4618 4885 4966 5106
62 158 267 432 520 644 714 790 996 1109 1317 1381 1570 1701 2089 2272 2411 2513 2617 3367 3631 3868 3945 4249 4301 5078 5218 5334

图 G.12 (5376,4704)LDPC 码校验矩阵的 6 个行生成器

参 考 文 献

[1] 关于调整 2.4 GHz 频段发射功率限值及有关问题的通知 信部无[2002]353 号
[2] 关于使用 5.8 GHz 频段频率事宜的通知 信部无[2002]277 号

ICS 35.080
L 77

GB

中华人民共和国国家标准

GB/T 36455—2018

软件构件模型

Software component model

2018-06-07 发布　　2019-01-01 实施

国家市场监督管理总局
中国国家标准化管理委员会　发布

前　言

本标准按照 GB/T 1.1—2009 给出的规则起草。

请注意本文件的某些内容可能涉及专利。本文件的发布机构不承担识别这些专利的责任。

本标准由全国信息技术标准化技术委员会(SAC/TC 28)提出并归口。

本标准起草单位:北京大学、中国电子技术标准化研究院、智慧神州(北京)科技有限公司。

本标准主要起草人:梅宏、黄罡、孙艳春、李杨、丛培勇。

软件构件模型

1 范围

本标准规定了支持系统化软件复用的软件构件概念模型。

本标准适用于软件构件的建模、设计、开发、应用和管理，适用于从事软件构件制作、软件构件管理以及基于构件复用的软件开发的各类软件组织，可指导其他软件构件标准的制定与应用。

2 规范性引用文件

下列文件对于本文件的应用是必不可少的。凡是注日期的引用文件，仅注日期的版本适用于本文件。凡是不注日期的引用文件，其最新版本(包括所有的修改单)适用于本文件。

GB/T 11457—2006 信息技术 软件工程术语

SJ/T 11290—2003 面向对象软件系统建模规范 第1部分：概念与表示法

3 术语和定义

GB/T 11457—2006界定的以及下列术语和定义适用于本文件。

3.1

构件 component

软件系统中具有相对独立功能、可以明确辨识、接口由契约指定、和语境有明显依赖关系、可独立部署的可组装软件实体。

3.2

构件模型 component model

对构件的抽象，是对构件基本特性及与其他构件的关系的抽象描述。

4 描述方式

4.1 表示法

本标准采用UML(Uniform Modeling Language，统一建模语言)定义的表示法，详见SJ/T 11290—2003。

4.2 基本类型

本标准使用了如下的基本类型：

a) 布尔型(Boolean)；

b) 字符串型 (String)；

c) 文本型(Text)。

5 构件模型

5.1 模型架构

构件概念模型由 9 种元素组成，见图 1（模型元素的中英文对照参见附录 A）。

构件中包括了接口、约束、实现以及内部结构。

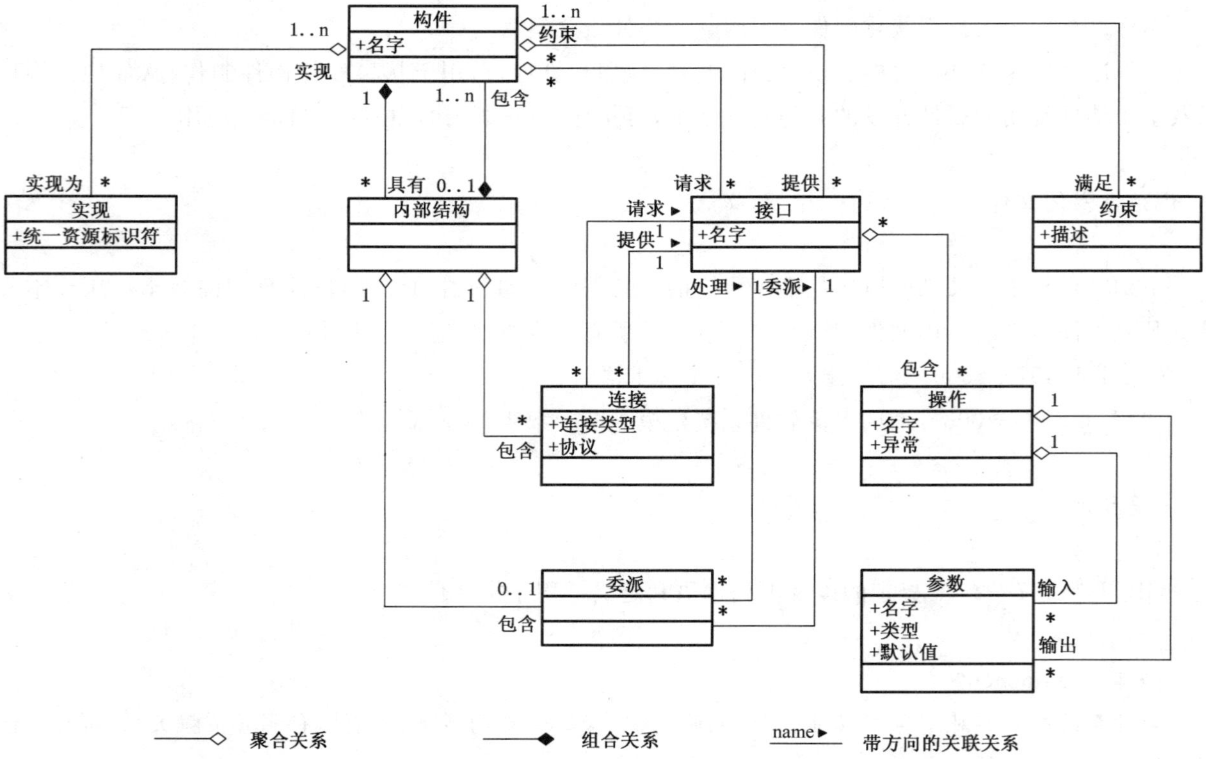

图 1 构件概念模型

5.2 模型定义

5.2.1 概述

下面的内容是对模型中元素的具体说明。对元素进行说明的表格中，属性、数据类型等请参照 SJ/T 11290—2003。元素之间可以存在关联，关联具有源元素和目标元素。

5.2.2 构件

5.2.2.1 对象

构件的对象定义见表 1。

表 1 构件对象定义

名称	构件(Component)
描述信息	构件是软件系统中具有相对独立功能、可以明确辨识、接口由契约指定、和语境有明显依赖关系、可独立部署的可组装软件实体

表 1（续）

名称	构件(Component)
使用说明	每个构件包括 1 到 N 个接口，构件与接口之间具有提供关系或请求关系，一个构件至少与一个接口有提供关系，以确保该构件具有相对独立的功能

5.2.2.2 属性

构件的属性说明见表 2。

表 2 名字

名称	名字(Name)
描述信息	对构件功能的抽象描述。这类名词术语应尽可能采用公认或直观的词汇，以便于理解和交流
单值/多值	单
数据类型	字符串
必选/可选	必选
限制	无

5.2.2.3 关联

构件的关联关系说明见表 3～表 7。

表 3 请求

名称	请求(Requires)
描述信息	表示构件向其他构件请求服务时要遵循的接口
目标端	接口
最小映射目标数目	0
最大映射目标数目	N

表 4 提供

名称	提供(Provides)
描述信息	表示某个接口被构件实现，即构件给其他构件提供的服务
目标端	接口
最小映射目标数目	0
最大映射目标数目	N

表5 满足

名称	满足(Satisfies)
描述信息	表示某个约束是构件应满足的
目标端	约束
最小映射目标数目	0
最大映射目标数目	N

表6 具有-目标端实现

名称	具有(Has)
描述信息	表示某个实现是这个构件的实现体
目标端	实现
最小映射目标数目	0
最大映射目标数目	N

表7 实现为

名称	实现为(ImplementedBy)
描述信息	表示该构件所具有的内部结构
目标端	内部结构
最小映射目标数目	0
最大映射目标数目	N

5.2.3 接口

5.2.3.1 对象

接口的对象定义见表8。

表8 接口对象定义

名称	接口(Interface)
描述信息	接口是构件外部可见行为的描述
使用说明	接口是一组操作的集合

5.2.3.2 属性

接口的属性说明见表9。

表 9 名字

名称	名字(Name)
描述信息	对构件功能的抽象描述
单值/多值	单
数据类型	字符串
必选/可选	必选
限制	无

5.2.3.3 关联

接口的关联关系说明见表 10。

表 10 具有-目标端操作

名称	包含(Has)
描述信息	表示某个操作属于该接口提供的功能
目标端	操作
最小映射目标数目	0
最大映射目标数目	N

5.2.4 操作

5.2.4.1 对象

操作的对象定义见表 11。

表 11 操作对象定义

名称	操作(Operation)
描述信息	操作描述构件的一个服务,是对一个构件行为的抽象
使用说明	操作包含 0 到 N 个输入或输出参数以及 0 到 N 个异常

5.2.4.2 属性

操作的属性说明见表 12、表 13。

表 12 名字

名称	名字(Name)
描述信息	对构件功能的抽象描述。这类名词术语应尽可能采用公认或直观的词汇,以便于理解和交流
单值/多值	单
数据类型	字符串
必选/可选	必选
限制	无

表 13 异常

名称	异常(Exception)
描述信息	对操作中可能出现的异常状况的描述
单值/多值	多
数据类型	字符串
必选/可选	可选
限制	无

5.2.4.3 关联

操作的关联关系说明见表 14、表 15。

表 14 输入

名称	输入(Inputs)
描述信息	表示某个参数是操作的输入
目标端	参数
最小映射目标数目	0
最大映射目标数目	N

表 15 输出

名称	输出(Outputs)
描述信息	表示某个参数是操作的输出
目标端	参数
最小映射目标数目	0
最大映射目标数目	N

5.2.5 参数

5.2.5.1 对象

参数的对象定义见表 16。

表 16 参数对象定义

名称	参数(Parameter)
描述信息	对数据的抽象描述
使用说明	描述操作的输入输出

5.2.5.2 属性

参数的属性说明见表 17～表 19。

表 17 名字

名称	名字(Name)
描述信息	对参数所代表的数据的抽象描述
单值/多值	单
数据类型	字符串
必选/可选	可选
限制	无

表 18 类型

名称	类型(Type)
描述信息	参数的数据类型
单值/多值	单
数据类型	字符串
必选/可选	必选
限制	无

表 19 默认值

名称	默认值(Default)
描述信息	参数的默认的取值
单值/多值	单
数据类型	与参数的类型一致
必选/可选	可选
限制	无

5.2.6 约束

5.2.6.1 对象

约束的对象定义见表 20。

表 20 约束对象定义

名称	约束(Constraint)
描述信息	约束是构件及其内部元素应满足的条件和限制
使用说明	一个约束可以同时作用于多个构件，一个构件也可同时满足多个约束

5.2.6.2 属性

约束的属性说明见表 21。

表 21 描述

名称	描述(Description)
描述信息	规定约束的内容,可以采用任何恰当的描述方式,如自然语言或形式化语言
单值/多值	单
数据类型	文本
必选/可选	必选
限制	无

5.2.6.3 关联

约束的关联关系见表 22。

表 22 约束

名称	约束(Constrains)
描述信息	表示被约束的构件
目标端	构件
最小映射目标数目	1
最大映射目标数目	N

5.2.7 实现

5.2.7.1 对象

实现的对象定义见表 23。

表 23 实现对象定义

名称	实现(Implementation)
描述信息	指定一个构件的实现体
使用说明	只有对没有内部结构的构件,才能指定其实现。一个实现可以同时实现多个构件,一个构件也可以有多个实现。实现之间没有依赖关系,它们仅通过相应的构件接口间的连接进行交互

5.2.7.2 属性

实现的属性说明见表 24。

表 24　统一资源标识符

名称	统一资源标识符(Uniform Resource Identifier, URI)
描述信息	实现体唯一的资源标识
单值/多值	单
数据类型	文本
必选/可选	必选
限制	无

5.2.7.3　关联

实现的关联关系见表 25。

表 25　实现

名称	实现(Implements)
描述信息	指定该实现体对应的构件
目标端	构件
最小映射目标数目	1
最大映射目标数目	N

5.2.8　内部结构

5.2.8.1　对象

内部结构的对象定义见表 26。

表 26　内部结构

名称	内部结构(InnerStructure)
描述信息	内部结构由一个或 N 个构件以及 0 到 N 个连接组成
使用说明	对于构件的每个接口,其内部结构中必定存在一个构件的接口与其对应。一个构件可以有 0 个、1 个或多个内部结构

5.2.8.2　关联

内部结构的关联关系见表 27～表 29。

表 27　具有-目标端构件

名称	具有(Has)
描述信息	表明某个构件是这个内部结构的组成部分
目标端	构件
最小映射目标数目	1
最大映射目标数目	N

表 28　具有-目标端连接

名称	具有(Has)
描述信息	表明某个连接是这个内部结构中两个构件之间的关联
目标端	连接
最小映射目标数目	0
最大映射目标数目	N

表 29　具有-目标端委派

名称	具有(Has)
描述信息	表明构件的某个接口将其功能委派给其内部构件的1个或多个接口
目标端	委派
最小映射目标数目	1
最大映射目标数目	N

5.2.9　连接

5.2.9.1　对象

连接的对象定义见表30。

表 30　连接对象定义

名称	连接(Connection)
描述信息	连接表示了构件之间的组装关系
使用说明	一个连接将一个构件的提供接口和另一个构件的请求接口组装起来。接口之间的语义匹配由连接类型指定,传输协议由协议指定。两个接口之间可以同时通过多种协议连接

5.2.9.2　属性

连接的属性说明见表31、表32。

表 31　连接类型

名称	连接类型(ConnectionType)
描述信息	描述构件之间组装的规则
单值/多值	单
数据类型	字符串
必选/可选	可选
限制	无

表 32　协议

名称	协议(Protocol)
描述信息	描述构件之间交互的协议
单值/多值	多
数据类型	字符串
必选/可选	可选
限制	无

5.2.9.3　关联

连接的关联关系说明见表 33、表 34。

表 33　请求

名称	请求(Requires)
描述信息	指向提供服务的提供接口
目标端	接口
最小映射目标数目	1
最大映射目标数目	1

表 34　提供

名称	提供(Provides)
描述信息	指向需要服务的请求接口
目标端	接口
最小映射目标数目	1
最大映射目标数目	1

5.2.10　委派

5.2.10.1　对象

委派的对象定义见表 35。

表 35　委派对象定义

名称	委派(Delegation)
描述信息	表明一个接口委派另一个接口处理相应的操作
使用说明	两个接口应同为提供或请求类型

5.2.10.2　关联

委派的关联关系说明见表 36、表 37。

表 36 委派

名称	委派(Delegates)
描述信息	表明该接口将自身的操作处理委派给其他接口
目标端	接口
最小映射目标数目	1
最大映射目标数目	1

表 37 处理

名称	处理(Handles)
描述信息	表明该接口受其他接口的委派处理相应的操作
目标端	接口
最小映射目标数目	1
最大映射目标数目	1

附 录 A
（资料性附录）
模型元素中英文对照表

模型元素中英文对照表请参见表 A.1。

表 A.1 模型元素中英文对照表

中文	英文
构件	Component
接口	Interface
操作	Operation
参数	Parameter
约束	Constraint
实现体	Implementation
内部结构	InnerStructure
连接	Connection
委派	Delegation

ICS 35.240.50
L 67

中华人民共和国国家标准

GB/T 36456.1—2018

面向工程领域的共享信息模型 第1部分：领域信息模型框架

Engineering domain oriented shared information model—Part 1: Domain information model framework

2018-06-07 发布　　2019-01-01 实施

国家市场监督管理总局
中国国家标准化管理委员会　发布

前 言

GB/T 36456《面向工程领域的共享信息模型》分为三个部分：

——第1部分：领域信息模型框架；

——第2部分：领域信息服务接口；

——第3部分：测试方法。

本部分为GB/T 36456的第1部分。

本部分按照GB/T 1.1—2009给出的规则起草。

请注意本文件的某些内容可能涉及专利。本文件的发布机构不承担识别这些专利的责任。

本部分由全国信息技术标准化技术委员会(SAC/TC 28)提出并归口。

本部分起草单位：清华大学、中国电子技术标准化研究院、中车信息技术有限公司。

本部分主要起草人：孙家广、顾明、刘玉身、张荷花、高歌、余云涛、杨磊、李博。

面向工程领域的共享信息模型 第1部分:领域信息模型框架

1 范围

GB/T 36456的本部分规定了面向工程领域的共享信息模型的框架,规范了信息模型的建模方法、类与属性。

本部分适用于支持开发和实现特定工程领域的特定信息模型,也适用于支持开发相关应用软件。

2 规范性引用文件

下列文件对于本文件的应用是必不可少的。凡是注日期的引用文件,仅注日期的版本适用于本文件。凡是不注日期的引用文件,其最新版本(包括所有的修改单)适用于本文件。

GB/T 2659 世界各国和地区名称代码

W3C JSON-LD 1.0 用于互联数据的JSON(W3C JSON-LD 1.0 JSON for linking data)

W3C RDF 1.1 N-Triples 基于行的RDF图语法(W3C RDF 1.1 N-Triples A line-based syntax for an RDF graph)

W3C RDF 1.1 Turtle 简洁RDF三元组语言(W3C RDF 1.1 Turtle Terse RDF triple language)

W3C RDF 1.1 XML 语法(W3C RDF 1.1 XML Syntax)

3 术语和定义

下列术语和定义适用于本文件。

3.1

信息模型 information model

反映现实世界特定领域对象的形式、特性、关系的模式化数据。

3.2

共享信息模型 shared information model

通过特定的信息定位与访问方式(如网络、链接、标识符)实现多方信息共用与集成的信息模型,多个参与方可引用同一存储源的模型。

3.3

工程领域 engineering domain

以实体产品建造或制造为主要目标,包括设计、施工、运营、维护生命周期的行业的集合。

3.4

面向工程领域的共享信息模型 engineering domain-oriented sharable information model

在工程领域多个生命周期、多个参与方、多种软件系统间共享的信息模型,在本部分中也简称工程领域共享信息模型。

3.5

领域信息模型框架 domain information model framework

描述工程领域共享信息模型通用的表示、构造、要求的模板。

注:在具体工程领域中,可以通过领域信息模型框架扩展与实例化共享信息模型。

3.6

组件　object

组成共享信息模型的、在工程领域具有共性意义的事物。

注：这些事物可以是物理存在的物件，也可是抽象的事物如人、活动等。

3.7

特性　attribute

组件某一方面特征的定性或定量的信息。

注：特性如长度、高度、体积、防火性能等。

3.8

关系　relationship

事物之间的互相作用的信息。

注：关系如包含、分解、连接等。

3.9

表现　representation

组件外观与形态的描述性信息。

注：表现如形状、材质、位置等。通常组件可以根据不同的应用目的使用多种不同的表现形式，如三角面片、点云等。

3.10

引用　reference

组件在共享信息模型之外的描述、定义或说明性信息。

注：引用如分类编码、文档、信息共享需求等。

3.11

语义网　semantic web

使用形式化方式描述事物的概念、属性、以及事物之间关系的网络。

4　缩略语

下列缩略语适用于本文件。

OWL：网络本体语言（Web Ontology Language）

RDF：资源描述框架（Resource Description Framework）

RDFS：资源描述框架模式（Resource Description Framework Schema）

URI：统一资源标识符（Uniform Resource Identifier）

URL：统一资源定位符（Uniform Resource Locator）

URN：统一资源名称（Uniform Resource Name）

5　共享信息模型建模方法

5.1　共享信息模型

5.1.1　原则

面向工程领域的共享信息模型，应按照以下原则建立：

各个工程领域的共享信息模型应采用语义网表示方式，实现单一数据源存储、多重访问的共享方式；从而减少信息模型中数据的不一致性、增强信息模型的可验证性与可信性。

5.1.2　建模语言

面向工程领域的共享信息模型，应采用以下建模语言建立：

a) RDF:表达共享信息模型的数据实例;

b) RDFS:表达共享信息模型类、属性、继承关系;

c) OWL:基于一阶逻辑的建模语言,具有较完整的类描述限定机制。

5.1.3 共享信息模型概念

面向工程领域的共享信息模型的概念是工程领域中客观存在、对工程具有意义的事物的抽象。共享信息模型的概念,应采用 OWL 类(owl:Class)表达。

示例:

```
:Bridge
    rdf:type owl:Class;
    rdfs:subClassOf eim:SpatialStructure.
```

5.1.4 共享信息模型实例

共享信息模型的实例是类在客观存在的外延。共享信息模型中组件、表现、引用的实例,通过 OWL 个体(owl:NamedIndividual)表达。

示例:

在类层面:

```
:Bridge
  rdf:type owl:Class.
```

在个体层面:

```
:Bridge_1
   rdf:type :Bridge.
```

5.1.5 共享信息模型属性

共享信息模型的属性,包括定性属性如颜色、定量属性如长度等,宜采用 OWL 数据类型属性(owl:DataTypeProperty)表达。

示例:

在类层面:

```
:Bridge rdf:type owl:Class.
:height rdf:type owl:DatatypeProperty.
```

在个体层面:

```
:Bridge_1
   rdf:type :Bridge;
   :height"10.0" ^^ xsd:double.
```

在需要表示关于属性较多的元数据时,宜采用特性类(eim:Attribute)进行表达。

5.1.6 共享信息模型关系

共享信息模型中,组件间的关系宜采用 OWL 对象属性(owl:ObjectProperty)进行表达。

示例:

在类层面:

```
:Bridge rdf:type owl:Class.
:Road rdf:type owl:Class.
:height rdf:type owl:DatatypeProperty.
:connectRoad rdf:type owl:ObjectProperty.
```

在个体层面：

```
:Road_1
    rdf:type :Road.
:Bridge_1
    rdf:type :Bridge;
    :height"10.0" ^^ xsd:double;
    :connectRoad :Road_1.
```

在需要表示关于关系较多的元数据时，宜采用关系类(eim:Relationship)进行表达。

5.1.7 共享信息模型约束

约束是指共享信息模型中针对属性在类中应用的要求与限定，通过 OWL 属性限定类(owl:Restriction)来表达。共享信息模型的属性可以具有值约束与基数限定。值约束采用 owl:allValuesFrom，owl:someValuesFrom，owl:hasValue 表达；基数限定可采用 owl:maxCardinality，owl:minCardinality，owl:Cardinality 表达。

示例：

```
:StandardTrack rdf:type owl:Class;
 rdfs:subClassOf   eim:Component;
 rdfs:subClassOf   [a owl:Restriction;
                         owl:hasValue 1435;
                         owl:onProperty :gauge
                    ].
```

5.1.8 继承

通过共享信息模型中的继承机制，各个工程领域如在本部分基础上定义其特有的类与属性。

其中，类应通过 rdfs:subClassOf(类的继承)表达，类或 rdfs:subPropertOf(属性的继承)表示。

示例：

```
:Tunnel
    rdf:type owl:Class;
    rdfs:subClassOf eim:SpatialStructure.
```

5.1.9 命名规则

共享信息模型中的类与属性的命名，需遵守如下规则：

a) 共享信息模型的类、属性需至少具有一项英文名与一项中文名称。其英文名称应以大写字符起始的驼峰命名法表示(如 eim:SpatialStructure)，属性应以小写字符起始的驼峰命名法表示(如:eim:hasStartTime)。

b) 共享信息模型的同一个类、属性可具有多个语言标签，采用 RDFS 标签(rdfs:label)表达，也可以具有同一个语言的多个标签。

示例：

```
:Tunnel
    rdf:type owl:Class;
    rdfs:subClassOf eim:SpatialStructure;
    rdfs:label "Tunnel"@en,"隧道"@zh;
    eim:hasName "Tunnel"@en.
```

5.1.10 共享信息模型的连接

共享信息模型通过连接实现工程领域间的信息互操作。共享信息模型的连接，应通过等价类

(owl:equivalentClass)、子类(rdfs:subClassOf)、等价属性(owl:equivalentProperty)、子属性(rdfs:subClassOf)、等价个体(owl:sameAs)以及类型(rdf:type)关系表达。

示例:

crbim:road

owl:equivalentClass cccc:roadWay.

5.1.11 格式

面向工程领域的共享信息模型,在数据语法层面上,可使用以下文件中定义的格式表示:

W3C JSON-LD 1.0、W3C RDF 1.1 N-Triples、W3C RDF 1.1 Turtle 以及 W3C RDF 1.1 XML。

5.2 共享信息模型结构

面向工程领域的共享信息模型,分为通用工程共享信息模型与特定工程领域共享信息模型两个层次。

第 6 章定义了通用工程共享信息模型的类与属性,其作用范围不限定于特定的工程领域。

建立特定工程领域的共享信息模型,应复用本部分中通用工程共享信息模型的数据类型、类与属性,并可在其基础上进行进一步的继承、扩展与限定。

共享信息模型的类,按照图 1 中的层次化结构结构组织,其中类之间存在继承关系。相关类、属性以及约束,对应工程领域相关事物的意义,具体见第 6 章。

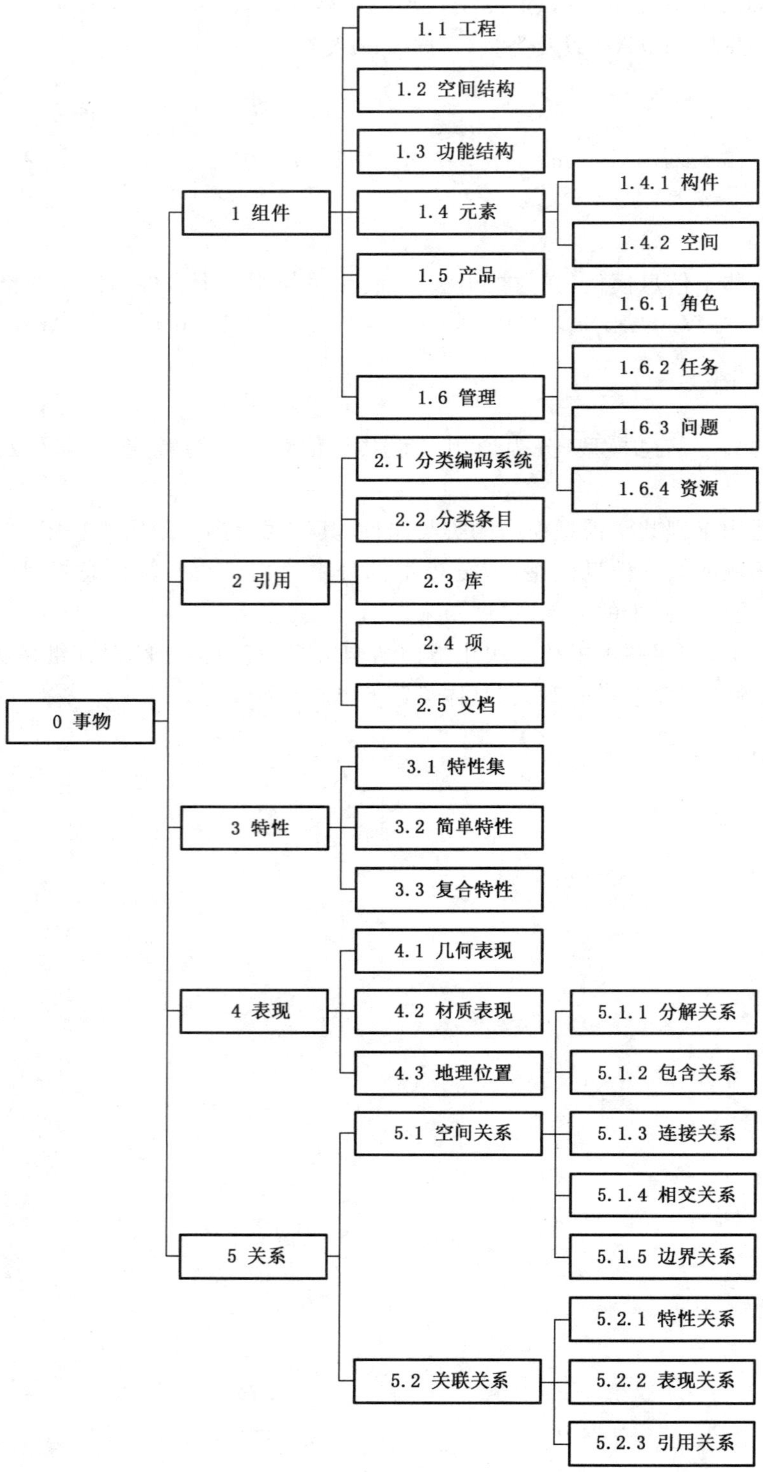

图 1 面向工程领域的共享信息模型结构图

按此层次概念,本部分规定的面向工程领域的共享信息模型的总体结构见表 1。

表 1 面向工程领域的共享信息模型结构

编号[a]	类名[b]	选择性[c]	备注[d]
eim.0	事物(owl:Thing)	可选	本部分中所有的通用类、以及基于本部分制定与扩展的类，均继承自此类
eim.1	组件(eim:Object)	可选	
eim.1.1	工程(eim:Engineering)	必选	每个信息模型有且只有一项工程(eim:Engineering)组件
eim.1.2	空间结构(eim:SpatialStructure)	条件必选	当存在元素时，应存在空间结构或功能结构之一
eim.1.3	功能结构(eim:FunctionalStructure)	条件必选	当存在元素时，应存在空间结构或功能结构之一
eim.1.4	元素(eim:Element)	可选	
eim.1.4.1	构件(eim:Component)	可选	如在具体业务中没有进一步要求，则为可选的，以下所有"可选"的组件同此说明
eim.1.4.2	空间(eim:Space)	可选	
eim.1.5	产品(eim:Product)	可选	
eim.1.6	管理(eim:Management)	可选	
eim.1.6.1	角色(eim:Actor)	可选	
eim.1.6.2	任务(eim:Task)	可选	
eim.1.6.3	问题(eim:Issue)	可选	
eim.1.6.4	资源(eim:Resource)	可选	
eim.2	引用(eim:Reference)	可选	
eim.2.1	分类编码系统(eim:Classification)	可选	
eim.2.2	分类条目(eim:Entry)	可选	
eim.2.3	库(eim:Library)	可选	
eim.2.4	项(eim:Item)	可选	
eim.2.5	文档(eim:Document)	可选	
eim.3	特性(eim:Attribute)	可选	
eim.3.1	特性集(eim:AttributeSet)	可选	
eim.3.2	简单特性(eim:SimpleAttribute)	可选	
eim.3.3	复合特性(eim:ComplexAttribute)	可选	
eim.4	表现(eim:Representation)	可选	
eim.4.1	几何表现(eim:Geometry)	可选	
eim.4.2	材质表现(eim:Material)	可选	
eim.4.3	地理位置(eim:GeoPosition)	可选	
eim.5	关系(eim:RelationShip)	可选	
eim.5.1	空间关系(eim:SpatialRelationship)	可选	
eim.5.1.1	分解关系(eim:Decomposes)	条件必选	当存在空间结构或功能结构时，应存在分解关系。也可以用对象属性表示为 eim:decomposes
eim.5.1.2	包含关系(eim:Contains)	条件必选	当同时存在空间结构与构件时，应存在包含关系。也可以用 OWL 对象属性表示为 eim:contains
eim.5.1.3	连接关系(eim:Connects)	可选	也可以用 OWL 对象属性表示为 eim:connects
eim.5.1.4	相交关系(eim:Intersects)	可选	也可以用 OWL 对象属性表示为 eim:intersects

表 1（续）

编号[a]	类名[b]	选择性[c]	备注[d]
eim.5.1.5	边界关系(eim:Boundary)	可选	也可以用 OWL 对象属性表示为 eim:boundary
eim.5.2	关联关系(eim:HasAssociation)	可选	也可以用对象属性表示为 eim:hasAssociation
eim.5.2.1	特性关系(eim:HasAttribute)	条件必选	当存在“特性”个体时，应存在特性关系； 也可以用对象属性表示为 eim:hasAttribute
eim.5.2.2	表现关系(eim:HasRepresentation)	条件必选	当存在“表现”个体时，应存在表现关系； 也可以用对象属性表示为 eim:hasRepresentation
eim.5.2.3	引用关系(eim:HasReference)	条件必选	当存在“引用”个体时，应存在引用关系； 也可以用对象属性表示为 eim:hasReference

[a] “编号”为所标识的类的标识符，使用“eim.n.m.p.q”的形式，其中“eim”是前缀，“n.m.p.q”中的 n、m、p、q 是反映相应类所属层次的阿拉伯数字。如其中 eim.0 标识“事物(owl:Thing)”类。

[b] “类名”为各行所代表相应类的中文名与英文名；名称形式见后面的类描述约定。

[c] “选择性”为建立特定工程领域信息模型是否应具备的类。该栏给出相应类的以下可能选择之一：必选、条件必选(在一定条件下的必选)、可选(由共享信息模型开发和实现者自行确定是否选择该类)。

[d] “备注”为其他的补充性说明，如在“条件必选”情况下，此处简要说明相应的条件。

5.3 描述方法

5.3.1 类描述约定

面向工程领域的共享信息模型中的类，应以 URI 作为规范名称描述类。

在为类的 URI 定义了命名空间前缀的情况下，应使用如下方式作为规范名称描述类：

命名空间前缀:英文名 或 命名空间前缀:中文名

示例：

“事物”是本部分定义的通用工程共享信息模型中的一个类，可使用：

http://www.w3.org/2002/07/owl#Thing

或：

owl:Thing

来描述“事物”。

具体工程领域中，共享信息模型中的类可以根据本部分所规定的建模方法，在通用类的基础上，采用复用、继承、等价的方式进行领域类的定义与描述。

5.3.2 属性描述约定

面向工程领域的共享信息模型中的属性，可以 URI 作为规范名称描述属性。

在为属性的 URI 定义了命名空间前缀的情况下，应使用如下方式作为规范名称描述属性：

命名空间前缀:英文名 或 命名空间前缀:中文名

根据通用工程共享信息模型的类，以列表形式给出各个类适用的数据类型属性，以及该类对相关属性的限制与约束，列表的形式如表 2 所示。

a) 以该类的规范名称为属性列表的标题；

b) 标题下为该类所有各个属性与约束的列表。

具体工程领域中，共享信息模型中的属性可以根据本部分所规定的建模方法，在通用属性的基础上，采用复用、继承、等价的方式进行进一步定义。

表 2 属性描述约定举例

序号[a]	属性[b]	属性名称[c]	属性类型[d]	基数[e]	说明[f]
1	eim:hasID	标识符	xsd:anyURI	[1,1]	事物实例的标识符,其取值在单一信息模型中唯一
2	eim:hasName	名称	xsd:string	[0,1]	事物实例的名称
..	..	..	..	..	..
..	..	..	..	..	..

[a] “序号”为该属性的编号,每个表均从1开始,按自然数递增编排序号。

[b] “属性”为该序号属性的英文代号。

[c] “属性名称”为该序号属性的中文代号。

[d] “属性类型”用以表示该属性取值的数据类型。

[e] “基数”表示一个属性在该类中能够取属性值的数量限制。以符号[1,1]或[1,*]或[0,1]或[0,*]表示。其中[1,1]含义是有一个且只能有一个;它表示该属性是必选属性;[1,*]含义是至少有一个,可以有多个该属性的实例;它表示该属性是可以多选的必选属性;[0,1]含义是可以有一个,也可以没有;它表示该属性是可选属性;[0,*]含义是可以有多个,也可以没有;它表示该属性是具有多个实例的可选属性。

[f] “说明”给出对该属性的进一步简要说明。

5.3.3 基本数据类型

通用工程信息模型中,使用以下基本数据类型:

a) xsd:boolean:布尔型,其取值可能是:
   ——true:表示真,或肯定;
   ——false:表示假,或否定(默认值);
b) xsd:string:字符串型,长度不限,默认值为空;
c) xsd:integer:整数型,默认值为0;
d) xsd:double:双精度浮点型,默认值为0;
e) xsd:dateTime:日期时间型,格式为YYYY-MM-DDTHH:MM:SS,默认值为“1900-12-31T23:59:59”;
f) xsd:anyURI:统一资源标识符型(URI),代表一个统一资源标识符的引用,包括统一资源名称(URN)和统一资源定位符(URL)。

6 通用类与属性

6.1 事物(owl:Thing)

事物(owl:Thing)类是面向工程领域的共享信息模型的最高抽象层概念,是工程领域所有事物的总抽象。

面向工程领域的共享信息模型中所有的类都是工程领域事物的抽象。事物类在继承关系上是共享信息模型其他所有类的共同超类。其他所有类是事物类的子类,这些子类是工程领域中某类特定事物的抽象。

事物(owl:Thing)类的属性及约束见表3。

表 3 事物(owl:Thing)属性

序号	属性	属性名称	属性类型	基数	说明
1	eim:hasID	标识符	xsd:anyURI	[1,1]	事物的标识符,其取值全局唯一
2	eim:hasName	名称	xsd:string	[0,1]	事物的名称
3	eim:hasDescription	描述	xsd:string	[0,1]	事物的描述
4	eim:hasType	类型	xsd:string	[0,1]	工程项目中事物的类型,通常引用外部语义资源的标识

6.2 组件(eim:Object)

组件(eim:Object)类是事物(owl:Thing)的子类,表示的是工程中的可表现事物的信息。可表现事物包括物理存在的事物如建筑工程领域的墙体、工程结构如铁路工程领域的隧道段,以及工程中的任务、资源、角色等管理性事物。

组件类可表达任意工程领域的可表现事物,这些事物通过特性、几何、位置等表现性信息赋予其特定的形式或性质,从而共享工程领域对象的信息。

组件(eim:Object)类的属性及约束见表 4。

表 4 组件(eim:Object)属性

序号	属性	属性名称	属性类型	基数	说明
1	eim:hasID	标识符	xsd:anyURI	[1,1]	组件的标识符,其取值全局唯一
2	eim:hasName	名称	xsd:string	[0,1]	组件的名称
3	eim:hasDescription	描述	xsd:string	[0,1]	组件的描述
4	eim:hasType	类型	xsd:string	[0,1]	工程项目中组件的类型,通常引用外部语义资源的标识
5	eim:hasAlias	别名	xsd:string	[0,*]	描述组件的其他名称
6	eim:hasPhase	阶段	xsd:string	[0,1]	当前的组件的生命周期阶段

6.3 工程(eim:Engineering)

工程(eim:Engineering)类表达工程项目在其设计、建造、运营维护等全生命周期中的主体对象的信息。

工程是面向工程领域的共享信息模型框架的基础组成部分,是工程整体信息的抽象。工程可以分解为或包含其他类型的组件。

在工程中可以定义信息模型的环境,如工程中使用的缺省单位、几何表现的方法、地理位置表示方法等,用以规范化信息模型所承载的信息。

工程(eim:Engineering)类的属性见表 5。

表 5 工程(eim:Engineering)属性

序号	属性	属性名称	属性类型	基数	说明
1	eim:hasID	标识符	xsd:anyURI	[1,1]	工程的标识符,其取值全局唯一
2	eim:hasName	名称	xsd:string	[0,1]	工程的名称

表 5（续）

序号	属性	属性名称	属性类型	基数	说明
3	eim:hasDescription	描述	xsd:string	[0,1]	工程的描述
4	eim:hasType	类型	xsd:string	[0,1]	工程的类型，通常引用外部语义资源的标识
5	eim:hasAlias	别名	xsd:string	[0,*]	该类描述的工程的其他名称
6	eim:hasPhase	阶段	xsd:string	[0,1]	当前的工程项目生命周期阶段
7	eim:hasContext	环境	xsd:string	[0,*]	描述工程时，整体上使用的各种默认方法、参数和配置，如度量单位、形状表示方法、地理位置表示方法等

6.4 空间结构（eim:SpatialStructure）

空间结构（eim:SpatialStructure）类表达用于表现工程在空间上的各分解的结构信息，空间上的分解通常根据空间的近邻性、独立性进行。

空间结构概念宜被用来表达面向工程领域的共享信息模型的主要组织结构。为了工程项目的需要，一个工程的空间结构可以是多层嵌套的。空间结构可以定义为一对多的分解关系，用以支持建立空间结构层次化的表达。

空间结构（eim:SpatialStructure）类的属性见表 6。

表 6 空间结构（eim:SpatialStructure）属性

序号	属性	属性名称	属性类型	基数	说明
1	eim:hasID	标识符	xsd:anyURI	[1,1]	空间结构的标识符，其取值全局唯一
2	eim:hasName	名称	xsd:string	[0,1]	空间结构的名称
3	eim:hasDescription	描述	xsd:string	[0,1]	空间结构的描述
4	eim:hasType	类型	xsd:string	[0,1]	工程项目中空间结构的类型，通常引用外部语义资源的标识
5	eim:hasAlias	别名	xsd:string	[0,*]	该类描述的空间结构的其他名称
6	eim:hasPhase	阶段	xsd:string	[0,1]	当前的工程项目生命周期阶段

6.5 功能结构（eim:FunctionalStructure）

功能结构（eim:FunctionalStructure）类表达分布在同一个工程内，在功能、目的上具有共性的组件的结构信息。

在概念上，功能结构表达工程中组件功能、目的性的集合，而与组件的空间关系或者几何形态、材料以及组件所处的位置也无关。

在工程中，所有功能结构中的组件具可以按照其目的或实现的功能层次化地组织起来。功能结构可嵌套其他功能结构。

功能结构（eim:FunctionalStructure）类的属性见表 7。

表 7　功能结构(eim:FunctionalStructure)属性

序号	属性	属性名称	属性类型	基数	说明
1	eim:hasID	标识符	xsd:anyURI	[1,1]	功能结构的标识符,其取值全局唯一
2	eim:hasName	名称	xsd:string	[0,1]	功能结构的名称
3	eim:hasDescription	描述	xsd:string	[0,1]	功能结构的描述
4	eim:hasType	类型	xsd:string	[0,1]	工程项目中功能结构的类型,通常引用外部语义资源的标识
5	eim:hasAlias	别名	xsd:string	[0,*]	该类描述的功能结构的其他名称
6	eim:hasPhase	阶段	xsd:string	[0,1]	当前的工程项目生命周期阶段

6.6　元素(eim:Element)

元素(eim:Element)类表达在工程中具有特定作用、在空间上具有实际位置、在形式上具有几何形状的组件信息。

元素的定义与继承取决于具体工程领域的特点,包括元素与其他元素关系、元素所具有的约束、元素对应的特性等。

在具体的信息模型中,元素可以与工程中其他元素具有多种空间关系,如分解、边界、包含、相交、边界等。

元素可以是在物理上存在的构件,也可以是客观存在的、具有位置与形态的空间。

元素(eim:Element)类的属性见表 8。

表 8　元素(eim:Element)属性

序号	属性	属性名称	属性类型	基数	说明
1	eim:hasID	标识符	xsd:anyURI	[1,1]	元素的标识符,其取值全局唯一
2	eim:hasName	名称	xsd:string	[0,1]	元素的名称
3	eim:hasDescription	描述	xsd:string	[0,1]	元素的描述
4	eim:hasType	类型	xsd:string	[0,1]	工程项目中元素的类型,通常引用外部语义资源的标识
5	eim:hasAlias	别名	xsd:string	[0,*]	该类描述的元素的其他名称
6	eim:hasPhase	阶段	xsd:string	[0,1]	当前的工程项目生命周期阶段

6.7　构件(eim:Component)

构件(eim:Component)类表达关于描述工程生命周期中,各种类型在物理上实际存在的实体组成部分的信息。

工程中的构件,可以包含在工程的空间结构或功能结构中。构件可以是由特定类型的产品安装、装配而来的。

构件可以是工程产品的永久组成部分,也可以是工程过程中产生和/或使用的暂时组成部分。构件既可以是现场装配的,也可以是制造、现场安装的。

构件(eim:Component)类的属性见表 9。

表 9 构件(eim:Component)属性

序号	属性	属性名称	属性类型	基数	说明
1	eim:hasID	标识符	xsd:anyURI	[0,1]	构件的标识符,其取值全局唯一
2	eim:hasName	名称	xsd:string	[0,1]	构件的名称
3	eim:hasDescription	描述	xsd:string	[0,1]	构件的描述
4	eim:hasType	类型	xsd:string	[0,1]	工程项目中构件的类型,通常引用外部语义资源的标识
5	eim:hasAlias	别名	xsd:string	[0,*]	该类描述的构件的其他名称
6	eim:hasPhase	阶段	xsd:string	[0,1]	当前的工程项目生命周期
7	eim:hasProduct	产品	xsd:anyURI	[0,1]	构件对应的产品,通常表达具有同样特性、几何、材质的构件
8	eim:hasTag	实例标记	xsd:string	[0,1]	标记特定构件实例的标识符,如产品序列号或安装位置编号,是在实例层面的标识

6.8 空间(eim:Space)

空间(eim:Space)类表达工程生命周期中具有特定功能的、由实际或理论边界定义或围合的面积或体积的信息。

概念上,空间用于表述工程项目活动或产品(包括过程中的产物)覆盖的面积或体积。空间可以是由多个构件围合的内部空间,也可能是非围合的外部空间。

空间可以与多个构件关联,构件可能跨越多个连续的空间。空间可以分解为若干较小的子空间。在一项工程里,可能存在由一个或多个空间组成的空间集合。

空间(eim:Space)类的属性见表 10。

表 10 空间(eim:Space)属性

序号	属性	属性名称	属性类型	基数	说明
1	eim:hasID	标识符	xsd:anyURI	[1,1]	空间的标识符,其取值全局唯一
2	eim:hasName	名称	xsd:string	[0,1]	空间的名称
3	eim:hasDescription	描述	xsd:string	[0,1]	空间的描述
4	eim:hasType	类型	xsd:string	[0,1]	工程项目中空间的类型,通常引用外部语义资源的标识
5	eim:hasAlias	别名	xsd:string	[0,*]	该类描述的空间的其他名称
6	eim:hasPhase	阶段	xsd:string	[0,1]	当前的工程项目生命周期阶段

6.9 产品(eim:Product)

产品(eim:Product) 类表达关于表达工程生命周期中重复出现的构件或构件的组合。

可以将产品类关联到多个具有一致的几何形状、组成材质、以及物理工艺特性的构件实例,用于表示特定的构件类型或批次。

产品(eim:Product)类的属性见表 11。

表 11 产品(eim:Product)属性

序号	属性	属性名称	属性类型	基数	说明
1	eim:hasID	标识符	xsd:anyURI	[1,1]	产品的标识符,其取值全局唯一
2	eim:hasName	名称	xsd:string	[0,1]	产品的名称
3	eim:hasDescription	描述	xsd:string	[0,1]	产品的描述
4	eim:hasType	类型	xsd:string	[0,1]	产品的类型和构成方式的类型,通常引用外部语义资源的标识
5	eim:hasAlias	别名	xsd:string	[0,*]	该类描述的产品的其他名称
6	eim:hasPhase	阶段	xsd:string	[0,1]	当前的工程项目生命周期阶段

6.10 管理(eim:Management)

管理(eim:Management)类表达工程的生命周期中,与工程建设、运营、维护相关的人、事、物、时等要素信息。

管理(eim:Management)类的属性见表 12。

表 12 管理(eim:Management)属性

序号	属性	属性名称	属性类型	基数	说明
1	eim:hasID	标识符	xsd:anyURI	[1,1]	管理类的标识符,其取值全局唯一
2	eim:hasName	名称	xsd:string	[0,1]	管理类的名称
3	eim:hasDescription	描述	xsd:string	[0,1]	管理类的描述
4	eim:hasType	类型	xsd:string	[0,1]	工程项目中管理要素的类型,通常引用外部语义资源的标识
5	eim:hasAlias	别名	xsd:string	[0,*]	该类描述的管理要素的其他名称
6	eim:hasPhase	阶段	xsd:string	[0,1]	当前的工程项目生命周期阶段

6.11 角色(eim:Actor)

角色(eim:Actor)类表达关于工程全生命周期中相关参与者或代理人的信息。

角色(eim:Actor)类的属性见表 13。

表 13 角色(eim:Actor)属性

序号	属性	属性名称	属性类型	基数	说明
1	eim:hasID	标识符	xsd:anyURI	[1,1]	角色的标识符,其取值全局唯一
2	eim:hasName	名称	xsd:string	[0,1]	角色的名称
3	eim:hasDescription	描述	xsd:string	[0,1]	角色的描述
4	eim:hasType	类型	xsd:string	[0,1]	工程项目活动中参与者或代理人的类型,通常引用外部语义资源的标识
5	eim:hasAlias	别名	xsd:string	[0,*]	该类描述的角色的其他名称
6	eim:hasPhase	阶段	xsd:string	[0,1]	当前的工程项目生命周期阶段
7	eim:hasInfo	角色信息	xsd:string	[0,*]	工程项目的每类参与者对应的角色信息
8	eim:hasEmail	电子邮件	xsd:string	[0,1]	角色的电子邮件

6.12 任务(eim:Task)

任务(eim:Task) 类表达关于工程生命周期中可识别的工作对象的信息。

工程生命周期中的工作对象主要是指有关工程建造、运行、维护方面的活动。可以通过时间相关属性表达任务的各种时间信息。

任务(eim:Task) 类的属性见表 14。

表 14 任务(eim:Task)属性

序号	属性	属性名称	属性类型	基数	说明
1	eim:hasID	标识符	xsd:anyURI	[1,1]	任务的标识符,其取值全局唯一
2	eim:hasName	名称	xsd:string	[0,1]	任务的名称
3	eim:hasDescription	描述	xsd:string	[0,1]	任务的描述
4	eim:hasType	类型	xsd:string	[0,1]	工程项目中任务的类型,通常引用外部语义资源的标识
5	eim:hasAlias	别名	xsd:string	[0,*]	该类描述的任务的其他名称
6	eim:hasPhase	阶段	xsd:string	[0,1]	当前的工程项目生命周期阶段
7	eim:hasStatus	状态	xsd:string	[1,1]	任务的当前状态,可能的状态值包括,如"尚未开始""开始""完成"
8	eim:hasWorkMethod	工法	xsd:string	[0,1]	任务执行中使用的工作方法
9	eim:hasStartTime	任务开始时间	xsd:dateTime	[0,1]	任务的开始时间相关信息
10	eim:hasTaskTime	任务持续时间	xsd:dateTime	[0,1]	任务的持续时间相关信息
11	eim:hasPriority	任务的优先级	xsd:string	[0,1]	表示任务轻重缓急的信息

6.13 问题(eim:Issue)

问题(eim:Issue)类表达工程领域信息模型实例中信息内容不符合特定要求情况的信息。

问题(eim:Issue)通常用于不同参与方或不同生命周期中传递信息模型中的不满足交付要求、不符合设计规范以及其他错误或疑问点。

问题(eim:Issue)类的属性见表 15。

表 15 问题(eim:Issue)属性

序号	属性	属性名称	属性类型	基数	说明
1	eim:hasID	标识符	xsd:anyURI	[1,1]	问题的标识符,其取值全局唯一
2	eim:hasName	名称	xsd:string	[0,1]	问题的名称
3	eim:hasDescription	描述	xsd:string	[0,1]	问题的描述
4	eim:hasType	类型	xsd:string	[0,1]	工程项目中问题的类型,通常引用外部语义资源的标识
5	eim:hasAlias	别名	xsd:string	[0,*]	该类描述的问题的其他名称
6	eim:hasPhase	阶段	xsd:string	[0,1]	当前的工程项目生命周期阶段
7	eim:hasRisk	风险	xsd:string	[1,1]	该问题可能会导致的风险
8	eim:hasImpact	影响	xsd:string	[0,1]	该问题的影响
9	eim:fromObject	对象	xsd:anyURI	[0,*]	风险相关的对象

6.14 资源(eim:Resource)

资源(eim:Resource)类表达工程项目生命周期中包含的可予以利用的事物,通常会影响工程的成本、进度等情况。

可以通过关联关系(eim:HasAssociation 或 eim:hasAssociation)建立资源(eim:Resource)与元素(eim:Element)之间的关系。

资源(eim:Resource)类的属性见表 16。

表 16 资源(eim:Resource)属性

序号	属性	属性名称	属性类型	基数	说明
1	eim:hasID	标识符	xsd:anyURI	[1,1]	资源的标识符,其取值全局唯一
2	eim:hasName	名称	xsd:string	[0,1]	资源的名称
3	eim:hasDescription	描述	xsd:string	[0,1]	资源的描述
4	eim:hasType	类型	xsd:string	[0,1]	资源的类型,通常引用外部语义资源的标识
5	eim:hasAlias	别名	xsd:string	[0,*]	该类描述的资源的其他名称
6	eim:hasPhase	阶段	xsd:string	[0,1]	当前的工程项目生命周期阶段
7	eim:hasConsumption	消耗量	xsd:string	[0,1]	资源如何消耗的值
8	eim:hasBaseUnit	基本单位	xsd:string	[0,1]	缺省的或推荐的资源单位,用来度量资源的规模或数量

6.15 引用(eim:Reference)

引用(eim:Reference)类表特定工程领域中,可以被共享信息模型重复利用的补充性、说明性或规范性信息。

共享信息模型的引用信息通常包含分类、编码、库、项、文档等。

引用(eim:Reference)类的属性见表 17。

表 17 引用(eim:Reference)的属性

序号	属性	属性名称	属性类型	基数	说明
1	eim:hasID	标识符	xsd:anyURI	[1,1]	引用的标识符,其取值全局唯一
2	eim:hasName	名称	xsd:string	[0,1]	引用的名称
3	eim:hasDescription	描述	xsd:string	[0,1]	引用的描述
4	eim:hasType	类型	xsd:string	[0,1]	引用的类型,通常引用外部语义资源的标识

6.16 分类编码系统(eim:Classification)

分类编码系统(eim:Classification)类表达工程领域中对事物的进一步分类性描述与特征归纳的规则与依据。

共享信息模型所应用的分类编码系统,可采取层次化、面分法的原则,同一个事物可结合多个分类编码描述。如,建筑物可以根据其功能、形式、结构来分为三张表。而一个框架结构的多层商业建筑则可依据三张表中的编码组合表示为“A0102:B02:C02”。

分类编码系统承载的信息通常用于:

a) 描述事物的“类型(hasType)”属性可以取值的范围;

b) 标识编码符号的语义；

c) 通过编码规律描述层次化的分类结构；

d) 标识分类编码系统的源、版本、名称和其他说明；

e) 定义一套分类编码运算符以及运算规则。

分类编码系统与分类编码系统所具有的分类条目之间可采用包含关系表示(通过包含关系类 eim:Contains 或对象属性 eim:contains)。

分类编码系统(eim:Classification)类的属性见表 18。

表 18 分类编码系统(eim:Classification)属性

序号	属性	属性名称	属性类型	基数	说明
1	eim:hasID	标识符	xsd:anyURI	[1,1]	分类编码系统的标识符，其取值全局唯一
2	eim:hasName	名称	xsd:string	[0,1]	分类编码系统的名称
3	eim:hasDescription	描述	xsd:string	[0,1]	分类编码系统的描述
4	eim:hasType	类型	xsd:string	[0,1]	分类编码系统的类型，通常引用外部语义资源的标识
5	eim:from	来源	xsd:string	[0,1]	分类编码系统的来源
6	eim:hasEdition	版本	xsd:string	[0,1]	分类编码系统的版本
7	eim:hasEditionDate	日期	xsd:dateTime	[0,1]	分类编码系统的更新日期

6.17 分类条目(eim:Entry)

分类条目(eim:Entry)类表达特定工程领域内具体对象在分类系统内对应的唯一标识及相关的描述与定义信息。

分类条目(eim:Entry)类的属性见表 19。

表 19 分类条目(eim:Entry)属性

序号	属性	属性名称	属性类型	基数	说明
1	eim:hasID	标识符	xsd:anyURI	[1,1]	分类条目的标识符，其取值全局唯一
2	eim:hasName	名称	xsd:string	[0,1]	条目名称
3	eim:hasDescription	描述	xsd:string	[0,1]	条目的描述信息
4	eim:hasType	类型	xsd:string	[0,1]	分类条目的类型，通常引用外部语义资源的标识
5	eim:hasLocation	地址	xsd:anyURI	[0,1]	分类条目的地址，以 URI 表示
6	eim:hasSequence	序列号	xsd:integer	[0,1]	分类条目的序列信息

6.18 库(eim:Library)

库(eim:Library)是特定工程领域语义的集合，表达工程领域中可重复利用信息或知识，如产品库、规则库、信息需求等内容。库与工程的区别在于库中不包含实例化的个体。

特定工程领域的共享信息模型可以定义具体的库类型。库所承载的信息，可以分组、分层、关联、嵌套等方式组织。

库(eim:Library)类的属性见表 20。

表 20　库(eim:Library)属性

序号	属性	属性名称	属性类型	基数	说明
1	eim:hasID	标识符	xsd:anyURI	[1,1]	库的标识符,其取值全局唯一
2	eim:hasName	名称	xsd:string	[0,1]	库的名称
3	eim:hasDescription	描述	xsd:string	[0,1]	库的描述
4	eim:hasType	类型	xsd:string	[0,1]	库的类型,通常引用外部语义资源的标识
5	eim:hasVersion	版本	xsd:string	[0,1]	库的版本
6	eim:hasPublisher	发布者	xsd:anyURI	[0,1]	库的发布者
7	eim:hasVersionDate	版本日期	xsd:dateTime	[0,1]	版本日期
8	eim:hasLocation	位置	xsd:anyURI	[0,1]	库的访问地址,以 URI 表示

6.19　项(eim:Item)

项(eim:Item)类表达库中由可以共享、复用的,具有共性的类、属性、约束等组成的信息模块,如产品数据模板、交付信息单元等。

项(eim:Item)类的属性见表 21。

表 21　项(eim:Item)属性

序号	属性	属性名称	属性类型	基数	说明
1	eim:hasID	标识符	xsd:anyURI	[1,1]	项的标识符,其取值全局唯一
2	eim:hasName	名称	xsd:string	[0,1]	项的名称
3	eim:hasDescription	描述	xsd:string	[0,1]	项的描述
4	eim:hasType	类型	xsd:string	[0,1]	项的类型,通常引用外部语义资源的标识
5	eim:hasLocation	地址	xsd:anyURI	[0,1]	项的地址,以 URI 表示
6	eim:hasSequence	序列号	xsd:string	[0,1]	项的序列信息

6.20　文档(eim:Document)

文档(eim:Document)类表达用于表现工程的附加性、说明性的独立文件信息。工程项目实施过程中,共享信息模型可引用特定形式、格式的文档,如与产品相关的说明或图纸。

文档(eim:Document)类的属性见表 22。

表 22　文档(eim:Document)属性

序号	属性	属性名称	属性类型	基数	说明
1	eim:hasID	标识符	xsd:anyURI	[1,1]	文档标识符,其取值全局唯一
2	eim:hasName	名称	xsd:string	[0,1]	文档名称
3	eim:hasDescription	描述	xsd:string	[0,1]	文档的描述
4	eim:hasType	类型	xsd:string	[0,1]	文档的类型,通常引用外部语义资源的标识
5	eim:hasLocatation	文档地址	xsd:anyURI	[0,1]	通常它给出所指向的外部文档表现的标识符,如:" document ":["" document ":" Document-tx_6","]

表 22（续）

序号	属性	属性名称	属性类型	基数	说明
6	eim:hasEditors	编辑者	xsd:anyURI	[0,*]	创建文档或对其有贡献的人和/或组织
7	eim:hasCreationTime	创建时间	xsd:dateTime	[0,1]	文档最先创建的日期和时间标志
8	eim:hasRevisionTime	修订时间	xsd:dateTime	[0,1]	文档当前版本创建的日期和时间标志
9	eim:hasFormat	格式	xsd:string	[0,1]	描述引用文档的格式，提供文件扩展名

6.21 特性(eim:Attribute)

特性(eim:Attribute)类表达用于定义和表达面向工程领域的共享信息模型中组件的参数和物理、经济、工艺方面的属性。元数据较少的属性也可直接采用 OWL 数据类型属性表示。特定工程领域中具体特性的定义不在本部分中规定。

特性(eim:Attribute)类的属性见表 23。

表 23 特性(eim:Attribute)的属性

序号	属性	属性名称	属性类型	基数	说明
1	eim:hasID	标识符	xsd:anyURI	[1,1]	特性的标识符，其取值全局唯一
2	eim:hasName	名称	xsd:string	[0,1]	特性的名称
3	eim:hasDescription	描述	xsd:string	[0,1]	特性的描述
4	eim:hasType	类型	xsd:string	[0,1]	特性的类型，通常引用外部语义资源的标识

6.22 特性集(eim:AttributeSet)

特性集(eim:AttributeSet)类表达定义工程领域中特性的集合。

特性集是一个包含类，在一个特性集中包含多个具有共性的特性，根据特性的名称解释这些特性。特性集与其所包括的特性之间可采用分解关系进行表示。

特性集(eim:AttributeSet)类的属性见 24。

表 24 特性集(eim:AttributeSet)属性

序号	属性	属性名称	属性类型	基数	说明
1	eim:hasID	标识符	xsd:anyURI	[1,1]	特性集的标识符，其取值全局唯一
2	eim:hasName	名称	xsd:string	[0,1]	特性集的名称
3	eim:hasDescription	描述	xsd:string	[0,1]	特性集的描述
4	eim:hasType	类型	xsd:string	[0,1]	特性集的类型，通常引用外部语义资源的标识

6.23 简单特性(eim:SimpleAttribute)

简单特性(eim:SimpleAttribute)类表达可关于由“名称”“单位”“类型”以及单一取值表示的特性信息。

简单特性(eim:SimpleAttribute)类的属性见表 25。

表 25 简单特性(eim:SimpleAttribute)属性

序号	属性	属性名称	属性类型	基数	说明
1	eim:hasID	标识符	xsd:anyURI	[1,1]	简单特性的标识符,其取值全局唯一
2	eim:hasName	名称	xsd:string	[0,1]	简单特性的名称
3	eim:hasDescription	描述	xsd:string	[0,1]	简单特性的描述
4	eim:hasType	类型	xsd:string	[0,1]	简单特性的类型,通常引用外部语义资源的标识
5	eim:hasValue	取值	xsd:string	[0,1]	简单特性的取值
6	eim:hasUnit	单位	xsd:string	[0,1]	所使用的度量单位

6.24 复合特性(eim:ComplexAttribute)

复合特性(eim:ComplexAttribute)类表达由多重取值组成的特性的信息,通常可以表达区间性或列表式的特性取值。

复合特性(eim:ComplexAttribute)类的属性见表 26。

表 26 复合特性(eim:ComplexAttribute)属性

序号	属性	属性名称	属性类型	基数	说明
1	eim:hasID	标识符	xsd:anyURI	[1,1]	复合特性的标识符,其取值全局唯一
2	eim:hasName	名称	xsd:anyURI	[0,1]	复合特性的名称
3	eim:hasDescription	描述	xsd:string	[0,1]	复合特性的描述
4	eim:hasType	类型	xsd:string	[0,1]	复合特性的类型,通常引用外部语义资源的标识
5	eim:hasValues	取值	xsd:string	[0,*]	复合特性的多个取值
6	eim:hasUnit	单位	xsd:string	[0,1]	所使用的度量单位

6.25 表现(eim:Representation)

表现(eim:Representation)类表达组件的形态、性质或时空特征。面向工程领域的共享信息模型中的组件可应用多种表现方式。

表现(eim:Representation)类的属性见表 27。

表 27 表现(eim:Representation)属性

序号	属性	属性名称	属性类型	基数	说明
1	eim:hasID	标识符	xsd:anyURI	[1,1]	表现的标识符,其取值全局唯一
2	eim:hasName	名称	xsd:string	[0,1]	表现的名称
3	eim:hasDescription	描述	xsd:string	[0,1]	表现的描述
4	eim:hasType	类型	xsd:string	[0,1]	表现的类型,通常引用外部语义资源的标识

6.26 几何表现(eim:Geometry)

几何表现(eim:Geometry)类表达组件的形状与位置信息,共享信息模型可引用多种通用几何表现方式与参考坐标系来表现对象的形状与位置信息。

特定工程领域的共享信息模型可进一步限定数据描述方式来表现组件的几何特征，以适用特定工程领域的特点以及具体用例下的信息共享需求。

几何表现(eim:Geometry)类的属性见表 28。

表 28 几何表现(eim:Geometry)属性

序号	属性	属性名称	属性类型	基数	说明
1	eim:hasID	标识符	xsd:anyURI	[1,1]	几何表现的标识符，其取值全局唯一
2	eim:hasName	名称	xsd:string	[0,1]	几何表现的名称
3	eim:hasDescription	描述	xsd:string	[0,1]	几何表现的描述
4	eim:hasType	类型	xsd:string	[0,1]	几何形状的表示方法，通常引用外部语义资源的标识
5	eim:hasMeshes	网格	xsd:anyURI	[0,*]	指向的外部几何表现的标识符，如： "Meshes":["wall-mesh_20"]
6	eim: hasPlacement-Matrix	坐标变换	xsd:double	[0,*]	几何变换矩阵，指向，如： "PlacementMatrix":[1,0,0,34.9,0,1,0,11.32,0,0,1,2.92,0,0,0,1]

6.27 地理位置(eim:GeoPosition)

地理位置(eim:GeoPosition)类表达工程项目活动/产品定位的地理参考系统与位置的信息。可以通过文本描述、工程项目所在行政区域、经纬度以及邮编等位置标识元素来定位具体工程。

地理位置(eim:GeoPosition)类的属性见表 29。

表 29 地理位置(eim:GeoPosition)属性

序号	属性	属性名称	属性类型	基数	说明
1	eim:hasID	标识符	xsd:anyURI	[1,1]	位置的标识符，其取值全局唯一
2	eim:hasName	名称	xsd:string	[0,1]	位置的名称
3	eim:hasDescription	描述	xsd:string	[0,1]	位置的描述
4	eim:hasType	类型	xsd:string	[0,1]	地理位置的类型，通常引用外部语义资源的标识
5	eim:hasAddress	地址	xsd:string	[0,1]	项目的物理地址
6	eim:hasCountry	国家	xsd:string	[0,1]	国家名称或代码，如"中国"或按照 GB/T 2659 表示为"CN"
7	eim:hasElevation	海拔	xsd:string	[0,1]	位置的海拔高度
8	eim:hasAltitude	经度	xsd:double	[0,1]	位置的纬度，如"115.2512"
9	eim:hasLatitude	纬度	xsd:double	[0,1]	位置的纬度，如"37.42242"
10	eim:hasPostalCode	邮编	xsd:string	[0,1]	地理位置的邮政编码，如"100084"

6.28 材质(eim:Material)

材质(eim:Material)类表达关于物体材质描述的信息。此类信息包括颜色、纹理和反射贴图等。具体的此类信息一般通过引用现有的材质表现方式给出。

材质(eim:Material)类的属性见表 30。

表 30 材质(eim:Material)属性

序号	属性	属性名称	属性类型	基数	说明
1	eim:hasID	标识符	xsd:anyURI	[1,1]	材质的标识符,其取值全局唯一
2	eim:hasName	名称	xsd:string	[0,1]	材质的名称
3	eim:hasDescription	描述	xsd:string	[0,1]	材质的描述
4	eim:hasType	描述	xsd:string	[0,1]	材质的表示方法,如"gltf"
5	eim:hasMaterial	材料	xsd:anyURI	[0,*]	通常它给出所指向的外部材质表现的标识符,如:"materail":[""material":"Material-fx_6","]

6.29 关系(eim:RelationShip)

关系(eim:RelationShip)类是工程领域中多个事物相互作用的形式化描述,不同的关系类型指代应用这个关系的事物间的作用形式。

面向工程领域的共享信息模型中,关系分为空间关系与关联关系两类,前者是指与事物的时空有关的作用,后者指与时空无关的相互作用。特定工程领域的共享信息模型可通过关系的继承细化工程领域事物之间的关系。

共享信息模型的关系可以通过 OWL 类(owl:Class)或 OWL 对象属性(owl:ObjectProperty)两种方式表达。具有全面、丰富的元数据的事物间关系宜采用 OWL 类表达。直接、简单的事物间关系宜采用 OWL 对象属性表达。

关系(eim:RelationShip)类的属性与约束见表 31。

表 31 关系(eim:RelationShip)属性

序号	属性	属性名称	属性类型	基数	说明
1	eim:hasID	标识符	xsd:anyURI	[1,1]	关系的标识符,其取值全局唯一
2	eim:hasName	名称	xsd:string	[0,1]	关系的名称
3	eim:hasDescription	描述	xsd:string	[0,1]	关系的描述
4	eim:hasType	类型	xsd:string	[0,1]	关系的类型信息,在实例化层面表示某特定关系类型
5	eim:from	源头	owl:Thing	[0,*]	表示二元关系的源头
6	eim:to	目标	owl:Thing	[0,*]	表示二元关系的目标

6.30 空间关系(eim:SpatialRelationship)

空间关系(eim:SpatialRelationship)类表达关于空间、空间结构、构件和功能结构等有形对象之间的关系的信息。面向工程领域的共享信息模型中,包括分解、包含、连接、相交和边界等空间关系子类型。特定工程领域可在以下关系的基础上进一步定义事物之间的空间关系。

空间关系(eim:SpatialRelationship)类的属性见表 32。

表 32 空间关系(eim:SpatialRelationship)属性

序号	属性	属性名称	属性类型	基数	说明
1	eim:hasID	标识符	xsd:anyURI	[1,1]	空间关系的标识符,其取值全局唯一
2	eim:hasName	名称	xsd:string	[0,1]	空间关系的名称
3	eim:hasDescription	描述	xsd:string	[0,1]	空间关系的描述
4	eim:hasType	类型	xsd:string	[0,1]	空间关系的类型,在实例化层面表示某特定的空间关系类型
5	eim:from	源头	owl:Thing	[0,*]	表示二元关系的源头
6	eim:to	目标	owl:Thing	[0,*]	表示二元关系的目标

6.31 分解关系(eim:Decomposes)

分解关系(eim:Decomposes)类表达工程领域事物在概念上存在的整体与部分的信息。

分解关系是一种依赖关系,整体的定义依赖于部分的定义,部分的存在依赖于整体的存在。分解关系的整体和各个组成部分构成层次关系,支持从整体到部分或从部分到整体的追溯。

分解关系可以嵌套,一个被分解的事物可能是另一个事物分解产生的一个部分。分解关系不可在分解层级上进行循环引用。

分解关系(eim:Decomposes)类的属性见表 33。

表 33 分解关系(eim:Decomposes)属性

序号	属性	属性名称	属性类型	基数	说明
1	eim:hasID	标识符	xsd:anyURI	[1,1]	分解关系的标识符,其取值全局唯一
2	eim:hasName	名称	xsd:string	[0,1]	分解关系的名称
3	eim:hasDescription	描述	xsd:string	[0,1]	分解关系的描述
4	eim:hasType	类型	xsd:string	[0,1]	分解关系的类型,在实例化层面表示某特定的分解关系类型
5	eim:hasWhole	整体	owl:Thing	[1,1]	被分解的事物,是 eim:from 的子属性
6	eim:hasPart	部分	owl:Thing	[1,*]	分解成的事物,是 eim:to 的子属性

6.32 包含关系(eim:Contains)

包含关系(eim:Contains)类表达关于共享信息模型中的空间结构、功能结构等组件与其他组件之间的存在与容纳的信息。

包含关系(eim:Contains)类的属性见表 34。

表 34 包含关系(eim:Contains)属性

序号	属性	属性名称	属性类型	基数	说明
1	eim:hasID	标识符	xsd:anyURI	[1,1]	包含关系的标识符,其取值全局唯一
2	eim:hasName	名称	xsd:string	[0,1]	包含关系的名称
3	eim:hasDescription	描述	xsd:string	[0,1]	包含关系的描述

表 34（续）

序号	属性	属性名称	属性类型	基数	说明
4	eim:hasType	类型	xsd:string	[0,1]	包含关系的类型，在实例化层面表示某特定的包含关系类型
5	eim:hasContainer	容器对象	eim:Object	[1,1]	包含其他对象的对象，是 eim:from 的子属性
6	eim:hasContained	被包含对象	eim:Object	[1,*]	被容器对象所包含的对象，是 eim:to 的子属性

6.33 连接关系(eim:Connects)

连接关系(eim:Connects)类表达用于存在于组件之间的接触性或连通性方面的信息。

连接关系主要包括结构连接、连通、附着等等关系。

连接关系(eim:Connects)类的属性见表 35。

表 35 连接关系(eim:Connects)属性

序号	属性	属性名称	属性类型	基数	说明
1	eim:hasID	标识符	xsd:anyURI	[1,1]	连接关系的标识符，其取值全局唯一
2	eim:hasName	名称	xsd:string	[0,1]	连接关系的名称
3	eim:hasDescription	描述	xsd:string	[0,1]	连接关系的描述
4	eim:hasType	类型	xsd:string	[0,1]	连接关系的类型，在实例化层面表示某特定连接关系类型
5	eim: hasConnection-Object	连接实现组件	eim:Object	[0,1]	实现连接所使用的对象，如垫片、阀门
6	eim:hasConnected	被连接对象	eim:Object	[1,1]	被连接、连通、或附着的实体，是 eim:from 的子属性
7	eim:hasConnecting	连接对象	eim:Object	[1,*]	将用其他实体与之连接、连通、或附着的实体，是 eim:to 的子属性

6.34 相交关系(eim:Intersects)

相交关系(eim:Intersects)类表达关于共享信息模型中的构件或空间结构之间有重叠部分的信息。相交关系包括空间之间的重叠，也包括构件之间或构件与空间之间的相交。

相交关系(eim:Intersects)类的属性见表 36。

表 36 相交关系(eim:Intersects)属性

序号	属性	属性名称	属性类型	基数	说明
1	eim:hasID	标识符	xsd:anyURI	[1,1]	相交关系的标识符，其取值全局唯一
2	eim:hasName	名称	xsd:string	[0,1]	相交关系的名称
3	eim:hasDescription	描述	xsd:string	[0,1]	相交关系的描述
4	eim:hasType	类型	xsd:string	[0,1]	相交关系的类型，在实例化层面表示某特定相交关系类型
5	eim:hasIntersection Geometry	相交几何	eim:Geometry	[0,1]	相交几何部分
6	eim:hasIntersected	被相交对象	eim:Object	[1,1]	被相交对象，是 eim:from 的子属性
7	eim:hasIntersecting	相交对象	eim:Object	[1,*]	相交对象，是 eim:to 的子属性

6.35 边界关系(eim:Boundary)

边界关系(eim:Boundary)类表达共享信息模型中的空间与围合此空间的对象之间关系的信息。

边界关系(eim:Boundary)类的属性见表 37。

表 37 边界关系(eim:Boundary)属性

序号	属性	属性名称	属性类型	基数	说明
1	eim:hasID	标识符	xsd:anyURI	[1,1]	边界关系的标识符,其取值全局唯一
2	eim:hasName	名称	xsd:string	[0,1]	边界关系的名称
3	eim:hasDescription	描述	xsd:string	[0,1]	边界关系的描述
4	eim:hasType	类型	xsd:string	[0,1]	边界关系的类型,在实例化层面表示某特定边界关系类型
5	eim:hasBounded	被围合空间	eim:Object	[1,1]	被围合的空间,是 eim:from 的子属性
6	eim:hasEnclosing	围合构件	eim:Object	[1,*]	围合边界的构件列表,是 eim:to 的子属性

6.36 关联关系(eim:HasAssociation)

关联关系(eim:HasAssociation)类表达事物之间无形的或抽象的相互作用。关联关系可以表达不同类型的事物之间具备的广泛意义上的关系。如,一个构件(eim:Component)可能与一项问题(eim:Issue)相关联。

面向工程领域的共享信息模型中,包括特性关系、表现关系、引用关系等关联关系子类型。特定工程领域可在以下关系的基础上进一步定义事物之间的关联关系。

关联关系(eim:HasAssociation)类的属性见表 38。

表 38 关联关系(eim:HasAssociation)属性

序号	属性	属性名称	属性类型	基数	说明
1	eim:hasID	标识符	xsd:anyURI	[1,1]	关联关系的标识符,其取值全局唯一
2	eim:hasName	名称	xsd:string	[0,1]	关联关系的名称
3	eim:hasDescription	描述	xsd:string	[0,1]	关联关系的描述
4	eim:hasType	类型	xsd:string	[0,1]	关联关系的类型,在实例化层面表示某特定关联关系类型
5	eim:from	源	owl:Thing	[0,*]	表示关系的源
6	eim:to	目标	owl:Thing	[0,*]	表示关系的目标

6.37 特性关系(eim:HasAttribute)

特性关系(eim:HasAttribute)类表达组件和其特性之间的描述性或约束性的关系。关联到同一组特性的组件,表明这些组件共享相同的特性。

特性关系(eim:HasAttribute)类的属性见表 39。

表 39　特性关系(eim:HasAttribute)属性

序号	属性	属性名称	属性类型	基数	说明
1	eim:hasID	标识符	xsd:anyURI	[1,1]	特性关系的标识符,其取值全局唯一
2	eim:hasName	名称	xsd:string	[0,1]	特性关系的名称
3	eim:hasDescription	描述	xsd:string	[0,1]	特性关系的描述
4	eim:hasType	类型	xsd:string	[0,1]	特性关系类型,在实例化层面表示某特定的特性关系类型
5	eim:hasDefined	被定义对象	xsd:Object	[1,*]	被特性定义的对象,限定指向 eim:Object 类型,是 eim:from 的子属性
6	eim:hasDefining	定义特性	eim:Attribute	[1,*]	用来定义对象的特性,是 eim:to 的子属性

6.38　表现关系(eim:HasRepresentation)

表现关系(eim:HasRepresentation)类表达组件与其表现性信息之间的描述性关系,表现性的信息可以是几何、地理、材质等。

表现关系(eim:HasRepresentation)类的属性见表 40。

表 40　表现关系(eim:HasRepresentation)属性

序号	属性	属性名称	属性类型	基数	说明
1	eim:hasID	标识符	xsd:anyURI	[1,1]	表现关系的标识符,其取值全局唯一
2	eim:hasName	名称	xsd:string	[0,1]	表现关系的名称
3	eim:hasDescription	描述	xsd:string	[0,1]	表现关系的描述
4	eim:hasType	类型	xsd:string	[0,1]	表现关系类型,在实例化层面表示某特定的表现关系类型
5	eim:hasRepresented	被表现对象	xsd:Object	[1,*]	被表现的对象,指向 eim:Object 类型,是 eim:from 的子属性
6	eim:hasRepresenting	表现事物	eim:Representation	[1,*]	用来表现的事物,是 eim:to 的子属性

6.39　引用关系(eim:HasReference)

引用关系(eim:HasReference)类表达组件与共享信息模型所利用的描述性、补充性、说明性或规范性的信息。

引用关系(eim:HasReference)类的属性见表 41。

表 41　引用关系(eim:HasReference)属性

序号	属性	属性名称	属性类型	基数	说明
1	eim:hasID	标识符	xsd:anyURI	[1,1]	引用关系的标识符,其取值全局唯一
2	eim:hasName	名称	xsd:string	[0,1]	引用关系的名称
3	eim:hasDescription	描述	xsd:string	[0,1]	引用关系的描述
4	eim:hasType	类型	xsd:string	[0,1]	引用关系类型,在实例化层面表示某特定的引用关系类型

表 41（续）

序号	属性	属性名称	属性类型	基数	说明
5	eim：hasReferencing	引用对象	eim：Ojbect	[1，*]	引用的对象，指向 eim：Object 类型，是 eim：from 的子属性
6	eim：hasReferenced	被引用对象	owl：Thing	[1，*]	被引用的对象，指向 eim：Reference 类型，是 eim：to 的子属性

ICS 35.240.50
L 67

中华人民共和国国家标准

GB/T 36456.2—2018

面向工程领域的共享信息模型 第2部分:领域信息服务接口

Engineering domain oriented shared information model—
Part 2:Domain information service interface

2018-06-07 发布 2019-01-01 实施

国家市场监督管理总局
中国国家标准化管理委员会 发布

前　言

GB/T 36456《面向工程领域的共享信息模型》分为三个部分：

——第 1 部分：领域信息模型框架；

——第 2 部分：领域信息服务接口；

——第 3 部分：测试方法。

本部分为 GB/T 36456 的第 2 部分。

本部分按照 GB/T 1.1—2009 给出的规则起草。

请注意本文件的某些内容可能涉及专利。本文件的发布机构不承担识别这些专利的责任。

本部分由全国信息技术标准化技术委员会(SAC/TC 28)提出并归口。

本部分起草单位：清华大学、中国电子技术标准化研究院、中车信息技术有限公司。

本部分主要起草人：孙家广、顾明、刘玉身、张荷花、高歌、余云涛、杨磊、李博。

面向工程领域的共享信息模型
第2部分：领域信息服务接口

1 范围

GB/T 36456的本部分规定了用以支持按GB/T 36456.1描述的领域信息模型框架实现的共享信息模型信息服务接口的数据类型和接口函数。

本部分适用于访问符合GB/T 36456.1的共享信息模型的概念、属性、关系，也适用于支持共享信息模型应用软件的开发。

2 规范性引用文件

下列文件对于本文件的应用是必不可少的。凡是注日期的引用文件，仅注日期的版本适用于本文件。凡是不注日期的引用文件，其最新版本(包括所有的修改单)适用于本文件。

GB/T 36456.1 面向工程领域的共享信息模型 第1部分：领域信息模型框架

3 术语和定义

下列术语和定义适用于本文件。

3.1

概念服务 concept service

为共享工程领域信息而访问领域概念的操作。

3.2

语境 context

为共享工程领域信息而定义的特定工程领域的范畴。

3.3

属性服务 property service

为共享工程领域信息而访问领域属性的操作。

3.4

关系服务 relationship service

为共享工程领域信息而访问概念间关系的操作。

4 缩略语

下列缩略语适用于本文件。

HTTP：超文本传输协议(Hypertext Transfer Protocol)

JSON：JavaScript 对象标记(JavaScript Object Notation)

RESTful：表征状态转移(Representational State Transfer)

URI：统一资源标识符(Uniform Resource Identifier)

URL：统一资源定位符(Uniform Resource Locator)

URN:统一资源名称(Uniform Resource Name)

XML:可扩展标记语言(eXtensible Markup Language)

5 约定

5.1 数据类型约定

在描述特定的面向工程领域的信息模型接口时,可能使用到各种数据类型。本部分分别按简单、复杂和枚举三类定义了其中一些常用的数据类型,分别使用以下形式予以定义:

——对于简单数据类型,采用类型名称、中文含义、默认值的方法定义;

——对于复杂数据类型,通过表格描述其具有的“属性”“属性名称”“属性类型”“基数(属性可以出现的次数)”以及“说明”来定义;

——对于枚举数据类型,通过表格描述包含“基础类型”栏和与其他各行对应的“取值范围”栏来定义。

对于多个单词组成的关键词,本部分采取驼峰命名法,即每个单词的首字母大写,其余字母小写。

5.2 接口函数约定

本部分定义的接口函数基于 HTTP 标准与 RESTful 架构,用以支持访问按 GB/T 36456.1 定义的领域信息模型框架实现的特定工程领域的共享信息模型。本部分按照“概念服务接口”“属性服务接口”和“关系服务接口”分类描述各个接口。

每个接口函数由以下部分组成:

“域名”+“/版本”+“/路径”+“/语境”+“/标识符”。

示例:http://cbims.org.cn/api/v1.0/EimConcept/crbim/BallastlessTrack

在 RESTful 架构中,由 URI 相对路径代表一项资源,所以路径一般由名词组成。

每个接口函数按以下形式描述:

——标题中直接给出该接口函数的路径,用 URI 相对路径的形式给出;

——接口函数用“名称”“方法”“含义”“参数”和“返回值”予以定义;

——本部分采用四种可用的 HTTP 方法,分别用 GET、PUT、POST 和 DELETE 代表,其中:

- GET:获取服务提供的资源,GET 方法是幂等和安全的;
- PUT:在服务段通过替换的方式更新资源,PUT 方法是幂等而不安全的;
- POST:在服务端创建新的资源,POST 方法是不幂等也不安全的;
- DELETE:从服务端删除资源,DELETE 方法是幂等而不安全的。

——每个接口函数的参数按表 1 的内容给出。未给出接口函数参数表格的接口函数,不要求接口函数的参数。

表 1 接口函数参数的描述

名称[a]	描述[b]	类型[c]	备注[d]
context	概念的语境,以语境标识符表示	path	路径参数
……	……	……	……

[a] “名称”栏下面逐一列出该接口中包含的参数的英文单词或组合词表示的名称。

[b] “描述”给出相应参数的定义或简要说明。

[c] “类型”用英文单词给出的相应参数的传递形式。

[d] “备注”给出参数的进一步描述性信息。

——每个接口函数的返回值使用无表头的列表给出，具体要求如表 2 所示。未给出返回值表格的接口函数，对返回数据没有要求。

表 2 接口函数返回值的描述

类型	内容
element:[a]	xsd:anyURI
media types:[b]	application/xml
	……

[a] 接口函数返回值的描述。

[b] 接口函数返回值的格式，具有多个取值表示有允许多种返回值类型，如 json 格式与 xml 格式。

6 数据类型

6.1 简单数据类型

6.1.1 布尔型

xsd:boolean:布尔型，其取值可能是：

——true:表示真，或肯定；

——false:表示假，或否定。

6.1.2 字符型

xsd:string:字符串，默认值为空。

6.1.3 整数型

xsd:integer:整数型，默认值为 0。

6.1.4 浮点型

xsd:double:64 位双精度浮点数，有符号数，默认值为 0。

6.1.5 日期时间型

xsd:dateTime:日期时间型，格式为 YYYY-MM-DDTHH:MM:SS，默认值为“1900-12-31T23:59:59”。

6.1.6 统一资源标识符型

xsd:anyURI:代表一个 URI 的引用，包括 URN 和 URL。

6.2 复杂数据类型

6.2.1 语境(EimContext)

语境数据类型表达特定工程领域的范畴，共享信息模型中的概念、属性、关系定义在特定的语境下。语境的标识符在整个服务端是全局唯一的。特定语境下的概念、属性、关系的标识符也是唯一的。语境的参数定义见表 3。

表3 语境参数

序号	属性	属性名称	属性类型	基数	说明
1	GUID	标识符	xsd:string	[1,1]	语境的标识符，是语境完整URI的简化，由管理员在全局唯一地确定，如“crbim”
2	Name	名称	xsd:string	[0,*]	语境的名称
3	Description	描述	xsd:string	[0,1]	语境的描述
4	Version	版本	xsd:string	[0,1]	语境的版本
5	Publisher	发布者	xsd:string	[0,1]	语境的发布者
6	VersionDate	版本日期	xsd:dateTime	[0,1]	版本日期
7	Location	地址	xsd:anyURI	[1,1]	语境的完整URI地址，如：http://onto.crbim.com.cn

6.2.2 概念(EimConcept)

概念表示对特定工程领域的具有重要意义的特定信息主体，其定义见表4。

表4 概念参数

序号	属性	属性名称	属性类型	基数	说明
1	GUID	标识符	xsd:string	[1,1]	概念的标识符，如“BallastlessTrack”
2	Name	名称	xsd:string	[0,*]	概念的名称，如“无砟轨道”
3	Definition	定义	xsd:string	[0,1]	概念的定义，如“采用混凝土、沥青混合料等整体基础取代散粒碎石道床的轨道结构。”
4	Type	类型	xsd:string	[0,1]	概念进一步的类型信息
5	Location	地址	xsd:anyURI	[0,1]	概念完整地址，由语境的URI+概念GUID表示，如http://onto.crbim.com.cn/BallastlessTrack

6.2.3 属性(EimProperty)

属性表示工程领域概念的特征与描述性信息，如材质、物理特性、生产和工艺特征等信息，其具体参数定义见表5。

表 5　属性参数

序号	属性	属性名称	属性类型	基数	说明
1	GUID	标识符	xsd:string	[1,1]	属性的标识符
2	Name	名称	xsd:string	[0,*]	属性的名称
3	Description	描述	xsd:string	[0,1]	属性的描述
4	Type	类型	xsd:string	[0,1]	属性的进一步的类型信息
5	Value	取值	xsd:string	[0,1]	属性的取值
6	Unit	单位	xsd:string	[0,1]	属性的单位
7	Location	地址	xsd:anyURI	[0,1]	属性的完整地址

6.2.4　关系(EimRelationship)

关系表示工程领域概念之间的相互作用，具体参数定义见表 6。

表 6　关系参数

序号	属性	属性名称	属性类型	基数	说明
1	GUID	标识符	xsd:string	[1,1]	关系的标识符
2	Name	名称	xsd:string	[0,*]	关系的名称
3	Description	描述	xsd:string	[0,1]	关系的描述
4	Type	类型	xsd:string	[0,1]	关系的进一步的类型信息
5	Parent	父结点	xsd:anyURI	[0,*]	关系的起始结点
6	Child	子结点	xsd:anyURI	[0,*]	关系的指向结点
7	Location	地址	xsd:anyURI	[0,1]	关系的完整地址

6.3　枚举数据类型

6.3.1　用户类型枚举(EimUser TypeEnum)

用户类型表明访问领域信息服务的用户的权限类别。领域信息服务的常用用户类型以用户类型枚举表示，定义见表 7。

表 7　用户类型枚举

基础数据类型	取值范围	备注
xsd:string	value="ADMINISTRATOR"	管理员，具有最高权限
xsd:string	value="EDITOR"	编辑者，具有读写权限
xsd:string	value="READER"	读者，具有读权限
xsd:string	value="GUEST"	游客，未赋予权限
xsd:string	value="USERDEFINED"	用户定义

6.3.2 关系类型枚举(EimRelationshipTypeEnum)

关系类型是表明特定工程领域概念、属性之间的相关联系。关系通常是双向的,包括关系的起始方向(父方向),以及关系的指向方向(子方向)。工程领域信息的常用关系类型以关系类型枚举表示,定义见表8。

表8 关系类型枚举

基础数据类型	取值范围	备注
xsd:string	value="HASCONTEXT"	语境
xsd:string	value="ASSOCIATES"	关联
xsd:string	value="COMPOSES"	分解
xsd:string	value="GROUPS"	成组
xsd:string	value="SPECIALIZES"	细化
xsd:string	value="SEQUENCES"	序列
xsd:string	value="HASPROPERTY"	具有属性
xsd:string	value="HASUNITS"	具有单位
xsd:string	value="HASVALUES"	具有取值
xsd:string	value="USERDEFINED"	用户定义

6.3.3 概念类型枚举(EimConceptTypeEnum)

概念类型是用于描述工程领域相关概念类别的数据类型,工程领域的常用概念类型以概念类型枚举表示,定义见表9。

注:具体工程领域的任何概念适合于一种且只适合于一种概念类型。

表9 概念类型枚举

基础数据类型	取值范围	备注
xsd:string	value="ENGINEERING"	工程
xsd:string	value="FUNCTIONAL_STRUCTURE"	功能结构
xsd:string	value="SPATIAL_STRUCTURE"	空间结构
xsd:string	value="SPACE"	空间
xsd:string	value="COMPONENT"	构件
xsd:string	value="PRODUCT"	产品
xsd:string	value="ACTOR"	角色
xsd:string	value="TASK"	任务
xsd:string	value="ISSUE"	问题

表 9（续）

基础数据类型	取值范围	备注
xsd:string	value="RESOURCE"	资源
xsd:string	value="LIBRARY"	库
xsd:string	value="ITEM"	项
xsd:string	value="DOCUMENT"	文档
xsd:string	value="MATERIAL"	材质
xsd:string	value="GEOMETRY”	几何
xsd:string	value="GEOPOSITION”	位置
xsd:string	value="USERDEFINED”	用户定义

6.3.4 属性类型枚举(EimPropertyTypeEnum)

属性是指特定工程领域的概念可以关联的特征信息。按照其不同的取值、属性可以有不同的类型。工程领域的信息概念可能具有的属性的类型具体定义见表 10。

表 10 属性类型枚举

基础数据类型	取值范围	备注
xsd:string	value="BOOLEANVALUE"	布尔型
xsd:string	value="STRINGVALUE"	字符型
xsd:string	value="INTEGERVALUE"	整数型
xsd:string	value="DOUBLEVALUE"	浮点型
xsd:string	Value="DATETIME"	时间型
xsd:string	Value="ANYURI"	URI 型

7 接口函数

7.1 概念服务接口

7.1.1 /EimConcept

名称:创建概念。

方法:POST。

含义:创建新的概念,其名称与描述须在创建前检查。

参数:见表 11。

表 11 创建概念参数列表

名称	描述	类型	备注
names	概念名称的列表,可以以多种语言表示,以逗号分隔多个名称	form	表单参数
context	概念所属的语境,以语境标识符表示	form	表单参数
definition	概念的定义	form	表单参数
conceptType	概念类型,参见枚举数据类型 EimConceptTypeEnum	form	表单参数
guid	标识符	form	表单参数

返回值:返回新创建概念(即返回值),见表 12。

表 12 创建概念返回值

类型	内容
element:	xsd:anyURI
media types:	application/xml
	application/json

7.1.2 /EimConcept/{context}/{guid}

名称:查找概念。

方法:GET。

含义:通过 GUID 的描述,返回一个概念的构造。

参数:见表 13。

表 13 查找概念参数列表

名称	描述	类型	备注
context	概念的语境,以语境标识符表示	path	路径参数
guid	概念的唯一标识符	path	路径参数

返回值:返回符合规定 GUID 的概念,见表 14。

表 14 查找概念返回值

类型	内容
element:	EimConcept
media types:	application/xml
	application/json

7.1.3 /EimConcepts

名称:列举所有概念。

方法:GET。

含义:列举当前服务中包括的所有语境中的所有概念。

参数:无参数。

返回值:返回当前服务中所有 EimConcpet 组成的列表,见表 15。

表 15 列举所有概念返回值

类型	内容
element:	EimConcept
media types:	application/xml
	application/json

7.1.4 /EimConcept/{context}/{guid}/{childContext}/{childGuid}/relationshipType/{relationshipType}

名称:删除子概念。

方法:DELETE。

含义:删除与概念具有特定关系的子概念,关系的起始方向是指定的概念,关系的指向方向是子概念。此项操作要求至少具有编辑权限。

参数:见表 16。

表 16 删除子概念参数列表

名称	描述	类型	备注
context	概念的语境,以语境标识符表示	path	路径参数
guid	概念的唯一标识符	path	路径参数
childContext	子概念的语境	path	路径参数
childGuid	子概念的唯一标识符	path	路径参数
relationshipType	关系类型	path	路径参数

7.1.5 /EimConcept/{context}/{guid}/children

名称:获取关联子概念。

方法:GET。

含义:获取指定概念的所有子概念。

参数:见表 17。

表 17 获取关联子概念参数列表

名称	描述	类型	备注
context	概念的语境,以语境标识符表示	path	路径参数
guid	父概念的标识符	path	路径参数

返回值:返回以 EimConcept 表达的概念列表,见表 18。

表 18 获取关联子概念返回值

类型	内容
element:	EimConcept
media types:	application/xml
	application/json

7.1.6 /EimConcept/{context}/{guid}/child

名称:增加关联子概念。

方法:POST。

含义:增加一项子概念到指定的概念,新增加的概念与指定概念具有指定类型的关系。关系的起始方向是指定的概念,关系的指向方向是新增加的概念。执行此项操作需具有编辑权限。

参数:见表 19。

表 19 增加关联子概念参数列表

名称	描述	类型	备注
context	概念的语境,以语境标识符表示	path	路径参数
guid	指定概念的唯一标识符	path	路径参数
childURI	所增加的子概念的 URI	form	表单参数
relationshipType	指定概念和子概念之间的关系类型,参见枚举数据类型 EimRelationshipTypeEnum	form	表单参数

7.1.7 /EimConcept/{context}/{guid}/children/{relationshipType}

名称:获取特定关系子概念。

方法:GET。

含义:获取指定概念具有特定类型关系的所有子概念。

参数:见表 20。

表 20 获取特定关系子概念参数列表

名称	描述	类型	备注
context	概念的语境,以语境标识符表示	path	路径参数
guid	父概念的标识符	path	路径参数
relationshipType	用关系类型来过滤	path	路径参数

返回值:返回以 EimConcept 表达的概念列表见表 21。

表 21　获取特定关系子概念返回值

类型	内容
element:	EimConcept
media types:	application/xml
	application/json

7.1.8　/EimConcept/{context}/{guid}/definition

名称：增加定义。

方法：POST。

含义：为指定的概念增加定义，本操作应具备编辑权限。

参数：见表 22。

表 22　增加定义参数列表

名称	描述	类型	备注
context	概念的语境，以语境标识符表示	path	路径参数
guid	增加定义的概念的唯一标识符	path	路径参数
language	所增加的定义的语言标签	form	表单参数
definition	定义的文本描述	form	表单参数

返回值：返回以 xsd:anyURI 对象表示的新创建定义的概念，见表 23。

表 23　增加定义返回值

类型	内容
element:	xsd:anyURI
media types:	application/xml
	application/json

7.1.9　/EimConcept/{context}/{guid}/definition

名称：删除定义。

方法：DELETE。

含义：根据语境以及标识符指定特定的概念，为指定的概念删除定义，本操作应具备编辑权限。

参数：见表 24。

表 24　删除定义参数列表

名称	描述	类型	备注
context	概念的语境，以语境标识符表示	path	路径参数
guid	概念的唯一标识符	path	路径参数
definition	现有定义的描述字段	form	表单参数

7.1.10 /EimConcept/{context}/{guid}/name

名称:增加名称。

方法:POST。

含义:根据语境以及标识符指定特定的概念,为指定的概念增加新的概念名称,概念新增加的名称不影响概念的标识符以及其他名称,本操作应具备编辑权限。

参数:见表25。

表 25 增加名称参数列表

名称	描述	类型	备注
context	概念的语境,以语境标识符表示	path	路径参数
guid	所增加名称的概念的唯一标识符	path	路径参数
language	所增加名称的语言标签	form	表单参数
name	名称的文本	form	表单参数

返回值:返回以 xsd:anyURI 对象表达新增加名称的概念,见表26。

表 26 增加名称返回值

类型	内容
element:	xsd:anyURI
media types:	application/xml
	application/json

7.1.11 /EimConcept/{context}/{guid}/name

名称:删除名称。

方法:DELETE。

含义:为指定的概念删除已有名称。

参数:见表27。

表 27 删除名称参数列表

名称	描述	类型	备注
context	概念的语境,以语境标识符表示	path	路径参数
guid	所删除名称的概念的唯一标识符	path	路径参数
name	名称的文本	form	表单参数

7.1.12 /EimConcept/{context}/{guid}/parent

名称:增加父概念。

方法:POST。

含义:增加一项父概念到指定的概念。

参数:见表 28。

表 28 增加父概念参数列表

名称	描述	类型	备注
context	概念的语境,以语境标识符表示	path	路径参数
guid	所增加的子概念的唯一标识符	path	路径参数
parentURI	所增加的父概念的 URI	form	表单参数
relationshipType	父概念和子概念间的关系类型	form	表单参数

7.1.13 /EimConcept/{context}/{guid}/{parentContext}/{parentGuid}/relationshipType/{relationshipType}

名称:删除父概念。

方法:DELETE。

含义:根据指定概念的语境与标识符,以及与其具有某种特定关系的父概念的标识符,删除指定概念的一项父概念。此项操作至少需要编辑权限。

参数:见表 29。

表 29 删除父概念参数列表

名称	描述	类型	备注
context	概念的语境,以语境标识符表示	path	路径参数
guid	需要删除子概念的标识符	path	路径参数
parentContext	所删除父概念的语境	path	路径参数
parentGuid	所删除的父概念的标识符	path	路径参数
relationshipType	关系类型	path	路径参数

7.1.14 /EimConcept/{context}/{guid}/parents

名称:获取父概念。

方法:GET。

含义:获取指定概念的所有父概念。

参数:见表 30。

表 30 获取父概念参数列表

名称	描述	类型	备注
context	概念的语境,以标识符表示	path	路径参数
guid	当前指定概念的 GUID	path	路径参数
pageSize	页面大小	query	查询参数
cache	获取缓存数据	query	查询参数

返回值:以 EimConcept 表达的概念列表,见表 31。

表 31 获取父概念返回值

类型	内容
element:	EimConcept
media types:	application/xml
	application/json

7.1.15 /EimConcept/{context}

名称:获取语境全部概念。
方法:GET。
含义:列举特定语境中所有概念。
参数:见表 32。

表 32 获取语境全部概念参数列表

名称	描述	类型	备注
context	概念的语境,以语境标识符表示	path	路径参数
pageSize	页面大小	query	查询参数
cache	获取缓存数据	query	查询参数

返回值:以 EimConcept 表达的概念列表,见表 33。

表 33 获取语境全部概念返回值

类型	内容
element:	EimConcept
media types:	application/xml
	application/json

7.1.16 /EimConcept/{context}/{guid}/parent/{relationshipType}

名称:获取特定关系父概念。
方法:GET。
含义:获取与指定概念具有特定关系的所有父概念。
参数:见表 34。

表 34 获取特定关系父概念参数列表

名称	描述	类型	备注
context	概念的语境,以语境标识符表示	path	路径参数
guid	概念的标识符	path	路径参数
relationshipType	需要过滤的关系类型	path	路径参数
pageSize	页面大小	query	查询参数
cache	获取缓存数据	query	查询参数

返回值:返回以 EimConcept 表达的概念列表,见表 35。

表 35 获取特定关系父概念返回值

类型	内容
element:	EimConcept
media types:	application/xml
	application/json

7.1.17 /EimConcept/search/{searchString}

名称:概念搜索。
方法:GET。
含义:通过给定字符串搜索概念。
参数:见表 36。

表 36 概念搜索参数列表

名称	描述	类型	备注
searchString	用来匹配的字符串,UTF8 编码	path	路径参数
pageSize	页面大小	query	查询参数
cache	获取缓存数据	query	查询参数

返回值:返回名称符合搜索给定搜索字符串的概念列表,见表 37。

表 37 概念搜索返回值

类型	内容
element:	EimConcept
media types:	application/xml
	application/json

7.1.18 /EimConcept/search/filter/type/{conceptType}/{searchString}

名称:概念模式搜索。

方法:GET。

含义:按给定字符串和概念类型搜索概念。

参数:见表38。

表38　概念模式搜索参数列表

名称	描述	类型	备注
conceptType	限定的概念的类型	path	路径参数
searchString	用来匹配的字符串,UTF8编码	path	路径参数
pageSize	页面大小	query	查询参数
cache	获取缓存数据	query	查询参数

返回值:返回名称符合搜索给定搜索字符串、类型符合给定的概念类型的概念,见表39。

表39　概念模式搜索返回值

类型	内容
element:	EimConcept
media types:	application/xml
	application/json

7.1.19　/EimContexts

名称:获取语境。

方法:GET。

含义:当前服务中包含多个语境,本操作在无参数的情况下返回所有的语境。

参数:无。

返回值:返回所有语境的URI的列表,见表40。

表40　获取语境返回值

类型	内容
element:	xsd:anyURI
media types:	application/xml
	application/json

7.1.20　/EimConcepts/{context}

名称:获取语境概念。

方法:GET。

含义:当前服务中包含多个语境,本操作在指定特定的语境,返回该语境中所有的概念。

参数:见表41。

表 41 获取语境概念参数列表

名称	描述	类型	备注
context	概念所在的语境,以语境标识符表示	path	路径参数

返回值:返回所有概念的 URI 的列表,见表 42。

表 42 获取语境概念返回值

类型	内容
element:	xsd:anyURI
media types:	application/xml
	application/json

7.2 属性服务接口

7.2.1 /EimProperty/forConcept/{context}/{conceptGuid}

名称:获取属性。

方法:GET。

含义:获取给定概念的属性。

参数:见表 43。

表 43 获取属性参数列表

名称	描述	类型	备注
context	概念的语境,以语境标识符表示	path	路径参数
conceptGuid	需要提取属性的概念的唯一标识符	path	路径参数
pageSize	页面大小	query	查询参数
cache	获取缓存数据	query	查询参数

返回值:返回名称符合搜索给定概念的属性列表,见表 44。

表 44 获取属性返回值

类型	内容
element:	EimProperty
media types:	application/xml
	application/json

7.2.2 /EimProperty/search/{searchString}

名称:搜索属性。

方法:GET。

含义:通过给定字符串搜索属性。

参数:见表 45。

表 45 搜索属性参数列表

名称	描述	类型	备注
searchString	用来匹配的字符串,UTF8 编码	path	路径参数
pageSize	页面大小	form	表单参数
cache	获取缓存数据	form	表单参数

返回值:返回名称符合搜索给定搜索字符串的属性,见表 46。

表 46 搜索属性返回值

类型	内容
element:	EimProperty
media types:	application/xml
	application/json

7.2.3 /EimProperties/{context}

名称:获取语境属性。

方法:GET。

含义:返回特定语境中所有的属性的 URI。

参数:见表 47。

表 47 获取语境属性参数列表

名称	描述	类型	备注
context	属性所在的语境,以语境标识符表示	path	路径参数

返回值:返回所有属性的 URI 的列表,见表 48。

表 48 获取语境属性返回值

类型	内容
element:	xsd:anyURI
media types:	application/xml
	application/json

7.3 关系服务接口

7.3.1 /EimRelationship

名称:创建关系。

方法:POST。

含义:在领域语境中,创建一项新的关系。

参数:见表49。

表 49 创建关系参数列表

名称	描述	类型	备注
relationshipType	关系的类型	form	表单参数
parentGuid	父概念的标识符	form	表单参数
childGuid	子概念的标识符	form	表单参数
context	关系所在语境的唯一标识符	form	表单参数

返回值:返回新创建的关系,见表50。

表 50 创建关系返回值

类型	内容
element:	xsd:anyURI
media types:	application/xml
	application/json

7.3.2 /EimRelationship/{context}/{guid}

名称:获取关系。

方法:GET。

含义:在领域语境中,返回符合指定标志符的关系。

参数:见表51。

表 51 获取关系参数列表

名称	描述	类型	备注
guid	要获取的关系的标识符	path	路径参数
context	关系所在语境标识符	path	路径参数

返回值:返回符合指定 GUID 的关系,见表52。

表 52　获取关系返回值

类型	内容
element：	xsd：anyURI
media types：	application/xml
	application/json

7.3.3　/EimRelationship/{context}/{parentGuid}

名称：更新关系。

方法：PUT。

含义：在领域语境中，更新指定 GUID 的关系。

参数：见表 53。

表 53　更新关系参数列表

名称	描述	类型	备注
context	关系所在语境的唯一标识符	path	路径参数
parentGuid	父概念的 GUID	path	路径参数
childGuid	子概念的标识符	form	表单参数
relationshipType	关系的类型	form	表单参数

7.3.4　/EimRelationship/{context}/{guid}

名称：删除关系。

方法：DELETE。

含义：在领域语境中，删除一项已有关系。

参数：见表 54。

表 54　删除关系参数列表

名称	描述	类型	备注
guid	要删除的关系的标识符	path	路径参数
context	关系所在语境，以语境标识符表示	path	路径参数

7.3.5　/EimRelationships/{context}

名称：获取语境关系。

方法：GET。

含义：返回特定语境中所有的关系的 URL。

参数：见表 55。

表 55 获取语境关系参数列表

名称	描述	类型	备注
context	关系所在的语境,以语境标识符表示	path	路径参数

返回值:返回语境中所有关系的 URI 的列表,见表 56。

表 56 获取语境关系返回值

类型	内容
element:	xsd:anyURI
media types:	application/xml
	application/json

ICS 35.240.50
L 67

中华人民共和国国家标准

GB/T 36456.3—2018

面向工程领域的共享信息模型 第3部分：测试方法

Engineering domain oriented shared information model—Part 3:Testing methodology

2018-06-07 发布　　2019-01-01 实施

国家市场监督管理总局
中国国家标准化管理委员会　发布

前　言

GB/T 36456《面向工程领域的共享信息模型》分为三个部分：

——第1部分：领域信息模型框架；

——第2部分：领域信息服务接口；

——第3部分：测试方法。

本部分为GB/T 36456的第3部分。

本部分按照GB/T 1.1—2009给出的规则起草。

请注意本文件的某些内容可能涉及专利。本文件的发布机构不承担识别这些专利的责任。

本部分由全国信息技术标准化技术委员会(SAC/TC 28)提出并归口。

本部分起草单位：清华大学、中国电子技术标准化研究院、中车信息技术有限公司。

本部分主要起草人：孙家广、顾明、刘玉身、张荷花、高歌、余云涛、杨磊、相福民、李博。

面向工程领域的共享信息模型 第3部分:测试方法

1 范围

GB/T 36456 的本部分规定了 GB/T 36456.1 描述的领域信息模型框架实现的测试方法。

本部分适用于工程领域信息模型实现的测试,也适用于指导工程领域信息共享测试软件的开发。

2 规范性引用文件

下列文件对于本文件的应用是必不可少的。凡是注日期的引用文件,仅注日期的版本适用于本文件。凡是不注日期的引用文件,其最新版本(包括所有的修改单)适用于本文件。

GB/T 36456.1 面向工程领域的共享信息模型 第1部分:领域信息模型框架

GB/T 36456.2 面向工程领域的共享信息模型 第2部分:领域信息服务接口

3 术语和定义

下列术语和定义适用于本文件。

3.1

工程领域信息模型实现 implementations for engineering domain information model

针对某工程领域的声称符合 GB/T 36456.1 的信息模型实现,简称信息模型实现。

3.2

完备性检查 completeness checking

关于信息模型中的组件、属性和关系与全部规定要求相一致的检查。

3.3

业务符合性检查 regulation checking

关于信息模型中的组件、属性和关系与工程领域业务规范全部规定相一致的检查。

3.4

受试实现 implementation under test;IUT

接受测试的声称符合 GB/T 36456.1 的信息模型实现。

3.5

测试项 test item

信息模型测试中的直接接受测试的项目。一个测试项至少包含一个明确的测试目的。

3.6

形式化描述项 formal description of test item

使用形式化描述语言表示的测试项。

3.7

测试判定 test verdict

相对于测试项,对 IUT 测试的“通过”“失败”或“无结论”陈述。

4 概述

本部分描述的信息模型测试是对 GB/T 36456.1 中由信息模型组件构成的模型的测试，不同于对硬件或软件系统的测试。所用的测试方法本质上是检查方法。

GB/T 36456.1 所规范的信息模型的组件、属性和建模方法是对信息模型实现的基本要求。这些要求反映在信息模型实现中相关信息的描述中，它们是使用某种语言进行的描述。

对信息模型实现的测试就是对描述进行检查，进而按设定的条件判定这些描述是否符合 GB/T 36456.1 的规定。

本部分描述的信息模型测试方法是采用完备性检查和业务符合性检查的方法。通过对信息模型实现的完备性和业务符合性的检查，判断所测各项的符合性，进而确定整个信息模型实现对 GB/T 36456.1 的符合程度。

5 一般要求

5.1 测试套件结构

测试套件是对信息模型实现进行测试的基本数据工具。用于测试的套件构造宜采用分层次结构。建议的测试套件结构如图 1 所示。

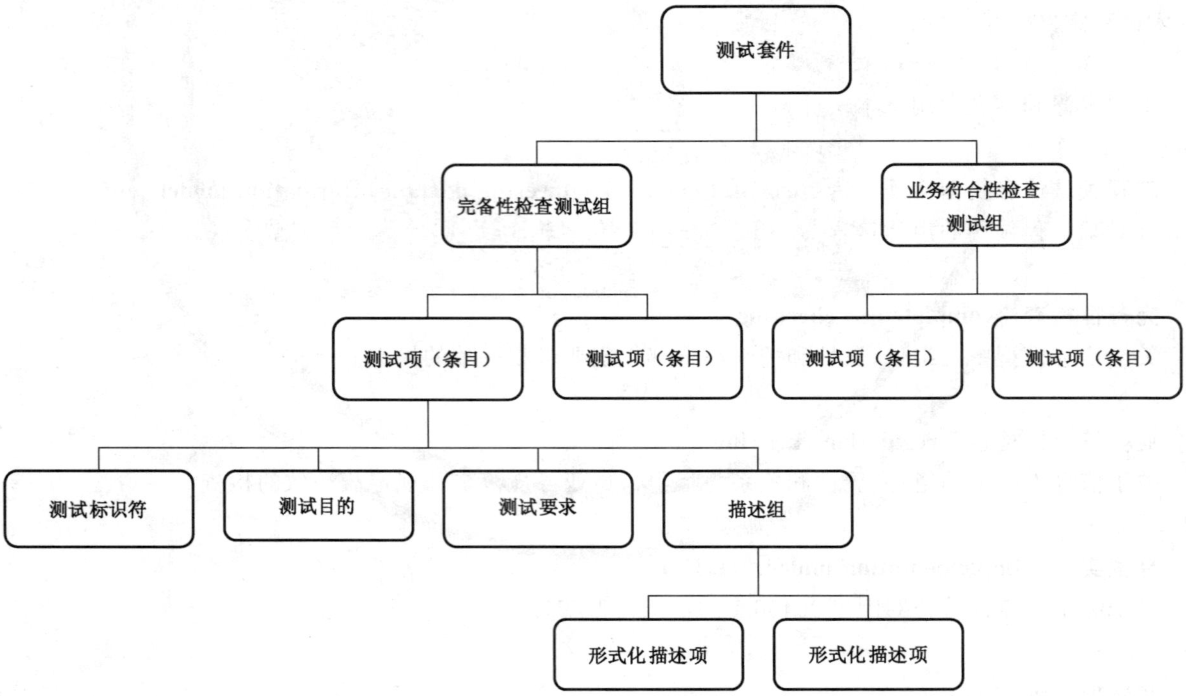

图 1 测试套件结构

在图 1 中，作为代表，只显示出一条从测试套件到形式化描述项的多层分支。测试套件是作为测试判断基准的数据集合。测试套件中，完备性检查测试组和业务符合性检查测试组是套件的子集，或者说是套件的两个大类。每个大类都由若干测试项（条目）组成。每个测试项由测试标识符、测试目的、测试要求以及描述组组成，其中，每个描述组由若干形式化描述项组成。

5.2 测试项

对 IUT 进行测试的测试项(以下简称为“受试测试项”)是完备性检查测试或业务符合性检查测试中展开测试活动的直接测试对象。对受试测试项进行测试的结果,其判定以测试套件中的测试项(以下简称“基准测试项”)中包含的相关数据为判断基准。

基准测试项是信息模型测试过程中测试结果判断的模板,其中包含的数据覆盖判断基准和形式化描述规范的实例。

基准测试项中:

a) 应至少包含一个明确的具体测试目的;
b) 所使用的自然语言描述应包括以下内容:
   1) 测试标识符:该测试项的唯一标识符;
   2) 测试目的:该测试项的自然语言描述;
   3) 测试要求:适用于该测试项的 GB/T 36456.1 中描述的要求以及信息模型实现者需要遵循的工程项目要求、业务要求和信息模型其他相关要求;
   4) 描述组:包含一组用于精确表示具体测试目的的形式化描述项。形式化描述项使用本部分推荐的形式化描述语言。

对受试测试项进行的完备性检查测试是通过 IUT 中描述的完备性检查,检查 IUT 中的组件、属性和关系以及用于表述模型的相应的含义是否符合 GB/T 36456.1 的规定,以及为满足本工程项目需要对各个具体信息组件的要求。

对受试测试项进行的业务符合性检查测试是通过对 IUT 中所描述的语言表述进行分析,检查工程领域信息模型中 IUT 的组件、属性和关系是否符合 GB/T 36456.1 以及所涉及的业务规范要求,如果不符合,确定问题与原因。

6 测试过程概述

测试过程包含所有为确定 IUT 的测试判定结论所必要的测试活动。测试过程包括四个阶段:

a) 测试准备,根据给定的测试要求进行以下测试准备:
   1) 确定被测模型可用;
   2) 安排相应的测试套件;
   3) 确定测试环境可用。硬件环境要求处理器 Intel i5 及以上、内存 4G 及以上;软件环境要求操作系统 Windows 7 及以上;
   4) 必要时,获取相应 IUT 的专业、生命周期、管理等相关信息,以便能够确认针对该模型运用了适当的测试要求。
b) 测试执行:对 IUT 的每个受试测试项运用测试套件和相应的判定方法,得到各个测试项的测试判定结果。测试项的可能判定结果包括三种:“通过”“失败”或“无结论”。测试执行中的核心部分“测试”在第 10 章描述。
c) 结果分析:根据测试给出的每个测试项的判定结果,结合测试套件,对所有测试项的判定结果进行综合分析,做出对 IUT 的评价。
d) 报告生成:根据测试套件和 IUT 评价,生成 IUT 的测试报告。

图 2 给出测试过程的简要说明。

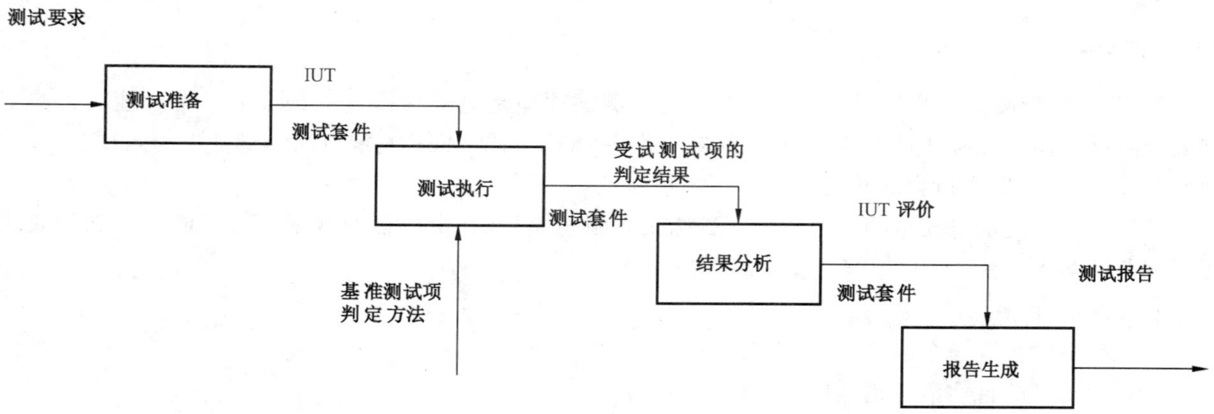

图 2　测试过程示意

7　判定方法

7.1　测试项判定方法

7.1.1　测试项判定条件和结论

测试项测试的结果有“通过”“失败”或“无结论”三种。测试项的判定依据是测试项的描述组里包含的形式化描述项的符合性。测试项的可能结论和相应的判定条件如下：

a）若测试项包含的所有形式化描述项的判定结果都为“通过”，则该测试项判定为通过；

b）若任一形式化描述项的判定结果为“失败”，则该测试项判定为“失败”；

c）若任一形式化描述项的判定结果为“无结论”，则该测试项判定为“无结论”。

7.1.2　形式化描述项的判定方法

按第 9 章对描述项的形式化表示的规定，基于 GB/T 36456.2 描述的接口提供的概念服务、属性服务和关系服务，迭代或嵌套调用领域信息服务接口，形成以概念查询、属性查询或关系查询为查询目标的测试和结果判定。

形式化描述项测试的可能判定结果和相应判定条件如下：

a）按第 9 章对形式化表示的规定，依据描述项对应条件句、陈述句形式化表示（如“所有 卧室 的 面积＞10”）的主语，检索能够精确匹配相关的组件，得到被测组件（如“ 卧室”）集合 C。若集合 C 的组件个数为 0（意味着没有任何需要精确匹配的要求），则测试结果判定为“通过”。

b）基于 GB/T 36456.2 描述的接口提供的概念、属性、关系等服务方法，在被测集合 C 中检索符合要求（如属性值约束、关系约束）的结果，并对检索结果的个数是否符合要求进行检查，若符合需要精确匹配的要求且符合检索结果的个数要求，则测试结果判定为“通过”。

c）若不满足 b）中“通过”判定条件，测试结果判定为“失败”。

d）若确定描述项的形式化表示有差错，则该描述项判定为“无结论”，并记录理由。

7.2　信息模型评价方法

7.2.1　信息模型评价结论和条件

依据一定条件对 IUT 做出评价。IUT 的可能评价结论和相应的判定条件如下：

a）若完备性检查测试组和业务符合性检查测试组的判定结果都为“通过”，则该 IUT 评价结果为

“通过”；

b) 若完备性检查测试组或业务符合性检查测试组的判定结果为“失效”，则该 IUT 评价结果为“失败”；

c) 若完备性检查测试组或业务符合性检查测试组的判定结果为“无结论”，则该 IUT 评价结果为“无结论”。

7.2.2 完备性检查测试组判定方法

完备性检查测试组的判定结论和相应的判定条件如下：

a) 若完备性检查测试组包含的所有测试项的判定结果都为“通过”，则完备性检查测试组判定结果为“通过”；

b) 若完备性检查测试组包含的任一测试项的判定结果都为“失败”，则完备性检查测试组判定结果为“失败”；

c) 若完备性检查测试组包含的任一测试项的判定结果都为“无结论”，则完备性检查测试组判定结果为“无结论”。

7.2.3 业务符合性检查测试组判定方法

业务符合性检查测试组的判定结论和相应的判定条件如下：

a) 若业务符合性检查测试组包含的所有测试项的判定结果都为“通过”，则业务符合性检查测试组判定结果为“通过”；

b) 若业务符合性检查测试组包含的任一测试项的判定结果都为“失败”，则业务符合性检查测试组判定结果为“失败”；

c) 若业务符合性检查测试组包含的任一测试项的判定结果都为“无结论”，则业务符合性检查测试组判定结果为“无结论”。

7.3 IUT 判定方法

IUT 的具体判定，应根据测试要求中该 IUT 所涉及的 GB/T 36456.1 中描述的要求以及需要遵循的工程项目、业务活动和信息模型其他要求，对基准测试项进行修改、调整，形成受试测试项，并将最终结果反映在测试套件中。

IUT 判定方法应遵循 7.1 和 7.2 描述的方法。

8 报告生成

8.1 报告组成

测试报告由测试基本信息、测试结果摘要、测试项结果、IUT 测试结论组成。

8.2 测试基本信息

测试基本信息应包括 IUT 的文件名、测试套件文件名、日期时间等内容。

8.3 测试结果摘要

测试结果摘要应包括总测试摘要以及套件的两个大类完备性和业务符合性测试的结果摘要。

总测试结果摘要应包括测试套件的测试项总数、通过率和不符合要求的组件数目。

完备性测试结果摘要应包括完备性检查测试组的测试项总数、通过率以及不符合要求的组件数目等。

业务符合性测试结果摘要应包括业务符合性检查测试组的测试项总数、通过率、不符合要求的组件数目等。

8.4 测试项结果

报告中按以下规定分别对判定结果为“通过”“失败”和“无结论”的测试项给出说明：

a) “通过”的测试项说明：包括测试项编号和测试项描述、测试结果、需要进一步人工检查的内容等；
b) “失败”的测试项说明：包括测试项编号和内容、检查结果、不满足该测试项的组件总数、组件不满足测试项的具体原因、组件的ID、组件的定位信息、需要进一步人工检查的内容等；
c) “无结论”的测试项说明：包括测试项编号、内容和测试结果为无结论的原因说明等。

8.5 IUT 测试结论

IUT 测试结论为“通过”“失败”或“无结论”。表1给出一个IUT 测试结论填写模板。

表1 IUT 测试结论填写模板

IUT 测试结论	测试者(签名)	日期	说明

9 形式化描述语言

9.1 总则

9.1.1 概述

在工程领域信息模型测试中，为支持信息模型的自动检查，往往将自然语言描述的测试目标转换为计算机可处理的结构化表示，以实现规范描述的精确和无歧义。使用形式化描述语言描述此类结构化表示。下面给出 IUT 测试中使用的形式化描述语言的规范，附录A给出形式化描述语言的使用实例。

9.1.2 约定

在9.2中，“()”里面的内容是对“()”前词汇的解释。

在9.3中，语法结构中符号的含义是：“〈〉”符号里面表示形式化关键词，“()”里面表示一个语句整体，“*”表示0至多个语句，“?”表示0个或1个语句，“|”表示或者。

9.2 关键词

以下关键词作为保留字，用于构成形式化描述语言的语法结构，和用于 IUT 测试中编写形式化语句：

a) 语法结构关键词：如果、那么、不存在、存在一个、所有、不、至多、至少；
b) 字符串操作关键词：包含、不包含、匹配、不匹配；
c) 数值比较关键词：=、≥、>、≤、<；
d) 正则表达式关键词：正则；
e) 逻辑连接关键词：并且、或者；
f) 运算关键词：+、-、×、/；
g) 引号关键词：' '(英文单引号)、" "(英文双引号)、‘ ’(中文单引号)、“ ”(中文双引号)；

h) 其他关键词:的、代词(用大写字母 A 至 Z 中任一字母表示一个代词);

i) 词法组件:标识符(如“卧室 123”)、中文汉字(如“卧室”)、大写英文字母(如“A”,“B”,“C”)、阿拉伯数字(如“123”)、中英文特殊字符(如中文小括号、英文小括号、顿号、下划线、中划线)。

9.3 语法结构

形式化语句主要是陈述句,由条件句和复合句构成;条件句包含简单条件句以及由简单条件句构成的复合条件句;复合句由简单句构成。此外,构成形式化描述语言的还有各类短语、标识符等。本形式化描述语言的语法结构如下:

a) 形式化语句:形式化语句 =(条件句|复合句);

b) 条件句:条件句 =〈如果〉复合条件句〈那么〉复合条件句;

c) 复合条件句:复合条件句 = 简单条件句(〈并且〉|〈或者〉简单条件句)*;

d) 简单条件语句:简单条件句 =(名词|代词)(〈的〉属性 属性动词短语 ((〈并且〉|〈或者〉)属性动词短语)*)
|(关系动词短语 (〈并且〉|〈或者〉)关系动词短语)*);

e) 属性动词短语:属性动词短语 =(数值动词短语|字符串动词短语);

f) 数值动词短语:数值动词短语 =〈数值比较符〉数值
|〈数值比较符〉数值属性名词短语
|〈数值比较符〉简单名词短语;

g) 简单名词短语:简单名词短语 =(名词〈的〉属性)
|(名词〈代词〉〈的〉属性);

h) 数值属性名词短语:数值属性名词短语 =(数值〈四则运算符〉简单名词短语)
|(简单名词短语〈四则运算符〉数值)
|(简单名词短语〈四则运算符〉简单名词短语);

i) 字符串动词短语:字符串动词短语 =(〈字符串操作符〉|〈正则操作符〉)〈引号〉(字符串)?〈引号〉;

j) 关系动词短语:关系动词短语 =(〈不〉)? 关系动词 (数值 |〈至多〉数值 |〈至少〉数值)?名词;

k) 复合句:复合句 = 简单句(〈并且〉简单句)*;

l) 简单句:简单句 =(前缀名词短语(属性动词短语 ((〈并且〉|〈或者〉)属性动词短语)*)
|(前缀名词 关系动词短语((〈并且〉|〈或者〉)关系动词短语)*);

m) 前缀名词短语:前缀名词短语 = 前缀名词〈的〉属性;

n) 前缀名词:前缀名词 =(〈存在一个〉名词〈代词〉)| ((〈所有〉|〈不存在〉)名词);

o) 其他:属性 = 标识符;名词 = 标识符;关系动词 = 标识符;数值 = 阿拉伯数字。

10 测试

10.1 概述

测试是第二阶段“测试执行”的核心组成部分,也是整个测试过程的核心组成部分。测试是对 IUT 进行具体的测试。本测试本质上是通过检查来完成。

第 6 章已描述了整个测试的过程。对于测试执行阶段,第 5 章已对该阶段使用的测试套件和测试项进行了描述;第 7 章已对该阶段使用的判定方法进行了描述。鉴于此,本部分的描述只是对 IUT 进行具体测试时对照模板进行检查的测试场景给出简单示例,其测试方法引用之前的描述,不再赘述。

10.2 IUT的完备性检查

10.2.1 组件完备性检查

对照该IUT的测试套件，检查IUT中的组件是否与测试条件相符，并给出相应结果（通过、失败、无结论）。若组件完备性检查结果不通过，其余测试可不再进行。

示例：组件“工程（eim：Engineering）”的完备性检查。按GB/T 36456.1规定，在领域信息模型框架中该组件是必选项，并且GB/T 36456.1规定：一个信息模型中有且仅有一个“工程（eim：Engineering）”组件。在完备性检查执行中，测试套件中应该有对应的测试项；测试项的描述组中应该有一条形式化描述项；按第9章形式化描述语言中的规定，应该表示为：所有 模型 有组件 1 工程。检查IUT是否与此规定符合。具体判断按第7章相关条款描述执行。若该形式化描述项判定结果为“失败”，则该组件完备性检查测试项判定结果为“失败”；若该形式化描述项判定结果为“通过”，则该组件完备性检查测试项判定结果为“通过”；若该形式化描述项判定结果为“无结论”，则该组件完备性检查测试项判定结果为“无结论”。

10.2.2 属性完备性检查

对照该IUT的测试套件，检查IUT中组件的属性是否与测试条件相符，并给出相应结果（通过、失败、无结论）。在组件完备性检查通过的情况下，对测试要求中指定的组件进行属性完备性检查。

示例：组件“工程（eim：Engineering）”的属性完备性检查。在领域信息模型框架中，按照GB/T 36456.1的要求，在没有其他更多要求的情况下，对该组件要求了7个属性：有且仅有一个标识符（eim：hasID）、有0至1个名称（eim：hasName）、0至1个描述（eim：hasDescription）、0至1个类型（eim：hasType）、0至多个别名（eim：hasAlias）、0至1个阶段（eim：hasPhase）和0至多个环境（eim：hasContexts）。在完备性检查执行中，测试套件中应该有对应的测试项；测试项的描述组中应该有7条形式化描述项；按第9章形式化描述语言中的规定，应该表示为7条语句如下。

所有 工程 有属性 1 标识符
所有 工程 有属性 至多 1 名称
所有 工程 有属性 至多 1 描述
所有 工程 有属性 至多 1 类型
所有 工程 有属性 至少 0 别名
所有 工程 有属性 至多 1 阶段
所有 工程 有属性 至少 0 环境

检查IUT是否与此规定符合。具体判断按第7章相关条款描述执行。若7条形式化描述项全部判定结果为“通过”，则该属性完备性检查测试项通过；若7条形式化描述项中任一条描述项的判定结果为“失败”，则该测试项判定结果为“失败”；若7条形式化描述项中任一条描述项的判定结果为“无结论”，则该测试项判定结果为“无结论”。

10.2.3 关系完备性检查

对照该IUT的测试套件，检查IUT中组件之间的关系是否与测试条件相符，并给出相应结果（通过、失败、无结论）。在组件完备性检查通过的情况下，对测试要求中指定的组件进行关系完备性检查。

示例：组件“工程（eim：Engineering）”与组件“空间结构（eim：SpatialStructure）”的关系完备性检查。在领域信息模型框架中，按照GB/T 36456.1的要求，“工程（eim：Engineering）”与“空间结构（eim：SpatialStructure）”的分解关系为条件必选，即当存在空间结构时，必须存在分解关系。在完备性检查执行中，在组件“工程（eim：Engineering）”与组件“空间结构（eim：SpatialStructure）”完备性检查通过的情况下，测试套件中应该有对应的测试项；测试项的描述组中应该有一条形式化描述项；按第9章形式化描述语言中的规定，应该表示为 所有 工程 分解 空间结构，或者表示为所有 工程 分解 至少 1 空间结构。检查IUT是否与此规定符合，具体判断按第7章相关条款描述执行。

10.3 IUT的业务符合性检查

10.3.1 组件业务符合性检查

对照该IUT的测试套件，检查在业务活动过程中，IUT中包含的组件足够支撑业务活动要求的内容，并给出相应结果（通过、失败、无结论）。按第9章形式化描述语言中的规定，形式化描述项应该表示

为在复合句中或者条件句的〈那么〉部分包含语法模式为“模型 有组件 (至少 数值 |至多 数值)? 组件名称”的语句。

示例：对组件“避难层”的要求。在领域信息模型框架中，按照 GB/T 36456.1 的要求以及工程项目的业务要求，要求建筑高度大于 100 m 的公共建筑，应设置避难层。在业务符合性检查执行中，测试套件中应该有对应的测试项；测试项的描述组中应该有一条形式化描述项；按第 9 章形式化描述语言中的规定，应该表示为如果 公共建筑 的 高度 ＞100 那么 模型 有组件 避难层。检查 IUT 是否与此规定符合，具体判断按第 7 章相关条款描述执行。

10.3.2 属性业务符合性检查

对照该 IUT 的测试套件，检查在业务活动过程中，IUT 中包含的组件的属性是否符合业务活动要求的内容，并给出相应结果（通过、失败、无结论）。按第 9 章形式化描述语言中的规定，形式化描述项应表示为在复合句或者条件句的〈那么〉部分包含语法模式为“组件〈的〉属性 后缀名词短语”的语句。

示例：对组件“门”的“防火类型”的属性符合性要求。在领域信息模型框架中，按照 GB/T 36456.1 的要求以及工程项目的业务要求，要求建筑中的疏散走道在防火分区处应设置甲级防火门。在业务符合性检查执行中，测试套件中应该有对应的测试项；测试项的描述组中应该有一条形式化描述项；按第 9 章形式化描述语言中的规定，应该表示为如果 门 处于 防火分区 并且 门 处于 疏散走道 那么 门 的 防火类型 包含“甲级”。检查 IUT 是否与此规定符合，具体判断按第 7 章相关条款描述执行。

10.3.3 关系业务符合性检查

对照该 IUT 的测试套件，检查在业务活动过程中，IUT 中包含的组件之间的关系足够符合业务活动要求的内容，并给出相应结果（通过、失败、无结论）。按第 9 章形式化描述语言中的规定，形式化描述项应表示为在复合句中或者条件句的〈那么〉部分包含语法模式为“组件 A (〈不〉)? 动词 (数值 |〈至少〉 数值 |〈至多〉 数值)? 组件 B”这种模式的语句。

示例：组件“防火墙”与“门”“窗”“洞”等组件的关系符合性要求。在领域信息模型框架中，按照 GB/T 36456.1 的要求以及工程项目的业务要求，要求建筑的防火墙上不应开设门、窗、洞。在业务符合性检查执行中，测试套件中应该有对应的测试项；测试项的描述组中应该有 3 条形式化描述项；按第 9 章形式化描述语言中的规定，应该表示为 3 条语句如下。

所有 防火墙 不 有 窗
所有 防火墙 不 有 门
所有 防火墙 不 有 洞

检查 IUT 是否与此规定符合，具体判断按第 7 章相关条款描述执行。

附 录 A
（资料性附录）
形式化描述语言使用实例

A.1 简单句

所有 建筑 的 高度 ＞ 60

存在一个 管道 A 的 直径 ＞ 55

存在一个 建筑 B 的 高度≤60 并且≥45

注：简单句的语法结构需要注意逻辑关键词的使用，逻辑关键词会在下面详细举例介绍。特别注意的是，在使用“存在一个”关键词时，构件后面要有代词连接，如上例所示。

A.2 复合句

不存在 建筑 的 高度≤60 或者 ＞ 80

并且 所有 建筑 的 耐火等级 匹配“一级”

并且 存在一个 建筑 A 的 层数≥8

存在一个 楼板 A 的 耐火极限≥2

并且 所有 楼板 的 耐火等级 匹配“二级”

注：复合句是由多个简单句组成的，中间使用逻辑连接词“并且”连接，可以连接任意多个简单句，根据用户的实际需要进行撰写，关于“并且”这个关键词的介绍会在后面具体示例。

A.3 条件句

如果 管道 的 名称 包含“中水”

并且 管道 的 直径≤80

那么 管道 的 管道材质 包含“不锈钢”

并且 管道 的 连接方式 包含 “卡压”

如果 阀门 的 名称 包含“给水” 或者 包含“排水” 并且 包含“泄压阀” 并且

阀门 的 直径≤50

那么 阀门 的 阀体材质 匹配“青铜” 并且

阀门 的 连接方式 匹配“螺纹连接”

注：条件句的标志就是“如果……那么……”关键词，中间由逻辑连接词“并且”连接多个简单条件句组成复合条件句。简单条件句又由逻辑连接词“并且”“或者”连接后缀名词短语构成。

A.4 字符串处理

如果 风管 的 名称 包含 “排烟”

并且 风管 的 管道材质 包含 “钢板”

那么 风管 的 板厚≥1.2

如果 阀门 的 名称 包含“减压孔板”
　　并且 阀门 的 直径 ＞ 50
那么 阀门 的 阀体材质 包含“不锈钢”
　　并且 阀门 的 连接方式 匹配“法兰连接”

注：“匹配”表示字符串的完全匹配，“不匹配”与“匹配”是相反的操作，表示与目标字符串不是完全匹配；“包含”表示包含关系，即包含目标字符串，例如“建筑设计防火规范”包含“防火”“建筑”；“不包含”是“包含”的相反操作，表示不包含目标字符串。

A.5　二元运算数值属性名词短语

如果 卧室 A 的 面积 ＞ 0
那么 卧室 A 的 总-窗-面积≥卧室 A 的 面积 / 7

如果 楼层 有 疏散楼梯
那么 疏散楼梯 的 宽度≥楼层 的 人数×0.0075

注：二元运算数值属性名词短语是对简单名词短语使用四则运算符关键词进行连接，通常用来表示复杂的数值关系，但是需要注意：本部分不具有运算能力，所以对于数值之间的四则运算并不支持，类似“45 ＋ 56”这种结构是错误的表达，需要提前计算出结果——“101”取而代之。

A.6　逻辑连接词用法

第一类：用于连接字符串和数值比较操作(共享在语句前面出现的名词短语(主语))。例如：
所有 管道 的 材质 包含“镀锌”并且 包含“钢管”

如果 阀门 的 名称 包含“给水”或者 包含“排水”并且 包含“安全阀”
那么 阀门 的 连接方式 匹配“法兰连接”
第二类：作为连接词连接的语句包含完整的主语。例如：
如果 建筑 的 高度 ＞ 70
那么 建筑 的 耐火等级 匹配“二级”
　　并且 建筑 的 层数 ＞ 6

如果 卧室 的 面积 ＞ 20
那么 卧室 有 窗
　　或者 卧室 边界有 门

如果 阀门 的 名称 包含“给水”或者 包含“排水”并且 包含“安全阀”
　　并且 阀门 的 直径≤50
那么 阀门 的 阀体材质 匹配“青铜”
　　并且 阀门 的 连接方式 匹配“螺纹连接”。

A.7　关于动词语句用法

动词作为本部分的重要关键词，包含词汇范围较广，根据测试的内容，可使用不同的动词表示组件之间的关系,如“从属”“包含”“处于”“引用”“有”“边界有”“开向”等。其基本结构是“动词 名词”。

如果 建筑 有 管道 并且 支吊架 从属 管道
那么 吊架 的 间距 ＜4500

如果 建筑 有 楼梯间 并且 楼梯间 边界有 门
那么 门 的 名称 包含“乙”或者 包含“甲”

如果 楼梯间 有 门
那么 门 开向 楼梯间

A.8 命名规范语法(正则表达式)

如果 楼、地面板 的 名称 包含“楼板”或者 包含“地板”
那么 楼、地面板 的 名称 正则“([中文]{2}-)?[中文]+-C[1-8][0|5]-[1-9][0-9]*”

注:“正则”关键词后接描述规范命名要求的表达式,这一部分的书写详见正则表达式使用手册。

ICS 35.080
L 77

中华人民共和国国家标准

GB/T 36457—2018

复杂产品虚拟样机建模方法

Modeling method of complex product virtual prototype

2018-06-07 发布　　　　2019-01-01 实施

国家市场监督管理总局
中国国家标准化管理委员会　发布

前　言

本标准按照 GB/T 1.1—2009 给出的规则起草。

请注意本文件的某些内容可能涉及专利。本文件的发布机构不承担识别这些专利的责任。

本标准由全国信息技术标准化技术委员会(SAC/TC 28)提出并归口。

本标准起草单位:中国航天科工集团第二研究院第二总体设计部、北京航空航天大学、中国电子技术标准化研究院、北京航天智造科技发展有限公司。

本标准主要起草人:陶栾、周军华、李璐、施国强、王玫、张旸旸、谷牧、宋晓、李潭。

引 言

复杂产品虚拟样机因其复杂性，通常涉及多个不同领域，既有机械系统，又有电子、控制、软件等系统，复杂产品往往具有复杂层次结构、复杂行为，同时还包括不同开发组织、单位之间的合作。为了对虚拟样机进行全面的仿真分析，通常要求将各个领域、各个单位的复杂分布异构系统组合成为一个整体以进行协同仿真。复杂产品虚拟样机建模与仿真理论的核心思想是：采用基于端口的建模策略将虚拟样机涉及的各种异构仿真模型描述为规范化的仿真组件，通过仿真组件模型的组合来实现多学科虚拟样机的快速构建。各种学科机理性质异构、模型类型异构以及建模方法异构的模型都被封装成标准的仿真组件模型；即使是采用各种商业软件开发的黑盒模型，也可以采用仿真软件集成的方式，通过工具适配器将它们封装成标准的仿真组件模型，达到屏蔽模型异构性的目的。

本标准提出的复杂产品虚拟样机建模方法是一种模型驱动(Model-driven)的复杂系统建模仿真方法，基于元模型框架(M2F)的定义，对各要素进行归纳、整合或者等价替换，采用更加工程化的表现形式来描述虚拟样机高层模型，用以解决在目前复杂产品多学科虚拟样机开发过程中多学科、多层次、多组织(部门)协同建模和仿真的标准化问题。

复杂产品虚拟样机建模方法

1 范围

本标准规定了复杂产品虚拟样机建模的体系框架、高层模型组成、高层模型表示和高层建模过程与构建准则的方法。

本标准适用于虚拟样机系统开发过程中系统高层模型的构建和设计。

2 规范性引用文件

下列文件对于本文件的应用是必不可少的。凡是注日期的引用文件,仅注日期的版本适用于本文件。凡是不注日期的引用文件,其最新版本(包括所有的修改单)适用于本文件。

GB/T 11457—2006 信息技术 软件工程术语

3 术语和定义

GB/T 11457—2006 界定的以及下列术语和定义适用于本文件。

3.1

复杂产品 complex products

客户需求复杂、产品构成复杂、产品技术复杂、制造流程复杂、生产管理复杂的一类产品。

3.2

虚拟样机 virtual prototype

与物理产品相对应的计算机数字模型集合。

注:虚拟样机从构造、功能和性能等方面定义、模拟、试验验证和评估物理产品,并且作为物理产品在研制、生产和使用等生命周期内各项活动主要依据。

3.3

虚拟样机系统 virtual prototype system

以虚拟样机为主体进一步集成现实系统应用环境、目标对象等多学科模型构成的数字化仿真系统。

3.4

高层建模方法 high level modeling method

一种基于不同领域异构模型搭建、描述复杂系统的建模理论与方法。

注:高层建模方法以系统论为基础,通过组件化和层次化体现系统论的思想。

3.5

高层模型 high level model

一种虚拟样机系统的顶层模型。

注:高层模型对整个虚拟样机系统的组成和行为进行顶层宏观描述,包括系统的结构模型和行为模型。

3.6

元模型 metamodel

一种定义模型的模型,用于表达某一模型的语言。

3.7

元元模型　meta-metamodel

一种用于定义元模型的模型。

3.8

结构模型　structure model

从空间域上定义系统的组成。

注：结构模型用于描述系统所包括的所有构件的集合以及构件之间的关系，但不包括时间和同步信息。

3.9

行为模型　behavior model

从时间域上定义系统的行为，用于描述系统的运行过程中对外部事件触发和仿真逻辑时间的响应过程。

注：区别于面向对象方法对行为的描述，这里的行为模型主要描述了随着逻辑时间推进和外部仿真事件的触发，系统中各组件的调度和仿真运行过程。

3.10

端口　port

原子模型的一类输入输出数据或事件的通道。

注：端口由一个或多个端口项组成，端口在原子模型内部具有唯一标识。

3.11

端口项　port item

原子模型或组件提供给输入输出的事件或数据的端口。

注：每个输入数据流、输出数据流、输入事件流、输出事件流只有一个端口项。端口项在原子模型或组件内部具有唯一标识。端口项主要用于建立与其他原子模型的接口连接关系。

3.12

原子组件模型　atomic model

对虚拟样机系统中不可再分的最小功能模块的形式化描述模型。

3.13

复合组件模型　composed model

由若干原子组件模型组成。

注：复合组件模型包含结构和行为的形式化描述模型。

3.14

仿真组件　simulation component

用于虚拟样机系统仿真的组件。

注：仿真组件包含原子组件模型和复合组件模型。

3.15

状态　state

在生命周期内，复杂产品对象满足一定条件或等待某个事件时的状况或情形。

注：每个状态都代表了对象行为在一段时间的累积。

3.16

多学科仿真　multidisciplinary collaborative simulation

建模仿真人员在一个协同、互操作的环境中方便、快捷和友好地采用各自领域的专业分析工具，对构成系统的各子系统进行建模与仿真分析，或从不同技术视图进行功能、性能的单点分析，并透明地支持它们参与整个系统的联合仿真，协作完成对系统仿真的一种复杂系统仿真分析方法。

4 缩略语

下列缩略语适用于本文件。

AM 原子组件模型(Atomic Model)

CM 复合组件模型(Composed Model)

M2F 元模型框架(Meta Model Framework)

OMT 对象模型模板(Object Model Temeplate)

5 虚拟样机建模体系框架

复杂产品虚拟样机建模体系框架从复杂产品多学科虚拟样机的系统层次的角度定义了不同抽象层次的元元模型、元模型以及高层模型。如图1所示,复杂产品虚拟样机建模体系框架被定义为一个四层次的模型体系结构,且由高到低分为:元元模型、元模型、模型和实例,其中高层次模型定义了低层次模型描述所需要的基本语言元素,低层次模型则是基于语言元素对高层次模型的实例化。

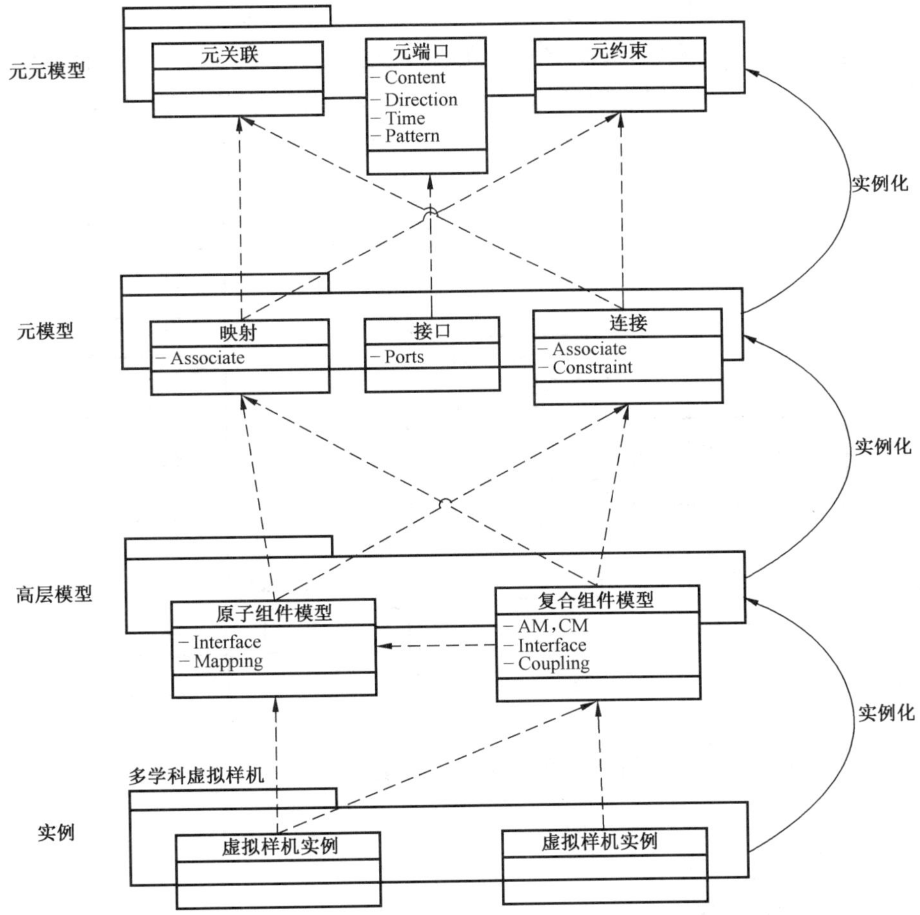

图1 复杂产品虚拟样机建模体系框架

通过采用层次化的模型结构,可以实现具体应用与模型抽象间的分离,以确保复杂产品虚拟样机涉及的各种异构模型在模型抽象上的统一。从元元模型到元模型,进一步实例化为模型层中的原子组件模型和复合组件模型。复杂产品虚拟样机是指对模型层中的复合组件模型的实例化。虚拟样机建模体系框架各层次模型详细描述，见表 1。

表 1 元对象机制中各层次模型的划分表

模型层次	描述	举例
元元模型	用来定义元模型的原型和规则。具有最高抽象层次，是定义复杂产品虚拟样机元模型描述语言的的基本元素	数据结构、属性
元模型	元元模型的实例，定义了模型描述语言的基本要素	类、对象
模型	元模型的实例，定义描述某一应用领域的高层模型	“Pilot”类，“Plane”类
模型实例	模型的实例，定义了特定领域的值	飞行员 Tony、Su-27 飞机等

6 虚拟样机高层模型组成

6.1 概述

复杂产品虚拟样机模型组成，从元元模型层的元端口、元关联以及元约束，扩展提出元模型层的接口、映射以及连接这三个重要的概念，进而定义出高层模型层的原子组件模型和复合组件模型。虚拟样机高层模型组成可以通过原子组件模型和复合组件模型的层层组合构造出来，如图 2 所示。

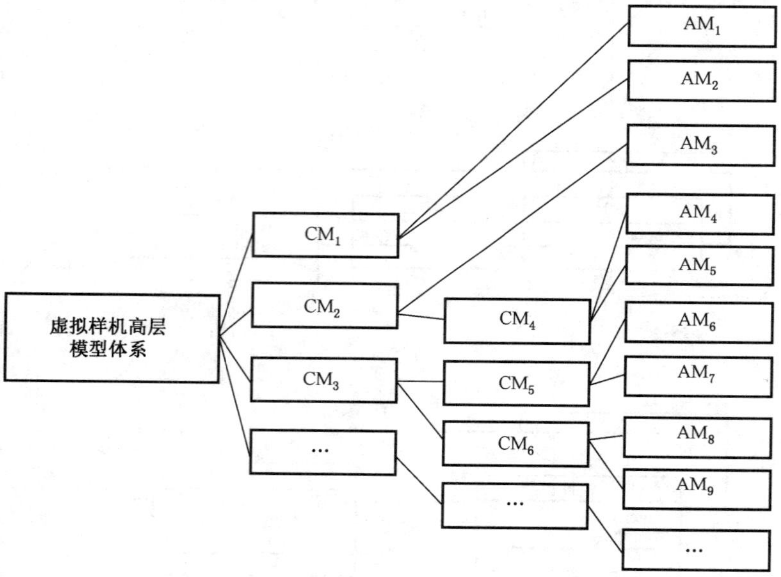

图 2 虚拟样机高层模型组成

6.2 原子组件模型

原子组件模型的形式化表达为：

$$AM: <\{Interface\},\{Mapping\}>$$

它包含接口和映射两部分：

a) 接口(Interface)被定义为一类同性质的端口，其形式化表达为：

$$Interface=\{Port\}$$

端口描述的形式化表达为：

$$\text{Port}:<\text{Content},\text{Direction},\text{Time},\text{Pattern}>$$

它包含信息主体、流向、时戳和模式四个基本要素：

1） 信息主体(Content)：信息主体是仿真模型通过元端口进行交互且会影响仿真求解的全部信息。从信息形式来分，Content 可以为定量数据、事件以及定性知识，其形式化表达为：

$$\text{Content}=<\text{Data}|\text{Event}|\text{Concept}>$$

2） 流向(Direction)：流向表明了信息主体的传递方向，且总是相对其所依赖的模型本体而言。仅有输入和输出两种方向，输入表征信息主体经元端口流入其模型本体，输出则相反，其形式化表达为：

$$\text{Direction}=<\text{Input}|\text{Output}>$$

3） 时戳(Time)：时戳代表了信息主体在时间轴上产生的位置及有效范围。时戳是仿真时间的数值表现形式，在一般情况下取值域 T 为正实数域 R+，但在离散时间系统、可逆系统等特殊系统中值域可能为实数序列或全实数域，其形式化表达为：

$$\text{Time}=<t|t\in T>,T\subseteq R$$

4） 模式(Pattern)：模式提供了元端口所包含信息在时间轴域上的总体形态表现，是由一组可数/不可数的<信息主体，时戳>对所构成的可列数列。模式反映了端口信息在仿真推进过程中的演变模式，其形式化表达为：

$$\text{Pattern}=\{<\text{Contenti},\text{Timei}>,i=0,1,2,3\cdots\}$$

b） 映射(Mapping)是指最基本的原子模型输入端口项集合与输出端口项集合之间在某时刻的映射关系。映射是元关联的实例化，特殊之处在于映射所关联的端口应是原子模型本身的输入和输出端口，其形式化表达为：

$$\begin{aligned}\text{Mapping}=<\text{map}|\{\text{Interfacej.Content}\}=\text{map}(\{\text{Protsi.Content}\}),i\neq j,\\ \text{Interfacej},\text{Interfacei}\in \text{AM},\\ \text{Interfacej.Direction}=\text{Output},\\ \text{Interfacej.Direction}=\text{Input}>\end{aligned}$$

原子组件模型的图形化描述，如图 3 所示。

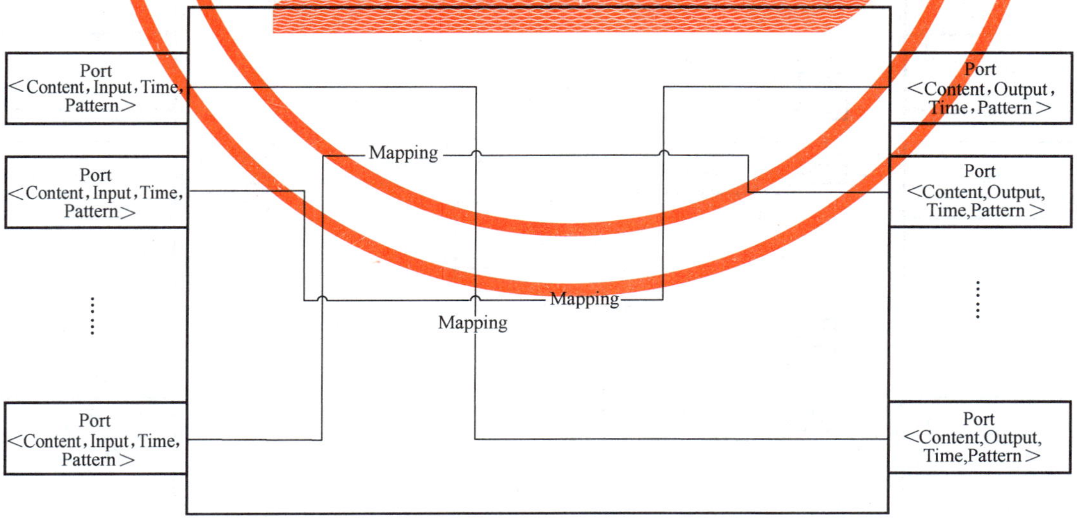

图 3 原子组件模型结构

6.3 复合组件模型

复合组件模型由较小粒度的原子组件模型和/或复合组件模型构成，通过关联接口的连接组织起来，也是具有标准接口的系统模型。仿真复合组件模型的形式化表达为：

$$CM:<\{Interface\},\{AM,CM\},\{Coupling\}>$$

它包含端口、自嵌套的组件模型和连接三部分：

a) 端口(Interface)与原子组件集合(AM)的定义同6.2。

b) 自嵌套的组件模型(CM)：内部组成即可以是不可再分的原子组件(AM)，又可以是其他的复合组件模型。

c) 连接(Coupling)：不同于映射，其形式化表达为：

$$Coupling=<\{Associate\},\{Constrain\}>$$

连接包含元关联(Associate)和元约束(Constrain)两部分：

1) 元关联(Associate)：用于描述元端口间信息主体的关联关系。元关联通常体现为相关元端口间信息主体的某种映射关系(函数)。通常情况下，仿真中模块间端口的关联代表着信息的流向，元关联的映射关系多为一一映射。此外，元关联还可能出现多个端口关联的情况，代表了系统仿真模型间信息的汇聚和分发过程。其形式化表达为：

$$Associate=<assoc|\{Interfacej.Content\}=assoc(\{Interfacei.Content\}),\\ i\neq j,Interfacej,Interfacei\in AM\cup CM>$$

2) 元约束(Constrain)：用于描述元端口间端口属性(形态)的约束关系。元约束限定了特定元端口端口属性，包括流向、模式和时戳上的差异性。尤其是针对存在元关联的元端口，元约束通过约束端口流向、模式和时戳来保证仿真系统中异构模型在解算逻辑、模型机制和时序关系上的一致性。其形式化表达为：

$$Constraint=<streig|Interfacej.Direction\in streig(Interfacei.\ Direction),\\ Interfacej.Time\in streig(Interfacei.Time),\\ Interfacej.Pattern\in streig(Interfacei.\ Pattern),\\ i\neq j,Interfacej,Interfacei\in AM\cup CM>$$

复合组件模型的图形化描述，如图4所示。

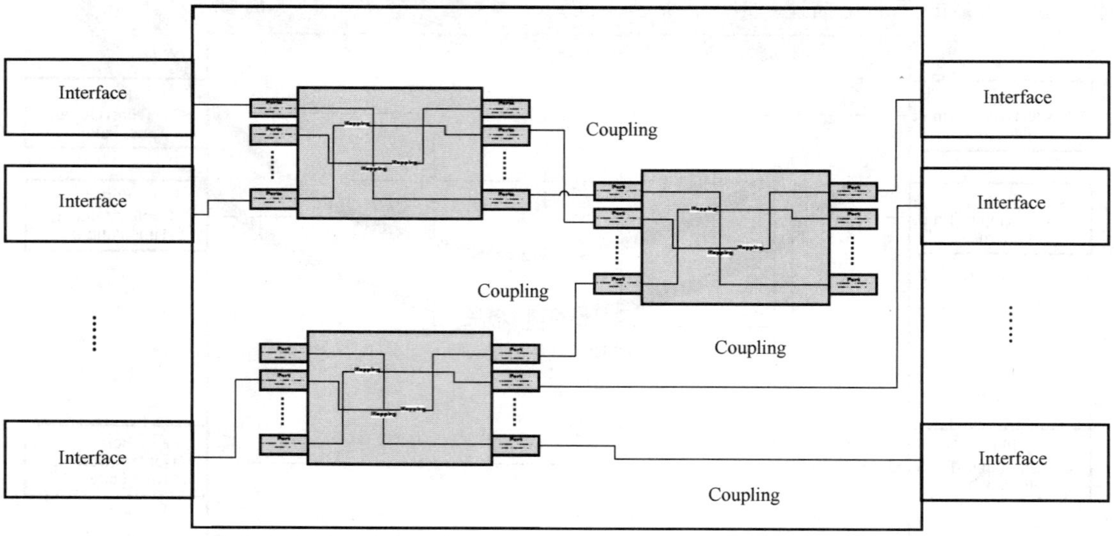

图4　复合组件模型结构

7 虚拟样机高层模型表示

7.1 概述

虚拟样机高层模型通过更易于实现的系统信息描述、结构描述和行为描述来对虚拟样机进行系统层次的高层建模。高层模型包括系统的信息模型、结构模型和行为模型。高层建模结构和行为之间的映射关系，如图5所示。结构模型可以向多种不同的行为模型映射，从而仿真不同的活动场景；同样，行为模型也可以向多种不同结构模型映射，从而仿真不同的实体对象。

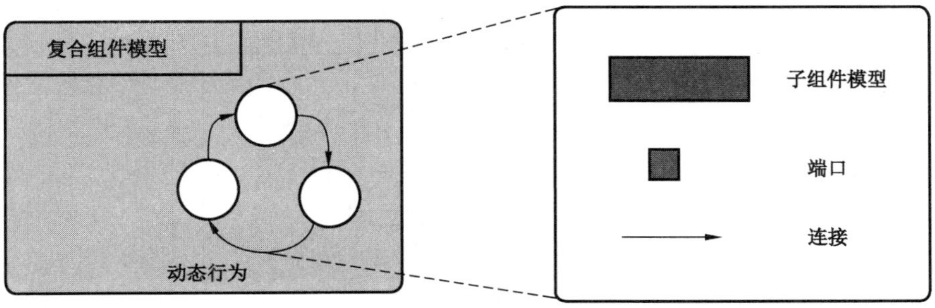

图5 结构和行为映射关系

7.2 信息模型描述

虚拟样机高层模型对于原子组件模型、复合组件模型、系统模型的描述侧重于对它们的包含关系和输入输出端口的描述。其基本功能是在仿真计算机系统上构造一个被仿真对象。

系统的信息模型可以从复合组件模型的结构模型中获得大部分，其他的可以利用 OMT 加入。系统的信息模型描述参见 IEEE 1516.2。

7.3 结构模型描述

7.3.1 图元语义

结构模型是对系统组成的描述，描述的对象包括所有组件的集合、组件上所有端口的集合、组件之间所有连接的集合。基于这些要素，结构建模描述组件的嵌套关系，从而体现出高层模型的层次结构。结构模型的图元和语义，见表2。

表2 结构模型图形元素定义表

图元	语义	声明信息
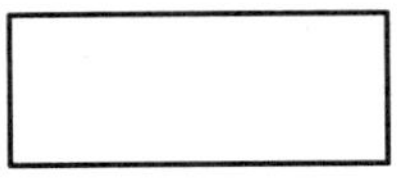	组件	模型名称、模型索引、语义标签、模型类型、继承关系、应用领域、功能简述、使用记录、发布安全控制、版本信息标号以及开发人员信息
	事件端口	端口名称、事件实例、事件类型、事件流向、仿真时间以及模型类型
	数据端口	端口名称、数据内容、数据类型、数据流向、仿真时间以及模型类型
	初始化、参数端口	端口名称、数据内容、数据类型以及模型类型
	连接	源端口名称、信息类型、仿真时间、模型类型；目的端口名称、信息类型、仿真时间、模型类型

7.3.2 文本规范

7.3.2.1 组件文本规范

组件的形式化表达为：

<MetaData ModelName=" " ModelID=" " SemanticTag=" " ModelType=" " InheritFrom=" " ApplicationDomain=" " FunctionIntroduction=" " UseLimitation=" " ReleaseRestriction=" " VersionInfo=" " DeveloperInfo=" "/>

组件的图形化描述如图6所示。

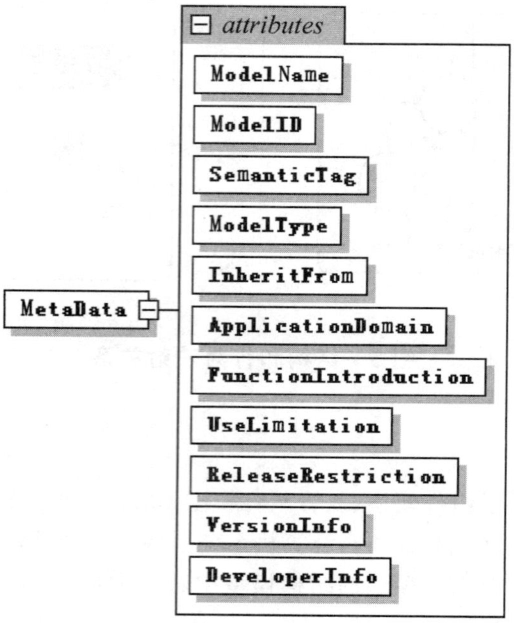

图6 组件文本定义的 XML Schema 视图

组件文本定义包括模型名称和模型索引、模型语义标签、模型类型、继承关系、模型应用领域、模型的功能简述、模型的使用记录、发布安全控制、版本信息标号和开发人员资料等条目：

a) 模型名称(ModelName)和模型索引(ModelID)应是全局唯一的，一个模型名称可以对应若干个版本信息号。

b) 模型的语义标签(SemanticTag)类似于关键字，但语义标签基于知识本体，对于模型的匹配发现、语义组合有至关重要的作用。

c) 模型类型(ModelType)描述了模型是连续系统模型、离散时间系统模型还是离散事件系统模型，当然它还可以从建模策略等角度进一步地细分。

d) 继承关系(InheritFrom)能够较清晰地记录模型族的扩展，展现模型谱系。如果建模环境支持，能够自动地根据继承关系导出模型库中的已有模型，用户只需基于原有成果开发模型的增量部分。

e) 模型应用领域(ApplicationDomain)指明了该模型能够应用于哪些领域，该字段最能体现复杂产品虚拟样机的多学科属性，作为进一步分析评估的基础。

f) 模型的功能简述(FunctionIntroduction)是模行本体部分的重要内容，特别是对于黑盒模型，用户不知道模型内部的机理，凭借模型的功能简述来使用该组件模型。

g) 模型的使用记录(UseLimitation)给出了模型参与系统集成的历史以及使用效果的反馈，其意义不容小视，能够为模型今后的重用、组合以及快速部署提供支持。

h) 发布安全控制(ReleaseRestriction)、版本信息标号(VersionInfo)和开发人员资料(Developer-

Info)，为模型的管理和控制提供了机制支持。

7.3.2.2 事件端口文本规范

事件端口的形式化表达为：

<EventPort PortName＝" " EventInstrance＝" " EventType＝" " EventDirection＝" " SimulationTime＝" " ModelType＝" "/>

事件端口的图形化描述如图 7 所示。

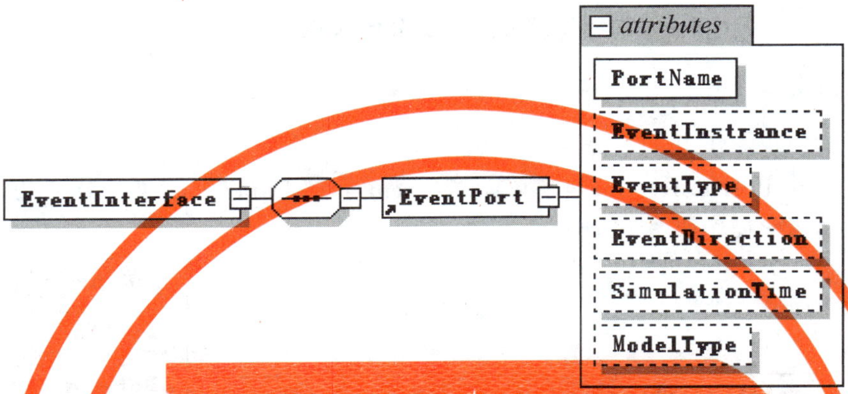

图 7　事件端口定义部分的 XML Schema 视图

7.3.2.3 数据端口文本规范

数据端口的形式化表达为：

<DataPort PortName＝" " DataContent＝" " DataType＝" " DataDirection＝" " SimulationTime＝" " ModelType＝" "/>

数据端口的图形化描述如图 8 所示。

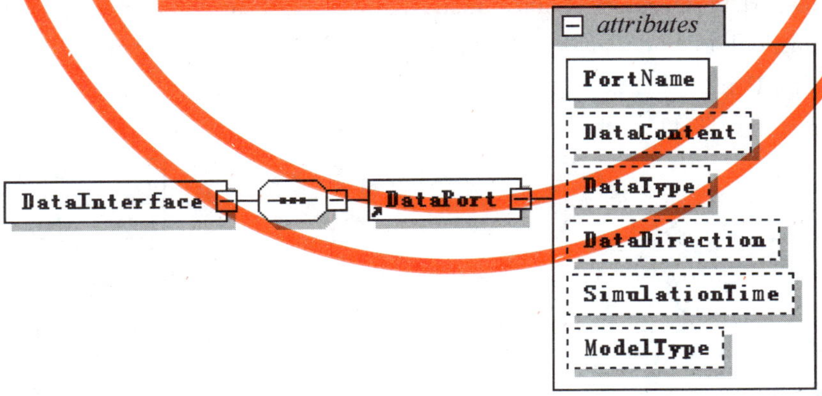

图 8　数据端口定义部分的 XML Schema 视图

7.3.2.4 初始化端口文本规范

初始化端口的形式化表达为：

<InitializationPort PortName＝" " DataContent＝" " DataType＝" " ModelType＝" "/>

初始化端口的图形化描述如图 9 所示。

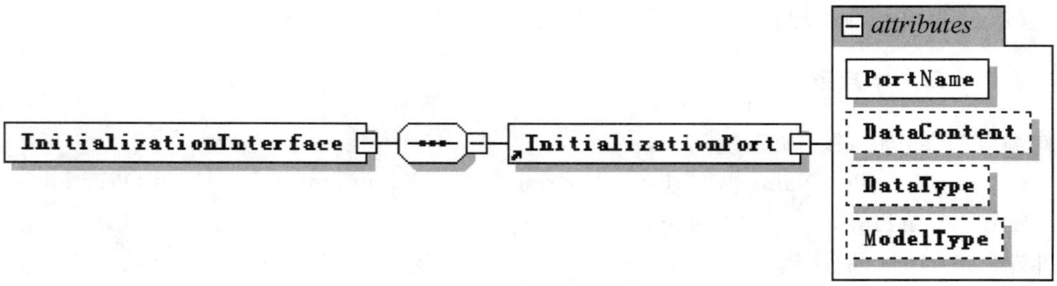

图 9　初始化端口定义部分的 XML Schema 视图

7.3.2.5　参数端口文本规范

参数端口的形式化表达为：

<ParameterPort PortName=" " DataContent=" " DataType=" " ModelType=" "/>

参数端口的图形化描述如图 10 所示。

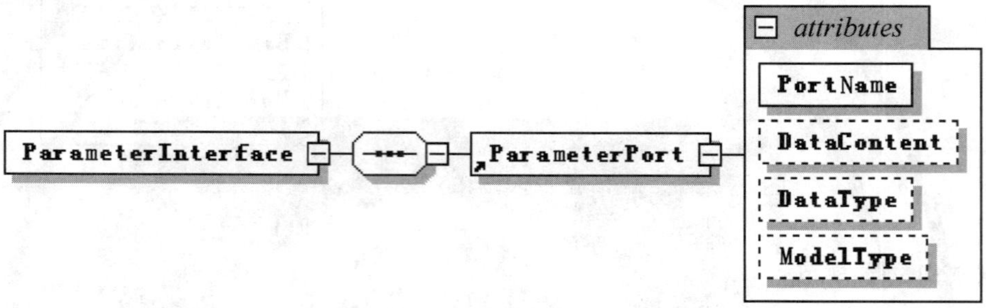

图 10　参数端口定义部分的 XML Schema 视图

7.3.2.6　连接文本规范

连接的形式化表达为：

<CouplingPair>

<SourcePort PortName=" " InfomationType=" " SimulationTime=" " ModelType=" "/>

<DestinationPort PortName=" " InfomationType=" " SimulationTime=" " ModelType=" "/>

</CouplingPair>

连接的图形化描述如图 11 所示。

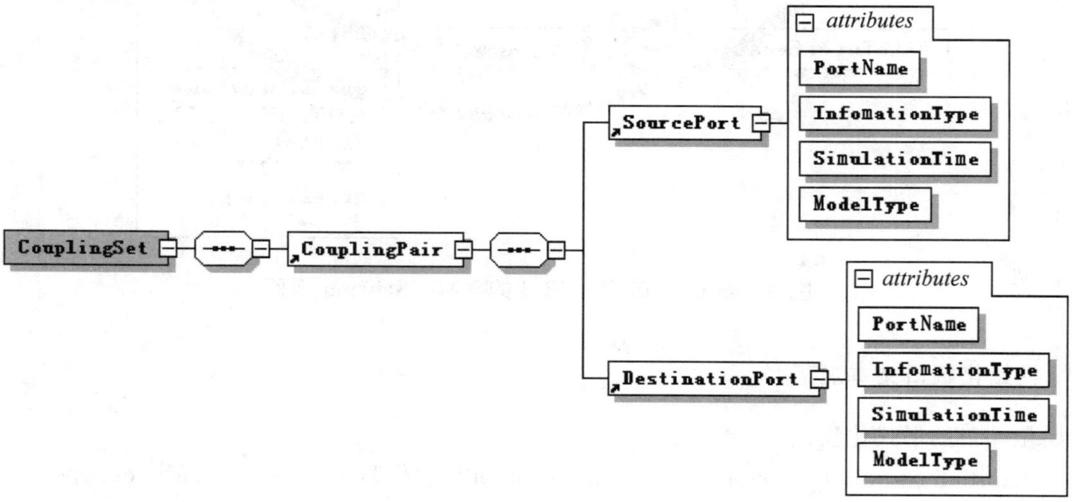

图 11　连接定义部分的 XML Schema 视图

7.3.3 数据类型

数据类型分为系统内置简单数据类型、用户自定义简单数据类型和复杂数据类型。系统内置简单数据类型包括整型(SHORT、LONG)、实数型(FLOAT、DOUBLE)、字符型(CHAR)等,以"DT_"开头。无符号的整型需要在开头之后再加上"U_"的标记。用户自定义简单数据类型既需要给出自定义的类型名称,又需要给出数据类型的长度。数据类型中有指针类型 DT_POINTER,但被限制在本地使用。复杂数据类型由简单数据类型组成,包括数组、结构以及它们的嵌套。复杂数据类型定义时所用到的数据类型应先于该数据类型定义。数据类型的形式化表达为:

```
<SystemDatatype>
<simple name=" " size=" "/>
<complex name=" " size=" ">
<member name=" " type=" " num=" "/>
……
</complex>
</SystemDatatype>
```

数据类型的图形化描述如图 12 所示。

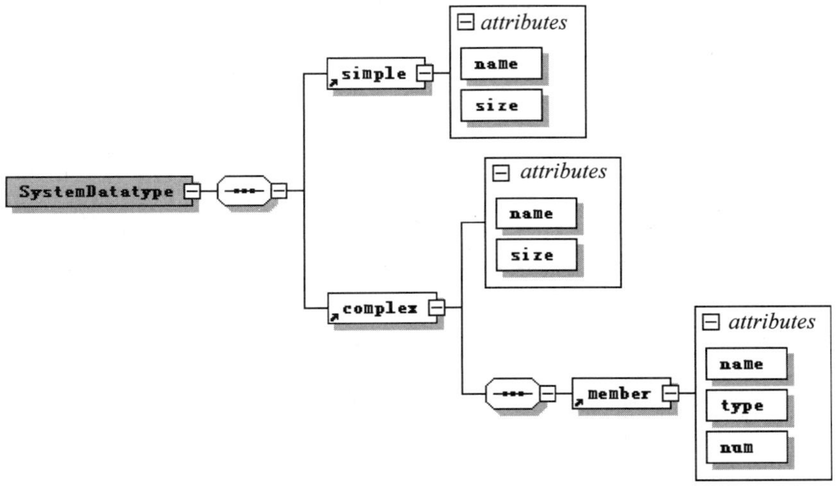

图 12 系统数据类型定义部分的 XML Schema 视图

7.4 行为模型描述

7.4.1 图元语义

行为是对系统状态变化、交互情景的描述,描述的对象包括所有原子组件输入输出接口上辨识出的状态、离散事件系统组件之间的交互模式。基于这些要素,行为建模描述仿真组件的时序逻辑,从而使得各个层次的组件模型体现出应有的外在行为。

高层建模方法包含状态图和序列图两种类型的模型行为:

a) 状态图把组件模型作为考察的主体,独立地描述整个生命周期中组件模型对外界激励所产生的反应。在状态图中采用状态(state)和迁移(transition)来描述系统的行为。状态图更适合于原子组件模型的运行调度,它对于组件模型而言相对独立,与其他组件模型的关联体现在外来事件和守卫条件中。

b） 序列图是情景的图形化表示，描述了以时间顺序组织的组件模型之间的交互活动。序列图更适合于复合组建模型的行为调度，即组件模型之间的动态交互关系，清晰、直观和简易。

行为模型的图元和语义，见表 3。

表 3　行为模型图元语义表

图形类型	图元	语义
状态图		初始状态
		最终状态
	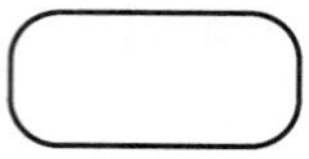	状态
	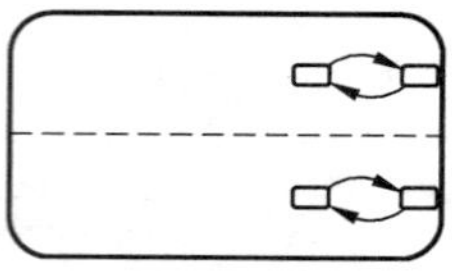	并发状态
		判定
		转换(分叉/连接)
		状态转换
序列图	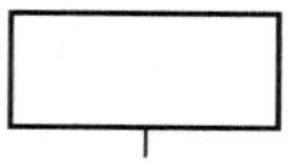	组件
		生命线
		激活
		事件

7.4.2　文本规范

7.4.2.1　原子组件模型行为规范

原子组件模型的行为用＜ElementState RelatedModel＝" "＞和＜/ElementState＞作为开始和结束标识符。原子组件行为模型的形式化表达为：

```
<State StateName=" ">
  <InsideBehavior KeyValue=" "/> //触发原子组件的模型实体进行解算
  <ExitAction EventInstrance=" " EventType=" "/>
  <StateTrans>
    <TargetState StateName=" "/>
    <TriggerEvent EventInstrance=" " EventType=" "/>
  </StateTrans>
  ……
</State>
```

原子组件行为模型的图形化描述如图 13 所示。

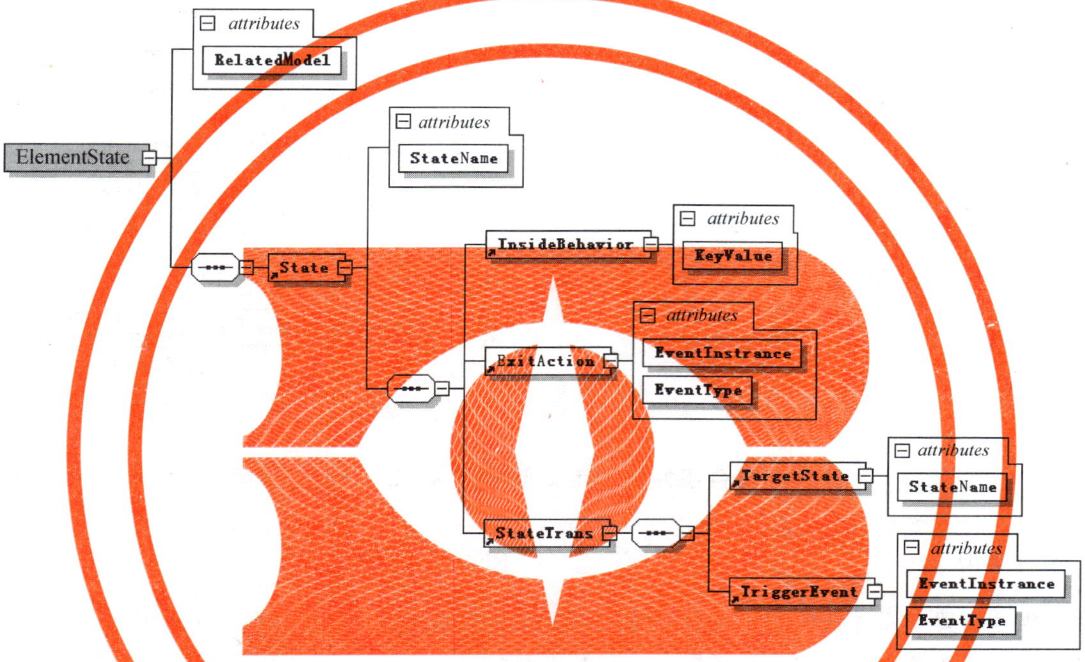

图 13 原子组件模型定义部分的 XML Schema 视图

7.4.2.2 复合模型行为规范

复合组件模型的离散事件部分的行为，用< InterSituation RelatedModel＝" ">和</InterSituation>作为开始和结束标识符。复合组件行为模型的形式化表达为：

```
<EventFlow=" ",Name=" ">
  <Event EventInstrance=" " EventType=" "/>
  <Sender ModelName=" ",PortName=" "/>
  <Receiver ModelName=" ",PortName=" "/>
  </ EventFlow>
```

复合组件行为模型的图形化描述如图 14 所示。

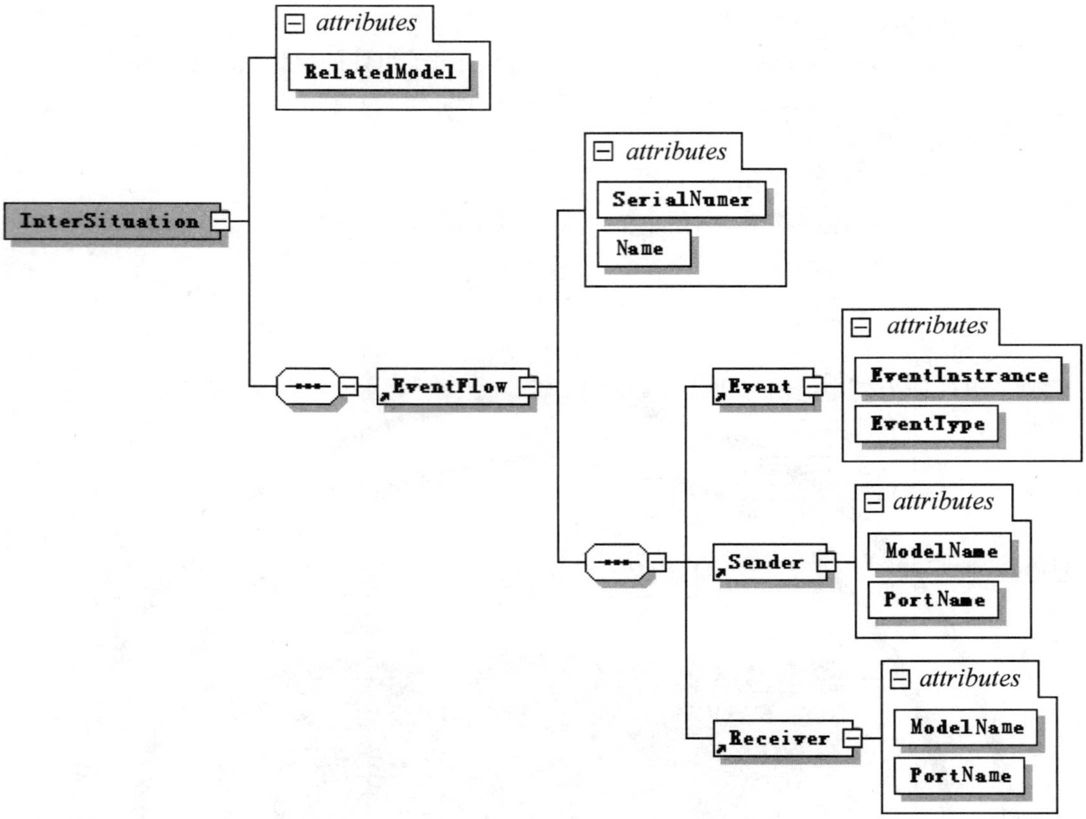

图 14　复合组件模型定义部分的 XML Schema 视图

7.4.3　事件类型

事件类型需要定义才能使用。事件类型可以继承和扩展，从最基本的根类型继承成复杂的事件类型。事件类型的扩展通过增加参数来完成。参数由参数名称和参数类型组成。参数类型应是此前定义过的数据类型。事件类型的形式化表达为：

```
<SystemEventtype>
  <EventType name="CommEvent">
    <EventType name=" ">
      <Parameter name=" " type=" ">
      ……
      <EventType name=" ">
        ……
      </EventType>
    </EventType>
    ……
  </EventType>
</SystemEventtype>
```

事件类型的图形化描述如图 15 所示。

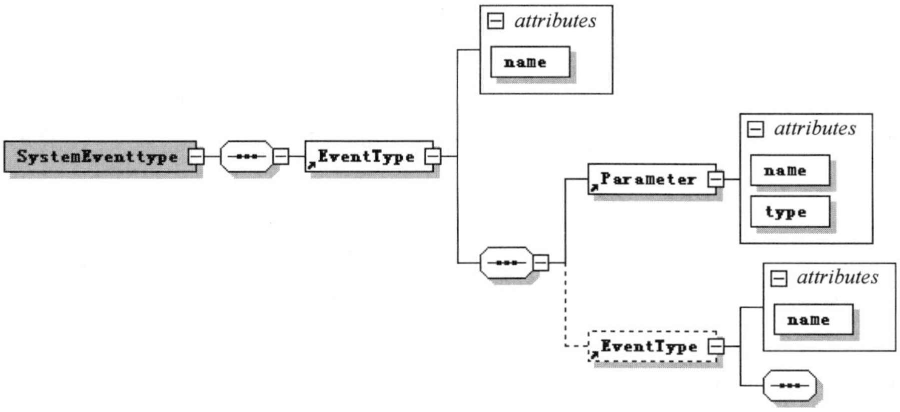

图 15　事件类型定义部分的 XML Schema 视图

8　虚拟样机高层建模过程和构建准则

8.1　建模过程

复杂产品虚拟样机高层模型的构建过程应遵循如下步骤：

a）基于功能独立的原则，对产品对象系统进行层次化划分，明确虚拟样机系统信息模型描述和接口参数描述；

b）根据系统信息描述进行结构建模，明确组成系统的原子组件模型和复合组件模型的内部结构、层级关系和接口连接关系；

c）对系统的组成模型进行行为建模，明确整个仿真活动周期中加载在模型输入接口的随时间动态变化的输入和从模型输出接口观察到的输出之间的关系。

8.2　构建准则

8.2.1　准则 1

在高层建模方法中，异构模型被封装成标准的仿真组件的形式。高层建模方法将虚拟样机涉及的各种异构仿真模型描述为规范化的仿真组件，通过仿真组件模型的组合和协同实现多学科虚拟样机的快速构建和协同仿真。仿真组件是高层建模的前提和基础，它屏蔽了模型内部的异构性，使得高层建模只需要从系统顶层对异构模型的组合进行描述。

8.2.2　准则 2

仿真组件对外提供标准的接口用于信息交互，对内维护模型的仿真时间和仿真运行。高层建模方法不再描述端口项，而是定义端口和接口来描述仿真组件与外界环境的信息交互。端口包含的是流经它的所有端口项的共性信息，体现了仿真组件模型与外界进行某种信息交互的能力。

8.2.3　准则 3

仿真组件内部的映射关系以状态的形式呈现在外部的输入输出接口上。在特定参数和初始化输入的条件下，仿真组件内部的映射关系只能通过输入接口用特定的输入段集对模型进行激励，并通过输出接口观测输出段集。

8.2.4 准则4

仿真组件间的关联关系通过相互匹配的端口之间的连接建立。连接项关联的对象端口不仅只限于CM内部的子模型端口之间，还可能出现子模型输出端口和CM输出端口关联，CM输入端口和子模型输入端口关联的情况。

8.2.5 准则5

连接既不改变所传递的信息内容也不消耗逻辑时间。连接所传递的信息内容的关联关系，表达为：

$$\{Interfacej.Content\} = associate\ \{Interfacei.Content\}$$

即源端口所发出的信息内容集合和目的端口所接收的信息内容集合具有一一的对应关系，相互对应的信息内容之间符合一定的函数关系。

连接在发送和接收信息时的时间约束关系，表达为：

$$Interfacej.Time \in Constrain(Interfacei.Time)$$

即源端口信息发出的时间，必在目的端口信息接收的时间集合中。

8.2.6 准则6

从数据输出端口发出的数据流经所有和该端口关联的连接。端口具有方向性，且一个端口可以引出多条连接。连接能和目的端口相匹配，表达为：

$$Direction = \langle Input \mid Output \rangle$$

8.2.7 准则7

从事件输出端口发出的事件根据特定的情景流过特定的和该端口关联的连接。同样是一个源端口引出多条连接，事件端口和数据端口具有不一样的性质。事件类型的信息交互往往发生在两个特定的组件模型中间。

8.2.8 准则8

高层模型须描述仿真组件之间事件交互的情景。高层模型除了要描述端口和连接，还需要描述仿真组件之间的事件交互情景。

参 考 文 献

[1] IEEE 1516.2 建模与仿真高层体系结构标准 对象模型模板规范(Standard for modeling and simulation high level architecture—Object model template specification)

ICS 35.110
L 79

中华人民共和国国家标准

GB/T 36458—2018/ISO/IEC TR 24704:2004

信息技术　无线接入点的用户建筑群布缆

Information technology—Customer premises cabling for wireless access points

(ISO/IEC TR 24704:2004,IDT)

2018-06-07 发布　　2019-01-01 实施

国家市场监督管理总局
中国国家标准化管理委员会 发布

前　言

本标准按照 GB/T 1.1—2009 给出的规则起草。

本标准使用翻译法等同采用 ISO/IEC TR 24704:2004《信息技术　无线接入点的用户建筑群布缆》。

与本标准中规范性引用的国际文件有一致性对应关系的我国文件如下：

——GB/T 18233—2008　信息技术　用户建筑群的通用布缆(ISO/IEC 11801:2002,IDT)

——GB/T 31240—2014　信息技术　用户建筑群布缆的路径和空间(ISO/IEC 18010:2002,IDT)

请注意本文件的某些内容可能涉及专利。本文件的发布机构不承担识别这些专利的责任。

本标准由全国信息技术标准化技术委员会(SAC/TC 28)提出并归口。

本标准起草单位:上海市计量测试技术研究院、中国电子技术标准化研究院、山东省计算中心(国家超级计算济南中心)、深圳赛西信息技术有限公司、耐克森(中国)线缆有限公司。

本标准主要起草人:丁天锐、杨宏、李敏、赵向阳、马原野、王君原、李刚、郭雄、李孟良、林峰、潘立伟、冯正乾、周鸣乐、李旺、王玮、刘波、周政。

信息技术　无线接入点的用户建筑群布缆

1　范围

本标准中规定的通用布缆是对ISO/IEC 11801中规定的布缆基础设施的补充而非替代。本标准规定了在单个建筑内形成无线覆盖区网格所需的用户建筑群布缆系统基础设施的要求。本标准适用于ISO/IEC 11801规定的所有平衡布缆和光纤布缆。

本标准规定了与ISO/IEC 11801兼容的水平布缆子系统的设计和配置。包括如下要求和指南：

a)　最低的配置、结构和拓扑；

b)　永久链路和信道的性能要求；

c)　电信插座的覆盖和位置；

d)　无线接入点的接口；

e)　平衡布缆上的供电。

无线接入点的布局和安全不在本标准内规定，但本标准规定了电信插座的布局，使得无线服务能够灵活部署。

安全(电气、防火等)要求和电磁兼容性要求不在本标准内规定。

2　规范性引用文件

下列文件对于本文件的应用是必不可少的。凡是注日期的引用文件，仅注日期的版本适用于本文件。凡是不注日期的引用文件，其最新版本(包括所有的修改单)适用于本文件。

ISO/IEC 11801　信息技术　用户建筑群通用布缆(Information technology—Generic cabling for customer premises)

ISO/IEC 14763-1　信息技术　用户建筑群通用布缆的操作和实现　第1部分：管理(Information technology—Implementation and operation of customer premises cabling—Part1:Administration)

ISO/IEC 18010　信息技术　用户建筑群布缆的路径和空间(Information technology—Pathways and spaces for customer premises cabling)

3　术语和定义、缩略语

3.1　术语和定义

ISO/IEC 11801和ISO/IEC 18010界定的以及下列术语和定义适用于本文件。为了便于使用，以下重复列出了ISO/IEC 11801和ISO/IEC 18010中的一些术语和定义。

3.1.1

信道　channel

连接任何两个特定应用设备的端到端的传输通路。

[ISO/IEC 11801:2002，定义3.1.15]

注：传输路径可以使用一个或多个线对，可以与另一个通路共享一个线对，例如，电源和通信可能会在同一线对中。

3.1.2

覆盖区　coverage area

由终端设备到电信插座的服务区域。

3.1.3

覆盖区跳线　coverage area cord

连接电信插座到基础设施的覆盖区的跳线(如,无线接入点处)。

3.1.4

网格　grid

多个连续覆盖区的布置。

3.1.5

信息和通信技术　information and communications technologies

使用信息和通信(电信)的应用。

3.1.6

链路　link

两种布缆系统接口之间的传输路径。

3.1.7

永久链路　permanent link

电信插座和楼层配线架之间的传输通路。

[ISO/IEC 11801:2002,定义 3.1.52]

注:永久链路不包括工作区跳线、设备跳线、快接跳线和压接跳线,但包括每端的连接,可以包括 CP 链路。

3.1.8

远程供电　remote power feeding

通过平衡布缆为特定设备提供不同于主电源的电源。

3.1.9

空间(电信)　space (telecommunications)

用于容纳电信设备和布缆设施的安装和终端的区域。

[ISO/IEC 18010:2002,定义 3.1.25]

注:空间的例子包括设备间、电信间、工作区、覆盖区和维修孔/手孔。

3.1.10

终端设备　terminal equipment

在电信插座处提供应用/服务接入的设备。

3.1.11

无线接入点　wireless access point

为无线应用设备提供服务的终端设备。

3.2　缩略语

下列缩略语适用于本文件。

C　　连接(Connection)

CP　　汇集点(Consolidation Point)

DTE　　数据终端设备(Data Terminal Equipment)

EMC　　电磁兼容性(Electromagnetic Compatibility)

EQP　传输设备(Transmission Equipment)
Ffs　进一步研究(for further study)
FD　楼层配线架(Floor Distributor)
ICT　信息通信技术(Information and Communications Technology)
IT　信息技术(Information Technology)
MUTO　多用户电信插座(Multi-user telecommunications outlet)
TE　终端设备(Terminal Equipment)
TO　电信插座(Telecommunications Outlet)

4 符合性

用于无线应用的布缆安装应满足以下要求:

a) 布缆的配置、结构和拓扑结构应符合第5章的规定;
b) 整个系统应由满足第6章中所规定性能要求的信道和链路组成;
c) 电信插座的覆盖范围和位置应符合第7章的规定;
d) 无线接入点的布缆接口应符合第8章的规定;
e) 当使用平衡布缆供电时,应符合第9章的规定;
f) 系统管理应符合ISO/IEC 14763-1的要求;
g) 系统路径和空间应符合ISO/IEC 18010的要求;
h) 有关安全和EMC的要求应符合相关安装地点相关规定。

除此之外,布缆基础设施应完全符合ISO/IEC 11801的要求。

本标准的任何部分不应否定或取代ISO/IEC 11801规定的最低要求。

5 配置、结构和拓扑

5.1 概述

本章确定了支持无线接入点的水平系统的功能要素、配置和拓扑结构。

5.2 功能要素

水平布缆系统的功能要素如下:

——FD;
——水平线缆;
——CP,可选;
——TO。

使用功能要素的类型和数量,取决于所服务的建筑群和应用系统的类型。可能是多个功能要素组合成单个功能要素。用于连接传输设备和布缆子系统的设备跳线和覆盖区跳线是布缆信道的一部分,并应符合ISO/IEC 11801的要求。

设备通过覆盖区跳线与电信插座连接,通过设备跳线与配线架连接。规划时,宜考虑服务于不同楼层的配线架的覆盖区之间的逻辑边界。例如,该边界可位于建筑物内的固定结构边界处,也可位于无需覆盖的区域内。

5.3 布缆子系统

服务于覆盖区的无线接入点与配线架处的设备连接应使用平衡布缆子系统。水平布缆子系统止于电信插座。支持服务于覆盖区的无线接入点的 TO 宜与同一楼层的配线架处的设备相连。活跃的设备不应连接在楼层配线架和电信插座之间。

园区主干子系统、建筑物主干子系统和子系统间连接的功能要素和要求应符合 ISO/IEC 11801 的要求。

5.4 拓扑

无线覆盖区的水平布缆应以星形拓扑结构配置。

水平布缆子系统和其他子系统之间的无源连接应采用交叉连接。

6 媒体选择和性能

无线覆盖区宜采用 4 线对平衡布缆链路。除了信息传输,平衡布缆可同时用来从电信间向无线接入点提供低压供电。如果使用光纤布缆,应为每个相关的无线接入点提供单独的电源连接。每个覆盖区应设置:

——符合 ISO/IEC 11801 规定的 D 类、E 类或 F 类信道性能要求的至少 4 个平衡线对;

——符合 ISO/IEC 11801 规定的 OF-300(A 级光纤 300 m)、OF-500(B 级光纤 500 m)或 OF-2000(C 级光纤 2 000 m)级别要求的至少 1 根光缆,光缆内至少包含两根光纤。

相关性能等级要求应符合 ISO/IEC 11801 中第 4 章的要求。

对于平衡布缆,每一个接口可使用 2 个线对。但是,这将需要重新分配线对,并且不再支持非数据线对上的电传输,也不再支持 4 线对的应用。允许通过插入重新分配线对。

7 电信插座覆盖和位置

7.1 概述

通用布缆设计时,应规划整个无线网格中电信插座的安装点。从无线接入点到水平布缆基础设施的所有连接应通过符合 ISO/IEC 11801 中第 10 章要求的电信插座实现。足够密度的电信插座将增强建筑内布缆系统适应大量无线应用的能力和适当的覆盖能力。电信插座可单独或组合设置,每个无线覆盖区应至少设置一个电信插座。

无线接入点有时服务于相同建筑物的多个覆盖区(如,提供额外带宽)。这种情况下,应提供多个水平布缆信道,以规划共同覆盖区的位置。

7.2 布局

每个电信插座都应安装在固定的位置,同时每个电信插座都应有一个永久的标识方法,当覆盖区跳线连接到它时,标识清晰可见。由于覆盖区跳线的可访问性和弯曲性通常受限于安装,而不是使用,制作覆盖区跳线可使用实心线缆或绞合线缆。

如使用特定的设备如变压器、适配器和电力输送装置时,应设置在电信插座外。

7.3 单用户 TO 组件

平衡布缆系统应选用符合 ISO/IEC 11801 中第 7 章要求的实现拓扑,光纤布缆应选用符合 ISO/

IEC 11801 中第 8 章要求的实现拓扑。

此外，使用单用户 TO 组件时：

a) 单用户 TO 组件宜位于安装者可访问的位置；

b) 应考虑覆盖区跳线、快接跳线和设备跳线的性能损耗，以确保满足第 6 章的信道要求。

7.4 MUTO

TO 的一个组件可服务无线网格中的多个覆盖区。平衡布缆系统应选用符合 ISO/IEC 11801 中第 7 章要求的实现拓扑，光纤布缆应选用符合 ISO/IEC 11801 中第 8 章要求的实现拓扑。这种 TO 组件应被视为一个多用户 TO 组件或 MUTO。

此外，使用多用户 TO 时：

a) 一个多用户 TO 组件应放置在无线网格中的中央位置，以确保多个连续的覆盖区至少有一个多用户 TO 组件。

b) 一个多用户 TO 组件宜被限定仅服务特定数量的覆盖区，具体数量取决于 FD 和 MUTO 间的设备线缆、水平线缆总长度，还取决于连接到最远的无线接入点的覆盖区线缆的长度。

c) 多用户 TO 组件宜安装在安装者可访问的固定位置。如果它隐蔽不可见，宜设置一个可见的标识以标记其位置。

d) 多用户 TO 组件不应安装在被固定的建筑结构或家具阻挡的区域内。

e) 应考虑覆盖区跳线、快接跳线和设备跳线的性能损耗，以确保满足第 6 章的信道要求。

f) 覆盖区跳线的长度和路由宜允许有组织的线缆管理，以便于追踪并最大限度地减少偶然损坏的发生。

7.5 汇集点

当操作环境中的覆盖区要求 TO 可灵活分配时，可在水平布缆系统的楼层配线架和电信插座之间安装汇集点。FD 和 TO 间允许有一个汇集点。汇集点应只包含无源连接硬件，不应用于交叉连接。单个汇集点可用于同时连接工作区和覆盖区的多条水平布缆链路。

此外，使用汇集点时：

a) 汇集点宜被限定仅服务特定数量的覆盖区、工作区或两者兼顾区域，具体数量取决于信道最大长度；

b) 汇集点宜设在可访问的位置；

c) 对于平衡布缆，汇集点的位置选取应确保汇集点和楼层配线架间的距离至少为 15 m；

d) 汇集点应是管理系统的一部分。

7.6 尺寸和配置

水平布缆子系统设计时宜考虑并预测其运行期间的性能，这种预测为电信插座位置选择提供有效的依据。同样，现场勘查工作宜先于无线接入点的位置选择和安装。

楼层配线架和电信插座的设计和位置选择宜确保快接跳线/压接跳线和设备跳线的长度最小，管理系统宜确保运行期间保持设计长度。

在统一的开放空间内为覆盖区提供服务的 TO 的布局宜支持“蜂窝状”或者正六边形无线网格结构。如图 1 所示。

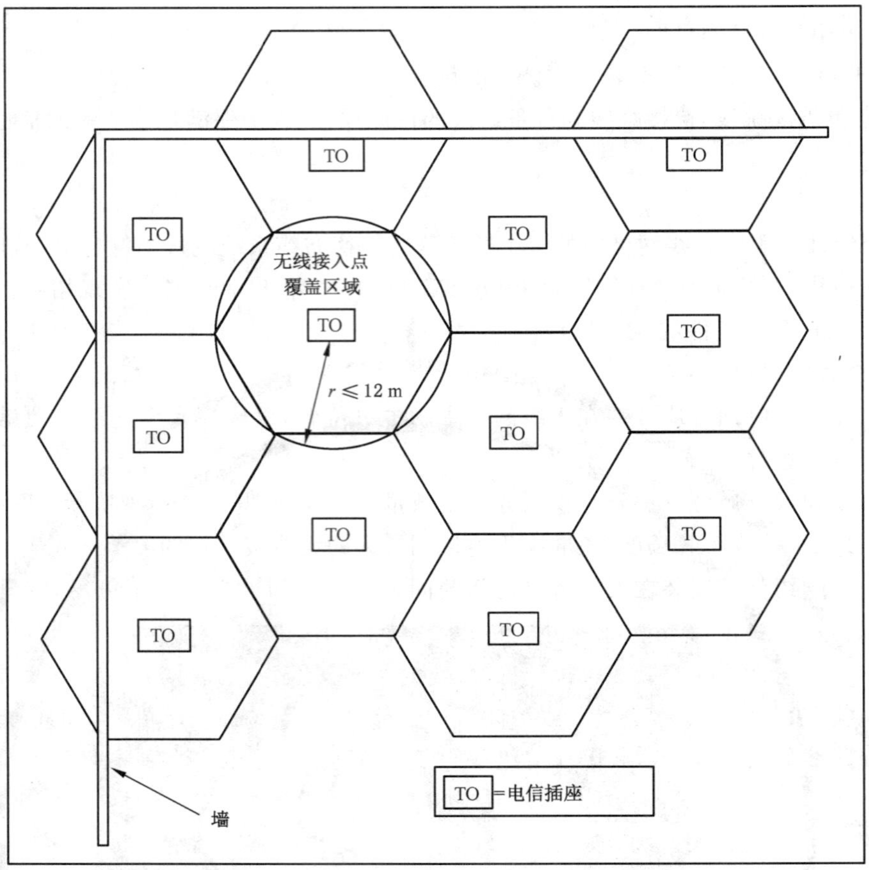

注 1："蜂窝"网格提供最有效的覆盖。其他网格形状比如正方形或矩形也可使用。

注 2：通常情况下，无线接入点或无线天线的最佳安装位置位于蜂窝中心。

图 1　无线覆盖区电信插座的网格图

服务于无线网格的布缆宜置于其服务楼层的天花板上方或嵌入天花板内。电信插座的数量和位置取决于无线应用、建筑类型、无线用户密度、相邻楼层的覆盖需求及信号服务质量。基于这些因素，覆盖区半径从 3 m～30 m 不等(参见附录 A 中表 A.1)。为适应大部分无线应用，覆盖区半径不宜超过 12 m。通常，TO 宜位于与其相关的覆盖区的中心，MUTO 宜位于与其相关的覆盖区网格的中心。

某些情况下，无线终端设备可被置于建筑物使用者不易到达的区域。

注 1：水平布缆子系统所服务的无线覆盖区网格设计时，宜考虑天花板的高度。

注 2：本标准所支持的无线网络应用及其相关典型室内范围值参见附录 A。

8　接口

信道是设备之间的传输通路，如局域网交换机/集线器和无线接入点之间。典型的信道将由包括覆盖区和设备跳线在内的水平子系统构成。当需要提供较远的服务时，信道需要由两个或多个子系统(包括覆盖区和设备跳线)连接而成。信道性能不包括特定应用设备处的连接。

永久链路是布缆子系统间的传输通路，包括已安装线缆终端的连接硬件。在水平布缆子系统中，永久链路由电信插座、水平线缆、一个可选的 CP 和楼层配线架处水平电缆的终接组成。永久链路包括已安装布缆终端处的连接。

通用布缆的设备接口位于每个子系统的终端。所有配线架的任何一端均可拥有一个提供外部服务的设备接口，配线架间可选择互连或交叉连接。分配器任何端口都可以同时具有服务于外部设备接口的功能，并且可以完成任一互连或交叉连接。按照ISO/IEC 11801中第7章平衡布缆和ISO/IEC 11801中第8章光纤布缆的要求，汇集点不提供面向通用布缆系统的设备接口。

9 平衡布缆上的供电

无线接入点和其他类型DTE的供电可通过平衡布缆接口提供。这种情况下，电量可通过FD传输到平衡布缆的信道。

无论接口用于输入或输出，当跨中电源接入设备取代通用布缆系统一个或多个组件时，数据对都应满足被取代组件(如快接跳线、接线板或它们的组合)的性能要求。供电的相关规定参见A.4。

跨中电源接入设备应放置于永久链路外部，如图2所示。

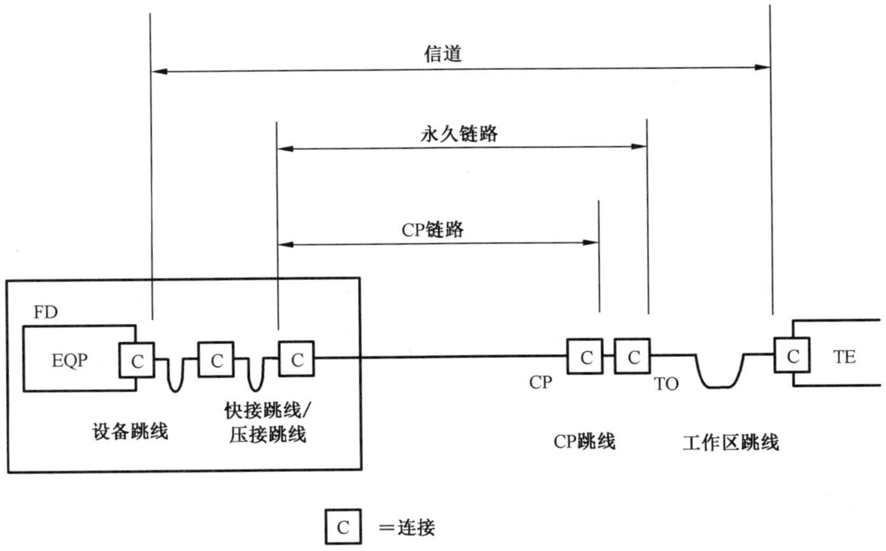

图2 信道和永久链路

附 录 A
（资料性附录）
所支持的应用

A.1 概述

连接到有线网络的无线接入点需要提供一个支持两种不同网络应用的接口：一种与有线设备相关，一种与无线设备相关。

A.2 布缆应用

本标准中规定的平衡布缆和光纤布缆系统所支持的应用与 ISO/IEC 11801 中附录 F 中的规定一致，也可支持其他应用。

A.3 无线应用

本标准所规定的布缆旨在支持表 A.1 中列出的无线应用的部署，也可支持其他应用。有些无线设备或应用可具有小于 12 m 的典型室内范围，也可支持使用较小的覆盖区半径。本标准仅适用于表 A.1 中所列的标准。

表 A.1 所支持的无线应用

应用标准	描述	典型室内范围(半径)
IEEE 802.11	无线局域网(2 Mbit/s@2.4 GHz 或红外线)	30 m
IEEE 802.11 a	无线局域网(54 Mbit/s @5 GHz)	12 m
IEEE 802.11 b	无线局域网(11 Mbit/s @2.4 GHz)	30 m
IEEE 802.11 g	无线局域网(54 Mbit/s @2.4 GHz)	12 m
DECT	数字增强无线通信(1 Mbit/s @1.8 GHz)	30 m
蓝牙Ⅱ	ISM 频带 1 Mbit/s @2.4 GHz	12 m

A.4 供电应用

本标准规定的布缆旨在支持特定的应用连接，如符合 IEEE 802.3af 规定的通过平衡布缆信道供电的双绞线以太网到无线接入点的应用连接。也可支持其他供电方式的应用。

参 考 文 献

[1] GB 15629.11—2003 信息技术 系统间远程通信和信息交换 局域网和城域网 特定要求 第11部分:无线局域网媒体访问控制和物理层规范(ISO/IEC 8802-11:1999,MOD)

[2] GB 15629.1101—2006 信息技术 系统间远程通信和信息交换 局域网和城域网 特定要求 第11部分:无线局域网媒体访问控制和物理层规范:5.8 GHz频段高速物理层扩展规范(ISO/IEC 8802-11:1999/Amd1:2000,MOD)

[3] GB 15629.1102—2003 信息技术 系统间远程通信和信息交换局域网和城域网 特定要求 第11部分:无线局域网媒体访问控制和物理层规范:2.4 GHz频段较高速物理层扩展规范(ISO/IEC 8802-11:1999/Amd2:2000,MOD)

[4] GB 15629.1104—2006 信息技术 系统间远程通信和信息交换 局域网和城域网 特定要求 第11部分:无线局域网媒体访问控制和物理层规范:2.4 GHz频段更高数据速率扩展规范(ISO/IEC 8802-11:2005/Amd4:2005,MOD)

[5] Bluetooth Specification Version1.0B: 1999, Specification of the Bluetooth System—Digital Enhanced Cordless Telecommunications—Wireless connections made easy

[6] ETS 300 175 Digital Enhanced Cordless Telecommunications—DECT(European Standard)

[7] IEEE Std 802.3af—2003 IEEE Standard for Information technology—Telecommunications and information exchange between systems—Local and metropolitan area networks—Specific requirements—Part 3: Carrier Sense Multiple Accesswith Collision Detection(CSMA/CD) Access Method and Physical Layer Specifications—Amendment: Data Terminal Equipment(DTE) Power via Media Dependent Interface(MDI)

[8] IEEE Std 802.11—1999 IEEE Standard for Information technology—Telecommunications and information exchange between systems—Local and metropolitan area networks—Specific requirements—Part 11: Wireless LAN Medium Access Control(MAC) and Physical Layer(PHY) Specifications—Also published as ISO/IEC 8802-11:1999

[9] IEEE Std 802.11a—1999 Supplement to IEEE Standard for Information technology. Telecommunications and information exchange between systems—Local and metropolitan area networks. Specific requirements—Part 11: Wireless LAN Medium Access Control(MAC) and Physical Layer (PHY) specifications—High-speed Physical Layer in the 5 GHz Band—Also published as ISO/IEC 8802-11:1999/Amd 1:2000(E)

[10] IEEE Std 802.11b—1999 Supplement to IEEE Standard for Information technology—Telecommunications and information exchange between systems—Local and metropolitan area networks—Specific requirements—Part 11: Wireless LAN Medium Access Control(MAC) and Physical Layer(PHY) specifications: Higher-speed Physical Layer Extension in the 2.4 GHz Band

[11] IEEE Std 802.11d—2001 IEEE Standard for Information technology—Telecommunications and information exchange between systems—Local and metropolitan area networks—Specific requirements—Part 11: Wireless LAN Medium Access Control(MAC) and Physical Layer(PHY) specifications—Amendment 3:Specification for operation in additional regulatory domains

[12] IEEE Std 802.11f—2003 IEEE Recommended Practice for Multi—Vendor Access Point Interoperability via an Inter—Access Point Protocol Across Distribution Systems Supporting IEEE 802.11 Operation

[13] IEEE Std 802.11g—2003 IEEE Standard for Information technology—Telecommunications and information exchange between systems—Local and metropolitan area networks—Specific requirements—Part 11: Wireless LAN Medium Access Control(MAC) and Physical Layer(PHY) specifications, Amendment 4: Further Higher Data Rate Extension in the 2.4 GHz Band

[14] ISO/IEC 14763-2 Information Technology—Implementation and operation of customer premises cabling—Part 2: Planning and installation

[15] ISO/IEC 14763-3 Information Technology—Implementation and operation of customer premises cabling—Part 3: Testing of optical fibre cabling

ICS 35.240.99
L 67

中华人民共和国国家标准

GB/T 36459—2018

信息技术　学习、教育和培训 电子课本内容包装

Information technology—Learning, education and training—E-textbook content packaging

2018-06-07 发布　　　　2019-01-01 实施

国家市场监督管理总局
中国国家标准化管理委员会　发布

前 言

本标准按照 GB/T 1.1—2009 给出的规则起草。

请注意本文件的某些内容可能涉及专利。本文件的发布机构不承担识别这些专利的责任。

本标准由全国信息技术标准化技术委员会(SAC/TC 28)提出并归口。

本标准起草单位:华东师范大学、人教数字出版有限公司、尚学博志(上海)教育科技有限公司、中国电子技术标准化研究院、飞利浦(中国)有限公司、人民教育出版社有限公司。

本标准主要起草人:顾小清、沙沙、张媛媛、傅伟、杨凯、钟岑岑、屈劲、戈蔚、张海立、许哲、齐贵超、李海波、张茹、吴洪平、王芳、顾洁、葛鑫、吴丹、余云涛、李莹。

信息技术　学习、教育和培训 电子课本内容包装

1　范围

本标准规定了电子课本内容包的逻辑结构、必备元素、可选元素、文件夹、包交换文件等方面的内容。

本标准适用于电子课本的设计制作。

2　规范性引用文件

下列文件对于本文件的应用是必不可少的。凡是注日期的引用文件，仅注日期的版本适用于本文件。凡是不注日期的引用文件，其最新版本（包括所有的修改单）适用于本文件。

GB/T 21365—2008　信息技术　学习、教育和培训　学习对象元数据

GB/T 36453—2018　信息技术　学习、教育和培训　电子课本信息模型

IETF RFC1951：1996　DEFLATE压缩数据格式规范1.3版（DEFLATE Compressed Data Format Specification version 1.3）

3　术语和定义

下列术语和定义适用于本文件。

3.1

电子课本　e-textbook

为实现特定学习目标或课程标准而制作开发的，能满足在线学习或混合式学习需求，并具有内容逐页（或逐屏）呈现特征的教学软件或学习软件。

3.2

包　package

一个用于存储学习对象的结构化单元，包含一个特定名称的内容清单文件以及内容清单文件中引用的实际物理文件。

3.3

包交换文件　package exchange file

由包组合成的一个可供交换的文件，是一种通过网络传输结构化信息的简便形式。

3.4

内容清单　manifest

对电子课本本身、构成电子课本的内容对象或控件的描述，可包括元数据、配置信息和资源引用的描述。

3.5

配置信息　configuration information

电子课本中记录页、资源、控件等元素的列表及组织方法的信息。

3.6

控件　control

在电子课本中可用于实现某种技术功能的，可被独立调用并单独封装的操作对象。

3.7

资源　resource

用于教育、培训或学习的信息单元，包括资源文件（一个或多个）及其描述。

3.8

资源文件　resource file

作为一个单元存储在计算机中的，用于承载以学习内容为主要信息的数据集合。

3.9

元数据　metadata

关于数据和数据元素的数据（可能包括其数据描述），以及关于数据拥有权、存储路径、访问权和数据易变性的数据。

4　电子课本内容包装概述

4.1　电子课本内容包逻辑结构

电子课本的内容包装以便于在电子课本的生成、管理、出版、教育等系统间实现信息交互和有效应用为目的，依据电子课本定义中的基本特征和信息模型要求，在逻辑结构上划分为电子课本整体、页、资源与控件三个层。电子课本内容包的逻辑结构见图1，该结构与GB/T 36453—2018中4.2逻辑层次一致，用于实现电子课本的核心特征和兼容性需求。

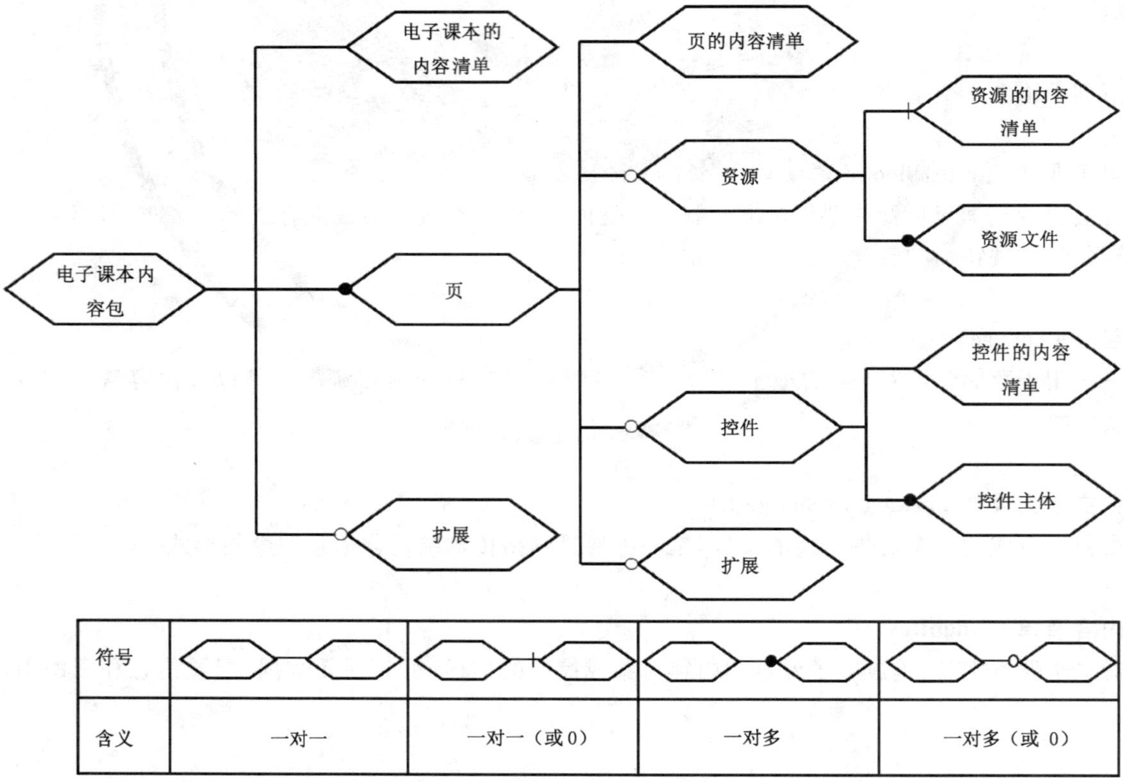

图1　电子课本内容包逻辑结构模型

4.2 电子课本内容包中的必备元素

电子课本内容包中应包含以下元素：

a) 电子课本的内容清单：是对电子课本整体的描述，包括电子课本的元数据、电子课本的配置信息等。

b) 页：电子课本的页是以便于显示为目的，对电子课本的主要学习内容进行切分后形成的单元。页由页的内容清单、资源、控件等构成。

c) 页的内容清单：是对页中有意义的学习内容与技术功能的描述，由一系列有层次的数据元素构成，内容信息可包括：页的元数据，构成页的资源、控件的组织方式等。

4.3 电子课本内容包中的可选元素

电子课本内容包中可包含以下元素：

a) 资源：资源是构成电子课本内容的基本单元。本标准允许电子课本的内容为空，因此资源是电子课本的可选元素。当电子课本的资源具有独立使用和在不同系统间进行数据交换时，可独立成包。

b) 资源的内容清单：是独立成包的资源中所必备的，包括资源的元数据、资源的配置信息等。

c) 资源文件：指构成一个资源所需的内容文件、媒体素材、评估文件等。任何资源至少应包含一个资源文件。

d) 控件：控件是电子课本中用于实现某种技术功能的操作对象。在电子课本中，每个控件是一个包，由控件的内容清单和控件主体构成。

e) 控件的内容清单：是控件的技术功能的描述，包括控件的元数据和控件运行文件、素材文件的组织方式等。控件的内容清单是构成控件的必要元素。

f) 控件主体：控件主体是承载控件功能（包括属性和方法）并能够实现这些功能的数据集，包含了技术功能的属性、方法、指令等信息。具有可视化特征的控件，其控件主体还应包含用于呈现控件的各类素材文件。控件主体是构成控件的必要元素。

g) 扩展：扩展元素是电子课本的内容、功能进行扩展时的预留扩展点。电子课本内容包、页中可包含扩展这一元素。

5 电子课本内容包

5.1 电子课本内容包结构

基于电子课本信息模型，电子课本内容包的具体文件（夹）结构见图 2。电子课本的内容包应包含一个电子课本内容结构文件夹，用于存放电子课本的主要内容和功能文件（文件夹）。电子课本内容包结构中应包含电子课本的内容清单文件、页文件夹、资源文件夹、控件文件夹以及扩展文件（夹）。

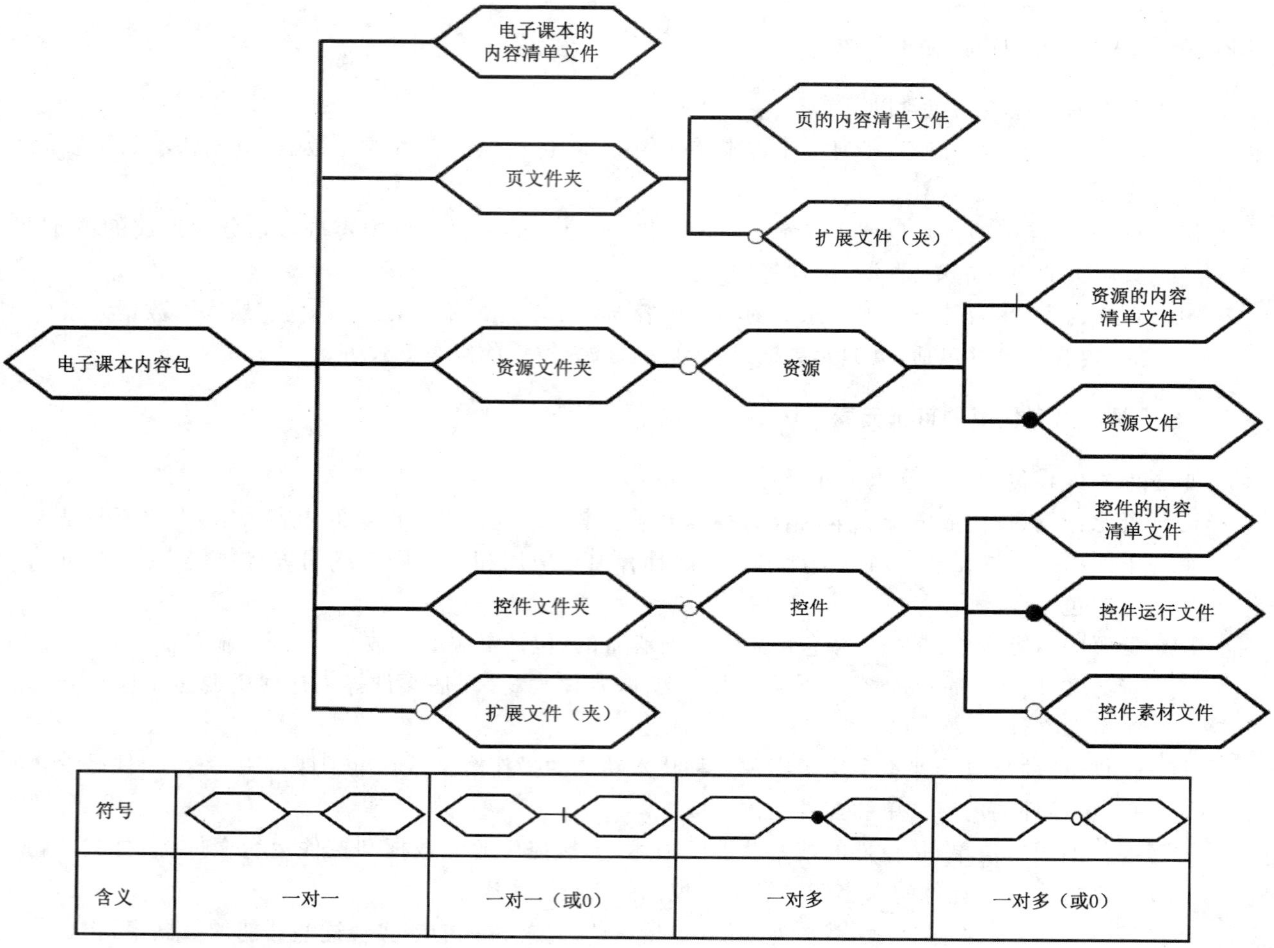

图 2　电子课本内容包结构

5.2　电子课本的内容清单文件

电子课本的内容清单文件是电子课本内容包中的必备文件，包含内容结构见图 3。电子课本的内容清单文件承载的内容具体包括以下 4 个部分：

a)　电子课本元数据：用于描述电子课本整体，应符合 GB/T 36453—2018 中第 6 章的要求；

b)　电子课本的组织结构集：用于记录电子课本中所有页的一种或多种编排次序，对页进行分类（如按内容将页划分为电子封面、版权记录页、各章节等）；

c)　页文件列表：用于记录构成电子课本的页的文件名、相对路径和媒体类型；

d)　扩展：用于描述电子课本中除页之外的内容、功能信息，扩展在电子课本的内容清单文件中为非必载内容。

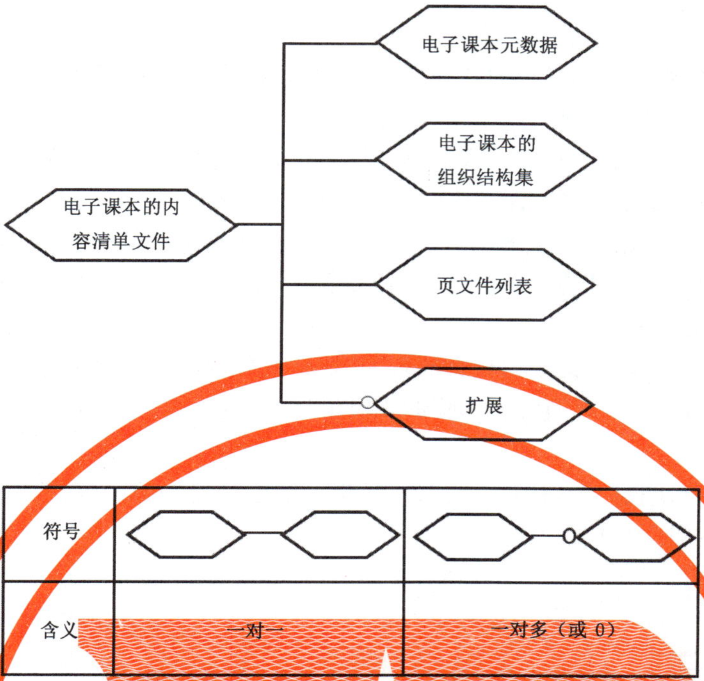

图3　电子课本的内容清单文件的内容结构

5.3　页文件夹

5.3.1　页文件夹概述

页文件夹应包含页的内容清单文件，可包含扩展文件或扩展文件夹（见图4）。

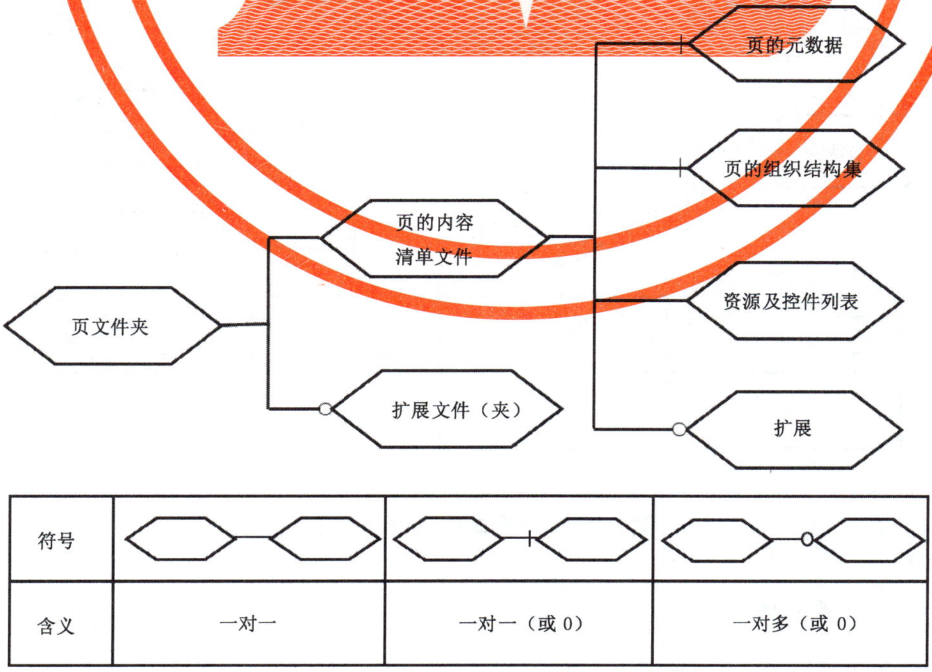

图4　页文件夹的结构

5.3.2 页的内容清单文件

页的内容清单文件是页文件夹中的必备文件，用于记录电子课本每页的内包含所有资源、控件的列表，资源、控件的组织方式信息(例如两个控件之间具有先后次序、包含关系等)，以及与资源、控件的组织相关的其他信息和扩展信息。页的内容清单文件承载的内容具体包括以下 4 个部分：

a) 页的元数据：用于描述电子课本中一页的基本信息，应符合 GB/T 36453—2018 中 8.2 的要求；
b) 页的组织结构集：用于记录电子课本的页中所包含的资源和控件的位置信息、逻辑关联方式(例如两个控件之间具有先后次序、包含关系，控件与资源之间的交互预设等)，以及与资源、控件的组织相关的其他信息；
c) 资源及控件列表：用于记录构成页的资源和控件的相对路径、文件名和文件类型等信息；
d) 扩展：用于描述资源与控件之外，页的扩展组件的信息。扩展在页的内容清单文件中为非必载内容。

上述信息可统一记录在一个内容清单文件中，也可按电子课本的内容划分(如按章、节或页进行划分)记录于多个内容清单文件中。

5.4 资源文件夹

5.4.1 资源文件夹概述

资源文件夹用于放置构成电子课本内容的资源。电子课本中的资源由资源的内容清单文件和资源文件构成，见图 5。

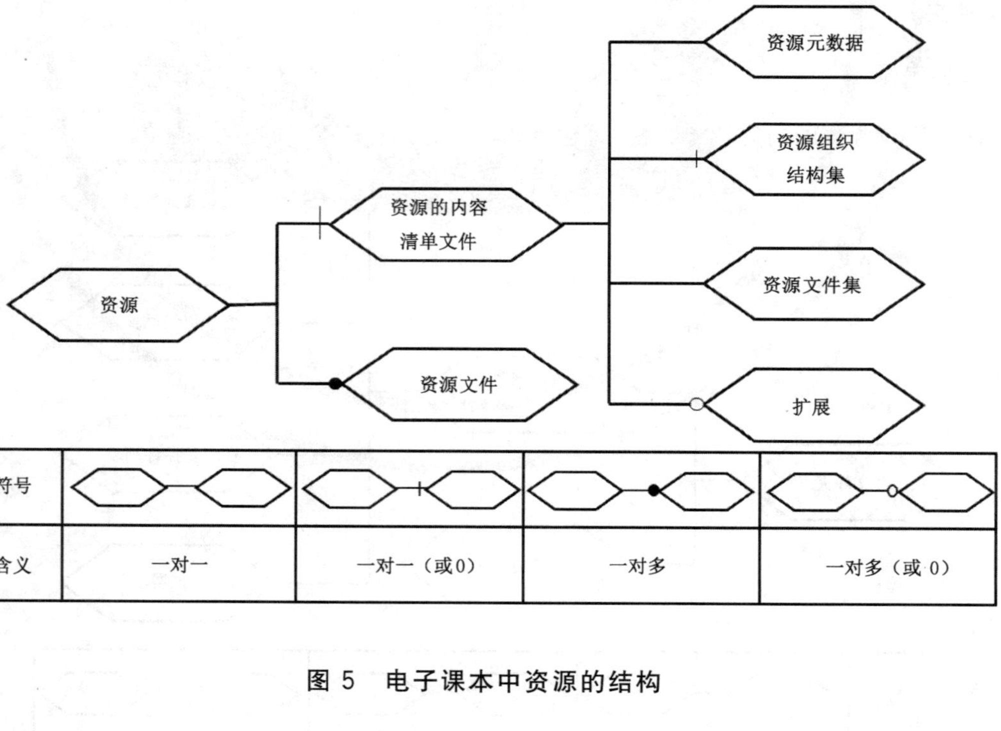

图 5 电子课本中资源的结构

5.4.2 资源的内容清单文件

资源的内容清单文件是承载资源的内容清单信息的文件，用于描述每个资源的内容信息，对可独立使用(指被电子课本外的教学系统或出版系统单独调用)的资源来说是必须的。资源的内容清单文件承载的内容具体包括以下 4 个部分：

a) 资源元数据：为资源的内容清单文件中的必备信息，应根据 GB/T 21365—2008 确定其数据元素及属性；
b) 资源组织结构集：用于描述资源文件的组织方式信息，用于一些内部结构较为复杂的具有多资源文件的资源；
c) 资源文件集：是资源中所含资源文件的清单，包括文件名及相对路径，是资源的内容清单文件中的必备信息；
d) 扩展：当资源有其他兼容性要求或资源本身包含本标准规定之外的特殊信息时，是用于扩展内容清单中信息的可选预置点。

5.4.3 资源文件

资源文件指构成一个资源所需的内容文件、媒体素材、评估文件等。一个资源中至少包含一个资源文件。

5.5 控件文件夹

5.5.1 控件文件夹概述

控件文件夹用于放置用于实现电子课本各种交互功能的控件。电子课本中的控件由控件的内容清单文件、控件主体构成，见图 6。

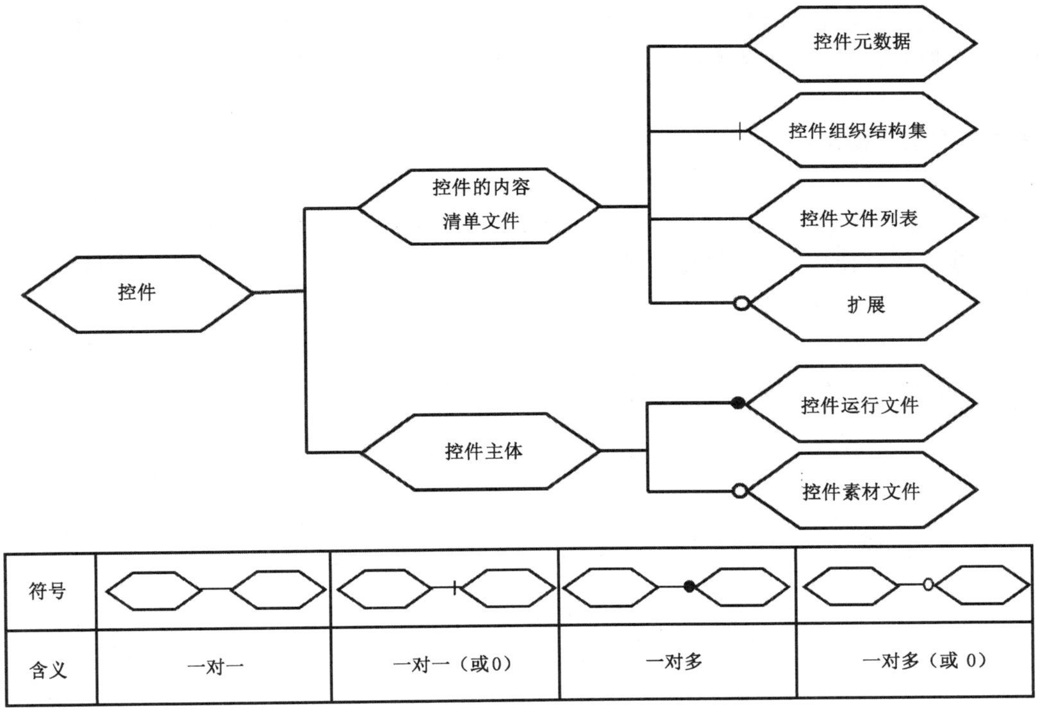

图 6 电子课本中控件的结构

5.5.2 内容清单(控件)文件

控件的内容清单文件是承载控件的内容清单信息的文件，用于描述每个控件的基本属性、文件位置、组织结构等信息。控件的内容清单文件对的控件来说是必须的，它承载的内容具体包括以下 4 个部分：

a) 控件元数据：是控件的内容清单文件中的必备信息，应根据 GB/T 36453—2018 中 9.2.2 的要求确定其数据元素及属性；
b) 控件组织结构集：用于描述控件主体中所有文件的组织方式，适用于功能复杂的控件；
c) 控件文件列表：是控件中所含控件主体中控件运行文件和控件素材文件的清单，包括文件名及相对路径；
d) 扩展：是当控件有其他兼容性要求或控件本身包含本标准规定之外的特殊信息时，用于扩展控件的内容清单信息的可选预置点。

5.5.3 控件主体

控件主体包括控件运行文件和控件素材文件两类。

控件运行文件是承载控件功能（包括属性和方法）并能够实现这些功能的数据集，包含了技术功能的属性、方法、指令等信息。每个控件中应至少有一个控件运行文件。控件运行文件属于 4.3 中 f）所述控件主体的必要组成部分。

控件素材文件指具有可视化特征的控件中用于呈现控件的各类素材文件。控件素材文件数量较多时，可以在控件文件夹下设置控件素材文件夹，存放控件素材文件。

5.6 扩展文件（夹）

扩展文件是指电子课本内容包中有本标准所规定的页、资源、控件以外的其他形式内容信息或功能时，承载这些内容信息或功能的文件（例如：电子课本的使用说明、电子课本使用数据采集接口等）。扩展文件数量较多时，可以在电子课本内容包结构文件夹下设置扩展文件夹，存放扩展文件。

6 电子课本内容包交换文件

电字课本内容包交换文件指为便于传输，将电子课本中的所有文件组合成一个单独的文件。电子课本内容包交换文件宜使用 ZIP 进行组合封装，ZIP 文件格式应与 IETF RFC1951：1996 定义一致。

参 考 文 献

[1] GB/T 5271.17—2010 信息技术 词汇 第17部分:数据库

[2] GB/T 26622—2010 信息技术 学习、教育和培训 内容包装

[3] GB/T 29802—2013 信息技术 学习、教育和培训 测试试题信息模型

[4] CY/T 125—2015 中小学数字教材加工规范

[5] 许哲,顾小清.电子课本国际标准的发展与追踪调研[J].现代远程教育研究,2014,(01):62-71.

[6] 傅伟,葛鑫,屈劲,顾洁.电子课本数字版权管理方案设计与技术验证[J].现代远程教育研究,2014,(01):72-78.

[7] 傅伟.电子课本模型构建与技术验证[D].上海:华东师范大学,2013,6.

[8] 傅伟,许哲.电子课本元数据模型设计[J].中国电化教育,2013,(12):83-88.

[9] 傅伟,顾小清.兼容与超越:电子课本的内容包装设计[J].远程教育杂志,2013,(02):80-87.

[10] 顾小清,傅伟,齐贵超.连接阅读与学习:电子课本的信息模型设计[J].华东师范大学学报(自然科学版),2012,(02):81-90.

ICS 35.240.15
L 71

中华人民共和国国家标准

GB/T 36460—2018

信息技术　生物特征识别
多模态及其他多生物特征融合

Information technology—Biometrics—
Multimodal and other multibiometric fusion

(ISO/IEC TR 24722:2015,MOD)

2018-06-07 发布　　2019-01-01 实施

国家市场监督管理总局
中国国家标准化管理委员会　发布

前　言

本标准按照 GB/T 1.1—2009 给出的规则起草。

本标准使用重新起草法修改采用 ISO/IEC TR 24722:2015《信息技术　生物特征识别　多模态及其他多生物特征融合》。本标准与 ISO/IEC TR 24722:2015 相比，在结构上做了一定调整，增加了第 2 章规范性引用文件，后续章节号也相应调整；同时在 ISO/IEC TR 24722:2015 的 3.1 中增加了条(见 4.1)。

本标准与 ISO/IEC TR 24722:2015 的技术性差异及其原因如下：

——修改了标准适用范围的描述(见第 1 章)，按国家标准要求增加"规定了……"和"适用于……"等内容；

——关于规范性引用文件，本标准做了具有技术性差异的调整，调整的情况集中反映在第 2 章"规范性引用文件"中，具体调整如下：

- 增加引用了 ISO/IEC 2382-37；
- 增加引用了 ISO/IEC 29159-1；

——删除了原 3.1 对于当前研究工作的陈述性描述(见 4.1)，使内容更明确；

——修改了原 3.1 多生物特征识别分类的表述(见 4.1)，使内容更明确；

——修改了原 4.3.2 部分描述，增加了关于特征的描述(见 5.3.2)；

——修改了原 4.4 关于特征级融合实践方法的描述(见 5.4)，使内容更明确；

——删除了原 4.4 部分陈述性描述(见 5.4)，使内容更明确；

——修改了原 5.1 部分描述(见 6.1)，使内容更明确。

本标准还做了下列编辑性修改：

——4.4 关于特征级融合实践难度的原因描述调整为"注"(见 5.4)。

请注意本文件的某些内容可能涉及专利。本文件的发布机构不承担识别这些专利的责任。

本标准由全国信息技术标准化技术委员会(SAC/TC 28)提出并归口。

本标准起草单位：中国电子技术标准化研究院、广州广电运通金融电子股份有限公司、广州广电卓识智能科技有限公司、北京天诚盛业科技有限公司、山西天地科技有限公司、人力资源和社会保障部信息中心、长春鸿达光电子与生物统计识别技术有限公司、浙江蚂蚁小微金融服务集团股份有限公司、北京旷视科技有限公司、杭州晟元数据安全技术股份有限公司、广东光阵光电科技有限公司、深圳爱酷智能科技有限公司。

本标准主要起草人：黄跃珍、林冠辰、高健、袁昕、王智飞、彭程、金晓峰、梁添才、秦日臻、聂芸芸、章烈剽、陈光、王晓亮、王欣、刘旭东、陈星、孙曦、龚文川、徐俊、刘兵、张鑫、宁静、赵娜、柯文辉。

引　言

对于某些生物特征识别应用场景，我们很难通过使用单一生物特征识别技术来满足它们对技术性能的要求，例如个人多重身份证排查、航空安全检查等。另外，当无法为某些生物特征识别特征类型提供可靠样本时，还需要制定相关规定。

利用完全独立的生物传感器、识别算法或多种特征类型采集多模态生物特征测量数据。此举通常可以提高生物特征识别的技术性能并降低风险。性能水平的提高在于它并不需要获取所有的生物特征测量值，而是在接受/拒绝阈值的整体决策下仅根据任意数量的生物特征测量值即可得到识别结果。

多模态生物特征识别系统为众多多生物特征识别系统类型中的一种，特点在于各模态对应各自不同的测量方法。目前实现分数级的结果融合通常需要生物特征的真实与虚假分布信息。

信息技术　生物特征识别
多模态及其他多生物特征融合

1　范围

本标准规定了多模态及其他多生物特征融合方法。

本标准适用于生物特征融合，包括多生物特征识别特征类型、多实例、多传感器、多算法、决策级和分数级逻辑。

2　规范性引用文件

下列文件对于本文件的应用是必不可少的。凡是注日期的引用文件，仅注日期的版本适用于本文件。凡是不注日期的引用文件，其最新版本(包括所有的修改单)适用于本文件。

ISO/IEC 2382-37　信息技术　词汇　第37部分：生物特征识别(Information technology—Vocabulary—Part 37：Biometrics)

ISO/IEC 29159-1　信息技术　生物特征识别校准，增强与融合数据　第1部分：融合信息格式(Information technology—Biometric calibration，augmentation and fusion data—Part1：Fusion information format—Part 1：BioAPI)

3　术语和定义

ISO/IEC 2382-37界定的以及下列术语和定义适用于本文件。

3.1

生物特征识别的数据源　biometricdata source

信息通道(例如传感器、特征类型、算法、实例或呈现)即融合算法处理的数据(例如生物特征识别采集样本、提取的特征、比对分数、排序或者决策)的起源。

3.2

生物特征识别过程　biometric process

使用一个或多个个体的生物特征识别特征来进行登记、验证或识别的自动化过程。

3.3

生物特征融合　biometric fusion

多来源(如：传感器、模态、算法、实例或呈现等)的信息的组合。

3.4

级联系统　cascaded system

使用生物特征样本的通过/失败阈值来确定，为做出总体系统决定是否需要增加额外的生物特征样本的系统。

3.5

分层系统　layered system

单个生物特征的分数用于决定其他生物特征数据的通过/失败阈值的系统。

3.6

多算法　multialgorithmic

使用多个算法处理相同的生物特征样本。

3.7

多生物特征识别(的)　muitibiometric

多生物特征识别领域相关的。

注：多生物特征识别有五个子类别：多生物特征识别特征类型、多实例、多传感器、多算法和多呈现。

3.8

多生物特征识别过程　multibiometric process

利用生物特征融合的生物特征识别过程。

3.9

多生物特征识别　multibiometrics

基于个人的生物或行为特征并使用了生物特征融合技术的个体自动识别。

3.10

多实例　multiinstance

一个生物模态中使用多个生物特征实例。

示例：虹膜(左)＋ 虹膜(右)，指纹(左指标)＋ 指纹(右指标)。

3.11

多特征类型　multi-characteristic-type

多类型　multi-type

使用来自不同生物特征识别特征的多种类型信息。

示例：指纹＋人脸。

3.12

多呈现　multipresentation

使用一个生物特征识别特征实例的多个呈现样本或者使用多个可采集样本的单个呈现。

示例：来自一个视频摄像头的多帧人脸图像(不要求连续)。

注：如果采用融合技术，多呈现生物特征识别可看作是多生物特征识别的一种形式。多种融合及标准化技术都适用于同一生物实例的多呈现信息整合。

3.13

多传感器　multisensorial

使用多种传感器分别采集一个生物实例的样本。

示例：人脸：红外光谱、可见光谱、二维图像和三维图像；指纹：光学，静电和声学传感器。

3.14

依次呈现　sequential presentation

从多个独立采集事件中获取用于生物特征融合的生物特征样本。

3.15

同时呈现　simultaneous presentation

从单个采集事件中获取用于生物特征融合的生物特征样本。

4　多模态及其他多生物特征识别系统

4.1　多生物特征识别分类

4.1.1　概述

多模态或多生物特征识别通常是指以某种组合形式使用多生物特征类型、多传感器、多实例和(或)

多算法，并得到一个特定的生物特征识别或验证结果。多样本、多匹配分数或多匹配决策的组合方法可以非常简单也可以特别复杂。本文件中，任何一种组合方法都称作"融合"。具体组合方法将在第5章进行介绍。

为进一步阐明多生物特征各类别之间的区别，表1列出各类多生物特征识别实现之间的基本差别。

表1 多生物特征识别类别（以最简单的2对象融合为例）

类别	特征类型	算法	实例	传感器
多特征类型	2 （总是需要）	2 （总是需要）	2 （总是需要）	2 （一般需要）[b]
多算法	1 （总是需要）	2 （总是需要）	1 （总是需要）	1 （总是需要）
多实例	1 （总是需要）	1 （总是需要）	2 （总是需要）	1 （一般需要）[c]
多传感器	1 （总是需要）	1 （一般需要）[a]	1 （总是需要，且是相同的实例）	2 （总是需要）
多呈现	1	1	1	1

[a] 有可能，两个来自不同传感器的样本使用不同的"特征提取"算法加以处理，然后通过通用比对算法（形成"1.5算法"），或两个完全不同的算法进行处理。

[b] 特例：将只有一个传感器的多特征类型系统用于获取两个不同的生物特征类型。例如，高分辨率图像用于提取人脸和虹膜或人脸和皮肤纹理。

[c] 特殊情况下，对一个实例每次使用两个独立传感器进行采集，例如可能是一个双手指指纹传感器。

4.1.2 多特征类型

这种生物特征识别系统从采集两个或更多不同的特征类型的单一或多个传感器获取输入。例如，一个将人脸和虹膜信息组合用于生物特征识别的系统可看作是一个"多特征类型"系统，无论人脸和虹膜图像是由不同的或同一个成像设备采集。不要求对各种不同的度量值进行数学组合。例如，一个具有声音和指纹识别功能的系统可看作是"多特征类型"，同时适用于"或"规则。

注："或"规则是指，允许用户使用其中任何一种特征类型进行验证。

4.1.3 多算法

这种生物特征识别系统从一个传感器接收单一样本并使用两个或两个以上算法进行样本处理。这种技术可以应用于任何特征类型。从那些基于完全不同且独立的原理的算法中可能得到许多好处；例如，既可能针对提取自生物样本的特征（指纹与手指细节），也可能针对比对方法（比对细节的不同算法）。

4.1.4 多实例

这种生物特征识别系统使用一种或多种传感器获取同一生物特征识别特征的两个或更多不同的实例。例如，从多个手指提取图像的系统被看成是多实例生物特征识别系统，而不是多特征类型生物特征识别系统。然而，提取（例如）面部和虹膜图像序列帧的系统被看成是多呈现生物特征识别系统，而不是多实例生物特征识别系统。

4.1.5 多传感器

这种生物特征识别系统使用两个或多个不同的传感器采集一个生物特征识别特征的同一个实例的

样本。多个样本的处理可采用一种算法或多种算法的组合。例如,人脸识别可以同时使用可见光和红外摄像机(配合某特定频率或多频率的红外光源)。

4.2 同时呈现与依次呈现

4.2.1 通用多生物特征识别系统模型

图1给出了通用多生物特征识别系统的模型。除了特别说明,该模型均以3个不同特征类型下的样本(P1,P2,P3)为例进行阐明。模型顶层给出了多生物特征识别特征主题。根据系统设计,系统支持两种生物特征呈现方法:同时和依次。

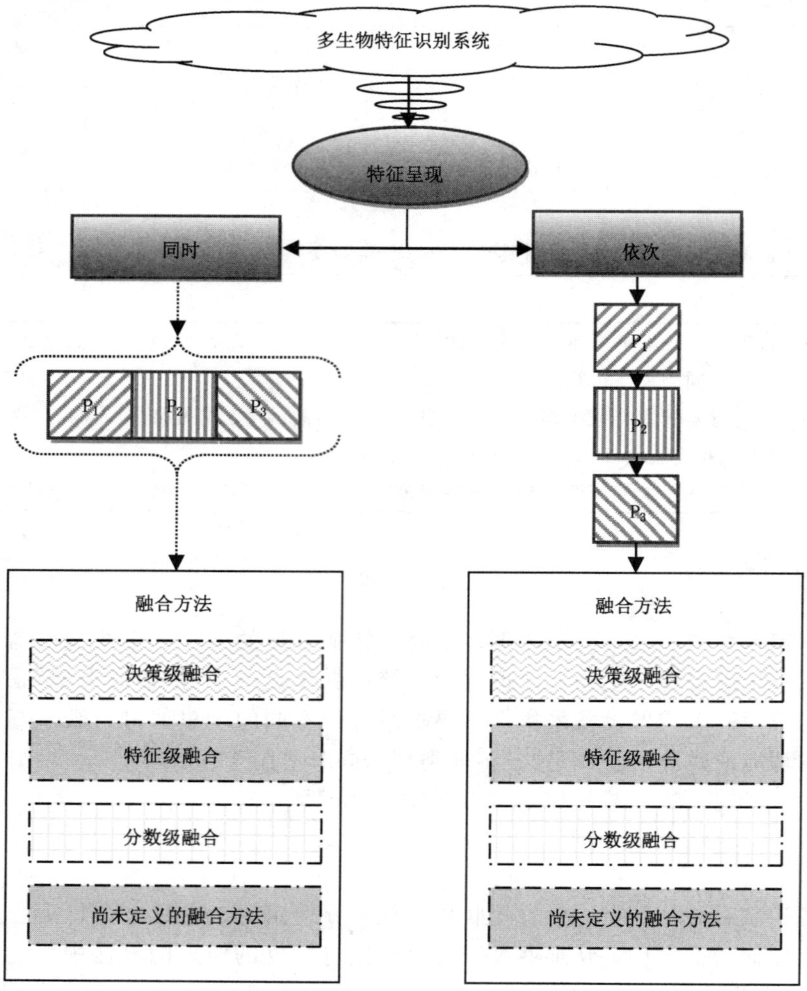

注:特征呈现方法(同时或依次)不同于融合过程本身。此处之所以提到融合方法,目的在于列出可能会影响多生物特征识别系统设计的各方面。

图1 多生物特征识别系统模型

4.2.2 同时呈现

在成功采集前提下,同时呈现提供从单次采集事件中获取的多生物模态下特征样本(例如,从相同摄像头采集的人脸和虹膜数据)。同时采集设计常用于以增加复杂度(同步样本采集)或牺牲易用性(双传感器交互,用户多任务处理)为代价的高吞吐量应用场景。

4.2.3 依次呈现

依次采集是从相互独立的事件中一个或多个特征类型下获取生物特征样本。依次采集可应用于三个方面。其一为多实例，它利用一个主体的单个生物模态中两个或两个以上的实例，如指纹(左手食指)+指纹(右手的食指)。此例中，单个指纹阅读器依次使用两次。其二为多特征类型，使用一个或多个传感器采集一个主体的多个不同生物模态，如依次采集手形+人脸特征数据。其三为多传感器，使用两个或多个独立的传感器获取一个主体的相同生物特征。为了避免与多模态混淆，可以从两个或多个独立传感器分别获取生物特征，因此多传感器被看作“单模态多传感器”。例如，人脸识别：红外光谱、可见光谱、二维图像、三维图像；指纹识别：光、电和声学传感器。

4.3 相关性

多模态生物特征识别系统中，融合的信息可能在多个不同层次相互关联(参见参考文献[56])，如下例所示：

——特征类型之间的相关性：这里是指存在物理相关性的生物特征，如用户的声音和唇动；

——相同生物特征样本的相关性：多算法系统中，相同的生物特征样本(例如，指纹图像)或生物特征样本的子集(例如，声音。整个样本由一个算法处理，样本的一部分由另一个算法处理)对应不同的特征提取与对比算法(例如，细节比较器和纹理比较器)；

——特征值之间的相关性：构成不同特征类型的特征向量其特征值的子集可能相互关联。例如，用户手掌(手的几何形状)的面积可能与人脸的宽度相关联；

——由普通操作流程引起的实例相关性(例如，普通的采集设备和操作员培训)；

——由于主体行为引起的实例相关性(例如，两个眼睛佩戴彩色隐形眼镜)。

然而，为了确定相关联的程度，需要检查此融合方案下关于匹配器的匹配分数(或接受/拒绝决策)。多分类器系统(参见参考文献[56])已证明融合不相关的分类器能够显著提升匹配性能。

对于融合方案中两个精度合理的分类器，同一主体的匹配分数可能相关但并非必须相关。因此，参考文献[20]对分类器错误之间相关性的描述更为恰当。相关系数 ρ_{n_C} 由式(1)定义：

$$\rho_{n_C}=\frac{nN_C^f}{N-N_C^t-N_C^f+nN_C^f} \qquad \cdots\cdots(1)$$

式中 n 是被测分类器的个数，N 是序列总数，N_C^f 是阈值为 C 时，所有分类器错误输出的序列数目，N_C^t 是阈值为 C 时，所有分类器正确输出的序列数目。

注：此式与决策级下计算错误相关性有关。

5 组合层级

5.1 概况

作为多生物特征识别系统对各级别组合定义的基础，我们首先以验证系统为例介绍单个生物特征识别过程及其构建模块。图2为单一生物特征识别过程的原理框图。

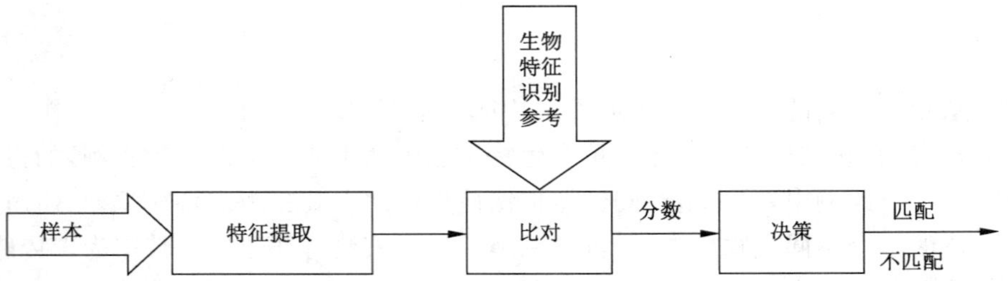

图 2　单一生物特征识别处理(通用)

将生物特征传感器采集的生物特征样本(例如指纹图像)传入特征提取模块。采用信号处理方法,特征提取模块将样本转化为特征(例如指纹特征),形成一个适合匹配的表达。通常,多个特征组合成一个特征向量。比对模块将特征向量作为输入,并将其与生物特征识别参考进行比对,得到一个匹配分数。该比对分数由决策模块用来判断所输入样本是否与存储的模板相匹配,并输出二进制匹配或者不匹配。

上述单一生物特征识别过程可延伸至多生物特征识别过程。多生物特征识别中有以下几个融合层级:a)决策级;b)比对分数级;c)特征级;d)样本级。其中 a)级和 b)级融合发生在比对过程之后,而 c)和 d)发生在匹配之前。虽然可以在不同层级进行信息整合,但特征级、分数级与决策级是最常用的融合层级。图 3 以一个多模态识别系统为例阐述了以下几种不同融合层级(参见参考文献[7][41])。

a) 决策级:每个单一生物特征识别过程输出一个布尔值。利用混合算法如和与或,或者采用更多参数,如输入样本质量分数将结果进行融合。

b) 分数级:每个单一生物特征识别过程通常输出单一匹配分数,也可能是多个分数。将多个生物特征识别分数融合成一个分数或决策,然后与系统接受阈值进行比较。

c) 特征级:每个单一生物特征识别过程输出一组特征。将多组生物特征融合为一个特征集或者特征向量。

d) 样本级:每个单一生物特征识别过程输出一组样本。将多组生物特征样本数据融合为一个样本。

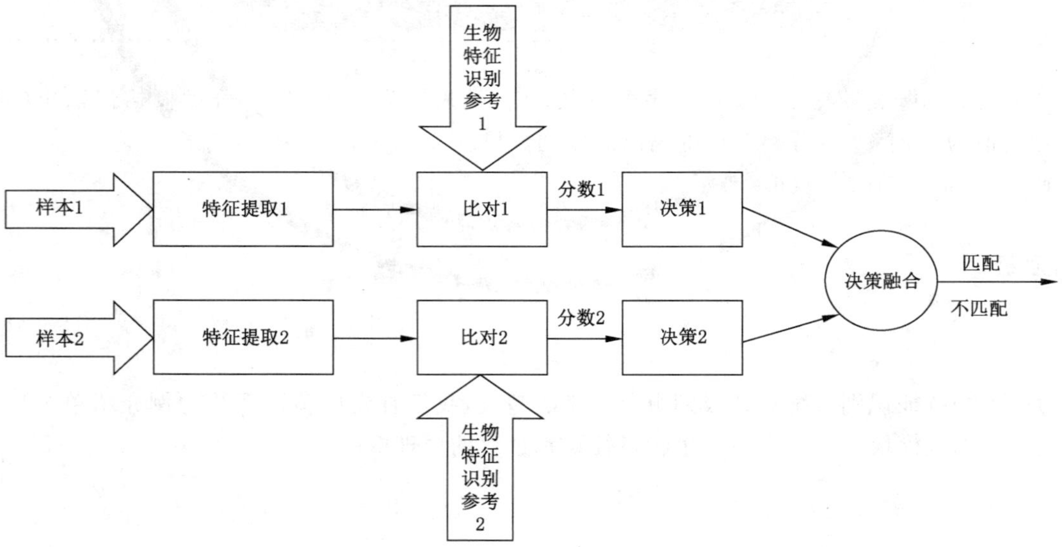

a)　决策级融合

图 3　多模态系统的融合层级

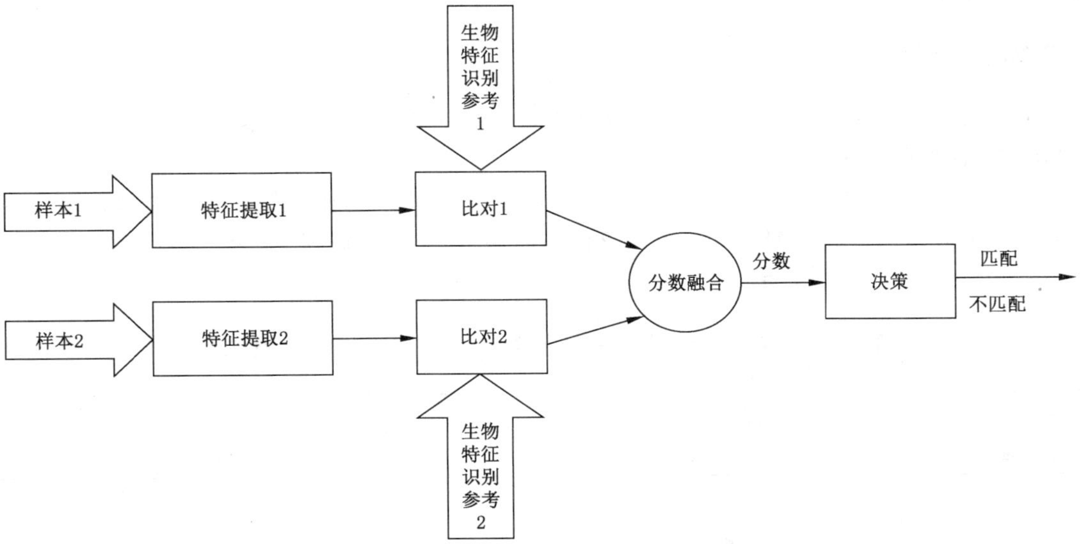

b） **分数级融合**

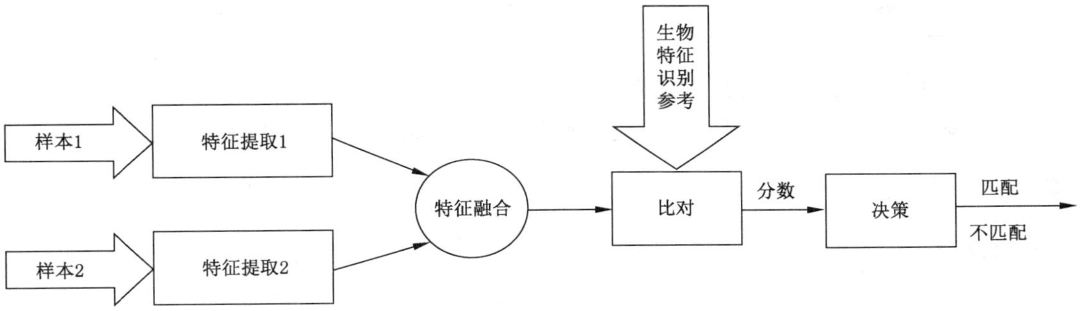

c） **特征级融合**

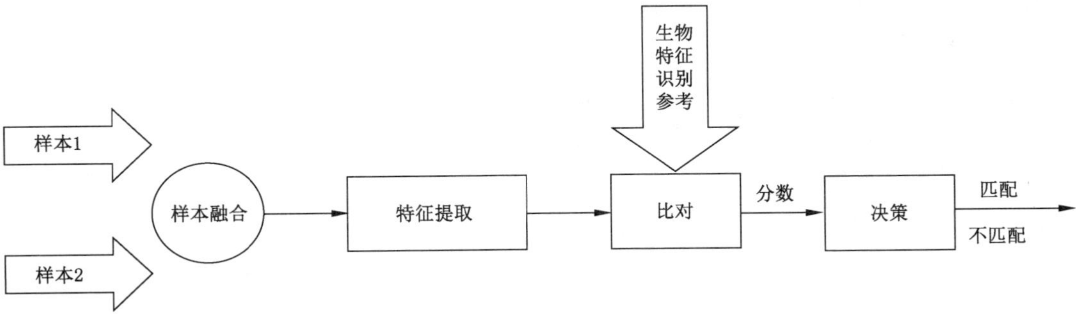

d） **样本级融合**

注：c)中样本 1 和样本 2 可能是相同样本。

图 3（续）

对于同时或依次采集的生物特征样本，先提取特征，然后与模板进行对比。图 1 中的 P_1、P_2 与 P_3 指与参考模板比对后所得的匹配分数。最后将 P_1、P_2 和 P_3 的比对分数输入融合模块得到最终结果。多生物特征识别系统中，融合可能发生在决策级或分数级。

5.2 决策级融合

5.2.1 简单的决策级融合

单个生物特征比对决策完成之后即进行决策级融合。决策级融合基于决策模组输出的匹配或非匹配二进制结果值[如图 3a)所示]。

为了便于处理，对于由少量组件组成的生物特征识别系统，可为比对结果指定逻辑值，这样融合规则就可用逻辑函数表示。表 2 列出了两个广泛使用的函数——“或规则”和“与规则”，作为一对决策级输出。

表 2 两种生物特征识别特征类型的和与或规则决策融合

生物特征 1 的识别决策	生物特征 2 的识别决策		“与规则”决策	“或规则”决策
X	X		X	X
X	●		X	●
●	X		X	●
●	●		●	●
注：X——不匹配；●——匹配。				

对于由大量组件组成的生物特征识别系统，已确立投票融合规则作为融合规则，而少数服从多数规则便是最常见的融合规则。如“与规则”和“或规则”就是投票规则的具体例子。

5.2.2 高级决策级融合

5.2.2.1 通用模型

决策级融合基于每个样本的接受/拒绝结果。高级决策融合分为分层和级联两个子集。分层系统通过单个生物特征匹配分数来调节特征阈值从而确定其他生物特征识别的阈值。级联系统则根据特定特征类型的生物样本是否通过固定阈值来确定是否需要增加其他特征类型的生物样本，以使决策覆盖到整个系统。图 4 描述了两个子集的决策级融合。

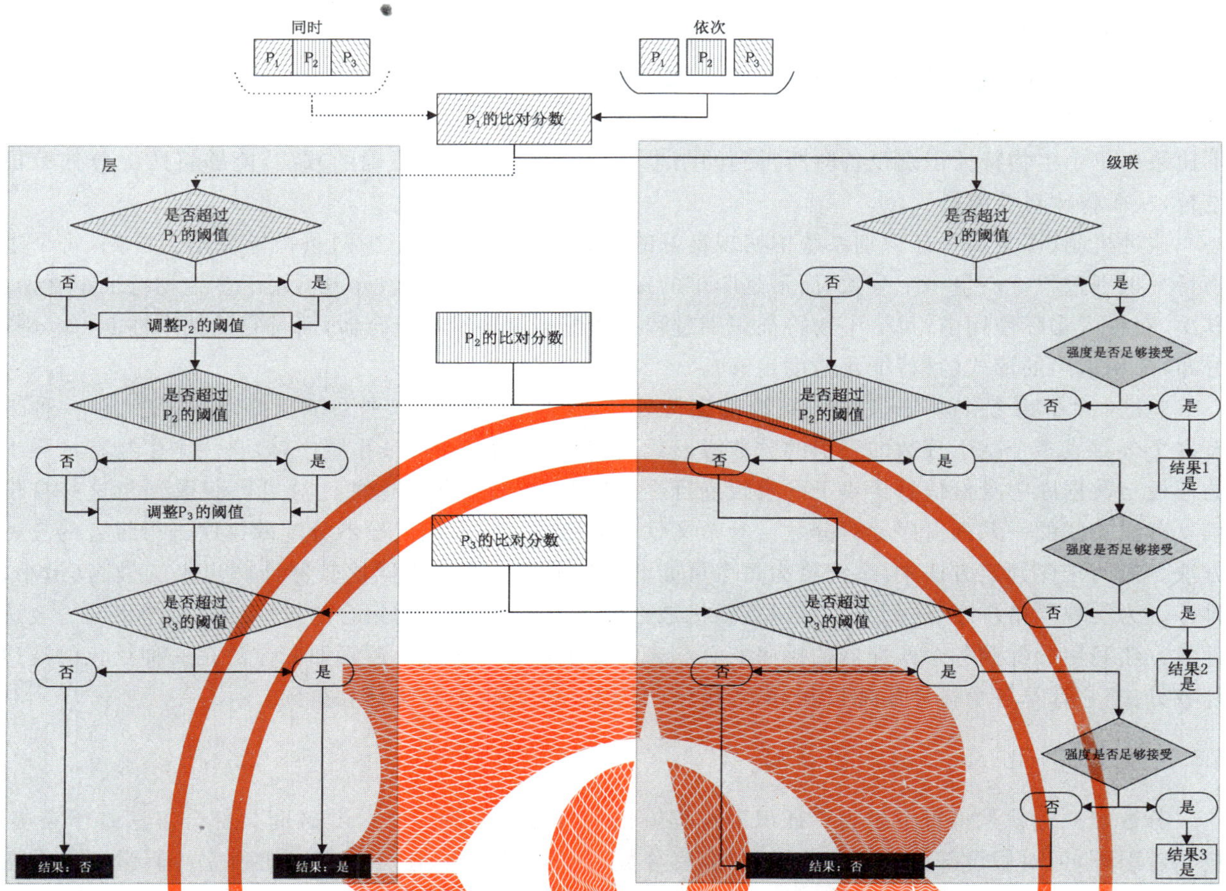

图 4 高级决策级融合

5.2.2.2 分层系统

无论是同时呈现还是依次呈现，P_1 的匹配分数都要输入分层系统。系统根据其定义的阈值对匹配分数进行处理。如果该分数达到了特征类型 P_1 对应的标准/阈值，输出端将调整（提高或降低）特征类型 P_2 对应的通过阈值。如果 P_1 未能达到对应的标准/阈值，输出端很可能会提高特征类型 P_2 对应的阈值。P_1 处理完成以及特征类型 P_2 的阈值需求重置之后，P_2 的比对分数就被输入系统。P_2 和 P_3 的处理过程相同。当特征类型 P_3 处理完之后，系统也完成了最终接受/拒绝决策。

5.2.2.3 级联系统

无论是同时呈现还是依次呈现，级联系统至少要依赖一种生物特征样本。若第一个样本不符合要求，则需添加其他样本继续比对。以图 4 为例进行讨论。P_1 的比对分数输入系统，并与其对应的匹配阈值进行对比。如果 P_1 的分数超出 P_1 对应的标准/阈值，就进行有关结果强度（可能包括样本质量测定）的决策。如果强度足够，那么主体验证通过。如果 P_1 的分数没有达到初始阈值，或者达到了初始阈值但没通过强度决策，则级联系统需使用 P_2 的分数。P_2 和 P_3 的处理过程相同。值得注意的是如果 P_1 达到了阈值且通过了强度测试，则级联系统不需要采集 P_2、P_3 样本。

5.3 分数级融合

5.3.1 概况

分数级融合中，每个系统提供匹配分数，用于表示特征向量与生物特征识别参考向量之间的相似度。此处的匹配分数可在后续环节进行组合来提高匹配性能。

理论上，不同生物特征识别过程可以有机结合以提高比对性能。任何数量的合理个性化生物特征识别过程都可采用一定方式将其比对分数进行组合，而且这种方式下得到的匹配结果一般情况下保证不比采用单个生物特征识别设备时所得到的结果差。关键是要找到正确的方法，能够将匹配分数有机结合，从而将比对性能最大化。

这种机制(多生物特征识别系统中实现良好的分数组合)应依循至少两条指导原则。首先，每个生物特征识别过程应产生一个分数，而不是困难的接受/拒绝决策，并使该分数可用于多生物特征组合器。其次，在投入实际使用前，每个生物特征识别过程应适配多生物特征组合器，而且它的技术性能(如分数分布)采用适当的形式(且特征化精度足够)。

验证(1∶1)系统与辨识(1∶N)系统都支持分数级融合。然而，识别系统还可以在顺序级(一种带有多个分数或多个基于分数的索引的分数级形式)整合有用信息。验证系统中，取自一个生物特征样本的模板与数据库中身份信息子集下的模板进行逐一比对。因此，通过这种比对可以获取到与这些身份信息存在关联的一系列有序比对分数。参考文献[23]描述了将不同比较器分配的排序进行组合的三种方法。最高排序判定方法中，系统将为每个可能的匹配分配一个由不同比较器计算出来的最高(最小)排序。为实现严格排序，序列关系可以被随机地打破，且最终决策是由组合的排序结果所产生的。波达计数方法利用分配到各个匹配器的排序的总和来计算组合后的排序。逻辑回归方法是一种泛化的波达计数方法，它计算各个排序的加权和，而各排序的权重由逻辑回归算法计算得到。

5.3.2 分数归一化

分数归一化就是将每个生物特征识别过程输出的分数映射到一个公共区间。部分方法基于奈曼-皮尔森引理，但对假设部分做了简化。例如，将分数映射到似然比，让分数得以在独立性假设下以乘法的方式来组合。其他方法大抵基于对匹配分数分布统计测量方法的改良。

归一化参数可通过一个固定训练集来确定或根据当前特征向量而定。

分数归一化影响了分数在生物特征识别性能的结合和解释，与分数级融合密切相关(参见参考文献[32])：

a) 各比较器输出的比对分数可能对应不同属性类别。例如，一个匹配器可能输出距离(差异性)测度，而另一个可能输出近似度(相似度)测度。
b) 各匹配器的输出不需要基于同一个数值量度(范围)。
c) 匹配器输出的最终分数可能依循不同的统计分布。

出于上述原因，匹配分数通常在融合进公共区间之前进行归一化。图5结合归一化描述了两个生物特征样本的分数级融合框架。

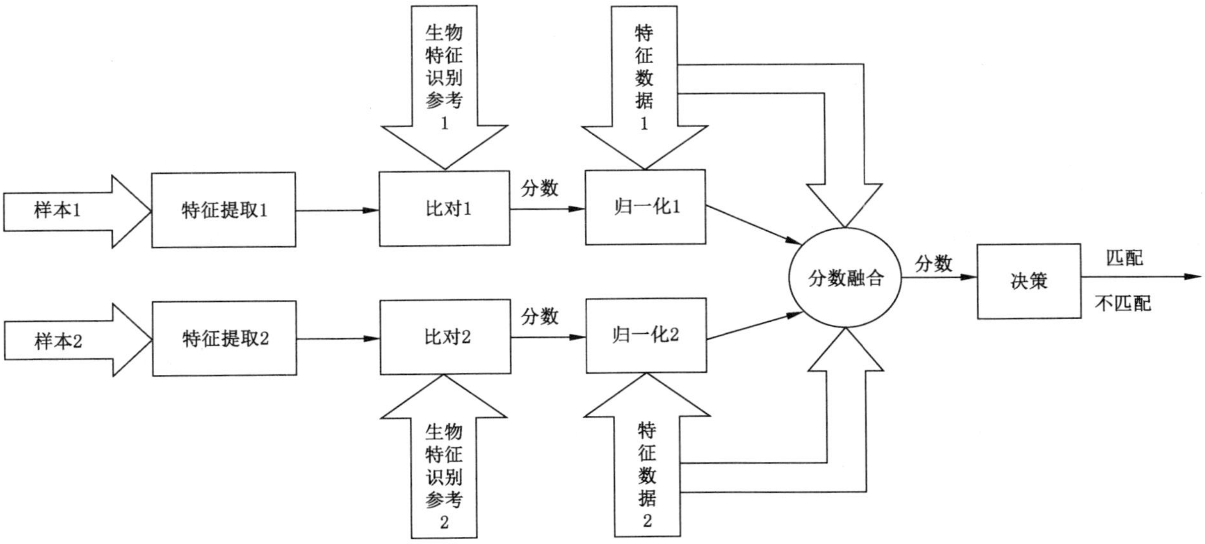

图 5　分数级融合框架

表 4 列出了图 5 所示框架下几种常用的分数标准化方法。一些融合方法由于使用了概率密度函数(PDF),不需要引入归一化。表 3 定义了表 4 中所用的符号。在某些情况下,概率密度函数将原始/自然分数直接转化为错误接受率,进而得到决策,因此不需要利用分数归一化将分数转化到公共参考区间。

表 3　分数归一化公式所用符号

统计方法	特征化数据		
	真实分布	虚假分布	真假混合分布
分数的最小值	S^{G}_{Min}	S^{I}_{Min}	S^{B}_{Min}
分数的最大值	S^{G}_{Max}	S^{I}_{Max}	S^{B}_{Max}
分数的均值	S^{G}_{Mean}	S^{I}_{Mean}	S^{B}_{Mean}
分数的中值	S^{G}_{Med}	S^{I}_{Med}	S^{B}_{Med}
分数的标准差	S^{G}_{SD}	S^{I}_{SD}	S^{B}_{SD}
常数	C	C	C
概率密度函数	PDF^{G}	PDF^{I}	N.A.
概率密度函数交叉中心	S_{center}		
概率密度函数交叉宽度	S_{width}		
注:S 表示相似度分数; 上标的 G 表示真实; 上标的 I 表示代表虚假; 上标的 B 表示真假二者。			

表 4 分数标准化示例

方法	公式	数据元	注释
极小极大方法(MM)	$S'=(S-S_{Min}^{B})/(S_{Max}^{B}-S_{Min}^{B})$	S_{Min}^{B} S_{Max}^{B}	——使用经验数据(或理论限值或供应商提供数据) ——不考虑非线性
Z-分数	$S'=(S-S_{Mean}^{I})/S_{SD}^{I}$	S_{Mean}^{I} S_{SD}^{I}	——假定正态分布 ——关于平均值对称 ——假定真假分布均稳定
中位数绝对离差(MAD)	$S'=(S-S_{Med}^{B})/(C\cdot \text{median}\|S-S_{Med}^{B}\|)$	S_{Med}^{B} C	——假定真假分布均稳定
双曲正切(Tanh)	$S'=0.5\left[\tanh\left(\frac{C(S-S_{Mean}^{G})}{S_{SD}^{G}}\right)+1\right]$	S_{Mean}^{G} S_{SD}^{G}	——变换后数据分布的方差与均值 ——假定真假分布均稳定
自适应(AD)[a] a) 双二次曲面(QQ) b) 逻辑回归 c) 双二次曲线(QLQ)	$n_{AD}=\begin{cases}\frac{1}{c}n_{MM}^{2}, & n_{MM}\leqslant c\\ c+\sqrt{(1-c)(n_{MM}-c)}, & \text{otherwise}\end{cases}$ $n_{AD}=\frac{1}{1+A\cdot e^{-B\cdot n_{MM}}}$ $n_{AD}=\begin{cases}\frac{1}{c}n_{MM}^{2}, n_{MM}\leqslant\left(c-\frac{w}{2}\right)\\ n_{MM}, \left(c-\frac{w}{2}\right)<n_{MM}\leqslant\left(c+\frac{w}{2}\right)\\ \left(c+\frac{w}{2}\right)+\sqrt{\left(1-c-\frac{w}{2}\right)\left(n_{MM}-c-\frac{w}{2}\right)}, \text{otherwise}\end{cases}$	c w Δ $A=\frac{1}{\Delta}-1$ $B=\frac{\ln A}{c}$	——假定非线性 ——3 种建模方法 ——n_{AD}=自适应标准化分数;n_{MM}= 极大极小标准化分数;c = 真假分数分布的重叠中心;w = 重叠的宽度;Δ=很小值(参考文献[62]取 0.01)
反伪增益特征识别(BGI)	$\frac{P_{Si\|I}}{P_{Si\|G}}$,$P_{Si\|G}$=分数为 S_i 时 PDF^{G} 的值 $P_{Si\|I}$=分数为 S_i 时 PDF^{I} 的值	PDF^{G} PDF^{I}	——假定真假分布均稳定
BioAPI	$S'=FAR_{(threshold = score)}$	PDF^{I}	——假定虚假分布稳定
波达计数	N-Rank(S) (其中 N 为样本总数)	Rank	——仅应用于 1:N 匹配

注:该表列出了两类归一化方案:(1)修正分数分布与尺度参数;(2)只考虑真假分数重叠区域。因此极大极小,Z-分数,中位数绝对离差与双曲正切归于第(1)类,而双二次曲面与双二次曲线归于第(2)类。通常应用了第(1)类的某种方案后才会使用第(2)类的技术。

[a] 参见参考文献[62]。

5.3.3 分数融合方法

当各生物特征比较器输出一组可能的匹配以及每个匹配的质量(比对分数),就可以完成比对分数级整合。此过程又称测量级融合或置信级融合。在缺乏特征信息或者原始传感信息时,比较器输出的比对分数包含了最为详尽的输入特征样本信息。不仅如此,分数级整合还有助于轻松获取和组合多个不同比较器生成的分数。所以,比对分数级信息的整合在多模态生物特征识别系统中最为常见。表 5

简要列出了几种分数级融合方法以及它们对描述比较器性能数据的相关需求。

注：仅在排序或比对分数对每个算法给出的可能匹配集中的所有参考均可用的情形有效。

验证领域中存在两种截然不同的分数级融合方法：一种将融合归作分类范畴，而另一种将融合看作一种组合。在分类方法中，通过使用独立比较器输出的比对分数构建一个特征向量，继而将该向量划入“接受”（真实用户）或“拒绝”（虚假用户）类别中。一般来说，无论特征向量如何产生，特征向量分类器（如决策树、神经网络、支持向量机、K 最近邻以及随机森林等）都可以学习到决策边界。因此，不同特征类型下的输出分数可能呈现非齐次关系（如距离或相似性度量及不同数值范围等），而将它们输入分类器之前无需任何处理。在组合方法中，各匹配分数被组合成一个新的标量分数，用于作出最终决策。为保证来自不同特征类型下的分数组合有意义，必要时可在组合前先将这些分数转换为一个公共区间。

分类方法中，作为模式分类一部分的融合模组设计用于为正负样本找到一个最优的两类分类器。分类器利用匹配器提供的匹配分数向量来判定其类别。为了达到这个目的，分类器在特征向量空间中定义了两个决策区域：一个用于正样本，而另一个用于负样本。这两个区域以决策边界隔开，而决策边界在融合模组设计时需进行优化。决策边界形式各异，取决于正负样本分布的复杂性及性质。它们可能如线性判别函数中的一条直线那么简单也可以像多层神经网络和支持向量机那般复杂。决策边界同样可以像皮尔森似然比那样由统计数据决定。不管选择什么样的技术，最终的目标都是找到决策边界以将分类性能提高到与应用相匹配的程度。

如果分数属于同一类的或者通过归一化将它们转换为同一类，那么组合方法将是生物特征融合最简单有效的方法之一，因而也是最为常见的方法之一。Kittler 提出的分类器组合理论框架（参见参考文献[38]）介绍了一些主流技术：乘积、总和、最大、最小和中值规则。它们都是使用简单的算术或规则运算来组合来自不同模型的分数。如果掌握了更多的比对分数分布信息，那么可以用贝叶斯统计组合不同生物特征识别比较器输出的分数，如 Bigun 等所著参考文献[3]。这些技术在融合过程中考虑了各分类器的估计精度。一般情况下，当训练数据足够时，可以使用贝叶斯分类器。用 $P_i(S|G)$ 和 $P_i(S|I)$ 分别表示分数 S 的正样本对和负样本对的概率密度（对应于第 i 个模态）。基于后验概率密度 $P(G|S_1, S_2, \cdots S_N)$ 和 $P(I|S_1, S_2, \cdots S_N)$，一个简单的贝叶斯分类器（SBC）会输出匹配或者不匹配决策。在缺乏足够的训练数据时（即，正负样本对的匹配分数），无法可靠地估计出多特征类型时的联合密度。因此，后验概率可以根据各密度的乘积来估计，即，$P(G|S_1, S_2, \cdots S_N) = \Pi P_i(S_i|G)$ 和 $P(I|S_1, S_2, \cdots S_N) = \Pi P_i(S_i|I)$。

表 5　分数融合方法示例

方法	分数融合等式	所需的特性化数据					
		None	PDF_G	PDF_I	EER	V_G，V_I	Personal
简单和	$\Sigma\ (i=1\sim N)\ S_i'$	O					
最小分数	$\min\ (i=1\sim N)\ S_i'$	O					
最大分数	$\max\ (i=1\sim N)\ S_i'$	O					
权重比较器	$\Sigma\ (i=1\sim N)\ W_i \cdot S_i$				O		
使用概率密度函数融合决策的权重比较器[a]	$\Sigma\ (i=1\sim N)\ W_i' \cdot S_i'$		O	O			
用户加权	$\Sigma\ (i=1\sim N)\ W_i * \cdot S_{i'}$						O
加权乘积	$\Pi\ (i=1\sim N)\ W_i \cdot S_{i'}$				O		
正样本概率之和	$\Sigma\ (i=1\sim N) P_{G\|Si}$		O				
负样本概率之和	$\Sigma\ (i=1\sim N)\ P_{I\|Si}$			O			

表 5（续）

方法	分数融合等式	所需的特性化数据					
		None	PDF_G	PDF_I	EER	V_G，V_I	Personal
正样本概率之积	Π（i=1～N）$P_{G\|Si}$		O				
负样本概率之积	Π（i=1～N）$P_{I\|Si}$			O			
BGI[b]	Π（i=1～N）BGI_i		O	O			
似然比[c]	PDF_G/PDF^I		O	O			
K-近邻	—					O	
决策树	—					O	
支持向量机	—					O	
判别分析	—					O	
神经网络	—					O	

注：表中使用的符号和缩写如下：

i：第 i 个生物特征识别分数；

N：融合输入的数量；

Si'：第 i 个被归一化的匹配分数；

Wi：第 i 个匹配器的权重因子；

$Wi*$：第 i 个用户的权重因子；

Wi'：在 PDF 融合下第 i 个匹配器的权重因子；

BGI：反伪增益特征识别；

PDF_G：正用户每个维度得分的概率密度函数；

PDF_I：假用户每个维度得分的概率密度函数；

EER：相等错误率；

V_G：N 维正样本分数矢量；N 是模态数量；

V_I：N 维负样本分数矢量；N 是模态数量；

$P_{G|Si}$：PDFG 在 Si 处的值；

$P_{I|Si}$：PDFI 在 Si 处的值。

[a] 参见参考文献[64]。

[b] 参见参考文献 [60,61]。

[c] 参见参考文献 [51]。

5.4 特征级融合

特征级融合是指比对之前、特征提取之后进行的生物特征信息融合[参见图 3c)]。特征融合的方法有多种。最简单的一种是整合生物特征识别部分的特征向量(或者特征向量集，前提是向量集间不存在隐含的对应关系)，然后将特征分类方法应用到组合特征向量。此处，多模态的特征不是独立的，某些情况下，良好的特征级融合应该尽可能地挖掘依赖关系而不是仅仅使用分数级的组合。通常特征归一化通常在组合实值特征前使用(特别是级联特征)。

注：这个层次的融合在实践中较难实现，原因如下：

多模态的特征向量可能是不相容的(例如，指纹的细小特征集和人脸本征系数)；

不同生物特征识别系统的特征空间之间的关系可能未知；

对两个特征向量进行级联可能得到一个维数非常高的特征向量，导致“维数灾难”；

为了处理级联的特征向量，可能需要一个更复杂的匹配器（参见参考文献[55]）。

实现信息的特征级组合迫切需要一个适当的特征选择方案。借助配准，可实现更复杂的算法级特征融合。大多数的特征提取算法都需要标注点对齐以使样本处于统一的坐标系中。多模态的生物特征识别系统中，各组件可以互换标注点或者互相支持标注点提取。这种技术称为配准，可看作为一种特征融合手段。比如，人脸识别算法能为虹膜识别算法提供眼睛位置；再比如，三维人脸识别系统的深度标注点可以用来矫正图像中的人脸姿态。

6 用于多生物特征识别系统的特征化数据

6.1 特征数据

多生物特征识别系统中归一化和组合的重要方面之一是参数的原属性。使用统计模式匹配理论的分数级融合时，需要正样本和负样本的概率密度分布。其他分数级组合、特征级组合、决策层组合的重要参数多数情况需要从特征数据衍生而来。因此这个问题普遍存在，且是与最优融合规则的理论分析相关的条件。

6.2 归一化与融合中特征化数据的使用

分数级融合组合了一个或多个比较器的相似度分数。在多特征类型、多算法的情况下，通常有两个或者更多的此类匹配系统；而在多传感器、多实例、多呈现的情况下，一般只采用一个匹配器，但不管哪种情形，一个融合模组都能获得多个分数。比较器输出的分数分布依赖于比对系统，而通常这些数据不会限于一个公共区间。因此 5.3.2 的归一化处理是融合的必要前提。

要支持归一化和融合，那么本节讨论的特征化数据不可或缺。最简单的特征化数据可能只是每个分数“自然”分布的位置和形状参数。比如，脸和指纹融合方案会使用一些中位数和中位数绝对离差的先验估计（见表 5）去影响两个分数的归一化。更常见的情况是使用较详细的分数分布特性来描述正负样本分布。

因此，生物特征识别系统的特征化数据就是其输出分数统计的某种代表性总结。累积分布函数(cdf)是一个功能强大又简单易懂的特征化手段，它可以表示为 N 对 (S_i，cdf(S_i))或一些数据的功能拟合函数。

在基于归一化的分数处理中，融合使用在每个分数转化到共同区间之前。ISO/IEC 29159-1 中定义的融合信息格式旨在灵活支持任何一种普遍的变换。通过建立标准化的数据交换方式，ISO/IEC 29159-1提出生物特征识别系统整合的模块化方法，其中比对和融合算法作为一项知识产权保护起来。因此，ISO/IEC 29159-1 设想出一种两个（或多个）基础采集和比对技术（例如，掌纹和指纹）生成分数输入到融合模块的应用，此模块已经被定义在 ISO/IEC 29159-1 中融合信息格式的恰当实例初始化。

参 考 文 献

［1］ Benediktsson J.A. ，and P.H. Swain. Consensus theoretic classification methods，IEEE Transactions on Systems，Man and Cybernetics，Vol. 22，No. 4，pp. 688-704，1992.

［2］ S. Bengio. Text independent speaker verification and multimodal fusion at IDIAP，http://www.fub.it/cost275/documents/temporary/2001-11-22%20mc01_martigny_bengio.zip .

［3］ E.S. Bigun，J. Bigun，B. Duc，and S. Fischer.Expert conciliation for multimodal person authentication systems using Bayesian statistics，Proc. First Int. Conf. on Audio- and Video-Based Biometric Person Authentication，pp. 291-300，Crans-Montana，Switzerland，1997.

［4］ J. Bigun，J. Fierrez-Aguilar，J. Ortega-Garcia，and J. Gonzalez-Rodriguez.Multimodal Biometric Authentication using Quality Signals in Mobile Communications，Proc. 12th International Conference on Image Analysis and Processing，pp. 2-11，2003.

［5］ K. Chang，K. W. Bowyer，S. Sarkar，and B. Victor.Comparison and combination of ear and face images in appearance-based biometrics. IEEE Transactions on Pattern Analysis and Machine Intelligence，Vol. 25，No. 9，pp. 1160-1165，2003.

［6］ V. Chatzis，A. G. Bors，and I. Pitas.Multimodal decision-level fusion for person authentication，IEEE Transactions on Systems，Man，and Cybernetics，Part A：Systems and Humans，Vol. 29，No. 6，pp. 674- 681，1999.

［7］ C.C. Chibelushi，F. Deravi，and J.S.D. Mason.A review of speech-based bimodal recognition，IEEE Transactions on Multimedia，Vol. 4，No. 1，pp. 23-37，March 2002.

［8］ C.C. Chibelushi，F. Deravi，and J.S.D. Mason.Adaptive decision fusion for robust pattern recognition，IEEE Transactions on Systems，Man and Cybernetics—Part B：Cybernetics，Vol. 29，No. 6，pp. 902-907，Dec. 1999.

［9］ B. Cukic，H. Singh，and Y. Ma.Optimal decision level acceptance rules for multimodal biometric systems，http://www.biometrics.org/CD/PDF_PROCEEDINGS/Microsoft%20PowerPoint%20%20Cukic_BC_symposi um.ppt%20%5BRead-Only%5D.pdf .

［10］ J. Daugman.Biometric Decision Landscapes，Technical Report No. TR482，University of Cambridge Computer Laboratory，2000.

［11］ J. Daugman.Combining multiple biometrics，http://www.cl.cam.ac.uk/users/jgd1000/combine/combine.html .

［12］ F. Deravi，M.C. Fairhurst，R.M. guest，N. Mavity，and A.D.M. Canuto.Intelligent agents for the management of complexity in multimodal biometrics，International Journal Universal Access in the Information Society，Vol. 2，Issue 4，pp. 293-304，Nov. 2003.

［13］ P. Domingos and M. Pazzani.Beyond independence：Conditions for the optimality of the simple Bayesian classifier，Machine Learning，Vol. 29，pp. 103-130，1997.

［14］ P. Domingos and M. Pazzini.Beyond Independence：Conditions for the Optimality of the Simple Bayesian Classifier，Proc. 13th International Conference on Machine Learning (ICML)，1996.

［15］ A. Fejfar.Combining techniques to improve security in automated entry control，1978 Carnahan Conference on Crime Countermeasures，Mitre Corp. MTP-191，May 1978.

［16］ A. Fejfar and J. W. Myers.The testing of three automatic identity verification techniques，Proc. International Conference on Crime Countermeasures，Oxford，July 1977.

［17］ R.W. Frischholz and U. Dieckmann，BioID：A multimodal biometric identification system, http://www.bioid.com/sdk/docs/whitepapers/ieee-computer.pdf .

[18] F. Fritsch and R. Carlson.Monotone piecewise cubic interpolation, SIAM Journal on Numerical Analysis, Vol. 17, No. 2, pp. 238-246, April 1980.

[19] K. Fukunaga.Introduction to Statistical Pattern Recognition, 2nd Edition, Academic Press, 1990.

[20] K. Goebel, W. Yan, and W. Cheetham.A Method to Calculate Classifier Correlation for Decision Fusion, GE Technical Report, 2001CRD174, Dec. 2001.

[21] P. Griffin.Optimal Biometric Fusion for Identity Verification, Identix Corporate Research Centre Preprint RDNJ-03-0064, Sep. 2003.

[22] W. Haberman and A. Fejfar.Automatic identification of personnel through speaker and signature verification-system description and testing, 1976 Carnahan Conference on Crime Countermeasures, University of Kentucky, May 1976.

[23] T.K. Ho, J.J. Hull, and S.N. Srihari.Decision combination in multiple classifier systems, IEEE Transactions on Pattern Analysis and Machine Intelligence, Vol. 16, No. 1, pp. 66-75, 1994.

[24] L. Hong and A.K. Jain.Integrating faces and fingerprints for personal identification, http://www.cse.msu.edu/publications/tech/TR/MSU-CPS-97-18.report.ps.gz .

[25] L. Hong and A. Jain.Multimodal biometrics, in A. Jain et al. (eds), Biometrics: Personal Identification in a Networked Society, Kluwer Academic Press, Boston, 1999.

[26] L. Hong, A.K. Jain, and S. Pankanti.Can multibiometrics improve performance, http://www.cse.msu.edu/publications/tech/TR/MSU-CSE-99-39.ps.

[27] M. Indovina, U. Uludag, R. Snelick, A. Mink, and A.K. Jain.Multimodal biometric authentication methods: A COTS approach, Proc. Workshop on Multimodal User Authentication, pp. 99-106, Santa Barbara, CA, Dec. 2003.

[28] INT-ENST-EURECOM.Multimodal biometric identity verification: the BIOMET research project, http://www.fub.it/cost275/documents/temporary/2002_04_25_mc02_paris_WG 3_sonia_salicetti.zip .

[29] ISO/IEC 29159-1 Information technology—Biometric calibration, augmentation and fusion data—Part1:Fusion information format.

[30] A.K. Jain, L. Hong, and Y. Kulkarni.A multimodal biometric system using fingerprint, face, and speech, http://www.cse.msu.edu/publications/tech/TR/MSU-CPS-98-32.ps.Z.

[31] A.K. Jain, L. Hong, and Y. Kulkarni.F2ID: A personal identification system using faces and fingerprints, http://www.cse.msu.edu/publications/tech/TR/MSU-CPS-98-11.ps.gz.

[32] A.K. Jain, K. Nandakumar, and A. Ross.Score normalization in multimodal biometric systems, Pattern Recognition, Vol. 38, No.12, pp. 2270-2285, Dec. 2005.

[33] A.K. Jain, S. Prabhakar, and S. Chen.Combining multiple matchers for a high security fingerprint verification, http://biometrics.cse.msu.edu/combination.ps .

[34] A.K. Jain and A. Ross, Learning user-specific parameters in a multibiometric system, Proc. International Conference on Image Processing, Vol. I, pp. I-57-I-60, 2002.

[35] A.K. Jain and A. Ross.Multibiometric systems, Communications of the ACM, Special Issue on Multimodal Interfaces, Vol. 47, No. 1, pp. 34-40, Jan. 2004.

[36] T. Kanungo, D.M. Gay, and R.M. Haralick.Constrained monotone regression of ROC curves and histograms using splines and polynomials, Proc. International Conference on Image

Processing, Vol. 2, pp. 2292-2295, Washington D.C., Oct. 1995.

[37] J. Kittler, A. Ahmadyfard, and D. Windridge.Serial multiple classifier systems exploiting a coarse to fine output coding. In T. Windeatt and F. Roli (eds), Multiple Classifier Systems, pp. 106-114, Springer, Berlin, June 2003.

[38] J. Kittler, M. Hatef, R.P. Duin, and J.G. Matas.On combining classifiers, IEEE Transactions on Pattern Analysis and Machine Intelligence, Vol. 20, No. 3, pp. 226-239, 1998.

[39] J. Kittler, Y.P. Li, J. Matas, and M.U. Ramos Sanchez, Combining evidence in multimodal personal identity recognition systems, http://www.argus-solutions.com/pdfs/kittler97combiningbiometrics.pdf .

[40] H. Korves, L. Nadel, B. Ulery, and D. Masi.Multibiometric Fusion: From Research to Operations, Mitretek Sigma, Summer 2005.

[41] A. Kumar, D.C.M. Wong, H.C. Shen, and A.K. Jain.Personal verification using palmprint and hand geometry biometric, Proc. Fourth International Conference on Audio- and Video-Based Biometric Person Authentication, pp. 668-678, Guildford, UK, June 2003.

[42] L.I. Kuncheva, C.J. Whitaker, C.A. Shipp, and R.P.W. Duin, Is independence good for combining classifiers?, Proc. International Conference on Pattern Recognition, Vol. 2, pp. 168-171, Barcelona, Spain, 2000.

[43] X. Lu, Y. Wang, and A.K. Jain.Combining classifiers for face recognition, Proc. International Conference on Multimedia and Expo, Vol. 3, pp. IIII-13-16, 2003.

[44] G. L. Marcialis and F. Roli.Fusion of LDA and PCA for face recognition, http://ce.diee.unica.it/en/publications/papers-prag/Bio-Conference-05.pdf.

[45] W. K. Messner, G. A. Cleciwa, G.O. Kibbler, and W.L. Parlee.Research and development of personal identify verification systems, 1974 Carnahan and International Crime Countermeasures Conference, University of Kentucky, April 1974.

[46] L.I. Kuncheva, C.J. Whitaker, C.A. Shipp, and R.P.W. Duin.Is independence good for combining classifiers?, Proc. International Conference on Pattern Recognition, Vol. 2, pp. 168-171, Barcelona, Spain, 2000.

[47] X. Lu, Y. Wang, and A.K. Jain.Combining classifiers for face recognition, Proc. International Conference on Multimedia and Expo, Vol. 3, pp. IIII-13-16, 2003.

[48] G. L. Marcialis and F. Roli.Fusion of LDA and PCA for face recognition, http://ce.diee.unica.it/en/publications/papers-prag/Bio-Conference-05.pdf.

[49] National Bureau of Standards.Guidelines on the evaluation of techniques for automated personal identification, Federal Information Processing Standard Publication 48, April 1977.

[50] J. Neyman and E.S. Pearson.On the problem of the most efficient tests of statistical hypotheses, Philosophical Transactions of the Royal Society of London, Series A, Vol. 231, pp. 289-337, 1933.

[51] J. Ortega-Garcia.Multimodal biometric database involving fingerprint and signature characteristics, http://www.fub.it/cost275/documents/temporary/2002_04_25_mc02_paris_wg4_javier_ortega.zip .

[52] I. Pitas and C. Kotropoulos.Multimodal human-computer interaction, http://www.fub.it/cost275/documents/temporary/2001-11-22%20mc01_martigny_bengio.zip .

[53] S. Prabhakar and A.K. Jain.Decision-level fusion in biometric verification, http://www.cse.msu.edu/publications/tech/TR/MSU-CSE-00-24.ps.gz .

[54] D.E. Raphael and J.R. Young.Automated Personal Identification, SRI International, Palo Alto, 1974.

[55] A. Ross and R. Govindarajan.Feature level fusion using hand and face biometrics, Proc. SPIE Conference on Biometric Technology for Human Identification, Orlando, USA, March-April 2005.

[56] A. Ross and A. Jain.Information fusion in biometrics, Pattern Recognition Letters, Vol. 24, No. 13, pp. 2115 -2125, 2003.

[57] A. Ross and A.K. Jain.On the Independence of Biometric Modalities, Progress Report, Center for Identification Technology and Research, Morgantown, Nov. 2004.

[58] A. Ross, K. Nandakumar, and A. Jain.Handbook of Multibiometrics, 1st Edition, Springer Science & Business Media LLC, 2006.

[59] N. Sedgwick.Overview of issues on standardisation of multimodal biometric combiners, Oct. 2003, http://www.camalg.co.uk/s03017_pr0_text/multi_modal_031016b.html.

[60] N. Sedgwick.The need for standardisation of multimodal biometric combination, Nov. 2003, http://www.camalg.co.uk/s03017_pr0/begin.html.

[61] R. Snelick, M. Indovina, J. Yen, and A. Mink.Multimodal biometrics: Issues in design and testing, http://www.itl.nist.gov/div895/docs/p009-snelick.pdf.

[62] R. Snelick, U. Uludag, A. Mink, M Indovina, and A Jain.Large-scale evaluation of multimodal biometric authentication using state-of-the-art systems, IEEE Transactions on Pattern Analysis and Machine Intelligence, Vol. 27, No. 3, pp. 450-455, March 2005.

[63] J. Soh and J. Lee.A general framework for multimodal biometrics based on score distribution fusion, Proc. First Asian Biometrics Workshop, Singapore, Nov. 2003.

[64] P. Verlinde and G. Cholet.Comparing decision fusion paradigms using k-nn based classifiers, decision trees and logistic regression in a multimodal identity verification application, Proc. Second International Conference on Audio- and Video-Based Biometric Person Authentication, Washington D.C., USA, pp. 188- 193, 1999.

[65] Y. Wang, T. Tan, and A.K. Jain.Combining face and iris biometrics for identity verification, Proc. Fourth International Conference on Audio- and Video-Based Biometric Person Authentication, pp. 805-813, Guildford, U.K., 2003.

[66] N. Damer, J. B. Führer, A. Kuijper.Missing data estimation in multi-biometric identification and verification, Proc. IEEE Workshop on Biometric Measurements and Systems for Security and Medical Applications: BioMS 2013, New York, IEEE, Inc., pp. 41-45, 2013.

ICS 35.100.01
L 79

中华人民共和国国家标准

GB/T 36461—2018

物联网标识体系　OID 应用指南

Internet of things identification system—Guideline for OID application

2018-06-07 发布　　2019-01-01 实施

国家市场监督管理总局
中国国家标准化管理委员会　发布

前　言

本标准按照 GB/T 1.1—2009 给出的规则起草。

请注意本文件的某些内容可能涉及专利。本文件的发布机构不承担识别这些专利的责任。

本标准由全国信息技术标准化技术委员会(SAC/TC 28)提出并归口。

本标准起草单位:中国电子技术标准化研究院、湖北三环锻造有限公司、青岛海尔工业智能研究院有限公司、江苏徐工信息技术股份有限公司、中兴通讯股份有限公司、北京数码大方科技股份有限公司、中国轻工业信息中心、上海天臣防伪技术股份有限公司。

本标准主要起草人:池程、吴东亚、黄姗姗、陈录城、高峰、张运军、林兆骥、张维杰、马文静、张启亮、郭和生、齐建军、黄凯、邵光保、韩键、甘露、王军。

物联网标识体系　OID应用指南

1　范围

本标准给出了基于OID的物联网标识体系建设步骤和物联网中对象OID编码结构，提供了物联网应用中OID解析系统的部署及物联网应用中OID运营机构的建立方法。

本标准适用于对物联网标识体系中管理对象的OID分配，物联网应用标识管理体系建设，以及运营机构为物联网领域的组织提供标识解析服务和解析系统建设的指导。

2　规范性引用文件

下列文件对于本文件的应用是必不可少的。凡是注日期的引用文件，仅注日期的版本适用于本文件。凡是不注日期的引用文件，其最新版本(包括所有的修改单)适用于本文件。

GB/T 17969.1—2015　信息技术　开放系统互连　OSI登记机构的操作规程　第1部分：一般规程和国际对象标识符树的顶级弧

GB/T 26231—2017　信息技术　开放系统互连　对象标识符(OID)的国家编号体系和注册规程

GB/T 35299—2017　信息技术　开放系统互连　对象标识符解析系统

GB/T 35300—2017　信息技术　开放系统互连　用于对象标识符解析系统运营机构的规程

3　术语和定义

GB/T 17969.1—2015和GB/T 26231—2017界定的以及下列术语和定义适用于本文件。

3.1

国家OID注册中心　China national OID registration center

负责我国OID分支1.2.156(ISO.member.china)和2.16.156(ISO-ITU.member.china)注册、解析、管理以及国际备案工作的机构。

注：国家OID注册中心的联系信息参见附录A。

3.2

对象标识符　object identifier；OID

与对象相关联的用来无歧义地标识对象的全局唯一的值，可保证对象在通信或信息处理中正确地定位和管理。

3.3

运营机构　operational agency

依据本标准向物联网应用领域的组织提供OID注册和解析服务，维护156.2.1.oid-res.org域内DNS域文件的机构。

3.4

OID-IRI规范格式　canonical form (of an OID-IRI)

只能使用整数值的unicode label的格式。

注：OID-IRI是GB/T 16262.1—2006定义的一种ASN.1类型。术语OID-IRI值是指该ASN.1的值标记符号。该ASN.1的值标记符号与省略初始值“oid:”的IANA“oid”IRI/URI体系保持一致。

3.5

DNS 域文件　DNS zone file

描述 DNS 部分内容的文本文件。

注：DNS 域文件的格式由 IETF RFC 1035 5 以及 IETF RFC 1034 3.6.1 定义。

3.6

OID 解析系统　OID resolution system

实现本标准所规定的 OID 解析过程的系统。

4 缩略语

下列缩略语适用于本文件。

DNS：域名系统（Domain Name System）

IP：互联网协议（Internet Protocol）

OID：对象标识符（Object Identifier）

OID-IRI：OID 国际资源标识符（OID Internationalized Resource Identifier）

RFID：射频识别（Radio Frequency Identification）

5 物联网中对象的标识符要求

物联网中标识符应满足以下要求：

a） 足够的编码空间：物联网的标识符应能提供足够的编码空间以确保每个对象可对应一个唯一的标识；

b） 灵活性和可扩展性：物联网的标识符具备灵活性和可扩展性，以适应物联网中对象数量和层级的变化；

c） 独立性：物联网标识符应与网络技术无关，以确保不同网络技术连接的对象均可标识；

d） 兼容性：物联网的标识符应能兼容其他不同标识体系。

6 OID 的特点

6.1 OID 编码空间充足

OID 编码层级和长度均可灵活扩展，因此具有足够的编码空间。

6.2 OID 编码结构灵活

OID 具有分层的树形结构，可以灵活地扩展 OID 的层级，以适应不同层级对象的标识需求。

6.3 OID 与不同网络技术之间的独立性

在物联网环境中，许多对象可以使用不同的网络技术连接到彼此，OID 独立于网络技术，不受底层设备影响。OID 已广泛用于识别在不同的网络环境中的对象，例如数据库里的数据结构，云计算中的云存储对象。

6.4 对象标识符兼容性

OID 是一种可以用来分辨不同层次事物的通用标识符，可以标识不同种类的标识体系，兼容不同的标识方案，对企业的现有标识体系和信息化系统不需进行大规模改造。

7 基于 OID 的物联网标识体系建设步骤

建立基于 OID 的物联网标识体系，应依据图 1 所示的 6 个基本步骤进行。

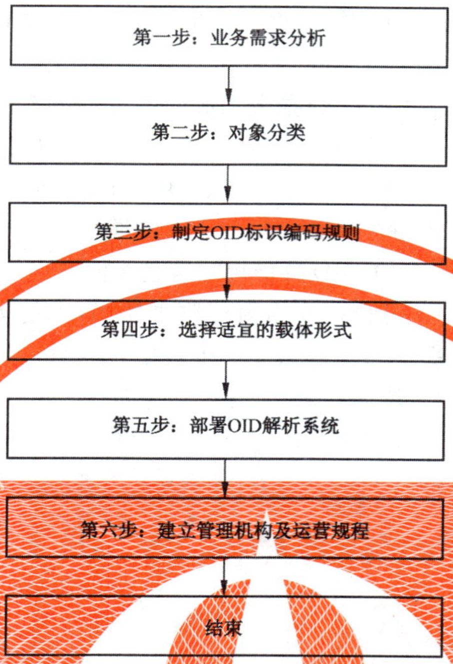

图 1 建立基于 OID 的物联网标识体系的基本步骤

图 1 中：

a) 业务需求分析。确定需要标识的对象。
b) 对象分类。根据物联网中需要标识的对象特性来对它们进行分类，例如实体对象和虚拟对象，实体对象一般包括组织、人、物体等，虚拟对象一般包括标准、数据和元数据等。
c) 制定 OID 标识编码规则；根据业务需求分析和对象分类的结果为对象制定 OID 标识编码规则。编码规则应符合 GB/T 26231—2017。
d) 选择适宜的载体形式。根据标识对象的特性，选择合适的载体形式，如 RFID、二维码等。二维码具有信息存储量大、识读速度快、全方位识读、价格低廉等特点，适用于中低端市场应用。RFID 具有识别多标签能力强、抗污染能力和耐久性强、具有穿透性和无屏障阅读、以及可重复使用的特点，在信息的识别能力，安全性等方面上总体要优于二维码。但价格昂贵，系统建设复杂，主要适用于高端市场应用。
e) 部署 OID 解析系统。OID 解析系统可部署为集中式和分布式两种，详见第 9 章。
f) 建立管理机构及运营规程。详见第 10 章。

8 物联网中对象的 OID 编码结构

8.1 总体要求

物联网中的 OID 编码应符合 GB/T 17969.1—2015 和 GB/T 26231—2017 的有关规定。

8.2 OID 编码基本结构

如果在物联网应用中,对象没有标识体系,则 OID 基础编码结构应包括:行业/管理机构码、企业码、内部编码、对象编码等,见图 2。图中"××"长度可以为 1～16 000 000 中的任意值。具体如下:

a) 若申请单位是行业或管理机构,可依据 GB/T 26231—2017 向国家 OID 注册中心申请行业/管理机构码,编码范围为 1～5 000,在此节点以下的 OID 分配规则由行业/管理机构依据 GB/T 26231—2017,结合自身需求,形成相应的下级 OID 编码分配规则。

b) 若申请单位是第三方平台,可依据 GB/T 26231—2017 向国家 OID 注册中心申请第三方平台码,编码范围为 20 001～47 999,在此节点以下的 OID 分配规则由第三方平台自行设定。

c) 若申请单位为企业,可依据 GB/T 26231—2017 向国家 OID 注册中心申请,编码范围为 100 000以后,在此节点以下的 OID 分配规则由企业内部自行设定。

行业/管理机构码、第三方平台码和企业码为注册主体码,申请单位在申请 OID 编码时,由国家 OID 注册中心分配其中一种。内部编码依据企业需求可能包含分类码、批次码等,为非必选项。对象标识码为单品码,在编码结构中为必选项。

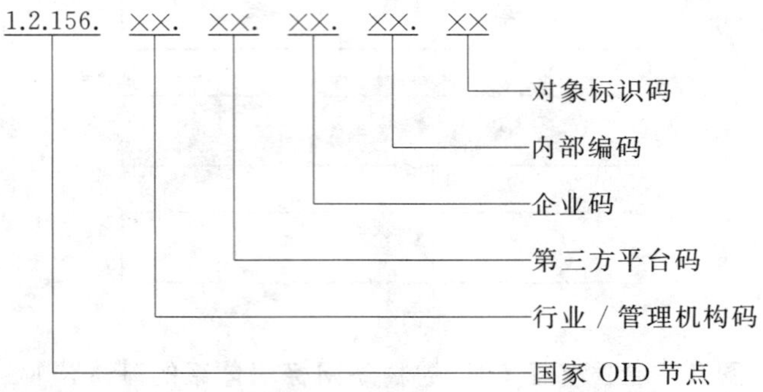

图 2 物联网对象的标识编码基本结构中的构成项

示例:

以某企业壁挂式空调的生产线分配 OID 编码为例,具体如表 1 所示。

表 1 某企业为生产的壁挂式空调分配 OID 号码的示例

构成项	分配说明	分配数字值
行业/管理机构码	由国家 OID 注册中心批准的"智能制造"领域节点	3001
平台码	由"智能制造"管理机构制定分配规则,家电行业为"05"	05
企业码	由"智能制造"管理机构分配,企业为"01"	01
批次码	壁挂式空调的生产批次	20171031
对象标识码	某台壁挂式空调	1 245

因此,某企业所生产的某台壁挂式空调所分配的 OID 编码为:1.2.156.3001.05.01.20171031.1245。

8.3 可兼容其他标识体系的物联网领域对象标识编码结构

如果在物联网应用中,对象存在其他标识,则采用可兼容其他标识体系的物联网对象标识编码结构。依据其他标识的种类不同分为可兼容其他公共标识体系的编码结构和可兼容其他私有标识的编码结构。

标识为其他公共标识体系,编码结构如图 3 所示:

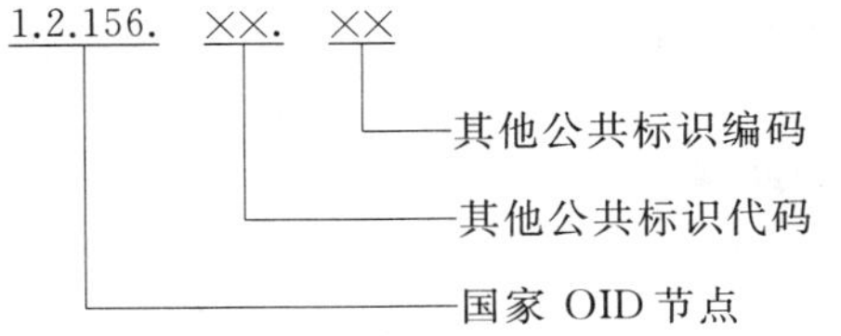

图 3　可兼容其他公共标识体系的编码结构

其他公共标识代码是指在 OID 兼容非 OID 的标识体系时，需为其分配独有的公共标识代码，此处公共标识代码认为数据第三方平台，码段与第三方平台码段共享，编码范围为 20 001～47 999。

示例 1：

某企业采用非 OID 的其他公共标识体系，生产的壁挂式空调编码为 86.1000.512.74867。则可兼容其他公共标识体系的 OID 编码示例如表 2 所示。

表 2　可兼容其他公共标识体系的产品的 OID 编码的示例

构成项	分配说明	分配数字值
其他公共标识代码	由国家 OID 注册中心分配	30 000
其他公共标识编码	壁挂式空调	86.1000.512.74867

因此，某企业为具有其他公共标识体系的壁挂式空调分配的 OID：1.2.156.30000.86.1000.512.74867。

标识为其他私有标识体系，编码结构如图 4 所示：

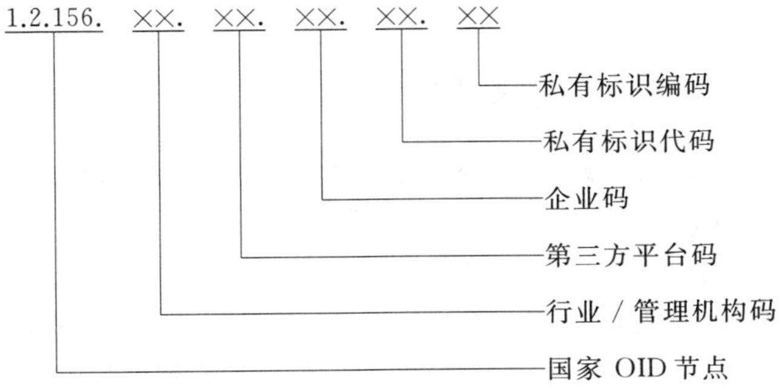

图 4　可兼容其他私有标识体系的编码结构

本编码结构是在基本结构的基础上，增加一层私有标识代码，用于识别行业/管理机构、第三方平台、企业内部的多种编码。私有标识代码由行业/管理机构、第三方平台、企业自行规定。私有标识编码可直接添加于私有标识代码后面。

示例 2：

某企业在生产过程中，很多设备来源于不同企业，编码规则也不同。一台机器人已由生产厂家分配的编码，则该企业为其分配 OID 编码如表 3 所示。

表 3　某企业为具有其他标识体系的产品分配 OID 号码的示例

构成项	分配说明	分配数字值
行业/管理机构码	由国家 OID 注册中心批准的“智能制造”领域节点	3001
平台码	由“智能制造”管理机构制定分配规则，家电行业为“05”	05
企业码	由“智能制造”管理机构分配，企业为“01”	01
私有标识代码	某家电企业为其生产装备分配代码	01
对象原有标识	机器人由机器人厂家分配的编码为	43586720

因此,某家电企业为具有其他标识体系的机器人分配的OID:1.2.156.3001.05.01.01.43586720。

9 物联网应用中OID解析系统的部署

9.1 基本要求

9.1.1 解析系统的组成

物联网应用中的OID解析系统的组成,应符合GB/T 35299—2017中5.2的规定。

9.1.2 解析过程

物联网应用中的OID解析过程应包含通用解析过程和特定一应用解析过程,通用解析过程是定位存储对象信息的服务器,特定一应用解析过程是获取服务器中的对象信息。

OID解析系统采用DNS技术实现连接物联网中不同的应用服务器。OID解析系统应保持必要的DNS域文件来支持查找、使用OID-IRI的值。为支持OID解析,OID解析的部署架构应考虑应用特点和实际部门的管理机制来设计。IP地址、DNS、各类服务器都应做出相应部署。OID解析应提供足够的服务、安全保障机制,满足物联网应用的要求。

OID解析的操作机构及操作规程应帮助保持系统稳定服务。

整个解析过程应符合GB/T 35299—2017中5.3的规定。

9.2 部署方式

在物联网应用中,需要根据应用的管理需求以及对象数据的特点,灵活的采用集中式或者分布式的OID解析系统。

当物联网中的对象为集中管理,或者对象数据量规模不大时,基于提高管理效率、节约投资、管理成本的考虑,可部署集中式的OID解析系统。

当物联网中的对象由不同层级的机构管理,或对象数据分散在不同的地域的服务器中,或者对象数量规模庞大,基于方便管理和维护、系统负荷分担的考虑,应部署分布式的OID解析系统。

9.3 注册解析功能要求

物联网应用领域OID注册解析系统应为下级节点提供注册申请受理、审核、审批、公示和发布等注册管理功能;为下级节点提供虚拟站点管理服务功能,为用户提供OID注册分配(应符合第5章的要求)和对象信息管理等功能;下级节点OID的注册申请需向相应上级OID运营机构提交申请,国家OID下一级的节点,需向国家OID注册中心提出申请。物联网应用领域OID注册解析系统应提供备案数据库,具备存储已完成注册的注册者信息、所授权使用的标识符等信息的功能。

10 物联网应用中OID运营机构的建立

10.1 建立步骤

物联网应用领域的OID运营机构建立应由下列步骤进行:

a) 决定是否建立OID分支节点。如果所有的对象被集中管理,则只需要一个授权节点。如果有些对象需要不同层级节点分散管理,则需要建立多个分支节点。每个分支节点都需要一个OID运营机构负责管理。
b) 建立运营规程。物联网应用领域的OID运营规程应包括但不仅限于注册规程、争议处理和解析系统维护规程等。OID运营机构应按照运营规程执行。

c) 建立注册解析系统。物联网应用领域的 OID 运营机构应建立各自的注册解析系统，向下级节点提供注册、解析、数据管理等服务。

10.2 运营规程

物联网应用领域的 OID 运营机构应依据 GB/T 35300—2017，建立相应的运营机构规程。

10.3 注册服务要求

物联网应用领域的 OID 运营机构在提供注册服务时，应符合 GB/T 35300—2017 中 6.2 的要求，具备为该管理域之内的各 OID 节点提供站点托管注册、系统对接、普通注册等服务的能力。

运营机构应提供包括但不仅限于以下注册服务：

a) 支持注册者通过外网或者内网进行会员注册；

b) 维护注册者基本注册信息以及会员账号信息；

c) 为会员提供站点选择服务，即选择上级注册管理机构，并在该站点下进行注册申请；

d) 数字、字母和中文三种标识符类型的注册申请。

10.4 解析服务要求

物联网应用领域的 OID 运营机构在提供解析服务时，应符合 GB/T 35300—2017 中 6.1 的要求，具备相应的运营时间、技术支持、安全保障、数据保护以及请求验证等机制。

附　录　A
（资料性附录）
国家 oid-res.org 运营机构联系信息

2007 年，OID 注册中心（国家 oid-res.org 运营机构）设立于中国电子技术标准化研究院，负责全球唯一标识符 OID 中国分支 1.2.156（ISO.member.china）和 2.16.156（ISO-ITU.member.china）的注册、解析、管理以及国际备案工作，负责 oid-res.org 域内中国子域 156.2.1.oid-res.org、156.16.2.oid-res.org 的运营维护和管理。注册运营机构的信息如表 A.1 所示。

我国其他 oid-res.org 运营机构的联系信息可通过联系 OID 注册中心获取。

表 A.1　注册运营机构的信息列表

列项	联系信息
机构名称	国家 OID 注册中心
机构地址	北京市 1101 信箱（100007）
联系方式	010-64102866
传真	010-64102861
邮箱	oid@cesi.cn
网址	www.china-oid.org.cn

参 考 文 献

[1] GB/T 16262.1—2006 信息技术 抽象语法记法一(ASN.1) 第1部分:基本记法规范

ICS 35.080
L 77

中华人民共和国国家标准

GB/T 36462—2018

面向组件的虚拟样机软件开发通用要求

General requirements for component-oriented virtual prototype software development

2018-06-07 发布　　2019-01-01 实施

国家市场监督管理总局
中国国家标准化管理委员会　发布

前 言

本标准按照 GB/T 1.1—2009 给出的规则起草。

请注意本文件的某些内容可能涉及专利。本文件的发布机构不承担识别这些专利的责任。

本标准由全国信息技术标准化技术委员会(SAC/TC 28)提出并归口。

本标准起草单位:中国航天科工集团第二研究院第二总体设计部、北京航空航天大学、中国电子技术标准化研究院、北京航天智造科技发展有限公司。

本标准主要起草人:陶栾、周军华、李璐、宋晓、张旸旸、施国强、侯宝存、王玫。

面向组件的虚拟样机软件开发通用要求

1 范围

本标准规定了仿真领域里面向组件的虚拟样机软件开发中的通用要求，包括环境要求、过程要求、和文档编写要求。同时为对应于通用的仿真技术，还对原子组件开发的端口描述要求、功能实现要求、集成接口要求和行成的产品形式进行了全面描述。

本标准适用于复杂产品虚拟样机软件开发实施。

2 规范性引用文件

下列文件对于本文件的应用是必不可少的。凡是注日期的引用文件，仅注日期的版本适用于本文件。凡是不注日期的引用文件，其最新版本(包括所有的修改单)适用于本文件。

GB/T 8566—2007 信息技术 软件生存周期过程

GB/T 8567—2006 计算机软件文档编制规范

GB/T 11457—2006 信息技术 软件工程术语

3 术语和定义、缩略语

3.1 术语和定义

GB/T 8566—2007、GB/T 11457—2006 界定的以及下列术语和定义适用于本文件。

3.1.1

虚拟样机 virtual prototype

与物理产品相对应的计算机数字模型集合。

注：虚拟样机从构造、功能和性能等方面定义、模拟、试验验证和评估物理产品，并且作为物理产品在研制、生产和使用等生命周期内各项活动主要依据。

3.1.2

虚拟样机系统 virtual prototype system

以虚拟样机为主体，进一步集成现实系统应用环境、目标对象等多学科模型构成的数字化仿真系统。

3.1.3

组件 component

仿真领域中的逻辑组成概念，即虚拟样机系统中各粒度、各学科模型的软件实现形式。进一步地，组件对应于仿真领域的模型，原子组件(即最细粒度的组件)对应为原子模型。

注：组件仅包括定义好的接口和外在的环境依赖，独立的发布并且能够被第三方所集成。

3.1.4

组件对象模型 component object model;COM

Windows 操作系统下实现面向组件开发的一种常用模型。

注：组件对象模型可以给应用程序、操作系统及其他组件提供服务。

3.1.5

原子模型 atomic model

面向虚拟样机仿真应用领域的各类算法、功能函数、计算单元等不可再分的最小粒度模型。

注：原子模型采用基于COM组件的封装形式，具有高重用性，内部含有若干个功能体函数。

3.1.6

端口 port

原子模型的一类输入输出数据或事件的通道。

注：端口由一个或多个端口项组成，端口在原子模型内部具有唯一标识。

3.1.7

端口项 port item

原子模型或组件提供给输入输出的事件或数据的端口。

注：每个输入数据流、输出数据流、输入事件流、输出事件流只有一个端口项。端口项在原子模型或组件内部具有唯一标识。端口项主要用于建立与其他原子模型的接口连接关系。

3.2 缩略语

下列缩略语适用于本文件。

COM 组件对象模型(Component Object Model)

DLL 动态链接库(Dynamic Link Library)

IDL 接口描述语言(Interface Description Language)

SOM 仿真对象模型(Simulation Object Model)

XML 可扩展置标语言(eXtentsive Markup Language)

4 虚拟样机软件通用要求综述

面向组件的虚拟样机软件开发通用要求即对虚拟样机的开发环境、开发过程和文档编写进行一般要求，还特别强调了面向组件的虚拟样机原子模型的端口描述、功能实现和集成接口要求。

5 虚拟样机软件开发环境要求

虚拟样机软件开发应在主流操作系统上开展，使用C++、VC++等编程语言或.net等编程环境。

6 虚拟样机软件开发过程要求

开发方应建立一个虚拟样机软件开发过程，可包括以下主要活动：

a) 项目规划和监督；
b) 系统功能及性能需求分析(必选)；
c) 系统结构设计；
d) 软件需求分析；
e) 软件结构设计；
f) 软件详细设计；
g) 软件编码和测试(必选)；
h) 软件集成；
i) 软件合格性测试；

j) 系统集成(必选);
k) 系统合格性测试(必选);
l) 软件安装;
m) 软件移交的准备。

虚拟样机软件的综合过程包括:

a) 软件配置管理;
b) 软件产品评价;
c) 软件质量保证;
d) 联合技术和管理评审;
e) 其他活动。

这些活动可重叠、可被重复应用,对不同的软件成分采用不同的活动,可根据自身的特点做裁剪。开发方也可按照 GB/T 8566—2007 规定的活动开展软件开发过程。

7 虚拟样机软件文档编写要求

依据第 6 章规定的软件开发过程的相关活动,应在相应的阶段完成软件开发和用户文档编制,可包括以下文件:

a) 软件(项目)开发计划;
b) 软件需求规格说明(必选);
c) 接口需求规格说明;
d) 系统设计说明;
e) 软件设计说明(必选);
f) 接口设计说明;
g) 软件用户手册(必选);
h) 软件操作手册;
i) 软件测试计划;
j) 软件测试说明;
k) 软件测试分析报告(必选);
l) 软件产品规格说明;
m) 软件(项目)开发总结报告。

上述文件可根据自身的特点做裁剪,开发方也可按照 GB/T 8567—2006 规定的软件文档进行编制。

8 原子模型端口描述要求

8.1 一般要求

8.1.1 基于组件的原子模型是一个自包含的实体,在原子模型的内部不应对外界直接访问,同时也不允许外界对原子模型内部信息直接访问,原子模型与外界进行信息交互的唯一方式就是通过"服务端口"实现。

8.1.2 原子模型的服务对应原子模型的端口,端口即服务,服务即端口。端口应通过"端口项"来实现,它是模型服务的最小单元,一个服务端口由若干"端口项"构成,如图 1 所示。

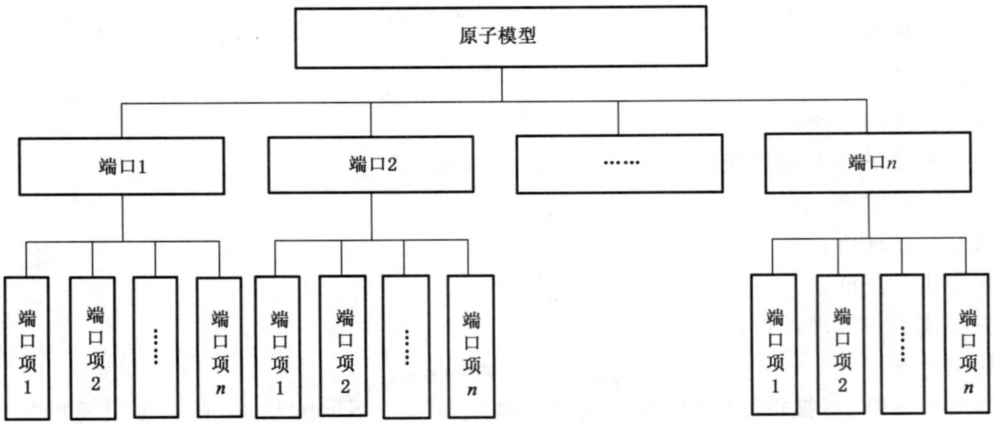

图1　原子模型服务组织结构

8.2　原子模型端口描述要求

原子模型的端口分为两类：

a)　功能服务端口，用于描述原子模型功能服务的主要通道。功能服务端口分为：
   1)　初始化端口；
   2)　输入数据端口；
   3)　输出数据端口；
   4)　输入事件端口；
   5)　输出事件端口。

b)　测试端口，用于描述原子模型在测试过程中所用的通道。测试端口分为：
   1)　初始化通道测试端口；
   2)　输入通道测试端口；
   3)　输出通道测试端口；
   4)　模型测试点检查端口。

8.3　原子模型变量描述要求

在原子模型中一个端口项对应一个服务变量。原子模型端口项服务变量分为三类，分别与端口的服务类型对应：

a)　初始化变量：从信息传输方向上属于从外界到原子模型，一般对应实体模型的一些性能指标、结构参数等，在一次仿真运行中只需赋值一次；
b)　输入变量：从信息传输方向上属于从外界到原子模型，是模型解算实现自身功能时需要的外界（如其他模型的输出）信息，在一次仿真过程中赋值多次；
c)　输出变量：从信息传输方向上属于从原子模型到外界，是模型解算实现自身功能时提供给外界的信息。

9　原子模型功能实现要求

原子模型功能实现一般包括三个步骤：原子模型服务概念分析、原子模型服务定义、面向用户原子模型功能实体类的编程：

a)　原子模型服务概念分析：主要分析提炼出原子模型与外界的交互信息，确定模型功能需要外界提供的服务，以及模型功能完成后能够向外界提供的服务；

b) 原子模型服务定义：根据模型的服务信息完成规范的服务描述，并定义相关的服务变量；

c) 原子模型功能体函数的编程实现：在编程语言（如 VC＋＋）环境下，由用户针对其专业模型的实现编写原子模型中的功能体函数的编码工作。原子模型一般包括若干功能体函数，需要编写并实现每个函数的保守时间推进算法。

具体编程实现参见附录 A。

10 原子模型集成接口要求

10.1 概述

虚拟样机系统集成应遵循 XML 语言规范，虚拟样机协同仿真运行过程中的原子模型集成接口采用 COM 或普通 DLL 描述形式。

COM 组件形式适用于 Windows 操作系统。采用此方式可以使虚拟样机具有更短的开发时间和更好的仿真效率。

普通 DLL 形式适用于 Windows、Unix、Linux 等操作系统。对于深入理解组件开发的用户可以开发普通形式的 DLL 用于嵌入式仿真，即将虚拟样机嵌入实际产品，实现跨操作系统平台和平行仿真优化。

10.2 COM 形式原子模型接口

COM 形式原子模型接口要求见附录 B 的 B.1，主要包括：

a) 初始化端口变量定义；

b) 输入端口变量定义；

c) 输出端口变量定义；

d) 功能体函数定义，功能体函数包括：

   1) 函数行为决策；

   2) 模型解算与时间推进；

   3) 解算结果打时戳；

   4) 向外发布解算结果；

   5) 输出原子模型功能体的当前本地仿真时间；

e) 回调函数以及仿真控制接口，其中仿真控制接口包括：

   1) 初始化；

   2) 仿真推进；

   3) 期望推进的下一最小仿真时间；

   4) 停止并结束仿真。

10.3 普通 DLL 形式原子模型接口

普通 DLL 形式原子模型接口要求见 B.2，主要包括：

a) 模型初始化操作；

b) 模型解算推进操作；

c) 模型解算结束操作。

注：其中模型解算推进操作输入为模型解算要推进到的仿真时间，传出值为模型解算实际推进到的仿真时间。

11 形成的产品形式

11.1 虚拟样机软件产品形式

虚拟样机软件最终的产品包括：

a) 原子模型 SOM 表文件：
   1) 文件格式：.xml；
   2) 描述形式：XML 语言；
   3) 文件用途：描述原子模型与外界的交互信息情况。
b) 原子模型端口及服务描述文件：
   1) 文件格式：.xml；
   2) 描述形式：采用 XML 语言＋原子模型服务描述模式（见附录 C）；
   3) 文件用途：工具间信息共享。
c) 虚拟样机软件使用说明文件：
   1) 文件形式：.doc；
   2) 描述形式：板式文档；
   3) 文件用途：供产品的使用者了解虚拟样机软件的功能、特性、使用以及作者、版本等情况。
d) 原子模型功能实体类源代码：
   1) 文件形式：.h，.cpp；
   2) 描述形式：C＋＋、C＃语言等；
   3) 文件用途：原子模型功能的编码实现。
e) 虚拟样机软件可执行代码：
   1) 文件形式：.dll；
   2) 描述形式：二进制代码；
   3) 文件用途：虚拟样机软件功能的执行。

注：在这些产品中只有虚拟样机软件可执行代码.DLL、虚拟样机软件端口及服务描述文件.XML 是运行时需要的。

11.2 软件库产品形式

软件库最终的产品包括：

a) DLL 动态库：
   1) 文件形式：.dl1；
   2) 描述形式：二进制代码（32 位操作系统）；
   3) 文件用途：虚拟样机软件的执行。
b) LIB 库：
   1) 文件格式：.lib；
   2) 描述形式：二进制代码（32 位操作系统）；
   3) 文件用途：将提交的普通 DLL 形式虚拟样机软件封装为 COM 形式虚拟样机软件时需要。
c) 接口声明头文件：
   1) 文件形式：.h；
   2) 描述形式：C＋＋、C＃语言等；
   3) 文件用途：将提交的普通 DLL 形式虚拟样机软件封装为 COM 形式虚拟样机软件时需要。

附　录　A
（资料性附录）
原子模型功能体函数实现编程参考

A.1　原子模型功能体函数代码框架

原子模型的功能体函数分为5个部分：函数行为决策、模型解算与时间推进、解算结果打时戳、向外发布解算结果、输出原子模型的当前仿真时间，如下所示：

```
Boolean csElemFunc(/*[in,out]*/double rTime,/*[in]*/enum AdvKey)
{
//PART 1：行为决策—AdvKdy处理
switch(AdvKey)
{
// I.1 原子模型解算相关处理
case SIMU_INIT：
// 对模型进行初始化工作
return true；
case SIMU_ADVANCE：
// 原子模型时间推进
break；
case GET_IMMINENT：
// 返回原子模型期望推进的下一最小仿真时间，将该值赋予rTime
return true；
//I.2 模型测试功能的实现
case TEST_INIT：
//检查初始化变量值
return true；
case TEST_ INPUT：
//检查输入变量值
return true；
case TEST_ OUTPUT：
//检查输出变量通道
return true；
case TEST_POINT_OUTPUT：
//输出用户定义的模型测试点变量值
return true；
//I.3 仿真运行控制功能的实现
case SIMU_STOP：
//仿真停止：本地仿真后处理，处理和存储必要数据、释放资源等；
return true；
case SIMU_BEGIN：
```

```
// 仿真开始(第一次推进)
break;
case SIMU_PAUSE:
//仿真暂停
return true;
case SIMU_RESTORE:
//仿真继续
break;
}
//PART II:模型解算,与时间推进
if(localSimuTime + csm_dStepTime > rTime)
{
rTime = localSimuTime;
return false;
}
while(localSimuTime + csm_dStepTime <= rTime)
{
//在这里实现模型的解算功能
//....
//本地时间推进
localSimuTime = localSimuTime + csm_dStepTime;
}
//PART III 给该变量的计算结果打时间戳
//PART IV 公布解算结果
// PART V 返回当前本地仿真时间
rTime = localSimuTime;
return true;
}
```

上述框架的核心功能如下:

a) 第一部分主要是对模型行为进行决策。该函数除了实现核心的模型解算相关功能外,还包括一些仿真实验框架性行为:仿真运行控制和模型测试。模型解算相关功能主要是在模型解算前的一些预处理工作和模型解算的激活,包括模型初始状态、结构参数等的初始化、仿真推进激活模型的解算、获取模型当前仿真时间等。仿真运行控制功能和模型测试功能都需要在决策框架 switch-case 语句中实现,而不仅仅是预处理工作。仿真运行控制包括仿真开始、仿真暂停、仿真继续和仿真停止等;模型测试则包括对初始化通道检查、输入通道检查、输出通道检查,以及对模型关键值的输出检查功能。在该部分,函数将根据函数输入参数中的 AdvKey 值决定执行哪个行为。
b) 第二部分是模型解算和时间推进。该部分是原子模型的核心,模型在专业领域内具备的功能要在这里实现,如对一个动力学方程的求解、对一幅图像的压缩等。值得注意的是该部分涉及到了一些与保守推进时间管理相关的算法。本标准为了简化时间推进的管理方法,采用最安全可靠的保守推进时间管理算法,而不采用乐观推进算法。
c) 其他部分则是按照规定的格式实现规定的功能。

A.2 函数体逻辑结构、算法与编程

A.2.1 模型初始化

模型初始化是在仿真系统初始化期间,对模型功能体的初始状态值、模型功能体的一些结构参数等进行设置。以 SIMU_INIT 为参数调用 csElemFunc 函数,指示模型进行初始化,模型初始化在一次仿真中执行且只执行一次。

A.2.2 仿真时间推进

原子模型维护自己的仿真时间 ELST(Element Local Simu Time)。在时间推进时将该时间值传递给原子模型功能体函数(见 A.1 定义中的相应参数 rTime)。原子模型功能体函数中存在一个自己的局部逻辑仿真时间,double localSimuTime,用于记录和维护原子模型功能体的本地逻辑仿真时间,且它的推进受原子模型逻辑仿真时间 rTime 的限制。在仿真运行期间,根据系统的运行逻辑而需要调度该模型的功能体函数进行解算时(以 SIMU_ ADVANCE 为参数调用 csElemFunc 函数),该指令被执行。该指令需要经历函数代码结构中所有 5 个部分:

a) 决策处理,该代码存在于 switch-case 中的 SIMU_ADVANCE 指令路径中,用户可以根据具体的模型填写相应的模型解算前的预处理工作代码。

b) 模型解算,是原子模型功能体的核心,模型在专业领域内具备的功能(该模型对外提供的服务要在这里实现),如对一个动力学方程的求解、对一幅图像的压缩等。除了专业领域模型的实现外,该部分还涉及到了一些与时间管理相关的原则,需要在编程时遵守:
   ——原子模型功能体函数负责维护自己的本地逻辑仿真时间;
   ——原子模型功能体函数负责提供自己希望推进到的下一最小仿真时间,对离散系统原子模型负责向系统提供自己将要调度的下一最小事件的时间戳时间;
   ——各离散系统原子模型功能体函数保证只调度当前逻辑时间发生的事件,对调度的未来时间事件都由原子模型功能体函数内部管理,即不允许原子模型功能体函数产生反消息;
   ——在模型解算过程中要用到原子模型服务端口中定义的“初始化服务”和“输入服务”的值,即在 interface csElemFuncBody 类定义了相应的“初始化变量”和“输入变量”。
   ——在解算过程中,用户对初始化变量和输入变量只能进行读取操作。模型解算完毕后,解算结果应该赋值给服务输出变量,进行下面的“打时戳”、“发布”等操作。

示例:

典型的时间推进算法如下:

——模型(如一个微分方程)解算步长为 step,当不遵守该推进规则时模型解算将会得出错误结果;模型当前的仿真时间为 localSimuTime。

——仿真系统的指令模型欲推进到的时间为 rTime(仿真系统的当前时间)。则:

a) localSimuTime + step > rTime 时,模型时间不能推进(禁止局部时间超前全局时间),即模型不能进行解算,模型返回当前时间 localSimuTime 而不输出任何结果;

b) localSimuTime + step = rTime 时,模型时间一次则推进到全局时间 rTime,即模型解算一次,返回模型当前时间,输出解算结果;

c) localSimuTime + step < rTime 时,模型时间一般需要多次才能达到或接近 rTime(禁止超过 rTime),模型解算多次,但是仅输出最后一次的解算结果,以及模型的当前时间。

注: 当模型不存在解算步长问题时可以将模型的时间直接推进到 rTime,并进行解算。

c) 解算结果打时戳,在模型解算完毕得出解算结果并且在向外发布之前,为各相应变量标记上模型当前的仿真时间值,这样服务使用方可以知道相应服务(模型解算输出值)产生的时间。

d) 发布解算结果,是将模型解算的结果发布到原子模型功能体输出服务变量上。

e) 仿真时间的输出,指将模型当前的局部时间通过函数 csElemFunc 的第二个参数(引用类型)输出,用户需要做的工作仅仅是将当前的原子模型功能体的局部仿真时间赋值给该参数:rTime = localSimuTime。

A.2.3 获取下一最小仿真时间

该指令路径是原子模型对“获取下一期望推进仿真时间”的实现。当系统需要获取原子模型功能体期望推进的下一最小局部仿真时间时,调度原子模型的功能函数(以 GET_IMMINENT 为参数调用 csElemFunc 函数)。

A.2.4 仿真开始

在仿真启动时原子模型的该功能函数被调度(以 COSIM::SIMU_BEGIN 为参数调用 csElemFunc 函数),该路径在一次仿真中执行且只执行一次,并且是仿真第一次推进时被执行,之后不再执行。

A.2.5 仿真停止

是原子模型对“仿真停止”指令的响应,即系统需要停止仿真时调度原子模型的功能函数,并执行该指令路径(以 COSIM::SIMU_ RESTORE 为参数调用 csElemFunc 函数)。在该指令中可以针对该原子模型做一些与仿真停止相关的工作,如处理和存储必要数据、释放资源等。在 switch-case 中的 SIMU_STOP 分支中,用户可以根据具体的模型填写相应的代码。

附 录 B
（规范性附录）
原子模型集成接口要求

B.1 COM 形式接口

B.1.1 COM 形式描述

COM 形式描述(IDL 形式)如下：

```
interface csElemFuncBody {
enum csAdvKey { SIMU_INIT,SIMU_ADVANCE,GET_IMMINENT,SIMU_STOP };
struct csPortItemType{
  any value;
double timestamp;
};
struct csPortType{
csPortItemType PortItem1;
....
};
// InitService 服务端口(初始化端口变量)定义
attribute   csPortType InitPort1;
attribute   csPortType InitPort2;
…
// RequiredService 服务端口(输入端口变量)定义
attribute   csPortType InPort1;
attribute   csPortType InPort2;
…
// ProvidedSevice 服务端口(输出端口变量)定义
attribute   csPortType OutPort1;
attribute   csPortType OutPort2;
…
// 虚拟样机软件功能体函数定义
bool csElemFunc(inout double rTime,in csAdvKey AdvKey);
/* 该函数体包括 5 个部分内容:函数行为决策、模型解算与时间推进、解算结果打时戳、向外发布解算结果、输出原子模型功能体的当前本地仿真时间 */
//回调函数
//当本虚拟样机软件的输入服务有信息更新时,该函数被调用。通过该函数可以查询哪些接
//口、端口项被更新。
bool csReflectInputService(in long * pIntSvcHandle,in unsigned short handleNum);
//当本仿真模型的信息被请求输出,该函数被调用。通过该函数可以查询哪些接
//口、端口项需要输出。
```

```
bool csProvideOutputService(in long * pIntSvcHandle,in unsigned short handleNum);
};
```

B.1.2 功能体函数定义

B.1.2.1 参数 1:/*[in,out]*/ double rTime

该参数是由外部传递进来的一个时间变量的引用,传入值为指示该虚拟样机软件能够推进到的时间的最大值,并与 AdvKey 参数配合使用;传出值为该虚拟样机软件功能体模型期望推进的仿真时间或解算完毕后,推进到的当前本地仿真时间。

B.1.2.2 参数 2:/*in*/ AdvKey

函数 csElemFunc 的主要行为是解算模型,参数 AdvKey 的作用就在于指示该函数的行为,主要包括以下四种:

a) SIMU_INIT:通知原子模型功能体进行初始化,通过初始化变量或者初始化文件获取指标、参数等初始化信息(模型框架系数参数和模型框架初始状态参数),并进行设定,并通过 rTime 返回虚拟样机软件功能体初始化后当前本地仿真时间,通常为 0;
b) SIMU_ADVANCE:通知原子模型功能体进行仿真推进,并通过 rTime 返回虚拟样机软件功能体推进到的仿真时间;
c) GET_IMMINENT:获取原子模型功能体期望推进的下一最小仿真时间,通过 rTime 返回;
d) SIMU_STOP:通知原子模型功能体停止并结束仿真,进行本地仿真后处理,处理和存储必要数据、释放资源等;并通过 rTime 返回虚拟样机软件功能体当前本地仿真时间。

B.2 普通 DLL 形式软件接口

普通 DLL 形式软件接口描述(IDL 形式)如下:

```
interface csDLLModelFunc{
typedef  any value  csDataType;
//模型初始化操作
Boolean csModelInit(in csDataType para1,in csDataType para2,…);
/* para1、para2、…为初始输入参数,成功返回 true,失败返回 false */
//模型解算推进操作
csDataType csModelAdvance(inout double rTime,in csDataType input1,
in csDataType input2,…);
/* rTime 传入值为模型解算要推进到的仿真时间,传出值为模型解算实际推进到的仿真时间,input1、input2、…为解算推进输入参数,返回解算结果 */
//变量赋值操作
Boolean  csSetValueName1(in csDataType value);
/* value 为赋给变量的值,成功返回 true,失败返回 false */
//变量取值操作
csDataType  csGetValueName1();
/* 返回变量值 */
//模型解算结束操作
Boolean csModelStop( );
```

/＊该操作实现模型解算结束后的数据存储等后续工作，可以根据实际情况选择实现，成功返回 true，失败返回 false＊/

}；

附 录 C
（规范性附录）
原子模型端口服务描述 XML 模式

```
〈? xml version="1.0" encoding="UTF-8"?〉
〈! -- edited with XMLSPY v5 U (http://www.xmlspy.com)by et8 (et8)--〉
〈xs:schema xmlns:xs="http://www.w3.org/2001/XMLSchema" elementFormDefault="quali-
fied"
    attributeFormDefault="unqualified"〉
    〈xs:simpleType name="CosimElemServicePortType"〉
        〈xs:annotation〉
        〈xs:documentation〉定义原子模型服务端口的类型〈/xs:documentation〉
        〈/xs:annotation〉
        〈xs:restriction base="xs:string"〉
        〈xs:enumeration value="Init"/〉
        〈xs:enumeration value="Init|Data"/〉
        〈xs:enumeration value="Init|Event"/〉
        〈xs:enumeration value="Input"/〉
        〈xs:enumeration value="Input|Data"/〉
        〈xs:enumeration value="Input|Event"/〉
        〈xs:enumeration value="Output"/〉
        〈xs:enumeration value="Output|Data"/〉
        〈xs:enumeration value="Output|Event"/〉
        〈/xs:restriction〉
    〈/xs:simpleType〉
    〈xs:simpleType name="CosimElemTestingPortType"〉
        〈xs:annotation〉
          〈xs:documentation〉定义原子模型测试端口的类型〈/xs:documentation〉
        〈/xs:annotation〉
        〈xs:restriction base="xs:string"〉
        〈xs:enumeration value="Output|Test|InitPort"/〉
        〈xs:enumeration value="Output|Test|InputPort"/〉
        〈xs:enumeration value="Input|Test|OutputPort"/〉
        〈xs:enumeration value="Output|Test|TestPoint"/〉
        〈/xs:restriction〉
    〈/xs:simpleType〉
    〈xs:simpleType name="CosimServiceVariableType"〉
      〈xs:annotation〉
        〈xs:documentation〉定义服务端口项变量的类别〈/xs:documentation〉
      〈/xs:annotation〉
        〈xs:restriction base="xs:string"〉
        〈xs:enumeration value="InitParam"/〉
```

```
      <xs:enumeration value="InputParam"/>
      <xs:enumeration value="OutputParam"/>
      </xs:restriction>
  </xs:simpleType>
  <xs:simpleType name="CosimTestVariableType">
    <xs:annotation>
      <xs:documentation>定义测试端口项变量的类别</xs:documentation>
    </xs:annotation>
      <xs:restriction base="xs:string">
      <xs:enumeration value="InputSvcTestVar"/>
      <xs:enumeration value="OutputSvcTestVar"/>
      <xs:enumeration value="InitSvcTestVar"/>
      <xs:enumeration value="TestPointVar"/>
      </xs:restriction>
  </xs:simpleType>
  <xs:simpleType name="CosimDataType">
    <xs:annotation>
      <xs:documentation>定义原子模型端口项的数据类型</xs:documentation>
    </xs:annotation>
      <xs:restriction base="xs:string">
      <xs:enumeration value="DT_LONG"/>
      <xs:enumeration value="DT_SHORT"/>
      <xs:enumeration value="DT_U_LONG"/>
      <xs:enumeration value="DT_U_SHORT"/>
      <xs:enumeration value="DT_DOUBLE"/>
      <xs:enumeration value="DT_FLOAT"/>
      <xs:enumeration value="DT_CHAR"/>
      <xs:enumeration value="DT_POINTER"/>
      <xs:enumeration value="DT_USERDEFINED"/>
      </xs:restriction>
  </xs:simpleType>
  <xs:element name="CosimElement">
    <xs:annotation>
      <xs:documentation>定义原子模型模型端口结构</xs:documentation>
    </xs:annotation>
    <xs:complexType>
    <xs:sequence>
    <xs:element name="CosimElemSvcPort" maxOccurs="unbounded">
      <xs:complexType>
    <xs:sequence>
      <xs:element name="CosimElemSvcPortItem" maxOccurs="unbounded">
    <xs:complexType>
      <xs:attribute name="ItemName" type="xs:string" use="required"/>
```

```
            〈xs:attribute name="DataType" type="CosimDataType" use="required"/〉
            〈xs:attribute name="DataSize" type="xs:int" use="optional"/〉
            〈xs:attribute name="VariableType" type="CosimServiceVariableType" use="required"/〉
            〈xs:attribute name="VariableName" type="xs:string" use="required"/〉
        〈/xs:complexType〉
    〈/xs:element〉
    〈/xs:sequence〉
            〈xs:attribute name="PortName" type="xs:string" use="required"/〉
            〈xs:attribute name="PortInfo" type="xs:string" use="optional"/〉
            〈xs:attribute name="PortType" type="CosimElemServicePortType" use="required"/〉
        〈/xs:complexType〉
    〈/xs:element〉
〈xs:element name="CosimElemTestPort" minOccurs="0" maxOccurs="unbounded"〉
        〈xs:complexType〉
〈xs:sequence〉
〈xs:element name="CosimElemTestPortItem" minOccurs="0" maxOccurs="unbounded"〉
        〈xs:complexType〉
            〈xs:attribute name="ItemName" type="xs:string" use="required"/〉
            〈xs:attribute name="DataType" type="CosimDataType"
use="required"/〉
            〈xs:attribute name="DataSize" type="xs:int" use="optional"/〉
            〈xs:attribute name="VariableType" type="CosimTestVariableType"
use="required"/〉
            〈xs:attribute name="VariableName" type="xs:string" use="required"/〉
        〈/xs:complexType〉
    〈/xs:element〉
    〈/xs:sequence〉
            〈xs:attribute name="PortName" type="xs:string" use="required"/〉
            〈xs:attribute name="PortInfo" type="xs:string" use="optional"/〉
            〈xs:attribute name="PortType" type="CosimElemTestingPortType" use="required"/〉
        〈/xs:complexType〉
    〈/xs:element〉
        〈/xs:sequence〉
            〈xs:attribute name="CosimElementInfo" type="xs:string" use="optional"/〉
            〈xs:attribute name="CosimElementName" type="xs:string" use="optional"/〉
        〈/xs:complexType〉
    〈/xs:element〉
〈/xs:schema〉
```

ICS 35.080
L 77

中华人民共和国国家标准

GB/T 36463.1—2018

信息技术服务　咨询设计
第1部分:通用要求

Information technology service—Consulting and design—
Part 1:General requirements

2018-06-07 发布　　2019-01-01 实施

国家市场监督管理总局
中国国家标准化管理委员会　发布

前　言

GB/T 36463《信息技术服务　咨询设计》拟分为以下 6 个部分：

——第 1 部分：通用要求；

——第 2 部分：规划设计指南；

——第 3 部分：知识库管理规范；

——第 4 部分：数据资源规划；

——第 5 部分：通用标准库设计要求；

——第 6 部分：容灾规划设计规范。

本部分为 GB/T 36463 的第 1 部分。

本部分按照 GB/T 1.1—2009 给出的规则起草。

本部分由全国信息技术标准化技术委员会(SAC/TC 28)提出并归口。

本部分起草单位：中国电子技术标准化研究院、中国软件与技术服务股份有限公司、大连软件行业协会、北京中百信信息技术股份有限公司、北京华宇信息技术有限公司、沈阳华睿博信息技术有限公司、广州赛宝联睿信息科技有限公司、北京北咨信息工程咨询有限公司、宁波赛迪信息技术有限公司、山东正中信息技术股份有限公司、广州广软信息技术服务有限公司、北京信息化协会、金税信息技术服务股份有限公司、大连华信计算机技术股份有限公司、江苏省软件产品检测中心、成都信息化技术应用发展中心、北京交通大学、惠州市亿信通信息技术服务有限公司、中国民航信息网络股份有限公司、北京和仲宁信息技术有限公司、上海北宙企业管理咨询有限公司、北京德信永道信息技术服务有限公司、太极计算机股份有限公司、北京蓝海讯通科技股份有限公司。

本部分主要起草人：代红、周平、张钊源、吴东亚、谭星、邵华、卢学哲、应志红、刘宏、郭锐、赵菁华、但强、黄建新、王洪全、陈明辉、高巍、张楠、黄寅、段红、尹宏、熊健淞、黄良虎、李冰、沈世明、朱卫东、钟平、彭明田、赵世宁、师鑫、杨泉、刘耘竹、李存国。

引　言

随着国民经济各行业、领域信息化的深入开展，需方(客户)对信息技术服务提出前瞻性、系统性等更高的要求，已经从对产品和集成方案的需求，逐步转变为对更科学顶层设计(规划)、更系统的深化设计等更高层次的信息技术咨询设计服务需求。目前对信息技术咨询设计服务能力进行客观、系统的评价，需要更为完善的规范来满足当前对信息技术咨询设计服务的高层次需求。

GB/T 36463 的本部分围绕信息技术咨询设计服务的技术特点和管理特点，明确咨询设计服务的能力模型、能力管理过程、要素和咨询规划的参考技术，为信息技术咨询设计服务提供评价依据。本部分有利于规范信息技术咨询技术服务的提供与支持，引导信息技术咨询设计服务行业的良好发展，促进我国信息技术咨询设计服务能力的提升。

GB/T 36463 所规定的信息技术咨询设计服务为包括 GB/T 4754—2011 中规定的 6530 小类"信息技术咨询设计服务"中除"测试评估"外其他部分。

GB/T 36463 各部分之间的关系如图 1 所示。

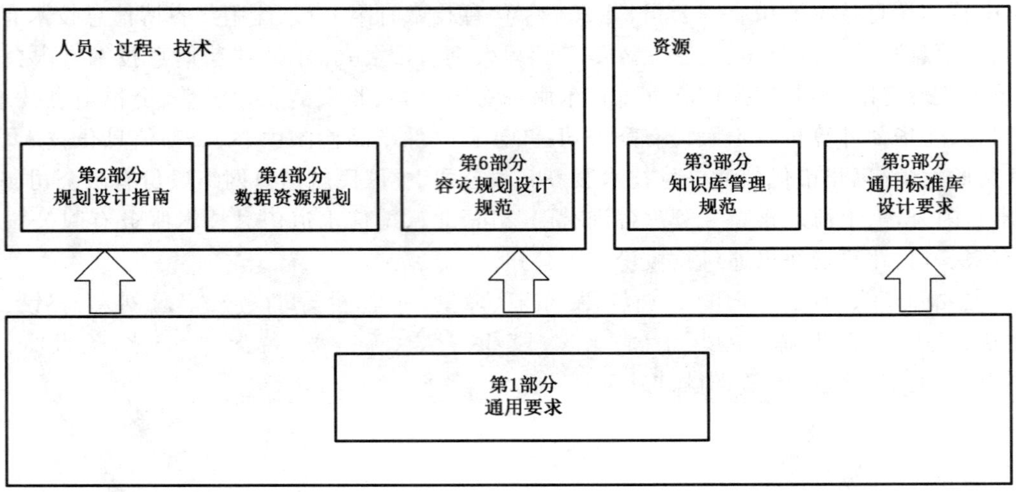

图 1　GB/T 36463 各部分之间的关系

在 GB/T 36463.1 中，对咨询设计服务能力模型、能力管理过程和要素等方面进行说明，通过指标衡量信息技术咨询设计服务能力，为信息技术咨询设计服务供方进行咨询设计服务时提供指导。GB/T 36463的第 2 部分～第 6 部分对信息技术咨询设计提供指导。其中第 2 部分对信息系统规划设计中的组成要素、工作内容、工作步骤和过程、关键技术与工具等进行规范和指导。第 3 部分和第 5 部分规范了供方服务资源的设计和管理。第 4 部分和第 6 部分规范了供方服务的过程和技术。

信息技术服务 咨询设计
第1部分:通用要求

1 范围

GB/T 36463 的本部分提出了信息技术咨询设计服务能力模型,规定了提供信息技术咨询设计服务组织在人员、过程、技术和资源应具备的条件和能力。

本部分适用于:

a) 计划提供信息技术咨询设计服务的组织建立服务能力体系;

b) 信息技术咨询设计服务供方改进和提升自身的服务能力;

c) 信息技术咨询设计服务需方选择和评价供方;

d) 第三方评价信息技术咨询设计服务供方。

2 术语和定义

下列术语和定义适用于本文件。

2.1

咨询设计服务 consulting and design service

以信息技术为基础,综合运用多学科知识、工程实践经验、现代科学和管理技术,在信息资源开发利用、工程建设、人员培训、管理体系建设、技术支撑等方面提供的与信息技术服务相关的活动。

2.2

供方 provider

提供咨询设计服务的内部、外部组织或机构。

2.3

需方 demander

需要咨询设计服务的组织或机构。

2.4

过程 process

整合资源,推动将输入转换为输出的相互关联或相互作用的有序活动。

2.5

技术 technology

在提供咨询设计服务过程中运用的解决问题的原理及方法。

2.6

知识库 knowledge base

辅助咨询活动开展的所需领域知识的集合,便于相关领域知识的采集、整理和提取,包括基本事实、规则、案例和其他有关信息。

2.7

标准库 standard library

为需方所在领域咨询活动开展提供该领域涉及标准的集合,可以作为定义具体服务和企业架构的组件。

3 咨询设计服务能力模型

3.1 概述

咨询设计服务能力模型描述咨询设计服务能力的要求、关键要素和能力管理要求。其中人员、过程、技术、资源是咨询设计服务能力具有的关键要素，策划、实施、检查和改进是咨询设计服务能力持续改进的管理过程。图2描述了咨询设计服务能力模型。

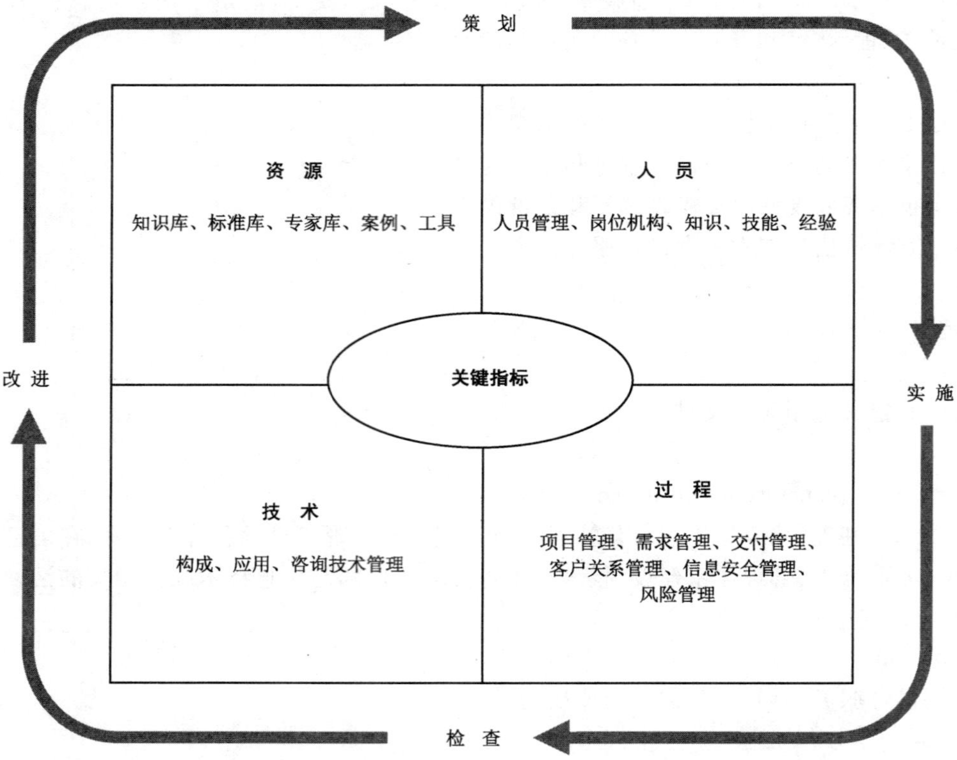

图2 咨询设计服务能力模型

3.2 模型描述

3.2.1 核心要素

模型给出咨询设计服务能力的四个关键要素：人员、过程、技术和资源，每个要素通过关键指标反映供方应具备的条件和能力。

模型的各组成要素反映了供方基于人员利用资源、运用技术，通过规定的过程为需方提供咨询设计服务。

核心要素可用于评价或选择咨询设计服务供方，但本部分不提供具体方法。

3.2.2 关键指标

关键指标是咨询设计服务所涉及的核心能力参数，主要体现在人员、资源、技术、过程四个方面，并应用于供方的咨询设计服务能力评价。

4 咨询设计服务能力管理

4.1 概述

供方应对咨询设计服务能力进行整体策划，为实施咨询设计服务能力管理提供必要的资源支持，保证交付质量，对咨询设计服务内容和服务过程进行监督、评审、分析和改进。

4.2 策划

目的：对咨询设计服务能力进行整体策划并提供必要的资源支持，以确保供方有能力提供咨询设计服务。

供方应对咨询设计服务能力进行策划，策划内容包括：

a) 对组织内外部的环境进行分析，确定咨询设计服务业务的风险与机会；
b) 依据组织战略、业务定位和能力，策划咨询设计服务的范围和内容，形成服务目录；
c) 对人员、资源、技术和过程进行规划，建立相适应的指标体系和服务保障体系；
d) 策划管理、评价并改进服务绩效，建立咨询设计服务能力评价体系，并形成服务绩效评价机制。

4.3 实施

目的：按照咨询设计服务能力的整体策划进行实施，以确保供方具备咨询设计服务的能力。

供方在实施咨询设计服务能力管理过程中，满足如下要求：

a) 制定满足整体策划的实施计划，并按计划实施；
b) 形成咨询设计业务的解决方案；
c) 按照服务能力要求实施管理活动并记录，确保服务能力管理和服务过程实施可追溯，服务结果可度量或可评估；
d) 提交满足策划要求的结果。

4.4 检查

目的：检查咨询设计服务能力管理活动符合计划要求和质量目标。

供方应对咨询设计服务能力管理过程和实施结果进行监控、衡量、分析和评审，并满足以下要求：

a) 收集有效数据和信息，监测日常运作和组织的服务整体绩效，通过与行业标杆比对，支持组织的决策、改进和创新；
b) 分析评价组织服务绩效，并根据绩效评价结果，识别改进优先次序，识别创新机会；
c) 定期评审服务能力，检查各项指标达成情况，以确保服务能力的适宜性和有效性；
d) 调查需方满意度，并对服务能力策划实施的结果进行绩效评价，支持服务改进。

4.5 改进

目的：改进咨询设计服务能力管理过程中的不足，持续提升咨询设计服务能力。

供方应不断总结经验和教训，修改和优化咨询设计服务能力管理计划和规程，并按照以下要求进行改进：

a) 建立服务能力管理改进和创新机制；
b) 对不符合策划要求的行为进行总结分析，对未达成的指标进行调查分析，根据分析结果确定改进措施，制定服务能力改进计划并实施；
c) 实施、测量、评价改进与创新，分析对服务能力和实现组织目标的贡献，促进组织绩效提高；
d) 应用多种方法，在整个组织中展开各种改进与创新，包括人员、过程、技术和资源等要素。

5 人员

5.1 概述

供方应具备完善的人员管理机制、合理的岗位结构。咨询人员应具备与所开展的咨询业务相关技能、知识和经验。

5.2 人员管理

5.2.1 要求

供方应根据咨询业务发展的要求。对人员进行配置，通过对员工的储备、培训、使用、考核、激励、调整等过程，确保供方业务目标的实现。

人员管理要求包括：

a) 建立人员储备机制，确保人员调配能力满足与需方约定的服务需求；

b) 建立人员培训机制，按照培训计划实施培训；

c) 建立与咨询设计服务匹配的人员评价及绩效考核机制。

5.2.2 指标

衡量人员管理的指标应包括：

a) 人员储备计划；

b) 人员培训计划和培训记录；

c) 人员能力评价记录；

d) 人员绩效考评记录。

5.3 岗位结构

5.3.1 要求

供方应有提供咨询设计服务的专职团队。明确咨询设计服务中的角色、分工和职责定义。供方应对咨询团队进行有效管理，岗位要求如下：

a) 管理岗：负责咨询计划的制定、规划咨询设计服务内容、监督咨询设计服务质量、协调项目资源；

b) 实施岗：在咨询设计服务中负责咨询设计服务的实施和交付。

5.3.2 指标

衡量人员岗位的指标应包括：

a) 岗位结构、职责分工、人员数量、从业年限；

b) 岗位职责说明书；

c) 岗位人员技能证明。

5.4 知识

5.4.1 要求

供方应保证咨询设计服务人员具备咨询设计服务的知识，包括：

a) 信息技术基础知识；

b） 行业业务知识；

c） 咨询设计服务专业知识；

d） 服务管理知识。

5.4.2 指标

衡量人员知识的指标应包括：

a） 培训记录；

b） 评价记录。

5.5 技能

5.5.1 要求

供方确保参与咨询设计服务人员的技术能力满足咨询设计服务的要求，应包括：

a） 咨询设计服务人员在咨询设计服务中所必备的服务能力；

b） 咨询设计服务人员具备能力水平。

5.5.2 指标

衡量咨询设计服务人员技能的指标应包括：

a） 培训记录；

b） 评价记录。

5.6 经验

5.6.1 要求

供方确保参与咨询设计服务人员的经验满足咨询设计服务的要求，包括：

a） 咨询设计服务人员应具备所从事咨询设计服务活动的经历；

b） 供方应具备一定的从事咨询设计服务活动的经验。

5.6.2 指标

衡量咨询设计服务人员经验的指标应包括：

a） 与咨询业务相关的工作年限；

b） 咨询设计服务的项目数量和规模。

6 过程

6.1 概述

供方应建立咨询设计服务所需的过程，以确保供方具备相应的服务管理能力并发挥其效能，包括项目管理、需求管理、交付管理、客户关系管理、信息安全管理和风险管理。

6.2 项目管理

6.2.1 要求

综合运用各种相关知识、技能、技术与工具，开展计划、组织、领导、控制等方面的活动，以满足或超越项目有关各方对项目的要求与期望，具体要求如下：

a) 项目启动阶段，供方进行咨询设计服务项目准备与启动工作。供方应开展：
   1) 服务内容确认；
   2) 项目风险评估；
   3) 服务协议签署；
   4) 团队组建；
   5) 服务规划。
b) 项目实施阶段，供方根据咨询设计服务协议开展项目实施工作，应包括：
   1) 分析与评估：对需方的服务协议需求进行分析与评估，并提出需求确认书；
   2) 项目执行：根据分析与评估的结果，提出满足需方要求的服务方案和措施；
   3) 项目评审：供方提出的实施成果在交付之前，供方应进行评审；
   4) 需方沟通：咨询项目实施过程中，供方应保持与需方沟通，听取需方对服务方案的意见。
c) 项目验收阶段，供方交付咨询成果，协助需方进行项目验收。供方应：
   1) 根据验收流程，参加验收活动；
   2) 根据服务协议要求，进行咨询成果交付；
   3) 验收结束后，进行项目归档。

6.2.2 指标

项目管理的指标应包括：

a) 项目启动：
   1) 服务内容的准确性和适用性；
   2) 风险评估的适宜性；
   3) 咨询设计服务协议的规范性；
   4) 项目组织架构的实用性；
   5) 服务规划的完整性。
b) 项目实施：
   1) 需求分析与评估报告的完整性；
   2) 咨询方案与需求分析的符合性，咨询方案的规范性、合理性、完整性；
   3) 方案评审的充分性；
   4) 客户沟通的有效性。
c) 项目验收：
   1) 验收文档的规范性和完整性；
   2) 交付成果与服务协议要求的一致性。

6.3 需求管理

6.3.1 要求

供方进行咨询设计服务需求管理工作时，应开展：

a) 需求调研；
b) 需求确认；
c) 需求变更控制与管理。

6.3.2 指标

需求管理的指标应包括：

a) 需求调研报告；
b) 需求确认记录；
c) 需求变更记录。

6.4 交付管理

6.4.1 要求

供方进行全生命周期的咨询设计服务交付管理工作时，应开展：

a) 交付策划；
b) 交付过程；
c) 交付检查；
d) 交付验收。

6.4.2 指标

交付管理的指标至少应包括：

a) 交付策划中的交付角色职责、交付成果及验收要求；
b) 交付过程中的必要角色实施记录；
c) 交付检查中的供方内部质量检查记录；
d) 交付验收中的交付成果确认记录。

6.5 客户关系管理

6.5.1 要求

供方应在咨询设计服务全过程进行客户关系管理，供方应：

a) 在组织内有明确的客户关系管理规定，应包括：
   1) 客户信息；
   2) 客户沟通方式；
   3) 客户满意管理；
   4) 客户投诉管理。
b) 供方应对客户需求进行充分识别，与客户建立并保持充分的沟通，必要情况下建立稳定的沟通机制。
c) 供方应指定专职人员，负责管理客户满意事宜。在服务过程中及服务完成后采集客户满意数据，并对客户满意度进行测量分析，获取反馈信息并据此采取改进措施。
d) 供方应对客户的投诉和抱怨进行管理，及时记录，并作为改进服务的输入。

6.5.2 指标

客户关系管理的指标应包括：

a) 客户关系管理文件的规范性和充分性；
b) 沟通机制的适宜性和有效性；
c) 改进措施的合规性、可控性和可溯源性。

6.6 信息安全管理

6.6.1 要求

考虑服务需求、法律法规要求和协议责任，供方负责采用相应的安全技术手段和管理措施，确保需方信息的保密性、完整性和可用性。关注信息安全事件管理过程中安全事态和弱点，及时报告、处理、总结和改进，以确保安全事件得以尽快遏制和有效处置。供方应：

a) 制定信息安全管理策略和体系，具备相应的信息安全管理技术工具；
b) 确定组织的信息安全管理需求；
c) 提供满足需方要求的信息安全管理技术手段和管理措施；
d) 确保信息收集、处理和使用安全；
e) 信息安全管理能力应满足需方安全管理要求。

6.6.2 指标

信息安全管理的指标应包括：

a) 供方自身商业机密和需方安全需求应明确；
b) 保护信息资产的机密性、完整性和可访问性；
c) 信息安全(保密)协议的规范性；
d) 对于需方特定的安全需求应具备相适应的安全管理水平。

6.7 风险管理

6.7.1 要求

供方需具备识别、分析和控制并影响风险作用程度和范围的能力，达到最小化或避免风险的影响，并且需建立相应的文件和程序。供方应：

a) 识别风险：供方需识别风险对服务产生的作用、作用程度和范围；
b) 记录风险：供方需具备风险管理的管理制度和操作痕迹；
c) 分配优先次序：供方需依据风险的作用程度和范围确定管理的优先次序；
d) 分类风险：供方需依据风险的种类，采用相应的措施或手段；
e) 升级风险：供方需对升级的风险及时跟踪，并依据新的风险级别进行管理控制；
f) 解决风险：对于已经避免的风险，需重新组织评估和调整优先次序；
g) 关闭风险：对于不再发生的风险，需重新组织评估和调整优先次序。

6.7.2 指标

风险管理的指标应包括：

a) 风险管理记录；
b) 风险处置记录。

7 技术

7.1 概述

供方应具备可操作的咨询设计服务技术，并在提供咨询设计服务过程中合理应用。

7.2 构成

7.2.1 要求

供方应根据咨询设计服务的需要，构建咨询技术体系。咨询技术体系包括：

a) 体现咨询技术的成文信息；
b) 经供方组织确定的为确保质量管理体系有效性所需的成文信息。

7.2.2 指标

咨询设计服务技术构成的指标应包括：

a) 可操作性；

b) 专业性；

c) 完备性；

d) 一致性。

7.3 应用

7.3.1 要求

供方应：

a) 根据具体咨询设计服务，选择适宜的咨询技术；

b) 具有技术应用的经验或成功案例；

c) 对技术应用的效果进行评价，并反馈回技术研发。

7.3.2 指标

咨询设计服务技术应用的指标应包括：

a) 技术应用案例；

b) 技术应用评价。

7.4 咨询技术管理

7.4.1 要求

供方应在咨询设计服务全过程进行咨询技术管理，应开展：

a) 技术体系构建：供方应根据咨询设计服务开拓的需求，建立咨询技术体系；咨询规划技术一般包括但不限于现状调研技术、业务分析技术和架构设计技术等；

b) 技术策划：供方应根据咨询设计服务的内容，研究策划咨询技术，以提高咨询设计服务的效果；

c) 技术培训：供方应对内部员工和需方进行咨询技术的培训；

d) 技术应用：供方应在咨询设计服务过程中选择适宜的技术并综合应用，以完成咨询设计服务；

e) 技术评价：供方应对咨询技术的应用与实践进行总结评价；

f) 技术改进：供方应分析咨询技术的应用效果，对技术进行持续改进。

7.4.2 指标

咨询技术管理的指标应包括：

a) 咨询技术体系应根据项目或服务需要融合相关专业知识和分析技术，在信息资源开发利用、工程建设、人员培训、管理体系建设、技术支撑等工程咨询领域加以运用，并在实践中不断总结和创新；

b) 策划的咨询技术应提供正确的思维方式技术，能够用概念、判断、推理、假说等逻辑思维形式对事物进行归纳、演绎、综合，具有综合性、专业性、创新性和可操作性；

c) 咨询技术的培训应区分对象、区分层次，针对性开展，要有培训计划、培训课件、培训效果统计和考核；

d) 咨询技术的应用应具备技术的指南性文件（手册）和质量手册，具有技术应用的经验或成功案例；

e） 咨询技术评价应从适用性、可操作性、创新性和使用效果等方面综合评价；

f） 咨询技术的改进应在实践中进行验证，跟踪改进效果，并更新相应的方法和指引性文件（手册）。

8 资源

8.1 概述

资源是咨询设计服务能力管理过程中的重要环节，包含知识库、标准库、案例库、专家库和工具库等。

8.2 知识库

8.2.1 要求

供方提供咨询设计服务所需的知识资源，包括但不限于业务模型、数据模型、知识索引、政策法规、解决方案、构件和模板等。供方应：

a） 选择一种合适的知识管理策略；

b） 对咨询设计服务知识进行分类，构建知识库；

c） 基于知识库，进行咨询设计服务知识的生成、积累、交流和应用；

d） 对知识库知识进行定期的评审、更新和维护；

e） 针对知识管理要求制定相关管理制度，并进行知识生命周期管理。

8.2.2 指标

知识库的指标应包括：

a） 知识构成的合理性；

b） 具备知识收集、检索和维护的手段和功能；

c） 咨询人员对知识库使用的熟练程度；

d） 知识的使用频率。

8.3 标准库

8.3.1 要求

标准库的设计应满足咨询设计服务的要求，应至少包括：

a） 咨询设计服务领域标准体系框架；

b） 标准核心元数据；

c） 标准目录；

d） 标准分类；

e） 标准简介。

8.3.2 指标

标准库的指标应包括：

a） 标准库的时效性；

b） 标准库的完善性；

c） 标准库的系统性；

d） 标准库的适用性。

8.4 专家库

8.4.1 要求

供方具备咨询设计服务所需的专家库,应包括:

a) 选择一种合适的专家库策略;

b) 对人员进行分类,构建专家库;

c) 进行咨询设计服务专家库的专家的选用、交流、使用和评价;

d) 对专家库的专家进行定期的评审、更新和维护;

e) 制定专家库管理制度。

8.4.2 指标

专家库的指标应包括:

a) 专家储备能够满足项目的需要;

b) 专家知识的匹配度。

8.5 案例

8.5.1 要求

案例的设计应满足咨询设计服务的要求,应至少包括:

a) 对咨询设计服务案例进行分类,构建案例,应包括典型案例、行业应用案例、新技术应用案例;

b) 对咨询设计服务案例的总结、交流和应用;

c) 对案例进行定期的评审、更新和维护;

d) 针对案例制定相关管理制度,并进行案例生命周期管理。

8.5.2 指标

案例的指标应包括:

a) 案例库的唯一性;

b) 案例库的可靠性;

c) 案例库的利用率;

d) 案例的时效性;

e) 案例的完善性;

f) 案例的匹配度。

8.6 工具

8.6.1 要求

供方具备咨询设计服务所需的工具,应包括:

a) 选择一种合适的工具策略;

b) 对工具进行分类,构建工具;

c) 进行咨询设计服务工具的选用;

d) 对工具及其配套使用手册进行定期的评审、更新和维护;

e) 制定工具管理制度。

8.6.2 指标

工具的指标应包括：

a） 工具能够满足咨询设计服务的需要；

b） 工具的匹配度。

参 考 文 献

[1] GB/T 4754—2017 国民经济行业分类
[2] GB/T 24405.1—2009 信息技术 服务管理 第1部分:规范
[3] GB/T 29264—2012 信息技术服务 分类与代码